Siegfried Gottwald

Mehrwertige Logik

Einführung in Theorie und Anwendungen

LOGICA NOVA

Herausgegeben von

Siegfried Gottwald
Lothar Kreiser
Werner Stelzner

in Zusammenarbeit mit

G. Asser (Greifswald) · K. Berka (Prag) · N. C. A. da Costa (São Paulo) · J. M. Dunn (Bloomington) · C. F. Gethmann (Essen) · L. Gumański (Toruń) · R. Hilpinen (Turku) · O. F. Serebrjannikov (Leningrad) · V. A. Smirnov (Moskau) · N. Tennant (Canberra) · Chr. Thiel (Erlangen)

Siegfried Gottwald

Mehrwertige Logik

Eine Einführung in Theorie und Anwendungen

Akademie-Verlag Berlin 1989

ISBN 3-05-000765-6
ISSN 0323-5157

Erschienen im Akademie-Verlag Berlin, DDR - 1086 Berlin, Leipziger Str. 3—4

Lizenznummer: 202 · 100/167/89
Printed in the German Democratic Republic
Gesamtherstellung: VEB Druckhaus „Maxim Gorki“, DDR - 7400 Altenburg
Einbandgestaltung: Peter Werzlau
LSV 0145
Bestellnummer: 754 960 7 (2191/1)
03500

Inhaltsverzeichnis

Vorwort

Wie die gesamte Logik der neueren Zeit, so befindet sich auch die mehrwertige Logik im Bereich sowohl mathematisch orientierter als auch philosophisch motivierter Betrachtungen. Soll daher ein Gesamteindruck vom aktuellen Entwicklungsstand der mehrwertigen Logik dem Leser vermittelt werden, muß der Autor diesen unterschiedlichen Aspekten Rechnung tragen. Das ist wegen der oft sehr differierenden Herangehensweisen durchaus problematisch – nicht allein für den nur auf einem dieser Gebiete geschulten Leser, der bereit sein muß, auch den Überlegungen und Methoden des jeweils anderen Gebietes zu folgen, sondern in gleicher Weise für den Autor selbst, der einen brauchbaren Kompromiß zwischen typisch mathematischer und typisch philosophischer Präsentation finden muß. Der Leser möge entscheiden, inwieweit dies im vorliegenden Buch gelungen ist: Angestrebt wurde eine Synthese der fast ausschließlich kalkültechnisch orientierten Darstellung bei Rosser/Turquette [1952] und den weitgehend philosophisch orientierten Darstellungen bei Rescher [1969] und insbesondere bei Sinowjew [1968].

Für lange Zeit schien es unklar, ob mehrwertige Logik mehr ist als nur eine unter vielen möglichen Verallgemeinerungen der klassischen zweiwertigen Logik. Noch Rosser/Turquette [1952] erwähnen das Problem der Anwendungen mehrwertiger logischer Systeme als eines der wesentlichen offenen Probleme für die mehrwertige Logik. Diese Situation hat sich seither gewandelt. Im vorliegenden Buch findet dies darin seinen Ausdruck, daß ein ganzes Kapitel unterschiedlichsten Anwendungsbereichen gewidmet ist.

Trotz gelegentlicher Mißverständnisse ist es klar, daß die mehrwertige Logik die klassische weder verdrängen noch ersetzen will. Es erweist sich jedoch, daß die mehrwertige Logik zu einer Reihe von interessanten Anwendungsbereichen fruchtbare Ideen bzw. Formalisierungen beizutragen vermag, die eine rationale Durchdringung und Darstellung jener Bereiche gestatten. Die Abschnitte über Präsuppositionstheorie, über unscharfe Begriffe und Mengen sowie über Konsistenzuntersuchungen zur Mengenlehre in Kapitel 5 zeigen dies exemplarisch. Sie deuten dem Kenner zugleich an, in welcher Weise die Berufung auf mehrwertige Logik Gewinn bedeuten kann. In dieser Weise widerlegen sie auch das gelegentlich vorgetragene Argument der prinzipiellen Vermeidbarkeit der mehrwertigen Logik, da man ja spätestens metatheoretisch doch der klassischen Logik sich bediene: So richtig dieses Argument ist, so sehr zielt es am Kern des Problems vorbei und liegt statt dessen auf dem Niveau von Behauptungen, daß man prinzipiell auf die Benutzung von Kraftfahrzeugen, auf moderne medizinische Betreuung, auf Kernenergie verzichten könne – all dies ist „prinzipiell" möglich, wäre aber durchaus unvernünftig. Vernünftig dagegen ist, mehrwertige Logik ebenso wie die genannten anderen Mittel dort einzusetzen, wo sie sinnvoll und nutzbringend angewendet werden können. In diesem Sinne gibt Kapitel 5 einen Überblick über wichtige heutige Anwendungsideen für die mehrwertige Logik, ohne erschöpfend sein zu können. Vielmehr soll diese relative Vielfalt unterschiedlicher Anwendungsaspekte den Leser anregen, über noch weitere Anwendungsmöglichkeiten nachzudenken.

Ein in dieses Buch nicht aufgenommener Anwendungsbereich sei hier jedoch extra genannt: die in den letzten Jahren viel diskutierte Benutzung mehrwertiger Logik zum Entwurf und zur Beschreibung von Schaltungen und Schaltelementen mit mehr als zwei stabilen Zuständen, die für die moderne Rechentechnik und Informatik potentielle Bedeutung haben. Dafür sei auf die entsprechende Fachliteratur verwiesen.

Die Anregung, dieses Buch zu schreiben, stammt von meinem verehrten Kollegen Lothar Kreiser. Ihm sowie den Mitgliedern des Wissenschaftsbereichs Logik der Karl-Marx-Universität, mit denen ich Teile des Textes ausführlich diskutieren konnte, gilt mein Dank, vor allem aber meiner Frau für ihr andauerndes Verständnis für das mit solch einem Projekt verbundene stete stoffbezogene Engagement.

Leipzig, im Juni 1986

Siegfried Gottwald

1. Einleitung

1.1. Klassische und mehrwertige Logik

Die klassische Logik basiert auf zwei fundamentalen Prinzipien, dem Extensionalitätsprinzip und dem Zweiwertigkeitsprinzip. Das *Extensionalitätsprinzip* besagt in seiner aussagenlogischen Fassung, daß der Wahrheitswert einer zusammengesetzten Aussage H nur abhängt von den Wahrheitswerten derjenigen Aussagen, aus denen sich H zusammensetzt, daß es dagegen für den Wahrheitswert von H irrelevant ist, ob die Aussagen, aus denen sich H zusammensetzt, inhaltlich in irgendeiner Beziehung zueinander stehen. In seiner prädikatenlogischen Fassung besagt das Extensionalitätsprinzip zusätzlich, daß jeder Begriff eindeutig festgelegt ist durch die Gesamtheit aller der Objekte, auf die er zutrifft, d. h. durch seinen Umfang. Das *Zweiwertigkeitsprinzip* besagt, daß es genau die beiden Wahrheitswerte W und F – für „wahr" und für „falsch" – gibt und daß jede Aussage einen und nur einen dieser beiden Wahrheitswerte hat.

Die unbeschränkte Gültigkeit dieser beiden fundamentalen Prinzipien ist seit jeher Gegenstand logisch-philosophischer Diskussionen gewesen. Natürlich kann es dabei nicht darum gehen, die klassische Logik in ihrer modernen Gestalt als formale Logik in Frage zu stellen – dazu hat diese klassische Logik ihren wissenschaftlichen Wert schon zu deutlich manifestiert. Sehr wohl jedoch steht im Hintergrund solcher Diskussionen auch die Frage nach einer eventuellen angemessenen Abgrenzung des Anwendungsfeldes der klassischen Logik und damit zugleich die Frage nach Wert und Anwendbarkeit sogenannter nichtklassischer logischer Systeme, die eben aus Auffassungen heraus in der Vergangenheit entwickelt worden sind, daß nicht alle Erscheinungsformen des Logischen gerade jenen beiden fundamentalen Prinzipien der klassischen Logik untergeordnet werden können. Denkt man etwa an Aussagen über zukünftige Ereignisse oder auch an die logische Behandlung von Fragen, so scheint es durchaus nicht offensichtlich, ob in solchen Zusammenhängen stets das Zweiwertigkeitsprinzip vernünftig beibehalten werden kann – oder ob nicht vielleicht an manchen Stellen die Nicht-Zuordnung von Wahrheitswerten sachgemäßer erschiene. Oder denkt man an Aussagen, die unter Benutzung von Modalitäten ausdrückenden Adverbien gebildet sind, wie etwa:

Notwendigerweise ist $2 \cdot (3 + 4)$ gleich $6 + 8$

Notwendigerweise starb J. W. Goethe am 22. 3. 1832

so ist nach dem gewöhnlichen intuitiven Sprachverständnis die erste dieser Beispielaussagen wahr, die zweite aber falsch – und mithin das Extensionalitätsprinzip hier verletzt, denn beide Beispielaussagen können als so gebildet vorgestellt werden, daß der einstellige aussagenbildende Operator „notwendigerweise gilt" auf die wahren Aussagen „$2 \cdot (3 + 4) = 6 + 8$" bzw. „J. W. Goethe starb am 22. 3. 1832" angewendet wurde.

Die *mehrwertige Logik*, die der Gegenstand dieses Buches ist, behält das Extensionalitätsprinzip der klassischen Logik sowohl in seiner aussagenlogischen als auch in seiner prädikatenlogischen Fassung bei, verzichtet aber auf das Zweiwertigkeitsprinzip. Der Leser, der sich auch über andere Gebiete nichtklassischer Logik informieren möchte, sei auf die Bücher GABBAY/GUENTHNER [1983–1989] und KREISER/GOTTWALD/STELZNER [1988] verwiesen, wo er Informationen über eine Vielzahl weiterer nichtklassischer logischer Systeme findet.

Verzicht auf das Zweiwertigkeitsprinzip bedeutet aber nicht, daß die mehrwertige Logik auf die Betrachtung von Wahrheitswerten verzichtet. Wie in der klassischen Logik gehen wir auch hier davon aus, daß jeder Aussage ein Wahrheitswert zugeordnet ist – aber in der mehrwertigen Logik gibt es mehr als nur zwei Wahrheitswerte. Die erste und für das intuitive Verständnis auffälligste Konsequenz dieses Schrittes ist, daß die in der klassischen Logik unterstellte Beziehung der Wahrheitswerte W, F zum Wahrsein bzw. Falschsein von Aussagen ihre Natürlichkeit und intuitive Evidenz verliert. Es gibt bis heute keine überzeugende einheitliche Deutung der in der mehrwertigen Logik „zusätzlich" betrachteten Wahrheitswerte, die jene Werte mit dem naiven Verständnis von Wahrsein bzw. von Abstufungen dieses Wahrseins verbindet. Es ist dies einer der Gründe, weswegen wir weiterhin in diesem Buch von *Quasiwahrheitswerten* statt von Wahrheitswerten sprechen werden – und weswegen brauchbare und erfolgreiche Anwendungen der mehrwertigen Logik wesentlich sind, um zu verdeutlichen, daß es sich bei der mehrwertigen Logik um mehr als nur eine formale Verallgemeinerung der klassischen Logik handelt. Überhaupt wird man keine für alle relevanten Anwendungsfälle brauchbaren inhaltlichen Deutungen der Quasiwahrheitswerte erwarten dürfen, sondern diese Deutungen von Fall zu Fall den Anwendungen anzupassen haben. STREHLE [1984] gibt für einen speziellen Anwendungsfall solch eine Diskussion; in den Abschnitten 5.2 und 5.4 enthaltene Resultate bzw. Ansätze leisten Analoges, wobei sogar eine Rückführung auf – jeweils mehrere – gewöhnliche Wahrheitswerte erfolgt. Die Rückführbarkeit spezieller Quasiwahrheitswertstrukturen auf Funktionen in der Menge $\{\mathsf{W}, \mathsf{F}\}$ der gewöhnlichen Wahrheitswerte diskutieren in anderem Kontext auch z. B. SCOTT [1973], [1974], URQUHART [1973], MALINOWSKI

[1977] und BYRD [1979]. Wir überlassen die Deutung der Quasiwahrheitswerte den jeweiligen Anwendungsfällen.

Die mehrwertige Logik trifft keine generelle Festlegung darüber, ob in ihrem Bereich an Stelle der beiden Wahrheitswerte der klassischen Logik nun drei, vier, fünf, ... oder eventuell sogar unendlich viele Quasiwahrheitswerte treten sollen. Das bedeutet nicht, daß im jeweiligen konkreten Falle eines ganz bestimmten Systems mehrwertiger Logik etwa die Anzahl der Quasiwahrheitswerte variabel wäre; diese Anzahl von Quasiwahrheitswerten wird stets als feststehend betrachtet.[1] Es bedeutet aber, daß unsere Untersuchungen und Begriffsbildungen so allgemein angelegt werden sollen, daß die spezielle Quasiwahrheitswerteanzahl weitgehend ohne Einfluß bleibt, unsere Überlegungen mithin auf mehrwertige logische Systeme mit ganz unterschiedlichen Anzahlen von Quasiwahrheitswerten zutreffen. Um ein Beispiel zu nennen: der Begriff „Tautologie", den wir für Ausdrücke der mehrwertigen Aussagenlogik zu erklären beabsichtigen, wird so gefaßt werden, daß seine Definition in keiner Weise auf eine bestimmte Anzahl von Quasiwahrheitswerten Bezug nimmt; d. h. aber, daß auf diesen Begriff dann im Falle z. B. dreier Quasiwahrheitswerte ebenso Bezug genommen werden kann wie im Falle von vier, von 13 oder auch von unendlich vielen Quasiwahrheitswerten.

Übrigens ist nicht allein die Anzahl von Quasiwahrheitswerten charakteristisch für Systeme mehrwertiger Logik, sondern es sind dies auch strukturelle Beziehungen innerhalb der Menge von Quasiwahrheitswerten: Während etwa in der Quasiwahrheitswertmenge $\{0, 1/3, 2/3, 1\}$ je zwei der Quasiwahrheitswerte in natürlicher Weise hinsichtlich ihrer Größe miteinander verglichen werden können, ist dies bei der Wertemenge $\{(0, 0), (0, 1), (1, 0), (1, 1)\}$ von geordneten Paaren aus Zahlen 0, 1 keineswegs der Fall. Aber beide Mengen von Quasiwahrheitswerten bestehen aus je vier Elementen.

Die einzigen (stillschweigenden) Voraussetzungen unserer weiteren Betrachtungen werden sein, daß (1) jeder Aussage genau ein Quasiwahrheitswert zukommt und daß (2) stets wenigstens zwei Quasiwahrheitswerte vorhanden sind – wir wollen sie normalerweise mit 0 und 1 bezeichnen – und diese beiden Quasiwahrheitswerte so beschaffen sind, daß sie bei Weglassung aller anderen Quasiwahrheitswerte (und eventuell gewisser Junktoren) sich verhalten wie die Wahrheitswerte F, W der klassischen (zweiwertigen) Logik. In diesem Sinne werden die von uns be-

---

[1] Allerdings gibt es auch Systeme, in denen die Anzahl der Quasiwahrheitswerte in gewissem Umfang variabel gelassen wird (vgl. MICHALSKI [1977]).

trachteten Systeme mehrwertiger Logik Verallgemeinerungen der klassischen Logik sein.

Die gegenüber der klassischen Logik größere Anzahl von Quasiwahrheitswerten, die in Systemen mehrwertiger Logik vorhanden sein können, gestatten natürlich auch eine größere Vielfalt von Verknüpfungen zwischen und Operationen mit solchen Quasiwahrheitswerten. Syntaktisches Gegenstück dieses semantischen Sachverhaltes wird z. B. sein, daß in der mehrwertigen Aussagenlogik je mehrere gleichberechtigte Verallgemeinerungen der klassischen aussagenlogischen Verknüpfungen wie z. B. Negation, Konjunktion, Implikation existieren, die sich alle nur dann voneinander unterscheiden, wenn Quasiwahrheitswerte verschieden von 0 und 1 in Betracht gezogen werden, daß aber auch Verknüpfungen auftreten werden, für die es in der klassischen Logik keine Entsprechung gibt. Leider gibt es keine allgemeinen Kriterien dafür, wann eine mehrwertig-aussagenlogische Verknüpfung z. B. als mehrwertige Negation, als mehrwertige Konjunktion, als mehrwertige Implikation gelten kann. Die späterhin betrachtete Normalbedingung hebt ebenso wie die Standardbedingung je einzelne charakteristische Eigenschaften der entsprechenden klassischen Junktoren als Kriterien heraus, ohne jedoch eine allgemeine Lösung dieses Problems zu liefern. Rein innerlogische Kriterien sind aber möglicherweise für diesen Zweck prinzipiell unzureichend, und allein Anwendungen mögen von Fall zu Fall hinreichende Begründungen liefern können, welcher mehrwertige aussagenlogische Operator wann die Rolle welches klassischen Junktors übernimmt.

Von den zwei prinzipiell unterschiedlichen Begründungs- und Darstellungsweisen für ein logisches System, nämlich einerseits seiner Basierung auf inhaltlichem, also semantischem Grunde mit nachfolgendem Aufbau eines dafür adäquaten Logikkalküls und andererseits seiner Festlegung durch einen Kalkül mit nachfolgender Angabe solcher semantischer Grundlagen, die genau den Kalkültheoremen einen semantisch ausgezeichneten Status geben, etwa den von Tautologien, bevorzugen wir in diesem Buch die erste Methode. Wir sehen die semantischen Vorstellungen als grundlegender an, die Kalküle haben nach Fixierung dieser semantischen Vorstellungen dann deren formale Erfassung zu leisten. Deswegen werden wir sowohl für die mehrwertige Aussagenlogik als auch für die mehrwertige Prädikatenlogik zunächst die inhaltlichen Vorstellungen, also die semantische Seite dieser logischen Systeme, erläutern, und erst danach uns der kalkülmäßigen Erfassung dieser semantischen Grundlagen zuwenden.

Wesentlicher Teil der folgenden Erörterungen ist schließlich die Diskussion von Anwendungen der mehrwertigen Logik. Gerade weil die historischen Wurzeln der mehrwertigen Logik Anwendungsideen entstammen, die sich nicht als tragfähig erwiesen haben, mehrwertige Logik aber nicht nur von innerlogischem Interesse ist, sind solche Anwendungen geeignet, den Wert der mehrwertigen Logik zu verdeutlichen.

1.2. Zur Geschichte der mehrwertigen Logik

Die Geschichte der mehrwertigen Logik beginnt mit Arbeiten von Łukasiewicz [1920] und Post [1921]. Zwar waren beide zeitlich nicht die ersten, die das Zweiwertigkeitsprinzip in der Logik nicht streng voraussetzten, jedoch begann die eigentliche Entwicklung mehrwertiger logischer Systeme erst nach diesen ihren Arbeiten und im Anschluß an sie.[2]

Die Vorgeschichte der mehrwertigen Logik läßt sich dagegen bis auf Aristoteles zurückverfolgen,[3] der etwa in De Interpretatione, cap. 9, das noch für Łukasiewicz (vgl. Łukasiewicz [1930]) stimulierende Problem diskutierte, welcher Wahrheitswert auf Zukünftiges bezogenen Aussagen zukommen kann. Die Frage, welchen Wahrheitswert man derartigen Aussagen über Zukünftiges zuzuschreiben geneigt ist, hängt u. a. eng zusammen mit philosophischen Auffassungen zum Determinismusproblem, denn die Deutung, daß ein etwa allein vorhandener dritter Wahrheitswert die qualitative Einstufung als „möglich", „unbestimmt" anzeige, ist sehr naheliegend – wenn auch keineswegs notwendig. Und in der Tat haben die den Indeterminismus vertretenden Epikuräer das Zweiwertigkeitsprinzip abgelehnt, während die Stoiker als strenge Deterministen es akzeptierten. Auch in der mittelalterlichen Philosophie und Logik hat jenes Problem der *contingentia futura* wiederholt zu umfangreichen Diskussionen geführt (vgl. Łukasiewicz [1935], Michalski [1937], Baudry [1950], Rescher [1969]), ohne jedoch zu einer Lösung gebracht worden zu sein.

Die allgemeine Belebung der Logikforschung in der zweiten Hälfte des 19. Jahrhunderts führte zu ersten (teils noch unklaren) Anfängen mehrwertiger logischer Systeme bei McColl [1897] (vgl. Lovett [1900–01]) und Peirce[4], die jedoch ohne Auswirkung auf die nachfolgende Entwicklung blieben.

---

[2] Schon Łukasiewicz [1913] betrachtet verallgemeinerte Wahrheitswerte, aber diese Arbeit blieb für die Entwicklung der mehrwertigen Logik ohne erkennbaren Einfluß.

[3] Man vergleiche etwa Łukasiewicz [1930], [1970], Rescher [1969], Patzig [1973].

[4] Verwiesen sei auf Peirce [1931–58; Bd. 4] sowie Fisch/Turquette [1966], Turquette [1967].

Als mehrwertige logische Systeme werden oft auch die sogenannten „nicht-aristotelischen“ Systeme von VASILEV [1910], [1912] angesehen; es scheint aber nach ARRUDA [1977] angebrachter, sie als Vorläufer der heutigen parakonsistenten logischen Systeme aufzufassen, in denen es „sich widersprechende“ Theoreme der Form H, $\neg H$ geben kann, ohne daß sich daraus wie z. B. in der klassischen Logik die Herleitbarkeit aller Ausdrücke ergäbe.

Die Entwicklung der mehrwertigen Logik von 1920 bis ca. 1930 wurde im wesentlichen von ŁUKASIEWICZ und der polnischen Logikerschule getragen; ŁUKASIEWICZ/TARSKI [1930] und ŁUKASIEWICZ [1930] geben einen zusammenfassenden Überblick sowohl über kalkültechnische Resultate als auch über Interpretationsprobleme. Daneben hat BERNAYS [1926] die später in Abschnitt 5.5 dargestellte Methode der Unabhängigkeitsbeweise publiziert, die weite Verbreitung gefunden hat.

Die erwähnten Publikationen ŁUKASIEWICZ/TARSKI [1930] und ŁUKASIEWICZ [1930] sowie das – im englischen Sprachraum – einflußreiche Lehrbuch LEWIS/LANGFORD [1932], in dem die Grundideen der mehrwertigen Logik ausführlich dargestellt wurden, haben die weitere Forschung aktiviert. Wichtige theoretische Resultate über mehrwertige logische Systeme waren z. B. die Axiomatisierung des dreiwertigen ŁUKASIEWICZschen Systems $Ł_3$ (in Negation und Implikation) durch WAJSBERG [1931] und die Ergänzung von $Ł_3$ zu einem funktional vollständigen System $Ł_3^S$ sowie dessen Axiomatisierung durch SŁUPECKI [1936]. Wichtige Anwendungsuntersuchungen waren die Klärung des Verhältnisses zur intuitionistischen Logik durch GÖDEL [1932] und JAŚKOWSKI [1936] (vgl. Abschnitt 5.3), die Anwendung dreiwertiger Systeme auf die Diskussion der Antinomienproblematik durch BOČVAR [1938], [1943] (vgl. auch SINOWJEW [1968]), wobei der dritte Wahrheitswert „sinnlos“ bedeutet, und die Anwendung auf mathematische Probleme partiell, d. h. nicht überall erklärter Funktionen bei KLEENE [1938], [1952], in welchem Falle der dritte Wahrheitswert für „undefiniert“ steht. Schließlich wurden die theoretischen Ansätze in den 40er Jahren insbesondere durch ROSSER und TURQUETTE verallgemeinert und weitergeführt; die Gesamtdarstellung in der Monographie ROSSER/TURQUETTE [1952] wurde für viele Jahre zum Standardwerk über mehrwertige Logik.

Seither ist das Gebiet der mehrwertigen Logik in rascher Entwicklung begriffen. Die noch bei ROSSER/TURQUETTE [1952] als wichtiges Problem genannte Frage nach nützlichen Anwendungen mehrwertiger logischer Systeme ist zwar nicht endgültig beantwortet und wohl auch nie abschließend beantwortbar, aber es wurden zahlreiche Anwendungsmöglichkeiten untersucht. Kapitel 5 gibt einen Überblick über wesentliche Anwendungen. In gleicher Weise hat der Bestand an theoretischen Resultaten bedeutend zugenommen. Auf Einzelheiten soll an dieser Stelle nicht eingegangen werden; viele solcher Resultate werden im folgenden erwähnt oder ausführlich dargestellt werden, ohne daß in irgendeiner Beziehung dabei Vollständigkeit angestrebt oder erreichbar wäre.

Neben rein theoretischen Untersuchungen innerhalb von mehrwertigen logischen Systemen und über sie haben anwendungsorientierte Untersuchungen eine zunehmend größere Bedeutung erlangt. Dies können zum einen Anwendungen innerhalb der Logik sein, wie die in den Abschnitten 5.5, 5.6 erörterten Unabhängigkeitsuntersuchungen oder wie Fragen der Deutung logischer Systeme als mehrwertiger Systeme etwa im Falle der intuitionistischen (Abschnitt 5.3), der modalen (Abschnitt 5.2) und z. B. auch der parakonsistenten Logik (vgl. DaCosta/Alves [1981]). Dies können zum anderen Anwendungen außerhalb der Logik sein, wie etwa zur Darstellung und Weiterentwicklung der Theorie der unscharfen Mengen (vgl. Abschnitt 5.8) oder zu einer Übertragung der klassischen Schaltalgebra, d. h. der Anwendung der klassischen Aussagenlogik auf Probleme der Analyse und des Entwurfs elektrischer Schaltungen, auf analoge Untersuchungen bezüglich mehrwertiger aussagenlogischer Systeme (vgl. etwa: Lee/Kandel [1978], Rine [1977] und auch Carvallo [1968]). Dies können z. B. auch kalkültechnische Anwendungen in anderen Bereichen der Mathematik sein, wie etwa die bei Bär/Rohleder [1967] mittels eines mehrwertigen Kalküls, dessen Quasiwahrheitswerte neben W, F ein Wert U für „unbestimmt" und alle reellen Zahlen sind, angegebene Reduktion von (ganzzahligen) 0-1-Optimierungsproblemen auf Fragen der (klassischen) Schaltalgebra. Dies können aber auch aus der mehrwertigen Logik, und zwar speziell dem Problem der funktionalen Vollständigkeit von Junktorenmengen (vgl. Abschnitt 2.7) erwachsene, vorwiegend algebraische Untersuchungen zur Komposition von Funktionen sein (vgl. etwa Rosenberg [1977], Pöschel/Kalužnin [1979] und bereits Jablonskij [1952], [1958]).

Daneben steht das Studium spezifischer algebraischer Strukturen, die aus der Betrachtung spezieller Systeme mehrwertiger (meist Aussagen-) Logik extrahiert wurden, wie etwa die Postschen Algebren (vgl. Abschnitt 3.3), die MV-Algebren und die Łukasiewiczschen Algebren (vgl. Abschnitt 3.2 und etwa noch Cignoli [1970]). Daneben stehen aber auch Anwendungsversuche meist zunächst der Idee einer geeigneten Quasiwahrheitswertmenge in verschiedensten Bereichen, etwa bei der Diskussion der Präsuppositionsproblematik in der natürlichen Sprache (vgl. Abschnitt 5.4) oder bei Problemstellungen der Diagnosefindung, z. B. bei pädagogischen Untersuchungen (vgl. Strehle [1984], Kreschnak [1985]).

Vor allem die letztgenannten Anwendungsideen werden häufig über den Einsatz unscharfer Mengen zur Modellierung unscharfer Begriffe (vgl.

Abschnitt 5.8) vermittelt. Dies scheint ein erfolgversprechenderer Weg zu sein als die vor allem in der Anfangsphase der Entwicklung der mehrwertigen Logik wiederholt versuchte wahrscheinlichkeitstheoretische Deutung der Quasiwahrheitswerte (vgl. etwa Łukasiewicz [1913], Reichenbach [1932], Zawirski [1935]). Resultate von Gaines [1978] deuten übrigens darauf hin, daß wahrscheinlichkeitstheoretische Deutung einerseits und an der klassischen Logikauffassung orientierte extensionale Deutung der Quasiwahrheitswerte und damit der Junktoren andererseits unterschiedliche und einander ausschließende Verallgemeinerungen eines gemeinsamen „Kernes" sind. Auch die direkte Kopplung von mehrwertiger Logik und Quantenphysik wie beispielsweise bei Reichenbach [1949] scheint bis heute nicht zu wirklich fruchtbaren Konsequenzen geführt zu haben, wenngleich man die sogenannte Quantenlogik[5] als mehrwertige Logik mit orthomodularen Verbänden als Quasiwahrheitswertstrukturen auffassen kann.

Zusammenfassende – lehrbuchartige bzw. monographische – Darstellungen der mehrwertigen Logik gibt es nur wenige. Rosser/Turquette [1952] war für lange Zeit das Standardwerk, dessen Schwergewicht auf Untersuchungen von Kalkülen für mehrwertige logische Systeme liegt. Rescher [1969] ist eine bedeutende Ergänzung und gibt bei Verzicht auf viele kalkültechnische Details einen breit angelegten Überblick, bei dem neben der Erwähnung der verschiedenen Ansätze und Resultate stets auch eine philosophisch orientierte Erörterung ihrer Grundideen und ihrer Einbettung in umfassendere Entwicklungen gegeben wird. Ackermann [1967] stellt eine sehr knappe Einführung in einige wichtige Systeme mehrwertiger Logik dar; und Zinov'ev [1960] und die erweiterte deutsche Übersetzung Sinowjew [1968] sowie analog Dumitriu [1971] erwähnen ebenfalls nur kurz die Grundbegriffe, um dann vorwiegend mit der mehrwertigen Logik zusammenhängende philosophische Fragen zu diskutieren. Das vorliegende Buch unterscheidet sich von Rescher [1969] dadurch, daß hier die meisten der besprochenen Resultate vollständig bewiesen werden, wodurch aber der Umfang der erörterten Themen und ihre zusätzliche philosophische Diskussion zurücktreten. In diesem Sinne ähnelt es eher Rosser/Turquette [1952] als Rescher [1969]. Von jenem unterscheidet es sich aber wesentlich in der Stoffauswahl – und von beiden in dem Gewicht, das hier auf (realisierte und auch potentielle) Anwendungen der mehrwertigen Logik gelegt wird,

[5] Überblicksdarstellungen zur Quantenlogik sind u. a. Greechie/Gudder [1973], Dalla Chiara [1981], [1986] und insbesondere auch Holdsworth/Hooker [1981 bis 82]; für speziellere Aspekte seien genannt: Finch [1969], Goldblatt [1974], Kalmbach [1974], Dalla Chiara [1976], Dishkant [1978].

wobei die hier diskutierten Anwendungen weitgehend verschieden von den in RINE [1977] erörterten sind.

Die nicht in den genannten Darstellungen erfaßte Originalliteratur ist weit verstreut. Eine umfangreiche, gut gegliederte Bibliographie wird bei RESCHER [1969] gegeben und erfaßt die Literatur bis 1964/65. Ergänzungen und die Fortführung bis ca. 1975 bringt die analog organisierte Bibliographie WOLF [1977].

1.3. Weiterhin benutzte Begriffe und Bezeichnungen

Die folgenden Darstellungen der mehrwertigen Logik setzen Vertrautheit des Lesers mit der klassischen, d. h. zweiwertigen Prädikatenlogik PL_2 in dem Umfange voraus, wie er üblichen Universitätskursen für Nichtmathematiker entspricht. In unserer klassischen Metasprache benutzen wir deswegen auch gelegentlich die Symbole $\neg$, $\wedge$, $\vee$, $\Rightarrow$, $\Leftrightarrow$, $\bigwedge$, $\bigvee$ für Negation, Konjunktion, Alternative, Implikation, Äquivalenz, Generalisierung und Partikularisierung in PL_2; „gdw" steht stets für „genau dann, wenn" und $=_{\text{def}}$ bedeutet definitorische Übereinstimmung. Entsprechend rechnen wir zum Grundwissen des Lesers Grundkenntnisse der elementaren Mengenalgebra. Die Gesamtheit aller Objekte x, die eine gewisse Eigenschaft $H(x)$ haben, bezeichnen wir mit $\{x \mid H(x)\}$; mit $\{x \in A \mid H(x)\}$ ist die Gesamtheit aller derjenigen x mit der Eigenschaft $H(x)$ gemeint, die Element von A sind. Vereinigungs-, Durchschnitts- und Differenzbildung für Mengen werden wie üblich mit $\cup$, $\cap$, $\setminus$ bezeichnet; $\emptyset$ ist die *leere Menge*; (a, b) ist das *geordnete Paar* der Elemente a, b, charakterisiert durch die Eigenschaft

$$(a, b) = (c, d) \Leftrightarrow a = c \wedge b = d.$$

Die aus den Elementen $a_1, \ldots, a_n$ bestehende Menge ist $\{a_1, \ldots, a_n\}$. $A \times B$ ist die Menge aller geordneten Paare (a, b) mit $a \in A$ und $b \in B$:

$$A \times B = \{(a, b) \mid a \in A \wedge b \in B\},$$

A^n die Menge aller n-Tupel von Elementen aus A. Gehört jedes Element einer Menge A zugleich auch zu einer Menge B, so ist A *Teilmenge* von B: $A \subseteq B$.

Relationen sind Mengen von geordneten Paaren. Ist R eine Relation und $(a, b) \in R$, so sagt man, daß R auf (a, b) zutrifft und schreibt dafür auch aRb. Eine *Äquivalenzrelation* S in einer Menge A ist eine solche Relation $S \subseteq A \times A$, die reflexiv, symmetrisch und transitiv ist, d. h., für die aSa für jedes $a \in A$ gilt und mit aSb stets auch bSa sowie mit aSb und

bSc stets auch aSc gilt. Ist S Äquivalenzrelation in A, so wird jedem $a \in A$ seine Rest- bzw. Äquivalenzklasse $[a]_S = \{b \in A \mid aSb\}$ bezüglich S zugeordnet; solche Restklassen $[a]_S$, $[b]_S$ sind genau dann disjunkt, d. h. haben genau dann $\emptyset$ als Durchschnitt, wenn sie verschieden sind.

Eine Relation R heißt *Halbordnung* in einer Menge A, wenn $R \subseteq A \times A$ reflexiv und transitiv ist und aus aRb, bRa stets $a = b$ folgt; ist R Halbordnung in A, so heißt A auch (bezüglich R) halbgeordnet. Ist $\leq$ Halbordnung in A, so heißen $a, b \in A$ *vergleichbar*, falls $a \leq b$ oder $b \leq a$ gilt, so heißt im Falle $a \leq b$ wie üblich a *kleinergleich* b oder b *größergleich* a, so heißt a *maximales* (*minimales*) Element von A, falls jedes mit a vergleichbare Element von A kleinergleich (größergleich) a ist, so heißt $B \subseteq A$ *Kette* von A, falls je zwei Elemente von B (bezüglich $\leq$) vergleichbar sind, und so heißt a *obere Schranke* von B, falls jedes $b \in B$ kleinergleich a ist. Das ZORNsche Lemma besagt, saß eine halbgeordnete Menge schon dann ein maximales Element hat, wenn nur jede Kette von A eine obere Schranke hat; es genügt sogar schon, daß nur jede wohlgeordnete Kette eine obere Schranke hat. Dabei heißt eine Kette *wohlgeordnet*, wenn jede ihrer nichtleeren Teilmengen ein minimales Element hat.

Halbgeordnete Mengen, in denen jede Zweiermenge $\{a, b\}$ eine kleinste obere Schranke $a \sqcup b$ und ebenso eine größte untere Schranke $a \sqcap b$ besitzt, werden auch *Verbände* genannt. Die solcherart in Verbänden erklärten Verknüpfungen $\sqcup$, $\sqcap$ können ihrerseits zur Charakterisierung der Verbände benutzt werden: Eine Menge A mit zwei in A erklärten (zweistelligen) Operationen $\sqcup$, $\sqcap$ ist ein Verband, falls beide Operationen jeweils kommutativ und assoziativ sind und außerdem den sogenannten Verschmelzungsgesetzen $a = a \sqcap (a \sqcup b)$ und $a = a \sqcup (a \sqcap b)$ für beliebige $a, b \in A$ genügen. Verbände sind somit spezielle algebraische Strukturen, d. h. mit Operationen und eventuell auch Relationen versehene Mengen. Für beliebige algebraische Strukturen A wird mit $|A|$ wie üblich ihr Grundbereich, d. h. die Menge aller ihrer Elemente bezeichnet.

Schließlich benötigen wir gelegentlich noch die Menge ${}^AB$ aller Funktionen von A in B und Verallgemeinerungen von $\cap$, $\cup$ auf (indizierte) Familien A_i, $i \in I$ von Mengen:

$$\bigcap_{i \in I} A_i = \left\{x \mid \bigwedge_{i \in I} (x \in A_i)\right\},$$

$$\bigcup_{i \in I} A_i = \left\{x \mid \bigvee_{i \in I} (x \in A_i)\right\},$$

wobei mitunter $\bigcap \{A_i \mid i \in I\}$ für $\bigcap_{i \in I} A_i$ geschrieben wird. Ist f eine Funktion von A in B, so schreiben wir dafür auch $f: A \to B$.

Das Beweisende wird durch ▮ angegeben. Literaturverweise erfolgen grundsätzlich durch Angabe von (Autoren- bzw. Herausgeber-) Name[n] und einer zugehörigen Jahreszahl; unter diesen Daten ist die entsprechende Literatur im Literaturverzeichnis angegeben. Sätze, Hilfssätze und explizit benannte Definitionen werden innerhalb der einzelnen Abschnitte fortlaufend durchnumeriert und ebenso referiert. Wichtige Formeln, auch definitorische Festlegungen, auf die an anderer Stelle verwiesen wird, werden ebenfalls abschnittweise fortlaufend mit am rechten Seitenrand angegebener Abschnittnummer und Zählzahl durchnumeriert; diese Zahlen werden in Klammer auch als Verweisdaten genannt. Vor allem Axiome und einige wenige Bedingungen haben eigenständige Markierungen als Kennzeichnungen, die im Symbolverzeichnis mit aufgeführt sind, um das Aufsuchen zu erleichtern. Überhaupt werden für die wichtigsten Symbole die Stellen ihres jeweils ersten Auftretens im Symbolverzeichnis angeführt.

2. Mehrwertige Aussagenlogik

2.1. Die formale Sprache der Aussagenlogik

Wie in allen Bereichen der modernen formalen Logik hat es sich auch in der mehrwertigen Logik sowohl auf aussagenlogischem wie auf prädikatenlogischem Niveau als äußerst vorteilhaft erwiesen, die den Gegenstand der jeweiligen Untersuchung darstellenden Phänomene des Logischen mit einer auf das Notwendigste normierten Sprache zu beschreiben. Wir setzen deswegen voraus, daß für jedes der im folgenden zu betrachtenden mehrwertigen aussagenlogischen Systeme **S** eine normierte, d. h. formalisierte Sprache fixiert sei, die die folgenden Ausdrucksmittel umfasse:

(a) eine unendliche Menge $\boldsymbol{V}_0$ von Aussagenvariablen;
(b) eine – im allgemeinen endliche – Menge $\boldsymbol{J}^{\mathbf{S}}$ von Junktoren, d. h. von aussagenlogischen Operatoren, deren jeder eine festgelegte Stellenzahl ≥ 1 habe;
(c) die Klammern), (und das Komma als technische Zeichen zur Sicherung der eindeutigen Lesbarkeit bildbarer Ausdrücke

und gegebenenfalls noch

(d) eine Menge $\boldsymbol{K}^{\mathbf{S}}$ von Konstanten zur Bezeichnung bestimmter Quasiwahrheitswerte.

Wir benutzen als Aussagenvariable den mit einer beliebigen natürlichen Zahl von Strichen als oberen Indizes ergänzten Buchstaben „p“, d. h. wir nehmen

$$\boldsymbol{V}_0 = \{p', p'', p''', \ldots\}. \tag{2.1.1}$$

Es wird allerdings nur selten nötig sein, einen ganz bestimmten Ausdruck dieser normierten Sprache der mehrwertigen Aussagenlogik explizit aufzuschreiben. Vielmehr ist es im allgemeinen ausreichend, die Form der zu betrachtenden Ausdrücke hinreichend genau zu kennen. Deswegen werden wir meist nur anzugeben brauchen, daß an gewissen Stellen eines zu betrachtenden Ausdrucks eine Aussagenvariable auftritt, ohne daß es dabei wesentlich wäre, genau zu wissen, um welche Aussagenvariable es sich handelt. Um uns in solchen Fällen einer einfacher handhabbaren Schreibweise bedienen zu können, vereinbaren wir, daß weiterhin die Symbole

$$p, q, r, p_1, q_1, r_1, p_2, q_2, r_2, \ldots \tag{2.1.2}$$

Aussagenvariablen bedeuten sollen. (Natürlich bedeutet in einer gegebenen Formel dann jedes dieser Symbole an allen Stellen seines Vorkommens dieselbe Aussagenvariable; aber unterschiedliche Symbole brauchen nicht notwendig unterschiedliche Aussagenvariable zu bedeuten.) Außerdem werden wir $p^{(n)}$ schreiben für die Aussagenvariable $p''^{\cdots}{}'$ mit n Strichen, also z. B. $p^{(3)}$ für p''', $p^{(4)}$ für p'''' usw.

Beachten muß man, daß die in (2.1.2) aufgeführten Symbole nicht zur normierten Sprache unserer mehrwertigen Aussagenlogik gehören, sondern daß sie der Metasprache angehören, deren wir uns bedienen, wenn wir über unsere aussagenlogische Sprache sprechen. Man nennt diese Symbole deshalb oft auch Metavariable, genauer: Metavariable für Aussagenvariable. Weiterhin auftretende Formeln, in denen solche Metavariable aus der Liste (2.1.2) vorkommen, deuten uns daher (korrekt gebildete) Ausdrücke der aussagenlogischen Sprache nur an.

Der gemäß (a), (b), (c) und (d) zur Sprache der mehrwertigen Aussagenlogik gehörende Grundbestand an Zeichen, ihr Alphabet, ergibt durch Hintereinanderschreiben solcher Zeichen u. a. die sinnvollen Zeichenverknüpfungen, die Ausdrücke dieser Sprache. Wie üblich ist die Menge aller Ausdrücke die kleinste Menge, die:

(1) jede Aussagenvariable und jede Quasiwahrheitswertkonstante enthält;
(2) für jeden zum Alphabet gehörenden Junktor φ, seine Stellenzahl möge m sein, und beliebige Ausdrücke $H_1, H_2, \ldots, H_m$ auch die Zeichenfolge

$$\varphi(H_1, H_2, \ldots, H_m)$$

enthält.

Wegen dieser Festlegung kann jeder Ausdruck unserer aussagenlogischen Sprache durch endlich oftmalige geeignete Anwendung des gemäß (2) erlaubten Übergangs von einfacheren zu komplizierteren Ausdrücken aus Aussagenvariablen und Konstanten für Quasiwahrheitswerte aufgebaut werden.

Wir setzen außerdem voraus, daß die Alphabete unserer mehrwertigen aussagenlogischen Systeme stets so beschaffen seien, daß den gemäß (1), (2) gebildeten Ausdrücken immer anzusehen ist, wie sie gebildet worden sind. In mathematisch genauer Formulierung verlangen wir also, daß die Alphabete unserer logischen Systeme stets freie Halbgruppen bezüglich der Verkettung, d. h. des Hintereinanderschreibens ihrer Zeichen seien. Dann ist gesichert, daß jeder Ausdruck H, der weder Aussagenvariable noch Quasiwahrheitswertkonstante ist, auf eindeutige Weise gemäß (2) mittels eines Junktors $\varphi \in \boldsymbol{J}^{\mathbf{S}}$ aus eindeutig feststellbaren Ausdrücken

$H_1, \ldots, H_m$ gebildet wurde; dieser Junktor φ heißt dann auch Hauptverknüpfungszeichen von H.

Um unsere Ausdrücke in möglichst gewohnter Weise aufschreiben zu können, vereinbaren wir zusätzlich, für zweistellige Junktoren φ die Infixschreibweise der Präfixschreibweise vorzuziehen, also

$$(H_1 \varphi H_2) \quad \text{statt} \quad \varphi(H_1, H_2) \tag{2.1.3}$$

zu schreiben. Auch sollen die äußeren Klammern im Ausdruck $(H_1 \varphi H_2)$ immer dann wegbleiben dürfen, wenn dies keine Mißverständnisse beim eindeutigen Lesen der Ausdrücke geben kann. Und es sollen dann, wenn Analoga der klassischen Junktoren $\neg$, $\wedge$, $\vee$, $\Rightarrow$ für Negation, Konjunktion, Alternative und Implikation betrachtet werden, stets Negationsanaloga stärker binden als Konjunktions- und Alternativanaloga und diese wiederum stärker binden als Implikationsanaloga, also wohlbekannte Klammereinsparungsregeln wie üblich gelten, sobald dies sinnvoll möglich ist. Derartige Analogien zu Junktoren der klassischen zweiwertigen Aussagenlogik werden wir dadurch angeben, daß wir für die mehrwertigen Analoga die für die klassischen Junktoren üblichen Symbole in nur geringfügiger graphischer Variation verwenden oder eventuell Indizes anfügen. Außerdem wollen wir bei einstelligen Junktoren ψ auch die Schreibweise

$$\psi H_1 \quad \text{statt} \quad \psi(H_1) \tag{2.1.4}$$

gestatten, wenn dies nicht zu Mißverständnissen führen kann, und festlegen, daß jeder einstellige Junktor stärker binde als jeder mehrstellige.

Als Teilausdrücke eines Ausdrucks H bezeichnen wir den Ausdruck H selbst und, wenn H von der Gestalt $\varphi(H_1, \ldots, H_m)$ ist, auch alle Teilausdrücke der Ausdrücke $H_1, \ldots, H_m$.

Da die mehrwertige Logik das Extensionalitätsprinzip beibehält, sind die Aussagenvariablen wie in der klassischen Aussagenlogik lediglich Variable für Quasiwahrheitswerte: In allen konkreten Anwendungen interessiert von den für die Aussagenvariablen zu nehmenden Aussagen lediglich ihr (Quasi-) Wahrheitswert. Deswegen kann man auch in der mehrwertigen Aussagenlogik von den Junktoren wieder voraussetzen, daß sie vollständig durch eine Wahrheitswertfunktion beschrieben werden – denn de facto interessieren nur die Quasiwahrheitswerte zusammengesetzter Ausdrücke H, und wegen des Extensionalitätsprinzips ergeben sie sich allein aus den Quasiwahrheitswerten der zur Bildung von H benutzten Ausdrücke. Deswegen setzen wir generell voraus, daß bezüglich jedes mehrwertigen aussagenlogischen Systems **S** mit jedem der zum Alphabet von **S** gehörenden Junktoren φ eine Wahrheitswertfunktion $\mathrm{ver}_\varphi^{\mathbf{S}}$ gleicher Stellenzahl wie φ fest verbunden sei. In gleicher Weise setzen wir voraus, daß mit jeder Konstante t für Quasiwahrheitswerte im System $\mathbf{S}$ ein Quasiwahrheitswert $\mathsf{t}^{\mathbf{S}}$ dieses Systems fest verbunden ist. Ist noch $\mathcal{W}^{\mathbf{S}}$ die Menge der Quasiwahrheitswerte des Systems $\mathbf{S}$, so wird wie in der klassischen Aussagenlogik durch jede Belegung $\alpha: \boldsymbol{V}_0 \to \mathcal{W}^{\mathbf{S}}$ der Aussagenvariablen mit Quasiwahrheitswerten jedem Ausdruck H der normierten Sprache von $\mathbf{S}$ ein Quasiwahrheitswert zugeordnet. Man setze einfach für beliebige Ausdrücke H:

$$\mathrm{Wert}^{\mathbf{S}}(H, \alpha) =_{\mathrm{def}} \begin{cases} \alpha(p), & \text{falls } H \text{ die Aussagenvariable } p \text{ ist,} \\ \mathsf{t}^{\mathbf{S}}, & \text{falls } H \text{ die Quasiwahrheitswert-} \\ & \text{konstante } \mathsf{t} \text{ ist,} \\ \mathrm{ver}_{\varphi}^{\mathbf{S}}(\mathrm{Wert}^{\mathbf{S}}(H_1, \alpha), \ldots, \mathrm{Wert}^{\mathbf{S}}(H_m, \alpha)), & \\ \quad \text{falls } H \text{ Ausdruck der Form} & \\ \quad \varphi(H_1, \ldots, H_m) \text{ ist, } \varphi\ m\text{-stelliger} & \\ \quad \text{Junktor von } \mathbf{S}. & \end{cases}$$

Es ist leicht zu zeigen, daß in dieser Weise $\mathrm{Wert}^{\mathbf{S}}(H, \alpha)$ bezüglich des mehrwertigen aussagenlogischen Systems $\mathbf{S}$ für jeden Ausdruck H von $\mathbf{S}$ eindeutig festgelegt ist.

Wie in der klassischen Aussagenlogik zeigt man induktiv über den Ausdrucksaufbau, daß $\mathrm{Wert}^{\mathbf{S}}(H, \alpha)$ nur von der Belegung derjenigen Aussagenvariablen abhängen kann, die im Ausdruck H vorkommen.

Satz 2.1.1. *Für jeden Ausdruck H und beliebige Variablenbelegungen α, β: $\boldsymbol{V}_0 \to \mathcal{W}^{\mathbf{S}}$, für die $\alpha(p) = \beta(p)$ ist für jede in H vorkommende Aussagenvariable p, gilt*

$$\mathrm{Wert}^{\mathbf{S}}(H, \alpha) = \mathrm{Wert}^{\mathbf{S}}(H, \beta).$$

Beweis. Ist H eine Aussagenvariable oder eine Quasiwahrheitswertkonstante, so folgt die Behauptung sofort aus der Definition von $\mathrm{Wert}^{\mathbf{S}}(H, \alpha)$. Ist H Ausdruck der Form $\varphi(H_1, \ldots, H_m)$, gilt die Behauptung bereits für die Teilausdrücke $H_1, \ldots, H_m$ von H und ist $\alpha(p) = \beta(p)$ für jede in H vorkommende Aussagenvariable p, so gilt

$$\mathrm{Wert}^{\mathbf{S}}(H_i, \alpha) = \mathrm{Wert}^{\mathbf{S}}(H_i, \beta)$$

für alle $i = 1, \ldots, m$, denn in einem Teilausdruck von H kann keine Aussagenvariable vorkommen, die nicht auch in H vorkommt. Dann ist jedoch

$$\begin{aligned} \mathrm{Wert}^{\mathbf{S}}(H, \alpha) &= \mathrm{ver}_{\varphi}^{\mathbf{S}}(\mathrm{Wert}^{\mathbf{S}}(H_1, \alpha), \ldots, \mathrm{Wert}^{\mathbf{S}}(H_m, \alpha)) \\ &= \mathrm{ver}_{\varphi}^{\mathbf{S}}(\mathrm{Wert}^{\mathbf{S}}(H_1, \beta), \ldots, \mathrm{Wert}^{\mathbf{S}}(H_m, \beta)) \\ &= \mathrm{Wert}^{\mathbf{S}}(H, \beta). \end{aligned}$$

Damit ist der Satz für beliebige Ausdrücke H bewiesen. ▮

Wir nennen Ausdrücke H, G der Sprache eines mehrwertigen logischen Systems **S** *semantisch äquivalent*, falls für beliebige Variablenbelegungen $\alpha: V_0 \to \mathcal{W}^{\mathsf{S}}$ gilt, daß

$$\mathrm{Wert}^{\mathsf{S}}(H, \alpha) = \mathrm{Wert}^{\mathsf{S}}(G, \alpha)$$

ist. Die Beziehung der semantischen Äquivalenz ist eine Äquivalenzrelation in der Menge aller Ausdrücke. Wie in der klassischen Logik gilt in jedem mehrwertigen logischen System **S** für die Beziehung der semantischen Äquivalenz auch das Ersetzbarkeitstheorem.

Satz 2.1.2 (Ersetzbarkeitstheorem). *Sind die Ausdrücke H', H'' semantisch äquivalent und entsteht der Ausdruck G dadurch aus dem Ausdruck H, daß in H an einigen Stellen seines Vorkommens der Teilausdruck H' von H durch den Ausdruck H'' ersetzt wird, so sind die Ausdrücke H, G semantisch äquivalent.*

Beweis. Wir beweisen die Behauptung induktiv über den Ausdrucksaufbau des Ausdrucks H. Die Ausdrücke H', H'', G mögen die genannten Voraussetzungen erfüllen.

Ist H eine Aussagenvariable oder eine Quasiwahrheitswertkonstante, so ist H der einzige Teilausdruck von H. Ist H' verschieden von H, so kommt H' nicht als Teilausdruck in H vor und G stimmt mit H überein; ist H' der Ausdruck H, so ist G der Ausdruck H oder der Ausdruck H''. Also sind jedenfalls H, G semantisch äquivalent.

Sei nun H ein Ausdruck der Form $\varphi(H_1, \ldots, H_m)$ und gelte die Behauptung für alle Teilausdrücke der Ausdrücke $H_1, \ldots, H_m$. Ist H' der Ausdruck H oder kein Teilausdruck von H, so ist G der Ausdruck H oder der Ausdruck H'', also jedenfalls mit H semantisch äquivalent. Andernfalls ist H'-Teilausdruck gewisser der Ausdrücke $H_1, \ldots, H_m$, und es gibt Ausdrücke $H_1'', \ldots, H_m''$ derart, daß G der Ausdruck $\varphi(H_1'', \ldots, H_m'')$ ist und jeder der Ausdrücke H_i'', $1 \leq i \leq m$, dadurch aus H_i entsteht, daß der Teilausdruck H' an einigen Stellen seines Vorkommens in H_i durch H'' ersetzt wird. Dann sind aber H_i, H_i'' semantisch äquivalente Ausdrücke für jedes $i = 1, \ldots, m$, also gilt $\mathrm{Wert}^{\mathsf{S}}(H_i, \alpha) = \mathrm{Wert}^{\mathsf{S}}(H_i'', \alpha)$ für jede Belegung $\alpha: V_0 \to \mathcal{W}^{\mathsf{S}}$ der Aussagenvariablen, also gilt auch

$$\begin{aligned}\mathrm{Wert}^{\mathsf{S}}(H, \alpha) &= \mathrm{ver}_{\varphi}^{\mathsf{S}}\big(\mathrm{Wert}^{\mathsf{S}}(H_1, \alpha), \ldots, \mathrm{Wert}^{\mathsf{S}}(H_m, \alpha)\big)\\ &= \mathrm{ver}_{\varphi}^{\mathsf{S}}\big(\mathrm{Wert}^{\mathsf{S}}(H_1'', \alpha), \ldots, \mathrm{Wert}^{\mathsf{S}}(H_m'', \alpha)\big)\\ &= \mathrm{Wert}^{\mathsf{S}}(G, \alpha)\end{aligned}$$

und H, G sind semantisch äquivalent. ∎

Wie auch in der klassischen Logik beschreibt jeder Ausdruck H eine

Wahrheitswertfunktion w_H, deren Stellenzahl die Anzahl der in H vorkommenden Aussagenvariablen ist. Nehmen wir an, daß in H genau die Aussagenvariablen $p_1, p_2, \ldots, p_k$ vorkommen, so ergibt sich für jedes k-Tupel $(t_1, \ldots, t_k)$ von Quasiwahrheitswerten der Funktionswert von w_H für dieses k-Tupel als

$$w_H(t_1, \ldots, t_k) =_{\text{def}} \text{Wert}^{\mathbf{S}}(H, \beta), \tag{2.1.5}$$

wobei β eine Variablenbelegung ist, für die

$$\beta(p_i) = t_i \tag{2.1.6}$$

gilt für alle $i = 1, .., k$. Da $\text{Wert}^{\mathbf{S}}(H, \beta)$ nur von der Belegung der in H vorkommenden Aussagenvariablen abhängt, wird $\text{Wert}^{\mathbf{S}}(H, \beta)$ durch die Bedingung (2.1.6) also eindeutig festgelegt. Wir nennen w_H auch kurz die *Wahrheitswertfunktion* von H.

Gelegentlich ist es vorteilhaft, in der Wahrheitswertfunktion von H zusätzliche, überflüssige Argumente zuzulassen. Kommen die in H vorkommenden Aussagenvariablen unter den Aussagenvariablen $q_1, \ldots, q_n$ vor, etwa als $q_{i_1}, \ldots, q_{i_k}$, so möge eine erweiterte, n-stellige Wahrheitswertfunktion $\tilde{w}_H$ erklärt sein durch die Gleichung

$$\tilde{w}_H(x_1, \ldots, x_n) =_{\text{def}} w_H(x_{i_1}, \ldots, x_{i_k}); \tag{2.1.7}$$

die x_i seien hier Variable für Quasiwahrheitswerte.

Generell ist ein mehrwertiges aussagenlogisches System **S** eindeutig charakterisiert durch die Gesamtheit folgender Daten:

- seine Menge $\mathcal{W}^{\mathbf{S}}$ von Quasiwahrheitswerten;
- die Menge $\boldsymbol{J}^{\mathbf{S}}$ seiner Junktoren und die jedem Junktor $\varphi \in \boldsymbol{J}^{\mathbf{S}}$ entsprechende Wahrheitswertfunktion $\text{ver}_{\varphi}^{\mathbf{S}}$;
- die Menge $\boldsymbol{K}^{\mathbf{S}}$ der Quasiwahrheitswertkonstanten und den jeder Konstanten $\mathsf{t} \in \boldsymbol{K}^{\mathbf{S}}$ entsprechenden Quasiwahrheitswert $\mathsf{t}^{\mathbf{S}}$.

Zur Vereinfachung unserer Bezeichnungen vereinbaren wir noch, daß die ein spezielles mehrwertiges aussagenlogisches System **S** anzeigenden oberen Indizes an unseren bisherigen Bezeichnungen immer dann weggelassen werden dürfen, wenn aus dem Kontext unmißverständlich klar ist, auf welches logische System **S** Bezug genommen wird.

Die Ausdrucksmittel eines logischen Systems **S** lassen sich nutzen, um z. B. weitere Junktoren oder auch weitere Konstanten für Quasiwahrheitswerte definitorisch einzuführen. Wir werden solche Möglichkeiten später ebenfalls nutzen. Hat man z. B. einen Junktor ϕ definitorisch neu eingeführt, so hat man danach im Hinblick auf die sprachliche Ausdrucksfähigkeit des so erweiterten logischen Systems **S** prinzipiell zwei Möglichkeiten: Entweder man fügt den definitorisch eingeführten Junktor ϕ

zum Alphabet von **S** hinzu und gibt eine neue, ergänzte Ausdrucksfestlegung für das definitorisch erweiterte System, oder man schreibt zwar den neuen Junktor φ enthaltende Formeln auf, die allen Bedingungen korrekt gebildeter Ausdrücke entsprechen für ein Alphabet, dem φ angehören würde, liest diese Formeln aber nur als (metasprachliche) Abkürzungen für Ausdrücke von **S**, die φ nicht enthalten. Wir werden weiterhin der zweiten Methode folgen, da wir ohnehin Metavariable für Aussagenvariable benutzen, und da wir auch weiterhin Metasymbole zur Bezeichnung von Ausdrücken gebrauchen werden, wie wir es bei der Formulierung der Bedingung (2) der Ausdruckscharakterisierung und an weiteren Stellen bereits getan haben.

Wir werden zur Bezeichnung von Ausdrücken die Buchstaben: H, G, A, B, C, ..., eventuell mit Indizes, benutzen. Große griechische Buchstaben wie etwa Σ, θ werden Ausdrucksmengen bedeuten.

2.2. Ausgezeichnete Quasiwahrheitswerte, Tautologien und Folgerungen

Trotz der in Abschnitt 1.1 erwähnten Schwierigkeit der inhaltlichen Interpretation der Quasiwahrheitswerte mehrwertiger logischer Systeme oder zumindest der Schwierigkeit der Deutung der zu den Quasiwahrheitswerten 0, 1 „hinzukommenden" Werte orientiert sich vielfach das intuitive Verständnis für die Quasiwahrheitswerte mehrwertiger logischer Systeme an der Vorstellung, daß diese Quasiwahrheitswerte eine Art von Abstufung des Wahrseins – und vielleicht auch des Falschseins – oder aber eine Graduierung zwischen (wirklicher, echter, absoluter) Wahrheit und (wirklicher, echter, absoluter) Falschheit bedeuten. Ohne jeden Bezug auf die vielschichtigen philosophischen Probleme, die sich aus solchen Vorstellungen ergeben, entsteht unmittelbar das formale Problem, welche Quasiwahrheitswerte eines mehrwertigen logischen Systems an die Stelle des Wahrheitswertes W der klassischen Logik treten sollen, und eventuell auch, welche Werte an Stelle des anderen Wahrheitswertes F der klassischen Logik treten sollen.

Unsere bereits in Abschnitt 1.1 getroffene Festlegung, daß bei alleiniger Betrachtung der Quasiwahrheitswerte 0, 1 diese die Rolle der Wahrheitswerte F, W übernehmen sollen, bedeutet zunächst nur, daß der Quasiwahrheitswert 1 einer der Quasiwahrheitswerte ist, die an Stelle des Wahrheitswertes W treten, und daß der Quasiwahrheitswert 0 einer derjenigen Werte ist, die an Stelle des Wahrheitswertes F treten. Damit ist aber nicht ausgeschlossen, daß auch weitere Quasiwahrheitswerte an

Stelle des Wahrheitswertes W (und ebenso weitere an Stelle des Wahrheitswertes F) treten.

Häufig interessiert man sich in erster Linie für diejenigen Quasiwahrheitswerte, die an Stelle des Wahrheitswertes W treten: Sie werden dann *ausgezeichnete* Quasiwahrheitswerte genannt. Interessiert man sich auch für diejenigen Quasiwahrheitswerte, die an Stelle des Wahrheitswertes F der klassischen Logik treten, so unterscheidet man zwischen *positiv ausgezeichneten* und *negativ ausgezeichneten* Quasiwahrheitswerten; die positiv ausgezeichneten sind in diesem Falle diejenigen, die an Stelle des Wahrheitswertes W treten, während die negativ ausgezeichneten Quasiwahrheitswerte an die Stelle des Wahrheitswertes F treten (vgl. RESCHER [1969]).

Für die Festlegung, welche Quasiwahrheitswerte (positiv) ausgezeichnet sein sollen, gibt es keine allgemeinen Regeln. Normalerweise betrachtet man den Quasiwahrheitswert 1 als ausgezeichneten Quasiwahrheitswert, und mit jedem ausgezeichneten Quasiwahrheitswert **t** auch jeden anderen Quasiwahrheitswert als ausgezeichnet, der – in einer natürlichen Anordnung der Quasiwahrheitswerte mit 1 als größtem – größer als **t** ist.

Analoges gilt für negativ ausgezeichnete Quasiwahrheitswerte (mit 0 an Stelle von 1 und „kleiner“ statt „größer“).

Übrigens wird nicht verlangt, daß im Falle des Vorhandenseins positiv ausgezeichneter und negativ ausgezeichneter Quasiwahrheitswerte jeder Quasiwahrheitswert in einer dieser beiden Arten ausgezeichnet sein soll. Es gibt vielmehr zwei prinzipiell unterschiedliche Positionen hinsichtlich ausgezeichneter Quasiwahrheitswerte. Eine dieser Positionen nimmt im wesentlichen eine Zweiteilung der Gesamtheit der Quasiwahrheitswerte vor, wobei es im allgemeinen genügt, die (positiv) ausgezeichneten Quasiwahrheitswerte allein zu kennzeichnen, die nicht gekennzeichneten, d. h. die nicht ausgezeichneten Quasiwahrheitswerte übernehmen de facto die Rolle negativ ausgezeichneter Werte. Die andere dieser Positionen akzeptiert eine Dreiteilung der Gesamtheit aller Quasiwahrheitswerte in positiv ausgezeichnete, negativ ausgezeichnete und nichtausgezeichnete; letztere werden im allgemeinen als „zwischen“ den positiv und den negativ ausgezeichneten Quasiwahrheitswerten liegend angesehen. Überhaupt wird normalerweise implizit eine – wenigstens partielle – Ordnung der Quasiwahrheitswerte derart unterstellt, daß ein „Absteigen“ vom Wert 1 zum Wert 0 möglich ist und wenigstens gewisse Quasiwahrheitswerte untereinander vergleichbar sind, d. h., es wird unterstellt, daß die Menge der Quasiwahrheitswerte in einer natürlichen Weise halbgeordnet ist.

Da wir weiterhin negativ ausgezeichnete Quasiwahrheitswerte kaum zu betrachten haben werden, sollen im folgenden immer positiv ausgezeichnete Werte gemeint sein, wenn lediglich von ausgezeichneten Quasiwahrheitswerten gesprochen wird. Die Menge aller (positiv) ausgezeichneten Quasiwahrheitswerte eines mehrwertigen logischen Systems **S** werde mit $\mathscr{D}^{\mathbf{S}}$ bezeichnet.

Hat man ausgezeichnete Quasiwahrheitswerte zur Verfügung, so kann man leicht Beziehungen zwischen Wahrheitswertfunktionen mehrwertiger logischer Systeme und denen der klassischen Aussagenlogik betrachten, sofern man annimmt, daß festgelegt ist, welche mehrwertigen Junktoren welchen klassischen Junktoren entsprechen sollen.

Nehmen wir an, daß NON, ET, VEL, SEQ Wahrheitswertfunktionen bezüglich einer fixierten Menge von Quasiwahrheitswerten sind, deren entsprechende Junktoren Analoga der klassischen Junktoren Negator, Konjunktor, Alternator bzw. Implikator seien. Man sagt, daß diese Wahrheitswertfunktionen die *Standardbedingungen* erfüllen, falls gelten:

(N) NON(x) ist genau dann ein ausgezeichneter Quasiwahrheitswert, wenn x kein ausgezeichneter Quasiwahrheitswert ist;

(K) ET(x, y) ist genau dann ein ausgezeichneter Quasiwahrheitswert, wenn x, y ausgezeichnete Quasiwahrheitswerte sind;

(A) VEL(x, y) ist genau dann ein nicht-ausgezeichneter Quasiwahrheitswert, wenn x, y nicht-ausgezeichnete Quasiwahrheitswerte sind;

(I) SEQ(x, y) ist genau dann ein nicht-ausgezeichneter Quasiwahrheitswert, wenn x ein ausgezeichneter und y ein nicht-ausgezeichneter Quasiwahrheitswert ist.

Dabei ist unterstellt, daß es nur (positiv) ausgezeichnete Quasiwahrheitswerte gibt, und daß die nicht-ausgezeichneten Quasiwahrheitswerte an die Stelle des Wahrheitswertes **F** der klassischen Logik treten (vgl. ROSSER/TURQUETTE [1952]).

Während Bezugnahme auf die Standardbedingungen unterstellt, daß fixiert ist, welcher Junktor eines mehrwertigen logischen Systems Analogon welches klassischen Junktors ist, gibt es eine weitere Möglichkeit, mehrwertige Junktoren bzw. Wahrheitswertfunktionen auf klassische zu beziehen. Wir sagen, daß ein Junktor φ eines mehrwertigen logischen Systems **S** bzw. die ihm entsprechende Wahrheitswertfunktion $\text{ver}_\varphi^{\mathbf{S}}$ die *Normalbedingung* erfülle, falls die Funktion $\text{ver}_\varphi^{\mathbf{S}}$ nur Werte aus $\{0, 1\}$ annimmt, solange ihre Argumente Werte aus $\{0, 1\}$ sind, d. h. falls die Wahrheitswertfunktion $\text{ver}_\varphi^{\mathbf{S}}$ bei Einschränkung der Argumentwerte auf die Menge $\{0, 1\}$ von Quasiwahrheitswerten übereinstimmt mit der Wahrheitswertfunktion einer klassisch-logischen Aussagenverknüpfung — wobei dann natürlich stets **W** für 1 und **F** für 0 zu lesen ist.

Die durch die Normalbedingung einerseits und durch die Standardbedingung andererseits formulierten Forderungen an Junktoren mehrwertiger logischer Systeme sind voneinander unabhängig: Wir werden später sowohl Beispiele für Junktoren kennenlernen, die der Normal-, aber nicht der Standardbedingung genügen, als auch für Junktoren, die einer Standard-, aber nicht der Normalbedingung genügen. Leicht zu konstruieren sind schließlich sowohl Beispiele für solche Junktoren, die beiden Bedingungen genügen, als auch für solche Junktoren, die beide Bedingungen verletzen.

Mit Hilfe der Menge $\mathscr{D}^{\mathbf{S}}$ aller ausgezeichneten Quasiwahrheitswerte eines mehrwertigen logischen Systems **S** sind wir nun sowohl in der Lage zu erklären, welche Ausdrücke Tautologien heißen sollen, als auch den (semantischen) Folgerungsbegriff weitgehend ebenso wie in der klassischen Logik einzuführen. Unter einer *Tautologie* eines mehrwertigen aussagenlogischen Systems **S**, kurz auch **S**-Tautologie genannt, verstehen wir einen Ausdruck H der Sprache von **S**, für den

$$\mathrm{Wert}^{\mathbf{S}}(H, \beta) \in \mathscr{D}^{\mathbf{S}}$$

für jede Belegung $\beta : V_0 \to \mathscr{W}^{\mathbf{S}}$ der Aussagenvariablen mit Quasiwahrheitswerten gilt, d. h. dessen Quasiwahrheitswert stets ein ausgezeichneter ist. Die Menge aller Tautologien des Systems **S** sei $\mathrm{Taut}^{\mathbf{S}}$.

Wie üblich ist die Menge aller **S**-Tautologien abgeschlossen gegen Einsetzungen.

Satz 2.2.1. *Ist H eine **S**-Tautologie und entsteht H' dadurch aus H, daß simultan in H für die Aussagenvariablen $p_1, \ldots, p_k$ **S**-Ausdrücke $H_1, \ldots, H_k$ eingesetzt werden, so ist auch H' eine **S**-Tautologie.*

Beweis. Ist $\beta : V_0 \to \mathscr{W}^{\mathbf{S}}$ eine Belegung der Aussagenvariablen, so bilde man dazu die Variablenbelegung β^* mit

$$\beta^*(p) = \begin{cases} \mathrm{Wert}^{\mathbf{S}}(H_i, \beta), & \text{falls} \quad p = p_i \quad \text{für ein} \quad i = 1, \ldots, k \\ \beta(p) & \text{sonst.} \end{cases}$$

Nach Konstruktion von H' und β^* gilt

$$\mathrm{Wert}^{\mathbf{S}}(H', \beta) = \mathrm{Wert}^{\mathbf{S}}(H, \beta^*),$$

wie man induktiv über den Ausdrucksaufbau von H zeigt. Also gilt $\mathrm{Wert}^{\mathbf{S}}(H', \beta) \in \mathscr{D}^{\mathbf{S}}$ für jede Belegung β, also $H' \in \mathrm{Taut}^{\mathbf{S}}$. ∎

Will man auch den Begriff *Kontradiktion* für die mehrwertige Logik verallgemeinern, so bieten sich dafür z. B. folgende zwei Möglichkeiten an:

1. Verfügt das betrachtete mehrwertige logische System über eine geeignete Negation $\neg$, so kann man einen Ausdruck H seiner Sprache genau dann Kontradiktion nennen, wenn $\neg H$ eine Tautologie ist.

2. Hat das betrachtete mehrwertige logische System negativ ausgezeichnete Quasiwahrheitswerte, so kann man H Kontradiktion nennen, falls sein Quasiwahrheitswert stets – d. h., welche Quasiwahrheitswerte auch den in H vorkommenden Aussagenvariablen zugeordnet werden – ein negativ ausgezeichneter ist.

Beide Arten der Einführung des Begriffes ,,Kontradiktion" können in ein und demselben mehrwertigen System möglich sein, brauchen aber nicht dieselben Ausdrücke als Kontradiktionen zu kennzeichnen. Erfüllt allerdings die unter 1. genannte Negation die Standardbedingung (N) einer Negation und erschöpfen positiv und negativ ausgezeichnete Quasiwahrheitswerte alle Quasiwahrheitswerte, dann sind beide Arten gleichwertig.

Eine Belegung $\beta: V_0 \to \mathscr{W}^{\mathbf{S}}$, die einem Ausdruck H einen ausgezeichneten Wert zuordnet, nennt man auch ein *Modell* von H. Die *Modellklasse* $\mathrm{Mod}^{\mathbf{S}}(H)$ eines Ausdrucks H sei die Menge aller derjenigen Belegungen, die H einen ausgezeichneten Quasiwahrheitswert geben:

$$\mathrm{Mod}^{\mathbf{S}}(H) =_{\mathrm{def}} \{\beta \mid \mathrm{Wert}^{\mathbf{S}}(H, \beta) \in \mathscr{D}^{\mathbf{S}}\}. \tag{2.2.1}$$

Für Ausdrucksmengen Σ sei entsprechend die Modellklasse die Menge aller Variablenbelegungen β, die allen Ausdrücken aus Σ einen ausgezeichneten Quasiwahrheitswert geben:

$$\mathrm{Mod}^{\mathbf{S}}(\Sigma) =_{\mathrm{def}} \{\beta \mid \bigwedge_{H \in \Sigma} (\mathrm{Wert}^{\mathbf{S}}(H, \beta) \in \mathscr{D}^{\mathbf{S}})\}. \tag{2.2.2}$$

Die Tautologien sind mithin genau diejenigen Ausdrücke, deren Modellklasse die Menge aller Variablenbelegungen ist. Und als *erfüllbar* wollen wir schließlich diejenigen Ausdrücke bezeichnen, deren Modellklasse nichtleer ist:

$$H\ \mathbf{S}\text{-}\mathit{erfüllbar} =_{\mathrm{def}} \mathrm{Mod}^{\mathbf{S}}(H) \neq \emptyset. \tag{2.2.3}$$

Dem Begriff ,,Tautologie", der einer der zentralen Begriffe der klassischen Aussagenlogik ist, steht gleichberechtigt der Begriff der Folgerung aus einer Menge von Prämissen zur Seite. Und ebenso, wie die Betrachtung der (positiv) ausgezeichneten Quasiwahrheitswerte in natürlicher Weise zur Definition der Tautologien mehrwertiger logischer Systeme führte, wird die Berufung auf die ausgezeichneten Quasiwahrheitswerte zu einer natürlichen Verallgemeinerung des üblichen Folgerungsbegriffs führen.

Wir betrachten für ein gegebenes mehrwertiges aussagenlogisches System **S** einen Ausdruck H und eine Menge Σ von Ausdrücken von **S**. H möge eine *Folgerung* aus Σ heißen, bzw. wir sagen, daß *H aus Σ folgt*, falls jede solche Zuordnung von Quasiwahrheitswerten zu den in H und den Ausdrücken aus Σ vorkommenden Aussagenvariablen dem Ausdruck

H einen ausgezeichneten Quasiwahrheitswert gibt, die allen Ausdrücken aus Σ ausgezeichnete Quasiwahrheitswerte zuordnet; $\Sigma \models_{\mathbf{S}} H$ bedeute, daß H aus Σ folgt (bezüglich des mehrwertigen logischen Systems **S**). Wir schreiben $\Sigma \not\models_{\mathbf{S}} H$, falls H (bezüglich **S**) nicht aus Σ folgt. Unsere in (2.2.1) und (2.2.2) eingeführte Terminologie nutzend, definieren wir also:

$$\Sigma \models_{\mathbf{S}} H =_{\text{def}} \mathrm{Mod}^{\mathbf{S}}(\Sigma) \subseteq \mathrm{Mod}^{\mathbf{S}}(H). \tag{2.2.4}$$

Handelt es sich bei der Ausdrucksmenge Σ um die leere Menge, so schreibt man wie üblich einfacher

$$\models_{\mathbf{S}} H \quad \text{statt} \quad \emptyset \models_{\mathbf{S}} H. \tag{2.2.5}$$

Da außerdem offensichtlich $\mathrm{Mod}^{\mathbf{S}}(\emptyset)$ die Menge aller Variablenbelegungen ist, erhalten wir als unmittelbare Folgerung für beliebige Ausdrücke H:

$$\models_{\mathbf{S}} H \quad \text{gdw} \quad \mathrm{H} \in \mathrm{Taut}^{\mathbf{S}}, \tag{2.2.6}$$

die Tautologien des logischen Systems **S** sind also gerade diejenigen Ausdrücke H, die – bezüglich **S** – Folgerungen aus der leeren Ausdrucksmenge sind.

Bezeichnen wir die Menge aller Folgerungen aus einer Ausdrucksmenge Σ mit $\mathrm{Fl}^{\mathbf{S}}(\Sigma)$:

$$\mathrm{Fl}^{\mathbf{S}}(\Sigma) =_{\text{def}} \{H \mid \Sigma \models_{\mathbf{S}} H\}, \tag{2.2.7}$$

so ergeben sich für mehrwertige aussagenlogische Systeme ganz entsprechende Eigenschaften wie in der klassischen Logik (vgl. etwa Schröter [1955–58; Teil II] oder Asser [1959]).

Satz 2.2.2. *Für beliebige Ausdrucksmengen Σ, θ eines mehrwertigen aussagenlogischen Systems* **S** *gelten:*

(a) $\Sigma \subseteq \mathrm{Fl}^{\mathbf{S}}(\Sigma)$, (*Einbettung*)

(b) $\Sigma \subseteq \theta \Rightarrow \mathrm{Fl}^{\mathbf{S}}(\Sigma) \subseteq \mathrm{Fl}^{\mathbf{S}}(\theta)$, (*Monotonie*)

(c) $\mathrm{Fl}^{\mathbf{S}}(\mathrm{Fl}^{\mathbf{S}}(\Sigma)) = \mathrm{Fl}^{\mathbf{S}}(\Sigma)$. (*Abgeschlossenheit*)

Beweis. (a) ergibt sich unmittelbar aus den Definitionen (2.2.2) und (2.2.3). Für (b) genügt es zu bemerken, daß jedes Modell von θ auch ein Modell von Σ ist, d. h. $\mathrm{Mod}^{\mathbf{S}}(\theta) \subseteq \mathrm{Mod}^{\mathbf{S}}(\Sigma)$ gilt, denn ist dann $H \in \mathrm{Fl}^{\mathbf{S}}(\Sigma)$, so $\Sigma \models_{\mathbf{S}} H$, also $\mathrm{Mod}^{\mathbf{S}}(H) \supseteq \mathrm{Mod}^{\mathbf{S}}(\Sigma) \supseteq \mathrm{Mod}^{\mathbf{S}}(\theta)$ und mithin $\theta \models_{\mathbf{S}} H$, also $\mathrm{H} \in \mathrm{Fl}^{\mathbf{S}}(\theta)$. Behauptung (c) ist bewiesen, wenn $\mathrm{Fl}^{\mathbf{S}}(\mathrm{Fl}^{\mathbf{S}}(\Sigma)) \subseteq \mathrm{Fl}^{\mathbf{S}}(\Sigma)$ gezeigt sein wird, da die umgekehrte Inklusion unmittelbar aus (a) folgt. Ist aber $\mathrm{Fl}^{\mathbf{S}}(\Sigma) \models_{\mathbf{S}} H$, also $\mathrm{Mod}^{\mathbf{S}}(\mathrm{Fl}^{\mathbf{S}}(\Sigma)) \subseteq \mathrm{Mod}^{\mathbf{S}}(H)$ nach (2.2.4), so brauchen wir für $\Sigma \models_{\mathbf{S}} H$ nur $\mathrm{Mod}^{\mathbf{S}}(\Sigma) \subseteq \mathrm{Mod}^{\mathbf{S}}(\mathrm{Fl}^{\mathbf{S}}(\Sigma))$ zu zeigen, d. h. zu zeigen, daß jedes Modell von Σ auch ein Modell von $\mathrm{Fl}^{\mathbf{S}}(\Sigma)$ ist. Ist aber

$\beta \in \mathrm{Mod}^{\mathbf{S}}(\Sigma)$ und $H \in \mathrm{Fl}^{\mathbf{S}}(\Sigma)$, so $\beta \in \mathrm{Mod}^{\mathbf{S}}(H)$ wegen (2.2.7) und (2.2.4). Daher gilt wirklich $\mathrm{Mod}^{\mathbf{S}}(\Sigma) \subseteq \mathrm{Mod}^{\mathbf{S}}(\mathrm{Fl}^{\mathbf{S}}(\Sigma))$, und auch (c) ist bewiesen. ∎

Satz 2.2.3 (Kompaktheitssatz). *Besitzt bezüglich eines endlichwertigen aussagenlogischen Systems* **S** *jede endliche Teilmenge einer Ausdrucksmenge* Σ *von* **S** *ein Modell, so hat auch* Σ *ein Modell.*

Beweis. Nehmen wir an, daß jede endliche Teilmenge von Σ ein Modell besitze. Wir betrachten die Anfangsstücke der Folge aller Aussagenvariablen, d. h. die Mengen $P_n = \{p', p'', \ldots, p^{(n)}\}$ für jedes $n \geq 0$. Dabei soll $P_0 = \emptyset$ sein. Induktiv über n werden wir zeigen, daß es zu jeder dieser Mengen P_n von Aussagenvariablen eine (partielle) Variablenbelegung $\alpha_n : P_n \to \mathscr{W}^{\mathbf{S}}$ gibt, so daß

(a) für jedes $m < n$ die Belegung α_n Fortsetzung der Belegung α_m ist, d. h., daß $\alpha_n(q) = \alpha_m(q)$ gilt für alle $q \in P_m$;
(b) zu jeder endlichen Teilmenge Σ' von Σ ein Modell β_n von Σ' existiert, das auf P_n mit α_n übereinstimmt, d. h. für das $\beta_n(q) = \alpha_n(q)$ gilt für jedes $q \in P_n$.

Für $n = 0$ gibt es nichts zu beweisen, da Bedingung (a) leer wird und (b) erfüllt ist, da nach Voraussetzung jede endliche Teilmenge Σ' von Σ ein Modell hat. Sei also unsere Behauptung für $n = k$ richtig. Dann setzen wir

$$\alpha_{k+1}(q) =_{\mathrm{def}} \alpha_k(q) \quad \text{für alle} \quad q \in P_k,$$

womit (a) für α_{k+1} erfüllt ist. Es verbleibt die Festlegung des Funktionswertes $\alpha_{k+1}(p^{(k+1)})$.

Ist **S** ein M-wertiges System, also o. B. d. A. $\mathscr{W}^{\mathbf{S}} = \left\{\frac{k}{M-1} \,\middle|\, 0 \leq k < M\right\}$, so gibt es bezüglich $p^{(k+1)}$ zunächst die folgenden 2 Möglichkeiten:

(1) Es gibt eine endliche Menge $\Sigma_0 \subseteq \Sigma$, so daß $\gamma(p^{(k+1)}) = 0$ gilt für jedes Modell γ von Σ_0, das auf P_k mit α_k übereinstimmt.
(2) Jede endliche Teilmenge $\Sigma' \subseteq \Sigma$ hat ein Modell γ, das auf P_k mit α_k übereinstimmt und für das $\gamma(p^{(k+1)}) \in \left\{\frac{1}{M-1}, \frac{2}{M-1}, \ldots, 1\right\}$ ist.

Im Falle (1) hat jede endliche Menge $\Sigma' \subseteq \Sigma$ ein Modell δ mit $\delta(p^{(k+1)}) = 0$, das auf P_k mit a_k übereinstimmt. Andernfalls gäbe es eine endliche Menge $\Sigma_0' \subseteq \Sigma$ derart, daß $\delta(p^{(k+1)}) > 0$ wäre für jedes Modell δ von Σ_0', das auf P_k mit α_k übereinstimmt. Dann hätte aber die endliche Teilmenge $\Sigma_0 \cup \Sigma_0'$ von Σ kein Modell, das auf P_k mit α_k übereinstimmt – im Widerspruch zur Induktionsannahme, daß (b) für $n = k$ gilt. Also können wir

$$\alpha_{k+1}(p^{(k+1)}) =_{\text{def}} 0 \quad \text{im Falle (1)}$$

setzen und damit (b) für $n = k + 1$ erfüllen.

Liegt Fall (2) vor, so sollen folgende beiden weiteren Fälle unterschieden werden:

(3) Es gibt eine endliche Menge $\Sigma_1 \subseteq \Sigma$, so daß $\gamma(p^{(k+1)}) = \dfrac{1}{M-1}$ gilt für jedes Modell γ von Σ_1, das auf P_k mit α_k übereinstimmt.

(4) Jede endliche Menge $\Sigma' \subseteq \Sigma$ hat ein Modell γ, das auf P_k mit α_k übereinstimmt und für das $\gamma(p^{(k+1)}) \in \left\{\dfrac{2}{M-1}, \dfrac{3}{M-1}, \ldots, 1\right\}$ ist.

Erneut zeigt man leicht, daß im Falle (3) jede endliche Menge $\Sigma' \subseteq \Sigma$ ein Modell δ mit $\delta(p^{(k+1)}) = \dfrac{1}{M-1}$ hat, das auf P_k mit α_k übereinstimmt. Andernfalls gäbe es eine endliche Menge $\Sigma_1' \subseteq \Sigma$ derart, daß $\delta(p^{(k+1)}) > \dfrac{1}{M-1}$ wäre für jedes Modell δ von Σ_1' – und dies ergäbe erneut einen Widerspruch zur Induktionsannahme. Also können wir

$$\alpha_{k+1}(p^{(k+1)}) =_{\text{def}} \frac{1}{M-1} \quad \text{im Falle (3)}$$

setzen und damit (b) für $n = k + 1$ erfüllen.

Fall (4) wird in ganz analoger Weise wie eben Fall (2) in zwei weitere Unterfälle zerlegt. Und dieses Beweisverfahren wird fortgesetzt bis zu den Fällen:

$(2M - 3)$ Es gibt eine endliche Menge $\Sigma_{M-2} \subseteq \Sigma$, so daß

$$\gamma(p^{(k+1)}) = \frac{M-2}{M-1} \quad \text{gilt für jedes Modell } \gamma \text{ von } \Sigma_{M-2},$$

das auf P_k mit α_k übereinstimmt.

$(2M - 2)$ Jede endliche Menge $\Sigma' \subseteq \Sigma$ hat ein Modell γ, das auf P_k mit α_k übereinstimmt und für das $\gamma(p^{(k+1)}) = 1$ ist.

Es ist dann wie in den Fällen (1), (3) oben auch für den Fall $(2M - 3)$ leicht beweisbar bzw. für den Fall $(2M - 2)$ offensichtlich, daß wir

$$\alpha_{k+1}(p^{(k+1)}) =_{\text{def}} \frac{M-2}{M-1} \quad \text{im Falle} \quad (2M-3),$$

$$\alpha_{nk+1}(p^{(k+1)}) =_{\text{def}} 1 \quad \text{im Falle} \quad (2M-2)$$

setzen können und damit (b) für $n = k + 1$ erfüllen. Also ist insgesamt gezeigt, daß es für jedes n Variablenbelegungen $\alpha_n : P_n \to \mathcal{W}^{\mathbf{S}}$ gibt, die die Bedingungen (a), (b) erfüllen.

Nun erklären wir eine (vollständige) Variablenbelegung $\beta : \boldsymbol{V}_0 \to \mathcal{W}^{\mathbf{S}}$ dadurch, daß für jede Aussagenvariable $p^{(n)}$ gelte

$$\beta(p^{(n)}) =_{\text{def}} \alpha_n(p^{(n)}), \qquad n = 1, 2, 3, \ldots .$$

Unser Beweis ist beendet, wenn wir zeigen können, daß β ein Modell von Σ ist. Sei daher $H \in \Sigma$. Wir wählen k so, daß alle in H vorkommenden Aussagenvariablen zu P_k gehören; und wir betrachten ein Modell γ von $\{H\}$, das auf P_k mit α_k übereinstimme. Dann ist $\text{Wert}^{\mathbf{S}}(H, \gamma) \in \mathcal{D}^{\mathbf{S}}$ und außerdem $\text{Wert}^{\mathbf{S}}(H, \gamma) = \text{Wert}^{\mathbf{S}}(H, \beta)$, denn γ und β geben den in H vorkommenden Aussagenvariablen je denselben Quasiwahrheitswert. Also ist β Modell für jeden Ausdruck $H \in \Sigma$, also Modell von Σ. ∎

Für den Beweis des nachfolgenden sogenannten Endlichkeitssatzes der Folgerungsbeziehung ist es vorteilhaft, noch eine andere Variante dieses Kompaktheitssatzes zur Verfügung zu haben.

Satz 2.2.4. *Besitzt bezüglich eines endlichwertigen aussagenlogischen Systems* **S** *und eines* **S**-*Ausdrucks G jede endliche Teilmenge einer Ausdrucksmenge Σ von* **S** *ein Modell, das zugleich kein Modell von G ist, so hat auch Σ ein Modell, das kein Modell von G ist.*

Der Beweis kann fast wörtlich wie der Beweis des Kompaktheitssatzes geführt werden, nur hat man überall statt Modellen von Σ bzw. $\Sigma' \subseteq \Sigma$ lediglich solche Modelle von Σ bzw. $\Sigma' \subseteq \Sigma$ zu betrachten, die zugleich keine Modelle von G sind. Für den Nachweis, daß auch die in jenem Beweis abschließend konstruierte Variablenbelegung β kein Modell von G ist, nutze man vorteilhaft die Tatsache aus, daß auch in G nur endlich viele Aussagenvariablen vorkommen. (Der Leser führe die Details übungshalber selbst aus.)

Übrigens ist immer dann Satz 2.2.4 eine Verschärfung des Kompaktheitssatzes 2.2.3, wenn es in der Sprache von **S** einen Ausdruck gibt, dessen Quasiwahrheitswert stets ein nicht-ausgezeichneter ist.

Satz 2.2.5 (Endlichkeitssatz). *Ist* **S** *ein endlichwertiges aussagenlogisches System und gilt $\Sigma \models_{\mathbf{S}} H$ für einen Ausdruck H und eine Menge Σ von Ausdrücken von* **S**, *so gibt es eine endliche Menge $\Sigma^* \subseteq \Sigma$, für die bereits $\Sigma^* \models_{\mathbf{S}} H$ gilt.*

Beweis. Es sei Σ' eine endliche Teilmenge von Σ. Gilt $\Sigma' \not\models_{\mathbf{S}} H$, so gibt es ein $\alpha \in \text{Mod}^{\mathbf{S}}(\Sigma')$ derart, daß $\alpha \notin \text{Mod}^{\mathbf{S}}(H)$. Gilt also $\Sigma' \not\models_{\mathbf{S}} H$ für jede endliche Teilmenge Σ' von Σ, so können wir Satz 2.2.4 anwenden und erhalten, daß ein $\beta \in \text{Mod}^{\mathbf{S}}(\Sigma)$ existiert, so daß $\beta \notin \text{Mod}^{\mathbf{S}}(H)$ ist. Also gilt $\Sigma \not\models_{\mathbf{S}} H$. Damit ist die Kontraposition unserer Behauptung und also diese selbst bewiesen. ∎

Es ist wesentlich, daß wir sowohl beim Kompaktheitssatz als auch beim Endlichkeitssatz endlichwertige Systeme betrachtet haben. Wir wollen durch ein Gegenbeispiel nun noch zeigen, daß beide Resultate für unendlichwertige aussagenlogische Systeme nicht zu gelten brauchen.

Das mehrwertige aussagenlogische System $\mathbf{S}^0$ habe die unendliche Quasiwahrheitswertmenge

$$\mathscr{W}^{\mathbf{S}^0} = \{0\} \cup \left\{\frac{1}{2^n} \,\middle|\, n \geq 0\right\}$$

und im Alphabet einen zweistelligen Junktor $\rightharpoonup$, einen einstelligen Junktor v und eine Quasiwahrheitswertkonstante O. Die Menge $\mathscr{D}^{\mathbf{S}^0}$ der ausgezeichneten Quasiwahrheitswerte sei irgendeine den Wert O nicht enthaltende Teilmenge von $\mathscr{W}^{\mathbf{S}^0}$. Die Konstante O bezeichne den Quasiwahrheitswert 0; die Wahrheitswertfunktionen zu $\rightharpoonup$ und v mögen die Eigenschaften haben:

$$\mathrm{ver}_{\rightharpoonup}^{\mathbf{S}^0}(x, y) \in \mathscr{D}^{\mathbf{S}^0} \quad \text{gdw} \quad x \leq y,$$

$$\mathrm{ver}_{\mathsf{v}}^{\mathbf{S}^0}(x) = \frac{1}{2}\, x.$$

Für beliebige Ausdrücke H von $\mathbf{S}^0$ sei $\mathsf{v}^n H$ die n-fache Iteration der Anwendung des Junktors v; es sei also $\mathsf{v}^0 H =_{\mathrm{def}} H$ und $\mathsf{v}^{k+1} H =_{\mathrm{def}} \mathsf{v}(\mathsf{v}^k H)$. Es seien

$$\Sigma = \{(p' \rightharpoonup \mathsf{v}^n p'') \mid n \geq 0\},$$

$$G = (p' \rightharpoonup \mathsf{O}).$$

Man sieht sofort, daß für jede Variablenbelegung $\alpha \in \mathrm{Mod}^{\mathbf{S}^0}(\Sigma)$ gelten muß, daß $\alpha(p') = 0$ ist. Also gilt $\Sigma \models_{\mathbf{S}^0} G$. Ist aber Σ' eine endliche Teilmenge von Σ und $\beta \in \mathrm{Mod}^{\mathbf{S}^0}(\Sigma')$, so muß nur $\alpha(p') \leq \left(\frac{1}{2}\right)^m \cdot \alpha(p'')$ sein für den größten „Exponenten" m, für den $(p' \rightharpoonup \mathsf{v}^m p'') \in \Sigma'$ ist. Also gibt es Modelle $\gamma \in \mathrm{Mod}^{\mathbf{S}^0}(\Sigma')$ mit $\gamma(p') \neq 0$, also mit $\gamma \notin \mathrm{Mod}^{\mathbf{S}^0}(G)$. Also gilt $\Sigma' \not\models_{\mathbf{S}^0} G$ für jede endliche Teilmenge Σ' von Σ.

Da somit der Endlichkeitssatz für $\mathbf{S}^0$ nicht gilt, kann weder der Kompaktheitssatz noch Satz 2.2.4 für $\mathbf{S}^0$ gelten.

2.3. Spezielle Junktoren und Mengen von Quasiwahrheitswerten

Die bisherige Entwicklung der mehrwertigen Logik ist so verlaufen, daß dabei trotz der möglichen großen Allgemeinheit hinsichtlich der Menge der Quasiwahrheitswerte und auch hinsichtlich der Wahl der Wahrheitswertfunktionen und der in den Systemen mehrwertiger Aussagenlogik betrachteten Junktoren, denen diese entsprechen, einige spezielle Quasiwahrheitswertmengen und Wahrheitswertfunktionen besonders häufig und intensiv betrachtet worden sind.

Bei den endlichen Mengen von Quasiwahrheitswerten handelt es sich dabei einerseits um lückenlose Anfangsabschnitte der Reihe der natürlichen Zahlen, also um Mengen der Art

$$\{1, 2, \ldots, M\} \tag{2.3.1}$$

für gegebenes M, oder um Mengen rationaler Zahlen zwischen 0 und 1 der Art

$$\mathscr{W}_M = \left\{0, \frac{1}{M-1}, \frac{2}{M-1}, \ldots, \frac{M-2}{M-1}, 1\right\}. \tag{2.3.2}$$

Als unendliche Quasiwahrheitswertmengen betrachtet man mitunter die Menge $\mathbf{N}$ aller natürlichen Zahlen, aber vorzugsweise entweder die Menge $\mathscr{W}_{\aleph_0}$ aller rationalen Zahlen, d. h. Brüche $\frac{m}{n}$ zwischen 0 und 1:

$$\mathscr{W}_{\aleph_0} = \{m/n \mid 0 \leq m \leq n \wedge n \neq 0\}, \tag{2.3.3}$$

oder die Menge $\mathscr{W}_\infty$ aller reellen Zahlen zwischen 0 und 1:

$$\mathscr{W}_\infty = \{x \mid 0 \leq x \leq 1\}, \tag{2.3.4}$$

die auch kurz als [0, 1] bezeichnet wird.

Wir werden im folgenden bei unendlichen Mengen von Quasiwahrheitswerten die Gesamtheit der natürlichen Zahlen außer Betracht lassen, und auch bei den endlichen Mengen von Quasiwahrheitswerten solchen der Gestalt (2.3.2) den Vorzug geben. Dies ist in den meisten Fällen für unendliche Wertmengen eine unwesentliche und für endliche Wertmengen überhaupt keine Einschränkung: Jede Menge der Art (2.3.1) läßt sich z. B. eineindeutig auf eine solche der Art (2.3.2) abbilden, und zwar sowohl durch eine Zuordnung

$$x \mapsto \frac{x-1}{M-1} \tag{2.3.5}$$

als auch durch eine Zuordnung

$$x \mapsto \frac{M-x}{M-1}. \tag{2.3.6}$$

Die Zuordnung (2.3.5) bildet dabei die Quasiwahrheitswerte 1 bzw. M von (2.3.1) ab auf die Quasiwahrheitswerte 0 bzw. 1 von (2.3.2) und erhält die natürliche Anordnung aller Quasiwahrheitswerte; die Zuordnung (2.3.6) dagegen bildet die Quasiwahrheitswerte 1 bzw. M von (2.3.1) ab auf 1 bzw. 0 von (2.3.2) und kehrt die natürliche Anordnung der Quasiwahrheitswerte von (2.3.1) um. Außerdem gestattet jede der Zuordnungen (2.3.5), (2.3.6) auch noch eine eineindeutige Zuordnung zwischen den in einer Wertemenge (2.3.1) erklärbaren Wahrheitswertfunktionen und denen, die in der entsprechenden – d. h. gleiche Elementeanzahl habenden – Wertemenge (2.3.2) erklärt werden können. Deswegen läßt sich schließlich auch jedem mehrwertigen logischen System mit Wertemenge der Form (2.3.1) ein System mit Quasiwahrheitswertemenge der Form (2.3.2) zuordnen, das dieselben (meta)logischen Eigenschaften hat.

Derartige eineindeutige Zuordnungen sind auch von anderen endlichen Quasiwahrheitswertmengen als solchen der Form (2.3.1) auf Mengen der Form (2.3.2) möglich, nur muß man dann die Wertemengen $\mathcal{W}_M$ gegebenenfalls mit einer von der natürlichen Ordnung der Elemente verschiedenen Anordnung versehen.

Für die oben betrachteten unendlichen Quasiwahrheitswertmengen kann man zeigen, daß trotz gleicher Elementeanzahl die Wertemenge N aller natürlichen Zahlen und die Wertemenge $\mathcal{W}_{\aleph_0}$ nicht eineindeutig und ordnungserhaltend aufeinander abbildbar sind: Die Ordnung von N ist diskret, während $\mathcal{W}_{\aleph_0}$ dicht geordnet ist. Übrigens ist die Tatsache, daß die Mengen $\mathcal{W}_{\aleph_0}$ und $\mathcal{W}_\infty$ unterschiedliche Elementeanzahl haben, später von geringerer Bedeutung als die Tatsache, daß in $\mathcal{W}_\infty$ jede Teilmenge sowohl ein Supremum als auch ein Infimum hat, dies jedoch in $\mathcal{W}_{\aleph_0}$ nicht der Fall ist.

Besonders häufig betrachtete Wahrheitswertfunktionen entsprechen mehrwertigen Verallgemeinerungen der klassischen Aussagenverknüpfungen. Es gibt verschiedene Verfahren, solche Wahrheitswertfunktionen zu beschreiben. Bei endlichen, nicht zu umfangreichen Mengen von Quasiwahrheitswerten sind geeignet notierte Tabellen – sogenannte Wahrheitswerttafeln – vorteilhaft. Solche Tabellen können aber sehr umfangreich werden, wenn die Anzahl der Quasiwahrheitswerte und die Stellenzahl der Wahrheitswertfunktion größer werden: Zur Beschreibung einer 4-stelligen Wahrheitswertfunktion bei 9 Quasiwahrheitswerten muß eine solche Tabelle schon $9^4 = 6561$ Funktionswerte enthalten. Allgemein sind bei M Quasiwahrheitswerten für eine k-stellige Wahrheitswertfunktion M^k Funktionswerte anzugeben (und gibt es insgesamt M^{M^k} verschiedene k-stellige Wahrheitswertfunktionen in diesem Falle). Deshalb ist es meist günstiger, die Wahrheitswertfunktionen durch – z. B. arithmetische – Formeln zu beschreiben. Und bei unendlichen Wertemengen ist dies die wesentliche Methode, denn Wahrheitswertetafeln sind in diesem Falle prinzipiell nur zur auszugsweisen Beschreibung der Wahrheitswertfunktionen geeignet.

Wir werden an unseren folgenden Beispielen beide Darstellungsmöglichkeiten demonstrieren. Die Wahrheitswerttafeln werden wir dabei im allgemeinen für den fünfwertigen Fall, also für

$$\mathcal{W}_5 = \{0, 1/4, 1/2, 3/4, 1\}$$

notieren. Die Übertragung auf andere Mengen $\mathcal{W}_M$ von Quasiwahrheitswerten wird ohne Schwierigkeiten möglich sein, z. B. an Hand der Formeln, mit denen wir die Wahrheitswertfunktionen zusätzlich beschreiben.

2.3.1. *Wahrheitswertfunktionen für Negationen*

Häufig benutzt zur Beschreibung einer Negation in Systemen mehrwertiger Logik wird die Wahrheitswertfunktion non_1, die für den dreiwertigen Fall bei Łukasiewicz [1920] und allgemeiner in Łukasiewicz/Tarski [1930] eingeführt wurde. Die Wahrheitswerttafel für non_1 ist:

x	0	1/4	1/2	3/4	1
$\text{non}_1(x)$	1	3/4	1/2	1/4	0

eine Beschreibung durch eine Formel mithin:

$$\text{non}_1(x) =_{\text{def}} 1 - x. \tag{2.3.7}$$

Eine andere Beschreibung einer Negation wird bei Post [1921] angegeben:

x	0	1/4	1/2	3/4	1
$\text{non}_2(x)$	1	0	1/4	1/2	3/4

bzw. in Formeln allgemein:

$$\text{non}_2(x) =_{\text{def}} \begin{cases} 1, & \text{falls } x = 0 \\ x - \dfrac{1}{M-1}, & \text{falls } x \neq 0, \end{cases} \tag{2.3.8}$$

wobei noch angenommen ist, daß $\mathcal{W}_M$ die Quasiwahrheitswertmenge ist.

Während aber die Funktion non_1, erklärt durch Formel (2.3.7), sofort auch bei unseren unendlichen Quasiwahrheitswertmengen sinnvoll ist und schon bei Łukasiewicz/Tarski [1930] auch darauf bezogen wurde, hat Post [1921] nur endliche Mengen von Quasiwahrheitswerten betrachtet. Es gibt zwar verschiedene Möglichkeiten, Formel (2.3.8) und also non_2 geringfügig so abzuändern, daß eine Erweiterung auf unendliche Wertemengen möglich wird (vgl. RESCHER [1969]), wir wollen jedoch darauf hier nicht eingehen und non_2 nur bezüglich endlicher Quasiwahrheitswertmengen betrachten.

Die Funktion non_1 erfüllt die Normalbedingung, die Wahrheitswertfunktion non_2 dagegen erfüllt sie nicht, sobald $M \geq 3$ ist.

2.3.2. *Wahrheitswertfunktionen für Konjunktionen*

An erster Stelle nennen wir die Wahrheitswertfunktion et_1, die bereits bei ŁUKASIEWICZ [1920] – und allgemeiner in ŁUKASIEWICZ/TARSKI [1930] – vorkommt. Sie wird festgelegt durch die Tabelle:

et_1	0	1/4	1/2	3/4	1
0	0	0	0	0	0
1/4	0	1/4	1/4	1/4	1/4
1/2	0	1/4	1/2	1/2	1/2
3/4	0	1/4	1/2	3/4	3/4
1	0	1/4	1/2	3/4	1

et_1 ist eine zweistellige Wahrheitswertfunktion, die die Normalbedingung erfüllt. Die Spalte links des senkrechten Striches in dieser Tabelle gibt den Wert des ersten Argumentes an, die Zeile oberhalb des waagerechten Striches den Wert des zweiten Argumentes. Es ist also z. B.: $et_1(3/4, 1/2) = 1/2$.

Als Formel findet man sofort unabhängig von der Anzahl der Quasiwahrheitswerte:

$$et_1(x, y) =_{def} \min(x, y). \qquad (2.3.9)$$

Für eine zweite Art von mehrwertiger Konjunktion beschreiben wir die zugehörige Wahrheitswertfunktion et_2 zunächst durch eine Formel:

$$et_2(x, y) =_{def} \max(0, x + y - 1); \qquad (2.3.10)$$

die zugehörige (fünfwertige) Wahrheitswertetafel hat die Gestalt:

et_2	0	1/4	1/2	3/4	1
0	0	0	0	0	0
1/4	0	0	0	0	1/4
1/2	0	0	0	1/4	1/2
3/4	0	0	1/4	1/2	3/4
1	0	1/4	1/2	3/4	1

Eine dritte, mitunter betrachtete Art mehrwertiger Konjunktion wird charakterisiert durch die Wahrheitswertfunktion et_3:

$$\mathrm{et}_3(x, y) =_{\mathrm{def}} x \cdot y. \tag{2.3.11}$$

Allerdings ist et_3 nur für $\mathscr{W}_2$ und unsere unendlichen Quasiwahrheitswertmengen eine Wahrheitswertfunktion, da es zu jedem $M > 2$ Quasiwahrheitswerte $s, t \in \mathscr{W}_M$ gibt, für die $s \cdot t \notin \mathscr{W}_M$ ist. Dies ist auch der Grund dafür, daß et_3 seltener als et_1, et_2 betrachtet worden ist.

Auch die Wahrheitswertfunktionen et_2, et_3 erfüllen die Normalbedingung.

Alle diese drei Wahrheitswertfunktionen sind spezielle Beispiele für sogenannte T-Normen (nach dem englischen Terminus: triangular norm), die in Untersuchungen zu verallgemeinerten Geometrien (vgl. etwa SCHWEIZER/SKLAR [1960], [1961]) aufgetreten sind und wesentliche Eigenschaften haben, die auch Wahrheitswertfunktionen mehrwertiger Konjunktionen haben sollten.

Eine solche T-Norm $\boldsymbol{t}$ ist eine zweistellige Funktion in der Menge der Quasiwahrheitswerte – oder allgemeiner: in $[0, 1]$, für die für alle Quasiwahrheitswerte x, y, z, u gilt:

(T1) $\boldsymbol{t}(0, x) = 0$ und $\boldsymbol{t}(1, x) = x$;

(T2) $\boldsymbol{t}(x, y) \leq \boldsymbol{t}(u, z)$, falls $x \leq u$ und $y \leq z$;

(T3) $\boldsymbol{t}(x, y) = \boldsymbol{t}(y, x)$;

(T4) $\boldsymbol{t}(\boldsymbol{t}(x, y), z) = \boldsymbol{t}(x, \boldsymbol{t}(y, z))$.

Wir werden gegebenenfalls $\mathrm{et}_{\boldsymbol{t}}$ statt nur $\boldsymbol{t}$ schreiben, wenn wir eine T-Norm $\boldsymbol{t}$ als Wahrheitswertfunktion einer mehrwertigen Konjunktion auffassen.

Wegen (T1) erfüllt jede dieser Wahrheitswertfunktionen $\mathrm{et}_{\boldsymbol{t}}$ die Normalbedingung.

2.3.3. *Wahrheitswertfunktionen für Alternativen*

Ein erstes Beispiel ist diejenige Wahrheitswertfunktion vel_1, die durch die Formel

$$\mathrm{vel}_1(x, y) =_{\mathrm{def}} \max(x, y) \tag{2.3.12}$$

charakterisiert wird, bzw. deren Wertetafel ist:

vel_1	0	1/4	1/2	3/4	1
0	0	1/4	1/2	3/4	1
1/4	1/4	1/4	1/2	3/4	1
1/2	1/2	1/2	1/2	3/4	1
3/4	3/4	3/4	3/4	3/4	1
1	1	1	1	1	1

Ein zweites Beispiel einer mehrwertigen Alternative wird beschrieben durch die Wahrheitswertfunktion vel_2:

$$\text{vel}_2(x, y) =_{\text{def}} \min(1, x + y) \tag{2.3.13}$$

mit der zugehörigen Wahrheitswertetafel:

vel_2	0	1/4	1/2	3/4	1
0	0	1/4	1/2	3/4	1
1/4	1/4	1/2	3/4	1	1
1/2	1/2	3/4	1	1	1
3/4	3/4	1	1	1	1
1	1	1	1	1	1

Erneut nur bei unseren unendlichen Quasiwahrheitswertmengen (und bei dem Grenzfall $\mathcal{W}_2$) sinnvoll ist die durch die Formel

$$\text{vel}_3(x, y) =_{\text{def}} x + y - x \cdot y \tag{2.3.14}$$

beschriebene Wahrheitswertfunktion vel_3.

Weiterhin kann jeder T-Norm $\boldsymbol{t}$ eine Wahrheitswertfunktion $\text{vel}_{\boldsymbol{t}}$ zugeordnet werden vermöge der Festlegung

$$\text{vel}_{\boldsymbol{t}}(x, y) =_{\text{def}} 1 - \boldsymbol{t}(1 - x, 1 - y). \tag{2.3.15}$$

Diese Funktionen $\text{vel}_{\boldsymbol{t}}$ sind sogenannte T-Conormen; und solche T-Conormen sind Funktionen $\mathbf{s}$ in der Wertemenge – oder allgemeiner: in $[0, 1]$, für die für alle Quasiwahrheitswerte x, y, z, u gilt:

(T*1) $\mathbf{s}(0, x) = x$ und $\mathbf{s}(1, x) = 1$;

(T*2) $\mathbf{s}(x, y) \leq \mathbf{s}(u, z)$, falls $x \leq u$ und $y \leq z$;

(T*3) $\mathbf{s}(x, y) = \mathbf{s}(y, x)$;

(T*4) $\mathbf{s}(\mathbf{s}(x, y), z) = \mathbf{s}(x, \mathbf{s}(y, z))$.

Wie schon im Falle der T-Normen ergibt sich auch nun wieder, daß die Wahrheitswertfunktionen vel_1, vel_2, vel_3 T-Conormen sind. Und die Indizierung ist dabei so gewählt, daß

$$\text{vel}_i(x, y) = 1 - \text{et}_i(1 - x, 1 - y)$$

für alle $i = 1, 2, 3$ gilt.

Schließlich erfüllt jede der Wahrheitswertfunktionen $\text{vel}_{\boldsymbol{t}}$ die Normalbedingung.

2.3.4. Wahrheitswertfunktionen für Implikationen

Für den dreiwertigen Fall bereits bei ŁUKASIEWICZ [1920], allgemein dann bei ŁUKASIEWICZ/TARSKI [1930] wurde als Wahrheitswertfunktion zur Beschreibung einer mehrwertigen Implikation die Funktion seq_1 benutzt mit der Wertetafel:

seq_1	0	1/4	1/2	3/4	1
0	1	1	1	1	1
1/4	3/4	1	1	1	1
1/2	1/2	3/4	1	1	1
3/4	1/4	1/2	3/4	1	1
1	0	1/4	1/2	3/4	1

und der Beschreibung durch die Formel:

$$\text{seq}_1(x, y) =_{\text{def}} \min(1, 1 - x + y). \tag{2.3.16}$$

Es gilt mithin ganz allgemein

$$\text{seq}_1(x, y) = \begin{cases} 1, & \text{falls } x \leq y \\ 1 - x + y, & \text{falls } x > y. \end{cases}$$

Parallel dazu hat GÖDEL [1932] eine andere Art mehrwertiger Implikation betrachtet, deren Wahrheitswertfunktion seq_2 beschrieben wird durch die Wertetafel:

seq_2	0	1/4	1/2	3/4	1
0	1	1	1	1	1
1/4	0	1	1	1	1
1/2	0	1/4	1	1	1
3/4	0	1/4	1/2	1	1
1	0	1/4	1/2	3/4	1

oder allgemeiner durch die Formel

$$\text{seq}_2(x, y) =_{\text{def}} \begin{cases} 1, & \text{falls } x \leq y \\ y, & \text{falls } x > y. \end{cases} \tag{2.3.17}$$

Auch eine Abänderung der Wahrheitswertfunktion seq_2, wir wollen sie mit seq_3 bezeichnen, wird mitunter diskutiert. Sie wird definiert durch

$$\text{seq}_3(x, y) =_{\text{def}} \begin{cases} 1, & \text{falls } x \leq y \\ 0, & \text{falls } x > y. \end{cases} \tag{2.3.18}$$

Endlich ist es möglich, mit jeder T-Norm $\boldsymbol{t}$ eine Wahrheitswertfunktion $\mathrm{seq}_{\boldsymbol{t}}$ zu koppeln, die erklärt ist durch

$$\mathrm{seq}_{\boldsymbol{t}}(x, y) =_{\mathrm{def}} \sup \{z \mid \boldsymbol{t}(x, z) \leq y\}, \tag{2.3.19}$$

(vgl. Abschnitt 3.6.). Ohne Beweis sei hier erwähnt, daß auf diese Weise die Wahrheitswertfunktion seq_2 mit der T-Norm et_1 verbunden ist, und ebenso seq_1 mit der T-Norm et_2 verbunden ist. (Man achte auf den Wechsel der Indizes bei seq und et.)

Man prüft leicht nach, daß jede der Wahrheitswertfunktionen $\mathrm{seq}_{\boldsymbol{t}}$ zu einer T-Norm $\boldsymbol{t}$ und auch die Funktion seq_3 die Normalbedingung erfüllen.

2.3.5. *Die Wahrheitswertfunktionen* j_t

Um eine Möglichkeit zu haben, das Vorliegen bzw. Nichtvorliegen eines speziellen Quasiwahrheitswertes beschreiben zu können, haben Rosser/Turquette [1952] statt Konstanten spezielle einstellige Junktoren J_t, t ein Quasiwahrheitswert oder ein einem Quasiwahrheitswert eineindeutig zugeordnetes Symbol, benutzt. Die zugehörigen Wahrheitswertfunktionen j_t sind erklärt durch die Formel:

$$\mathrm{j}_t(x) =_{\mathrm{def}} \begin{cases} 1, & \text{falls} \quad x = t \\ 0, & \text{falls} \quad x \neq t. \end{cases} \tag{2.3.20}$$

Als Wertetafel für $\mathrm{j}_{3/4}$ ergibt sich also z. B. bezüglich der Wertemenge $\mathcal{W}_5$:

	0	1/4	1/2	3/4	1
$\mathrm{j}_{3/4}$	0	0	0	1	0

Eine Variante dieser Wahrheitswertfunktionen, bezeichnet: j_t^s, wird z. B. bei Strehle [1983] benutzt. Diese Wahrheitswertfunktionen sind erklärt als:

$$\mathrm{j}_t^s(x) =_{\mathrm{def}} 1 - |x - t|. \tag{2.3.21}$$

Als Wahrheitswerttafel für $\mathrm{j}_{3/4}^s$ ergibt sich nun bezüglich $\mathcal{W}_5$:

	0	1/4	1/2	3/4	1
$\mathrm{j}_{3/4}^s$	1/4	1/2	3/4	1	3/4

Jede der Wahrheitswertfunktionen j_t erfüllt die Normalbedingung, dagegen erfüllt bei mehr als zwei Quasiwahrheitswerten keine der Funktionen j_t^s die Normalbedingung.

2.4. Die Entscheidbarkeit mehrwertiger aussagenlogischer Systeme

Eine Teilmenge Σ der Menge aller Ausdrücke eines mehrwertigen aussagenlogischen Systems **S** heißt entscheidbar, falls es einen Algorithmus gibt, der für jeden Ausdruck H der Sprache von **S** festzustellen gestattet, ob H zu Σ gehört oder ob H nicht zu Σ gehört.

Unter einem Algorithmus verstehen wir dabei ein Verfahren, das auf beliebige Ausdrücke H der Sprache von **S** angewendet werden kann, das nach von vornherein – d. h. vor der Wahl von H – fixierten Regeln verfährt, und das nach jeweils endlich vielen Schritten endet und ein Ergebnis liefert. Ein solches Verfahren ist also „rein mechanisch" durchführbar und somit z. B. auf einem Computer realisierbar. Wesentlich ist, daß jeweils nach endlich vielen Verfahrensschritten ein Ergebnis vorliegen muß.

Offensichtlich ist jede endliche Menge Σ von Ausdrücken entscheidbar. Um ein Entscheidungsverfahren zu erhalten, braucht man lediglich alle Ausdrücke von Σ in einer Liste aufzuschreiben und für einen beliebigen Ausdruck H dann nachzusehen, ob er in dieser Liste vorkommt. Das ist aber in endlich vielen Schritten zu erledigen.

Normalerweise interessiert man sich für die Entscheidbarkeit recht spezieller Ausdrucksmengen Σ, z. B. für die Entscheidbarkeit der Menge aller Tautologien, der Menge aller Kontradiktionen oder der Menge aller erfüllbaren Ausdrücke. Das Problem der Entscheidbarkeit der Menge aller Tautologien ist das weitaus wichtigste unter den drei genannten Entscheidungsproblemen. Es ist sogar üblich geworden, ein mehrwertiges aussagenlogisches System schlechthin *entscheidbar* zu nennen, falls die Menge seiner Tautologien entscheidbar ist.

Die Methode der vollständigen Wahrheitswerttafeln, die schon in der klassischen Aussagenlogik ein Entscheidungsverfahren sowohl für die Menge aller klassischen Tautologien als auch für die Menge aller (klassisch) erfüllbaren Ausdrücke und die aller (klassischen) Kontradiktionen liefert, vermag auch für viele mehrwertige aussagenlogische Systeme als Entscheidungsverfahren zu dienen. Voraussetzung für die Anwendung dieser Methode ist, daß jeder Ausdruck H eindeutig in seine sämtlichen Teilausdrücke zerlegt werden kann und daß der Quasiwahrheitswert eines Ausdrucks H bezüglich einer Variablenbelegung β de facto nur von den Quasiwahrheitswerten abhängt, die durch β den in H vorkommenden Aussagenvariablen gegeben werden. Beide Bedingungen sind in allen von uns betrachteten mehrwertigen aussagenlogischen Systemen erfüllt. Außerdem hat jeder Ausdruck gemäß unserer Ausdrucksdefinition nur endlich viele Teilausdrücke. (Ein Resultat, das leicht induktiv über den

Ausdrucksaufbau beweisbar ist, weil wir nur endlichstellige Junktoren betrachten.) Also kommen in jedem Ausdruck auch nur endlich viele verschiedene Aussagenvariablen vor. Es ist leicht, alle Teilausdrücke eines Ausdrucks H nach steigender Komplexität, also beginnend mit den in H vorkommenden Aussagenvariablen und Quasiwahrheitswertkonstanten, in eine Reihe zu ordnen. Schreibt man sich dann zeilenweise darunter alle möglichen Zuordnungen von Quasiwahrheitswerten zu den in H vorkommenden Aussagenvariablen und die jeweils zugehörigen Quasiwahrheitswerte aller Teilausdrücke von H auf, so erhält man die vollständige Wahrheitswerttafel für H.

Gibt es im mehrwertigen aussagenlogischen System **S** nur endlich viele Quasiwahrheitswerte, so hat für jeden Ausdruck H von **S** dessen Wahrheitswerttafel nur endlich viele Zeilen, ist also insgesamt endlich. Da das Aufstellen der vollständigen Wahrheitswerttafel rein mechanisch erfolgen kann, denn bei nur endlich vielen Quasiwahrheitswerten und einer endlichen Menge $\boldsymbol{J}^{\mathbf{S}}$ von Junktoren im Alphabet von **S** kann das Aufsuchen der Funktionswerte der Funktionen $\mathrm{ver}_{\varphi}^{\mathbf{S}}$ für $\varphi \in \boldsymbol{J}^{\mathbf{S}}$ bei gegebenen Argumentwerten als das Nachschlagen in einer endlichen Menge von endlichen Funktionstabellen interpretiert werden, ist unter diesen Voraussetzungen die Methode des Aufstellens der vollständigen Wahrheitswerttafel ein Entscheidungsverfahren sowohl für die Menge der Tautologien von **S** als auch für die Menge der erfüllbaren Ausdrücke von **S**.

Jedes von uns betrachtete mehrwertige aussagenlogische System mit endlicher Quasiwahrheitswertmenge und endlicher Menge von Junktoren im Alphabet ist also entscheidbar. Die Endlichkeit der Junktorenmenge ist dabei sogar noch unwesentlich, da im Falle einer endlichen Quasiwahrheitswertmenge in jedem Falle nur endlich viele verschiedene Wahrheitswertfunktionen existieren.

Für aussagenlogische Systeme mit unendlicher Menge von Quasiwahrheitswerten läßt sich kein solch umfassendes Resultat beweisen. Es hängt in diesem Falle stark vom konkret betrachteten logischen System ab, ob es entscheidbar ist oder nicht. Beide Möglichkeiten bestehen. Wir werden deshalb für konkrete Systeme mit unendlich vielen Quasiwahrheitswerten die Frage nach ihrer Entscheidbarkeit jeweils gesondert zu betrachten haben.

2.5. Die Axiomatisierbarkeit mehrwertiger aussagenlogischer Systeme

Wie die gesamte moderne formale Logik ist auch die mehrwertige Logik bestrebt, ihre Systeme in der Form von Kalkülen darzustellen. Unter einem *Kalkül* verstehen wir dabei ein syntaktisches Verfahren zur Erzeugung von Ausdrücken einer gegebenen Sprache. Da die hier betrachteten Kalküle stets Kalküle für ein fixiertes System mehrwertiger Logik sein werden, wird die normierte Sprache jenes Logiksystems immer zugleich grundlegend für die Sprache sein, die den syntaktischen Umformungen und Herleitungen der entsprechenden Kalküle zugrunde liegt.

Um als Verfahren zur Ausdruckserzeugung dienen zu können, müssen zu Kalkülen folgende Daten gehören:

(K1) eine — möglicherweise leere — vorgegebene Menge von Ausdrücken, die sogenannten Axiome des jeweiligen Kalküls, die als Ausgangspunkte für die Erzeugung weiterer Ausdrücke dienen können;

(K2) Regeln, die es gestatten, von gewissen Ausdrücken zu weiteren Ausdrücken überzugehen — die sogenannten Schlußregeln bzw. Ableitungsregeln des Kalküls;

(K3) eventuell zusätzliche Festlegungen darüber, unter welchen Voraussetzungen welche Schlußregel angewendet werden darf.

Da Kalküle syntaktische Verfahren sein sollen, dürfen die unter (K2) genannten Schlußregeln und die gemäß (K3) für ihre Anwendbarkeit formulierten Bedingungen nur syntaktischer Natur sein, d. h. nur Bezug nehmen auf die syntaktische Gestalt, die Form der jeweils betrachteten Ausdrücke, nicht aber auf deren inhaltliche Bedeutung, ihren semantischen Status. Da schließlich Kalküle Verfahren sein sollen, die ebenso wie die in Abschnitt 2.4 besprochenen Entscheidungsverfahren „rein mechanisch" ausführbar sein sollen, muß die Menge der Axiome eines Kalküls selbst eine entscheidbare Menge von Ausdrücken sein — und müssen auch alle syntaktischen Eigenschaften der Ausdrücke entscheidbar sein, auf die in den Schlußregeln und ihren Anwendungsbedingungen Bezug genommen wird.

Die in einem Kalkül **K** erzeugbaren Ausdrücke werden auch in **K** ableitbar bzw. kürzer **K**-ableitbar genannt oder auch Theoreme von **K**; man schreibt: $\vdash_{\mathbf{K}} H$, falls der Ausdruck H im Kalkül **K** ableitbar ist. Außerdem sagt man, daß durch einen Kalkül **K** ein Ableitungsbegriff $\vdash_{\mathbf{K}}$ festgelegt sei, der durch die unter (K1) bis (K3) genannten Daten konstituiert wird.

Wie schon beim Problem der Entscheidbarkeit ist es auch nun wieder die Menge aller Tautologien eines gegebenen logischen Systems **S**, für die man vorzugsweise einen Kalkül sucht, der gerade diese Ausdrucksmenge erzeugt. In ganz analoger Weise kann man nach Kalkülen suchen, die z. B. genau die erfüllbaren Ausdrücke von **S** oder — falls dieser Begriff eingeführt ist — genau die Kontradiktionen von **S** erzeugen; aber beide

Aufgaben sind schon für Systeme der klassischen Logik nur wenig, jedoch für mehrwertige logische Systeme so gut wie gar nicht untersucht worden.

Wir nennen ein mehrwertiges logisches System **S** *axiomatisierbar*, falls es einen Kalkül **K** gibt, der nur Tautologien von **S** erzeugt, aber zugleich auch alle Tautologien von **S** abzuleiten gestattet. Solch ein Kalkül leistet eine *adäquate Axiomatisierung* des Systems **S**. Die Eigenschaft, nur Tautologien von **S** zu erzeugen, nennt man die *Korrektheit* des Kalküls **K**; die Eigenschaft, alle Tautologien von **S** zu erzeugen, heißt *Vollständigkeit* des Kalküls **K**. Ein mehrwertiges logisches System **S** axiomatisieren heißt demnach, einen Kalkül **K** anzugeben, der – bezüglich **S** – korrekt und vollständig ist.

Im folgenden wollen wir nach einer von ROSSER/TURQUETTE [1952] angegebenen Methode eine umfangreiche Klasse mehrwertiger aussagenlogischer Systeme axiomatisieren. Bevor wir die entsprechenden Kalküle angeben können, benötigen wir jedoch noch einige Hilfsbegriffe.

S sei ein mehrwertiges aussagenlogisches System, dessen Menge von Quasiwahrheitswerten von der Form $\mathcal{W}_M$ für ein $M \geq 2$ sei. Im Alphabet von **S**, d. h. in der Junktorenmenge $\boldsymbol{J}^{\mathbf{S}}$, mögen ein zweistelliger Junktor $\rightarrow$ und für jeden Quasiwahrheitswert $t \in \mathcal{W}^{\mathbf{S}}$ ein einstelliger Junktor J_t vorhanden sein, bzw. solche Junktoren mögen mittels der in $\boldsymbol{J}^{\mathbf{S}}$ vorhandenen Junktoren in der Sprache von **S** definierbar sein derart, daß:

(J1) die zum Junktor $\rightarrow$ gehörende Wahrheitswertfunktion die Standardbedingung (I) eines Implikationsanalogons erfülle;

(J2) für jeden Junktor J_t die zugehörige einstellige Wahrheitswertfunktion genau für den Argumentwert t einen ausgezeichneten Quasiwahrheitswert als Funktionswert habe und für alle anderen Argumentwerte $s \neq t$ als Funktionswert einen nicht-ausgezeichneten Quasiwahrheitswert.

Offensichtlich sind die zu den Junktoren J_t gehörenden Wahrheitswertfunktionen naheliegende Verallgemeinerungen der in Abschnitt 2.3.5 betrachteten Wahrheitswertfunktionen j_t, die allerdings nicht mehr die Normalbedingung zu erfüllen brauchen.

Um die folgenden Axiome kurz aufschreiben zu können, führen wir noch eine Abkürzung ein. Für beliebige Ausdrücke $H_1, H_2, \ldots, G$ der Sprache von **S** seien

$$\underset{i=1}{\overset{0}{\circledrightarrow}} (H_i, G) =_{\text{def}} G, \tag{2.5.1}$$

$$\underset{i=1}{\overset{k+1}{\circledrightarrow}} (H_i, G) =_{\text{def}} H_{k+1} \rightarrow \underset{i=1}{\overset{k}{\circledrightarrow}} (H_i, G). \tag{2.5.2}$$

Es ist also z. B.

$$\bigodot_{i=1}^{1} (H_i, G) \quad \text{der Ausdruck} \quad H_1 \to G,$$

$$\bigodot_{i=1}^{3} (H_i, G) \quad \text{der Ausdruck} \quad H_3 \to (H_2 \to (H_1 \to G)).$$

In der klassischen Aussagenlogik ergibt sich aus dem Satz von der Prämissenverschmelzung, der besagt, daß Ausdrücke

$$A \Rightarrow (B \Rightarrow C) \quad \text{und} \quad A \wedge B \Rightarrow C$$

der Sprache der klassischen Aussagenlogik stets semantisch äquivalent sind, sofort die Möglichkeit, einen – formal wie in (2.5.1), (2.5.2) definierbaren – Ausdruck der Gestalt $\bigodot_{i=1}^{m} (H_i, G)$ semantisch äquivalent umzuformen in eine Implikation, deren Hinterglied G und deren Vorderglied die Konjunktion der Ausdrücke $H_1, \ldots, H_m$ ist. In Systemen mehrwertiger Aussagenlogik hat man solch eine Umformungsmöglichkeit im allgemeinen nicht und muß deswegen mit den komplizierter lesbaren Ausdrücken der Gestalt $\bigodot_{i=1}^{m} (H_i, G)$ arbeiten.

Den Kalkül $\mathbf{K}_{\mathrm{RT}}^{M}$, den wir für das M-wertige aussagenlogische System S nun festlegen wollen, werden wir mittels Axiomenschemata formulieren. Axiom ist dann jeder Ausdruck der Sprache von S, der die Gestalt eines der in den Axiomenschemata angegebenen Ausdrücke hat. Dem Nachteil, daß bei dieser Formulierung des Kalküls $\mathbf{K}_{\mathrm{RT}}^{M}$ mit Axiomenschemata jedes derartige Schema für unendlich viele Axiome steht, steht der Vorteil gegenüber, daß wir die Einsetzungsregel nicht als Ableitungsregel benötigen.

Die Axiomenschemata von $\mathbf{K}_{\mathrm{RT}}^{M}$ seien:

($\mathrm{Ax_{RT}}$1) $A \to (B \to A)$

($\mathrm{Ax_{RT}}$2) $(A \to (B \to C)) \to (B \to (A \to C))$

($\mathrm{Ax_{RT}}$3) $(A \to B) \to ((B \to C) \to (A \to C))$

($\mathrm{Ax_{RT}}$4) für jeden Quasiwahrheitswert $t \in \mathcal{W}_M$:

$$(\mathsf{J}_t(A) \to (\mathsf{J}_t(A) \to B)) \to (\mathsf{J}_t(A) \to B)$$

($\mathrm{Ax_{RT}}$5) $\bigodot_{i=1}^{M} \left(\mathsf{J}_{\frac{i-1}{M-1}}(A) \to B, B\right)$

($\mathrm{Ax_{RT}}$6) für jeden Quasiwahrheitswert t und jede t bezeichnende Quasiwahrheitswertkonstante t:

$$\mathsf{J}_t(\mathsf{t})$$

($\mathrm{Ax_{RT}}7$) für jeden ausgezeichneten Quasiwahrheitswert $t \in \mathcal{D}^{\mathbf{S}}$:

$$\mathsf{J}_t(A) \to A$$

($\mathrm{Ax_{RT}}8$) für jeden Junktor $\varphi \in \boldsymbol{J}^{\mathbf{S}}$, seine Stellenzahl sei m, für jedes m-Tupel $(t_1, \ldots, t_m)$ von Quasiwahrheitswerten und den Quasiwahrheitswert $s = \mathrm{ver}_\varphi^{\mathbf{S}}(t_1, \ldots, t_m)$:

$$\underset{i=1}{\overset{m}{\ominus}} \left(\mathsf{J}_{t_i}(A_i), \mathsf{J}_s\big(\varphi(A_1, \ldots, A_m)\big)\right).$$

Dabei seien $A, B, A_1, \ldots, A_m$ beliebige Ausdrücke der Sprache von **S**. Einzige Ableitungsregel von $\mathbf{K}_{\mathrm{RT}}^{M}$ sei die Abtrennungsregel – auch modus ponens genannt:

(MP) $$\frac{A, A \to B}{B}$$

Sie gestattet, von Ausdrücken A und $A \to B$ zum Ausdruck B überzugehen.

Eine einschränkende Anwendbarkeitsbedingung für (MP) brauchen wir nicht zu formulieren. Ein Ausdruck H der Sprache von **S** sei im Kalkül $\mathbf{K}_{\mathrm{RT}}^{M}$ *ableitbar*, in Zeichen: $\vdash_{\mathrm{RT}} H$, falls es eine endliche Folge H_1, $H_2, \ldots, H_n$ von Ausdrücken von **S** gibt derart, daß:

(A1) H_n der Ausdruck H ist;

(A2) jeder Ausdruck H_k dieser Folge entweder ein Axiom ist oder sich aus vorhergehenden Ausdrücken dieser Folge durch Anwendung der Abtrennungsregel (MP) ergibt.

Eine solche endliche Ausdrucksfolge heiße dann auch eine *Ableitung* bzw. ein *Beweis* des Ausdrucks H (im Kalkül $\mathbf{K}_{\mathrm{RT}}^{M}$).

Im Kontext des so definierten Ableitungsbegriffes $\vdash_{\mathrm{RT}}$ kodiert das Axiomenschema ($\mathrm{Ax_{RT}}8$) für jeden Junktor $\varphi \in \boldsymbol{J}^{\mathbf{S}}$ sein Wahrheitswertverhalten, d. h. im wesentlichen seine Wahrheitswertfunktion. Entsprechend kodiert Axiomenschema ($\mathrm{Ax_{RT}}7$), daß jeder Ausdruck mit (nachweisbar) ausgezeichnetem Quasiwahrheitswert in $\mathbf{K}_{\mathrm{RT}}^{M}$ ableitbar ist, und ($\mathrm{Ax_{RT}}6$) kodiert, daß die $t \in \mathcal{W}^{\mathbf{S}}$ bezeichnende Quasiwahrheitswertkonstante $\mathbf{t}$ auch wirklich t bezeichnet.

Satz 2.5.1 (Korrektheitssatz für $\mathbf{K}_{\mathrm{RT}}^{M}$). *Der Kalkül $\mathbf{K}_{\mathrm{RT}}^{M}$ ist korrekt bzgl. des mehrwertigen aussagenlogischen Systems* **S**, *d. h., jeder $\mathbf{K}_{\mathrm{RT}}^{M}$-ableitbare Ausdruck ist eine* **S**-*Tautologie, wenn nur* **S** *die Bedingungen* (J 1), (J 2) *erfüllt.*

Beweis. Um zu zeigen, daß alle $\mathbf{K}_{\mathrm{RT}}^{M}$-ableitbaren Ausdrücke **S**-Tautologien sind, genügt es, daß alle Axiome von $\mathbf{K}_{\mathrm{RT}}^{M}$ **S**-Tautologien sind und jede Ableitungsregel von **S**-Tautologien nur wieder zu **S**-Tautologien führt. Um letztere Korrektheitsbedingung für die Abtrennungsregel (MP) erfüllt zu haben, ist es ausreichend, daß niemals Ausdrücke $H, H \rightarrow G$ ausgezeichnete Quasiwahrheitswerte und zugleich G einen nicht-ausgezeichneten Quasiwahrheitswert haben können. Es gilt also folgende Bedingung:

(J*) hat H einen ausgezeichneten und G einen nicht-ausgezeichneten Quasiwahrheitswert, so hat $H \rightarrow G$ einen nicht-ausgezeichneten Quasiwahrheitswert,

so führt die Abtrennungsregel von **S**-Tautologien nur zu **S**-Tautologien. Bedingung (J*) ist aber eine unmittelbare Konsequenz der Standardbedingung (I) für $\rightarrow$.

Bevor wir nun zeigen, daß jedes Axiom des Kalküls $\mathbf{K}^M_{\mathrm{RT}}$ eine **S**-Tautologie ist, erinnern wir daran, daß jedes dieser Axiome ein Ausdruck der Form $\underset{i=1}{\overset{n}{\circleddash}} (H_i, G)$ ist. Nach Definition (2.5.2) ist für $n \geq 2$ aber

$$\underset{i=1}{\overset{n}{\circleddash}} (H_i, G) \quad \text{der Ausdruck} \quad H_n \rightarrow \left(\underset{i=1}{\overset{n-1}{\circleddash}} (H_i, G)\right).$$

Soll also $\underset{i=1}{\overset{n}{\circleddash}} (H_i, G)$ einen nicht-ausgezeichneten Quasiwahrheitswert haben, so muß wegen der Standardbedingung (I), die für das Implikationsanalogon $\rightarrow$ gelten soll, einerseits H_n einen ausgezeichneten Quasiwahrheitswert und andererseits $\underset{i=1}{\overset{n-1}{\circleddash}} (H_i, G)$ einen nicht-ausgezeichneten Quasiwahrheitswert haben. Ist $n - 1 \geq 2$, so kann dieser Schluß wiederholt werden: damit $\underset{i=1}{\overset{n-1}{\circleddash}} (H_i, G)$ einen nicht-ausgezeichneten Quasiwahrheitswert hat, muß H_{n-1} einen ausgezeichneten und $\underset{i=1}{\overset{n-2}{\circleddash}} (H_i, G)$ einen nicht-ausgezeichneten Quasiwahrheitswert haben. Iteriert man diese Überlegung, so ergibt sich schließlich (aus einem eigentlich noch zu führenden induktiven Beweis):

Damit $\underset{i=1}{\overset{n}{\circleddash}} (H_i, G)$ einen nicht-ausgezeichneten Quasiwahrheitswert hat, müssen alle Ausdrücke $H_1, \ldots, H_n$ ausgezeichnete Quasiwahrheitswerte haben und G einen nicht-ausgezeichneten.

Sei nun H ein Axiom von $\mathbf{K}^M_{\mathrm{RT}}$. Fällt H unter das Axiomenschema ($\mathrm{Ax_{RT}1}$), d. h. hat H die Gestalt $A \rightarrow (B \rightarrow A)$, so kann H nur dann einen nicht-ausgezeichneten Quasiwahrheitswert haben, wenn A, B ausgezeichnete und A einen nicht-ausgezeichneten Wert haben. Das ist aber unmöglich.

Fällt H unter das Schema ($Ax_{RT}2$), hat H also die Gestalt $(A \to (B \to C)) \to (B \to (A \to C))$, so kann H nur dann einen nicht-ausgezeichneten Quasiwahrheitswert haben, wenn $A \to (B \to C)$, B ausgezeichnete und $A \to C$ einen nicht-ausgezeichneten Wert haben. Dann müßte aber A einen ausgezeichneten und C einen nicht-ausgezeichneten Wert haben im Widerspruch dazu, daß $A \to (B \to C)$ einen ausgezeichneten Wert haben soll.

Fällt H unter das Schema ($Ax_{RT}3$) so müssen, um H einen nicht-ausgezeichneten Wert zu geben, die Ausdrücke $A \to B$ und $B \to C$ einen ausgezeichneten und $A \to C$ einen nicht-ausgezeichneten Wert haben. Also muß A einen ausgezeichneten und C einen nicht-ausgezeichneten Quasiwahrheitswert haben. Dann muß aber B einen ausgezeichneten Wert haben, damit $A \to B$ einen ausgezeichneten Wert hat. Deshalb bekommt $B \to C$ einen nicht-ausgezeichneten Wert im Widerspruch dazu, daß $B \to C$ einen ausgezeichneten Wert haben soll.

Fällt H unter das Schema ($Ax_{RT}4$), so muß ein Ausdruck der Form $J_t(A) \to B$ einen nicht-ausgezeichneten Wert haben, damit H einen nicht-ausgezeichneten Quasiwahrheitswert haben kann. Dann muß aber $J_t(A)$ einen ausgezeichneten Wert haben, weswegen $J_t(A) \to (J_t(A) \to B)$ einen nicht-ausgezeichneten und also H doch einen ausgezeichneten Quasiwahrheitswert bekommt.

Fällt H unter das Schema ($Ax_{RT}5$), so kann H nur dann einen nicht-ausgezeichneten Quasiwahrheitswert haben, wenn ein Ausdruck B einen nicht-ausgezeichneten und für alle $t \in \mathcal{W}^{\mathbf{S}} = \mathcal{W}_M$ die Ausdrücke $J_t(A) \to B$ einen jeweils ausgezeichneten Wert haben. Da jedoch – bei fixierter Variablenbelegung β – für genau ein $t_0 \in \mathcal{W}^{\mathbf{S}}$ der Ausdruck $J_{t_0}(A)$ einen ausgezeichneten Wert haben muß, müßte also B einen ausgezeichneten Quasiwahrheitswert haben. Widerspruch.

Fällt H unter das Schema ($Ax_{RT}6$), so hat H trivialerweise einen ausgezeichneten Quasiwahrheitswert. Gleiches gilt hinsichtlich des Schemas ($Ax_{RT}7$).

Fällt endlich H unter das Schema ($Ax_{RT}8$), so kann H nur dann einen nicht-ausgezeichneten Wert haben, wenn für gewisse Ausdrücke $A_1, \ldots, A_m$ und Quasiwahrheitswerte $t_1, \ldots, t_m$ alle Ausdrücke $J_{t_i}(A_i)$ einen ausgezeichneten Quasiwahrheitswert haben, der Ausdruck $J_s(\varphi(A_1, \ldots, A_m))$ dagegen einen nicht-ausgezeichneten Wert hat. Da aber $s = \mathrm{ver}_\varphi^{\mathbf{S}}(t_1, \ldots, t_m)$ ist, ist dies unmöglich.

Mithin sind alle Axiome von $\mathbf{K}_{\mathrm{RT}}^{M}$ $\mathbf{S}$-Tautologien, und unser Korrektheitssatz ist bewiesen. ∎

Satz 2.5.2 (Vollständigkeitssatz für $\mathbf{K}_{\mathrm{RT}}^{M}$). *Der Kalkül $\mathbf{K}_{\mathrm{RT}}^{M}$ ist vollständig bezüglich des mehrwertigen aussagenlogischen Systems* $\mathbf{S}$, *d. h., jede* $\mathbf{S}$*-Tautologie ist* $\mathbf{K}_{\mathrm{RT}}^{M}$*-ableitbar.*

Beweis. Bevor wir von einer beliebig vorgegebenen **S**-Tautologie H zeigen können, daß $\vdash_{\mathrm{RT}} H$ gilt, benötigen wir einige Resultate über die Ableitungsbeziehung $\vdash_{\mathrm{RT}}$, die wir zunächst herleiten.

Aus der Abtrennungsregel (MP) ergibt sich unmittelbar für beliebige Ausdrücke A, B:

$$\text{wenn } \vdash_{\mathrm{RT}} A \quad \text{und} \quad \vdash_{\mathrm{RT}} A \rightarrow B, \quad \text{so} \quad \vdash_{\mathrm{RT}} B. \tag{2.5.3}$$

Ist nämlich die Folge $H_1, \ldots, H_n$ eine $\mathbf{K}^M_{\mathrm{RT}}$-Ableitung von A, und ist entsprechend die Ausdrucksfolge $G_1, \ldots, G_m$ eine $\mathbf{K}^M_{\mathrm{RT}}$-Ableitung von $A \rightarrow B$, so ist die Folge

$$H_1, \ldots, H_n, G_1, \ldots, G_m, B$$

eine $\mathbf{K}^M_{\mathrm{RT}}$-Ableitung von B, deren letztes Glied sich durch Anwendung von (MP) aus H_n, G_m ergibt.

Wendet man (2.5.3) auf das Axiomenschema ($\mathrm{Ax}_{\mathrm{RT}}3$) zweimal an, so findet man die Gültigkeit des Kettenschlußverfahrens:

$$\text{wenn } \vdash_{\mathrm{RT}} A \rightarrow B \quad \text{und} \quad \vdash_{\mathrm{RT}} B \rightarrow C, \quad \text{so} \quad \vdash_{\mathrm{RT}} A \rightarrow C \tag{2.5.4}$$

für beliebige Ausdrücke A, B, C. Analog folgt aus Schema ($\mathrm{Ax}_{\mathrm{RT}}2$):

$$\text{wenn } \vdash_{\mathrm{RT}} A \rightarrow (B \rightarrow C), \quad \text{so} \quad \vdash_{\mathrm{RT}} B \rightarrow (A \rightarrow C). \tag{2.5.5}$$

Wenden wir (2.5.5) auf Schema ($\mathrm{Ax}_{\mathrm{RT}}3$) selbst an, so liefert (2.5.3) unmittelbar:

$$\vdash_{\mathrm{RT}} (A \rightarrow B) \rightarrow \big((C \rightarrow A) \rightarrow (C \rightarrow B)\big), \tag{2.5.6}$$

was unter anderem bedeutet, daß gilt:

$$\text{wenn } \vdash_{\mathrm{RT}} A \rightarrow B, \quad \text{so} \quad \vdash_{\mathrm{RT}} (C \rightarrow A) \rightarrow (C \rightarrow B). \tag{2.5.7}$$

Es ist aber in $\mathbf{K}^M_{\mathrm{RT}}$ nicht nur möglich, im Sinne von (2.5.6), (2.5.7) vor Vorder- und Hinterglied einer Implikation $A \rightarrow B$ je dasselbe neue Vorderglied C voranzustellen, sondern an Stelle von C kann eine beliebige endliche Folge von Ausdrücken treten. Es gilt nämlich für beliebige Ausdrücke $A, B, H_1, \ldots, H_n$:

$$\vdash_{\mathrm{RT}} (A \rightarrow B) \rightarrow \left(\underset{i=1}{\overset{n}{\ominus}} (H_i, A) \rightarrow \underset{i=1}{\overset{n}{\ominus}} (H_i, B)\right) \tag{2.5.8}$$

für alle natürlichen Zahlen n. Für $n = 1$ ist dies gerade unser Ergebnis (2.5.6). Für $n > 1$ beweist man (2.5.8) am leichtesten durch Induktion.

Nehmen wir nämlich an, daß (2.5.8) für $n = k$ gelte, d. h. daß

$$\vdash_{\mathrm{RT}} (A \rightarrow B) \rightarrow \left(\underset{i=1}{\overset{k}{\ominus}} (H_i, A) \rightarrow \underset{i=1}{\overset{k}{\ominus}} (H_i, B) \right) \tag{2.5.9}$$

gelte, so erhalten wir aus (2.5.6)

$$\vdash_{\mathrm{RT}} \left(\underset{i=1}{\overset{k}{\ominus}} (H_i, A) \rightarrow \underset{i=1}{\overset{k}{\ominus}} (H_i, B) \right)$$
$$\rightarrow \left(\left(H_{k+1} \rightarrow \underset{i=1}{\overset{k}{\ominus}} (H_i, A) \right) \rightarrow \left(H_{k+1} \rightarrow \underset{i=1}{\overset{k}{\ominus}} (H_i, B) \right) \right) \tag{2.5.10}$$

und daraus unter Berücksichtigung der Definition (2.5.2)

$$\vdash_{\mathrm{RT}} \left(\underset{i=1}{\overset{k}{\ominus}} (H_i, A) \rightarrow \underset{i=1}{\overset{k}{\ominus}} (H_i, B) \right) \rightarrow \left(\underset{i=1}{\overset{k+1}{\ominus}} (H_i, A) \rightarrow \underset{i=1}{\overset{k+1}{\ominus}} (H_i, B) \right). \tag{2.5.11}$$

Nun ergeben (2.5.9) und (2.5.11) wegen (2.5.4) die Behauptung (2.5.8) für $n = k + 1$. Damit ist (2.5.8) induktiv für alle $n \geq 1$ bewiesen. Es bleibt der Fall $n = 0$, d. h., es bleibt nach (2.5.1) zu zeigen

$$\vdash_{\mathrm{RT}} (A \rightarrow B) \rightarrow (A \rightarrow B). \tag{2.5.12}$$

Bevor wir dies zeigen, noch eine Nebenbemerkung. Der Übergang von (2.5.10) zu (2.5.11) nach vorheriger Anwendung von (2.5.6) wird sich in verschiedenen anderen Formelkontexten wiederholen. Wir werden dann die (2.5.10) entsprechende Zwischenformel nicht mehr aufschreiben, sondern nur auf die Anwendung von (2.5.6) und Definition (2.5.2) verweisen. Der Leser wird die fehlenden Details leicht ergänzen können.

Nun zu (2.5.12). Wir zeigen allgemeiner, daß für beliebige Ausdrücke A gilt:

$$\vdash_{\mathrm{RT}} A \rightarrow A. \tag{2.5.13}$$

Um dies einzusehen, gehen wir von einem Spezialfall des Schemas ($\mathrm{Ax}_{\mathrm{RT}}2$) aus:

$$\vdash_{\mathrm{RT}} \left(A \rightarrow (B \rightarrow A)\right) \rightarrow \left(B \rightarrow (A \rightarrow A)\right). \tag{2.5.14}$$

Da das Vorderglied dieser Implikation eine Instanz von ($\mathrm{Ax}_{\mathrm{RT}}1$) ist, gibt (2.5.3) sofort

$$\vdash_{\mathrm{RT}} B \rightarrow (A \rightarrow A).$$

Nehmen wir für den Ausdruck B speziell irgendein $\mathbf{K}_{\mathrm{RT}}^{M}$-Axiom, so können wir nochmals (2.5.3) anwenden und erhalten (2.5.13). Damit ist (2.5.8) auch für $n = 0$ bewiesen.

Bei den in (2.5.1), (2.5.2) definierten Ausdrücken der Form $\underset{i=1}{\overset{n}{\ominus}}(H_i, G)$ können wir die „iterierten Vorderglieder“ $\underset{i=1}{\overset{n}{\ominus}}(H_i, \ldots)$ als einen einstelligen Operator auffassen, der Ausdrücke in Ausdrücke überführt und der von $H_1, \ldots, H_n$ als Parametern anhängt. Da im abschließenden Teil unseres Beweises derartige Operatoren wesentlich benutzt werden, sollen zunächst noch zwei Eigenschaften dieser Operatoren hergeleitet werden – und zwar werden wir einerseits zeigen, daß in diesen Operatoren die Parameter „umgeordnet und ergänzt“ werden dürfen und daß andererseits gewisse solche Operatoren auf Vorder- und Hinterglied einer Implikation „verteilt“ werden können.

In präziser Formulierung besagt die erste dieser Eigenschaften, daß immer dann, wenn die Ausdrücke $A_1, \ldots, A_k$ unter den Ausdrücken $H_1, \ldots, H_n$ vorkommen, d. h., wenn die Ausdrucksfolge $(A_1, \ldots, A_k)$ eine umgeordnete Teilfolge der Ausdrucksfolge $(H_1, \ldots, H_n)$ ist, gilt

$$\vdash_{\mathrm{RT}} \underset{i=1}{\overset{k}{\ominus}}(A_i, G) \to \underset{j=1}{\overset{n}{\ominus}}(H_j, G). \tag{2.5.15}$$

Daß $(A_1, \ldots, A_k)$ umgeordnete Teilfolge von $(H_1, \ldots, H_n)$ ist, heißt dabei ausführlich, daß es eine Permutation π der Menge $\{1, \ldots, k\}$ gibt, also eine eineindeutige Abbildung π von $\{1, \ldots, k\}$ auf sich, so daß $(A_{\pi(1)}, \ldots, A_{\pi(k)})$ Teilfolge von $(H_1, \ldots, H_n)$ ist. Natürlich ist in diesem Falle $k \leq n$.

Wir werden (2.5.15) induktiv über n beweisen. Für $n = 0$ besagt (2.5.15) einfach: $\vdash_{\mathrm{RT}} G \to G$, ist also eine Instanz von (2.5.13). Nehmen wir deshalb nun an, die Behauptung (2.5.15) sei richtig für $n = m$; es gelte also

$$\vdash_{\mathrm{RT}} \underset{i=1}{\overset{l}{\ominus}}(A'_i, G) \to \underset{j=1}{\overset{m}{\ominus}}(H'_j, G) \tag{2.5.16}$$

für beliebige umgeordnete Teilfolgen $(A'_1, \ldots, A'_l)$ m-gliedriger Folgen $(H'_1, \ldots, H'_m)$. Sei $(A_1, \ldots, A_k)$ eine umgeordnete Teilfolge der $(m+1)$-gliedrigen Folge $(H_1, \ldots, H_{m+1})$. Zu zeigen ist

$$\vdash_{\mathrm{RT}} \underset{i=1}{\overset{k}{\ominus}}(A_i, G) \to \underset{j=1}{\overset{m+1}{\ominus}}(H_j, G). \tag{2.5.17}$$

Ist $(A_1, \ldots, A_k)$ bereits umgeordnete Teilfolge der Folge $(H_1, \ldots, H_m)$, so ergibt die Induktionsannahme (2.5.16) sofort

$$\vdash_{\mathrm{RT}} \underset{i=1}{\overset{k}{\ominus}}(A_i, G) \to \underset{j=1}{\overset{m}{\ominus}}(H_j, G). \tag{2.5.18}$$

Axiomenschema ($\mathrm{Ax_{RT}}1$) und Definition (2.5.2) ergeben ferner

$$\vdash_{\mathrm{RT}} \bigodot_{j=1}^{m} (H_j, G) \to \bigodot_{j=1}^{m+1} (H_j, G), \tag{2.5.19}$$

so daß (2.5.15) mit $n = m + 1$ wegen (2.5.4) in diesem Falle aus (2.5.18) und (2.5.19) folgt. Andernfalls gibt es einen Index $u \leq m + 1$, so daß $A_k = H_u$ ist. Dann ist die Ausdrucksfolge $(A_1, \ldots, A_{k-1})$ umgeordnete Teilfolge der m-gliedrigen Folge $(H_1, \ldots, H_{u-1}, H_{u+1}, \ldots, H_{m+1})$. Also gilt nach (2.5.16)

$$\vdash_{\mathrm{RT}} \bigodot_{i=1}^{k-1} (A_i, G) \to \bigodot_{\substack{j=1\\ j\neq u}}^{m+1} (H_j, G). \tag{2.5.20}$$

Wählt man nun einen geeigneten Index $u \neq v \leq m + 1$ und setzt $C = A_k = H_u$ in (2.5.7), so folgt wegen (2.5.2)

$$\vdash_{\mathrm{RT}} \bigodot_{i=1}^{k} (A_i, G) \to \left(H_u \to \left(H_v \to \bigodot_{\substack{j=1\\ j\neq u,v}}^{m+1} (H_j, G)\right)\right). \tag{2.5.21}$$

Wegen (2.5.5) haben wir auch

$$\vdash_{\mathrm{RT}} \left(H_u \to \left(H_v \to \bigodot_{\substack{j=1\\ j\neq u,v}}^{m+1} (H_j, G)\right)\right) \to \left(H_v \to \left(H_u \to \bigodot_{\substack{j=1\\ j\neq u,v}}^{m+1} (H_j, G)\right)\right). \tag{2.5.22}$$

Daraus ergibt (2.5.16) wegen (2.5.2)

$$\vdash_{\mathrm{RT}} \left(H_u \to \bigodot_{\substack{j=1\\ j\neq u,v}}^{m+1} (H_j, G)\right) \to \bigodot_{\substack{j=1\\ j\neq v}}^{m+1} (H_j, G), \tag{2.5.23}$$

woraus wegen (2.5.7) und (2.5.2) schließlich folgt

$$\vdash_{\mathrm{RT}} \left(H_v \to \left(H_u \to \bigodot_{\substack{j=1\\ j\neq u,v}}^{m+1} (H_j, G)\right)\right) \to \bigodot_{j=1}^{m+1} (H_j, G). \tag{2.5.24}$$

Wendet man nun das Kettenschlußverfahren (2.5.4) zunächst auf (2.5.21) und (2.5.22) und danach erneut auf das Ergebnis dieser Anwendung und auf (2.5.24) an, so erhält man (2.5.17) auch in diesem Falle. Also ist (2.5.15) allgemein bewiesen.

Die zweite der oben erwähnten Eigenschaften besagt in präziser Formulierung, daß für beliebige Ausdrücke $A, B, H_1, \ldots, H_n$ und Quasiwahrheitswerte $t_1, \ldots, t_n$ gilt

$$\vdash_{\mathrm{RT}} \bigodot_{i=1}^{n} \left(\mathsf{J}_{t_i}(H_i), A \to B\right) \to \left(\bigodot_{i=1}^{n} \left(\mathsf{J}_{t_i}(H_i), A\right) \to \bigodot_{i=1}^{n} \left(\mathsf{J}_{t_i}(H_i), B\right)\right). \tag{2.5.25}$$

Erneut führen wir den Beweis für (2.5.25) induktiv über n. Für $n = 0$ wird (2.5.25) wegen (2.5.1) einfach: $\vdash_{\mathrm{RT}} (A \to B) \to (A \to B)$, also eine Instanz von (2.5.13). Nehmen wir nun an, daß (2.5.25) für $n = m$ gelte, dann haben wir (2.5.25) für $n = m + 1$ zu zeigen. Wenden wir auf diese Induktionsannahme, d. h. auf (2.5.25) für $n = m$ nun (2.5.7) an mit $C = \mathsf{J}_{t_{m+1}}(H_{m+1})$, so ergibt sich bei Berücksichtigung von (2.5.2) zunächst

$$\vdash_{\mathrm{RT}} \overset{m+1}{\underset{i=1}{\ominus}} \left(\mathsf{J}_{t_i}(H_i),\, A \to B\right) \to \left(\mathsf{J}_{t_{m+1}}(H_{m+1}) \right.$$
$$\left. \to \left(\overset{m}{\underset{i=1}{\ominus}} \left(\mathsf{J}_{t_i}(H_i),\, A\right) \to \overset{m}{\underset{i=1}{\ominus}} \left(\mathsf{J}_{t_i}(H_i),\, B\right)\right)\right). \qquad (2.5.26)$$

Der Fortgang der Schlüsse wird einfach, falls wir für beliebige Ausdrücke H, G_1, G_2 und Quasiwahrheitswerte s zeigen können, daß

$$\vdash_{\mathrm{RT}} \left(\mathsf{J}_s(H) \to (G_1 \to G_2)\right)$$
$$\to \left(\left(\mathsf{J}_s(H) \to G_1\right) \to \left(\mathsf{J}_s(H) \to G_2\right)\right). \qquad (2.5.27)$$

Wegen Axiomenschema ($\mathrm{Ax}_{\mathrm{RT}}2$) haben wir zunächst

$$\vdash_{\mathrm{RT}} \left(\mathsf{J}_s(H) \to (G_1 \to G_2)\right) \to \left(G_1 \to \left(\mathsf{J}_s(H) \to G_2\right)\right) \qquad (2.5.28)$$

und wegen (2.5.6) weiterhin

$$\vdash_{\mathrm{RT}} \left(G_1 \to \left(\mathsf{J}_s(H) \to G_2\right)\right)$$
$$\to \left(\left(\mathsf{J}_s(H) \to G_1\right) \to \left(\mathsf{J}_s(H) \to \left(\mathsf{J}_s(H) \to G_2\right)\right)\right). \qquad (2.5.29)$$

Als Instanz von ($\mathrm{Ax}_{\mathrm{RT}}4$) haben wir

$$\vdash_{\mathrm{RT}} \left(\mathsf{J}_s(H) \to \left(\mathsf{J}_s(H) \to G_2\right)\right) \to \left(\mathsf{J}_s(H) \to G_2\right) \qquad (2.5.30)$$

und also wegen (2.5.7) auch

$$\vdash_{\mathrm{RT}} \left(\left(\mathsf{J}_s(H) \to G_1\right) \to \left(\mathsf{J}_s(H) \to \left(\mathsf{J}_s(H) \to G_2\right)\right)\right)$$
$$\to \left(\left(\mathsf{J}_s(H) \to G_1\right) \to \left(\mathsf{J}_s(H) \to G_2\right)\right). \qquad (2.5.31)$$

Wenden wir nun das Kettenschlußverfahren (2.5.4) an auf (2.5.28) und (2.5.29) und danach auf dieses Ergebnis und (2.5.31), so erhalten wir (2.5.27). Schreiben wir C für das Hinterglied der in (2.5.26) als ableitbar festgestellten Implikation, so ergibt Anwendung von (2.5.27) unter Beachtung von (2.5.2)

$$\vdash_{\mathrm{RT}} C \to \left(\overset{m+1}{\underset{i=1}{\ominus}} \left(\mathsf{J}_{t_i}(H_i),\, A\right) \to \overset{m+1}{\underset{i=1}{\ominus}} \left(\mathsf{J}_{t_i}(H_i),\, B\right)\right), \qquad (2.5.32)$$

weswegen Anwendung von (2.5.4) auf (2.5.26) und (2.5.32) die Behauptung (2.5.25) für $n = m + 1$ ergibt. Also ist (2.5.25) allgemein bewiesen.

Nun sei H ein Ausdruck der Sprache von $\mathbf{S}$. Die in H enthaltenen Aussagenvariablen mögen unter den Aussagenvariablen $q_1, \ldots, q_n$ vorkommen. Wie wir in Abschnitt 2.1 festgestellt hatten, beschreibt H eine Wahrheitswertfunktion $w(x_1, \ldots, x_n)$, so daß

$$\mathrm{Wert}^{\mathbf{S}}(H, \beta) = w(\beta(q_1), \ldots, \beta(q_n)) \tag{2.5.33}$$

für jede Variablenbelegung β gilt. Als entscheidenden Zwischenschritt für unseren endgültigen Beweis zeigen wir nun, daß für beliebige Quasiwahrheitswerte $t_1, \ldots, t_n$ gilt

$$\vdash_{\mathrm{RT}} \bigodot_{i=1}^{n} \left(\mathsf{J}_{t_i}(q_i), \mathsf{J}_{w(t_1,\ldots,t_n)}(H)\right). \tag{2.5.34}$$

Wieder beweisen wir diese Behauptung (2.5.34) induktiv, in diesem Falle jedoch nicht durch vollständige Induktion im üblichen Sinne, sondern durch Induktion über den Ausdrucksaufbau von H.

Ist H eine Quasiwahrheitswertkonstante t, die $t \in \mathcal{W}^{\mathbf{S}}$ bezeichnet, so gilt nach Schema $(\mathrm{Ax_{RT}}6)$: $\vdash_{\mathrm{RT}} \mathsf{J}_t(\mathsf{t})$. Das ist aber gerade (2.5.34) für $n = 0$ in diesem Falle. Da (2.5.15) mit $k = 0$

$$\vdash_{\mathrm{RT}} \mathsf{J}_t(\mathsf{t}) \to \bigodot_{i=1}^{n} \left(\mathsf{J}_{t_i}(q_i), \mathsf{J}_t(\mathsf{t})\right) \tag{2.5.35}$$

ergibt, liefert also eine Anwendung von (2.5.3) das Resultat (2.5.34) für diesen Fall.

Ist H die Aussagenvariable q_k für $1 \leq k \leq n$, so ist die zugehörige Wahrheitswertfunktion $w(x_1, \ldots, x_n) = x_k$. Aus (2.5.15) erhalten wir nun

$$\vdash_{\mathrm{RT}} \bigodot_{i=1}^{1} \left(\mathsf{J}_{t_k}(q_k), \mathsf{J}_{t_k}(q_k)\right) \to \bigodot_{i=1}^{n} \left(\mathsf{J}_{t_i}(q_i), \mathsf{J}_{t_k}(q_k)\right). \tag{2.5.36}$$

Da aber nach Definition (2.5.2)

$$\bigodot_{i=1}^{1} \left(\mathsf{J}_{t_k}(q_k), \mathsf{J}_{t_k}(q_k)\right) = \left(\mathsf{J}_{t_k}(q_k) \to \mathsf{J}_{t_k}(q_k)\right) \tag{2.5.37}$$

ist und mithin das Vorderglied der in (2.5.36) betrachteten Implikation eine Instanz von (2.5.13), können wir (2.5.3) auf (2.5.36) und diese Instanz von (2.5.13) anwenden und erhalten (2.5.34) für diesen Fall.

Ist endlich $H = \varphi(H_1, \ldots, H_m)$ für einen Junktor $\varphi \in \boldsymbol{J}^{\mathbf{S}}$ der Stellenzahl m, so kommen auch für jeden Ausdruck H_j die in H_j vorkommenden Aussagenvariablen unter $q_1, \ldots, q_n$ vor. Unsere Induktionsannahme ist demnach, daß (2.5.34) für jeden der Ausdrücke $H_1, \ldots, H_m$ gilt. Für jeden dieser Ausdrücke H_j sei $h_j(x_1, \ldots, x_n)$ die durch H_j beschriebene Wahrheitswertfunktion. Dann gilt

$$w(x_1, \ldots, x_n) = \mathrm{ver}_\varphi^{\mathbf{S}}\big(h_1(x_1, \ldots, x_n), \ldots, h_m(x_1, \ldots, x_n)\big) \tag{2.5.38}$$

und aus Axiomenschema ($\mathrm{Ax_{RT}}8$) erhalten wir

$$\vdash_{\mathrm{RT}} \bigodot_{j=1}^{m} \big(\mathsf{J}_{h_j(t_1,\ldots,t_n)}(H_j),\ \mathsf{J}_{w(t_1,\ldots,t_n)}(H)\big). \tag{2.5.39}$$

Setzen wir zur Abkürzung für $k \leq m$:

$$D_k =_{\mathrm{def}} \bigodot_{j=1}^{k} \big(\mathsf{J}_{h_j(t_1,\ldots,t_n)}(H_j),\ \mathsf{J}_{w(t_1,\ldots,t_n)}(H)\big), \tag{2.5.40}$$

so können wir (2.5.39) unter Beachtung von Definition (2.5.2) auch schreiben als

$$\vdash_{\mathrm{RT}} \mathsf{J}_{h_m(t_1,\ldots,t_n)}(H_m) \to D_{m-1}. \tag{2.5.41}$$

Nutzen wir nun aus, daß nach Induktionsannahme

$$\vdash_{\mathrm{RT}} \bigodot_{i=1}^{n} \big(\mathsf{J}_{t_i}(q_i),\ \mathsf{J}_{h_j(t_1,\ldots,t_n)}(H_j)\big) \tag{2.5.42}$$

für $1 \leq j \leq m$ gilt, so erhalten wir aus (2.5.8) und (2.5.41) mittels Abtrennung gemäß (2.5.3) zunächst

$$\vdash_{\mathrm{RT}} \bigodot_{i=1}^{n} \big(\mathsf{J}_{t_i}(q_i),\ \mathsf{J}_{h_m(t_1,\ldots,t_n)}(H_m)\big) \to \bigodot_{i=1}^{n} \big(\mathsf{J}_{t_i}(q_i),\ D_{m-1}\big) \tag{2.5.43}$$

und nun aus (2.5.42) mit $j = m$ und (2.5.43) mittels erneuter Abtrennung gemäß (2.5.3) schließlich

$$\vdash_{\mathrm{RT}} \bigodot_{i=1}^{n} \big(\mathsf{J}_{t_i}(q_i),\ D_{m-1}\big). \tag{2.5.44}$$

Für $m = 1$ ist dies bereits (2.5.34). Ist aber $m > 1$, so schreiben wir D_{m-1} nach (2.5.2) als Implikation und wenden (2.5.25) an. Dies gibt nach Abtrennung gemäß (2.5.3) wegen (2.5.44)

$$\vdash_{\mathrm{RT}} \bigodot_{i=1}^{n} \big(\mathsf{J}_{t_i}(q_i),\ \mathsf{J}_{h_{m-1}(t_1,\ldots,t_n)}(H_{m-1})\big) \to \bigodot_{i=1}^{n} \big(\mathsf{J}_{t_i}(q_i),\ D_{m-2}\big) \tag{2.5.45}$$

und wegen (2.5.42) mit $j = m - 1$ nach erneuter Abtrennung gemäß (2.5.3)

$$\vdash_{\mathrm{RT}} \bigodot_{i=1}^{n} \big(\mathsf{J}_{t_i}(q_i),\ D_{m-2}\big). \tag{2.5.46}$$

Diesen Übergang von (2.5.44) zu (2.5.46) wiederholen wir nun weitere $(m - 2)$-mal. Dann erhalten wir

$$\vdash_{\mathrm{RT}} \bigodot_{i=1}^{n} \left(\mathsf{J}_{t_i}(q_i), D_0\right), \tag{2.5.47}$$

was Behauptung (2.5.34) ist, da $D_0 = \mathsf{J}_{w(t_1,\ldots,t_n)}(H)$ ist. Also gilt (2.5.34) auch in diesem Falle und ist somit allgemein bewiesen.

Schließlich nehmen wir an, daß H eine **S**-Tautologie ist, in der genau die Aussagenvariablen $q_1, \ldots, q_n$ vorkommen. Die von H beschriebene Wahrheitswertfunktion $w(x_1, \ldots, x_n)$ nimmt dann nur ausgezeichnete Quasiwahrheitswerte als Funktionswerte an. Mithin gilt für beliebige Quasiwahrheitswerte $t_1, \ldots, t_n$ nach $(\mathbf{Ax}_{\mathrm{RT}}7)$

$$\vdash_{\mathrm{RT}} \mathsf{J}_{w(t_1,\ldots,t_n)}(H) \to H. \tag{2.5.48}$$

(2.5.8) und Abtrennung gemäß (2.5.3) führen nun von (2.5.48) zu

$$\vdash_{\mathrm{RT}} \bigodot_{i=1}^{n} \left(\mathsf{J}_{t_i}(q_i), \mathsf{J}_{w(t_1,\ldots,t_n)}(H)\right) \to \bigodot_{i=1}^{n} \left(\mathsf{J}_{t_i}(q_i), H\right), \tag{2.5.49}$$

erneute Abtrennung ergibt wegen (2.5.34)

$$\vdash_{\mathrm{RT}} \bigodot_{i=1}^{n} \left(\mathsf{J}_{t_i}(q_i), H\right). \tag{2.5.50}$$

Wir führen nochmals eine Abkürzung ein und setzen diesmal für $k \leq n$:

$$C_k =_{\mathrm{def}} \bigodot_{i=1}^{k} \left(\mathsf{J}_{t_i}(q_i), H\right). \tag{2.5.51}$$

Dann können wir nach Definition (2.5.2) für (2.5.50) statt $\vdash_{\mathrm{RT}} C_n$ sofort

$$\vdash_{\mathrm{RT}} \mathsf{J}_{t_n}(q_n) \to C_{n-1} \tag{2.5.52}$$

schreiben. Nun benutzen wir $(\mathrm{Ax}_{\mathrm{RT}}5)$ und haben also

$$\vdash_{\mathrm{RT}} \bigodot_{j=1}^{M} \left(\mathsf{J}_{\frac{j-1}{M-1}}(q_n) \to C_{n-1}, C_{n-1}\right) \tag{2.5.53}$$

bzw. nach (2.5.2)

$$\vdash_{\mathrm{RT}} \left(\mathsf{J}_1(q_n) \to C_{n-1}\right) \to \bigodot_{j=1}^{M-1} \left(\mathsf{J}_{\frac{j-1}{M-1}}(q_n) \to C_{n-1}, C_{n-1}\right). \tag{2.5.54}$$

Da in (2.5.52) jeder Quasiwahrheitswert als t_n gewählt werden kann, setzen wir nun $t_n = 1$ und können (2.5.3) auf (2.5.52) und (2.5.54) anwenden. Erneut wegen (2.5.2) erhalten wir

$$\vdash_{\mathrm{RT}} \left(\mathsf{J}_{\frac{M-2}{M-1}}(q_n) \rightarrow C_{n-1}\right) \rightarrow \bigodot_{j=1}^{M-2} \left(\mathsf{J}_{\frac{j-1}{M-1}}(q_n) \rightarrow C_{n-1}, C_{n-1}\right). \tag{2.5.55}$$

Nun setzen wir $t_n = \dfrac{M-2}{M-1}$ in (2.5.52) und können dann auf (2.5.52) und (2.5.55) Abtrennung nach (2.5.3) anwenden. Wir erhalten wieder unter Benutzung von (2.5.2)

$$\vdash_{\mathrm{RT}} \left(\mathsf{J}_{\frac{M-3}{M-1}}(q_n) \rightarrow C_{n-1}\right) \rightarrow \bigodot_{j=1}^{M-3} \left(\mathsf{J}_{\frac{j-1}{M-1}}(q_n) \rightarrow C_{n-1}, C_{n-1}\right). \tag{2.5.56}$$

Diesen Übergang von (2.5.54) zu (2.5.55) bzw. von (2.5.55) zu (2.5.56) führen wir insgesamt M-mal aus. Als Resultat erhalten wir

$$\vdash_{\mathrm{RT}} C_{n-1}. \tag{2.5.57}$$

Nun können wir die gesamten Schlüsse, die von (2.5.50) zu (2.5.57) führten, d. h. die von $\vdash_{\mathrm{RT}} C_n$ zu $\vdash_{\mathrm{RT}} C_{n-1}$ führten, insgesamt noch $(n-1)$-mal wiederholen. Der letzte dieser Iterationsschritte liefert $\vdash_{\mathrm{RT}} C_0$, nach (2.5.51) ist das aber: $\vdash_{\mathrm{RT}} H$.

Damit ist unser Beweis, daß jede **S**-Tautologie $\mathbf{K}_{\mathrm{RT}}^{M}$-ableitbar ist, beendet, d. h., der Kalkül $\mathbf{K}_{\mathrm{RT}}^{M}$ ist vollständig bezüglich **S**. ∎

Überblicken wir rückschauend die Beweise des Vollständigkeitssatzes und des Korrektheitssatzes für $\mathbf{K}_{\mathrm{RT}}^{M}$, so bemerken wir, daß für den Beweis des Vollständigkeitssatzes keinerlei semantische Eigenschaften der Implikation $\rightarrow$ benutzt worden sind, insbesondere also nicht die Annahme, daß $\rightarrow$ die Standardbedingung (I) erfülle. Ebensowenig wurden dabei semantische Eigenschaften der Junktoren J_t benutzt. Für den Beweis des Korrektheitssatzes war es wesentlich, daß:

(E1) die Implikation $\rightarrow$ die Bedingung (J*) von S. 42 erfüllt;
(E2) jedes Axiom ($\mathrm{Ax}_{\mathrm{RT}}1$), ..., ($\mathrm{Ax}_{\mathrm{RT}}8$) eine **S**-Tautologie war.

Nur für den Nachweis daß alle $\mathbf{K}_{\mathrm{RT}}^{M}$-Axiome **S**-Tautologien sind, haben wie die oben in (J1), (J2) formulierten semantischen Eigenschaften von $\rightarrow$ und den J_t benötigt. Deshalb erhalten wir nun generell folgendes allgemeinere Resultat.

Folgerung 2.5.3. *Jedes M-wertige aussagenlogische System* **S'**, *zu dessen Alphabet Junktoren $\rightarrow$ und J_t für jedes $t \in \mathcal{W}^{\mathbf{S}'}$ gehören bzw. in dem solche Junktoren definierbar sind derart, daß dafür die Eigenschaften* (E1) *und* (E2) *gelten, wird durch $\mathbf{K}_{\mathrm{RT}}^{M}$ korrekt und vollständig axiomatisiert.*

Wir werden später bei den LUKASIEWICZschen M-wertigen aussagenlogischen Systemen sehen, daß zwar die dort betrachtete Implikation die Standardbedingung (I) nicht erfüllt, trotzdem jedoch die hier besprochene ROSSER-TURQUETTEsche Axiomatisierungsmethode eben wegen Folgerung 2.5.3 anwendbar bleibt.

Die ROSSER-TURQUETTEsche Axiomatisierungsmethode ist also durchaus für eine umfangreiche Klasse mehrwertiger aussagenlogischer Systeme **S** geeignet. Ihr Nachteil ist aber, daß sie neben einer Implikation immer auch alle Junktoren J_t für $t \in \mathcal{W}^{\mathbf{S}}$ benötigt. Solange die Junktorenmenge $\boldsymbol{J}^{\mathbf{S}}$ des Systems **S** funktional vollständig ist (vgl. Abschnitt 2.7), ergibt dies kein Problem. Viele interessante mehrwertige aussagenlogische Systeme sind aber nicht funktional vollständig. Deshalb wäre es wünschenswert, auch ein Axiomatisierungsverfahren zur Verfügung zu haben, das keine derartigen Definierbarkeitsforderungen stellt. SCHRÖTER [1955] hat solch ein Axiomatisierungsverfahren angegeben. Da es jedoch nicht nur zur Axiomatisierung der Menge aller **S**-Tautologien geeignet ist, sondern zugleich die formale Erfassung der Folgerungsrelation leistet, werden wir dieses SCHRÖTERsche Axiomatisierungsverfahren erst im folgenden Abschnitt 2.6 beschreiben.

2.6. Die formale Erfassung der Folgerungsbeziehung

So wie wir in Abschnitt 2.2 den Tautologiebegriff verallgemeinert haben zum Begriff der Folgerung aus einer Menge von Prämissen, so verallgemeinern wir nun die Problemstellung des Abschnitts 2.5, die die kalkülmäßige Erfassung der Tautologien eines mehrwertigen aussagenlogischen Systems **S** betraf, zum Problem der kalkülmäßigen Erfassung der Folgerungsbeziehung von **S**. Gefragt wird also nun für ein gegebenes mehrwertiges aussagenlogisches System **S**, ob es dazu einen Kalkül **K** und damit einen mit **K** verbundenen Ableitungsbegriff gibt, der so beschaffen ist, daß er, ausgehend von jeweils einer gewissen Menge vorgegebener Ausdrücke als Prämissen, weitere Ausdrücke abzuleiten gestattet, und der zusätzlich als wesentliche Eigenschaft hat, daß ein Ausdruck H genau dann aus einer Prämissenmenge Σ im Kalkül **K** ableitbar ist, in Zeichen: $\Sigma \vdash_{\mathbf{K}} H$, wenn $\Sigma \models_{\mathbf{S}} H$ gilt. Und wenn solche Kalküle existieren, so soll wenigstens einer angegeben werden.

Von einem Kalkül **K**, der in der angegebenen Weise die Folgerungsbeziehung von **S** formal erfaßt, für den also

$$\Sigma \vdash_{\mathbf{K}} H \quad \text{gdw} \quad \Sigma \models_{\mathbf{S}} H \tag{2.6.1}$$

für beliebige Ausdrücke H und Ausdrucksmengen Σ gilt, sagt man auch, daß er die Folgerungsbeziehung $\models_{\mathbf{S}}$ *axiomatisiere*.

Es besteht ein enger Zusammenhang zwischen der Axiomatisierung der Folgerungsbeziehung eines logischen Systems **S** und der Axiomatisierung der Menge der **S**-Tautologien. Erfüllt ein Kalkül **K** Bedingung (2.6.1), so gilt nach (2.2.5), (2.2.6) sofort

$$\emptyset \vdash_{\mathbf{K}} H \quad \text{gdw} \quad H \in \mathrm{Taut}^{\mathbf{S}}, \tag{2.6.2}$$

und **K** axiomatisiert also auch die Menge der **S**-Tautologien. Übrigens schreibt man meist kurz

$$\vdash_{\mathbf{K}} H \quad \text{statt} \quad \emptyset \vdash_{\mathbf{K}} H \tag{2.6.3}$$

in Analogie zur Symbolik, die wir in Abschnitt 2.5 eingeführt haben. Allerdings ist dabei ein wenig Vorsicht geboten: Für einen zur Axiomatisierung einer Folgerungsbeziehung gedachten Kalkül **K** sind sowohl $\vdash_{\mathbf{K}} H$ als auch $\Sigma \vdash_{\mathbf{K}} H$ sinnvoll, für einen zur Axiomatisierung einer Tautologiemenge eingeführten Kalkül $\mathbf{K}_0$ dagegen zunächst nur $\vdash_{\mathbf{K}_0} H$, nicht aber $\Sigma \vdash_{\mathbf{K}_0} H$. Es gibt allerdings ein Standardverfahren, einen derartigen Kalkül $\mathbf{K}_0$ so zu erweitern, daß er auch für Ableitungen aus Prämissenmengen anwendbar wird. Voraussetzung dabei ist allerdings, daß der Ableitungsbegriff für $\mathbf{K}_0$ analog wie in (A1), (A2) von Abschnitt 2.5 festgelegt ist: Eine $\mathbf{K}_0$-Ableitung eines Ausdrucks H ist eine (endliche) Folge $H_1, H_2, \ldots, H_n$ von Ausdrücken derart, daß:

(A1) das letzte Folgenglied H_n der Ausdruck H ist;

(A*2) jedes Folgenglied ein $\mathbf{K}_0$-Axiom ist oder sich aus in der Folge vorhergehenden Ausdrücken durch korrekte Anwendung einer der Schlußregeln von $\mathbf{K}_0$ ergibt.

Als $\mathbf{K}_0$-Ableitung aus einer Prämissenmenge Σ gelte dann jede Ausdrucksfolge $H_1, \ldots, H_n$, die (A1) erfüllt und (A*2) mit der Ergänzung, daß dort „$\mathbf{K}_0$-Axiom oder Ausdruck aus Σ" statt „$\mathbf{K}_0$-Axiom" gelesen wird. (Eventuell sind zusätzlich noch weitere Anwendbarkeitsbedingungen für die $\mathbf{K}_0$-Ableitungsregeln aufzunehmen, aber das hängt vom speziellen Kalkül $\mathbf{K}_0$ ab.)

Dieser erweiterte Ableitungsbegriff, wir wollen ihn *Standarderweiterung* von $\vdash_{\mathbf{K}_0}$ nennen und mit $\vdash_{\mathbf{K}_0^*}$ bezeichnen, gestattet auch die Ableitung neuer, zusätzlicher Ableitungsregeln. Wir wollen eine Ableitungsregel

$$\frac{H_1, H_2, \ldots, H_m}{G}$$

im Kalkül $\mathbf{K}_0$ *zulässig* nennen, wenn $\{H_1, \ldots, H_m\} \vdash_{\mathbf{K}_0^*} G$ gilt. Offenbar können Ableitungen, die auch zulässige Ableitungsregeln benutzen, die nicht unter den ursprünglichen Ableitungsregeln des Kalküls $\mathbf{K}_0$ vorkommen, stets in Ableitungen umgewandelt werden, die nur zu $\mathbf{K}_0$ gehörende Ableitungsregeln benutzen.

Der Nachweis, daß der erweiterte Begriff $\vdash_{\mathbf{K}_0^*}$ der $\mathbf{K}_0$-Ableitbarkeit aus einer Prämissenmenge die entscheidende Bedingung (2.6.1) erfüllt, steht natürlich noch aus und bedarf der Ausführung im jeweils konkreten Fall.

Unter einigen zusätzlichen Voraussetzungen läßt sich dieser Nachweis aber doch für eine größere Klasse von logischen Systemen führen. Dazu betrachten wir für eine Folgerungsbeziehung $\models$ und für einen Ableitungsbegriff $\vdash$ folgende Eigenschaften:

($\mathrm{FIN}_{\models}$) Für beliebige Ausdrücke H und Ausdrucksmengen Σ gilt

$$\Sigma \models H \quad \text{gdw} \quad \bigvee_{\Sigma' \subseteq \Sigma} (\Sigma' \text{ endlich} \wedge \Sigma' \models H).$$

($\mathrm{FIN}_{\vdash}$) Für beliebige Ausdrücke H und Ausdrucksmengen Σ gilt

$$\Sigma \vdash H \quad \text{gdw} \quad \bigvee_{\Sigma' \subseteq \Sigma} (\Sigma' \text{ endlich} \wedge \Sigma' \vdash H).$$

($\mathrm{DED}_{\models}$) Für beliebige Ausdrücke H_1, H_2 und Ausdrucksmengen Σ gilt

$$\Sigma \cup \{H_1\} \models H_2 \quad \text{gdw} \quad \Sigma \models (H_1 \rightarrow H_2).$$

($\mathrm{DED}_{\vdash}$) Für beliebige Ausdrücke H_1, H_2 und Ausdrucksmengen Σ gilt

$$\Sigma \cup \{H_1\} \vdash H_2 \quad \text{gdw} \quad \Sigma \vdash (H_1 \rightarrow H_2).$$

Eigenschaft ($\mathrm{FIN}_{\models}$) ist eine wesentliche Eigenschaft des betrachteten logischen Systems und seiner gemäß (2.2.4) erklärten Folgerungsbeziehung. Gilt ($\mathrm{FIN}_{\models}$) für ein logisches System **S**, so sagt man, daß in **S** der *Endlichkeitssatz für die Folgerungsbeziehung* gelte (vgl. Abschnitt 2.2).

Eigenschaft ($\mathrm{FIN}_{\vdash}$) ist eine Kalküleigenschaft. Sie ist üblicherweise immer dann erfüllt, wenn die den betrachteten Kalkül (mit) konstituierenden Ableitungsregeln je nur endlich viele Prämissen haben.

Eigenschaft ($\mathrm{DED}_{\models}$) ist, soll sie gelten, vor allem eine Bedingung an eine in der zugrunde liegenden Sprache ausgezeichnet gedachte „Implikation" $\rightarrow$, genauer: eine Bedingung an die entsprechende Wahrheitswertfunktion.

Eigenschaft ($\mathrm{DED}_{\vdash}$) ist wieder eine Kalküleigenschaft, deren Erfülltsein Bedingungen an das Ableiten im betrachteten Kalkül und an formale Eigenschaften der Implikation $\rightarrow$ stellt. Gilt ($\mathrm{DED}_{\vdash}$) für einen Kalkül, so sagt man, daß für diesen Kalkül (bzw. für seinen Ableitungsbegriff) das *Deduktionstheorem* gilt.

Während demnach ($\mathrm{FIN}_{\vdash}$) und ($\mathrm{DED}_{\models}$) leichter zu erfüllende Bedingungen formulieren, werden durch ($\mathrm{FIN}_{\models}$) und ($\mathrm{DED}_{\vdash}$) tiefgehende Forderungen ausgedrückt. Deshalb haben sich dafür auch eigene Benennungen eingebürgert. Insgesamt bieten diese vier Eigenschaften die

Möglichkeit, das Axiomatisierbarkeitsproblem für die Folgerungsbeziehung auf das Axiomatisierbarkeitsproblem für die Tautologienmenge zurückzuführen.

Satz 2.6.1. *Ist* **S** *ein mehrwertiges aussagenlogisches System und* **K** *ein Kalkül, der die Menge* $\mathrm{Taut}^{\mathbf{S}}$ *der* **S**-*Tautologien axiomatisiert, hat die Folgerungsbeziehung* $\models_{\mathbf{S}}$ *von* **S** *die Eigenschaften* ($\mathrm{FIN}_{\models}$) *und* ($\mathrm{DED}_{\models}$), *und hat schließlich die Standarderweiterung* $\vdash^*_{\mathbf{K}}$ *von* $\vdash_{\mathbf{K}}$ *die Eigenschaften* ($\mathrm{FIN}_{\vdash}$) *und* ($\mathrm{DED}_{\vdash}$), *dann leistet* $\vdash^*_{\mathbf{K}}$ *die formale Erfassung von* $\models_{\mathbf{S}}$ *im Sinne von* (2.6.1).

Beweis. Zu zeigen ist also für beliebige Ausdrücke H und Ausdrucksmengen Σ, daß

$$\Sigma \models_{\mathbf{S}} H \quad \text{gdw} \quad \Sigma \vdash^*_{\mathbf{K}} H. \tag{2.6.4}$$

Die Eigenschaften ($\mathrm{FIN}_{\models}$) und ($\mathrm{FIN}_{\vdash}$) gestatten es nun, sich hierbei auf endliche Ausdrucksmengen Σ zu beschränken. Gilt nämlich (2.6.4) für endliche Mengen Σ und ist θ irgendeine Ausdrucksmenge, so folgt aus $\theta \models_{\mathbf{S}} H$ wegen ($\mathrm{FIN}_{\models}$), daß $\Sigma' \models_{\mathbf{S}} H$ für eine endliche Ausdrucksmenge Σ', also gilt dann $\Sigma' \vdash^*_{\mathbf{K}} H$ und damit $\theta \vdash^*_{\mathbf{K}} H$; umgekehrt folgt aus $\theta \vdash^*_{\mathbf{K}} H$ wegen ($\mathrm{FIN}_{\vdash}$), daß $\Sigma' \vdash^*_{\mathbf{K}} H$ für eine endliche Menge Σ', also $\Sigma' \models_{\mathbf{S}} H$ und damit $\theta \models_{\mathbf{S}} H$.

Nehmen wir also an, Σ sei endlich, etwa $\Sigma = \{H_1, \ldots, H_n\}$. Wenden wir nun ($\mathrm{DED}_{\models}$) an, so erhalten wir

$$\Sigma \models_{\mathbf{S}} H \quad \text{gdw} \quad \{H_2, \ldots, H_n\} \models_{\mathbf{S}} (H_1 \to H)$$

und nach nochmaliger Anwendung von ($\mathrm{DED}_{\models}$)

$$\Sigma \models_{\mathbf{S}} H \quad \text{gdw} \quad \{H_3, \ldots, H_n\} \models_{\mathbf{S}} \big(H_2 \to (H_1 \to H)\big).$$

So fortfahrend ergibt sich schließlich

$$\Sigma \models_{\mathbf{S}} H \quad \text{gdw} \quad \models_{\mathbf{S}} \bigodot_{i=1}^{n} (H_i, H),$$

wobei die in (2.5.1), (2.5.2) eingeführte Bezeichnung benutzt ist. Da **K** die Menge der **S**-Tautologien axiomatisiert, ergibt sich wegen (2.2.6)

$$\Sigma \models_{\mathbf{S}} H \quad \text{gdw} \quad \vdash_{\mathbf{K}} \bigodot_{i=1}^{n} (H_i, H).$$

Wird jetzt ($\mathrm{DED}_{\vdash}$) analog wie eben ($\mathrm{DED}_{\models}$) angewendet, finden wir

$$\Sigma \models_{\mathbf{S}} H \quad \text{gdw} \quad \{H_n\} \vdash^*_{\mathbf{K}} \bigodot_{i=1}^{n-1} (H_i, H)$$

und nach $n - 1$ weiteren solchen Schritten

$$\Sigma \models_{\mathbf{S}} H \quad \text{gdw} \quad \Sigma \vdash^{*}_{\mathrm{K}} H,$$

womit unser Beweis vollständig ist. ∎

Das in diesem Satz formulierte Resultat ist einer der Gründe dafür, daß man für logische Systeme **S**, deren Tautologienmenge axiomatisierbar ist und für deren Folgerungsbeziehung der Endlichkeitssatz gilt, nach der Gültigkeit des Deduktionstheorems bezüglich der $\mathrm{Taut}^{\mathbf{S}}$ axiomatisierenden Kalküle (und ihrer Ableitungsbeziehungen) fragt.[1]

Betrachten wir die in Abschnitt 2.5 axiomatisierten endlichwertigen aussagenlogischen Systeme, so wissen wir aus Satz 2.2.5, daß für sie der Endlichkeitssatz der Folgerungsbeziehung gilt. Wegen unserer Festlegungen bezüglich $\mathrm{K}^{M}_{\mathrm{RT}}$-Ableitbarkeit gilt sofort auch ($\mathrm{FIN}_{\vdash}$) für diese Kalküle. Zu untersuchen bleibt also die Gültigkeit der Eigenschaften ($\mathrm{DED}_{\models}$) und ($\mathrm{DED}_{\vdash}$).

Wenden wir uns zunächst ($\mathrm{DED}_{\models}$) zu. Wir haben zu zeigen, daß für beliebige Ausdrücke H_1, H_2 und Ausdrucksmengen Σ gilt:

$$\Sigma \cup \{H_1\} \models_{\mathbf{S}} H_2 \quad \text{gdw} \quad \Sigma \models_{\mathbf{S}} (H_1 \to H_2).$$

Nehmen wir zuerst an, daß $\Sigma \models_{\mathbf{S}} (H_1 \to H_2)$ gilt. Sei $\beta \in \mathrm{Mod}^{\mathbf{S}}(\Sigma \cup \{H_1\})$; dann ist natürlich $\beta \in \mathrm{Mod}^{\mathbf{S}}(\Sigma)$ und mithin $\beta \in \mathrm{Mod}^{\mathbf{S}}(H_1 \to H_2)$. Also sind $\mathrm{Wert}^{\mathbf{S}}(H_1, \beta)$ und $\mathrm{Wert}^{\mathbf{S}}(H_1 \to H_2, \beta)$ ausgezeichnete Quasiwahrheitswerte. Wenn $\to$ die Bedingung (J*) aus Abschnitt 2.5 erfüllt, so muß in diesem Falle auch $\mathrm{Wert}^{\mathbf{S}}(H_2, \beta)$ ausgezeichneter Quasiwahrheitswert sein, also $\beta \in \mathrm{Mod}^{\mathbf{S}}(H_2)$ und damit insgesamt $\Sigma \cup \{H_1\} \models_{\mathbf{S}} H_2$. Nun möge umgekehrt $\Sigma \cup \{H_1\} \models_{\mathbf{S}} H_2$ gelten und diesmal $\beta \in \mathrm{Mod}^{\mathbf{S}}(\Sigma)$ sein. Dann ist entweder $\beta \in \mathrm{Mod}^{\mathbf{S}}(H_1)$ und damit $\beta \in \mathrm{Mod}^{\mathbf{S}}(H_2)$, oder es ist $\beta \notin \mathrm{Mod}^{\mathbf{S}}(H_1)$. Erfüllt $\to$ die Standardbedingung (I) einer Implikation, so ist in beiden Fällen $\beta \in \mathrm{Mod}^{\mathbf{S}}(H_1 \to H_2)$, also insgesamt $\Sigma \models_{\mathbf{S}} (H_1 \to H_2)$. Zusammengefaßt: Erfüllt die in ($\mathrm{DED}_{\models}$) betrachtete Implikation die Standardbedingung, dann gilt ($\mathrm{DED}_{\models}$).

Es bleibt die Eigenschaft ($\mathrm{DED}_{\vdash}$), d. h. die Gültigkeit des Deduktionstheorems zu diskutieren. Als ein Hilfsresultat dazu beweisen wir

Satz 2.6.2. *In den Kalkülen* $\mathrm{K}^{M}_{\mathrm{RT}}$ *gilt*

$$(\mathrm{DED}_{\vdash}) \quad \textit{gdw} \quad \vdash_{\mathrm{RT}} \Big((A \to B) \to \big((A \to (B \to C)) \to (A \to C)\big)\Big).$$

[1] Nur nebenbei sei hier angemerkt, daß es auch Nachweismethoden für die Axiomatisierbarkeit von $\mathrm{Taut}^{\mathbf{S}}$ gibt, in denen die Gültigkeit des Deduktionstheorem eine wesentliche Rolle spielt.

Beweis. Es gelte ($\mathrm{DED}_{\vdash}$). Durch dreimalige Anwendung von (MP) beweist man

$$\{A, A \to B, A \to (B \to C)\} \vdash^*_{\mathrm{RT}} C$$

für beliebige Ausdrücke A, B, C. Wegen ($\mathrm{DED}_{\vdash}$) erhält man daraus sukzessive

$$\{A \to B, A \to (B \to C)\} \vdash^*_{\mathrm{RT}} (A \to C),$$

$$\{A \to B\} \vdash^*_{\mathrm{RT}} \big((A \to (B \to C)) \to (A \to C)\big)$$

und also schließlich

$$\vdash_{\mathrm{RT}} \Big((A \to B) \to \big((A \to (B \to C)) \to (A \to C)\big)\Big). \tag{2.6.5}$$

Nun gelte (2.6.5). Allein wegen (MP) erhält man $\Sigma \cup \{H_1\} \vdash^*_{\mathrm{RT}} H_2$ aus $\Sigma \vdash^*_{\mathrm{RT}} (H_1 \to H_2)$. Für ($\mathrm{DED}_{\vdash}$) ist also nur noch zu zeigen, daß aus $\Sigma \cup \{H_1\} \vdash^*_{\mathrm{RT}} H_2$ auch $\Sigma \vdash^*_{\mathrm{RT}} (H_1 \to H_2)$ folgt. Diesen Nachweis führen wir dadurch, daß wir eine Methode angeben, um aus einer beliebigen $\mathbf{K}^M_{\mathrm{RT}}$-Ableitung $G_1, G_2, \ldots, G_m$ eines Ausdrucks G_m aus einer Prämissenmenge Σ eine $\mathbf{K}^M_{\mathrm{RT}}$-Ableitung eines Ausdrucks $(G \to G_m)$ aus der Prämissenmenge $\Sigma \setminus \{G\}$ zu konstruieren, G irgendein Ausdruck. Diese neue Ableitung erhält man dadurch, daß man an Stelle einzelner Ausdrücke G_i der gegebenen Ableitung (kurze) Ausdrucksfolgen setzt nach folgenden Vorschriften:

1. Ist G_i Axiom oder Prämisse und ist $G_i \neq G$, so schreibe man für G_i die Folge: $G_i, G_i \to (G \to G_i), G \to G_i$. Dabei ist der Ausdruck $G_i \to (G \to G_i)$ Instanz des Axiomenschemas ($\mathrm{Ax_{RT}}1$) und $G \to G_i$ mittels (MP) aus den beiden vorhergehenden Ausdrücken zu gewinnen.
2. Ist G_i Axiom oder Prämisse und $G_i = G$, so ersetze man G_i durch eine $\mathbf{K}^M_{\mathrm{RT}}$-Ableitung des Ausdrucks $G \to G$. Eine solche existiert nach (2.5.13).
3. Ist G_i Ergebnis der Anwendung der Regel (MP), so gibt es Indizes $k, j < i$ derart, daß $G_j = G_k \to G_i$. In diesem Falle ersetze man G_i durch eine Folge

$$H^1, \ldots, H^n, \big(G \to (G_k \to G_i)\big) \to (G \to G_i)\big), (G \to G_i),$$

wobei $H^1, \ldots, H^n$ eine $\mathbf{K}^M_{\mathrm{RT}}$-Ableitung des Ausdrucks $(G \to G_k) \to \big((G \to (G_k \to G_i)) \to (G \to G_i)\big)$ sei, die wegen (2.6.5) existiert und keine zusätzlichen Prämissen benötigt.

Induktiv über i zeigt man nun leicht, daß aus jeder Teilfolge $G_1, \ldots, G_i$ der Ableitung $G_1, \ldots, G_m$ nach Ersetzen aller G_j für $j = 1, \ldots, i$ durch die gemäß der Vorschriften **1**, **2**, **3** festgelegten Folgen eine $\mathbf{K}^M_{\mathrm{RT}}$-Ableitung von $G \to G_i$ entsteht. Für $i = m$ ergibt sich also eine Ableitung von $G \to G_m$, die wegen Vorschrift 2 nur Prämissen aus $\Sigma \setminus \{G\}$ benutzt. Nun ergibt sich sofort, daß $\Sigma \vdash^*_{\mathrm{RT}} (H_1 \to H_2)$ aus $\Sigma \cup \{H_1\} \vdash^*_{\mathrm{RT}} H_2$ folgt. ∎

Damit ist die Gültigkeit von ($\mathrm{DED}_{\vdash}$) auf die Gültigkeit von (2.6.5) zurückgeführt. Wegen des Vollständigkeitssatzes 2.5.2 ist aber (2.6.5) bereits bewiesen, wenn für das durch $\mathbf{K}^M_{\mathrm{RT}}$ axiomatisierte mehrwertige aussagenlogische System **S**

$$\bigl((A \to B) \to \bigl((A \to (B \to C)) \to (A \to C)\bigr)\bigr) \in \mathrm{Taut}^{\mathbf{S}} \tag{2.6.6}$$

gilt. Setzen wir voraus, daß $\to$ die Standardbedingung (I) erfüllt, so kann man (2.6.6) ganz analog zum Tautologienachweis für den entsprechenden Ausdruck der klassischen Aussagenlogik bestätigen. Also ergibt sich: Erfüllt $\to$ die Standardbedingung einer Implikation, so gilt das Deduktionstheorem ($\mathrm{DED}_{\vdash}$) für $\mathbf{K}^M_{\mathrm{RT}}$.

Insgesamt haben wir nun bewiesen

Satz 2.6.3. (Hauptsatz der Folgerungsbeziehung). *Erfüllt ein M-wertiges aussagenlogisches System* **S** *die Bedingungen* (J 1), (J 2), *so wird durch den Kalkül* $\mathbf{K}^M_{\mathrm{RT}}$ *mit der Standarderweiterung* $\vdash^*_{\mathrm{RT}}$ *seiner Ableitbarkeitsbeziehung die formale Erfassung der Folgerungsbeziehung* $\models_{\mathbf{S}}$ *geleistet, d. h. es gilt stets*

$$\Sigma \models_{\mathbf{S}} H \quad \textit{gdw} \quad \Sigma \vdash^*_{\mathrm{RT}} H.$$

Übrigens ersieht man aus dem Beweis von Satz 2.6.2, daß dieser Satz schon dann gilt, wenn man im betrachteten Kalkül (MP) und ($\mathrm{Ax}_{\mathrm{RT}}1$) zur Verfügung hat – sei es als Axiomenschema und Ableitungsregel oder sei es als ableitbares Ausdrucksschema und zulässige Regel. ($\vdash (A \to A)$ ergibt sich dann schon aus dem z. B. in (2.6.5) betrachteten Ausdruck. Rosser/Turquette [1952] zeigen außerdem noch, daß man mittels ($\mathrm{Ax}_{\mathrm{RT}}1$) und (MP) aus dem in (2.6.5) betrachteten Ausdruck(sschema) die Axiomenschemata ($\mathrm{Ax}_{\mathrm{RT}}2$), ($\mathrm{Ax}_{\mathrm{RT}}3$), ($\mathrm{Ax}_{\mathrm{RT}}4$) ableiten kann. Ersetzt man diese Axiomenschemata aber durch jenes Ausdrucksschema, so ergibt sich ein stärkeres Axiomensystem als das System $\mathrm{Ax}_{\mathrm{RT}}$.

Wir werden später in Kapitel 3 sehen, daß es durch $\mathbf{K}^M_{\mathrm{RT}}$ adäquat axiomatisierte M-wertige aussagenlogische Systeme **S** gibt, ohne daß bezüglich der dabei betrachteten Implikation das Deduktionstheorem gilt und ohne daß dafür die Bedingung (J 1) erfüllt ist.

Da auch die in Bedingung (J 2) enthaltene Forderung nach **S**-Definierbarkeit der Junktoren J_t für alle $t \in \mathcal{W}^{\mathbf{S}}$ eine einschränkende Bedingung für die mit Satz 2.6.3 erfaßbaren logischen Systeme ist, wollen wir uns nun der schon am Ende von Abschnitt 2.5 angekündigten, von Schröter

[1955] angegebenen Axiomatisierungsmethode zuwenden, die auf keine der Bedingungen (J1), (J2) Bezug nimmt, die vielmehr auf beliebige endlichwertige aussagenlogische Systeme angewendet werden kann.

Diese SCHRÖTERsche Axiomatisierungsmethode benutzt den auf GENTZEN [1934–35] zurückgehenden, mit Sequenzen von Ausdrücken operierenden Ableitungsbegriff und einen zugehörigen GENTZENschen Folgerungsbegriff. Deswegen müssen wir zunächst noch einige für das Weitere wesentliche Hilfsbegriffe einführen. Den Zusammenhang des GENTZENschen mit dem bisher betrachteten BOLZANOschen Folgerungsbegriff[2] werden wir am Schlusse dieser Betrachtungen herstellen.

Es sei $\mathbf{S}$ ein M-wertiges aussagenlogisches System mit $\mathscr{W}_M$ als Menge der Quasiwahrheitswerte. Für jede Ausdrucksmenge Σ des Systems $\mathbf{S}$ und jeden Quasiwahrheitswert $t \in \mathscr{W}^{\mathbf{S}} = \mathscr{W}_M$ wollen wir eine Variablenbelegung $\beta : \boldsymbol{V}_0 \to \mathscr{W}^{\mathbf{S}}$ ein *t-Modell* von Σ nennen, falls

$$\mathrm{Wert}^{\mathbf{S}}(H, \beta) = t \quad \text{für jedes} \quad H \in \Sigma \tag{2.6.7}$$

gilt. Unter einer $\mathbf{S}$-*Sequenz* verstehen wir eine endliche Folge $(\Sigma_1, \ldots, \Sigma_M)$ von Mengen Σ_i von Ausdrücken von $\mathbf{S}$. Eine $\mathbf{S}$-Sequenz $(\Sigma_1, \ldots, \Sigma_M)$ möge *endliche* $\mathbf{S}$-Sequenz heißen, falls jedes Folgenglied Σ_i eine endliche Menge von Ausdrücken ist. Zur Vereinfachung der folgenden Bezeichnungen vereinbaren wir noch, daß

$$\tau_i = \frac{M - i}{M - 1} \quad \text{für} \quad i = 1, \ldots, M \tag{2.6.8}$$

sein möge; es ist also $\tau_1 = 1$, $\tau_M = 0$ und $\mathscr{W}_M = \{\tau_1, \tau_2, \ldots, \tau_M\}$. Schließlich möge eine Variablenbelegung $\beta : \boldsymbol{V}_0 \to \mathscr{W}^{\mathbf{S}}$ ein *Sequenzmodell* einer $\mathbf{S}$-Sequenz $(\Sigma_1, \ldots, \Sigma_M)$ heißen, falls für jeden Index $i = 1, \ldots, M$ diese Belegung β ein τ_i-Modell von Σ_i ist.

Der GENTZENsche Folgerungsbegriff, wie wir ihn verallgemeinert für unsere mehrwertigen logischen Systeme benötigen, unterscheidet sich schon rein formal deutlich vom bisher betrachteten BOLZANOschen: Nun sollen ganze Sequenzen als Folgerungssequenzen ausgezeichnet werden, nicht mehr nur einzelne Ausdrücke bezüglich Ausdrucksmengen. Wir nennen eine $\mathbf{S}$-Sequenz $(\Sigma_1, \ldots, \Sigma_m)$ eine *Folgerungssequenz* und schreiben dafür: $\mathbf{S}\mathrm{Folg}(\Sigma_1, \ldots, \Sigma_m)$, falls diese $\mathbf{S}$-Sequenz kein Sequenzmodell hat.

Um die folgenden Resultate kompakt aufschreiben zu können, bezeichnen wir für jeden Quasiwahrheitswert t noch mit $\boldsymbol{K}_{\neq t}$ die Menge aller

---

[2] Unser bisher betrachteter Folgerungsbegriff geht im Falle der klassischen Logik direkt zunächst auf TARSKI zurück, der ihn in TARSKI [1930] unabhängig von BOLZANO einführte. Letztlich kann man die in diesem Folgerungsbegriff fixierte Idee aber schon bei BOLZANO [1837] wenigstens in statu nascendi finden.

derjenigen Quasiwahrheitswertkonstanten des Systems **S**, die nicht den Quasiwahrheitswert t bezeichnen. Und wir betrachten zu einer **S**-Sequenz $(\Sigma_1, \ldots, \Sigma_M)$ die Bedingung:

(Disj) Es gibt Indizes $i, j \leq M$ mit $i \neq j$ derart, daß

$$\Sigma_i \cap (\Sigma_j \cup \boldsymbol{K}_{\neq \tau_i}) \neq \emptyset.$$

Satz 2.6.4. *Betrachtet werde eine* **S**-*Sequenz* $(\Sigma_1, \ldots, \Sigma_M)$. *Dafür gilt:*

(a) *Erfüllt* $(\Sigma_1, \ldots, \Sigma_M)$ *die Bedingung* (Disj), *so gilt* **S**Folg$(\Sigma_1, \ldots, \Sigma_M)$.

(b) *Ist jede der Mengen* Σ_i *eine Menge einfacher Ausdrücke, d. h. solcher Ausdrücke, die entweder Aussagenvariablen oder Quasiwahrheitswertkonstanten von* **S** *sind, so ist die Bedingung* (Disj) *genau dann erfüllt, wenn* **S**Folg$(\Sigma_1, \ldots, \Sigma_M)$ *gilt.*

Beweis. (a) Es ist sofort klar, daß $(\Sigma_1, \ldots, \Sigma_M)$ kein Sequenzmodell haben kann, wenn (Disj) erfüllt ist, denn dann müssen zwei Ausdrucksmengen Σ_i, Σ_j bei $i \neq j$ einen Ausdruck H gemeinsam haben, der natürlich nie zugleich zwei verschiedene Quasiwahrheitswerte haben kann, oder es muß eine Ausdrucksmenge Σ_k existieren, die eine Quasiwahrheitswertkonstante enthält, die einen von τ_k verschiedenen Quasiwahrheitswert bezeichnet.

(b) Jedes Σ_i sei eine Menge einfacher Ausdrücke. Gilt (Disj), so gilt auch **S**Folg$(\Sigma_1, \ldots, \Sigma_M)$ nach (a). Gilt dagegen (Disj) nicht, so gilt $\Sigma_i \cap \Sigma_j = \emptyset$ für alle Indizes $i, j \leq M$ mit $i \neq j$. Belegt dann $\beta: \boldsymbol{V}_0 \rightarrow \mathscr{W}^{\mathbf{S}}$ für jeden Index i alle in Σ_i vorkommenden Aussagenvariablen mit dem Wert τ_i, so ist β Sequenzmodell von $(\Sigma_1, \ldots, \Sigma_M)$, also **S**Folg$(\Sigma_1, \ldots, \Sigma_M)$ falsch. ∎

Für eine **S**-Sequenz $(\Sigma_1, \ldots, \Sigma_M)$, einen Ausdruck H und einen Index $i \leq M$ bedeute, H an der Stelle i in diese **S**-Sequenz *einzuführen*, den Übergang zur **S**-Sequenz $(\Sigma_1, \ldots, \Sigma_{i-1}, \Sigma_i \cup \{H\}, \Sigma_{i+1}, \ldots, \Sigma_M)$.

Satz 2.6.5. *Für jede Aussagenverknüpfung* φ *von* **S**, *ihre Stellenzahl möge* m *sein, beliebige Ausdrücke* $H_1, \ldots, H_m$ *und jedes* $1 \leq i \leq M$ *läßt sich eine notwendige und hinreichende Bedingung* $G_{\varphi,i}$ *für die Einführbarkeit des Ausdrucks* $\varphi(H_1, \ldots, H_m)$ *an der Stelle* i *derart angeben, daß für jede vorgegebene* **S**-*Sequenz* $(\Sigma_1, \ldots, \Sigma_M)$ *die durch Einführung von* $\varphi(H_1, \ldots, H_m)$ *an der Stelle* i *daraus entstehende* **S**-*Sequenz genau dann eine Folgerungssequenz ist, wenn gewisse* **S**-*Sequenzen, die aus* $(\Sigma_1, \ldots, \Sigma_M)$ *allein durch Einführung von Ausdrücken* $H_1, \ldots, H_m$ *an geeigneten Stellen gewonnen werden können, ebenfalls Folgerungssequenzen sind.*

Beweis. Die Aussagenverknüpfung φ und die Stelle i seien fixiert. Dann kann man die Wahrheitswertfunktion $\mathrm{ver}_{\varphi}^{\mathbf{S}}$ durch eine Tabelle beschreiben und daraus endlich viele m-Tupel $(t_1^k, \ldots, t_m^k)$, $k = 1, \ldots, n$ von Quasiwahrheitswerten ablesen, so daß für jede Variablenbelegung β gilt:

$$\begin{array}{ll} \mathrm{Wert}^{\mathbf{S}}(\varphi(H_1, \ldots, H_m), \beta) = \tau_i \quad \text{gdw} & \\ \qquad \mathrm{Wert}^{\mathbf{S}}(H_j, \beta) = t_j^1 \quad \text{für jedes} \quad j = 1, \ldots, m & \\ \text{oder} \quad \mathrm{Wert}^{\mathbf{S}}(H_j, \beta) = t_j^2 \quad \text{für jedes} \quad j = 1, \ldots, m & \\ \qquad \vdots & \\ \text{oder} \quad \mathrm{Wert}^{\mathbf{S}}(H_j, \beta) = t_j^n \quad \text{für jedes} \quad j = 1, \ldots, m. & \end{array}$$

Nennen wir für diesen Beweis zusätzlich noch eine Variablenbelegung β ein $(t_1^k, \ldots, t_m^k)$-Modell von $(H_1, \ldots, H_m)$, falls gilt

$$\mathrm{Wert}^{\mathbf{S}}(H_j, \beta) = t_j^k \quad \text{für jedes} \quad j = 1, \ldots, m,$$

so erhalten wir nun sofort als weiteres Zwischenresultat:

$$\begin{array}{l} \{\varphi(H_1, \ldots, H_m)\} \quad \text{hat ein} \quad \tau_i\text{-Modell} \quad \text{gdw} \\ \qquad (H_1, \ldots, H_m) \quad \text{ein} \quad (t_1^1, \ldots, t_m^1)\text{-Modell} \quad \text{hat} \\ \text{oder} \quad (H_1, \ldots, H_m) \quad \text{ein} \quad (t_1^2, \ldots, t_m^2)\text{-Modell} \quad \text{hat} \\ \qquad \vdots \\ \text{oder} \quad (H_1, \ldots, H_m) \quad \text{ein} \quad (t_1^n, \ldots, t_m^n)\text{-Modell} \quad \text{hat.} \end{array}$$

Durch elementare Umformungen bestätigt man weiterhin, daß für beliebige Quasiwahrheitswerte $t \in \mathscr{W}_M$ und Indizes j mit $1 \leq j \leq M$

$$t = \frac{M - j}{M - 1} \quad \text{gdw} \quad j = M - t(M - 1) \tag{2.6.9}$$

gilt. Damit ist man unmittelbar in der Lage, zu jeder **S**-Sequenz $(\Sigma_1, \ldots, \Sigma_m)$, zu jedem ihrer Sequenzmodelle β_0 und zu jedem Ausdruck H_0 diejenige Stelle i_0 zu bestimmen, so daß β_0 auch Sequenzmodell der nach Einführung von H_0 an der Stelle i_0 der **S**-Sequenz $(\Sigma_1, \ldots, \Sigma_M)$ entstehenden **S**-Sequenz ist. Dazu braucht man nur

$$i_0 = M - (M - 1) \cdot \mathrm{Wert}^{\mathbf{S}}(H_0, \beta_0)$$

zu wählen. Deswegen sei nun für eine gegebene **S**-Sequenz $(\Sigma_1, \ldots, \Sigma_M)$ und jedes $k = 1, \ldots, n$ die **S**-Sequenz $(\Sigma_1^k, \ldots, \Sigma_M^k)$ diejenige **S**-Sequenz, die man erhält, wenn man in $(\Sigma_1, \ldots, \Sigma_M)$ an der

$$\text{Stelle} \quad M - (M - 1) \cdot t_1^k \quad \text{den} \quad \text{Ausdruck } H_1$$

einführt, wenn man in der dadurch entstehenden **S**-Sequenz an der

$$\text{Stelle} \quad M - (M - 1) \cdot t_2^k \quad \text{den Ausdruck} \quad H_2$$

einführt, und – so fortfahrend – schließlich in der im $(m\text{-}1)$-ten dieser sukzessiven Einführungsschritte entstehenden **S**-Sequenz an der

$$\text{Stelle} \quad M - (M-1) \cdot t_m^k \quad \text{den Ausdruck} \quad H_m$$

einführt. Dann liefert unser obiges Zwischenresultat:

$$\begin{aligned}
&(\Sigma_1, \ldots, \Sigma_{i-1}, \Sigma_i \cup \{\varphi(H_1, \ldots, H_m)\}, \Sigma_{i+1}, \ldots, \Sigma_M) \\
&\text{hat ein Sequenzmodell} \quad \text{gdw} \\
&\qquad (\Sigma_1^1, \ldots, \Sigma_M^1) \quad \text{ein Sequenzmodell hat} \\
&\text{oder} \quad (\Sigma_1^2, \ldots, \Sigma_M^2) \quad \text{ein Sequenzmodell hat} \\
&\quad \vdots \\
&\text{oder} \quad (\Sigma_1^n, \ldots, \Sigma_M^n) \quad \text{ein Sequenzmodell hat.}
\end{aligned}$$

Für Folgerungssequenzen erhalten wir nun

$$\begin{aligned}
&\mathbf{S}\mathrm{Folg}(\Sigma_1, .., \Sigma_{i-1}, \Sigma_i \cup \{\varphi(H_1, \ldots, H_m)\}, \Sigma_{i+1}, \ldots, \Sigma_M) \\
&\text{gdw} \quad \text{für jedes} \quad k = 1, \ldots, n\text{:} \ \mathbf{S}\mathrm{Folg}(\Sigma_1^k, \ldots, \Sigma_M^k).
\end{aligned} \tag{2.6.10}$$

Die rechte Seite dieser Äquivalenz ist die gesuchte Bedingung $G_{\varphi,i}$. ∎

Die semantisch erklärte GENTZENsche Folgerungsbeziehung für Sequenzen gilt es nun durch einen Kalkül zu erfassen. Da dieser Kalkül von der Anzahl der Quasiwahrheitswerte des betrachteten M-wertigen aussagenlogischen Systems **S** abhängt, wollen wir ihn mit $\mathbf{K}_G^M$ bezeichnen. Zweck des Kalküls $\mathbf{K}_G^M$ ist es, genau die Folgerungssequenzen des Systems **S** zu erzeugen.

Da der Kalkül $\mathbf{K}_G^M$ **S**-Sequenzen erzeugen soll, also M-gliedrige Folgen von Ausdrucksmengen des Systems **S**, muß seine Sprache reicher als die des Systems **S** sein. Der wesentliche Schritt bei der Bereicherung der Sprache von **S** ist dabei, Mengen von Ausdrücken von **S** in der erweiterten Sprache darstellen zu können; der dann noch notwendige Schritt zu M-gliedrigen Folgen solcher Mengen ist einfach zu bewerkstelligen. Da diese entscheidende Spracherweiterung den Rückgriff auf ein geeignetes System der Mengentheorie bedingt, wollen wir ihre Einzelheiten hier nicht darlegen. Unsere weiteren Betrachtungen sind zum Glück von diesen Details unabhängig, da wir hauptsächlich Aussagen über die Ableitbarkeit im Kalkül $\mathbf{K}_G^M$ beweisen werden – dazu aber keine direkten Ableitungen in $\mathbf{K}_G^M$ zu konstruieren haben.

Die Axiome des Kalküls $\mathbf{K}_G^M$ sind alle diejenigen endlichen **S**-Sequenzen $(\Sigma_1, \ldots, \Sigma_M)$, für die die Bedingung (Disj) erfüllt ist. An Ableitungsregeln hat der Kalkül $\mathbf{K}_G^M$ die Verdünnungsregel und für jeden Junktor $\varphi \in \boldsymbol{J}^{\mathbf{S}}$ und jede Stelle $i = 1, \ldots, M$ eine Einführungsregel. Benutzen wir die im Beweis von Satz 2.6.5 eingeführten Bezeichnungen, so lautet die *Einführungsregel* für den m-stelligen Junktor φ bezüglich der Stelle i:

$$\frac{(\Sigma_1^1, \dots, \Sigma_M^1), \dots, (\Sigma_1^n, \dots, \Sigma_M^n)}{(\Sigma_1, \dots, \Sigma_i \cup \{\varphi(H_1, \dots, H_m)\}, \dots, \Sigma_M)}, \tag{2.6.11}$$

die Prämissen dieser Einführungsregel sind also gerade die durch die Bedingung $G_{\varphi,i}$ festgelegten. Die *Verdünnungsregel* lautet

$$\frac{(\Sigma_1, \dots, \Sigma_M)}{(\Sigma_1 \cup \theta_1, \dots, \Sigma_M \cup \theta_M)} \tag{2.6.12}$$

für beliebige **S**-Sequenzen $(\Sigma_1, \dots, \Sigma_M)$ und $(\theta_1, \dots, \theta_M)$.

Eine Ableitung im Kalkül $\mathbf{K}_G^M$ ist eine endliche Folge von **S**-Sequenzen, deren jede entweder ein Axiom ist oder sich aus vorhergehenden **S**-Sequenzen durch Anwendung einer Ableitungsregel ergibt. Wir schreiben $\vdash_G (\Sigma_1, \dots, \Sigma_M)$, falls diese **S**-Sequenz in $\mathbf{K}_G^M$ abgeleitet werden, also letztes Glied einer Ableitung in $\mathbf{K}_G^M$ sein kann.

Satz 2.6.6 (Korrektheitssatz für $\mathbf{K}_G^M$). *Jede im Kalkül* $\mathbf{K}_G^M$ *ableitbare* **S**-*Sequenz ist eine Folgerungssequenz.*

Beweis. Gemäß Satz 2.6.4 ist jedes Axiom von $\mathbf{K}_G^M$ eine Folgerungssequenz. Aus dem obigen Beweis von Satz 2.6.5, speziell der notwendigen und hinreichenden Bedingung (2.6.10), und der Konstruktion der Einführungsregeln von $\mathbf{K}_G^M$ folgt weiterhin, daß diese Einführungsregeln stets von Folgerungssequenzen wieder zu Folgerungssequenzen führen. Es bleibt die Verdünnungsregel (2.6.12) zu betrachten. Ist aber $(\Sigma_1, \dots, \Sigma_M)$ eine Folgerungssequenz, so auch $(\Sigma_1 \cup \theta_1, \dots, \Sigma_M \cup \theta_M)$, denn jedes Sequenzmodell von $(\Sigma_1 \cup \theta_1, \dots, \Sigma_M \cup \theta_M)$ wäre auch ein Sequenzmodell von $(\Sigma_1, \dots, \Sigma_M)$. ∎

Zum Beweise des entsprechenden Vollständigkeitssatzes für $\mathbf{K}_G^M$ benötigen wir noch einige zusätzliche Resultate, die wir nun beweisen. Die als Sätze formulierten Resultate haben aber auch eigenständiges Interesse.

Hilfssatz 2.6.7. *Für jede* **S**-*Sequenz* $(\Sigma_1, \dots, \Sigma_M)$ *gilt:*

(a) *erfüllt* $(\Sigma_1, \dots, \Sigma_M)$ *die Bedingung* (Disj), *so ist* $\vdash_G (\Sigma_1, \dots, \Sigma_M)$;

(b) *ist jede der Mengen* Σ_i *eine Menge einfacher Ausdrücke* (*vgl.* Satz 2.6.4 (b)), *so ist die Bedingung* (Disj) *genau dann erfüllt, wenn* $\vdash_G (\Sigma_1, \dots, \Sigma_M)$ *gilt.*

Beweis. (a) Es erfülle $(\Sigma_1, \dots, \Sigma_M)$ die Bedingung (Disj). Ist $\Sigma_i \cap \Sigma_j \neq \emptyset$ für geeignete Indizes $i \neq j$, so sei $H \in \Sigma_i \cap \Sigma_j$.

Es sei dann für $k = 1, \ldots, M$:

$$\Sigma'_k = \begin{cases} \{H\}, & \text{wenn} \quad k = i \quad \text{oder} \quad k = j \\ \emptyset & \text{sonst}. \end{cases}$$

Nach Konstruktion ist die **S**-Sequenz $(\Sigma'_1, \ldots, \Sigma'_M)$ Axiom, also $\vdash_G (\Sigma_1, \ldots, \Sigma_M)$ nach einmaliger geeigneter Anwendung der Verdünnungsregel. Findet man keine solchen Indizes i, j, so gibt es einen Index j, so daß $\Sigma_j \cap \boldsymbol{K}_{\neq \tau_j} \neq \emptyset$. Wählt man jetzt

$$\Sigma''_k = \begin{cases} \Sigma_j \cap \boldsymbol{K}_{\neq \tau_j}, & \text{wenn} \quad k = j \\ \emptyset & \text{sonst}, \end{cases}$$

so ist wieder $(\Sigma''_1 \ldots, \Sigma''_M)$ Axiom und also $\vdash_G (\Sigma_1, \ldots, \Sigma_M)$ wie eben.

(b) Unter der Voraussetzung, daß alle Σ_i Mengen einfacher Ausdrücke sind, ist wegen (a) nur noch zu zeigen, daß dann aus $\vdash_G (\Sigma_1, \ldots, \Sigma_M)$ folgt, daß die Bedingung (Disj) erfüllt ist. Gilt in diesem Falle aber $\vdash_G (\Sigma_1, \ldots, \Sigma_M)$, so muß $(\Sigma_1, \ldots, \Sigma_M)$ Axiom sein oder kann nur mittels der Verdünnungsregel aus Axiomen abgeleitet worden sein. Da aber die Axiome (Disj) erfüllen und Anwenden der Verdünnungsregel (2.6.12) die Erfüllung der Bedingung (Disj) erhält, gilt also (Disj). ∎

Unter einer endlichen Teilsequenz einer **S**-Sequenz $(\Sigma_1, \ldots, \Sigma_M)$ wollen wir eine solche endliche **S**-Sequenz $(\theta_1, \ldots, \theta_M)$ verstehen, für die $\theta_i \subseteq \Sigma_i$ gilt für jedes $i = 1, \ldots, M$.

Satz 2.6.8 (Kompaktheitssatz). *Hat jede endliche Teilsequenz einer* **S**-*Sequenz* $(\Sigma_1, \ldots, \Sigma_M)$ *ein Sequenzmodell, so hat auch* $(\Sigma_1, \ldots, \Sigma_M)$ *ein Sequenzmodell.*

Beweis. Der für den Kompaktheitssatz 2.2.3 gegebene Beweis läßt sich fast wörtlich übernehmen; es ist nur überall „Ausdrucksmenge Σ" durch „**S**-Sequenz $(\Sigma_1, \ldots, \Sigma_M)$" zu ersetzen, es sind endliche Teilsequenzen von $(\Sigma_1, \ldots, \Sigma_M)$ statt der endlichen Teilmengen von Σ zu betrachten, und es ist von Sequenzmodellen statt von Modellen zu sprechen. Die Details möge der Leser zur Übung selbst ausführen. ∎

Satz 2.6.9 (Endlichkeitssätze). *Es sei* $(\Sigma_1, \ldots, \Sigma_M)$ *eine* **S**-*Sequenz.*

(a) *Gilt* **S**Folg$(\Sigma_1, \ldots, \Sigma_M)$, *so gibt es eine endliche Teilsequenz* $(\Sigma^*_1, \ldots, \Sigma^*_M)$ *von* $(\Sigma_1, \ldots, \Sigma_M)$, *für die ebenfalls* **S**Folg$(\Sigma^*_1, \ldots, \Sigma^*_M)$ *gilt.*

(b) *Gilt* $\vdash_G (\Sigma_1, \ldots, \Sigma_M)$, *so gibt es eine endliche Teilsequenz* $(\Sigma^*_1, \ldots, \Sigma^*_M)$ *von* $(\Sigma_1, \ldots, \Sigma_M)$, *für die ebenfalls* $\vdash_G (\Sigma^*_1, \ldots, \Sigma^*_M)$ *gilt.*

Beweis. (a) Gilt **S**Folg$(\theta_1, \ldots, \theta_M)$ für keine endliche Teilsequenz von $(\Sigma_1, \ldots, \Sigma_M)$, so hat jede solche endliche Teilsequenz $(\theta_1, \ldots, \theta_M)$ von

$(\Sigma_1, \ldots, \Sigma_M)$ ein Sequenzmodell. Also hat nach Satz 2.6.7. auch $(\Sigma_1, \ldots, \Sigma_M)$ ein Sequenzmodell und $\mathbf{S}$Folg$(\Sigma_1, \ldots, \Sigma_M)$ gilt nicht.

(b) Es gelte $\vdash_G (\Sigma_1, \ldots, \Sigma_M)$. Eine Ableitung von $(\Sigma_1, \ldots, \Sigma_M)$ in $\mathbf{K}_G^M$ sei gegeben. θ_0 möge die Menge aller derjenigen Ausdrücke von $\mathbf{S}$ sein, die innerhalb dieser Ableitung an irgendeiner Stelle eingeführt werden. Offenbar ist θ_0 endlich. Es sei θ_0^* die Menge aller Quasiwahrheitswertkonstanten von $\mathbf{S}$ und aller Teilausdrücke von Ausdrücken aus θ_0. Auch θ_0^* muß endlich sein. Weiter sei $f(i, j)$ eine Auswahlfunktion aus den nichtleeren Durchschnitten $\Sigma_i \cap \Sigma_j$, d. h., es gelte:

$$\text{wenn} \quad \Sigma_i \cap \Sigma_j \neq \emptyset, \quad \text{so} \quad f(i, j) \in \Sigma_i \cap \Sigma_j;$$

aber wenn $\Sigma_i \cap \Sigma_j = \emptyset$ ist, dann sei $f(i, j)$ nicht erklärt. Wir setzen nun

$$g(i, j) =_{\text{def}} \begin{cases} \{f(i, j)\}, & \text{wenn} \quad \Sigma_i \cap \Sigma_j \neq \emptyset \\ \emptyset & \text{sonst} \end{cases}$$

für alle $1 \leq i, j \leq M$. Jeder $\mathbf{S}$-Sequenz $(\theta_1, \ldots, \theta_M)$ der betrachteten $\mathbf{K}_G^M$-Ableitung von $(\Sigma_1, \ldots, \Sigma_M)$ ordnen wir eine Transformierte $(\theta_1^\wedge, \ldots, \theta_M^\wedge)$ zu, indem wir

$$\theta_i^\wedge =_{\text{def}} (\theta_i \cap \theta_0^*) \cup \bigcup_{j=1}^{M} g(i, j)$$

setzen. Man überzeugt sich leicht, daß für die gegebene Ableitung von $(\Sigma_1, \ldots, \Sigma_M)$ die Folge der Transformierten der Glieder dieser Ableitung selbst wieder eine Ableitung ist: Die Transformierte eines Axioms ist jedenfalls ein Axiom, und an jeder Stelle der ursprünglichen Ableitung, wo eine Ableitungsregel das nächste Glied dieser Ableitung lieferte, ergibt auch nun wieder dieselbe Ableitungsregel die entsprechende Transformierte. Außerdem ist jede Transformierte eine endliche $\mathbf{S}$-Sequenz. Ist schließlich $(\Sigma_1^*, \ldots, \Sigma_M^*)$ die Transformierte von $(\Sigma_1, \ldots, \Sigma_M)$, so gilt $\vdash_G (\Sigma_1^*, \ldots, \Sigma_M^*)$. ∎

Satz 2.6.10 (Vollständigkeitssatz für $\mathbf{K}_G^M$). *Jede Folgerungssequenz ist im Kalkül $\mathbf{K}_G^M$ ableitbar.*

Beweis. Es gelte $\mathbf{S}$Folg$(\Sigma_1, \ldots, \Sigma_M)$. Es sei $(\theta_1, \ldots, \theta_M)$ eine endliche Teilsequenz von $(\Sigma_1, \ldots, \Sigma_M)$, für die ebenfalls $\mathbf{S}$Folg$(\theta_1, \ldots, \theta_M)$ gilt. Die jeweilige Äquivalenz (2.6.10) nutzend, beseitige man aus den Gliedern der $\mathbf{S}$-Sequenz $(\theta_1, \ldots, \theta_M)$ sukzessive alle zusammengesetzten Ausdrücke: Jeder dieser Umformungsschritte liefert eine endliche Menge von Folgerungssequenzen und beseitigt in einem Glied einer der im jeweils vorhergehenden Umformungsschritt erzeugten Folgerungssequenzen einen zusammengesetzten Ausdruck. Nach endlich vielen Umformungsschritten erhält man eine endliche Menge $\mathfrak{M}$ von Folgerungssequenzen, die alle endliche **S**-Sequenzen sind und deren Glieder sämtlich Mengen einfacher Ausdrücke sind. Wegen Satz 2.6.4. sind alle **S**-Sequenzen aus $\mathfrak{M}$ Axiome von $\mathbf{K}_G^M$. Die Reihenfolge der vorherigen Beseitigungen zusammengesetzter Ausdrücke umkehrend, kann man nun sukzessive mittels der Einführungsregeln alle diese zusammengesetzten Ausdrücke an den vorherigen Stellen ihres Vorkommens wieder einführen. Stets erhält man dabei $\mathbf{K}_G^M$-ableitbare Ausdrücke. Am Schluß erhält man $\vdash_G (\theta_1, \ldots, \theta_M)$. Anwendung der Verdünnungsregel ergibt daraus $\vdash_G (\Sigma_1, \ldots, \Sigma_M)$. ∎

Damit ist bewiesen, daß der Kalkül $\mathbf{K}_G^M$ genau die Folgerungssequenzen von **S** erzeugt. Um die formale Erfassung der Bolzanoschen Folgerungsbeziehung $\models_{\mathbf{S}}$ zu erreichen, brauchen wir nun nur noch diese Folgerungsbeziehung mittels Gentzenscher Folgerungssequenzen zu charakterisieren. Dazu ist es notwendig, die ausgezeichneten Quasiwahrheitswerte von **S** von den nicht-ausgezeichneten zu unterscheiden, was bis zu diesem Punkte bei unseren Erörterungen der Gentzenschen Folgerungssequenzen nicht nötig war.

Wir nehmen an, daß die Menge $\mathcal{D}^{\mathbf{S}}$ der ausgezeichneten Quasiwahrheitswerte des Systems **S** genau s Elemente habe und daß $(k_1, k_2, \ldots, k_s)$ solch eine Folge von natürlichen Zahlen $\leq M$ sei, daß

$$\mathcal{D}^{\mathbf{S}} = \{\tau_{k_1}, \tau_{k_2}, \ldots, \tau_{k_s}\}$$

gilt. Unter einer Zerlegung einer (Ausdrucks-) Menge Σ verstehen wir ein solches System $(\Sigma_i^*)_{i \leq n}$ von Teilmengen von Σ, so daß je zwei dieser Teilmengen disjunkt sind und daß diese Teilmengen ganz Σ überdecken, d. h. $\Sigma = \bigcup_{i=1}^{n} \Sigma_i^*$ gilt.

Satz 2.6.11. *Es sei H ein Ausdruck von* **S** *und Σ eine Menge solcher Ausdrücke. Dann gilt*

$\Sigma \models_{\mathbf{S}} H$ *gdw für jeden nicht-ausgezeichneten Quasiwahrheitswert $t_0 \in \mathcal{W}^{\mathbf{S}} \setminus \mathcal{D}^{\mathbf{S}}$ und jede Zerlegung $(\theta_i)_{i \leq s}$ von Σ gilt*

$$\vdash_G (\Sigma_1, \ldots, \Sigma_M)$$

für diejenige **S**-*Sequenz $(\Sigma_1, \ldots, \Sigma_M)$, für die*

$$\Sigma_j = \begin{cases} \theta_i, & \text{wenn} \quad j = k_i \quad \text{für ein} \quad i \leq s \\ \{H\}, & \text{wenn} \quad j = M - t_0 \cdot (M - 1) \\ \emptyset & \text{sonst} \end{cases}$$

ist für jedes $j = 1, \ldots, M$.

Beweis. Nach Definition (2.2.4) der BOLZANOschen Folgerungsbeziehung gilt $\Sigma \models_{\mathbf{S}} H$ genau dann, wenn jedes Modell von Σ auch Modell von H ist, wenn also jede Variablenbelegung β, die jedem $G \in \Sigma$ einen ausgezeichneten Quasiwahrheitswert gibt, auch H einen ausgezeichneten Quasiwahrheitswert zuordnet. Anders ausgedrückt: $\Sigma \models_{\mathbf{S}} H$ genau dann, wenn es kein Modell von Σ gibt, das zugleich t-Modell ist von H für irgendein $t \in \mathcal{W}^{\mathbf{S}} \setminus \mathcal{D}^{\mathbf{S}}$. Also gilt $\Sigma \models_{\mathbf{S}} H$ genau dann, wenn für jeden nicht-ausgezeichneten Quasiwahrheitswert $t \in \mathcal{W}^{\mathbf{S}} \setminus \mathcal{D}^{\mathbf{S}}$ gilt: es gibt kein Modell von Σ, das zugleich t-Modell von $\{H\}$ ist.

Für beliebige Variablenbelegungen $\beta: \boldsymbol{V}_0 \to \mathcal{W}^{\mathbf{S}}$ müssen wir nun die Eigenschaft, daß β Modell von Σ und t-Modell von $\{H\}$ ist, in der Sprache der $\mathbf{S}$-Sequenzen ausdrücken. Sei also β solch eine Belegung. Sei außerdem $\mathcal{D}^{\mathbf{S}} = \{\tau_{k_1}, \ldots, \tau_{k_s}\}$. Für jedes $i = 1, \ldots, s$ sei

$$\theta_i = \{H \in \Sigma \mid \mathrm{Wert}^{\mathbf{S}}(H, \beta) = \tau_{k_i}\}. \qquad (2.6.13)$$

Dann ist offensichtlich $(\theta_i)_{i \le s}$ eine Zerlegung von Σ. Bilden wir die $\mathbf{S}$-Sequenz $(\Sigma_1'', \ldots, \Sigma_M'')$ dadurch, daß wir für $j = 1, \ldots, M$

$$\Sigma_j = \begin{cases} \theta_i, & \text{wenn } \; j = k_i \; \text{ für ein } \; i \le s \\ \{H\}, & \text{wenn } \; j = M - t \cdot (M-1) \\ \emptyset & \text{sonst} \end{cases} \qquad (2.6.14)$$

setzen, so ist nach Konstruktion (2.6.13) der Mengen θ_i die Belegung β ein Sequenzmodell von $(\Sigma_1, \ldots, \Sigma_M)$.

Ist umgekehrt $(\theta_i)_{i \le s}$ eine Zerlegung von Σ und β ein Sequenzmodell der aus dieser Zerlegung gemäß (2.6.14) gebildeten $\mathbf{S}$-Sequenz $(\Sigma_1, \ldots, \Sigma_M)$, so ist β Modell von $\Sigma = \bigcup_{i=1}^{s} \theta_i$ und zugleich t-Modell von $\{H\}$.

Damit haben wir gefunden, daß genau dann kein Modell von Σ existiert, das zugleich t-Modell von $\{H\}$ ist, wenn zu jeder Zerlegung $(\theta_i)_{i \le s}$ von Σ die gemäß (2.6.14) gebildete $\mathbf{S}$-Sequenz $(\Sigma_1, \ldots, \Sigma_M)$ kein Sequenzmodell hat, also Folgerungssequenz ist.

Berücksichtigen wir noch, daß entsprechend den Sätzen 2.6.6 und 2.6.10 die Folgerungssequenzen genau die in $\mathbf{K}_{\mathrm{G}}^{M}$ ableitbaren $\mathbf{S}$-Sequenzen sind, so folgt unsere Behauptung nun unmittelbar aus der oben zuletzt angegebenen Charakterisierung von $\Sigma \models_{\mathbf{S}} H$. ∎

Damit haben wir die angekündigte Charakterisierung der Folgerungsbeziehung gefunden, die – anders als in Satz 2.6.3 – von $\mathbf{S}$ nicht die Bedingungen (J1) und (J2) aus Abschnitt 2.5 verlangt. Allerdings hat auch diese in Satz 2.6.11 angegebene Charakterisierung noch einen Nachteil: Sobald $\mathbf{S}$ mehr als einen ausgezeichneten Quasiwahrheitswert hat, gibt es zu jeder unendlichen Menge Σ_0 von Ausdrücken von $\mathbf{S}$ unendlich viele Zerlegungen $(\theta_i)_{i \leq s}$, ist also $\Sigma_0 \models_{\mathbf{S}} H$ durch die $\mathrm{K}_{\mathrm{G}}^{M}$-Ableitbarkeit unendlich vieler **S**-Sequenzen charakterisiert.

Man kann in diesem Falle jedoch auf Grund des Endlichkeitssatzes 2.2.4 für die Folgerungsbeziehung $\models_{\mathbf{S}}$ statt $\Sigma_0 \models_{\mathbf{S}} H$ die für eine geeignete endliche Menge $\Sigma^* \subseteq \Sigma_0$ zu $\Sigma_0 \models_{\mathbf{S}} H$ äquivalente Aussage $\Sigma^* \models_{\mathbf{S}} H$ gemäß Satz 2.6.11 charakterisieren. Selbstverständlich ist dann $\Sigma^* \models_{\mathbf{S}} H$ durch die $\mathrm{K}_{\mathrm{G}}^{M}$-Ableitbarkeit endlich vieler geeigneter **S**-Sequenzen charakterisiert. Aber die soeben erwähnte Schwierigkeit ist trotzdem nicht überwunden, denn der Übergang von Σ_0 zu einer geeigneten endlichen Teilmenge Σ^* ist nicht effektiv möglich – d. h., es gibt kein Verfahren, das uns zu vorgegebenen Σ_0 und H eine endliche Menge $\Sigma^* \subseteq \Sigma_0$ liefern würde, für die gilt: $\Sigma_0 \models_{\mathbf{S}} H$ gdw $\Sigma^* \models_{\mathbf{S}} H$.

Hat **S** nur einen ausgezeichneten Quasiwahrheitswert, so tritt diese Schwierigkeit nicht auf.

Folgerung 2.6.12. *Das M-wertige aussagenlogische System* **S** *habe nur den Quasiwahrheitswert* 1 *als ausgezeichneten Quasiwahrheitswert. Dann gilt für jeden Ausdruck H von* **S** *und jede Menge Σ solcher Ausdrücke:*

$$
\begin{aligned}
\Sigma \models_{\mathbf{S}} H \quad & \textit{gdw} \quad \vdash_{\mathrm{G}} (\Sigma, H, \emptyset, \ldots, \emptyset) \\
& \textit{und} \quad \vdash_{\mathrm{G}} (\Sigma, \emptyset, H, \ldots, \emptyset) \\
& \textit{und} \quad \vdash_{\mathrm{G}} (\Sigma, \emptyset, \emptyset, H, \ldots, \emptyset) \\
& \qquad \vdots \\
& \textit{und} \quad \vdash_{\mathrm{G}} (\Sigma, \emptyset, \ldots, \emptyset, H).
\end{aligned}
$$

Beweis. Da nun Σ die einzige Zerlegung von Σ ist, die in Satz 2.6.11 zu betrachten ist, ergibt sich die Behauptung sofort aus Satz 2.6.11. ∎

2.7. Funktionale Vollständigkeit

Jedes der von uns betrachteten mehrwertigen aussagenlogischen Systeme **S** verfügt in seinem Alphabet über einen Grundbestand an Junktoren, d. h. über einen Grundbestand an in diesem System beschreibbaren Aussagenverknüpfungen. Wie man es von der klassischen Logik gewohnt ist, kann man von diesem Grundbestand an Junktoren ausgehend im Rahmen des Systems **S** weitere Junktoren definieren (und gegebenenfalls zum System **S** hinzunehmen). Die mit solch einem logischen System **S** realisierbaren Ausdrucksmöglichkeiten sind also im allgemeinen umfangreicher, als dies unmittelbar aus dem Alphabet von **S** ersichtlich ist. Sofort entsteht somit das Problem, für ein gegebenes logisches System **S** diejenigen Aussagenverknüpfungen zu charakterisieren, die im System **S** ausdrückbar sind.

Wir werden im folgenden einen Spezialfall dieses Problems diskutieren. Und zwar werden wir nach Kriterien dafür fragen, daß in einem logischen System **S** alle Aussagenverknüpfungen darstellbar sind, die es bezüglich der Menge $\mathscr{W}^{\mathbf{S}}$ der Quasiwahrheitswerte von **S** gibt. Zur Vereinfachung werden wir dabei „synonyme Aussagenverknüpfungen" identifizieren, d. h. präzise: Wir werden nur die Wahrheitswertfunktionen über $\mathscr{W}^{\mathbf{S}}$ diskutieren, die mit den in **S** vorhandenen Ausdrucksmitteln dargestellt werden können. (Wir werden also solche Aussagenverknüpfungen als „synonym" ansehen, die dieselbe Warheitswertfunktion beschreiben.) Deswegen fragen wir nun nach Kriterien dafür, daß mit den Junktoren von **S** – d. h. mit den diesen Junktoren $\varphi \in \boldsymbol{J}^{\mathbf{S}}$ entsprechenden grundlegenden Wahrheitswertfunktionen $\text{ver}^{\mathbf{S}}_{\varphi}$ des Systems **S** – alle endlichstelligen Wahrheitswertfunktionen über $\mathscr{W}^{\mathbf{S}}$ dargestellt werden können.

Dieses von uns hier betrachtete Problem wird üblicherweise als Problem der funktionalen Vollständigkeit bezeichnet. Eine Menge $\boldsymbol{J}$ von Junktoren eines logischen Systems **S** bzw. dieses System selbst bezeichnet man als *funktional vollständig*, falls sich mittels der Junktoren aus $\boldsymbol{J}$ im System **S** alle Aussagenverknüpfungen über der Quasiwahrheitswertmenge $\mathscr{W}^{\mathbf{S}}$ definieren lassen. Ebenso nennt man eine Menge $\mathfrak{F}$ von Wahrheitswertfunktionen über $\mathscr{W}^{\mathbf{S}}$ funktional vollständig, falls sich jede (endlichstellige) Wahrheitswertfunktion über $\mathscr{W}^{\mathbf{S}}$ aus Funktionen von $\mathfrak{F}$ „zusammensetzen" läßt.

Die für diese „Zusammensetzung" von Funktionen erlaubten Operationen haben wir nun zunächst zu präzisieren.

Definiert man im System **S** ausgehend von den grundlegenden – bzw. auch von bereits vorher definierten – Junktoren $\varphi \in \boldsymbol{J}^{\mathbf{S}}$ neue Aussagenverknüpfungen, d. h. weitere Junktoren, so geschieht dies dadurch, daß man einen „komplizierten" Ausdruck $H(p_1, \ldots, p_m)$, in dem höchstens die Aussagenvariablen $p_1, \ldots, p_m$ vorkommen, als neue, „einfache" m-stellige Verknüpfung von $p_1, \ldots, p_m$ erklärt und dafür im allgemeinen auch ein neues Symbol einführt. Jede Einsetzungsinstanz von H, d. h. jeder Ausdruck der Sprache von **S**, der dadurch aus H zu erhalten ist, daß simultan[3] für die Aussagenvariablen $p_1, \ldots, p_m$ Ausdrücke $A_1, \ldots, A_m$ eingesetzt werden, gilt dann als eine Verknüpfung von $A_1, \ldots, A_m$ mittels dieses neuen Junktors. Der zusammengesetzte Ausdruck H ist mittels seines Hauptverknüpfungszeichens φ_H aus anderen Ausdrücken aufgebaut. Dabei ist es gestattet, daß an verschiedenen der Argumentstellen von φ_H

[3] Dies bedeutet, daß für die angegebenen Aussagenvariablen parallel, gleichzeitig, nicht sukzessive einzusetzen ist, weil im letzteren Falle das Ergebnis der Einsetzung von der Reihenfolge des Einsetzens abhängen kann. Simultane Einsetzungen dagegen liefern ein eindeutig bestimmtes Resultat.

dieselben Ausdrücke gewählt werden. Außerdem erlaubt unsere Beschreibung, daß gewisse der Aussagenvariablen $p_1, \ldots, p_m$ im Ausdruck gar nicht vorkommen, also sogenannte fiktive Variable sind.

Für die Wahrheitswertfunktionen entsprechen diesen Definitionsmechanismen für neue Junktoren die folgenden Operationen:

- das Einsetzen von Wahrheitswertfunktionen in die Argumente von Wahrheitswertfunktionen, d. h. die Superposition von Wahrheitswertfunktionen;
- das Identifizieren von Argumentstellen, d. h. von Variablen einer Wahrheitswertfunktion;
- das Hinzufügen fiktiver Variabler, d. h. neuer, aber „unwesentlicher" Argumentstellen.

Für die Zwecke der folgenden systematischen Betrachtungen ist es außerdem angebracht, noch einige spezielle, uneigentliche Definitionsverfahren zuzulassen: das Definieren einer Aussagenverknüpfung durch sich selbst; die Wahl des „komplizierten" Ausdrucks $H(p_1, \ldots, p_m)$ einfach als p_i für irgendein $i = 1, \ldots, m$; die Vertauschung von Argumentstellen eines gegebenen Junktors. Für Wahrheitswertfunktionen bedeutet dies:

- jede Wahrheitswertfunktion als Superposition von sich selbst zu betrachten;
- die sogenannten m-stelligen Projektionen pr_i^m auf die i-te Variable stets zuzulassen, die erklärt sind als

  $$\mathrm{pr}_i^m(x_1, \ldots, x_m) =_{\mathrm{def}} x_i;$$

- die Vertauschung von Argumentstellen.

Somit haben wir für Wahrheitswertfunktionen alle die Operationen in natürlicher Weise in unserem Zusammenhang erhalten, die man bei der Untersuchung sogenannter Funktionenalgebren betrachtet. In der algebraischen Theorie der Funktionenalgebren braucht man sich im allgemeinen nicht nur auf die von uns betrachteten Mengen von Quasiwahrheitswerten und die soeben eingeführten Operationen für Wahrheitswertfunktionen zu beziehen. Die mögliche größere Allgemeinheit ist aber für unsere hier verfolgten Ziele unwesentlich; der interessierte Leser sei verwiesen z. B. auf PÖSCHEL/KALUŽNIN [1979], MAL'CEV [1976]. Wie auch in vielen dieser algebraischen Untersuchungen beschränken wir uns auf die Betrachtung von Wahrheitswertfunktionen über endlichen Mengen von Quasiwahrheitswerten. Es sei also **S** ein M-wertiges aussagenlogisches System mit $\mathcal{W}^{\mathbf{S}} = \mathcal{W}_M$ als Menge seiner Quasiwahrheitswerte.

Einige Bezeichnungen sind für das folgende noch einzuführen. Es sei $P_M^{(n)}$ die Menge aller n-stelligen Funktionen von $\mathcal{W}_M$ in $\mathcal{W}_M$, also

$$P_M^{(n)} =_{\mathrm{def}} \{f \mid f\colon \mathcal{W}_M^n \to \mathcal{W}_M\},$$

und es sei P_M die Menge aller Wahrheitswertfunktionen über $\mathcal{W}_M$:

$$P_M =_{\text{def}} \bigcup_{n=1}^{\infty} P_M^{(n)}.$$

Dabei verstehen wir – wie oft in der Algebra – unter den einstelligen konstanten Funktionen von $\mathcal{W}_M$ in $\mathcal{W}_M$ die Elemente von $\mathcal{W}_M$ selbst, also die Quasiwahrheitswerte. Ist $\mathfrak{F}$ eine Menge von Wahrheitswertfunktionen, so sei $\langle\mathfrak{F}\rangle$ die von $\mathfrak{F}$ erzeugte Funktionenalgebra, d. h. die – bezüglich Inklusion – kleinste Funktionenmenge $\mathfrak{G} \subseteq P_M$, die $\mathfrak{F}$ umfaßt: $\mathfrak{F} \subseteq \mathfrak{G}$, und die abgeschlossen ist gegenüber allen oben genannten Operationen für Wahrheitswertfunktionen. Insbesondere sind also für n-stellige Funktionen $f \in \langle\mathfrak{F}\rangle$ und m-stellige Funktionen $g_1, \ldots, g_n \in \langle\mathfrak{F}\rangle$ auch alle durch folgende Funktionsgleichungen charakterisierten Funktionen $h_1, \ldots, h_6$ wieder in $\langle\mathfrak{F}\rangle$ enthalten:

$$\begin{aligned}
h_1(x_1, \ldots, x_m) &=_{\text{def}} f(g_1(x_1, .., x_m), \ldots, g_n(x_1, .., x_m)),\\
h_2(x_2, \ldots, x_n) &=_{\text{def}} f(x_2, x_2, x_3, .., x_n),\\
h_3(x_0, x_1, .., x_n) &=_{\text{def}} f(x_1, \ldots, x_n),\\
h_4(x_1, .., x_n) &=_{\text{def}} f(x_1, .., x_n),\\
h_5(x_1, .., x_n) &=_{\text{def}} \text{pr}_i^n(x_1, .., x_n) \quad \text{für} \quad i = 1, .., n,\\
h_6(x_1, \ldots, x_n) &=_{\text{def}} f(x_2, x_1, x_3, .., x_n).
\end{aligned} \tag{2.7.1}$$

(Die sukzessiven Arten der Bildung der Funktionen h_j entsprechen den oben angeführten Operationen für Wahrheitswertfunktionen auch in der Reihenfolge jener Operationen.)

Mit diesen Bezeichnungen erhalten wir nun für Funktionenmengen $\mathfrak{F} \subseteq P_M$:

$$\mathfrak{F} \text{ funktional vollständig } \Leftrightarrow \langle\mathfrak{F}\rangle = P_M.$$

Da offenbar P_M für jedes $M \geq 2$ eine unendliche Menge von Funktionen ist, fragen wir zunächst, ob P_M eine endliche erzeugende Menge hat, d. h. ob es eine endliche funktional vollständige Funktionenmenge $\mathfrak{F} \subseteq P_M$ gibt.

Satz 2.7.1. *Für jedes $k = 1, \ldots, M$ seien die einstelligen Funktionen c_k, j_k^* erklärt durch die Gleichungen*

$$c_k(x) =_{\text{def}} \tau_k, \qquad j_k^*(x) =_{\text{def}} \begin{cases} 0, & \textit{wenn} \quad x = \tau_k \\ 1 & \textit{sonst.} \end{cases}$$

Dann ist die Funktionenmenge

$$\mathfrak{F}_P = \{\max, \min, c_1, \ldots, c_M, j_1^*, \ldots, j_M^*\}$$

funktional vollständig.

Beweis. Mit den Quasiwahrheitswerten $\tau_1, \ldots, \tau_M$, die wir in (2.6.8) eingeführt hatten, können wir für jede Wahrheitswertfunktion $f \in P_M^{(n)}$ und alle $t_1, \ldots, t_n \in \mathcal{W}_M$ den Funktionswert $f(t_1, \ldots, t_n)$ als denjenigen unter den Werten $f(t_1, \ldots, t_{n-1}, \tau_k)$, $k = 1, \ldots, M$, charakterisieren, für den zugleich $\tau_k = t_n$ ist, für den also $j_k^*(t_n) = 0$ gilt. Daraus ergibt sich sofort

$$\begin{aligned} f(x_1, \ldots, x_n) = \min \{ &\max \big(f(x_1, \ldots, x_{n-1}, \tau_1), j_1^*(x_n)\big), \\ &\max \big(f(x_1, \ldots, x_{n-1}, \tau_2), j_2^*(x_n)\big), \ldots, \\ &\max \big(f(x_1, \ldots, x_{n-1}, \tau_M), j_M^*(x_n)\big)\}, \end{aligned} \tag{2.7.2}$$

wenn wir $\min \{y_1, \ldots, y_m\}$ schreiben für $\min\big(\min \ldots (\min (y_1, y_2), y_3), \ldots, y_m\big)$. Jede der Funktionen $f(x_1, \ldots, x_{n-1}, \tau_k)$ ist nun eine $(n-1)$-stellige Funktion. Damit kann (2.7.2) als eine Darstellung von $f \in P_M^{(n)}$ geschrieben werden, die f als Superposition von Funktionen aus $P_M^{(n-1)}$ und aus $\mathfrak{F}_P$ liefert.

Für $n \geq 2$ können nun nach dem Muster der Darstellung (2.7.2) die dabei auftretenden Funktionen aus $P_M^{(n-1)}$ selbst wieder als Superpositionen von Funktionen aus $\mathfrak{F}_P$ und aus $P_M^{(n-2)}$, also f selbst als Superposition von Funktionen aus $\mathfrak{F}_P \cup P_M^{(n-2)}$ dargestellt werden. So fortfahrend, findet man schließlich eine Darstellung von f als Superposition von Funktionen aus $\mathfrak{F}_P \cup P_M^{(1)}$.

Mithin ist dann nur noch jede einstellige Funktion als Superposition der Funktionen aus $\mathfrak{F}_P$ darzustellen. Ist $g \in P_M^{(1)}$, so ist erneut für jedes $t \in \mathcal{W}_M$ $g(t)$ derjenige der Werte $g(\tau_k)$, $k = 1, \ldots, M$, für den zugleich $j_k^*(t) = 0$ ist. Also gilt

$$\begin{aligned} g(x) = \min \{ &\max \big(c_{f(\tau_1)}(x), j_1^*(x)\big), \max \big(c_{f(\tau_2)}(x), j_2^*(x)\big), \ldots, \\ &\max \big(c_{f(\tau_M)}(x), j_M^*(x)\big)\}, \end{aligned}$$

und f ist vollständig durch Superposition von Funktionen aus $\mathfrak{F}_P$ darstellbar. ∎

Die in der funktional vollständigen Menge $\mathfrak{F}_P$ vorkommenden Funktionen min, max hatten wir in Abschnitt 2.3 bereits als Kandidaten et_1, vel_1 für Wahrheitswertfunktionen mehrwertiger Konjunktionen bzw. Alternativen kennengelernt. An Stelle der Funktionen j_k^*, $k = 1, \ldots, M$, aus $\mathfrak{F}_P$ hatten wir in Abschnitt 2.3 die entsprechenden Funktionen j_{τ_k} diskutiert. Die konstanten Funktionen aus $\mathfrak{F}_P$ können in mehrwertigen logischen Systemen durch Konstanten für jeden Quasiwahrheitswert realisiert werden.

Folgerung 2.7.2. *Alle endlichstelligen Wahrheitswertfunktionen eines endlichwertigen aussagenlogischen Systems sind als Superpositionen höchstens zweistelliger Wahrheitswertfunktionen darstellbar.*

Dies ergibt sich sofort aus Satz 2.7.1, da jede endliche Quasiwahrheitswertemenge eineindeutig auf eine Menge $\mathcal{W}_M$ abgebildet werden kann. Interessant ist, daß Folgerung 2.7.2 auch noch für unendlichwertige aussagenlogische Systeme zutreffend ist (vgl. SIERPIŃSKI [1945]). Allerdings ist für unendliches $\mathcal{W}^{\mathbf{S}}$ auch die Menge aller höchstens zweistelligen Wahrheitswertfunktionen unendlich, während sie für endliches $\mathcal{W}^{\mathbf{S}}$ selbst endlich ist.

Die Kenntnis spezieller funktional vollständiger Mengen von Wahrheitswertfunktionen hat eine über die Kenntnis interessanter Beispiele hinausreichende Bedeutung: Sie kann zum Nachweis der funktionalen Vollständigkeit weiterer Funktionenmengen herangezogen werden.

Satz 2.7.3. *Ist $\mathfrak{F}$ eine funktional vollständige Menge von Wahrheitswertfunktionen und sind alle Funktionen von $\mathfrak{F}$ als Superpositionen von Funktionen aus einer Funktionenmenge $\mathfrak{G}$ darstellbar, so ist auch $\mathfrak{G}$ funktional vollständig.*

Beweis. Es seien $\mathfrak{F}, \mathfrak{G} \subseteq P_M$ und $\langle\mathfrak{F}\rangle = P_M$ sowie $\mathfrak{F} \subseteq \langle\mathfrak{G}\rangle$. Da $\langle..\rangle$ ein Hüllenoperator ist, d. h. die für den Folgerungsoperator $\mathrm{Fl}^{\mathbf{S}}$ in Satz 2.2.2 bewiesenen Eigenschaften der Einbettung, Monotonie und Abgeschlossenheit hat, gilt $P_M = \langle\mathfrak{F}\rangle \subseteq \langle\langle\mathfrak{G}\rangle\rangle = \langle\mathfrak{G}\rangle$, also $\langle\mathfrak{G}\rangle = P_M$. Anders ausgedrückt: Stellt man in einer Darstellung einer Funktion $f \in P_M$ als Superposition von Funktionen aus $\mathfrak{F}$ jede dieser Funktionen aus $\mathfrak{F}$ als Superposition von Funktionen aus $\mathfrak{G}$ dar, so hat man eine Darstellung von f als Superposition von Funktionen aus $\mathfrak{G}$, also $f \in \langle\mathfrak{G}\rangle$. ∎

Weitere funktional vollständige Mengen von Wahrheitswertfunktionen liefern uns Ergebnisse von POST [1921] und WEBB [1936].

Satz 2.7.4. *Funktional vollständige Mengen von Wahrheitswertfunktionen sind die Mengen*

$$\{\mathrm{vel}_1, \mathrm{non}_2\}, \quad \{\mathrm{sh}\};$$

dabei möge die (verallgemeinerte SHEFFER-*) Funktion* $\mathrm{sh}\colon \mathcal{W}_M^2 \to \mathcal{W}_M$ *erklärt sein durch die Gleichung*

$$\mathrm{sh}(x, y) =_{\mathrm{def}} \begin{cases} 1, & \textit{wenn} \quad x = y = 0 \\ \max(x, y) - \dfrac{1}{M-1} & \textit{sonst.} \end{cases}$$

Beweis: Wir werden zunächst zeigen, daß jede Funktion der in Satz 2.7.1 betrachteten funktional vollständigen Funktionenmenge $\mathfrak{F}_P$ als Superposition von vel_1 und non_2 dargestellt werden kann. Danach werden wir auch vel_1, non_2 als Superpositionen von sh nachweisen.

Zunächst kann man aus $\text{vel}_1 = \max$ durch endlichoftmalige Iteration $\max\{x_1, x_2, x_3\} = \text{vel}_1(\text{vel}_1(x_1, x_2), x_3)$, $\max\{x_1, \ldots, x_4\} = \text{vel}_1(\max\{x_1, x_2, x_3\}, x_4)$, ... die Maximumbildung über jede endliche Menge von Quasiwahrheitswerten erzeugen. Dann erhält man mittels der endlichen Iterationen der Funktion non_2:

$$\text{non}_2^1(x) =_{\text{def}} \text{non}_2(x), \qquad \text{non}_2^{k+1}(x) =_{\text{def}} \text{non}_2(\text{non}_2^k(x)), \tag{2.7.3}$$

von deren M-ter man leicht nachweist, daß sie die Identität ist:

$$\text{non}_2^M(x) = \text{pr}_1^1(x) = x,$$

zunächst einmal unmittelbar die Funktion c_1:

$$c_1(x) = \max\{\text{non}_2(x), \text{non}_2^2(x), \ldots, \text{non}_2^M(x)\}. \tag{2.7.4}$$

Aus der Tatsache, daß $\text{non}_2(x) = x - \tau_{M-1}$ ist für alle $x \neq \tau_M = 0$, folgt ebenfalls sofort

$$c_{k+1}(x) = \text{non}_2^k(c_1(x)) \quad \text{für} \quad k = 1, \ldots, M-1.$$

Nun zur Beschreibung der Funktionen j_k^*. Für jeden Quasiwahrheitswert τ_j ist $\text{non}_2^{M-i}(\tau_j) = 0$ genau dann, wenn $i = j$ ist, falls wir $1 \leq i \leq M$ voraussetzen. Also wird für $1 \leq i \leq M$ und $t \in \mathcal{W}_M$:

$$\text{non}_2^{M-i+1}(t) = 1 \Leftrightarrow t = \tau_i.$$

Beide Bedingungen zusammen ergeben, daß für jedes $k = 1, \ldots, M$ gilt:

$$j_k^*(x) = \text{non}_2^{M-1}(\text{vel}_1(c_2(x), \text{non}_2^{M-k+1}(x))).$$

Mithin bleibt die Funktion $\min = \text{et}_1$ zu konstruieren. Sie ist aber leicht anzugeben, hat man die Funktion non_1 zur Verfügung:

$$\min(x, y) = \text{et}_1(x, y) = \text{non}_1(\text{vel}_1(\text{non}_1(x), \text{non}_1(y))).$$

Deswegen werden wir die Funktion non_1 als Superposition von vel_1, non_2 erzeugen. Wegen $\text{non}_1(x) = 1 - x$ ist stets für $i = 1, \ldots, M$:

$$\text{non}_1(\tau_i) = \tau_{M+1-i}.$$

Eine weitere Schar von Hilfsfunktionen gestattet eine einfache Darstellung von non_1. Wir setzen für alle $i, k = 1, \ldots. M$:

$$g_{i,k}(x) =_{\text{def}} \text{non}_2^{i-1}(\text{vel}_1(j_k^*(x), c_{M-i+1}(x))).$$

Dafür gilt stets

$$g_{i,k}(x) = \begin{cases} \tau_i, & \text{wenn} \quad x = \tau_k \\ 0 & \text{sonst.} \end{cases}$$

Deswegen ist

$$\text{non}_1(x) = \max\{g_{M,1}(x), g_{M-1,2}(x), \ldots, g_{1,M}(x)\},$$

also die gewünschte Darstellung von non_1 gelungen, da die Maximumbildung Iteration von vel_1 ist.

Schließlich sind noch vel_1, non_2 durch sh darzustellen. Sofort erhält man

$$\text{non}_2(x) = \text{sh}(x, x);$$

ähnlich einfach bestätigt man

$$\text{vel}_1(x, y) = \text{sh}\big(\text{non}_2^{M-1}(x), \text{non}_2^{M-1}(y)\big). \blacksquare$$

Es ist aber nicht nur möglich, die funktionale Vollständigkeit in dieser Art für verschiedene weitere konkrete Funktionenmengen zu beweisen, auch der umgekehrte Nachweis der funktionalen Unvollständigkeit kann in einer Reihe spezieller Fälle leicht geführt werden. Wir geben nur folgendes Beispiel.

Satz 2.7.5. *Erfüllen alle Elemente einer Funktionenmenge $\mathfrak{F} \subseteq P_M$ die Normalbedingung, so ist für $M > 2$ die Menge $\mathfrak{F}$ nicht funktional vollständig.*

Beweis. Es ist leicht direkt nachzuprüfen, daß jede Superposition (im erweiterten Sinne der Bildung obiger Funktionen $h_1, \ldots, h_6$ in (2.7.1)) von Funktionen, die die Normalbedingung erfüllen, selbst wieder die Normalbedingung erfüllt. Da aber z. B. non_2 für $M > 2$ die Normalbedingung nicht erfüllt, ist $\text{non}_2 \notin \langle\mathfrak{F}\rangle$, falls alle $f \in \mathfrak{F}$ die Normalbedingung erfüllen. $\blacksquare$

Alle bisher besprochenen Ergebnisse zur funktionalen Vollständigkeit betrafen oder benutzten spezielle Funktionenmengen. Was noch fehlt, ist ein allgemeines Kriterium für funktionale Vollständigkeit. Allerdings kennt man bisher kein „positives" Kriterium für funktionale Vollständigkeit, das bei Vorliegen gewisser Eigenschaften einer Funktionenmenge $\mathfrak{F}$ auf deren funktionale Vollständigkeit schließen ließe. Wohl aber hat man ein „negatives" Kriterium, das bei Vorliegen gewisser Eigenschaften von $\mathfrak{F}$ darauf zu schließen gestattet, daß $\mathfrak{F}$ nicht funktional vollständig ist. Da dieses Kriterium außerdem ein notwendiges und hinreichendes Kriterium ist, ist es vorwiegend eine Frage der einfachen Formulierbarkeit, weshalb wir es als Kriterium für funktionale Unvollständigkeit formulieren werden.

Zunächst benötigen wir noch einige weitere Begriffe. Unter den *Funktionenalgebren* $\mathfrak{F} \subseteq P_M$ wollen wir weiterhin diejenigen Funktionenmengen verstehen, die bezüglich Superposition (im weiteren Sinne) abgeschlossen sind, für die also $\langle\mathfrak{F}\rangle = \mathfrak{F}$ gilt. Eine solche Funktionenalgebra möge maximal in P_M heißen, falls $\langle\mathfrak{F}\rangle \subset P_M$ ist, es aber keine Funktionenalgebra gibt, die $\langle\mathfrak{F}\rangle$ echt umfaßt und trotzdem verschieden von P_M ist, für die also $\langle\mathfrak{F}\rangle \subset \mathfrak{G} \subset P_M$ gelten würde.

Satz 2.7.6. *Eine Funktionenmenge $\mathfrak{G} \subseteq P_M$ ist genau dann nicht funktional vollständig, wenn es eine maximale Funktionenalgebra $\mathfrak{F}$ gibt, so daß $\mathfrak{G} \subseteq \mathfrak{F}$ gilt.*

Beweis. Ist $\mathfrak{F}$ maximale Funktionenalgebra und $\mathfrak{G} \subseteq \mathfrak{F}$, so ist wegen der Maximalität von $\mathfrak{F}$ auch $\langle\mathfrak{G}\rangle \subseteq \mathfrak{F}$ und also $\langle\mathfrak{G}\rangle \neq P_M$. Daher ist in diesem Falle $\mathfrak{G}$ nicht funktional vollständig.

Umgekehrt sei vorausgesetzt, daß $\mathfrak{G}$ nicht funktional vollständig ist. Dann ist $\langle\mathfrak{G}\rangle \subset P_M$. Zu zeigen ist, daß es dann eine maximale Funktionenalgebra $\mathfrak{F}_{\mathfrak{G}}$ gibt, für die $\langle\mathfrak{G}\rangle \subseteq \mathfrak{F}_{\mathfrak{G}}$ ist. Dies folgt leicht aus dem ZORNschen Lemma. Also sind die Voraussetzungen zur Anwendung dieses Lemmas nachzuweisen: da aber offensichtlich die Gesamtheit aller Funktionenalgebren $\mathfrak{F} \subset P_M$ bezüglich Inklusion halbgeordnet ist, bleibt nur zu zeigen, daß zu jeder wohlgeordneten Kette $(\mathfrak{F}_\xi)_{\xi<\eta}$, η eine Ordinalzahl, von Funktionenalgebren $\mathfrak{F}_\xi \subset P_M$ eine Funktionenalgebra $\mathfrak{F}^* \subset P_M$ existiert, für die $\mathfrak{F}_\xi \subseteq \mathfrak{F}^*$ gilt für alle $\xi < \eta$.

Wir betrachten $\mathfrak{F}^* = \bigcup_{\xi<\eta} \mathfrak{F}_\xi$. Da $(\mathfrak{F}_\xi)_{\xi<\eta}$ eine Kette ist, also $\mathfrak{F}_\xi \subseteq \mathfrak{F}_\zeta$ oder $\mathfrak{F}_\zeta \subseteq \mathfrak{F}_\xi$ gilt für alle $\xi, \zeta < \eta$, und da jede Funktion $f \in \langle\mathfrak{F}^*\rangle$ Superposition nur endlich vieler Funktionen aus $\mathfrak{F}^*$ ist, gibt es ein bezüglich Inklusion minimales $\mathfrak{F}_{\xi_0}$, so daß $f \in \mathfrak{F}_{\xi_0} \subseteq \mathfrak{F}^*$. Also ist $\mathfrak{F}^*$ Funktionenalgebra. Zu zeigen bleibt: $\mathfrak{F}^* \subset P_M$. Wäre aber $\mathfrak{F}^* = P_M$, so sh $\in \mathfrak{F}^*$, also sh $\in \mathfrak{F}_{\xi_1}$ für ein $\xi_1 < \eta$ und damit $\mathfrak{F}_{\xi_1} = P_M$ im Widerspruch dazu, daß $\mathfrak{F}_\xi \neq P_M$ für jedes $\xi < \eta$ gelten soll. ∎

Folgerung 2.7.7. *Gehört eine Funktion $f \in P_M$ zu keiner maximalen Funktionenalgebra von P_M, so ist $\{f\}$ funktional vollständig.*

Satz 2.7.6. kann dann als eine befriedigende Charakterisierung der nicht funktional vollständigen – und damit auch der funktional vollständigen – Teilmengen von P_M gelten, wenn es gelingt, die sämtlichen maximalen Funktionenalgebren von P_M zu bestimmen. Für $M = 2$ hat dies bereits POST [1920] geleistet, für $M = 3$ JABLONSKIJ [1958] und für beliebiges $M \geq 2$ schließlich ROSENBERG [1970]. Um dessen Resultat zu formulieren, müssen wir erneut einige zusätzliche Begriffe einführen.

Eine m-stellige Relation ϱ in $\mathcal{W}_M$ ist eine Menge von m-Tupeln von Quasiwahrheitswerten. Eine solche Relation ϱ heißt *invariant* bezüglich einer n-stelligen Wahrheitswertfunktion $f \in P_M^{(n)}$, falls für beliebige n m-Tupel

$$(s_1^i, \ldots, s_m^i) \in \varrho \quad \text{für} \quad i = 1, \ldots, n$$

die „komponentenweise Anwendung" von f wieder ein m-Tupel aus ϱ ergibt:

$$\big(f(s_1^1, \ldots, s_1^n), f(s_2^1, \ldots, s_2^n), \ldots, f(s_m^1, \ldots, s_m^n)\big) \in \varrho.$$

Das *Polymorph* $\boldsymbol{Pol}(\varrho)$ einer solchen Relation ϱ sei die Menge aller derjenigen Wahrheitswertfunktionen, bezüglich deren ϱ invariant ist:

$$\boldsymbol{Pol}(\varrho) =_{\text{def}} \{f \in P_M \mid \varrho \text{ invariant bezüglich } f\}.$$

(Die Funktionen $f \in \boldsymbol{Pol}(\varrho)$ nennt man auch die *Polymorphismen* von ϱ.) Übrigens kann man die binären, d. h. zweistelligen Relationen in $\mathcal{W}_M$ auch als – möglicherweise nicht überall definierte und eventuell mehrdeutige – Abbildungen über $\mathcal{W}_M$ auffassen; umgekehrt kann man entsprechend Abbildungen als Relationen auffassen. Von dieser Umdeutung werden wir im folgenden Gebrauch machen. Ebenso werden wir wie üblich bei binären Relationen ϱ statt $(a, b) \in \varrho$ kurz $a\varrho b$ schreiben.

Eine Äquivalenzrelation ϱ in $\mathcal{W}_M$ wollen wir *nichttrivial* nennen, falls ϱ weder die Identitätsrelation $\text{id} = \{(x, x) \mid x \in \mathcal{W}_M\}$ noch die volle Relation $\mathcal{W}_M \times \mathcal{W}_M$ ist. Es sei

$$\mathcal{E}_M =_{\text{def}} \text{Menge aller nichttrivialen Äquivalenzrelationen in } \mathcal{W}_M.$$

Ist ϱ eine Halbordnung in $\mathcal{W}_M$, so bezeichnet man als kleinstes Element von $\mathcal{W}_M$ bezüglich ϱ ein solches $a_0 \in \mathcal{W}_M$, für das

$$a_0 \varrho a \quad \text{für jedes} \quad a \in \mathcal{W}_M$$

gilt; als größtes Element von $\mathcal{W}_M$ bezüglich ϱ bezeichnet man ein $a_1 \in \mathcal{W}_M$ für das

$$a \varrho a_1 \quad \text{für jedes} \quad a \in \mathcal{W}_M$$

gilt. Kleinstes und auch größtes Element sind, falls sie existieren, eindeutig bestimmt. Es sei

$\mathcal{O}_M =_{\text{def}}$ Menge aller Halbordnungen in $\mathcal{W}_M$, bezüglich deren ein kleinstes und ein größtes Element existieren.

Eine *Permutation* von $\mathcal{W}_M$ ist eine eineindeutige Abbildung von $\mathcal{W}_M$ auf sich, die oft auch als „Umordnung" von $\mathcal{W}_M$ betrachtet wird (solange man voraussetzt, daß den Elementen von $\mathcal{W}_M$ in natürlicher Weise gewisse „Plätze" entsprechen). Jede Permutation g von $\mathcal{W}_M$ erzeugt eine zugehörige Äquivalenzrelation in $\mathcal{W}_M$, bezüglich deren Elemente $a, b, \in \mathcal{W}_M$ genau dann äquivalent sind, wenn a durch endlich oftmalige Anwendung der Permutation g in b übergeführt werden kann, d. h. wenn es ein $k \geq 0$ gibt, so daß für die k-fache Iterierte g^k von g gilt: $g^k(a) = b$. (Der Leser beweise selbst, daß dadurch eine Äquivalentrelation erklärt ist.) Es sei

$\mathcal{P}_M =_{\text{def}}$ Menge aller Permutationen g von $\mathcal{W}_M$, zu denen es eine Primzahl p gibt, so daß jede Restklasse der zu g gehörenden Äquivalenzrelation aus genau p Elementen besteht.

Hier haben wir also die oben erwähnte Auffassung von Relationen als Abbildungen ausgenutzt.

Eine m-stellige Relation ϱ in $\mathcal{W}_M$ heißt *zentral*, falls $\varrho \neq \mathcal{W}_M^m$ ist, es eine nichtleere echte Teilmenge C von $\mathcal{W}_M$ gibt, so daß für alle $a_1, \ldots, a_M \in \mathcal{W}_M$ und jedes $k = 1, \ldots, m$ gilt

$$a_k \in C \Rightarrow (a_1, \ldots, a_m) \in \varrho,$$

für beliebige j, k mit $1 \leq j < k \leq m$ und $a_1, \ldots, a_m \in \mathcal{W}_M$

$$a_j = a_k \Rightarrow (a_1, \ldots, a_m) \in \varrho$$

gilt, und schließlich für jede Permutation g der Menge $\{1, 2, \ldots, m\}$ und beliebige $a_1, \ldots, a_m \in \mathcal{W}_M$ gilt:

$$(a_1, \ldots, a_m) \in \varrho \Rightarrow (a_{g(1)}, \ldots, a_{g(m)}) \in \varrho.$$

Es sei

$$\mathcal{C}_M =_{\text{def}} \text{Menge aller zentralen Relationen in } \mathcal{W}_M.$$

Eine Familie $(\sigma_i)_{i \leq k}$ von Äquivalenzrelationen heißt h-*regulär* für ein h mit $3 \leq h \leq M$, falls $k \geq 1$ ist, jede der Äquivalenzrelationen $\sigma_1, \ldots, \sigma_k$ genau h Restklassen hat, und jede Familie $(A_i)_{i \leq k}$ von Restklassen A_i von σ_i, $i = 1, \ldots, k$, einen nichtleeren Durchschnitt hat: $\bigcap_{i=1}^{k} A_i \neq \emptyset$. Die von einer solchen h-regulären Familie $(\sigma_i)_{i \leq k}$ bestimmte h-stellige Relation ϱ^* ist charakterisiert durch die Bedingung

$(a_1, \ldots, a_h) \in \varrho^* \Leftrightarrow$ für jedes $1 \leq i \leq k$ enthält $(a_1, \ldots, a_h)$ wenigstens zwei σ_i-äquivalente Komponenten

für alle $a_1, \ldots, a_h \in \mathcal{W}_M$. Es sei

$\mathcal{B}_M =_{\text{def}}$ Menge aller von einer h-regulären Familie von Äquivalenzrelationen in $\mathcal{W}_M$ bestimmten Relationen.

Erneut sei p eine Primzahl. Eine *elementar abelsche p-Gruppe* ist eine solche Gruppe $\langle A, \oplus \rangle$, deren Addition $\oplus$ kommutativ ist und in der das p-fache jedes Gruppenelementes das Nullelement ist. Nun sei

$\mathcal{L}_M =_{\text{def}} \emptyset$, falls M keine Primzahlpotenz;

ist jedoch M Primzahlpotenz, etwa $M = p^m$, so sei

$\mathcal{L}_M =_{\text{def}}$ Menge aller 4-stelligen Relationen $\{(a_1, \ldots, a_4) \mid a_1 \oplus a_2 = a_3 \oplus a_4\}$ für solche binären Operationen $\oplus$ in $\mathcal{W}_M$, für die $\langle \mathcal{W}_M, \oplus \rangle$ eine elementar abelsche p-Gruppe ist.

Satz 2.7.8. *Eine Funktionenmenge $\mathfrak{F} \subseteq P_M$ ist genau dann maximale Funktionenalgebra von P_M, wenn*

$$\mathfrak{F} = \boldsymbol{Pol}(\varrho) \quad \text{für ein} \quad \varrho \in \mathscr{E}_M \cup \mathscr{O}_M \cup \mathscr{P}_M \cup \mathscr{C}_M \cup \mathscr{B}_M \cup \mathscr{L}_M$$

gilt.

Der Beweis dieses Satzes ist umfangreich und soll hier nicht gegeben werden. Er ist in ROSENBERG [1970] zu finden; PÖSCHEL/KALUŽNIN [1979] geben eine gut lesbare Skizze der Grundideen dieses Beweises. Da etwa $\mathscr{O}_M \neq \emptyset$ gilt für jedes $M \geq 2$, folgt aus diesem Satz unmittelbar auch, daß es stets maximale Funktionenalgebren in P_M gibt.

Folgerung 2.7.9. *Eine Funktionenmenge $\mathfrak{F} \subseteq P_M$ ist genau dann funktional vollständig, wenn es zu jeder Relation $\varrho \in \mathscr{E}_M \cup \mathscr{O}_M \cup \mathscr{P}_M \cup \mathscr{C}_M \cup \mathscr{B}_M \cup \mathscr{L}_M$ eine Funktion $f \in \mathfrak{F}$ gibt, bezüglich deren ϱ nicht invariant ist.*

Beweis. Die Behauptung folgt sofort aus Satz 2.7.8: $\mathfrak{F}$ ist funktional vollständig gdw $\mathfrak{F}$ nicht Teilmenge einer maximalen Funktionenalgebra von P_M ist; letzteres gilt aber gdw $\mathfrak{F} \not\subseteq \boldsymbol{Pol}(\varrho)$ für ein $\varrho \in \mathscr{E}_M \cup \ldots \cup \mathscr{L}_M$. Die Definition von $\boldsymbol{Pol}(\varrho)$ gibt nun obige Behauptung. ∎

Es ist interessant, daß es in P_M stets nur endlich viele maximale Funktionenalgebren gibt, obwohl die Gesamtzahl der Funktionenalgebren $\mathfrak{F} \subseteq P_M$ unendlich ist – und zwar $\aleph_0$ für $M = 2$ und $2^{\aleph_0}$ für $M \geq 3$ (vgl. PÖSCHEL/KALUŽNIN [1979]). Eine Anzahlformel für die Gesamtzahl $\mu(M)$ der maximalen Funktionenalgebren hat ROSENBERG [1973] gegeben. Es zeigt sich, daß deren Anzahl mit M sehr stark wächst; man findet etwa (vgl. auch ROSENBERG [1977]):

M	2	3	4	5	6	7	8
$\mu(M)$	5	18	82	643	15.182	7.848.984	> 549.758.283.980

Satz 2.7.10. *Jede funktional vollständige Funktionenmenge $\mathfrak{F} \subseteq P_M$ besitzt eine aus höchstens $\mu(M)$ Elementen bestehende Teilmenge $\mathfrak{F}^* \subseteq \mathfrak{F}$, die selbst schon funktional vollständig ist.*

Beweis. $\mathfrak{F} \subseteq P_M$ sei funktional vollständig. Es seien die sämtlichen maximalen Funktionenalgebren von P_M durchnumeriert (ohne Wiederholungen) als $\mathfrak{G}_1, \ldots, \mathfrak{G}_{\mu(M)}$. Dann ist stets $\mathfrak{F} \setminus \mathfrak{G}_k \neq \emptyset$ für $1 \leq k \leq \mu(M)$. Daher können wir aus jeder Menge $\mathfrak{F} \setminus \mathfrak{G}_k$ ein Element f_k auswählen. Es sei $\mathfrak{F}^* = \{f_1, f_2, \ldots, f_{\mu(M)}\}$. Da nach Konstruktion $\mathfrak{F}^* \not\subseteq \mathfrak{G}_k$ ist für jedes $1 \leq k \leq \mu(M)$, denn es gilt ja $f_k \notin \mathfrak{G}_k$, ist auch $\mathfrak{F}^*$ funktional vollständig nach Satz 2.7.6. ∎

2.8. Normalformdarstellungen

Die Darstellung von Wahrheitswertfunktionen durch Ausdrücke eines betrachteten mehrwertigen aussagenlogischen Systems **S** ist im allgemeinen auf mehrere verschiedene Arten möglich. Sowohl für den Vergleich verschiedener Ausdrücke von **S** hinsichtlich der durch sie dargestellten Wahrheitswertfunktionen als auch für die Konstruktion von Ausdrücken, die eine gegebene Wahrheitswertfunktion darstellen sollen, ist es nützlich, Ausdrücke von normierter Gestalt – sogenannte *Normalformen* – zur Verfügung zu haben derart, daß jede Wahrheitswertfunktion durch solch einen Ausdruck dargestellt werden kann, bzw. daß zu jedem Ausdruck von **S** ein dazu semantisch äquivalenter Ausdruck von normierter Gestalt angegeben werden kann.

Ausdrücke welcher Gestalt im konkreten Falle als Normalformen ausgezeichnet werden, hängt in erster Linie vom System **S** und von den Zwecken ab, deretwegen man solche Normalformen betrachtet. Will man z. B. alle Wahrheitswertfunktionen mittels Normalformen repräsentieren können, so müssen die in Normalformen erlaubten Junktoren wenigstens ein funktional vollständiges System von Junktoren bilden. Will man zu jedem Ausdruck von **S** eine semantisch äquivalente Normalform zur Verfügung haben, dann brauchen aus den in Normalformen erlaubten Junktoren nur alle Junktoren von **S** durch Superposition erzeugbar zu sein.

Eine jedem Einzelfall angemessene Normalformdarstellung werden wir daher nicht angeben können. Wohl aber können wir die Darstellung von Ausdrücken der klassischen Aussagenlogik durch alternative bzw. auch durch konjunktive Normalformen für eine große Klasse mehrwertiger aussagenlogischer Systeme nachbilden, und zwar wenigstens für alle diejenigen Systeme, deren Junktorenmenge funktional vollständig ist. Dazu erinnern wir uns, wie man zu einer alternativen Normalform einer zweiwertigen Wahrheitswertfunktion bzw. eines Ausdrucks der klassischen Aussagenlogik gelangen kann: Zunächst wird die zugehörige vollständige Wahrheitswerttabelle aufgeschrieben. Dann benötigt man für jede Zeile dieser Wahrheitswerttabelle einen Ausdruck, der genau für die dieser Zeile entsprechende Wahrheitswertbelegung der auftretenden Variablen den ausgezeichneten Wahrheitswert W annimmt. Dies sind geeignete Konjunktionen. Schließlich werden alle diese den einzelnen Zeilen der Wahrheitswerttabelle entsprechenden Ausdrücke alternativ zusammengefaßt.

Um dieses Vorgehen auf beliebige Quasiwahrheitswertmengen $\mathcal{W}^{\mathbf{S}}$ übertragen zu können, setzen wir voraus, daß zwei Elemente $\mathsf{o}, \mathsf{e} \in \mathcal{W}^{\mathbf{S}}$ und zwei im System **S** definierbare binäre Operationen $\sqcap$, $\sqcup$ in $\mathcal{W}^{\mathbf{S}}$ gewählt seien, für die

$$\begin{aligned} t \sqcap \mathsf{e} = t, \quad t \sqcap \mathsf{o} = \mathsf{o}, \\ \mathsf{o} \sqcup t = t \sqcup \mathsf{o} = t \end{aligned} \tag{2.8.1}$$

für beliebige Quasiwahrheitswerte $t \in \mathcal{W}^{\mathbf{S}}$ gelten mögen. Wenn etwa $\mathcal{W}^{\mathbf{S}}$ die Struktur eines Verbandes hat, dann kann man $\sqcap$, $\sqcup$ z. B. als die Verbandsoperationen wählen. Im betrachteten mehrwertigen aussagenlogischen System **S** mögen weiterhin alle konstanten Wahrheitswertfunktionen c_t mit

$$c_t(x) = t \quad \text{für jedes} \quad x \in \mathcal{W}^{\mathbf{S}} \tag{2.8.2}$$

definierbar sein, wobei $t \in \mathcal{W}^{\mathbf{S}}$ ist; es mögen alle charakteristischen Funktionen χ_t mit

$$\chi_t(x) = \begin{cases} \mathsf{e}, & \text{wenn} \quad x = t \\ \mathsf{o} & \text{sonst} \end{cases} \tag{2.8.3}$$

für jedes $t \in \mathcal{W}^{\mathbf{S}}$ definierbar sein. Jeder dieser Funktionen c_t, χ_t sei ein Ausdruck von **S** fest zugeordnet, der diese Wahrheitswertfunktion beschreibt; C_t, X_t seien diese Ausdrücke. Dann sind auch für jedes n-Tupel $(t_1, \ldots, t_n)$ von Quasiwahrheitswerten $t_i \in \mathcal{W}^{\mathbf{S}}$ dessen (verallgemeinerte) charakteristische Funktion $\chi_{(t_1,\ldots,t_n)}$ mit

$$\chi_{(t_1,\ldots,t_n)}(x_1, \ldots, x_k) = \begin{cases} \mathsf{e}, & \text{wenn} \quad (x_1, \ldots, x_n) = (t_1, \ldots, t_n) \\ \mathsf{o} & \text{sonst} \end{cases} \tag{2.8.4}$$

in **S** definierbar. Beschreibender Ausdruck in den Aussagenvariablen $p_1, \ldots, p_n$ ist etwa

$$\Big(\ldots \big((X_{t_1}(p_1) \sqcap X_{t_2}(p_2)) \sqcap \ldots \sqcap X_{t_n}(p_n)\big)\Big),$$

wofür wir kurz schreiben wollen:

$$\prod_{i=1}^{n} X_{t_i}(p_i). \tag{2.8.5}$$

(Zur Vereinfachung unserer Bezeichnungen verwenden wir dabei für die Wahrheitswertfunktionen $\sqcap$, $\sqcup$ und die sie darstellenden Junktoren dieselben Symbole.) Wir schreiben also $\prod_{i=1}^{n} \ldots$ für die n-fache Iteration von $\sqcap$; entsprechend werden wir $\coprod_{i=1}^{n} \ldots$ schreiben für die n-fache Iteration von $\sqcup$. In jedem Falle ist dabei „kanonische Klammerung von links" unterstellt, d. h.:

$$\bigsqcap_{i=1}^{n+1} H_i = \left(\bigsqcap_{i=1}^{n} H_i\right) \sqcap H_{n+1}, \qquad \bigsqcup_{i=1}^{n+1} H_i = \left(\bigsqcup_{i=1}^{n} H_i\right) \sqcup H_{n+1}.$$

Nehmen wir nun an, die Wahrheitswerttabelle einer n-stelligen Wahrheitswertfunktion φ sei gegeben. Aufgabe sei, φ durch einen Ausdruck in den Aussagenvariablen $p_1, \ldots, p_k$ darzustellen. Jede Zeile dieser Wahrheitswerttabelle ist charakterisiert durch die Werte $t_1, \ldots, t_n$ der Variablen von φ und den zugehörigen Funktionswert $\varphi(t_1, \ldots, t_n)$. Wir bilden den Ausdruck

$$\left(\bigsqcap_{i=1}^{n} X_{t_i}(p_i)\right) \sqcap C_{\varphi(t_1,\ldots,t_n)}(p_1),$$

der gemäß der in (2.8.1), …, (2.8.5) getroffenen Festlegungen den Wert $\varphi(t_1, \ldots, t_n)$ annimmt für jede Variablenblegung $\beta: \boldsymbol{V}_0 \to \mathscr{W}^{\mathbf{S}}$, für die $\beta(p_i) = t_i$ ist für $i = 1, \ldots, n$, und der den Wert $\mathbf{o}$ annimmt für alle anderen Variablenbelegungen. Ist $\mathscr{W}^{\mathbf{S}}$ endlich, also etwa $\mathscr{W}^{\mathbf{S}} = \mathscr{W}_M$, und $t^1, \ldots, t^k$ bei $k = n^M$ eine Aufzählung aller n-Tupel $t^j = (t_1^j, \ldots, t_n^j)$ von Quasiwahrheitswerten aus $\mathscr{W}_M$, so wird endlich φ (bzw. der φ darstellende Ausdruck) repräsentiert durch den Ausdruck

$$\bigsqcup_{j=1}^{k} \left(\left(\bigsqcap_{i=1}^{n} X_{t_i^j}(p_i)\right) \sqcap C_{\varphi(t_1^j,\ldots,t_n^j)}(p_1)\right),$$

der somit als Normalform festgelegt werden kann.

3. Spezielle Systeme mehrwertiger Aussagenlogik

3.1. Die ŁUKASIEWICZschen aussagenlogischen Systeme

Das historisch erste von der klassischen Logik abweichende und explizit als System mehrwertiger Logik präsentierte aussagenlogische System gab der polnische Logiker ŁUKASIEWICZ [1920] an. Es hatte einen zusätzlichen Quasiwahrheitswert. Dieses dreiwertige System hat ŁUKASIEWICZ bald verallgemeinert: die zusammenfassende Darstellung ŁUKASIEWICZ/TARSKI [1930] behandelt Systeme mit Quasiwahrheitswertmengen $\mathcal{W}_M$ für beliebiges $M \geq 2$ und mit $\mathcal{W}_{\aleph_0}$.

Es ist kein Problem, auch das entsprechende System mit Quasiwahrheitswertmenge $\mathcal{W}_\infty$ zu betrachten. Wir werden die ŁUKASIEWICZschen mehrwertigen Systeme mit den Wertemengen $\mathcal{W}_M$, $\mathcal{W}_{\aleph_0}$, $\mathcal{W}_\infty$ entsprechend mit $\mathbf{Ł}_M$, $\mathbf{Ł}_{\aleph_0}$, $\mathbf{Ł}_\infty$ bezeichnen; kommt es auf die spezielle Quasiwahrheitswertmenge nicht an, schreiben wir eventuell nur $\mathbf{Ł}$ bzw. $\mathbf{Ł}_\nu$.

ŁUKASIEWICZ hat seine Systeme mit Negation und Implikation als grundlegenden Junktoren formuliert; $\boldsymbol{J}^{\mathbf{Ł}}$ enthält als Junktoren

$$\neg \text{ (Negation)} \quad \text{und} \quad \to_{Ł} \text{ (Implikation)},$$

deren zugehörige Wahrheitswertfunktionen

$$\mathrm{ver}^{\mathbf{Ł}}_{\neg} = \mathrm{non}_1, \qquad \mathrm{ver}^{\mathbf{Ł}}_{\to_Ł} = \mathrm{seq}_1$$

sind; vgl. (2.3.7), (2.3.16). Es ist also stets für Ausdrücke G, H dieser Sprache und Variablenbelegungen $\beta : \boldsymbol{V}_0 \to \mathcal{W}^{\mathbf{Ł}}$

$$\mathrm{Wert}^{\mathbf{Ł}}(\neg H, \beta) = 1 - \mathrm{Wert}^{\mathbf{Ł}}(H, \beta),$$
$$\mathrm{Wert}^{\mathbf{Ł}}(G \to_Ł H, \beta) = \min\big(1, 1 - \mathrm{Wert}^{\mathbf{Ł}}(G, \beta) + \mathrm{Wert}^{\mathbf{Ł}}(H, \beta)\big).$$

Konstanten für Quasiwahrheitswerte hat ŁUKASIEWICZ in das Alphabet seiner Systeme nicht aufgenommen. Die Menge der ausgezeichneten Quasiwahrheitswerte ist (üblicherweise)

$$\mathcal{D}^{\mathbf{Ł}} = \{1\},$$

also 1 einziger ausgezeichneter Quasiwahrheitswert. Das System $\mathbf{Ł}_2$ mit der Wertemenge $\mathcal{W}_2 = \{0, 1\}$ wird von ŁUKASIEWICZ/TARSKI [1930] explizit als eines der ŁUKASIEWICZschen Systeme zugelassen. Offensichtlich ist $\mathbf{Ł}_2$ die als System in Negation und Implikation formulierte klassische Aussagenlogik.

Da die beiden Wahrheitswertfunktionen non_1, seq_1 die Normalbedingung erfüllen, sind die ŁUKASIEWICZschen Systeme mit wenigstens 3 Quasiwahrheitswerten nicht funktional vollständig; vgl. Satz 2.7.5.

Definitorisch führt man in diesen ŁUKASIEWICZschen Systemen eine Reihe weiterer Junktoren ein. Besonders häufig werden folgende Junktoren betrachtet:

$$H_1 \vee H_2 =_{\text{def}} (H_1 \rightarrow_{\text{Ł}} H_2) \rightarrow_{\text{Ł}} H_2, \tag{3.1.1}$$

$$H_1 \wedge H_2 =_{\text{def}} \neg(\neg H_1 \vee \neg H_2), \tag{3.1.2}$$

$$H_1 \leftrightarrow_{\text{Ł}} H_2 =_{\text{def}} (H_1 \rightarrow_{\text{Ł}} H_2) \wedge (H_2 \rightarrow_{\text{Ł}} H_1); \tag{3.1.3}$$

diese Junktoren $\vee$, $\wedge$, $\rightarrow_{\text{Ł}}$ sind Analoga zu Alternative, Konjunktion und Äquivalenz. In naheliegender Weise ergeben sich noch je eine zweite Konjunktion und eine zweite Alternative — *starke* Konjunktion bzw. *starke* Alternative genannt — als

$$H_1 \,\&\, H_2 =_{\text{def}} \neg(H_1 \rightarrow_{\text{Ł}} \neg H_2), \tag{3.1.4}$$

$$H_1 \veebar H_2 =_{\text{def}} \neg H_1 \rightarrow_{\text{Ł}} H_2. \tag{3.1.5}$$

Die diesen Konjunktionen und Alternativen entsprechenden Wahrheitswertfunktionen sind alle schon in Abschnitt 2.3 vorgestellt worden. Elementare Rechnungen geben folgende Resultate:

Junktor	$\wedge$	$\vee$	&	$\veebar$
Wahrheitswertfunktion	et_1	vel_1	et_2	vel_2

Auch die dem Äquivalenzjunktor $\leftrightarrow_{\text{Ł}}$ entsprechende Wahrheitswertfunktion läßt sich leicht analytisch darstellen:

$$\text{ver}^{\text{Ł}}_{\leftrightarrow_{\text{Ł}}}(x, y) = 1 - |x - y|. \tag{3.1.6}$$

Mit diesen Junktoren kann man unmittelbar Beziehungen zwischen den Quasiwahrheitswerten betrachteter Ausdrücke darstellen. Weiterhin seien $H, H_1, H_2, \ldots, G$ stets Ausdrücke im — definitorisch erweiterten — Vokabular der Systeme **Ł**. Die folgenden Behauptungen bestätigt man in jedem Falle direkt aus den entsprechenden Wahrheitswertfunktionen und der Definition der Tautologien aus Abschnitt 2.2. Die spezielle Wahl $\mathcal{D}^{\text{Ł}} = \{1\}$ bewirkt dabei, daß genau diejenigen **Ł**-Ausdrücke H **Ł**-Tautologien sind, für die $\text{Wert}^{\text{Ł}}(H, \beta) = 1$ gilt für alle Variablenbelegungen $\beta\colon \boldsymbol{V}_0 \rightarrow \mathcal{W}^{\text{Ł}}$. Es gilt z. B.

$$\models_{\text{Ł}} (H_1 \rightarrow_{\text{Ł}} H_2) \quad \text{gdw} \quad \text{Wert}^{\text{Ł}}(H_1, \beta) \leq \text{Wert}^{\text{Ł}}(H_2, \beta) \text{ für jede Variablenbelegung } \beta \tag{3.1.7}$$

und auch schon für jede Belegung $\beta\colon \boldsymbol{V}_0 \to \mathscr{W}^{\text{Ł}}$

$$\text{Wert}^{\text{Ł}}(H_1 \to_{\text{Ł}} H_2, \beta) = 1 \quad \text{gdw} \quad \text{Wert}^{\text{Ł}}(H_1, \beta) \leq \text{Wert}^{\text{Ł}}(\text{H}_2, \beta). \tag{3.1.8}$$

Entsprechend ergibt sich

$$\text{Wert}^{\text{Ł}}(H_1 \leftrightarrow_{\text{Ł}} H_2, \beta) = 1 \quad \text{gdw} \quad \text{Wert}^{\text{Ł}}(H_1, \beta) = \text{Wert}^{\text{Ł}}(H_2, \beta) \tag{3.1.9}$$

für jede Variablenbelegung $\beta\colon \boldsymbol{V}_0 \to \mathscr{W}^{\text{Ł}}$ und also

$$\models_{\text{Ł}} (H_1 \leftrightarrow_{\text{Ł}} H_2) \quad \text{gdw} \quad \begin{array}{l}\text{Wert}^{\text{Ł}}(H_1, \beta) = \text{Wert}^{\text{Ł}}(H_2, \beta)\\ \text{für jede Variablenbelegung } \beta.\end{array} \tag{3.1.10}$$

Die semantische Äquivalenz von Ł-Ausdrücken H_1, H_2 kann also durch eine Ł-Tautologie kodiert werden, durch $H_1 \leftrightarrow_{\text{Ł}} H_2$.

3.1.1. Wichtige Tautologien der Łukasiewiczschen Systeme

Wie in der klassischen Logik ist auch in den Systemen Ł_ν die Kenntnis solcher Ł-Tautologien, deren Hauptverknüpfungszeichen $\leftrightarrow_{\text{Ł}}$ ist, für semantisch äquivalente Umformungen entsprechend dem Ersetzbarkeitstheorem 2.1.2 nützlich. Und die Kenntnis von Ł-Tautologien, deren Hauptverknüpfungszeichen $\to_{\text{Ł}}$ ist, hilft, aus Ł-Tautologien weitere Ł-Tautologien herzuleiten; denn es gilt:

$$\text{wenn} \quad \models_{\text{Ł}} H_1 \quad \text{und} \quad \models_{\text{Ł}} (H_1 \to_{\text{Ł}} H_2), \quad \text{so} \quad \models_{\text{Ł}} H_2. \tag{3.1.11}$$

Wir wollen deswegen zunächst einige wichtige Tautologien der Systeme Ł_ν kennenlernen, bevor wir theoretische Resultate über diese Systeme besprechen. Alle betrachteten Konjunktionen und Alternativen sind kommutativ und assoziativ, d. h. ist $\#$ einer der Junktoren $\wedge, \vee, \&, \veebar$, so gelten:

(T1) $\models_{\text{Ł}} H_1 \# H_2 \leftrightarrow_{\text{Ł}} H_2 \# H_1$,

(T2) $\models_{\text{Ł}} H_1 \# (H_2 \# H_3) \leftrightarrow_{\text{Ł}} (H_1 \# H_2) \# H_3$,

wobei als Klammereinsparungsregel benutzt ist, daß $\#$ stets stärker bindet als $\leftrightarrow_{\text{Ł}}$. Die Junktoren $\wedge$, $\vee$ haben die Absorptionseigenschaft

(T3) $\models_{\text{Ł}} H \wedge H \leftrightarrow_{\text{Ł}} H, \qquad \models_{\text{Ł}} H \vee H \leftrightarrow_{\text{Ł}} H$,

die den entsprechenden „starken" Junktoren fehlt. Es gelten für $\&$, $\veebar$ nur

(T4) $\models_{\text{Ł}} H \,\&\, H \to_{\text{Ł}} H, \qquad \models_{\text{Ł}} H \to_{\text{Ł}} H \veebar H$, während der Quasiwahrheitswert von $H \& H$ echt kleiner und der von $H \veebar H$ echt größer als derjenige von H sein können. (Man braucht nur $0 < \mathrm{Wert}^{Ł}(H, \beta) < 1$ zu wählen, um diesen Effekt zu erreichen.) Distributiv ist sowohl $\wedge$ bezüglich $\vee$ als auch $\vee$ bezüglich $\wedge$:

(T5) $\quad \models_Ł H_1 \wedge (H_2 \vee H_3) \leftrightarrow_Ł (H_1 \wedge H_2) \vee (H_1 \wedge H_3)$,

(T6) $\quad \models_Ł H_1 \vee (H_2 \wedge H_3) \leftrightarrow_Ł (H_1 \vee H_2) \wedge (H_1 \vee H_3)$;

dagegen fehlen diese Eigenschaften erneut für die „starken" Junktoren &, $\veebar$. Für diese gilt nur

$$\mathrm{Wert}^{Ł}\big(H_1 \& (H_2 \veebar H_3) \leftrightarrow_Ł (H_1 \& H_2) \veebar (H_1 \& H_3), \beta\big) \geq \frac{1}{2} \tag{3.1.12}$$

für beliebige $\beta\colon V_0 \to \mathscr{W}^{Ł}$, und auch die entsprechende Ungleichung für den dualen Ausdruck (bei dem &, $\veebar$ miteinander vertauscht sind).

Um die Ungleichung (3.1.12) zu beweisen, genügt es, für beliebige Quasiwahrheitswerte s, t, r zu zeigen, daß

$$\big|\mathrm{et}_2\big(s, \mathrm{vel}_2(t, r)\big) - \mathrm{vel}_2\big(\mathrm{et}_2(s, t), \mathrm{et}_2(s, r)\big)\big| \leq 1/2 \tag{3.1.13}$$

gilt. Dann erhält man (3.1.12) sofort aus (3.1.6). Bezeichnen wir die zwischen den Betragsstrichen stehende Differenz mit u, so gilt zunächst $-u \leq 1/2$ für $u < 0$. Ist nämlich $u < 0$, so ist

$$0 < \min\big(1, \mathrm{et}_2(s, t) + \mathrm{et}_2(s, r)\big) - \max\big(0, s + \mathrm{vel}_2(t, r) - 1\big) = -u,$$

also sofort

$$0 < \min\big(1, \mathrm{et}_2(s, t) + \mathrm{et}_2(s, r)\big) + \min\big(0, 1 - s - \mathrm{vel}_2(t, r)\big) = -u, \tag{3.1.14}$$

und es müßte auch gelten

$$0 < \mathrm{et}_2(s, t) + \mathrm{et}_2(s, r) + 1 - s - \mathrm{vel}_2(t, r).$$

Wegen man $(x_1, x_2) + \max(y_1, y_2) = \max(x_1 + y_1, x_2 + y_1, x_1 + y_2, x_2 + y_2)$ ergibt sich aus den Definitionen (2.3.10) von et_2 und (2.3.13) von vel_2 durch direktes Umformen

$$0 < \max\big(-s, -(s + t + r - 1), t - 1, -r, r - 1, -t, (s + t + r - 1) - 1, s - 1\big),$$

also $(s + t + r - 1) < 0$ oder $(s + t + r - 1) > 1$. Ist aber $(s + t + r - 1) < 0$, so folgt sofort

$$\mathrm{et}_2(s, t) + \mathrm{et}_2(s, r) \leq 0$$

im Widerspruch zu (3.1.14); ist andererseits $(s + t + r - 1) > 1$, so gelten $s + t - 1 > 1 - r \geq 0$ sowie $s + r - 1 > 1 - s \geq 0$ und $t + r > 2 - e \geq 1$, also wird dann

$$-u = \min\big(1, (s + t - 1) + (s + r - 1)\big) - s$$
$$= \min\big(1 - s, s + (t + r - 2)\big) \leq \min(1 - s, s) \leq 1/2.$$

Ist aber $u \geq 0$, so ist $u \leq 1/2$. Es ist zunächst

$$u = \max\big(0, s + \min(1, t + r) - 1\big)$$
$$- \min\big(1, \max(0, s + t - 1) + \max(0, s + r - 1)\big)$$
$$= \max\big(0, \min(s, s + t + r - 1)\big)$$
$$+ \max\big(-1, \min(0, 1 - s - t) + \min(0, 1 - s - r)\big).$$

Analoge Umformungen wie oben ergeben

$$u = \max\Big(-1, \min(s - 1, \ldots), \min(0, \ldots), \min\big(s, \ldots, (s + t + r - 1) + (1 - s - t) + (1 - s - r)\big)\Big),$$

also u als Maximum von vier Termen, deren erste drei ≤ 0 sind und deren vierter

$$\min(s, \ldots, 1 - s) \leq 1/2$$

ist. Also ist $u \leq 1/2$ auch in diesem Falle. Damit ist stets $|u| \leq 1/2$, wie für (3.1.13) zu zeigen war.

Nach den bisher erwähnten Ł-Tautologien kann es scheinen, als komme der starken Konjunktion nur ein untergeordneter Wert zu. Dieser Eindruck täuscht aber, denn das Gesetz der Prämissenvertauschung gilt in der Form

(T7) $\quad \models_{Ł} \big(H_1 \rightarrow_{Ł} (H_2 \rightarrow_{Ł} H_3)\big) \leftrightarrow_{Ł} (H_1 \,\&\, H_2 \rightarrow_{Ł} H_3)$,

dagegen ist der mit $\wedge$ statt & formulierte Ausdruck

$$\big(H_1 \rightarrow_{Ł} (H_2 \rightarrow_{Ł} H_3)\big) \leftrightarrow_{Ł} (H_1 \wedge H_2 \rightarrow_{Ł} H_3) \tag{3.1.15}$$

keine Ł-Tautologie (für alle $Ł_\nu \neq Ł_2$). Behauptung (T7) bestätigt man durch direktes Nachrechnen mittels der entsprechenden Wahrheitswertfunktionen.

Ein Muster für das dabei nötige Vorgehen hat der obige Beweis von (3.1.12) bzw. (3.1.13) geliefert. Die Rechnungen waren elementar, wenn auch nicht an jeder Stelle trivial. Wir werden derartige Rechnungen in Zukunft immer dem Leser überlassen und nur anmerken, daß sich ein Resultat unmittelbar aus der Betrachtung der entsprechenden Wahrheitswertfunktionen ergibt.

Um einzusehen, daß (3.1.15) keine $\mathfrak{L}$-Tautologie ist, betrachte man eine solche Variablenbelegung β und solche Ausdrücke H_i, daß für die Quasiwahrheitswerte $t_i = \text{Wert}^{\mathfrak{L}}(H_i, \beta)$ bei $i = 1, 2, 3$ gilt: $1 > t_1 \geq t_2 > 0 = t_3$. Dann hat der Ausdruck (3.1.15) für β den Quasiwahrheitswert $t_1 < 1$, also einen nicht-ausgezeichneten Wert.

Die beiden „starken" Junktoren &, $\veebar$ sind selbst durch verallgemeinerte DEMORGANsche Gesetze miteinander verbunden:

(T8) $\models_{\mathfrak{L}} \neg (H_1 \,\&\, H_2) \leftrightarrow_{\text{Ł}} (\neg H_1 \veebar \neg H_2)$,

(T8a) $\models_{\mathfrak{L}} \neg (H_1 \veebar H_2) \leftrightarrow_{\text{Ł}} (\neg H_1 \,\&\, \neg H_2)$,

wie sie entsprechend für $\wedge, \vee$ bereits auf Grund der Definition (3.1.2) und der Tatsache gelten, daß das Gesetz der doppelten Negation

(T9) $\models_{\mathfrak{L}} \neg \neg H \leftrightarrow_{\text{Ł}} H$

in allen $\mathfrak{L}$-Systemen gilt. Die starke Konjunktion muß auch für die folgende Formulierung des Gesetzes vom Kettenschluß verwendet werden:

(T10) $\models_{\mathfrak{L}} (H_1 \rightarrow_{\text{Ł}} H_2) \,\&\, (H_2 \rightarrow_{\text{Ł}} H_3) \rightarrow_{\text{Ł}} (H_1 \rightarrow_{\text{Ł}} H_3)$.

Der Zusammenhang zwischen beiden Konjunktionen und zwischen beiden Alternativen kann formuliert werden als

(T11) $\models_{\mathfrak{L}} H_1 \,\&\, H_2 \rightarrow_{\text{Ł}} H_1 \wedge H_2$,

(T12) $\models_{\mathfrak{L}} H_1 \vee H_2 \rightarrow_{\text{Ł}} H_1 \veebar H_2$;

zugleich besteht aber weitergehend die Möglichkeit, die Junktoren $\wedge, \vee$ auf die Junktoren &, $\veebar$, $\neg$ zurückzuführen. Es gelten

(T13) $\models_{\mathfrak{L}} H_1 \wedge H_2 \leftrightarrow_{\text{Ł}} H_1 \,\&\, (\neg H_1 \veebar H_2)$,

(T14) $\models_{\mathfrak{L}} H_1 \vee H_2 \leftrightarrow_{\text{Ł}} H_1 \veebar (\neg H_1 \,\&\, H_2)$.

Man bestätigt dies wieder durch Betrachtung der entsprechenden Wahrheitswertfunktionen.

In einigen wenigen Fällen braucht zwischen $\wedge$ und & nicht unterschieden zu werden; der wichtigste betrifft die Charakterisierung des Junktors $\leftrightarrow_{\text{Ł}}$, für den neben der trivial aus (3.1.3) resultierenden Tautologie

(T15) $\models_{\mathfrak{L}} (H_1 \leftrightarrow_{\text{Ł}} H_2) \leftrightarrow_{\text{Ł}} \big((H_1 \rightarrow_{\text{Ł}} H_2) \wedge (H_2 \rightarrow_{\text{Ł}} H_1)\big)$

auch gilt

(T16) $\models_{\mathfrak{L}} (H_1 \leftrightarrow_{\text{Ł}} H_2) \leftrightarrow_{\text{Ł}} \big((H_1 \rightarrow_{\text{Ł}} H_2) \,\&\, (H_2 \rightarrow_{\text{Ł}} H_1)\big)$.

Wenden wir uns nun Eigenschaften der ŁUKASIEWICZschen Implikation $\rightarrow_{\text{Ł}}$ zu. Kettenschluß (T10) und Prämissenverschmelzung (T7) wurden schon erwähnt. Einfach zu bestätigen sind u. a. wegen (3.1.8), (3.1.7):

(**T** 17) $\models_{\mathbf{Ł}} H \rightarrow_{Ł} H$,

(**T** 18) $\models_{\mathbf{Ł}} H_1 \wedge H_2 \rightarrow_{Ł} H_2$,

woraus man über (**T** 11) und (**T** 10), (**T** 7) mit (3.1.11) auch die schwächere Behauptung

(**T** 18a) $\models_{\mathbf{Ł}} H_1 \,\&\, H_2 \rightarrow_{Ł} H_2$

ableitet. Das Kontrapositionsgesetz gilt in seiner gewohnten Form

(**T** 19) $\models_{\mathbf{Ł}} (H_1 \rightarrow_{Ł} H_2) \rightarrow_{Ł} (\neg H_2 \rightarrow_{Ł} \neg H_1)$

in allen Systemen $\mathbf{Ł}_\nu$. Konjunktionseinführung im Hinterglied einer Implikation erhält man als

(**T** 20) $\models_{\mathbf{Ł}} H_1 \rightarrow_{Ł} (H_2 \rightarrow_{Ł} H_1 \,\&\, H_2)$,

woraus man nach dem Muster der Herleitung von (**T** 18a) aus (**T** 18) auch wieder eine abgeschwächte Variante mit $\wedge$ statt & im Hinterglied herleiten kann. Konjunktive bzw. alternative Anfügung eines Ausdrucks in Vorder- und Hinterglied einer Implikation bleiben gültig wie auch die konjunktive bzw. alternative Zusammenfaßbarkeit von Implikationen:

(**T** 21) $\models_{\mathbf{Ł}} (H_1 \rightarrow_{Ł} H_2) \rightarrow_{Ł} (H_1 \# G \rightarrow_{Ł} H_2 \# G)$,

(**T** 22) $\models_{\mathbf{Ł}} (H_1 \rightarrow_{Ł} H_2) \,\&\, (G_1 \rightarrow_{Ł} G_2) \rightarrow_{Ł} (H_1 \# G_1 \rightarrow_{Ł} H_2 \# G_2)$,

wobei $\#$ einer der Junktoren $\wedge$, $\vee$, &, $\veebar$ sei.

3.1.2. *Charakterisierbarkeit der Anzahl der Quasiwahrheitswerte*

In der klassischen Aussagenlogik interpretiert man die klassischen Tautologien $\neg(A \wedge \neg A)$ und $A \vee \neg A$ häufig als Kodierungen des Prinzips vom ausgeschlossenen Widerspruch und des Prinzips vom ausgeschlossenen Dritten. Daß diese Interpretationen an die spezifischen Verhältnisse der klassischen Aussagenlogik gebunden sind, zeigt sich u. a. daran, daß in den Łukasiewiczschen Systemen $\neq \mathbf{Ł}_2$ zwar

$$\not\models_{\mathbf{Ł}} \neg(H \wedge \neg H) \quad \text{und} \quad \not\models_{\mathbf{Ł}} (H \vee \neg H)$$

gelten, zugleich aber die entsprechenden Ausdrücke mit den „starken“ Junktoren **Ł**-Tautologien sind:

(**T** 23) $\models_{\mathbf{Ł}} \neg(H \,\&\, \neg H)$ und $\models_{\mathbf{Ł}} (H \veebar \neg H)$;

und es zeigt sich weiterhin daran, daß es keine syntaktisch faßbaren Gründe gibt, weswegen in den Ł-Systemen etwa $H \veebar \neg H$ nicht als Kodierung des Prinzips vom ausgeschlossenen Dritten sollte dienen können. Beide genannten Prinzipien müssen also metatheoretisch formuliert werden. Dies hatten wir für das Prinzip vom ausgeschlossenen Dritten als einer Form des Zweiwertigkeitsprinzips schon in Abschnitt 1.1 diskutiert: auf dieses Prinzip wird in der mehrwertigen Logik verzichtet. Das Prinzip vom ausgeschlossenen Widerspruch bleibt in der abgeschwächten Form erhalten, daß jeder Ausdruck bei fixierter Belegung der Aussagenvariablen genau einen Quasiwahrheitswert hat.

Die klassische Tautologie $A \vee \neg A$ gibt immerhin Information über die Anzahl der möglichen Wahrheitswerte: diese ist $= 2$ auf Grund der Bedeutung der klassischen Junktoren. Wir fragen nun für die Systeme $Ł_\nu$ in analoger Weise nach Ausdrücken, die — falls sie Tautologien von $Ł_\nu$ sind — Information über die Anzahl der Quasiwahrheitswerte von $Ł_\nu$ kodieren. Für die Formulierung solcher Ausdrücke benutzen wir wesentlich die „starken“ Junktoren, und zwar ihre endlichen Iterationen. Deswegen seien zunächst für beliebige natürliche Zahlen $n \geq 1$ und Ł-Ausdrücke $H_1, H_2, \ldots$:

$$\prod_{i=1}^{1} H_i =_{\text{def}} H_1, \qquad \prod_{i=1}^{n+1} H_i =_{\text{def}} \left(\prod_{i=1}^{n} H_i\right) \,\&\, H_{n+1}, \tag{3.1.16}$$

$$\sum_{i=1}^{1} H_i =_{\text{def}} H_1, \qquad \sum_{i=1}^{n+1} H_i =_{\text{def}} \left(\sum_{i=1}^{n} H_i\right) \veebar H_{n+1}. \tag{3.1.17}$$

Man bestätigt leicht durch Induktion über n, daß für die Quasiwahrheitswerte derartiger Ausdrücke gilt:

$$\mathrm{Wert}^{Ł}\left(\prod_{i=1}^{n} H_i, \beta\right) = \max\left(0, \sum_{i=1}^{n} \mathrm{Wert}^{Ł}(H_i, \beta) - (n-1)\right). \tag{3.1.18}$$

$$\mathrm{Wert}^{Ł}\left(\sum_{i=1}^{n} H_i, \beta\right) = \min\left(1, \sum_{i=1}^{n} \mathrm{Wert}^{Ł}(H_i, \beta)\right). \tag{3.1.19}$$

Die Definitionen (3.1.16) und (3.1.17) und die Wahrheitswertfunktionen et_2, vel_2 ergeben ferner, daß im Falle $\mathrm{Wert}^{Ł}(H_{n+1}, \beta) \neq 1$ und $\mathrm{Wert}^{Ł}\left(\prod_{i=1}^{n} H_i, \beta\right) \neq 0$ im System $Ł_M$ gilt:

$$\mathrm{Wert}^{Ł}\left(\prod_{i=1}^{n+1} H_i, \beta\right) \leq \mathrm{Wert}^{Ł}\left(\prod_{i=1}^{n} H_i, \beta\right) - \tau_{M-1},$$

und daß im Falle $\mathrm{Wert}^{Ł}(H_{n+1}, \beta) \neq 0$ und $\mathrm{Wert}^{Ł}\left(\sum_{i=1}^{n} H_i, \beta\right) \neq 1$ im

System Ł_M gilt:

$$\text{Wert}^{\text{Ł}}\left(\sum_{i=1}^{n+1} H_i, \beta\right) \geq \text{Wert}^{\text{Ł}}\left(\sum_{i=1}^{n} H_i, \beta\right) + \tau_{M-1},$$

wobei τ_k wie in (2.6.8) gewählt ist, also insbesondere

$$\tau_{M-1} = \frac{1}{M-1}$$

ist. Wählt man demnach $H_1 = H_2 = \cdots = H$, so ändert die Iteration von & bei $\text{Wert}^{\text{Ł}}(H, \beta) = 1$ diesen Wert nicht, während bei $\text{Wert}^{\text{Ł}}(H, \beta) \neq 1$ im System Ł_M nach spätestens $M - 2$ Iterationsschritten mit $\prod_{i=1}^{M-1} H$ ein Ausdruck gefunden ist, dessen Quasiwahrheitswert $= 0$ ist. Analog ändert Iteration von $\veebar$ im Falle $\text{Wert}^{\text{Ł}}(H, \beta) = 0$ den Quasiwahrheitswert nicht, während bei $\text{Wert}^{\text{Ł}}(H, \beta) \neq 0$ im System Ł_M nach spätestens $M - 2$ Iterationsschritten mit $\sum_{i=1}^{M-1} H$ ein Ausdruck mit Quasiwahrheitswert 1 (bei ungeänderter Variablenbelegung β) erreicht ist. Es ist aber $M - 2$ in Ł_M auch die minimale Schrittzahl m, mit der mit Sicherheit $\text{Wert}^{\text{Ł}}\left(\prod_{i=1}^{m+1} H, \beta\right) = 0$ bzw. $\text{Wert}^{\text{Ł}}\left(\sum_{i=1}^{m+1} H, \beta\right) = 1$ erreicht werden kann (bei $\text{Wert}^{\text{Ł}}(H, \beta) \neq 1$ bzw. $\text{Wert}^{\text{Ł}}(H, \beta) \neq 0$), denn im Falle $\text{Wert}^{\text{Ł}}(H, \beta) = \tau_2$ für die &-Iteration bzw. im Falle $\text{Wert}^{\text{Ł}}(H, \beta) = \tau_{M-1}$ für die $\veebar$-Iteration wird dazu mindestens die Iterationsschrittzahl $M - 2$ benötigt.

Zur vereinfachten Formulierung des nächsten Satzes führen wir noch die Iteration der $\vee$-Alternative ein:

$$\bigvee_{i=1}^{1} H_i =_{\text{def}} H_1, \qquad \bigvee_{i=1}^{n+1} H_i =_{\text{def}} \left(\bigvee_{i=1}^{n} H_i\right) \vee H_{n+1} \tag{3.1.20}$$

für beliebige Ł-Ausdrücke $H_1, H_2, \ldots$. Dafür gilt offenbar

$$\text{Wert}^{\text{Ł}}\left(\bigvee_{i=1}^{n} H_i, \beta\right) = \max_{1 \leq i \leq n} \text{Wert}^{\text{Ł}}(H_i, \beta).$$

Satz 3.1.1. *Für beliebige natürliche Zahlen m, M mit $M \geq 2$ und Aussagenvariable $p, p_1, \ldots, p_m$, von denen $p_1, \ldots, p_m$ paarweise verschieden seien, gelten*

(a) $\quad M \leq m \quad gdw \quad \models_{\text{Ł}_M} \left(\neg p \vee \sum_{i=1}^{m-1} p\right),$

(b) $\quad m < M \quad gdw \quad \models_{\text{Ł}_M} \bigvee_{i=1}^{m-1} \bigvee_{j=i+1}^{m} (p_i \leftrightarrow_{\text{Ł}} p_j),$

(c) $\quad m \leq M \quad gdw \quad \sum_{j=1}^{m-1} \left(\neg p \wedge \prod_{i=1}^{m-2} p\right)$ Ł_M*-erfüllbar.*

Beweis. (a) Es sei G_1 der Ausdruck $\left(\neg p \vee \sum_{i=1}^{m-1} p\right)$ und $\beta: \boldsymbol{V}_0 \to \mathscr{W}_M$. Sei zunächst $M \leq m$. Ist $\mathrm{Wert}^{\text{Ł}}(p, \beta) = 0$, so ist $\mathrm{Wert}^{\text{Ł}}(\neg p, \beta) = 1$ und damit $\mathrm{Wert}^{\text{Ł}}(G_1, \beta) = 1$. Ist aber $\mathrm{Wert}^{\text{Ł}}(p, \beta) \neq 0$, so ist $\mathrm{Wert}^{\text{Ł}}(p, \beta) \geq \tau_{M-1} = \dfrac{1}{M-1}$ und damit nach (3.1.19)

$$\mathrm{Wert}^{\text{Ł}}\left(\sum_{i=1}^{m-1} p, \beta\right) \geq (m-1) \cdot \mathrm{Wert}^{\text{Ł}}(p, \beta)$$
$$\geq (M-1) \cdot \frac{1}{M-1} = 1.$$

Also ist G_1 Ł_M-Tautologie, wenn $M \leq m$. Sei nun $m < M$. Es ist zu zeigen, daß dann G_1 keine Ł_M-Tautologie ist. Dazu sei $\beta': \boldsymbol{V}_0 \to \mathscr{W}_M$ so gewählt, daß $\mathrm{Wert}^{\text{Ł}}(p, \beta') = \dfrac{1}{M-1}$ ist. Dann ist wegen $m-1 \leq M-2$:

$$\mathrm{Wert}^{\text{Ł}}(G_1, \beta') \leq \max\left((m-1) \cdot \mathrm{Wert}^{\text{Ł}}(p, \beta'), \frac{M-2}{M-1}\right)$$
$$\leq \frac{M-2}{M-1} < 1$$

und also G_1 keine Ł_M-Tautologie.

(b) Damit der Ausdruck $\bigvee_{i=1}^{m-1} \bigvee_{j=i+1}^{m} (p_i \leftrightarrow_{\text{Ł}} p_j)$ den Quasiwahrheitswert 1 annimmt, ist es notwendig und hinreichend, daß wenigstens zwei der Aussagenvariablen $p_1, \ldots, p_m$ mit demselben Quasiwahrheitswert belegt werden. Um diesen Ausdruck also zu einer Ł_M-Tautologie zu machen, muß $m > M$ sein; und $m > M$ garantiert auch, daß der Ausdruck eine Ł_M-Tautologie ist.

(c) Es sei nun G_2 der Ausdruck $\sum_{j=1}^{m-1}\left(\neg p \wedge \prod_{i=1}^{m-2} p\right)$. Zunächst möge $m \leq M$ gelten. Dann werde die Variablenbelegung $\beta: \boldsymbol{V}_0 \to \mathscr{W}_M$ so gewählt, daß $\mathrm{Wert}^{\text{Ł}}(p, \beta) = \dfrac{M-2}{M-1}$ ist. Dafür folgt aus (3.1.18) leicht

$$\mathrm{Wert}^{\text{Ł}}\left(\prod_{i=1}^{m-2} p, \beta\right) \geq (m-2) \cdot \frac{M-2}{M-1} - (m-2) + 1$$
$$= 1 - (m-2) \cdot \frac{1}{M-1}$$
$$\geq 1 - \frac{M-2}{M-1} = \frac{1}{M-1}$$

und mithin

$$\mathrm{Wert}^{\text{Ł}}\left(\neg\, p \wedge \prod_{i=1}^{m-2} p, \beta\right) \geq \frac{1}{M-1}.$$

Wie oben ergibt sich daraus $\mathrm{Wert}^{\text{Ł}}(G_2, \beta) = 1$, d. h., G_2 ist Ł_M-erfüllbar. Umgekehrt sei nun $M < m$, also $M - 1 \leq m - 2$. Ist dann $\mathrm{Wert}^{\text{Ł}}(p, \beta) = 1$ für eine Variablenbelegung $\beta: \boldsymbol{V}_0 \to \mathscr{W}_M$, so ist $\mathrm{Wert}^{\text{Ł}}(\neg\, p, \beta) = 0$ und damit sofort auch $\mathrm{Wert}^{\text{Ł}}(G_2, \beta) = 0$. Ist aber $\mathrm{Wert}^{\text{Ł}}(p, \beta) \neq 1$, so ist dieser Quasiwahrheitswert $\leq \dfrac{M-2}{M-1}$. Daher gilt in diesem Falle

$$\mathrm{Wert}^{\text{Ł}}\left(\prod_{i=1}^{m-2} p, \beta\right) \leq \max\left(0, (m-2)\cdot\frac{M-2}{M-1} - (m-2) + 1\right)$$

$$= \max\left(0, 1 - \frac{m-2}{M-1}\right) = 0$$

und damit erneut $\mathrm{Wert}^{\text{Ł}}(G_2, \beta) = 0$. Also ist G_2 nicht Ł_M-erfüllbar. ∎

Der Beweis zeigt sogar, daß der in (c) betrachtete Ausdruck G_2 im Falle $M < m$ stets den Quasiwahrheitswert 0 annimmt. Dies verschärfend gilt

$$M < m \quad \text{gdw} \quad \models_{\text{Ł}_M} \neg \sum_{j=1}^{m-1}\left(\neg\, p \wedge \prod_{i=1}^{m-2} p\right). \tag{3.1.21}$$

Da man aber die für &, $\veebar$ geltenden DEMORGANschen Gesetze (**T** 8), (**T** 8a) auch auf deren endliche Iterationen übertragen kann und

(**T** 24) $\quad \models_{\text{Ł}} \left(\neg \prod_{i=1}^{n} H_i\right) \leftrightarrow_{\text{Ł}} \sum_{i=1}^{n} (\neg\, H_i)$

(**T** 24a) $\quad \models_{\text{Ł}} \left(\neg \sum_{i=1}^{n} H_i\right) \leftrightarrow_{\text{Ł}} \prod_{i=1}^{n} (\neg\, H_i)$

findet, sieht man leicht, daß der in (3.1.21) betrachtete Ł-Ausdruck nur eine &-Iteration des bereits in Satz 3.1.1(a) betrachteten Ł-Ausdrucks ist.

Unser Problem der Charakterisierbarkeit der Anzahl der Quasiwahrheitswerte in den ŁUKASIEWICZschen Systemen, auf das Satz 3.1.1 eine partielle Antwort gibt, können wir auch noch anders betrachten: Wir können nach Beziehungen zwischen den Tautologienmengen $\mathrm{Taut}^{\text{Ł}_\nu}$ verschiedener Ł-Systeme fragen.

Satz 3.1.2. *Sind $M, N \geq 2$ natürliche Zahlen und schreiben wir kurz* Taut_ν *statt* $\mathrm{Taut}^{\text{Ł}_\nu}$ *für die Menge aller Ł_ν-Tautologien, so gelten:*

(a) $\quad \mathscr{W}_M \subseteq \mathscr{W}_N \Leftrightarrow \mathrm{Taut}_M \supseteq \mathrm{Taut}_N,$

(b) $\mathscr{W}_M \subseteq \mathscr{W}_N \Leftrightarrow (M-1)$ *ist Teiler von* $(N-1)$,

(c) $\text{Taut}_\infty = \text{Taut}_{\aleph_0}$,

(d) $\text{Taut}_\infty = \bigcap\limits_{m=2}^{\infty} \text{Taut}_m$,

(e) $\text{Taut}_{M+2} \not\subseteq \text{Taut}_{M+1}$ *und* $\text{Taut}_M \not\subseteq \text{Taut}_{M+1}$.

Beweis. (a) Es sei $\mathscr{W}_M \subseteq \mathscr{W}_N$. Dann ist jede Belegung $\beta: \boldsymbol{V}_0 \to \mathscr{W}_M$ der Aussagenvariablen mit Quasiwahrheitswerten aus $\mathscr{W}_M$ auch eine Variablenbelegung $\beta: \boldsymbol{V}_0 \to \mathscr{W}_N$ mit Werten aus $\mathscr{W}_N$; und da die Wahrheitswertfunktionen der von uns betrachteten Junktoren unabhängig von den speziellen Quasiwahrheitswertmengen für alle Ł-Systeme in gleicher Weise erklärt sind, ist für $\beta: \boldsymbol{V}_0 \to \mathscr{W}_M$ sofort

$$\text{Wert}_M(H, \beta) = \text{Wert}_N(H, \beta)$$

für jeden Ł-Ausdruck H, wenn wir Wert_m für die Wertfunktion im System Ł_m schreiben. Ist also $H \in \text{Taut}_N$, so gilt $\text{Wert}_M(H, \beta) = 1$ für alle $\beta: \boldsymbol{V}_0 \to \mathscr{W}_M$ und damit $H \in \text{Taut}_M$. Um auch die Umkehrung zu zeigen, nehmen wir an, daß $\mathscr{W}_M \not\subseteq \mathscr{W}_N$ sei, und zeigen, daß dann eine Ł_N-Tautologie H exisitiert, die keine Ł_M-Tautologie ist. Gilt aber $\mathscr{W}_M \not\subseteq \mathscr{W}_N$, so muß auch $\dfrac{M-2}{M-1} \notin \mathscr{W}_N$ gelten. Wir konstruieren den Ł-Ausdruck H so, daß in ihm nur eine Aussagenvariable p vorkommt und H genau dann den Quasiwahrheitswert 1 hat, wenn p mit dem Wert $\dfrac{M-2}{M-1}$ belegt wird. Als Hilfsausdruck betrachten wir

$$G_M = \sum_{i=1}^{M-1} \neg\, p \wedge \left(p \veebar \prod_{i=1}^{M-2} p\right).$$

Um für eine Variablenbelegung β zu erreichen, daß $\text{Wert}^{\text{Ł}}(G_M, \beta) = 1$ gilt, muß offenbar

$$\text{Wert}^{\text{Ł}}\left(\sum_{i=1}^{M-1} \neg\, p, \beta\right) = \text{Wert}^{\text{Ł}}\left(p \veebar \prod_{i=1}^{M-2} p, \beta\right) = 1$$

gelten. Nach (3.1.19) ist aber

$$\text{Wert}^{\text{Ł}}\left(\sum_{i=1}^{M-1} \neg\, p, \beta\right) = \min\left(1, (M-1)\cdot\left(1-\beta(p)\right)\right)$$

und also

$$\text{Wert}^{\text{Ł}}\left(\sum_{i=1}^{M-1} \neg\, p, \beta\right) = 1 \Leftrightarrow \beta(p) \leq \frac{M-2}{M-1}.$$

Andererseits ist nach (3.1.18) und (2.3.13)

$$\text{Wert}^{\text{Ł}}\left(p \veebar \prod_{i=1}^{M-2} p, \beta\right) = \min\left(1, \beta(p) + \max\left(0, (M-2)\cdot\beta(p) - (M-2) + 1\right)\right)$$
$$= \min\left(1, \max\left(\beta(p), \beta(p)\cdot(M-1) - (M-2) + 1\right)\right),$$

mithin

$$\text{Wert}^{\text{Ł}}\left(p \veebar \prod_{i=1}^{M-2} p, \beta\right) = 1 \Leftrightarrow \beta(p) \geq \frac{M-2}{M-1}.$$

Insgesamt ergibt sich also

$$\text{Wert}^{\text{Ł}}(G_M, \beta) = 1 \Leftrightarrow \beta(p) = \frac{M-2}{M-1}$$

unabhängig davon, mit Werten welcher Quasiwahrheitswertmenge die Aussagenvariablen durch β belegt werden.

Wählen wir nun H als den Ausdruck $\neg G_M$, so gilt

$$\text{Wert}^{\text{Ł}}(H, \beta) = 1 \Leftrightarrow \beta(p) \neq \frac{M-2}{M-1}$$

sowohl in Ł_M als auch in Ł_N. Wegen $\frac{M-2}{M-1} \notin \mathscr{W}_N$ ist also H eine Ł_N-Tautologie, aber keine Ł_M-Tautologie.

(b) Ist $\mathscr{W}_M \subseteq \mathscr{W}_N$, so insbesondere $\frac{1}{M-1} \in \mathscr{W}_N$, also $\frac{1}{M-1} = \frac{N-k}{N-1}$ für ein $1 \leq k \leq N$. Also gilt $N-1 = (M-1)\cdot(N-k)$ und $M-1$ ist ein Teiler von $N-1$. Ist umgekehrt $M-1$ Teiler von $N-1$, so $N-1 = l\cdot(M-1)$ für ein geeignetes $l \geq 1$. Dann ist auch $\frac{1}{M-1} = \frac{l}{N-1}$ und $l \leq N-1$; für $k = N-l$ gilt somit $1 \leq k \leq N-1$ und auch $\frac{1}{M-1} = \frac{N-k}{N-1} \in \mathscr{W}_N$. Daraus erhält man $\mathscr{W}_M \subseteq \mathscr{W}_N$, denn alle von 0 verschiedenen Quasiwahrheitswerte von $\mathscr{W}_M$ sind aus $\frac{1}{M-1}$ durch wiederholte geeignete Anwendung der Wahrheitswertfunktion vel_2 gewinnbar, die zugleich Quasiwahrheitswerte von $\mathscr{W}_N$ stets wieder auf Quasiwahrheitswerte von $\mathscr{W}_N$ abbildet.

(c) Da $\mathscr{W}_{\aleph_0} \subseteq \mathscr{W}_\infty$ ist, erhält man $\text{Taut}_\infty \subseteq \text{Taut}_{\aleph_0}$ wie im Beweisteil (a). Zu zeigen bleibt, daß auch $\text{Taut}_{\aleph_0} \subseteq \text{Taut}_\infty$ gilt, also jede $\text{Ł}_{\aleph_0}$-Tautologie auch eine Ł_∞-Tautologie ist, bzw. kontraponiert, daß jeder Ł-Ausdruck, der keine Ł_∞-Tautologie ist, auch keine $\text{Ł}_{\aleph_0}$-Tautologie ist. Sei H solch ein Ausdruck, also

$$\text{Wert}^{\text{Ł}}(H, \beta_0) < 1 \quad \text{für ein} \quad \beta_0 : \boldsymbol{V}_0 \to \mathscr{W}_\infty .$$

Wir können annehmen, daß in H höchstens die Aussagenvariablen $p_1, \ldots, p_n$ vorkommen und auch nur die Junktoren $\to_{\text{Ł}}$ und $\neg$. (Andere Junktoren mögen durch Rückgriff auf deren Definition eliminiert sein.) Da seq_1 und non_1 stetige Funktionen sind, ist auch der Quasiwahrheitswert von H eine stetige Funktion der Quasiwahrheitswerte von $p_1, \ldots, p_n$, denn $\text{Wert}^{\text{Ł}}(H, \beta)$ hängt nach Satz 2.1.1 nur von $\beta(p_1), \ldots, \beta(p_n)$ ab und ist Superposition von seq_1 und non_1. Es gibt deshalb zum Punkt $(\beta_0(p_1), \ldots, \beta_0(p_n))$ des n-dimensionalen Einheitswürfels $[0, 1]^n = \mathscr{W}_\infty^n$ eine ganze offene Umgebung U_0, so daß für jeden Punkt $(t_1, \ldots, t_n) \in U_0$ und jede Variablenbelegung $\beta : \boldsymbol{V}_0 \to \mathscr{W}_\infty$ mit $\beta(p_i) = t_i$ für alle $i = 1, \ldots, n$ ebenfalls $\text{Wert}^{\text{Ł}}(H, \beta) < 1$ ist. Da jedoch $U_0 \cap \mathscr{W}_{\aleph_0}^n \neq \emptyset$ sein muß, d. h., da man alle t_i als Quasiwahrheitswerte des Systems $\text{Ł}_{\aleph_0}$ wählen kann, ist H also auch keine $\text{Ł}_{\aleph_0}$-Tautologie.

(d) Erneut wie unter (a) folgt aus $\mathscr{W}_M \subseteq \mathscr{W}_\infty$ für jedes $M \geq 2$ auch $\text{Taut}_\infty \subseteq \text{Taut}_M$; damit gilt

$$\text{Taut}_\infty \subseteq \bigcap_{m=2}^{\infty} \text{Taut}_m .$$

Für die umgekehrte Inklusion genügt es wieder zu zeigen, daß jeder Ł-Ausdruck H, der keine Ł_∞-Tautologie ist, schon für ein endlichwertiges System Ł_M keine Ł_M-Tautologie ist. Sei also $H \notin \text{Taut}_\infty$. Dann gibt es wegen (c) eine Variablenblegung $\beta' : \boldsymbol{V}_0 \to \mathscr{W}_{\aleph_0}$, so daß $\text{Wert}^{\text{Ł}}(H, \beta') < 1$. In H mögen höchstens die Aussagenvariablen $p_1, \ldots, p_n$ vorkommen. Wir nehmen an, daß alle rationalen Zahlen $\beta'(p_1), \ldots, \beta'(p_n)$ als gemeine Brüche geschrieben seien und daß m der Hauptnenner aller dieser Brüche sei. Dann gilt $\beta'(p_i) \in \mathscr{W}_{m+1}$ für jedes $i = 1, \ldots, n$. Setzen wir nun $\beta(p_i) = \beta'(p_i)$ für $i = 1, \ldots, n$ und $\beta(p) = 1/m$ für alle anderen Aussagenvariablen p, so ist $\beta : \boldsymbol{V}_0 \to \mathscr{W}_{m+1}$ und $\text{Wert}^{\text{Ł}}(H, \beta') = \text{Wert}^{\text{Ł}}(H, \beta)$, also H keine Ł_{m+1}-Tautologie.

(e) Wir betrachten zuerst den Ausdruck $\neg p \vee \sum_{i=1}^{M-1} p$. Wegen $M \leq M$ ist dieser Ausdruck eine Ł_M-Tautologie nach Satz 3.1.1 (a); wegen $M + 1 \nleq M$ ist er aber – ebenfalls gemäß Satz 3.1.1 (a) – keine Ł_{M+1}-Tautologie. Also ist $\text{Taut}_M \nsubseteq \text{Taut}_{M+1}$. Nun haben wir noch einen Ausdruck zu finden, der eine Ł_{M+2}-Tautologie ist, aber keine Ł_{M+1}-Tautologie. Für $M = 2$ betrachten wir den Ausdruck

$$G_2 = \sum_{i=1}^{3} (p \,\&\, p) \vee \sum_{i=1}^{3} (\neg p \,\&\, \neg p) .$$

Wählen wir $\beta_0 : \boldsymbol{V}_0 \to \mathscr{W}_3$ so, daß $\beta_0(p) = 1/2$, so ist auch $\beta_0(\neg p) = 1/2$ und deshalb

$$\mathrm{Wert}^{\text{Ł}}(p \mathbin{\&} p, \beta_0) = \mathrm{Wert}^{\text{Ł}}(\neg p \mathbin{\&} \neg p, \beta_0) = 0$$

und damit $\mathrm{Wert}^{\text{Ł}}(G_2, \beta_0) = 0$, also G_2 keine Ł_3-Tautologie. Ist aber $\beta : \boldsymbol{V}_0 \to \mathscr{W}_4$, so gilt bei $\beta(p) \geq 2/3$ jedenfalls $\mathrm{Wert}^{\text{Ł}}(p \mathbin{\&} p, \beta) \geq 1/3$ und damit $\mathrm{Wert}^{\text{Ł}}\left(\sum_{i=1}^{3} (p \mathbin{\&} p), \beta\right) = 1$; gilt aber $\beta(p) \leq 1/3$, so folgt analog $\mathrm{Wert}^{\text{Ł}}\left(\sum_{i=1}^{3} (\neg p \mathbin{\&} \neg p), \beta\right) = 1$. Also gilt jedenfalls $\mathrm{Wert}^{\text{Ł}}(G_2, \beta) = 1$. Also ist $G_2 \in \mathrm{Taut}_4$.

Für jedes $M \geq 3$ wählen wir für eine beliebige Aussagenvariable p den Ausdruck

$$G_M = \sum_{i=1}^{M+1} \left(\prod_{j=1}^{M} p\right) \vee \sum_{i=1}^{M-1} \neg p .$$

Wir wählen $\beta : \boldsymbol{V}_0 \to \mathscr{W}_{M+1}$ so, daß $\beta(p) = \dfrac{M-1}{M} = 1 - 1/M$ ist. Dann ist nach (3.1.19)

$$\mathrm{Wert}^{\text{Ł}}\left(\sum_{i=1}^{M-1} \neg p, \beta\right) \leq (M-1) \cdot \frac{1}{M} = 1 - 1/M < 1$$

und außerdem

$$\mathrm{Wert}^{\text{Ł}}\left(\prod_{j=1}^{M} p, \beta\right) = \max\left(0, M \cdot \frac{M-1}{M} - M + 1\right) = 0,$$

also insgesamt $\mathrm{Wert}^{\text{Ł}}(G_M, \beta) < 1$, also G_M keine Ł_{M+1}-Tautologie. Betrachten wir nun eine beliebige Variablenbelegung $\beta : \boldsymbol{V}_0 \to \mathscr{W}_{M+2}$. Ist $\beta(p) = 1$, so erhält man sofort $\mathrm{Wert}^{\text{Ł}}(G_M, \beta) = 1$. Ist $\beta(p) = \dfrac{M}{M+1}$, so wird nach (3.1.18)

$$\mathrm{Wert}^{\text{Ł}}\left(\prod_{j=1}^{M} p, \beta\right) = \max\left(0, M \cdot \frac{M}{M+1} - M + 1\right) = \frac{1}{M+1}$$

und damit nach (3.1.19)

$$\mathrm{Wert}^{\text{Ł}}\left(\sum_{i=1}^{M+1} \left(\prod_{j=1}^{M} p\right), \beta\right) \geq (M+1) \cdot \frac{1}{M+1} = 1 .$$

Also ergibt sich auch in diesem Falle $\mathrm{Wert}^{\text{Ł}}(G_M, \beta) = 1$. Ist endlich $\beta(p) < \dfrac{M}{M+1}$, so ist $\mathrm{Wert}^{\text{Ł}}(\neg p, \beta) \geq \dfrac{2}{M+1}$ und damit

$$\mathrm{Wert}^{\text{Ł}}\left(\sum_{i=1}^{M-1} \neg p, \beta\right) \geq (M-1) \cdot \frac{2}{M+1} \geq 1$$

wegen $M \geq 3$. Somit ist auch in diesem Falle $\text{Wert}^{Ł}(G_M, \beta) = 1$. Also ergibt sich insgesamt, daß G_M eine $Ł_{M+2}$-Tautologie ist. ∎

Folgerung 3.1.3. *Für $M, N > 2$ gilt*

(a) $\text{Taut}_\infty \subset \text{Taut}_M \subset \text{Taut}_2$,

(b) $M < N \Rightarrow \text{Taut}_M \not\subseteq \text{Taut}_N$.

Beweis. (a) Wegen Satz 3.1.2(d) ist zunächst $\text{Taut}_\infty \subseteq \text{Taut}_M$. Wäre aber $\text{Taut}_\infty = \text{Taut}_M$, so $\text{Taut}_M \subseteq \text{Taut}_{M+1}$ im Widerspruch zu Satz 3.1.2(e). Also gilt $\text{Taut}_\infty \subset \text{Taut}_M$. Die Inklusion $\text{Taut}_M \subseteq \text{Taut}_2$ folgt sofort aus Satz 3.1.2(a); wäre aber für $M > 2$ sogar $\text{Taut}_M = \text{Taut}_2$, so z. B. $\models_{Ł_M} (p \vee \neg p)$, was für $M > 2$ sicher falsch ist.

(b) Wäre $\text{Taut}_M \subseteq \text{Taut}_N$, so $\mathcal{W}_N \subseteq \mathcal{W}_M$ nach Satz 3.1.2(a); dies widerspricht aber der Voraussetzung $M < N$. ∎

Satz 3.1.2(d) zeigt auch, daß $Ł_\infty$ nicht dadurch charakterisierbar ist, daß ein bestimmter $Ł$-Ausdruck Tautologie ist. Aber $Ł_\infty$ ist auch nicht durch die Forderung nach Erfüllbarkeit eines bestimmten $Ł$-Ausdrucks charakterisierbar, denn: jeder $Ł_\infty$-erfüllbare $Ł$-Ausdruck ist $Ł_M$-erfüllbar für ein geeignetes M. Ist nämlich H $Ł_\infty$-erfüllbar, so gibt es eine Belegung $\beta: \boldsymbol{V}_0 \to \mathcal{W}_{\aleph_0}$ mit $\text{Wert}^{Ł}(H, \beta) = 1$. Da in H nur endlich viele Aussagenvariablen vorkommen, gehören deren Werte bei β schon einer geeigneten Menge $\mathcal{W}_N$ an; offenbar ist dann H bereits $Ł_N$-erfüllbar.

3.1.3. Axiomatisierbarkeit

Wenden wir uns nun dem Problem der Axiomatisierbarkeit der Łukasiewiczschen aussagenlogischen Systeme zu. Die endlichwertigen Systeme können sofort gemäß dem Schröterschen Axiomatisierungsverfahren (vgl. Abschnitt 2.6) axiomatisiert werden — sogar in dem strengen Sinne, daß auf diesem Wege eine Axiomatisierung der Folgerungsbeziehung für diese Systeme erreicht wird. Aber auch die Rosser-Turquettesche Axiomatisierungsmethode ist anwendbar, obwohl weder die Negation $\neg$ noch die Implikation $\rightarrow_Ł$ die entsprechenden Standardbedingungen erfüllen (in $Ł_\nu$ für $\nu \neq 2$).

Satz 3.1.4. *Für jedes endlichwertige aussagenlogische System $Ł_M$ wird durch die entsprechenden Axiomenschemata* ($\text{Ax}_{\text{RT}}1$), ..., ($\text{Ax}_{\text{RT}}8$) *zusammen mit der Abtrennungsregel* (MP) *ein Kalkül konstituiert, der eine adäquate Axiomatisierung von $Ł_M$ leistet.*

Beweis. Es sei $\mathbf{K}(Ł_M)$ der so konstruierte Kalkül. Für $\mathbf{K}(Ł_M)$ sind Korrektheits- und Vollständigkeitssatz zu beweisen. Nach Folgerung 2.5.3

genügt es dafür jedoch zu zeigen, daß in Ł_M die Junktoren J_t für jedes $t \in \mathcal{W}_M$ definierbar sind, und daß die Bedingungen (E1), (E2) – vgl. S. 52 – erfüllt sind.

Für (E1) ist zu zeigen, daß für beliebige Ł-Ausdrücke H, G und Belegungen $\beta: \boldsymbol{V}_0 \to \mathcal{W}_M$, für die $\text{Wert}^{\text{Ł}}(H, \beta) = 1$ und zugleich $\text{Wert}^{\text{Ł}}(G, \beta) < 1$ ist, auch $\text{Wert}^{\text{Ł}}(H \to_{\text{Ł}} G, \beta) < 1$ gilt. Dies folgt aber sofort aus Definition (2.3.16) der Wahrheitswertfunktion seq_1 für $\to_{\text{Ł}}$.

Für (E2) ist nachzuweisen, daß jedes Axiom des Kalküls $\mathbf{K}(\text{Ł}_M)$ eine Ł_M-Tautologie ist. Wir wollen dies für das Schema ($\text{Ax}_{\text{RT}}5$) ausführen. Es sei

$$H = \underset{i=0}{\overset{M-1}{\odot}} \left(\mathsf{J}_{\tau_{M-i}}(A) \to_{\text{Ł}} B, B\right)$$

und $\beta: \boldsymbol{V}_0 \to \mathcal{W}_M$ irgendeine Variablenbelegung. Zu zeigen ist, daß $\text{Wert}^{\text{Ł}}(H, \beta) = 1$ gilt. Die Definition (2.5.1), (2.5.2) der $\to_{\text{Ł}}$-Iteration $\odot$ führt zusammen mit dem Gesetz (**T7**) der Prämissenverschmelzung und der Definition (3.1.16) induktiv zu

$$\models_{\text{Ł}} H \leftrightarrow_{\text{Ł}} \left(\prod_{i=0}^{M-1} \left(\mathsf{J}_{\tau_{M-i}}(A) \to_{\text{Ł}} B\right) \to_{\text{Ł}} B\right)$$

und damit zur Gleichung

$$\text{Wert}^{\text{Ł}}(H, \beta) = \text{seq}_1\left(\text{Wert}^{\text{Ł}}\left(\prod_{i=0}^{M-1} \left(\mathsf{J}_{\tau_{M-i}}(A) \to_{\text{Ł}} B\right), \beta\right), \text{Wert}^{\text{Ł}}(B, \beta)\right).$$

Da nun aber $\text{seq}_1(0, t) = 1$ für alle $t \in \mathcal{W}_M$ ist und Konjunktionsglieder mit Quasiwahrheitswert 1 keinen Einfluß auf den Quasiwahrheitswert einer &-Iteration haben, folgt für $s = \text{Wert}^{\text{Ł}}(A, \beta)$:

$$\begin{aligned}\text{Wert}^{\text{Ł}}\left(\prod_{i=0}^{M-1} \left(\mathsf{J}_{\tau_{M-i}}(A) \to_{\text{Ł}} B\right), \beta\right) &= \text{Wert}^{\text{Ł}}\left(\mathsf{J}_s(A) \to_{\text{Ł}} B, \beta\right) \\ &= \text{seq}_1\left(1, \text{Wert}^{\text{Ł}}(B, \beta)\right) \\ &= \text{Wert}^{\text{Ł}}(B, \beta)\end{aligned}$$

und damit $\text{Wert}^{\text{Ł}}(H, \beta) = 1$.

Mit ähnlich elementaren Überlegungen zeigt man, daß auch alle anderen $\mathbf{K}(\text{Ł}_M)$-Axiome Ł_M-Tautologien sind.

Somit bleiben die Junktoren J_t zu definieren für jedes $t \in \mathcal{W}_M$. Offenbar kann wegen (3.1.18) J_1 als

$$\mathsf{J}_1(H) =_{\text{def}} \prod_{i=1}^{M-1} H \qquad (3.1.22)$$

definiert werden. Für jeden Quasiwahrheitswert $t \geq 1/2, t \neq 1$ sei $n(t) =_{\text{def}}$ größte natürliche Zahl m mit $m \cdot (1 - t) < 1$.

Dann ist $1 - n(t) \cdot (1 - t) < 1 - t$, und wir unterscheiden zwei Fälle. Ist $1 - t = 1 - n(t) \cdot (1 - t)$, so sei:

$$\mathsf{J}_t(H) =_{\text{def}} \mathsf{J}_1\left(\neg \prod_{i=1}^{n(t)} H \leftrightarrow_{\text{Ł}} H\right) \quad \text{bei} \quad n(t) = \frac{t}{1-t} \quad \text{und} \quad t \geq 1/2. \tag{3.1.23}$$

Ist dagegen $1 - t > 1 - n(t) \cdot (1 - t)$, so ist $t < n(t) \cdot (1 - t)$, und wir setzen

$$\mathsf{J}_t(H) =_{\text{def}} \mathsf{J}_{n(t)\cdot(1-t)}\left(\neg \prod_{i=1}^{n(t)} H\right) \quad \text{bei} \quad n(t) > \frac{t}{1-t} \quad \text{und} \quad t \geq 1/2. \tag{3.1.24}$$

Endlich sei

$$\mathsf{J}_t(H) =_{\text{def}} \mathsf{J}_{1-t}(\neg H) \quad \text{bei} \quad t < 1/2. \tag{3.1.25}$$

Nur die Festlegungen (3.1.23) und (3.1.24) bedürfen einer genaueren Begründung. Wir betrachten $t \in \mathscr{W}_M$ und nehmen an, daß der Ł-Ausdruck H diesen Quasiwahrheitswert t habe. Dann bilden wir die „längste" &-Iteration $\prod_{i=1}^{m} H$, deren Quasiwahrheitswert noch $\neq 0$ ist; dies ist $\prod_{i=1}^{n(t)} H$, wofür wir hier kurz G_t schreiben. Der Quasiwahrheitswert von G_t ist $\leq 1 - t$. Ist dieser Wert $< 1 - t$, so ist der Quasiwahrheitswert von $\neg G_t$ offenbar $> t$ und kann als bereits definiert angesehen werden, wenn wir davon ausgehen, daß die Junktoren J_t sukzessive für $t = \tau_1, \tau_2, \tau_3, \ldots, \tau_M$ erklärt werden; dies gibt (3.1.24). Ist dagegen $1 - t$ der Quasiwahrheitswert von G_t, so haben $\neg G_t$ und H denselben Quasiwahrheitswert; dies gibt (3.1.23). Dabei ist noch zu beachten, daß in diesem letzteren Falle für jeden Ł-Ausdruck A, dessen Quasiwahrheitswert $\neq t$ ist, die Quasiwahrheitswerte von A und $\neg \prod_{i=1}^{n(t)} A$ verschieden sind. ∎

Der Vorteil dieser ROSSER-TURQUETTEschen Axiomatisierungsmethode ist, daß sie für sehr viele endlichwertige aussagenlogische Systeme adäquate Axiomatisierungen liefert; dieser Vorteil wird allerdings durch den Nachteil erkauft, daß das Axiomensystem $(\text{Ax}_{\text{RT}}1), \ldots, (\text{Ax}_{\text{RT}}8)$ oft sehr unhandlich ist — vor allem auch für metalogische Untersuchungen über den entsprechenden Kalkül $\mathbf{K}^M_{\text{RT}}$. Es kann daher nicht verwundern, daß für die ŁUKASIEWICZschen aussagenlogischen Systeme auch andere, weitaus elegantere Axiomatisierungen gefunden worden sind. So stammt etwa das folgende Axiomensystem für das System Ł_3 von WAJSBERG [1931].

Satz 3.1.5. *Eine adäquate Axiomatisierung des Systems* Ł_3 *ergeben die* *folgenden Axiomenschemata zusammen mit der Abtrennungsregel als einziger Schlußregel:*

($Ł_3 1$) $A \to_Ł (B \to_Ł A)$,

($Ł_3 2$) $(A \to_Ł B) \to_Ł \big((B \to_Ł C) \to_Ł (A \to_Ł C)\big)$,

($Ł_3 3$) $(\neg B \to_Ł \neg A) \to_Ł (A \to_Ł B)$,

($Ł_3 4$) $\big((A \to_Ł \neg A) \to_Ł A\big) \to_Ł A$.

Es ist leicht nachzuprüfen, daß jedes dieser Axiome eine $\mathbf{Ł}_3$-Tautologie ist, der dadurch konstituierte Kalkül also korrekt ist. Für den Vollständigkeitsbeweis verweisen wir den Leser auf die Originaldarstellung von WAJSBERG [1931]. (Dort werden übrigens nicht Axiomenschemata betrachtet, sondern Axiome; dafür muß WAJSBERG aber zur Abtrennungsregel noch die Einsetzungsregel hinzunehmen. Dieser Unterschied ist jedoch unwesentlich.)

Ähnlich elegant kann man auch die unendlichwertige ŁUKASIEWICZsche Aussagenlogik axiomatisieren.

Satz 3.1.6. *Eine adäquate Axiomatisierung des Systems $\mathbf{Ł}_\infty$ ergeben die folgenden Axiomenschemata zusammen mit der Abtrennungsregel als einziger Schlußregel:*

($Ł_\infty 1$) $A \to_Ł (B \to_Ł A)$,

($Ł_\infty 2$) $(A \to_Ł B) \to_Ł \big((B \to_Ł C) \to_Ł (A \to_Ł C)\big)$,

($Ł_\infty 3$) $(\neg B \to_Ł \neg A) \to_Ł (A \to_Ł B)$,

($Ł_\infty 4$) $\big((A \to_Ł B) \to_Ł B\big) \to_Ł \big((B \to_Ł A) \to_Ł A\big)$.

Dieses Axiomensystem wurde – wieder mit Einsetzungsregel und nur Axiomen statt unserer Axiomenschemata – von ŁUKASIEWICZ aufgestellt (vgl. ŁUKASIEWICZ/TARSKI [1930]). Seine Korrektheit ist leicht nachzuweisen; seine Vollständigkeit wurde bei ŁUKASIEWICZ/TARSKI [1930] nur vermutet. WAJSBERG [1935] kündigte einen Vollständigkeitsbeweis an, der aber nie publiziert worden ist. Erst ROSE/ROSSER [1958] geben einen Vollständigkeitsbeweis, CHANG [1959] einen weiteren. Übrigens hatte ŁUKASIEWICZ in sein Axiomensystem noch ein weiteres Axiom aufgenommen, dessen Entbehrlichkeit MEREDITH [1958] und auch CHANG [1958] gezeigt haben. Wir werden CHANGS Vollständigkeitsbeweis, der auch einige bei ROSE/ROSSER gegebene Ableitungen aus obigen Axiomen benutzt, später in Abschnitt 3.2 im Zusammenhang mit algebraischen Untersuchungen zur mehrwertigen Aussagenlogik darstellen. In diesem Zusammenhang werden wir dann auch auf elegante Axiomensysteme für die endlichwertigen Systeme $\mathbf{Ł}_M$ geführt werden.

Neben der bisher für mehrwertige logische Systeme **S** betrachteten (semantischen) Vollständigkeit eines durch ein Axiomensystem A mit zugehörigen Ableitungsregeln konstituierten Kalküls $\mathbf{K}_{\mathsf{A}}$ betrachtet man gelegentlich auch eine andere, auf POST [1921] zurückgehende Vollständigkeit. Wir wollen solch einen Kalkül POST-vollständig nennen, falls die Hinzufügung jedes $\mathbf{K}_{\mathsf{A}}$-unableitbaren **S**-Ausdrucks H zum Axiomensystem – bzw. aller Einsetzungsinstanzen von H, wenn A mit Axiomenschemata formuliert ist – bewirkt, daß im dem erweiterten Axiomensystem A* entsprechenden Kalkül $\mathbf{K}_{\mathsf{A}^*}$ jeder **S**-Ausdruck ableitbar ist. Für die ŁUKASIEWICZschen aussagenlogischen Systeme Ł_ν gilt hinsichtlich POST-Vollständigkeit der folgende Satz.

Satz 3.1.7. *Es sei* A *eines der in den Sätzen* 3.1.4, 3.1.5, 3.1.6 *bzw.* 3.2.12 *angegebenen Axiomensysteme und H ein* **Ł**-*Ausdruck. Aus dem um alle Einsetzungsinstanzen von H erweiterten Axiomensystem* A *sind – bezüglich* (MP) *als Abtrennungsregel – genau dann alle* **Ł**-*Ausdrücke ableitbar, wenn H nicht schon aus* A *ableitbar und außerdem keine* Ł_2-*Tautologie ist.*

Dieses Resultat hat ROSE [1950] bewiesen; für einen einfachen Beweis sei auf diese Originalarbeit verwiesen.

Im Zusammenhang mit der Frage, ob die Standarderweiterung $\vdash^*_{\mathrm{RT}}$ der Ableitbarkeitsbeziehung $\vdash_{\mathrm{RT}}$ der Kalküle $\mathbf{K}^M_{\mathrm{RT}}$ die formale Erfassung der Folgerungsbeziehung der mit $\mathbf{K}^M_{\mathrm{RT}}$ axiomatisierten logischen Systeme **S** leistet, hatten wir in Abschnitt 2.6 die Eigenschaften $(\mathrm{FIN}_\models)$, $(\mathrm{FIN}_\vdash)$, $(\mathrm{DED}_\models)$, $(\mathrm{DED}_\vdash)$ betrachtet. Wir wollen nun sehen, ob die ŁUKASIEWICZschen aussagenlogischen Systeme diese Eigenschaften haben.

Nach Satz 2.2.5 gilt $(\mathrm{FIN}_\models)$ für jedes endlichwertige System Ł_M. Jedoch fehlt dieser Endlichkeitssatz der Folgerungsbeziehung für Ł_∞. Um dies zu sehen betrachte man etwa die Ausdrucksmenge

$$\Sigma_0 = \left\{\sum_{i=1}^{n} p^{(n)} \rightarrow_{\text{Ł}} p' \mid n \geq 2\right\} \cup \left\{\sum_{i=1}^{n+1} p^{(n)} \mid n \geq 2\right\}.$$

Aus (3.1.19) erhält man unmittelbar für $n \geq 2$

$$\mathrm{Wert}^{\text{Ł}}\left(\sum_{i=1}^{n+1} p^{(n)}, \beta\right) = 1 \Rightarrow \beta(p^{(n)}) \geq \frac{1}{n+1}$$

und also auch

$$\mathrm{Wert}^{\text{Ł}}\left(\sum_{i=1}^{n} p^{(n)} \rightarrow_{\text{Ł}} p', \beta\right) = 1 \Rightarrow \beta(p') \geq \frac{n}{n+1}.$$

Damit ist leicht zu zeigen, daß $\Sigma_0 \models_{\text{Ł}_\infty} p'$, aber $\Sigma_0^* \not\models_{\text{Ł}_\infty} p'$ für jede endliche Ausdrucksmenge $\Sigma_0^* \subseteq \Sigma_0$.

Die Endlichkeitseigenschaft $(\mathrm{FIN}_\vdash)$ haben alle hier für die Systeme **Ł** betrachteten Axiomatisierungen, da nur die Abtrennungsregel als primäre Schlußregel den zugehörigen Kalkülen angehört und also Ableitungen stets nur endlich viele Ausdrücke benutzen.

Die Deduktionseigenschaft ($\mathrm{DED}_{\models}$) der Folgerungsbeziehung gilt nicht für die von Ł_2 verschiedenen, also die „echt mehrwertigen" Systeme Ł_ν. Betrachten wir etwa

$$\Sigma_1 = \{\mathrm{J}_1(p') \rightarrow_{\text{Ł}} \mathrm{J}_1(p'')\},$$

dann gilt

$$\Sigma_1 \cup \{p'\} \models_{\text{Ł}} p'', \quad \text{aber} \quad \Sigma_1 \not\models_{\text{Ł}} (p' \rightarrow_{\text{Ł}} p'').$$

Daß p'' aus $\Sigma_1 \cup \{p'\}$ folgt, ist dabei offensichtlich. Nehmen wir aber irgendeine Variablenbelegung β mit $0 < \beta(p') < 1$ und $\beta(p'') = 0$, so ist $\beta \in \mathrm{Mod}\,(\Sigma_1)$, aber $\mathrm{Wert}^{\text{Ł}}(p' \rightarrow_{\text{Ł}} p'', \beta) < 1$.

Hinsichtlich des Deduktionstheorems ($\mathrm{DED}_{\vdash}$) für die von uns betrachteten Kalküle zur adäquaten Axiomatisierung von Ł_ν liefern die obigen Bemerkungen im Anschluß an Satz 2.6.3, daß ($\mathrm{DED}_{\vdash}$) genau dann gilt, wenn alle Ausdrücke der Form

$$(A \rightarrow_{\text{Ł}} B) \rightarrow_{\text{Ł}} \big((A \rightarrow_{\text{Ł}} (B \rightarrow_{\text{Ł}} C)) \rightarrow_{\text{Ł}} (A \rightarrow_{\text{Ł}} C)\big) \tag{3.1.26}$$

in jenen Kalkülen ableitbar sind. Setzen wir Adäquatheit dieser Axiomatisierungen voraus, gilt ($\mathrm{DED}_{\vdash}$) genau dann, wenn alle jene Ausdrücke Ł_ν-Tautologien sind. Es ist aber leicht nachzuprüfen, daß dies nur für Ł_2 der Fall ist. (Für Ł_M mit $M \geq 3$ wähle man etwa A, B, C, β so, daß $\mathrm{Wert}^{\text{Ł}}(C, \beta) = 0$ und $\mathrm{Wert}^{\text{Ł}}(B, \beta) = \mathrm{Wert}^{\text{Ł}}(A, \beta) = \dfrac{1}{M-1}$ gelten, um obigem Ausdruck (3.1.26) einen nicht-ausgezeichneten Quasiwahrheitswert zu geben. Für Ł_∞ verfahre man analog.) Es gilt jedoch eine Abschwächung des Deduktionstheorems in jedem der Systeme Ł_ν (vgl. Pogorzelski [1964]). Und zwar gilt in den endlichwertigen Systemen Ł_M

$$\Sigma \cup \{H_1\} \models_{\text{Ł}_M} H_2 \Leftrightarrow \Sigma \models_{\text{Ł}_M} \bigodot_{i=1}^{M-1} (H_1, H_2)$$

für beliebige Ausdrucksmengen Σ und Ł-Ausdrücke H_1, H_2; in Ł_∞ hat man entsprechend

$$\Sigma \cup \{H_1\} \models_{\text{Ł}_\infty} H_2 \quad \Leftrightarrow \quad \text{für ein} \quad n \geq 1 : \Sigma \models_{\text{Ł}_\infty} \bigodot_{i=1}^{n} (H_1, H_2).$$

Ein weiteres wichtiges Resultat der klassischen Aussagenlogik ist der Craigsche Interpolationssatz, der besagt, daß es zu jeder (klassischen) Tautologie der Form $A \Rightarrow B$ einen Ausdruck C gibt, in dem nur solche Aussagenvariablen vorkommen, die sowohl in A als auch in B auftreten, und für den sowohl $A \Rightarrow C$ als auch $C \Rightarrow B$ Tautologien sind. Für die ŁUKASIEWICZschen Systeme gilt ein entsprechender Interpolationssatz nicht, wie KRZYSTEK/ZACHOROWSKI [1977] bewiesen haben. Um dies einzusehen, betrachten wir den Ł-Ausdruck

$$\left(r \wedge (r \rightarrow_Ł p)\right) \vee p \rightarrow_Ł q \vee (q \rightarrow_Ł p). \tag{3.1.27}$$

Dieser Ausdruck ist $Ł_\infty$-Tautologie. Ist nämlich $\beta: V_0 \to \mathcal{W}_\infty$ eine Belegung mit $\beta(q) \leq \beta(p)$, so ist $\text{Wert}^Ł(q \rightarrow_Ł p, \beta) = 1$ und damit der Wert des Ausdrucks (3.1.27) ebenfalls $= 1$. Ist aber $\beta(q) > \beta(p)$, so hat (3.1.27) den Wert 1, falls nun

$$\text{Wert}^Ł\left(r \wedge (r \rightarrow_Ł p), \beta\right) \leq \text{Wert}^Ł\left(q \vee (q \rightarrow_Ł p), \beta\right);$$

würde dies aber nicht gelten, so wäre $\beta(r) > \beta(q)$ und $\text{Wert}^Ł(r \rightarrow_Ł p, \beta) > \text{Wert}^Ł(q \rightarrow_Ł p, \beta)$, also $\beta(r) > \beta(q)$ und zugleich $\beta(r) < \beta(q)$. Widerspruch.

Jeder bezüglich (3.1.27) „interpolierende" Ł-Ausdruck C dürfte nur die Aussagenvariable p enthalten. Ist dann $\beta: V_0 \to \mathcal{W}_\infty$ so gewählt, daß $\beta(p) = 0$ ist, so ist $\text{Wert}^Ł(C, \beta) \in \{0, 1\}$. Zugleich ist in diesem Falle der Quasiwahrheitswert des Vordergliedes der Ł-Implikation (3.1.27) derjenige des Ł-Ausdrucks $r \wedge \neg r$, und der Wert des Hintergliedes von (3.1.27) ist derjenige von $q \vee \neg q$. Wählen wir dann $0 < \beta(q), \beta(r) < 1$, so ergibt sich unmittelbar, daß $\text{Wert}^Ł\left(\left(r \wedge (r \rightarrow_Ł p)\right) \vee p \rightarrow_Ł C, \beta\right) \neq 1$ gilt oder aber $\text{Wert}^Ł\left(C \rightarrow_Ł q \vee (q \rightarrow_Ł p), \beta\right) \neq 1$ ist. Also kann kein „interpolierender" Ausdruck für die Ł-Implikation (3.1.27) existieren.

3.1.4. Entscheidbarkeit von $Ł_\infty$

Wie von den Resultaten des Abschnittes 2.5 her bekannt war, daß alle endlichwertigen ŁUKASIEWICZschen Systeme $Ł_M$ adäquat axiomatisiert werden können und nur noch die entsprechende Frage für das System $Ł_\infty$ einer gesonderten Diskussion bedurfte, ergab sich in Abschnitt 2.4, daß alle endlichwertigen aussagenlogischen Systeme $Ł_M$ entscheidbar sind. Es verbleibt das Problem der Entscheidbarkeit des Systems $Ł_\infty$, das wir nun betrachten.

Satz 3.1.8. *Das unendlichwertige* ŁUKASIEWICZ*sche System $Ł_\infty$ ist entscheidbar.*

Beweis. Zu zeigen ist, daß es ein Verfahren gibt, das für jeden Ł-Ausdruck H nach endlich vielen Schritten die Auskunft liefert, ob H eine $Ł_\infty$-Tautologie ist oder ob H keine $Ł_\infty$-Tautologie ist, d. h., ob $\text{Wert}^Ł(H, \beta) = 1$ gilt für alle Variablenbelegungen $\beta: V_0 \to \mathcal{W}_\infty$ oder nicht.

Wir können voraussetzen, daß die in H vorkommenden Aussagenvariablen unter $p_1, \ldots, p_n$ vorkommen. Wir betrachten die dem Ausdruck H gemäß (2.1.7), (2.1.5) entsprechende Wahrheitswertfunktion $\tilde{w}_H$, die aus H nach endlich vielen elementaren Umformungsschritten zu erhalten ist. Diese Umformungsschritte sind: (1) Ersetzen jeder Aussagenvariablen p_i durch die reelle Variable x_i für $i = 1, \ldots, n$; (2) sukzessives Ersetzen jeder Aussagenverknüpfung durch ihre zugehörige Wahrheitswertfunktion (etwa entsprechend dem Ausdrucksaufbau von H).

Es genügt deshalb zu zeigen, daß es für jeden $\mathbf{Ł}$-Ausdruck H und die ihm entsprechende Wahrheitswertfunktion $\tilde{w}_H$ in den Variablen $x_1, \ldots, x_n$ ein Verfahren gibt, um zu entscheiden, ob die Aussage

$$\bigwedge_{x_1 \ldots x_n} \left(0 \leq x_1 \leq 1 \wedge \ldots \wedge 0 \leq x_n \leq 1 \Rightarrow \tilde{w}_H(x_1, \ldots, x_n) = 1\right)$$

im Bereich der reellen Zahlen wahr ist. Anders ausgedrückt: Es genügt zu zeigen, daß der offene (d. h. quantorenfreie) Ausdruck

$$0 \leq x_1 \leq 1 \wedge \ldots \wedge 0 \leq x_n \leq 1 \Rightarrow \tilde{w}_H(x_1, \ldots, x_n) = 1 \tag{3.1.28}$$

allgemeingültig ist über der Struktur $\langle \mathsf{R}, +, \cdot, 0, 1, \leq \rangle$, d. h. über dem angeordneten Körper der reellen Zahlen.

Ein bekanntes, von Tarski [1951] bewiesenes Resultat ist, daß die in der klassischen Prädikatenlogik der 1. Stufe formalisierte elementare Theorie des angeordneten Körpers $\langle \mathsf{R}, +, \cdot, 0, 1, \leq \rangle$ der reellen Zahlen entscheidbar ist, d. h., daß es ein Verfahren gibt, um von jedem in der Sprache dieser Theorie formulierten Ausdruck zu entscheiden, ob er über dem angeordneten Körper der reellen Zahlen allgemeingültig ist oder nicht (vgl. auch Cohen [1969], Barwise [1977]).

Um dieses Resultat auf unsere Problemstellung anwenden zu können, brauchen wir nur noch zu zeigen, daß der Ausdruck (3.1.28) in der Sprache der Theorie von $\langle \mathsf{R}, +, \cdot, 0, 1, \leq \rangle$ formuliert werden kann. Da natürlich jede der Doppelungleichungen $0 \leq x_i \leq 1$ von (3.1.28) eine Konjunktion $0 \leq x_i \wedge x_i \leq 1$ dieser Sprache abkürzt, bleibt nur zu zeigen, daß die Wahrheitswertfunktionen non_1 und seq_1 für die Junktoren $\neg$, $\rightarrow_{Ł}$ von $\mathbf{Ł}_\infty$ in der Sprache von $\langle \mathsf{R}, +, \cdot, 0, 1, \leq \rangle$ dargestellt werden können. Dazu aber ist nur zu zeigen, daß in dieser Sprache die Differenzbildung und die Minimumbildung beschreibbar sind, d. h. äquivalent durch Ausdrücke dieser Sprache dargestellt werden können. Offenbar ist aber einerseits

$$z = x - y \quad \text{gdw} \quad x = z + y,$$

insbesondere

$$z = 1 - y \quad \text{gdw} \quad y + z = 1,$$

und andererseits

$$z \leq \min(x, y) \quad \text{gdw} \quad z \leq x \wedge z \leq y,$$

$$\min(x, y) \leq z \quad \text{gdw} \quad x \leq z \wedge y \leq z$$

sowie

$$z = \min(x, y) \quad \text{gdw} \quad z \leq \min(x, y) \wedge \min(x, y) \leq z.$$

Damit sind die notwendigen Darstellungen geleistet. Mit ihnen ergibt sich die Entscheidbarkeit des aussagenlogischen Systems $Ł_\infty$ aus der Entscheidbarkeit der elementaren Theorie der algebraischen Struktur $\langle \mathsf{R}, +, \cdot, 0, 1, \leq \rangle$. ∎

3.1.5. *Darstellbarkeit von Wahrheitswertfunktionen*

Wir kommen nun noch einmal auf das Problem der funktionalen Vollständigkeit der Systeme $Ł_\nu$ für $\nu \geq 3$ zurück. Bereits S. 85 hatten wir festgestellt, daß alle diese Systeme $Ł_\nu$ funktional unvollständig sind, weil $\neg$ und $\rightarrow_Ł$ der Normalbedingung genügen. Daraus ergeben sich sofort zwei neue Probleme: erstens das der Charakterisierung der in den Systemen $Ł_\nu$ beschreibbaren Wahrheitswertfunktionen, und zweitens das der Suche nach geeigneten weiteren Junktoren, nach deren Hinzufügung zu $Ł_\nu$ die so ergänzten Systeme funktional vollständig sind.

Die Charakterisierung der in $Ł_\nu$ darstellbaren Wahrheitswertfunktionen liefern Resultate von McNaughton [1951], die wir nun beweisen wollen. Zunächst betrachten wir dazu das System $Ł_\infty$ und beginnen mit einem Hilfssatz.

Hilfssatz 3.1.9. *Jede n-stellige Wahrheitswertfunktion $f\colon \mathcal{W}_\infty^n \to \mathcal{W}_\infty$ der Form*

$$f(x_1, \ldots, x_n) = \min\left(1, \max\left(0, b + \sum_{i=1}^{n} a_i x_i\right)\right)$$

mit ganzen Zahlen $b, a_1, \ldots, a_n$ ist darstellbar als Wahrheitswertfunktion $\tilde{w}_H$ eines geeigneten Ł-Ausdrucks H, in dem höchstens die Aussagenvariablen $p_1, \ldots, p_n$ vorkommen.

Beweis. Einen Ausdruck H in den Aussagenvariablen $p_1, \ldots, p_n$, dessen zugehörige Wahrheitswertfunktion (2.1.7) die Darstellung

$$\tilde{w}_H(x_1, \ldots, x_n) = \min\left(1, \max\left(0, b + \sum_{i=1}^{n} a_i x_i\right)\right) \tag{3.1.29}$$

hat, wollen wir bezeichnen als

$$H^b_{a_1,\ldots,a_n} \quad \text{bzw.} \quad H^b_{a_1,\ldots,a_n}(p_1, \ldots, p_n). \tag{3.1.30}$$

Unser Prinzip zur Konstruktion eines beliebigen solchen Ausdrucks (3.1.30) wird sein, die Bildung von $H^b_{a_1,\ldots,a_n}$ auf die Bildung „einfacherer" Ausdrücke der Form (3.1.30) zurückzuführen. Diese Rückführung bedeutet zunächst eine Normierung und danach eine Reduzierung des oberen Indexes, die solange durchzuführen ist, bis man auf Ausdrücke der Gestalt $H^0_{a_1,\ldots,a_n}$ gekommen ist. Diese lassen sich direkt angeben.

Zwei Grenzfälle kann man sofort behandeln. Ist in (3.1.29) für alle $x_1, \ldots, x_n \in \mathscr{W}_\infty$ stets $b + \sum_{i=1}^{n} a_i x_i \geq 1$, so sei

$$H^b_{a_1,\ldots,a_n} =_{\text{def}} (p_1 \vee \neg\, p_1);$$

ist analog für $x_1, \ldots, x_n \in \mathscr{W}_\infty$ stets $b + \sum_{i=1}^{n} a_i x_i \leq 0$, so sei

$$H^b_{a_1,\ldots,a_n} =_{\text{def}} (p_1 \,\&\, \neg\, p_1).$$

Deswegen können wir weiterhin voraussetzen, daß es Werte $t_1, \ldots, t_n \in \mathscr{W}_\infty$ gibt, für die $0 < b + \sum_{i=1}^{n} a_i t_i < 1$ gilt. Es sei $c_1, \ldots, c_n$ eine solche Umnumerierung der Koeffizienten $a_1, .., a_n$, daß für ein geeignetes $0 \leq k \leq n$ gelte: $c_i \geq 0$ für $i = 1, \ldots, k$ und $c_j < 0$ für $j = k+1, \ldots, n$; es sei $s_1, \ldots, s_n$ die entsprechende Umnumerierung der Quasiwahrheitswerte $t_1, \ldots, t_n$. Dann gilt

$$0 < b + \sum_{i=1}^{k} c_i s_i + \sum_{j=k+1}^{n} c_j s_j < 1$$

und insbesondere

$$0 < b + \sum_{i=1}^{k} c_i s_i \leq b + \sum_{i=1}^{k} c_i\,,$$

$$b + \sum_{j=k+1}^{n} c_j \leq b + \sum_{j=k+1}^{n} c_j s_j < 1\,,$$

also gilt

$$-\sum_{i=1}^{k} c_i < b \leq -\sum_{j=k+1}^{n} c_j = \sum_{j=k+1}^{n} |c_j|\,, \qquad (3.1.31)$$

d. h., das „Absolutglied" b ist größer als das Negative der Summe der positiven unter den Koeffizienten $a_1, \ldots, a_n$ und kleinergleich der Summe der Beträge der negativen unter den Koeffizienten $a_1, \ldots, a_n$. Umgekehrt ist diese durch (3.1.31) angegebene Bedingung auch hinreichend dafür, daß es Werte $t_1, \ldots, t_n \in \mathscr{W}_\infty$ mit $0 < b + \sum_{i=1}^{n} a_i t_i < 1$ gibt. Ist nämlich stets $b + \sum_{i=1}^{n} a_i t_i \leq 0$, so insbesondere $b + \sum_{i=1}^{k} c_i \leq 0$, also $b \leq - \sum_{i=1}^{k} c_i$ und damit (3.1.31) verletzt; ist andererseits stets $1 \leq b + \sum_{i=1}^{n} a_i t_i$, so insbesondere $1 \leq b + \sum_{j=k+1}^{n} c_j$, also $-\sum_{j=k+1}^{n} c_j < b$ und erneut (3.1.31) nicht erfüllt. Und wegen der Stetigkeit der Funktion $g(x_1, \ldots, x_n) = b + \sum_{i=1}^{n} a_i x_i$ gilt dann, wenn es keine Werte $t_1, \ldots, t_n \in \mathscr{W}_\infty$ mit $0 < g(t_1, \ldots, t_n) < 1$ gibt, entweder stets $g(x_1, \ldots, x_n) \leq 0$ oder stets $1 \leq g(x_1, \ldots, x_n)$.

Durch geeignete Umordnung und Umnumerierung der Koeffizienten $a_1, \ldots, a_n$ in (3.1.29) können wir also erreichen, daß nur Ausdrücke

$$H^b_{a_1, \ldots, a_k, -a_{k+1}, \ldots, -a_n} \quad \text{mit} \quad a_i \geq 0 \quad \text{für} \quad i = 1, \ldots, n$$

zu bilden sind. Beachten wir weiterhin, daß

$$b + \sum_{i=1}^{k} a_i x_i - \sum_{j=k+1}^{n} a_j x_j = \left(b - \sum_{j=k+1}^{n} a_j\right) + \sum_{i=1}^{k} a_i x_i + \sum_{j=k+1}^{n} a_j (1 - x_j)$$

gilt, so können wir sofort für $m = \sum_{j=k+1}^{k} a_j$ setzen:

$$H^b_{a_1, \ldots, a_k, -a_{k+1}, \ldots, -a_n}(p_1, \ldots, p_n) = H^{b-m}_{a_1, \ldots, a_n}(p_1, \ldots, p_k, \neg p_{k+1}, \ldots, \neg p_n). \tag{3.1.32}$$

Hierbei sind wieder alle $a_i \geq 0$, und es gilt $b - m \leq 0$ nach (3.1.31). Also brauchen nur Ausdrücke

$$H^d_{a_1, \ldots, a_n}(q_1, \ldots, q_n) \quad \text{mit} \quad d \leq 0 \quad \text{und} \quad a_1, \ldots, a_n \geq 0 \tag{3.1.33}$$

gebildet zu werden, um über (3.1.32) die benötigten Ausdrücke (3.1.30) zu finden. Ist dabei bereits $d = 0$, so erübrigen sich weitere Reduktionsschritte, und $H^0_{a_1, \ldots, a_n}$ kann direkt entsprechend (3.1.40) gewählt werden. Andernfalls benutzen wir zur Reduktion die folgende Ł-Tautologie, die man für jedes $k = 1, \ldots, n$ hat:

$$\models_{\text{Ł}} H^d_{a_1, \ldots, a_n} \leftrightarrow_{\text{Ł}} \left((H^{d+1}_{a_1, \ldots, a_k - 1, \ldots, a_n} \rightarrow_{\text{Ł}} \neg q_k) \rightarrow_{\text{Ł}} H^d_{a_1, \ldots, a_k - 1, \ldots, a_n}\right). \tag{3.1.34}$$

Um einzusehen, daß es sich dabei um eine Ł-Tautologie handelt, vergleichen wir die Wahrheitswertfunktionen derjenigen beiden Teilausdrücke, die diese Ł-Äquivalenz bilden. (Natürlich unter der Voraussetzung, daß (3.1.29) für die beteiligten Ausdrücke $H^c_{\ldots}$ gilt.) Für die folgenden Rechnungen ist es nötig, sich einiger Umformungsmöglichkeiten für Maxima bzw. Minima zu bedienen. Dies sind hauptsächlich die Beziehungen

$$u + \max(s, t) = \max(u + s, u + t), \tag{3.1.35}$$

$$-\max(s, t) = \min(-s, -t) \tag{3.1.36}$$

und die daraus durch Vertauschen von max, min entstehenden Gleichungen sowie die Beziehung

$$s \geq t \Rightarrow \max\big(t, \min(s, u)\big) = \min\big(s, \max(t, u)\big), \tag{3.1.37}$$

die man sämtlich leicht bestätigt.

Zunächst bestimmen wir den Quasiwahrheitswert u des Ausdrucks $H^{d+1}_{a_1,\ldots,a_k-1,\ldots,a_n} \to_{\text{Ł}} \neg\, q_k$, wobei wir zur Abkürzung setzen:

$$a_i' = \begin{cases} a_i, & \text{wenn} \quad i \neq k \\ a_k - 1, & \text{wenn} \quad i = k. \end{cases}$$

Es ergibt sich nach (2.3.16), (3.1.29) aus (3.1.35), (3.1.36):

$$\begin{aligned} u &= \min\big(1, 1 - \min\big(1, \max(0, d + 1 + \textstyle\sum a_i'x_i)\big) + 1 - x_k\big) \\ &= \min\big(1, \max\big(1 - x_k, 2 - x_k - \max(0, d + 1 + \textstyle\sum a_i'x_i)\big)\big) \end{aligned}$$

und also mit (3.1.37) und erneut (3.1.35), (3.1.36) wegen $1 - x_k \leq 1$:

$$\begin{aligned} u &= \max\big(1 - x_k, \min\big(1, \min(2 - x_k, 2 - x_k - d - 1 - \textstyle\sum a_i'x_i)\big)\big) \\ &= \max\big(1 - x_k, \min\big(1, 1 + (1 - x_k), 1 - d - \textstyle\sum a_ix_i\big)\big) \\ &= \max\big(1 - x_k, \min(1, 1 - d - \textstyle\sum a_ix_i)\big), \end{aligned}$$

wobei die Summationsvorschrift $i = 1, \ldots, n$ am Summenzeichen stets weggelassen worden ist. Für den Quasiwahrheitswert v der rechten Seite der in (3.1.34) angegebenen **Ł**-Äquivalenz hat man also

$$\begin{aligned} v &= \min\big(1, 1 - u + \min\big(1, \max(0, d + \textstyle\sum a_i'x_i)\big)\big) \\ &= \min\big(1, \min\big(x_k, \max(0, d + \textstyle\sum a_ix_i)\big) + \min\big(1, \max(0, d + \textstyle\sum a_i'x_i)\big)\big) \\ &= \min\big(1, x_k + 1, x_k + \max(0, d + \textstyle\sum a_i'x_i), 1 + \max(0, d + \textstyle\sum a_ix_i), \\ &\qquad \max(0, d + \textstyle\sum a_ix_i) + \max(0, \textstyle\sum a_i'x_i)\big) \\ &= \min\big(1, \max(x_k, d + \textstyle\sum a_ix_i), \max\big(0, d + \textstyle\sum a_ix_i, 2(d + \textstyle\sum a_ix_i) - x_k\big)\big) \\ &= \min\big(1, \max(0, x_k, d + \textstyle\sum a_ix_i), \max\big(0, d + \textstyle\sum a_ix_i, 2(d + \textstyle\sum a_ix_i) - x_k\big)\big), \end{aligned}$$

wenn man (3.1.35), (3.1.36) mehrfach anwendet und bei der Minimumbildung (bzw. Maximumbildung) solche Glieder unberücksichtigt läßt, die größergleich (bzw. kleinergleich) als andere dabei zu betrachtende Glieder sind. Schreiben wir kurz S für $\sum a_i x_i$, so unterscheiden wir nun die Fälle $x_k \leq d + S$ und $x_k > d + S$. Für $x_k \leq d + S$ ist auch $d + S \leq 2(d + S) - x_k$ und also

$$v = \min\big(1, \max(0, d + S), \max\big(0, 2(d + S) - x_k\big)\big)$$
$$= \min\big(1, \max(0, d + S)\big);$$

für $x_k > d + S$ ist auch $d + S > 2(d + S) - x_k$ und somit

$$v = \min\big(1, \max(0, x_k), \max(0, d + S)\big)$$
$$= \min\big(1, \max(0, d + S)\big).$$

Also ist in jedem Falle $v = \min\big(1, \max(0, d + \sum a_i x_i)\big)$, also gleich dem Quasiwahrheitswert von $H^d_{a_1,\ldots,a_n}$. (3.1.34) ist bestätigt.

Wegen (3.1.34) kann der zu betrachtende Ausdruck $H^d_{a_1,\ldots,a_n}$ von (3.1.33) semantisch äquivalent dargestellt werden durch einen Ausdruck, in dem als Teilausdrücke ein Ausdruck der Form $H^c_{\ldots}$ mit $|c| < |d|$ und ein Ausdruck der Form $H^d_{\ldots}$ mit unverändertem oberen Index, aber einem verkleinerten unteren Index auftreten. Auf diesen Teilausdruck $H^d_{\ldots}$ kann erneut die durch (3.1.34) ermöglichte Reduktion angewendet werden, da nach Satz 2.1.2 auch für $Ł_\infty$ das Ersetzbarkeitstheorem gilt. Solcherart die Anwendung von (3.1.34) für jeweils geeignete $k = 1, \ldots, n$ iterierend, findet man einen zu $H^d_{a_1,\ldots,a_n}$ semantisch äquivalenten Ausdruck, in dem neben (eventuell negierten) Aussagenvariablen und Ausdrücken der Form $H^c_{\ldots}$ mit $|c| < |d|$ nur noch ein Teilausdruck der Form

$$H^d_{(1-d)m_1,\ldots,(1-d)m_n} \tag{3.1.38}$$

vorkommt. Dabei ist $(1 - d) > 0$ und $m_i \geq 0$ für alle $i = 1, .., n$. Auf Ausdrücke der Form (3.1.38) können wir eine andere Reduktionsart anwenden, um den oberen Index d dem Betrage nach zu verkleinern. Dazu nutzen wir die Ł-Tautologie

$$\models_Ł H^d_{(1-d)m_1,\ldots,(1-d)m_n} \leftrightarrow_Ł H^0_{m_1,\ldots,m_n} \,\&\, H^{d+1}_{-dm_1,\ldots,-dm_n}. \tag{3.1.39}$$

Zunächst ist wieder zu bestätigen, daß (3.1.39) eine Ł-Tautologie ist. Bezeichnet u den Quasiwahrheitswert der rechten Seite der in (3.1.39) angegebenen Ł-Äquivalenz, so gilt nach (2.3.10):

$$u = \max\big(0, \min(1, \max(0, \textstyle\sum m_i x_i))$$
$$+ \min\big(1, \max(0, d + 1 - \textstyle\sum d m_i x_i)\big) - 1\big)$$

und weiterhin mit $S = \sum m_i x_i$ wegen (3.1.35), (3.1.36) und $S \geq 0$:

$$u = \max\big(0, \min(1, S) - 1 + \min\big(1, \max(0, 1 + d(1 - S))\big)\big)$$
$$= \max\big(0, \min(0, S - 1) + \min\big(1, \max(0, 1 - d(S - 1))\big)\big).$$

Bezeichnet zugleich v den Quasiwahrheitswert der linken Seite der in (3.1.39) angegebenen Ł-Äquivalenz, so gilt analog unter Beachtung von (3.1.37):

$$v = \min\big(1, \max(0, d + (1 - d)\, S)\big)$$
$$= \max\big(0, \min(1, S - d(S - 1))\big).$$

Ist nun $S - 1 \geq 0$, so $S \geq 1$ und

$$u = \max\big(0, \min\big(1, \max(0, 1 - d(S - 1))\big)\big)$$
$$= \min\big(1, \max(0, 1 - d(S - 1))\big) = 1 = v;$$

ist aber $S - 1 < 0$, so analog mittels (3.1.37)

$$u = \max\big(0, \min\big(S, \max(S - 1, 1 + (1 - d)(S - 1))\big)\big)$$
$$= \max\big(0, \max\big(S - 1, \min(S, 1 + (1 - d)(S - 1))\big)\big)$$
$$= \max(0, S - 1, S - d(S - 1))$$
$$= \max(0, S - d(S - 1))$$

wegen $1 + (1 - d)(S - 1) = S - d(S - 1)$ und $S = 1 + (S - 1) \geq 1 + (1 - d)(S - 1)$ bei $d \leq 0$, also $u = v$, da wegen $d(S - 1) \geq S - 1$ in diesem Falle

$$v = \max(0, S - d(S - 1))$$

gilt. Damit ist insgesamt (3.1.39) gezeigt.

Wendet man also zusätzlich zu der oben beschriebenen iterierten Anwendung der Reduktion von $H^d_{a_1,\ldots,a_n}$ mittels (3.1.34) auf den dabei schließlich auftretenden Ausdruck der Form (3.1.38) noch die Reduktion mittels (3.1.39) an, so erhält man wegen des Ersetzbarkeitstheorems insgesamt einen zu $H^d_{a_1,\ldots,a_n}$ semantisch äquivalenten Ł-Ausdruck, in dem außer Aussagenvariabeln nur Ausdrücke der Form $H^c_{\ldots}$ mit $|c| < |d|$ und $c \leq 0$ vorkommen, also selbst wieder Ausdrücke der Form (3.1.33).

Diese Ausdrücke können in entsprechender Weise selbst weiter reduziert werden auf Ausdrücke der Form (3.1.33) mit dem Betrage nach noch kleineren oberen Indizes. Diese Verfahrensweise ist solange fortsetzbar und fortzusetzen, bis man zu $H^d_{a_1,\ldots,a_n}$ und damit zu (3.1.30) einen semantisch äquivalenten Ł-Ausdruck gefunden hat, in dem neben Aussagenvariablen nur noch Ausdrücke der Form $H^0_{b_1,\ldots,b_n}$ vorkommen. Dann setze man

$$H^0_{b_1,\ldots,b_n}(q_1, \ldots, q_n) =_{\text{def}} \sum_{i=1}^{n} \sum_{j=1}^{b_i} q_i \,. \tag{3.1.40}$$

Wegen (3.1.19) findet man für den Quasiwahrheitswert w von $H^0_{b_1,\ldots,b_n}$ sofort

$$\begin{aligned} w &= \min\left(1, \sum_{i=1}^{n} \sum_{j=1}^{b_i} x_i\right) = \min\left(1, \sum_{i=1}^{n} b_i x_i\right) \\ &= \min\left(1, \max\left(0, \sum_{i=1}^{n} b_i x_i\right)\right), \end{aligned}$$

da auch in (3.1.40) stets $b_i \geq 0$ ist. Damit ist für jede Wahrheitswertfunktion der Form (3.1.29) ein Ausdruck (3.1.30) gefunden, der diese Wahrheitswertfunktion realisiert. ∎

Nun können wir die in $Ł_\infty$ darstellbaren Wahrheitswertfunktionen charakterisieren.

Satz 3.1.10 *Eine n-stellige Funktion $f: \mathcal{W}^n_\infty \to \mathcal{W}_\infty$ ist genau dann Wahrheitswertfunktion eines Ł-Ausdrucks im System $Ł_\infty$, wenn f stetig ist und es endlich viele Polynome*

$$g_i(x_1, \ldots, x_n) = b_i + \sum_{j=1}^{n} a_{ij} x_j, \qquad i = 1, \ldots, N$$

mit ganzzahligen Koeffizienten b_i, a_{ij} gibt, so daß für jedes n-Tupel $(t_1, \ldots, t_n)$ von Quasiwahrheitswerten aus $\mathcal{W}_\infty$ ein k mit $1 \leq k \leq N$ und

$$f(t_1, \ldots, t_n) = g_k(t_1, \ldots, t_n)$$

existiert.

Beweis. Zuerst zeigen wir, daß für jeden Ł-Ausdruck H seine Wahrheitswertfunktion $\tilde{w}_H$ über $\mathcal{W}_\infty$ die genannten Eigenschaften hat. Diesen Nachweis führen wir induktiv über den Ausdrucksaufbau von H.

Ist H die Aussagenvariable p_i, so ist unmittelbar

$$\tilde{w}_H(x_1, \ldots, x_n) = x_i \,,$$

also $\tilde{w}_H$ eine stetige Funktion und zugleich das einzige Polynom g_1 der angegegebenen Gestalt, das $\tilde{w}_H$ darstellt.

Ist $H = H_1 \to_Ł H_2$ und erfüllen die Wahrheitswertfunktionen $\tilde{w}_{H_1}$, $\tilde{w}_{H_2}$ von H_1, H_2 die genannten Bedingungen, so ist offenbar

$$\begin{aligned} \tilde{w}_H(x_1, \ldots, x_n) &= \text{seq}_1(\tilde{w}_{H_1}(x_1, \ldots, x_n), \tilde{w}_{H_2}(x_1, \ldots, x_n)) \\ &= \min\left(1, 1 - \tilde{w}_{H_1}(x_1, \ldots, x_n) + \tilde{w}_{H_2}(x_1, \ldots, x_n)\right) \end{aligned}$$

stetig; außerdem gibt es lineare Polynome g_i^1, $i = 1, \ldots, N_1$ und g_j^2, $j = 1, \ldots, N_2$ der angegebenen Gestalt, so daß zu $t_1, \ldots, t_n \in \mathscr{W}_\infty$ stets k_1, k_2 existieren mit

$$\tilde{w}_{H_l}(t_1, \ldots, t_n) = g_{k_l}^l(t_1, \ldots, t_n) \quad \text{für} \quad l = 1, 2,$$

weswegen also

$$\tilde{w}_H(t_1, \ldots, t_n) = 1 - g_{k_1}^1(t_1, \ldots, t_n) + g_{k_2}^2(t_1, \ldots, t_n)$$

oder $\tilde{w}_H(t_1, \ldots, t_n) = 1$ ist. Also haben die $N_1 \cdot N_2 + 1$ linearen Polynome

$$g_1(x_1, \ldots, x_n) = 1,$$

$$g_{ij}(x_1, \ldots, x_n) = 1 - g_i^1(x_1, \ldots, x_n) + g_j^2(x_1, \ldots, x_n)$$

für $1 \leq i \leq N_1$, $1 \leq j \leq N_2$ die Eigenschaft, daß $\tilde{w}_H(t_1, \ldots, t_n)$ stets gleich dem Funktionswert eines dieser Polynome ist.

Ist schließlich $H = \neg H_1$, so ist $\tilde{w}_H$ stetig, da non_1 und $\tilde{w}_{H_1}$ stetig sind, und die Polynome $g_i = 1 - g_i'$, $i = 1, \ldots, N_1$ leisten die geforderte Darstellung von $\tilde{w}_H$, wenn die Polynome g_i', $i = 1, \ldots, N_1$ dies für $\tilde{w}_{H_1}$ tun.

Nun sei umgekehrt $f: \mathscr{W}_\infty^n \to \mathscr{W}_\infty$ eine stetige Funktion und $g_1, \ldots, g_N$ seien solche linearen Polynome in $x_1, \ldots, x_n$ mit ganzzahligen Koeffizienten, die die angegebene Darstellung von f leisten. Die durch die Polynome $g_1, \ldots, g_N$ realisierten n-stelligen Funktionen seien paarweise verschieden. Dann wird durch jede der Gleichungen

$$g_i(x_1, \ldots, x_n) = g_j(x_1, \ldots, x_n) \qquad 1 \leq i, j \leq N \quad \text{und} \quad i \neq j$$

ein $(n-1)$-dimensionaler Unterraum R_{ij} des n-dimensionalen Zahlenraumes R^n beschrieben. Diese sämtlichen Unterräume zerlegen den gesamten Raum R^n und damit auch den n-dimensionalen Einheitswürfel $\mathscr{W}_\infty^n$ in endlich viele konvexe, n-dimensionale polyedrische Bereiche. Es seien $\boldsymbol{D}_1, \ldots, \boldsymbol{D}_K$ die sämtlichen (abgeschlossenen) Polyeder, in die $\mathscr{W}_\infty^n$ durch die Unterräume R_{ij} zerlegt wird.

Es sei $1 \leq k \leq K$ und $P = (t_1, \ldots, t_n)$ innerer Punkt des Polyeders $\boldsymbol{D}_k$. Dann gibt es ein $1 \leq l \leq N$, so daß $f(t_1, \ldots, t_n) = g_l(t_1, \ldots, t_n)$ ist. Nach Wahl von $\boldsymbol{D}_k$ ist für alle $i \neq l$, $1 \leq i \leq N: g_i(t_1, \ldots, t_n) \neq f(t_1, \ldots, t_n)$. Sei $P' = (t_1', \ldots, t_n')$ ein weiterer innerer Punkt von $\boldsymbol{D}_k$ und $f(t_1', \ldots, t_n') = g_{l'}(t_1', \ldots, t_n')$. Da $\boldsymbol{D}_k$ konvex ist, gehört die gesamte Verbindungsstrecke $\overline{PP'}$ zum Innern von $\boldsymbol{D}_k$. Wäre $l \neq l'$, so müßte es auf der Strecke von P nach P' einen Punkt P_0 geben, bis zu dem $f = g_l$ gilt und von dem ab $f = g_j$ ist für ein $j \neq l$; dann wäre aber $g_l(P_0) = f(P_0) = g_j(P_0)$ wegen der Stetigkeit von f und allen g_i im Widerspruch dazu, daß P_0 als innerer Punkt von $\boldsymbol{D}_k$ nicht zum Unterraum R_{lj} gehört. Also wird f über dem gesamten Polyeder $\boldsymbol{D}_k$ durch dasselbe Polynom g_l beschrieben — und nur durch dieses.

Wir zeigen nun noch, daß es zu jedem dieser Polyeder $\boldsymbol{D}_k$ einen $\mathfrak{L}$-Ausdruck G_k gibt, so daß $f(x_1, \ldots, x_n) = \tilde{w}_{G_k}(x_1, \ldots, x_n)$ gilt für alle Punkte $(x_1, \ldots, x_n) \in \boldsymbol{D}_k$ und $\tilde{w}_{G_k}(x'_1, \ldots, x'_n) \leq f(x'_1, \ldots, x'_n)$ für alle Punkte $(x'_1, \ldots, x'_n) \notin \boldsymbol{D}_k$. Damit ist der beabsichtigte Beweis dann geführt, denn für den $\mathfrak{L}$-Ausdruck

$$H(p_1, \ldots, p_n) = \bigvee_{i=1}^{K} G_i(p_1, \ldots, p_n)$$

gilt offenbar $w_H = f$.

Sei $\boldsymbol{D}_k$ wieder eines der Polyeder, in die der Einheitswürfel $\mathscr{W}_\infty^n$ zerlegt ist. Über $\boldsymbol{D}_k$ gelte $f = g_k$. (Dies ist durch einfaches Umnumerieren der Polynome g_i erreichbar, da nach den obigen Resultaten $N = K$ sein, also die Anzahl der Polyeder $\boldsymbol{D}_j$ mit derjenigen der Polynome g_i übereinstimmen muß.) Das Polyeder $\boldsymbol{D}_k$ hat mit gewissen der $(n-1)$-dimensionalen Unterräume R_{ij} gemeinsame Punkte; es seien $\boldsymbol{S}_1, \ldots, \boldsymbol{S}_T$ alle solchen Unterräume. Jeder dieser Unterräume $\boldsymbol{S}_l$, $1 \leq l \leq T$, enthält von $\boldsymbol{D}_k$ nur Randpunkte und wird für geeignete Indizes $i, j \leq N$ durch die Gleichung $g_i = g_j$ beschrieben, aber auch durch jede der Gleichungen $g_i - g_j = 0$ und $g_j - g_i = 0$. Da $\boldsymbol{D}_k$ ganz auf einer Seite von $\boldsymbol{S}_l = \mathsf{R}_{ij}$ liegt, gilt entweder $g_i(P) - g_j(P) \geq 0$ für alle Punkte $P \in \boldsymbol{D}_k$ oder $g_j(P) - g_i(P) \geq 0$ für alle solchen Punkte P. Wir nehmen an, daß jedem Index $l \leq T$ ein Paar von Indizes $i_l, j_l \leq N$ so zugeordnet seien, daß $\boldsymbol{S}_l = \mathsf{R}_{i_l j_l}$ ist und

$$g_{i_l}(P) - g_{j_l}(P) \geq 0 \quad \text{für} \quad P \in \boldsymbol{D}_k$$

gilt. Für jeden nicht zu $\boldsymbol{S}_l$ gehörenden Punkt Q gilt dann $g_{i_l}(Q) \neq g_{j_l}(Q)$ und: $g_{i_l}(Q) - g_{j_l}(Q) > 0$ gdw Q auf derselben Seite von $\boldsymbol{S}_l$ liegt wie $\boldsymbol{D}_k$.

Es sei $a \geq 1$ eine natürliche Zahl. Wir bilden für jedes $1 \leq l \leq T$ das Polynom h_l^a in den Variablen $x_1, \ldots, x_n$ als

$$h_l^a = g_k + a \cdot (g_{i_l} - g_{j_l}).$$

Offenbar ist h_l^a stets ein lineares Polynom mit ganzzahligen Koeffizienten. Außerdem gilt für beliebige Punkte $P = (x_1, \ldots, x_n) \in \mathsf{R}^n$:

$h_l^a(P) = g_k(P)$ gdw $P \in \boldsymbol{S}_l$,

$h_l^a(P) > g_k(P)$ gdw $P \notin \boldsymbol{S}_l$ und P, $\boldsymbol{D}_k$ liegen auf derselben Seite von $\boldsymbol{S}_l$,

$h_l^a(P) < g_k(P)$ gdw $P \notin \boldsymbol{S}_l$ und P, $\boldsymbol{D}_k$ liegen auf verschiedenen Seiten von $\boldsymbol{S}_l$.

Es sei H_l^a ein $\mathfrak{L}$-Ausdruck, für den über $\mathscr{W}_\infty$

$$\tilde{w}_{H_l^a} = \min\left(1, \max\left(0, h_l^a\right)\right)$$

gelte. Ein solcher Ausdruck existiert nach Hilfssatz 3.1.9 für jedes Polynom h_l^a. Es sei außerdem H_k ein $\mathfrak{L}$-Ausdruck, für den über $\mathscr{W}_\infty$

$$\tilde{w}_{H_k} = \min\left(1, \max(0, g_k)\right)$$

gilt. Wir bilden nun den $\mathfrak{L}$-Ausdruck

$$G_k^a = H_k \wedge \bigwedge_{l=1}^{T} H_l^a$$

und bezeichnen die ihm entsprechende Wahrheitswertfunktion in den Variablen $x_1, \ldots, x_n$ mit w_k^a. (Hierbei ist $\bigwedge$ die Iteration der Konjunktion $\wedge$ und analog erklärt wie $\bigvee$ in (3.1.20).) Man findet sofort

$$w_k^a = \max\left(0, \min(1, g_k, h_1^a, \ldots, h_T^a)\right),$$

wenn man beachtet, daß für beliebige reelle Zahlen $b_1, \ldots, b_n$ gilt

$$\begin{aligned}&\min\left(\min(1, \max(0, b_1)), \ldots, \min(1, \max(0, b_n)), 1\right)\\ &= \min\left(\max(0, b_1), \ldots, \max(0, b_n), 1\right)\\ &= \max\left(0, \min(1, b_1, \ldots, b_n)\right).\end{aligned}$$

Für jeden Punkt P im Innern von $\boldsymbol{D}_k$ gilt somit

$$\begin{aligned}w_k^a(P) &= \max\left(0, \min(1, g_k(P))\right)\\ &= \max\left(0, \min(1, f(P))\right) = f(P);\end{aligned}$$

wegen der Stetigkeit von w_k^a und f gilt somit $w_k^a = f$ auf der gesamten Menge $\boldsymbol{D}_k$. Unser Ziel ist noch, zu zeigen, daß außerhalb $\boldsymbol{D}_k$ die Ungleichung $w_k^a \leq f$ gilt. Dies werden wir durch geeignete Wahl des Parameters a erreichen.

Dazu bezeichnen wir mit $|Q_1Q_2|$ die Länge der Verbindungsstrecke $\overline{Q_1Q_2}$ zweier beliebiger Punkte Q_1, Q_2 des n-dimensionalen Einheitswürfels $\mathscr{W}_\infty^n$. Es gibt eine reelle Zahl δ derart, daß

$$|f(Q_1) - f(Q_2)| < \delta \cdot |Q_1Q_2| \tag{3.1.41}$$

gilt für beliebige $Q_1, Q_2 \in \mathscr{W}_\infty^n$. Gehören Q_1, Q_2 zum selben Polyeder $\boldsymbol{D}_k$, so folgt (3.1.41) daraus, daß f über $\boldsymbol{D}_k$ konstante partielle Ableitungen nach allen Variablen hat und $\boldsymbol{D}_k$ ein beschränktes Gebiet ist. Gehören Q_1, Q_2 jedoch zu unterschiedlichen Polyedern, so gibt es eine endliche Punktfolge $P_0, \ldots, P_n$ derart, daß $P_0 = Q_1$ und $P_n = Q_2$ ist, alle P_i zur Verbindungsstrecke $\overline{P_0P_n}$ gehören, für $0 < i < n$ jeder Punkt P_i einem geeigneten Unterraum R_{jl} angehört, und alle Strecken $\overline{P_iP_{i+1}}$ für $i = 0, \ldots, n-1$ jeweils ganz einem Polyeder $\boldsymbol{D}_m$ angehören. Dann ist offenbar

$$|f(Q_1) - f(Q_2)| \leq \sum_{i=1}^{n-1} |f(P_i) - f(P_{i+1})|$$

und mithin (3.1.41) in diesem Falle dadurch zu erhalten, daß (3.1.41) über allen Polyedern $\boldsymbol{D}_k$ gilt.

Sei nun wieder $\boldsymbol{D}_k$ ein fest gewähltes Polyeder, dessen Seiten den Unterräumen $\boldsymbol{S}_1, \ldots, \boldsymbol{S}_T$ angehören mögen. Es sei stets $\boldsymbol{S}_i^* = \boldsymbol{S}_i \cap \boldsymbol{D}_k$. Wir wählen einen Punkt P im Innern von $\boldsymbol{D}_k$ und betrachten die Punktmengen

$$\Gamma_i = \{Q \in \mathsf{R}^n \mid \overline{PQ} \cap \boldsymbol{S}_i^* \neq \emptyset\},$$
$$\Delta_i = \Gamma_i \cap \mathscr{W}_\infty^n$$

für alle $i = 1, \ldots, T$. Jeder Punkt des R^n gehört zu $\boldsymbol{D}_k$ oder zu einer der Mengen Γ_i, und jeder Punkt von $\mathscr{W}_\infty^n$ zu $\boldsymbol{D}_k$ oder einer der Mengen Δ_i. Sei nun noch $l \leq T$ fest gewählt. Für jeden Punkt $Q \in \Gamma_l$ sei Q^* der Schnittpunkt von $\overline{PQ}$ und $\boldsymbol{S}_l^*$. Durch geeignete Wahl von a kann der Funktionswert $h_l^a(Q)$ beliebig klein gemacht werden (d. h. betragsmäßig beliebig groß), denn nach Wahl von Q ist $g_{i_l}(Q) - g_{j_l}(Q) < 0$; man braucht also a nur hinreichend groß zu machen, um $h_l^a(Q)$ jede vorgegebene Grenze unterschreiten zu lassen. Deswegen kann durch geeignete Wahl von a auch der „Differenzenquotient“

$$d_l^a(Q) = \frac{h_l^a(Q) - h_l^a(Q^*)}{|QQ^*|}$$

von h_l^a in Richtung PQ^* negativ beliebig klein gemacht werden, denn es ist $h_l^a(Q^*) = g_k(Q^*)$ unabhängig von der Wahl von a. Da h_l^a ein lineares Polynom ist, ist dieser Wert längs der Halbgeraden $\overrightarrow{PQ^*}$ unabhängig von Q. Der entsprechende „Differenzenquotient“ für f ist gemäß (3.1.41) nach unten durch $-\delta$ begrenzt Da $\boldsymbol{S}_l^*$ abgeschlossen und beschränkt ist, kann somit erreicht werden, daß für alle $Q^* \in \boldsymbol{S}_l^*$ und $Q \in \overrightarrow{PQ^*}$

$$d_l^{a_0}(Q) < \frac{f(Q) - f(Q^*)}{|QQ^*|}$$

gilt für hinreichend großes a_0. Aus $h_l^a(Q^*) = f(Q^*)$ für jedes $Q^* \in \boldsymbol{S}_l^*$ und jedes a erhält man dann sofort für $b \geq a_0$

$$h_l^b(Q) < f(Q) \quad \text{für alle} \quad Q \in \Delta_l.$$

Da es nur endlich viele Mengen Δ_l gibt, kann man über die zu jedem Δ_l gehörenden Parameterwerte a_0 maximieren und findet ein $m > 1$, so daß

$$h_l^m(Q) < f(Q) \quad \text{für alle} \quad 1 \leq l \leq T \quad \text{und alle} \quad Q \in \Delta_l.$$

Ist also $Q \in \mathscr{W}_\infty^n$, aber $Q \notin \boldsymbol{D}_k$, so gibt es ein $l \leq T$ mit $Q \in \Delta_l$ und mit

$$w_k^m(Q) \leq \max\left(0, h_l^m(Q)\right) \leq f(Q).$$

Deshalb können wir die gesuchten Ł-Ausdrücke G_k für $1 \leq k \leq N$ als die Ausdrücke G_k^m nehmen. ∎

Folgerung 3.1.11. *Für $M \geq 3$ ist eine Funktion $f: \mathscr{W}_M^n \to \mathscr{W}_M$ genau dann Wahrheitswertfunktion eines Ł-Ausdrucks im System $Ł_M$, wenn für jedes n-Tupel $(t_1, \ldots, t_n)$ von Quasiwahrheitswerten aus $\mathscr{W}_M$ das Produkt $(M - 1) \cdot f(t_1, \ldots, t_n)$ eine ganze Zahl und Vielfaches des größten gemeinsamen Teilers von $t_1 \cdot (M - 1), \ldots, t_n \cdot (M - 1)$, $M - 1$ ist.*

Beweis. Sei H ein gegebener Ł-Ausdruck. Im System $Ł_\infty$ möge H die n-stellige Wahrheitswertfunktion f beschreiben. Dann hat H in $Ł_M$ die Einschränkung von f auf $\mathscr{W}_M^n$ als Wahrheitswertfunktion $\tilde{w}_H$, d. h. es gilt

$$\tilde{w}_H(t_1, \ldots, t_n) = f(t_1, \ldots, t_n) \quad \text{für} \quad t_1, \ldots, t_n \in \mathscr{W}_M.$$

Nach Satz 3.1.10 gibt es lineare Polynome $g_i = b_i + \sum_{j=1}^{n} a_{ij}x_j$ mit ganzzahligen Koeffizienten für $1 \leq i \leq N$, so daß zu jedem n-Tupel $(s_1, \ldots, s_n) \in \mathscr{W}_\infty^n$ ein Index k derart existiert, daß

$$f(s_1, \ldots, s_n) = g_k(s_1, \ldots, s_n).$$

Sei speziell $(s_1, \ldots, s_n) \in \mathscr{W}_M^n$. Dann gilt

$$\tilde{w}_H(s_1, \ldots, s_n) = b_k + \sum_{j=1}^{n} a_{kj}s_j;$$

deshalb ist

$$(M - 1) \cdot \tilde{w}_H(s_1, \ldots, s_n) = b_k \cdot (M - 1) + \sum_{j=1}^{n} a_{kj} \cdot s_j \cdot (M - 1)$$

eine ganze Zahl und mithin der größte gemeinsame Teiler der natürlichen Zahlen $(M - 1)$, $s_1 \cdot (M - 1), \ldots, s_n \cdot (M - 1)$ auch ein Teiler von $(M - 1) \cdot \tilde{w}_H(s_1, \ldots, s_n)$.

Nun sei umgekehrt $f: \mathscr{W}_M^n \to \mathscr{W}_M$ eine Funktion mit den genannten Eigenschaften. Es sei $(t_1, \ldots, t_n) \in \mathscr{W}_M^n$. Etwa sei $t_i = \frac{m_i}{M - 1}$ für jedes $i = 1, \ldots, n$. Ferner sei

$$s = (M - 1) \cdot f\left(\frac{m_1}{M - 1}, \ldots, \frac{m_n}{M - 1}\right)$$

und d der größte gemeinsame Teiler von $m_1, \ldots, m_n$, $M - 1$. Damit bilden wir die ganzen Zahlen $m_i' = \frac{m_i}{d}$ für $i = 1, \ldots, n$, $s' = \frac{s}{d}$ und $d' = \frac{1}{d}(M - 1)$. Nach Konstruktion sind die Zahlen $m_1', \ldots, m_n', d'$ relativ prim, weswegen es ganze Zahlen b und a_i für $1 \leq i \leq n$ derart gibt, daß

$$s' = bd' + \sum_{i=1}^{n} a_i m_i'$$

gilt. Teilen wir diese Gleichung durch d', so erhalten wir

$$\frac{s}{M-1} = b + \sum_{i=1}^{n} a_i \cdot \frac{m_i}{M-1}.$$

Deshalb bilden wir das lineare Polynom

$$g(x_1, \ldots, x_n) = b + \sum_{i=1}^{n} a_i x_i$$

und für jedes $i = 1, \ldots, n$ außerdem

$$g_{m_i}(x) = \max \big(0, \min ((m_i + 1) - x \cdot (M - 1), \\ -(m_i - 1) + x \cdot (M - 1))\big).$$

Damit erklären wir eine weitere n-stellige Funktion $h^s_{m_1,\ldots,m_n}$ als

$$h^s_{m_1,\ldots,m_n}(x_1, \ldots, x_n) = \min \big(g(x_1, \ldots, x_n), g_{m_1}(x_1), \ldots, g_{m_n}(x_n)\big).$$

Nach Konstruktion von g und den g_{m_i} hat man sofort, daß

$$h^s_{m_1,\ldots,m_n}\left(\frac{m_1}{M-1}, \ldots, \frac{m_n}{M-1}\right) = \frac{s}{M-1}$$

gilt und außerdem für jedes von $\left(\frac{m_1}{M-1}, \ldots, \frac{m_n}{M-1}\right)$ verschiedene n-Tupel $(t_1', \ldots, t_n') \in \mathscr{W}_M^n$

$$h^s_{m_1,\ldots,m_n}(t_1', \ldots, t_n') = 0$$

ist. Deswegen betrachten wir schließlich die Funktion

$$f^*(x_1, \ldots, x_n) = \max \Big\{ h^s_{m_1,\ldots,m_n}(x_1, \ldots, x_n) \mid 0 \leq m_i < M \quad \text{für} \\ i = 1, \ldots, n \quad \text{und} \quad s = (M-1) \cdot f\left(\frac{m_1}{M-1}, \ldots, \frac{m_n}{M-1}\right)\Big\}.$$

Durch direktes Nachrechnen bestätigt man, daß f^* die Voraussetzungen von Satz 3.1.10 erfüllt. Also ist f^* im System $Ł_\infty$ Wahrheitswertfunktion eines Ł-Ausdrucks G. Da jedoch f und f^* auf $\mathscr{W}_M^n$ übereinstimmen, ist f die Wahrheitswertfunktion des Ł-Ausdrucks G im System $Ł_M$. ∎

Die in Folgerung 3.1.11 bewiesene Charakterisierung der Wahrheitswertfunktionen von Ł-Ausdrücken unter den Funktionen $f\colon \mathscr{W}_M^n \to \mathscr{W}_M$

kann auch so ausgesprochen werden, daß eine Funktion $f: \mathcal{W}_M^n \to \mathcal{W}_M$ genau dann durch einen Ł-Ausdruck beschrieben werden kann, wenn für jedes $\mathcal{W}_N \subseteq \mathcal{W}_M$ die Einschränkung von f auf $\mathcal{W}_N$ eine Funktion von $\mathcal{W}_N^n$ in $\mathcal{W}_N$ ist. Diese Umformulierung der Teilbarkeitsbedingung aus Folgerung 3.1.11 kann der Leser leicht selbst herleiten.

Erwähnt sei auch, daß das in Satz 3.1.10 bewiesene Resultat ausgenutzt werden kann, um für jedes der endlichwertigen Systeme $Ł_M$ eine adäquate Axiomatisierung anzugeben (vgl. TOKARZ [1977]).

Schließlich wollen wir noch das zweite der auf S. 107 genannten Probleme betrachten: Wie kann die Junktorenmenge $\{\neg, \to_Ł\}$ zu einer funktional vollständigen Menge von Junktoren ergänzt werden?

Satz 3.1.12. *Nimmt man zu einem beliebigen der endlichwertigen aussagenlogischen Systeme* $Ł_M$ *für* $M \geq 3$ *eine Konstante* t_M^* *für den Quasiwahrheitswert* $\dfrac{M-2}{M-1}$ *oder einen einstelligen Junktor* T_M *hinzu, für dessen zugehörige Wahrheitswertfunktion*

$$\mathrm{ver}_{\mathsf{T}_M}(x) = \frac{M-2}{M-1}$$

gilt für jedes $x \in \mathcal{W}_M$, *so ist das so ergänzte System funktional vollständig.*

Beweis. Wir berufen uns auf Satz 2.7.4 und zeigen, daß unter den angegebenen Voraussetzungen im erweiterten System $Ł_M$ die SHEFFER-Funktion sh bzw. ein Junktor, der sh als zugehörige Wahrheitswertfunktion hat, definierbar sind. Nimmt man zu $Ł_M$ die Quasiwahrheitswertkonstante t_M^* hinzu, so kann man einen einstelligen Junktor T_M mit obiger Eigenschaft definieren als

$$\mathsf{T}_M(H) =_{\mathrm{def}} \mathsf{t}_M^*.$$

Also brauchen wir nur anzunehmen, daß im erweiterten System ein solcher Junktor T_M existiert. Dann definieren wir einen weiteren Junktor S durch die Festsetzung

$$\mathsf{S}(H_1, H_2) =_{\mathrm{def}} \big(\mathsf{J}_0(H_1) \wedge \mathsf{J}_0(H_2)\big) \vee \big((H_1 \vee H_2) \,\&\, \mathsf{T}_M(H_1)\big).$$

Es ist sofort zu sehen, daß für beliebige $s, t \in \mathcal{W}_M$:

$$\mathrm{ver}_{\mathsf{S}}(s, t) = \mathrm{sh}(s, t)$$

gilt. Ist nämlich $\mathrm{Wert}^{Ł}(H_1, \beta) = \mathrm{Wert}^{Ł}(H_2, \beta) = 0$, so gilt für den in jedem endlichwertigen System $Ł_M$ definierbaren Junktor J_0 – vgl. Beweis zu Satz 3.1.4 – sofort $\mathrm{Wert}^{Ł}\big(\mathsf{J}_0(H_1) \wedge \mathsf{J}_0(H_2), \beta\big) = 1$, also $\mathrm{Wert}^{Ł}\big(\mathsf{S}(H_1, H_2), \beta\big) = 1$; andernfalls ist $\mathrm{Wert}^{Ł}\big(\mathsf{S}(H_1, H_2), \beta\big)$

$$= \mathrm{et}_2\left(\mathrm{Wert}^{\text{Ł}}(H_1 \vee H_2, \beta), \frac{M-2}{M-1}\right) = \mathrm{Wert}^{\text{Ł}}(H_1 \vee H_2, \beta) - \frac{1}{M-1}.$$

Also ist das erweiterte System Ł_M funktional vollständig. ∎

Natürlich könnten die Voraussetzungen von Satz 3.1.12 auch noch anders gefaßt werden. Der Beweisgang zeigt, daß die Definierbarkeit des Quasiwahrheitswertes $\frac{M-2}{M-1}$ im erweiterten System die entscheidende Bedingung ist. Für Ł_3 ist diese Tatsache schon von SŁUPECKI [1936] bemerkt worden, der Ł_3 um den Junktor T_3 ergänzte und eine Axiomatisierung des so ergänzten Systems Ł_3^{S} dadurch erhielt, daß er den obigen Axiomen (Ł$_3$1), ..., (Ł$_3$4) die Axiome

(Ł$_3^{\mathrm{S}}$5) $\quad \mathsf{T}_3(H) \rightarrow_{\text{Ł}} \neg\, \mathsf{T}_3(H)$,

(Ł$_3^{\mathrm{S}}$6) $\quad \neg\, \mathsf{T}_3(H) \rightarrow_{\text{Ł}} \mathsf{T}_3(H)$

hinzufügte. In für Ł_3 gleichwertiger Weise könnte man Ł_M aber z. B. auch durch eine Quasiwahrheitswertkonstante für den Wert $\frac{1}{M-1}$ bzw. durch einen entsprechenden einstelligen Junktor ergänzen, wie überhaupt auch die Definierbarkeit des Quasiwahrheitswertes $\frac{1}{M-1}$ für die funktionale Vervollständigung ebenso wesentlich ist wie die Definierbarkeit von $\frac{M-2}{M-1}$ (vgl. auch EVANS/SCHWARTZ [1958]).

3.2. Algebraische Strukturen für die ŁUKASIEWICZschen Systeme

In der klassischen Logik besteht ein enger Zusammenhang zwischen aussagenlogischen Systemen und sogenannten BOOLEschen Algebren (vgl. etwa RASIOWA/SIKORSKI [1963], HERMES [1967], BELL/SLOMSON [1969]). Der entscheidende Punkt dabei ist, daß einerseits die Beziehung der semantischen Äquivalenz bzw. andererseits (hinsichtlich geeigneter Aussagenkalküle) die der Beweisbarkeit der Implikation zweier Ausdrücke „in beiden Richtungen" je eine Äquivalenzrelation in der Menge aller aussagenlogischen Ausdrücke sind, deren Restklassenmengen in natürlicher Weise dadurch zu BOOLEschen Algebren werden, daß man in ihnen Operationen repräsentantenweise mittels Konjunktion, Alternative und Negation der klassischen Logik erklärt.

In analoger Weise kann man mit mehrwertigen Systemen der (Aussagen-) Logik algebraische Strukturen in Verbindung bringen. Da es jedoch für mehrwertige aussagenlogische Systeme keine solch standarde

Formalisierung wie für die klassische Aussagenlogik gibt, ist es nicht verwunderlich, daß es mehrere Varianten von algebraischen Strukturen gibt, die im Kontext der mehrwertigen Logik untersucht worden sind. Hier werden wir zunächst die eng mit den ŁUKASIEWICZschen Systemen verbundenen MV-Algebren von CHANG [1958a] betrachten und mit ihrer Hilfe Axiomatisierungen der Systeme $Ł_\infty$ und $Ł_M$ für $M \geq 3$ gewinnen. Zusätzlich führen wir MOISILS ŁUKASIEWICZ-Algebren ein (vgl. MOISIL [1972]).

Aus den Definitionen (3.1.4), (3.1.5) und Negationseigenschaften der Systeme $Ł_\nu$ ergeben sich

$$\models_Ł (H_1 \to_Ł H_2) \leftrightarrow_Ł \neg H_1 \veebar H_2,$$
$$\models_Ł (H_1 \to_Ł H_2) \leftrightarrow_Ł \neg (H_1 \mathbin{\&} \neg H_2),$$

weswegen die Systeme $Ł_\nu$ auch mittels der Junktoren $\neg$, & bzw. $\neg$, $\veebar$ aufgebaut werden könnten. Dies wird für die Definition der MV-Algebren ausgenutzt, deren grundlegende Verknüpfungen $+, \cdot, ^-$ den Junktoren $\veebar$, &, $\neg$ entsprechen werden.

3.2.1. *MV-Algebren*

Definition 3.2.1. Eine algebraische Struktur $\boldsymbol{A} = \langle A, +, \cdot, ^-, \mathsf{0}, \mathsf{1} \rangle$ mit zweistelligen Operationen $+, \cdot$, einer einstelligen Operation $^-$ und ausgezeichneten Elementen $\mathsf{0}, \mathsf{1}$ ist eine MV-*Algebra*, falls für beliebige a, $b, c \in A$ gelten:

(MV1) $a + b = b + a$, (MV1′) $a \cdot b = b \cdot a$,

(MV2) $a + (b + c) = (a + b) + c$, (MV2′) $a \cdot (b \cdot c) = (a \cdot b) \cdot c$,

(MV3) $a + \bar{a} = \mathsf{1}$, (MV3′) $a \cdot \bar{a} = \mathsf{0}$,

(MV4) $a + \mathsf{1} = \mathsf{1}$, (MV4′) $a \cdot \mathsf{0} = \mathsf{0}$,

(MV5) $a + \mathsf{0} = a$, (MV5′) $a \cdot \mathsf{1} = a$,

(MV6) $\overline{a + b} = \bar{a} \cdot \bar{b}$, (MV6′) $\overline{a \cdot b} = \bar{a} + \bar{b}$,

(MV7) $\bar{\bar{a}} = a$,

(MV8) $\bar{\mathsf{0}} = \mathsf{1}$,

und mit den zusätzlichen Operationen

$$a \sqcup b =_{\text{def}} (a \cdot \bar{b}) + b, \qquad a \sqcap b =_{\text{def}} (a + \bar{b}) \cdot b \tag{3.2.1}$$

auch noch

(MV9) $a \sqcup b = b \sqcup a$, (MV9′) $a \sqcap b = b \sqcap a$,

(MV10) $a \sqcup (b \sqcup c) = (a \sqcup b) \sqcup c$, (MV10′) $a \sqcap (b \sqcap c) = (a \sqcap b) \sqcap c$,

(MV11) $a + (b \sqcap c) = (a + b) \sqcap (a + c)$,

(MV11') $a \cdot (b \sqcup c) = (a \cdot b) \sqcup (a \cdot c)$.

Es ist leicht nachzuprüfen, daß jede der Quasiwahrheitswertmengen $\mathcal{W}_M$, $\mathcal{W}_{\aleph_0}$ und $\mathcal{W}_\infty$ eine MV-Algebra ergibt, wenn man $+ = \mathrm{vel}_2$, $\cdot = \mathrm{et}_2$ und $^- = \mathrm{non}_1$ setzt. Wir werden diese Standardbeispiele meinen, wenn wir späterhin kurz von den MV-Algebren $\mathcal{W}_\nu$ sprechen.

Um unsere obige Aussage über den Zusammenhang der MV-Algebren mit den Łukasiewiczschen aussagenlogischen Systemen Ł_ν noch weitergehend zu bestätigen, betrachten wir für diese Systeme eine geringfügig modifizierte Sprache. Es sei $\mathcal{L}'$ die Menge aller Ausdrücke, die aus den Aussagenvariablen von V_0 mittels der Junktoren &, $\veebar$, $\neg$ aufgebaut werden können. Für beliebige Ausdrücke $H, G \in \mathcal{L}'$ sei

$$H \approx G =_{\mathrm{def}} \models_{\text{Ł}} (H \leftrightarrow_{\text{Ł}} G),$$

d. h., $\approx$ ist die Beziehung der semantischen Äquivalenz in $\mathcal{L}'$. Offensichtlich ist $\approx$ eine Äquivalenzrelation in $\mathcal{L}'$: $\approx$ ist reflexiv wegen $\models_{\text{Ł}} (H \leftrightarrow_{\text{Ł}} H)$; $\approx$ ist symmetrisch und transitiv, was leicht aus (3.1.10) folgt. Sei $[H]$ die $\approx$-Äquivalenzklasse von H in $\mathcal{L}'$. Wir setzen

$$[H] + [G] =_{\mathrm{def}} [H \veebar G], \tag{3.2.2}$$

$$[H] \cdot [G] =_{\mathrm{def}} [H \,\&\, G], \tag{3.2.3}$$

$$[H]^- =_{\mathrm{def}} [\neg H]. \tag{3.2.4}$$

Man prüft leicht nach, daß diese Definitionen der Operationen $+, \cdot, ^-$ in der Restklassenmenge $\mathcal{L}'/_\approx$ repräsentantenunabhängig erklärt sind, d. h.: gelten $[H] = [H']$ und $[G] = [G']$, so gelten auch $[H \veebar G] = [H' \veebar G']$, $[H \,\&\, G] = [H' \,\&\, G']$ und $[\neg H] = [\neg H']$. Ferner ergibt sich nun, daß für $\mathbf{0} =_{\mathrm{def}} [p' \,\&\, \neg p']$ und $\mathbf{1} =_{\mathrm{def}} [\neg p' \veebar p']$

$$\langle \mathcal{L}'/_\approx, +, \cdot, ^-, \mathbf{0}, \mathbf{1} \rangle \qquad \text{eine MV-Algebra} \tag{3.2.5}$$

ist. Dazu sind die Gleichungen (MV1), ..., (MV11') für beliebige Restklassen a, b, c aus $\mathcal{L}'/_\approx$ zu bestätigen. Dies ist durch unmittelbares Nachrechnen unter Beachtung der entsprechenden Definitionen möglich und nicht schwierig. Wir geben als Beispiel hier nur den Nachweis für (MV11) an.

Wir betrachten beliebige $a, b, c \in \mathcal{L}'/_\approx$ und nehmen an, daß $H_1, H_2, H_3 \in \mathcal{L}'$ so gewählt seien, daß $a = [H_1]$, $b = [H_2]$, $c = [H_3]$ gelten. Für alle $H, H' \in \mathcal{L}'$ ist

$$[H] \sqcap [H'] = [(H \veebar \neg H') \,\&\, H'] = [H \wedge H']$$

nach (T13) und (T1) aus Abschnitt 3.1.1. Damit ergibt sich einerseits

$$a + (b \sqcap c) = [H_1 \veebar (H_2 \wedge H_3)],$$

andererseits

$$(a + b) \sqcap (a + c) = [(H_1 \veebar H_2) \wedge (H_1 \veebar H_3)],$$

weswegen für (MV 11) zu zeigen bleibt, daß

$$\models_{Ł} \big(H_1 \veebar (H_2 \wedge H_3) \leftrightarrow_{Ł} (H_1 \veebar H_2) \wedge (H_1 \veebar H_3)\big).$$

Dies aber bestätigt man über (3.1.10) unmittelbar aus den Definitionen (2.3.13), (2.3.9) der Wahrheitswertfunktionen vel_2, et_1 für $\veebar$, $\wedge$.

Zunächst müssen einige Beziehungen abgeleitet werden, die in allen MV-Algebren gelten. Setzt man in (MV9′), (MV9) auf beiden Seiten dieser Gleichungen die Definitionen (3.2.1) ein, so ergibt sich

$$(a + \bar{b}) \cdot b = (b + \bar{a}) \cdot a, \qquad a \cdot \bar{b} + b = b \cdot \bar{a} + a; \tag{3.2.6}$$

der Spezialfall $b = \bar{a}$ liefert mit (MV7) außerdem

$$(a + a) \cdot \bar{a} = (\bar{a} + \bar{a}) \cdot a, \qquad a \cdot a + \bar{a} = \bar{a} \cdot \bar{a} + a. \tag{3.2.7}$$

Dabei sei zur Klammereinsparung hier und weiterhin vereinbart, daß $\cdot$ stärker bindet als $+$. Unmittelbare Folgerung aus den Axiomen (MV1), ..., (MV11′) ist auch, daß $\langle A, \sqcap, \sqcup \rangle$ ein Verband ist; dafür sind wegen (MV9), ..., (MV10′) nur die Verschmelzungsgesetze abzuleiten. Es ist aber etwa

$$\begin{aligned} a \sqcap (a \sqcup b) &= (b \sqcup a) \sqcap a = (b \cdot \bar{a} + a) \sqcap a \\ &= (b \cdot \bar{a} + a + \bar{a}) \cdot a = (b \cdot \bar{a} + 1) \cdot a = 1 \cdot a = a. \end{aligned}$$

Analog findet man $a \sqcup (a \sqcap b) = a$. Daher ergibt

$$a \leq b =_{\mathrm{def}} a \sqcup b = b \tag{3.2.8}$$

eine Halbordnung in A, für die auch

$$a \leq b \Leftrightarrow a \sqcap b = a \tag{3.2.9}$$

gilt. Außerdem ist

$$a \sqcap b \leq a \leq a \sqcup b \tag{3.2.10}$$

und $a \sqcap b$ sogar untere Grenze von $\{a, b\}$ und $a \sqcup b$ obere Grenze dieser Menge. Ferner sind $\sqcap$, $\sqcup$ monoton bzgl. $\leq$:

$$a \leq b \Rightarrow a \sqcap c \leq b \sqcap c \wedge a \sqcup c \leq b \sqcup c \tag{3.2.11}$$

(vgl. Hermes [1967]). Leicht einzusehen ist auch

$$\mathbf{0} \leq a \leq \mathbf{1}, \tag{3.2.12}$$

denn es gilt z. B. wegen (MV9′) und (MV4′)

$$\mathbf{0} \sqcap a = a \sqcap \mathbf{0} = (a + 1) \cdot \mathbf{0} = \mathbf{0},$$

und $a \sqcup \mathbf{1} = \mathbf{1}$ erhält man analog einfach.

Aber nicht nur $\sqcap$, $\sqcup$ sind monoton bezüglich $\leq$, sondern auch $+$, $\cdot$; d. h. es gilt:

$$a \leq b \Rightarrow a + c \leq b + c \wedge a \cdot c \leq b \cdot c. \tag{3.2.13}$$

Ist nämlich $a \leq b$, so $a \sqcap b = a$ und also

$$(a + c) \sqcap (b + c) = (a \sqcap b) + c = a + c$$

wegen (MV 11) und (MV 9′), d. h. $a + c \leq b + c$ nach (3.2.9). Analog folgt $a \cdot c \leq b \cdot c$. (3.2.12) und (3.2.13) geben nun auch

$$a \cdot b \leq a \leq a + b. \tag{3.2.14}$$

Und (3.2.13) führt zu zwei weiteren Charakterisierungen der $\leq$-Beziehung:

$$a \leq b \Leftrightarrow \bar{a} + b = \mathbf{1} \Leftrightarrow a \cdot \bar{b} = \mathbf{0}. \tag{3.2.15}$$

Ist $a \cdot \bar{b} = \mathbf{0}$, so auch $a \sqcup b = \mathbf{0} + b = b$, also $a \leq b$; ist $a \leq b$, so $\mathbf{1} = a + \bar{a} \leq b + \bar{a}$, also $\bar{a} + b = \mathbf{1}$; ist schließlich $\mathbf{1} = \bar{a} + b$, so $\mathbf{0} = \bar{\mathbf{1}} = a \cdot \bar{b}$ nach (MV 6).

Nun sind wir in der Lage, auch etwas kompliziertere Beziehungen herzuleiten. Zunächst ist dies die Ungleichung

$$b \cdot (a + c) \leq a + b \cdot c, \tag{3.2.16}$$

die sich wegen (3.2.15) ergibt aus

$$\begin{aligned} &\overline{b \cdot (a + c)} + a + b \cdot c \\ &= \bar{b} + \bar{a} \cdot \bar{c} + a + b \cdot c = (\bar{b} + b \cdot c) + (a + \bar{a} \cdot \bar{c}) \\ &= (c + \bar{b} \cdot \bar{c}) + (\bar{c} + a \cdot c) = c + \bar{c} + \ldots = \mathbf{1}, \end{aligned}$$

wobei (3.2.6), (3.2.7) benutzt worden sind. Mit (3.2.16) finden wir weiterhin:

$$a \sqcap b = \mathbf{0} \Rightarrow a + \bar{b} \cdot c = \bar{b} \cdot (a + c) \wedge \bar{a} \cdot (b + c) = b + \bar{a} \cdot c. \tag{3.2.17}$$

Da sich die zweite in (3.2.17) behauptete Gleichheit über (MV 6), (MV 6′) und Umbenennung von $\bar{c}$ in c aus der ersten ergibt, ist wegen (3.2.16) nur noch die Ungleichung $a + \bar{b} \cdot c \leq \bar{b} \cdot (a + c)$ aus $a \sqcap b = \mathbf{0}$ abzuleiten. Dazu betrachten wir

$$u = \bar{a} \cdot (b + \bar{c}) + \bar{b} \cdot (a + c)$$

und zeigen $u = \mathbf{1}$, weswegen dann aus (3.2.15) die gewünschte Ungleichung folgt. Nun ist wegen (3.2.6)

$$\begin{aligned} a + u &= a + \bar{a} \cdot (b + \bar{c}) + \bar{b} \cdot (a + c) \\ &= a \cdot \bar{b} \cdot c + b + \bar{c} + \bar{b} \cdot (a + c) \\ &= \bar{c} + a \cdot \bar{b} \cdot c + b \cdot \bar{a} \cdot \bar{c} + a + c = \bar{c} + c + \ldots = \mathbf{1}, \\ b + u &= \bar{a} \cdot (b + \bar{c}) + b + \bar{b} \cdot (a + c) \\ &= \bar{a} \cdot (b + \bar{c}) + b \cdot \bar{a} \cdot \bar{c} + a + c \\ &= c + b \cdot \bar{a} \cdot \bar{c} + b + \bar{c} + a \cdot \bar{b} \cdot c = c + \bar{c} + \ldots = \mathbf{1}, \end{aligned}$$

also ergibt sich wie gewünscht

$$\mathbf{1} = (a + u) \sqcap (b + u) = (a \sqcap b) + u = \mathbf{0} + u = u.$$

Schließlich findet man auf diese Weise auch noch

$$a \sqcap c = \mathbf{0} \Rightarrow (a + a) \sqcap (c + c) = \mathbf{0}. \tag{3.2.18}$$

Wendet man nämlich (3.2.17) und (3.2.6), (3.2.7) geeignet an, so ergibt sich im Falle $a \sqcap c = \mathbf{0}$:

$$\begin{aligned} (a + a) \sqcap (c + c) &= (a + a + \overline{c + c}) \cdot (c + c) = (a + a + \bar{c} \cdot \bar{c}) \cdot (c + c) \\ &= \big(a + \bar{c} \cdot (a + \bar{c})\big) \cdot (c + c) = (a + a + \bar{c}) \cdot \bar{c} \cdot (c + c) \\ &= (a + a + \bar{c}) \cdot c \cdot (\bar{c} + \bar{c}) = (a + a) \cdot (c + \bar{a} \cdot \bar{a}) \cdot (\bar{c} \cdot \bar{c}) \\ &= (a + a) \cdot (\bar{c} + \bar{c}) \cdot (\bar{a} + c) \cdot \bar{a} \\ &= (\bar{c} + \bar{c}) \cdot (c + \bar{a}) \cdot (a + a) \cdot \bar{a} \\ &= (\bar{c} + \bar{c}) \cdot (c + \bar{a}) \cdot a \cdot (\bar{a} + \bar{a}) \\ &= (\bar{c} + \bar{c}) \cdot (\bar{a} + \bar{a}) \cdot (a \sqcap c) = \ldots \cdot \mathbf{0} = \mathbf{0}. \end{aligned}$$

Eine Verallgemeinerung von (3.2.18) wird sich später als nützlich erweisen. Dazu führen wir erst noch abkürzende Bezeichnungen für die endlichen Iterationen von $+$ und $\cdot$ ein, aber nur für den Spezialfall gleicher Operanden. Wir setzen für $a \in A$ und natürliche Zahlen n:

$$0a =_{\text{def}} \mathbf{0}, \qquad (n + 1)\, a =_{\text{def}} na + a, \tag{3.2.19}$$

$$a^0 =_{\text{def}} \mathbf{1}, \qquad a^{n+1} =_{\text{def}} a^n \cdot a. \tag{3.2.20}$$

Dann lautet die angekündigte Verallgemeinerung:

$$a \sqcap c = \mathbf{0} \Rightarrow na \sqcap nc = \mathbf{0} \quad \text{für jede natürliche Zahl } n. \tag{3.2.21}$$

Wir bestätigen (3.2.21) im wesentlichen durch Induktion. Sofort erhält man durch Induktion für jede natürliche Zahl m:

$$a \sqcap c = \mathbf{0} \Rightarrow (2m)\, a \sqcap (2m)\, c = \mathbf{0};$$

deswegen sei für gegebenes n ein m so gewählt, daß $n \leq 2m$. Dafür ergibt sich sofort $na \leq (2m)\, a$, denn es gilt allgemein $(n_1 + n_2)\, a = n_1 a + n_2 a$ für beliebige natürliche Zahlen n_1, n_2. Ebenso ist $nc \leq (2m)\, c$, also insgesamt $na \sqcap nc \leq (2m)\, a \sqcap (2m)\, c = \mathbf{0}$ wegen (3.2.11), womit (3.2.21) abgeleitet ist.

Definition 3.2.2. Eine nichtleere Teilmenge $\boldsymbol{I} \subseteq \boldsymbol{A}$ einer MV-Algebra $\boldsymbol{A}$ nennen wir *Ideal* von $\boldsymbol{A}$, falls für beliebige $a, b, \in \boldsymbol{A}$ gelten:

(I1) $\quad a, b \in \boldsymbol{I} \Rightarrow a + b \in \boldsymbol{I}$,

(I2) $\quad a \in \boldsymbol{I} \wedge b \leq a \Rightarrow b \in \boldsymbol{I}$;

gilt zusätzlich stets

(I3) $\quad a \cdot \bar{b} \in \boldsymbol{I} \ \vee \ \bar{a} \cdot b \in \boldsymbol{I}$,

so heißt $\boldsymbol{I}$ *Primideal* von $\boldsymbol{A}$. Ein Ideal $\boldsymbol{I}$ heißt *eigentliches* Ideal von $\boldsymbol{A}$, falls $\boldsymbol{I} \neq \boldsymbol{A}$ ist; es heißt *maximales* Ideal von $\boldsymbol{A}$, wenn es eigentliches Ideal von $\boldsymbol{A}$ ist und es kein $\boldsymbol{I}$ echt umfassendes eigentliches Ideal von $\boldsymbol{A}$ gibt.

Für jedes Ideal $\boldsymbol{I}$ von $\boldsymbol{A}$ gilt $\mathbf{0} \in \boldsymbol{I}$; und $\mathbf{1} \notin \boldsymbol{I}$ charakterisiert die eigentlichen Ideale. Erklärt man noch eine Funktion $\boldsymbol{d}$ in $\boldsymbol{A}$ durch

$$\boldsymbol{d}(a, b) =_{\text{def}} \bar{a} \cdot b + a \cdot \bar{b}, \tag{3.2.22}$$

so ergeben sich folgende Zusammenhänge zwischen Idealen und Kongruenzrelationen von MV-Algebren (vgl. Chang [1958a]):

(1) Ist R eine Kongruenzrelation der MV-Algebra $\boldsymbol{A}$, so ist die R-Restklasse von $\mathbf{0}$ ein Ideal von $\boldsymbol{A}$.
(2) Ist $\boldsymbol{I}$ ein Ideal von $\boldsymbol{A}$, so ist $R_{\boldsymbol{I}} = \{(x, y) \mid \boldsymbol{d}(x, y) \in \boldsymbol{I}\}$ eine Kongruenzrelation der MV-Algebra $\boldsymbol{A}$.
(3) Ist R Kongruenzrelation der MV-Algebra $\boldsymbol{A}$, so ist die Quotientenstruktur $\boldsymbol{A}/R$ wieder eine MV-Algebra.

Dies sind Standardresultate für viele algebraische Strukturen (vgl. etwa Grätzer [1968], Mal'cev [1973]). Weiterhin schreiben wir für ein Ideal $\boldsymbol{I}$ von $\boldsymbol{A}$ kurz $\boldsymbol{A}/\boldsymbol{I}$ statt $\boldsymbol{A}/R_{\boldsymbol{I}}$.

Hilfssatz 3.2.3. *Es sei* $\boldsymbol{A}$ *eine* MV-*Algebra. Dann gelten:*

(a) *Ist* $\boldsymbol{P}$ *Primideal von* $\boldsymbol{A}$, *so ist die Quotientenstruktur* $\boldsymbol{A}/\boldsymbol{P}$ *eine* MV-*Algebra, deren zugehörige Anordnungsrelation* $\leq$ *linear ist.*
(b) *Ist* $a \in \boldsymbol{A}$ *und* $a \neq \mathbf{0}$, *so gibt es ein maximales Ideal* $\boldsymbol{P}$ *von* $\boldsymbol{A}$ *mit* $a \notin \boldsymbol{P}$;
(c) *Jedes maximale Ideal von* $\boldsymbol{A}$ *ist ein Primideal von* $\boldsymbol{A}$.

Beweis. Es ist für (a) nur zu zeigen, daß in der von den $R_{\boldsymbol{P}}$-Restklassen gebildeten Quotientenstruktur $\boldsymbol{A}/\boldsymbol{P}$ die zu dieser Struktur, die MV-Algebra ist, gehörende Relation $\leq$ linear ist, d. h., daß für beliebige $a, b \in A$ und ihre Restklassen $[a]_P$, $[b]_P$ nach der Äquivalenzrelation R_P gilt: $[a]_P \leq [b]_P$ oder $[b]_P \leq [a]_P$. Also ist nach (3.2.15) zu zeigen:

$$[a]_P \cdot \overline{[b]_P} = [0]_P \quad \text{oder} \quad \overline{[a]_P} \cdot [b]_P = [0]_P,$$

d. h. es ist zu zeigen

$$a \cdot \bar{b} \in P \quad \textit{oder} \quad \bar{a} \cdot b \in P,$$

was aber gerade die charakteristische Eigenschaft der Primideale ist, also für P gilt.

(b) Aus (I1), (I2) folgt sofort, daß die Vereinigung über jede inklusionsgeordnete Kette von Idealen wieder ein Ideal ist. Deswegen erfüllt die Gesamtheit $\mathfrak{M}_a$ aller $\bar{a} \in A$ enthaltenden eigentlichen Ideale von A die Voraussetzungen des ZORNschen Lemmas, da auch $\mathfrak{M}_a \neq \emptyset$ ist wegen $\{0\} \in \mathfrak{M}_a$. Es gibt also ein maximales Element I von $\mathfrak{M}_a$. Offenbar ist I maximales Ideal von A. Wäre $a \in I$, so wegen $\bar{a} \in I$ auch $1 = a + \bar{a} \in I$, also I kein eigentliches Ideal. Widerspruch. Also ist $a \notin I$.

(c) Es sei I maximales Ideal von A. Dann gibt es ein Element $a \notin I$, wofür $\bar{a} \in I$ gilt. Daher ist I maximales Element von $\mathfrak{M}_a$. Wäre I kein Primideal, so existierten $c, e \in A$ mit $c \cdot \bar{e} \notin I$ und $\bar{c} \cdot e \notin I$; es seien I_1, I_2 die kleinsten I umfassenden Ideale, für die $c \cdot \bar{e} \in I_1$ bzw. $\bar{c} \cdot e \in I_2$ gilt. Dann muß $I_1 \notin \mathfrak{M}_a$ und $I_2 \notin \mathfrak{M}_a$ sein, also $a \in I_1$ und $a \in I_2$. Deswegen gibt es Elemente $b, d \in I$ und natürliche Zahlen m, n, für die

$$a \leq b + m(c \cdot \bar{e}) \quad \text{und} \quad a \leq d + n(\bar{c} \cdot e)$$

gilt. Seien $k = \max(m, n)$ und $u = b + d$. Dann ist $u \in I$ sowie

$$a \leq u + k(c \cdot \bar{e}) \quad \text{und} \quad a \leq u + k(\bar{c} \cdot e);$$

also gilt wegen (MV11) und der Verbandseigenschaften von $\sqcap$:

$$\begin{aligned} a = a \sqcap a &\leq \big(u + k(c \cdot \bar{e})\big) \sqcap \big(u + k(\bar{c} \cdot e)\big) \\ &\leq u + \big(k(c \cdot \bar{e}) \sqcap k(\bar{c} \cdot e)\big). \end{aligned}$$

Wir zeigen nun noch, daß $k(c \cdot \bar{e}) \sqcap k(\bar{c} \cdot e) = 0$ ist. Dann ist $a \leq u \in I$, also $a \in I$ im Widerspruch zur Wahl von I. Wegen (3.2.21) brauchen wir aber nur $c \cdot \bar{e} \sqcap \bar{c} \cdot e = 0$ zu zeigen. Wirklich gilt wegen (3.2.6)

$$\begin{aligned} c \cdot \bar{e} \sqcap \bar{c} \cdot e &= (c \cdot \bar{e} + c + \bar{e}) \cdot \bar{c} \cdot e \\ &= (c \cdot \bar{e} + c) \cdot \big(e + \overline{(c \cdot \bar{e} + c)}\big) \cdot \bar{c} \\ &= \bar{c} \cdot (c \cdot \bar{e} + c) \cdot \big(e + (\bar{c} + e) \cdot \bar{c}\big) \\ &= (\bar{c} + \bar{c} + e) \cdot c \cdot \bar{e} \cdot \big(e + (\bar{c} + e) \cdot \bar{c}\big) \\ &= (\bar{c} + \bar{c} + e) \cdot c \cdot (\bar{c} + e) \cdot \bar{c} \cdot (\bar{e} + \bar{c} + c \cdot \bar{e}) = 0. \end{aligned}$$

Also ist I Primideal und $a \notin I$. ∎

Bevor wir unser nächstes Resultat formulieren können, müssen wir noch eine weitere algebraische Begriffsbildung erwähnen. Dazu ist zunächst an den Begriff des direkten Produktes einer Menge $\{\boldsymbol{A}_i \mid \boldsymbol{i} \in I\}$ von algebraischen Strukturen, hier also von MV-Algebren, zu erinnern. Dieses *direkte Produkt* $\prod_{i \in I} A_i$ ist diejenige algebraische Struktur der jeweils betrachteten Art, hier also MV-Algebra, deren Elemente alle Funktionen $f: I \to \bigcup_{i \in I} A_i$ sind, für die $f(i) \in A_i$ gilt für jeden Index $\boldsymbol{i} \in I$, und deren Operationen „stellenweise" erklärt sind – also etwa als

$$(f + g)\,(i) = f(i) + g(i) \quad \text{für jedes} \quad i \in I,$$

wenn alle $\boldsymbol{A}_i$ MV-Algebren sind. Ein *subdirektes Produkt* der Strukturen $\boldsymbol{A}_i$, $\boldsymbol{i} \in I$ ist dann eine solche Unteralgebra $\boldsymbol{A}$ des direkten Produktes $\prod_{i \in I} \boldsymbol{A}_i$, für die $\{f(i) \mid f \in A\} = A_i$ ist für jedes $\boldsymbol{i} \in I$.

Satz 3.2.4. *Jede* MV-*Algebra ist isomorph einem subdirekten Produkt solcher* MV-*Algebren, deren zugehörige Anordnungsrelationen* $\leq$ *linear sind.*

Beweis. Sei $\boldsymbol{A}$ eine MV-Algebra und $\mathfrak{P}_{\boldsymbol{A}}$ die Gesamtheit aller Primideale von A. Dann gilt wegen Hilfssatz 3.2.3, daß $\bigcap \mathfrak{P}_A = \{0\}$ ist. Damit ist aber

$$\begin{aligned} \bigcap \{R_{\boldsymbol{P}} \mid \boldsymbol{P} \in \mathfrak{P}_{\boldsymbol{A}}\} &= \{(x, y) \mid \boldsymbol{d}(x, y) = 0\} \\ &= \{(x, x) \mid x \in A\} = \mathrm{id}_A, \end{aligned}$$

denn es gilt bei $\boldsymbol{d}(x, y) = 0$ nach (3.2.22) $\bar{x} \cdot y + x \cdot \bar{y} = 0$, also $\bar{x} \cdot y = x \cdot \bar{y} = 0$ nach (3.2.14), mithin $x \leq y$ und $y \leq x$ nach (3.2.15) und also $x = y$, denn $\leq$ ist eine Halbordnung. Nach einem allgemeinen Resultat der universellen Algebra – vgl. etwa Birkhoff [1948] oder Grätzer [1968] – folgt aus dieser Eigenschaft aller Kongruenzrelationen $R_{\boldsymbol{P}}$ für $\boldsymbol{P} \in \mathfrak{P}_{\boldsymbol{A}}$, daß $\boldsymbol{A}$ isomorph einem subdirekten Produkt aller MV-Algebren $\boldsymbol{A}/\boldsymbol{P}$ für $\boldsymbol{P} \in \mathfrak{P}_{\boldsymbol{A}}$ ist; und nach Hilfssatz 3.2.3 ist $\leq$ in $\boldsymbol{A}/\boldsymbol{P}$ linear bei $\boldsymbol{P} \in \mathfrak{P}_{\boldsymbol{A}}$. ∎

Um auf weitere algebraische Tatbestände zurückgreifen zu können, stellen wir nun eine Beziehung zwischen MV-Algebren und geordneten abelschen Gruppen her. Dabei versteht man unter einer geordneten abelschen Gruppe eine solche abelsche Gruppe $\boldsymbol{G}$, der eine Anordnungsrelation $\leq_{\boldsymbol{G}}$ derart zugeordnet ist, daß die Gruppenoperation $*$ bezüglich $\leq_{\boldsymbol{G}}$ monoton ist:

$$a \leq_{\boldsymbol{G}} b \Rightarrow a * c \leq_{\boldsymbol{G}} b * c \quad \text{für alle} \quad a, b, c \in G.$$

Sei also $\langle G, *, \leq_{\boldsymbol{G}} \rangle$ solch eine geordnete abelsche Gruppe. Es sei $\boldsymbol{0}$ das

Nullelement dieser Gruppe und $a \in G$ mit $\mathbf{0} \leq_G a$ gewählt. Weiter sei

$$G^+_{\leq a} = \{x \in G \mid \mathbf{0} \leq_G x \leq_G a\}.$$

In dieser Menge $G^+_{\leq a}$ erklären wir Operationen $\#$, ${}^\perp$, $\diamondsuit$, indem wir für beliebige $b, c \in G^+_{\leq a}$ setzen:

$$b \# c =_{\text{def}} \min (a, b * c),$$

$$b^\perp =_{\text{def}} a *^{-1} b,$$

$$b \diamondsuit c =_{\text{def}} (b^\perp \# c^\perp)^\perp,$$

wobei $*^{-1}$ die Umkehrung der Gruppenoperation $*$ ist und min bezüglich $\leq_G$ zu nehmen ist. Es sei $\boldsymbol{G}^+_{\leq a} = \langle G^+_{\leq a}, \#, \diamondsuit, {}^\perp, \mathbf{0}, a\rangle$.

Ist $\langle A, +, \cdot, {}^-, \mathsf{0}, \mathsf{1}\rangle$ eine MV-Algebra, so betrachten wir dazu die Menge von geordneten Paaren

$$A^+ = \{(m, a) \mid a \in A \text{ und } m \text{ ganze Zahl}\}$$

und darin die Äquivalenzrelation $\approx$:

$$(m, a) \approx (n, b) =_{\text{def}} (\bar{a} = b = \mathsf{0} \wedge n = m + 1)$$
$$\vee (a = \bar{b} = \mathsf{0} \wedge n + 1 = m).$$

Die $\approx$-Äquivalenzklasse von (m, a) bezeichnen wir kurz mit $\langle m, a\rangle$. Wir bilden

$$A^* = \{\langle m, a\rangle \mid a \in A \text{ und } m \text{ ganze Zahl}\}$$

und erklären darin eine Operation $*$ durch

$$\langle m, a\rangle * \langle n, b\rangle =_{\text{def}} \begin{cases} \langle m + n, a + b\rangle, & \text{wenn} \quad a + b < \mathsf{1} \\ \langle m + n + 1, a \cdot b\rangle, & \text{wenn} \quad a + b = \mathsf{1}. \end{cases}$$

Es ergibt sich leicht, daß diese Operation $*$ repräsentantenunabhängig erklärt ist.

Hilfssatz 3.2.5. (a) *Ist $\langle A, +, \cdot, {}^-, \mathsf{0}, \mathsf{1}\rangle$ eine* MV-*Algebra, deren zugehörige Anordnungsrelation $\leq$ linear ist, dann ist $\langle A^*, *, \leq^*\rangle$ eine geordnete abelsche Gruppe mit dem Nullelement $\langle 0, \mathsf{0}\rangle$, wenn man*

$$\langle m, b\rangle \leq^* \langle n, c\rangle =_{\text{def}} m < n \vee (m = n \wedge b \leq c)$$
$$\vee (m = n + 1 \wedge b = \bar{c} = \mathsf{0})$$

setzt. Außerdem sind $\boldsymbol{A}$ und $(\boldsymbol{A}^*)^+_{\leq\langle 0,\mathsf{1}\rangle}$ isomorphe MV-*Algebren; und zu jedem $x \in A^*$ gibt es eine ganze Zahl k, so daß $k\langle 0, \mathsf{1}\rangle \leq^* x \leq^* (k + 1)\langle 0, \mathsf{1}\rangle$.*

(b) *Ist $\langle G, *, \leq_G\rangle$ eine geordnete abelsche Gruppe mit dem Nullelement $\mathbf{0}$, so ist für jedes $\mathbf{0} \leq_G a$ die algebraische Struktur $\langle G^+_{\leq a}, \#, \diamondsuit, {}^\perp, \mathbf{0}, a\rangle$ eine*

MV-*Algebra, deren zugehörige Anordnungsrelation* $\leq_G$ *ist und also linear. Gibt es außerdem zu jedem* $y \in G$ *eine ganze Zahl* n *mit* $na \leq_G y \leq_G (n+1)\,a$, *so sind* $\boldsymbol{G}$ *und* $(\boldsymbol{G}^+_{\leq a})^*$ *isomorphe geordnete abelsche Gruppen.*

Beweis. (a) Offenbar ist die Operation $*$ kommutativ und hat $\langle 0, \mathbf{0}\rangle$ als neutrales Element. Jedes „geordnete Paar" $\langle k, c\rangle \in A^*$ hat $\langle -k-1, \bar{c}\rangle$ als $*$-Inverses. Es bleibt also zunächst die Assoziativität von $*$ zu bestätigen. Dies läßt sich durch elementares Nachrechnen erledigen, braucht aber wegen der Definition von $*$ die Unterscheidung mehrerer Fälle. Deswegen sei der interessierte Leser auf Chang [1959] verwiesen. Auch von $\leq^*$ bestätigt man leicht, daß $\leq^*$ eine Halbordnungsrelation, also reflexiv, transitiv und antisymmetrisch ist. Für den Beweis, daß $\langle A^*, *, \leq^*\rangle$ eine geordnete abelsche Gruppe ist, muß also noch

$$\langle m, a\rangle \leq^* \langle n, b\rangle \Rightarrow \langle m, a\rangle * \langle k, c\rangle \leq^* \langle n, b\rangle * \langle k, c\rangle$$

gezeigt werden. Sei $\langle m, a\rangle \leq^* \langle n, b\rangle$. Zunächst sei außerdem $b + c = \mathbf{1}$. Ist dann $m < n$, so $m + k < m + k + 1 < n + k + 1$ und also $\langle m, a\rangle * \langle k, c\rangle \leq^* \langle n, b\rangle * \langle k, c\rangle$; ist $m = n$ und $a \leq b$, so ist bei $a + c < \mathbf{1}$ sofort $m + k < n + k + 1$, und bei $a + c = \mathbf{1}$ ist $a \cdot c \leq b \cdot c$ nach (3.2.13), also wieder $\langle m, a\rangle * \langle k, c\rangle \leq^* \langle n, b\rangle * \langle k, c\rangle$; ist endlich $m = n + 1$ und $a = \bar{b} = \mathbf{0}$, so $\langle m, a\rangle = \langle n+1, \mathbf{0}\rangle = \langle n, \mathbf{1}\rangle = \langle n, b\rangle$ und damit $\langle m, a\rangle * \langle k, c\rangle \leq^* \langle n, b\rangle * \langle k, c\rangle$. Nun sei $b + c < \mathbf{1}$. Ist dann $m < n$, so bei $a + c < \mathbf{1}$ auch $m + k < n + k$ und also $\langle m, a\rangle * \langle k, c\rangle \leq^* \langle n, b\rangle * \langle k, c\rangle$, während bei $a + c = \mathbf{1}$ nach (3.2.14) $a \cdot c \leq c \leq b + c$ bzw. $m + 1 + k < n + k$ ist, also $\langle m, a\rangle * \langle k, c\rangle \leq^* \langle n, b\rangle * \langle k, c\rangle$; ist $m = n$ und $a \leq b$, so sofort $a + c \leq b + c < \mathbf{1}$, also wieder $\langle m, a\rangle * \langle k, c\rangle \leq^* \langle n, b\rangle * \langle k, c\rangle$; schließlich ist bei $m = n + 1$ wieder $\langle m, a\rangle = \langle n, b\rangle$.

Ein Isomorphismus von $\boldsymbol{A}$ auf $(\boldsymbol{A}^*)^+_{\leq\langle 0,\mathbf{1}\rangle}$ ist diejenige Abbildung φ, für die $\varphi(a) = \langle 0, a\rangle$ ist für jedes $a \in A$. Aus

$$(A^*)^+_{\leq\langle 0,\mathbf{1}\rangle} = \{\langle 0, x\rangle \mid x \in A\}$$

folgt leicht, daß φ ein Isomorphismus ist. Endlich zeigt man leicht induktiv, daß stets

$$n\langle 0, \mathbf{1}\rangle = n\langle 1, \mathbf{0}\rangle = \langle n, \mathbf{0}\rangle$$

ist und mithin für jedes $\langle m, a\rangle \in A^*$ gilt bei $a \neq \mathbf{1}$:

$$\langle m, \mathbf{0}\rangle \leq^* \langle m, a\rangle <^* \langle m+1, \mathbf{0}\rangle;$$

und jedes $x \in A^*$ kann als $x = \langle m, a\rangle$ mit $a \neq \mathbf{1}$ dargestellt werden.

(b) Es ist leicht nachzuprüfen, daß $\langle G^+_{\leq a}, \#, \diamondsuit, {}^\perp, \mathbf{0}, a\rangle$ bei $\mathbf{0} \leq_G a$ eine MV-Algebra ist, bei der $\sqcap = \min$, $\sqcup = \max$ (jeweils bzgl. $\leq_G$) sind. Gibt es außerdem zu jedem $y \in G$ ein n_y mit $n_y a \leq_G y <_G (n_y + 1)\,a$, so erkläre man eine Funktion ψ über $\boldsymbol{G}$ durch

$$\psi(y) = \langle n_y, y *^{-1} n_y a \rangle$$

für die Umkehroperation $*^{-1}$ der Gruppenoperation $*$. Ist für ein weiteres Element $z \in G$ entsprechend $n_z a \leq_{\boldsymbol{G}} z <_{\boldsymbol{G}} (n_z + 1)\, a$ und betrachten wir $u = y *^{-1} n_y a$ sowie $v = z *^{-1} n_z a$, so gelten $\boldsymbol{0} \leq_{\boldsymbol{G}} u$, $\boldsymbol{0} \leq_{\boldsymbol{G}} v$ und $y = n_y a * u$, $z = n_z a * v$. Daher erhält man

$$y * z = (n_y a * u) * (n_z a * v) = (n_y + n_z)\, a * (u * v)$$

sowie offenbar

$$\psi(y) = \langle n_y, u \rangle, \qquad \psi(z) = \langle n_z, v \rangle.$$

Ist nun $u * v <_{\boldsymbol{G}} a$, so ist $(n_y + n_z)\, a \leq_{\boldsymbol{G}} y * z \leq_{\boldsymbol{G}} (n_y + n_z + 1)\, a$ und daher

$$\psi(y * z) = \langle n_y + n_z, u * v \rangle = \langle n_y + n_z, u \# v \rangle;$$

ist dagegen $u * v \not<_{\boldsymbol{G}} a$, so $a \leq_{\boldsymbol{G}} u * v <_{\boldsymbol{G}} 2a$ und deswegen $(n_y + n_z + 1)\, a \leq_{\boldsymbol{G}} y * z <_{\boldsymbol{G}} (n_y + n_z + 2)\, a$ sowie

$$(y * z) *^{-1} (n_y + n_z + 1)\, a = (u * v) *^{-1} a$$
$$= a *^{-1} \big((a *^{-1} u) * (a *^{-1} v)\big) = u \diamondsuit v,$$

also in diesem Falle

$$\psi(y * z) = \langle n_y + n_z + 1, u \diamondsuit v \rangle.$$

Damit ist die Operationstreue von ψ gezeigt. Daß ψ eineindeutig auf $(\boldsymbol{G}^+_{\leq a})^*$ abbildet und ordnungserhaltend ist, zeigt man ähnlich elementar. ∎

Hilfssatz 3.2.6. *Zu jeder Identität E der Theorie der* MV-*Algebren gibt es einen $\forall$-Ausdruck $E^*(x)$ mit einer freien Variablen der Sprache der Theorie der geordneten abelschen Gruppen, so daß eine* MV-*Algebra $\boldsymbol{A}$, deren zugehörige Anordnungsrelation $\leq$ linear ist, genau dann ein Modell von E ist, wenn die geordnete abelsche Gruppe $\boldsymbol{A}^*$ ein Modell der $\forall$-Aussage $E^*(\langle 0, 1\rangle)$ ist.*

Beweis. Es sei E eine in der Sprache der Theorie der MV-Algebren formulierte Identität, d. h. ein Ausdruck der Form $T_1 = T_2$, in dem T_1, T_2 Terme sind, die aus Individuenvariablen $x_1, \ldots, x_n$ und den Individuenkonstanten *0*, *1* mittels des zweistelligen Operationssymbols $+$ und des einstelligen Operationssymbols $^-$ in der gewohnten Art aufgebaut sind. (Da in einer MV-Algebra alle Operationen $\cdot$, $\sqcap$, $\sqcup$ mittels $+$, $^-$ definierbar sind, kann jeder Term äquivalent allein mit den Operationssymbolen $+$, $^-$

geschrieben werden.) Es sei x eine von $x_1, \ldots, x_n$ verschiedene Individuenvariable. Nun möge E wie folgt umgeformt werden:

– man ersetze die Individuenkonstante 1 durch die Variable x;
– man ersetze jeden Teilausdruck der Form $\alpha + \beta$ durch $\min(x, \alpha * \beta)$;
– man ersetze jeden Teilausdruck der Form $\bar{\alpha}$ durch $x *^{-1} \alpha$.

Sind alle diese Ersetzungen soweit wie möglich ausgeführt, ist ein Ausdruck E' ohne Quantoren und mit den Operationssymbolen $*$, $*^{-1}$, min sowie den Individuenvariablen $x, x_1, \ldots, x_n$ entstanden. Dann sei

$$E^*(x) = \bigwedge_{x_1 \ldots x_n} (0 \leq^* x_1 \leq^* x \wedge \ldots \wedge 0 \leq^* x_n \leq^* x \Rightarrow E').$$

Ist dann $\boldsymbol{A}$ eine MV-Algebra, deren zugehörige Anordnungsrelation $\leq$ linear ist, so folgt aus obiger Konstruktion von $\boldsymbol{A}^*$ und Hilfssatz 3.2.5, daß $\boldsymbol{A}$ genau dann ein Modell von E ist, wenn $\boldsymbol{A}^*$ ein Modell von $E^*(\langle 0, 1\rangle)$ ist. ∎

Hilfssatz 3.2.7. *Es sei $\langle \mathbf{R}, +, \leq \rangle$ die geordnete abelsche Gruppe aller rationalen Zahlen. Eine Identität E der Sprache der Theorie der* MV-*Algebren gilt genau dann in der* MV-*Algebra $\mathbf{R}^+_{\leq 1}$, wenn E in jeder* MV-*Algebra gilt, deren zugehörige Anordnungsrelation linear ist.*

Beweis. Da $\mathbf{R}^+_{\leq 1}$ selbst eine MV-Algebra ist, deren zugehörige Anordnungsrelation linear ist, brauchen wir nur anzunehmen, daß E in $\mathbf{R}^+_{\leq 1}$ gelte, d. h., daß $\mathbf{R}^+_{\leq 1}$ ein Modell von E sei. Würde dann E nicht in jeder MV-Algebra gelten, deren Anordnungsrelation linear ist, gäbe es eine solche MV-Algebra $\boldsymbol{A}$, die kein Modell von E ist. Wir bilden den zu E gemäß Hilfssatz 3.2.6 existierenden $\forall$-Ausdruck $E^*(x)$. Dann ist $\boldsymbol{A}^*$ kein Modell von $E^*(\langle 0, 1\rangle)$, also insbesondere auch kein Modell der $\forall$-Aussage $\bigwedge_x \big(0 < x \Rightarrow E^*(x)\big)$.

Nun weiß man aus der Gruppentheorie – vgl. etwa Kuroš [1970] –, daß jede geordnete abelsche Gruppe isomorph in eine teilbare geordnete abelsche Gruppe eingebettet werden kann. Dabei heißt eine abelsche Gruppe $\langle G, + \rangle$ *teilbar*, falls für jedes $a \in G$ und jede natürliche Zahl $n \geq 1$ die Gleichung $nx = a$ eine Lösung in G hat. In der Modelltheorie zeigt man etwa mit der Methode der Elimination der Quantoren – vgl. Chang/Keisler [1973], Barwise [1977] und im wesentlichen schon Tarski [1931] – die Vollständigkeit der in der Prädikatenlogik der 1. Stufe formalisierten Theorie der teilbaren geordneten abelschen Gruppen. Deswegen sind je zwei teilbare geordnete abelsche Gruppen elementar äquivalent, d. h. erfüllen dieselben Aussagen (in der Sprache der Prädikatenlogik der 1. Stufe).

Es existiert also eine teilbare geordnete abelsche Gruppe $\boldsymbol{G} = \langle G, +, \leq \rangle$ mit $\boldsymbol{A}^*$ als Untergruppe. Dann ist auch $\boldsymbol{G}$ kein Modell der $\forall$-Aussage

$\bigwedge_x \big(0 < x \Rightarrow E^*(x)\big)$, da sich die Gültigkeit von $\forall$-Aussagen auf Untergruppen vererbt. Da auch $\langle \mathbf{R}, +, \leq \rangle$ eine teilbare geordnete abelsche Gruppe ist, gilt jene Aussage also auch dafür nicht. Mithin gibt es eine rationale Zahl c derart, daß $c > 0$ ist und $E^*(c)$ falsch in $\mathbf{R}$. Dann ist aber auch $E^*(1)$ falsch in $\mathbf{R}$, denn es gibt einen Automorphismus von $\langle \mathbf{R}, +, \leq \rangle$, der c auf 1 abbildet. Da nach Hilfssatz 3.2.5 die geordneten abelschen Gruppen $\mathbf{R}$ und $(\mathbf{R}^+_{\leq 1})^*$ isomorph sind, ist $E^*(\langle 0, 1 \rangle)$ falsch in $(\mathbf{R}^+_{\leq 1})^*$ und also nach Hilfssatz 3.2.6 E falsch in der MV-Algebra $\mathbf{R}^+_{\leq 1}$. Also ergibt sich ein Widerspruch zur Wahl von E. Unser Hilfssatz ist bewiesen. ∎

3.2.2. MV-Algebren und Axiomatisierungen der Ł-Systeme

Im Anschluß an Definition 3.2.1 hatten wir gezeigt, wie man von ŁUKASIEWICZschen aussagenlogischen Systemen zu MV-Algebren gelangen kann. Dies soll nun noch in einer zweiten Art geschehen.

Wir nehmen wieder wie in Abschnitt 3.1 an, daß $\mathbf{Ł}_\nu$ die Junktoren $\neg$, $\rightarrow_{Ł}$ als grundlegende Junktoren enthalte und $\vee$, $\wedge$, &, $\veebar$ gemäß (3.1.1), (3.1.2), (3.1.4), (3.1.5) definitorisch eingeführt seien. $\mathcal{L}$ sei die Menge aller Ł-Ausdrücke in dieser definitorisch erweiterten Sprache. Ein Kalkül $\mathbf{K}_{Ł}$ zur Erzeugung von Ł-Ausdrücken sei konstituiert durch die Axiomenschemata (vgl. Satz 3.1.6):

($Ł_\infty$1) $A \rightarrow_{Ł} (B \rightarrow_{Ł} A)$,

($Ł_\infty$2) $(A \rightarrow_{Ł} B) \rightarrow_{Ł} \big((B \rightarrow_{Ł} C) \rightarrow_{Ł} (A \rightarrow_{Ł} C)\big)$,

($Ł_\infty$3) $(\neg B \rightarrow_{Ł} \neg A) \rightarrow_{Ł} (A \rightarrow_{Ł} B)$,

($Ł_\infty$4) $\big((A \rightarrow_{Ł} B) \rightarrow_{Ł} B\big) \rightarrow_{Ł} \big((B \rightarrow_{Ł} A) \rightarrow_{Ł} A\big)$

und die Abtrennungsregel (MP) als Ableitungsregel. $\vdash_{Ł}$ bedeute die Ableitbarkeitsbeziehung im Kalkül $\mathbf{K}_{Ł}$.

Hilfssatz 3.2.8. *In der Ausdrucksmenge $\mathcal{L}$ sei eine binäre Relation $\equiv$ erklärt durch die Festlegung*

$$H \equiv G =_{\text{def}} \vdash_{Ł} (H \rightarrow_{Ł} G) \wedge \vdash_{Ł} (G \rightarrow_{Ł} H). \tag{3.2.23}$$

Diese Relation $\equiv$ ist eine Äquivalenzrelation in $\mathcal{L}$. Die in der Menge $\mathcal{L}/_{\equiv}$ der $\equiv$-Restklassen durch (3.2.2), (3.2.3) *und* (3.2.4) *erklärten Operationen sind repräsentantenunabhängig erklärt. Setzt man noch*

$$\mathsf{0} =_{\text{def}} [\neg (p' \rightarrow_{Ł} p')], \qquad \mathsf{1} =_{\text{def}} [(p' \rightarrow_{Ł} p')], \tag{3.2.24}$$

so ist die algebraische Struktur $\mathbf{L} = \langle \mathcal{L}/_{\equiv}, +, \cdot, ^-, \mathsf{0}, \mathsf{1} \rangle$ eine MV-*Algebra, die sogenannte* LINDENBAUM-*Algebra des Kalküls* $\mathbf{K}_{Ł}$.

Beweis. Offenbar ist $\equiv$ eine symmetrische Relation. Da man aus ($Ł_\infty 2$) mit zweimaliger Anwendung von (MP) findet, daß

$$A \to_Ł B, B \to_Ł C \vdash_Ł A \to_Ł C \tag{3.2.25}$$

gilt, beweist man leicht auch die Transitivität von $\equiv$. Überhaupt wird (3.2.25) bei den folgenden Ableitungen oft benutzt werden, ohne daß dies stets erwähnt werden wird.

Der Nachweis der Reflexivität von $\equiv$ bedarf noch einiger Zwischenschritte. Zunächst gibt ($Ł_\infty 4$) sofort

$$\vdash_Ł A \vee B \to_Ł B \vee A \tag{3.2.26}$$

und damit aus Symmetriegründen, d. h. weil A, B vertauscht werden können im Axiomenschema ($Ł_\infty 4$):

$$A \vee B \equiv B \vee A; \tag{3.2.27}$$

auch dieser Übergang von der Ableitbarkeit einer Ł-Implikation (3.2.26) zu einer Äquivalenzaussage (3.2.27) wird weiterhin häufig benutzt werden und höchstens kurz angedeutet.

Setzt man in ($Ł_\infty 1$) $B \to_Ł A$ für B ein, so findet man $\vdash_Ł A \to_Ł B \vee A$ und also $\vdash_Ł A \to_Ł A \vee B$ über (3.2.27) und (3.2.25) für beliebige Ł-Ausdrücke A, B. Damit kann man durch einmalige Anwendung von (MP) aus ($Ł_\infty 2$) erhalten: $\vdash_Ł \big(B \vee C \to_Ł (A \to_Ł C)\big) \to_Ł \big(B \to_Ł (A \to_Ł C)\big)$, indem B für A, $B \vee C$ für B und $A \to_Ł C$ für C gesetzt wird. Mit $B \to_Ł C$ für B in ($Ł_\infty 2$) ergibt sich außerdem: $\vdash_Ł \big(A \to_Ł (B \to_Ł C)\big) \to_Ł \big(B \vee C \to_Ł (A \to_Ł C)\big)$. Also folgt mit (3.2.25)

$$\vdash_Ł \big(A \to_Ł (B \to_Ł C)\big) \to_Ł \big(B \to_Ł (A \to_Ł C)\big) \tag{3.2.28}$$

und daher sofort wieder

$$A \to_Ł (B \to_Ł C) \equiv B \to_Ł (A \to_Ł C). \tag{3.2.29}$$

Speziell gibt (3.2.28) mit A für C nach Anwendung von (MP) wegen ($Ł_\infty 1$), daß $\vdash_Ł \big(B \to_Ł (A \to_Ł A)\big)$; nehmen wir für B noch irgendein Axiom, so folgt

$$\vdash_Ł (A \to_Ł A). \tag{3.2.30}$$

Also ist $\equiv$ auch reflexiv und damit eine Äquivalenzrelation.

Mit (3.2.28) erhält man aus ($Ł_\infty 2$) unmittelbar die wichtige Beziehung

$$\vdash_Ł (B \to_Ł C) \to_Ł \big((A \to_Ł B) \to_Ł (A \to_Ł C)\big). \tag{3.2.31}$$

Damit können wir aus dem Spezialfall $\vdash_Ł \neg\neg A \to_Ł (\neg\neg B \to_Ł \neg\neg A)$ von ($Ł_\infty 1$) wegen ($Ł_\infty 3$) zunächst $\vdash_Ł \neg\neg A \to_Ł (\neg A \to_Ł \neg B)$ und dann $\vdash_Ł \neg\neg A \to_Ł (B \to_Ł A)$ erhalten. (3.2.28) liefert nun

$\vdash_{Ł} B \rightarrow_{Ł} (\neg\neg A \rightarrow_{Ł} A)$. Wählt man also B als irgendein Axiom, so folgt

$$\vdash_{Ł} \neg\neg A \rightarrow_{Ł} A . \tag{3.2.32}$$

Setzen wir dann $\neg\neg A$ für A, A für B und $\neg B$ für C in $(Ł_\infty 2)$ ein, finden wir $\vdash_{Ł} (A \rightarrow_{Ł} \neg B) \rightarrow_{Ł} (B \rightarrow_{Ł} \neg A)$ nach Abtrennung und also

$$(A \rightarrow_{Ł} \neg B) \equiv (B \rightarrow_{Ł} \neg A). \tag{3.2.33}$$

Nehmen wir darin $\neg A$ für B, so können wir auf $\vdash_{Ł} (\neg A \rightarrow_{Ł} \neg A) \rightarrow_{Ł} (A \rightarrow_{Ł} \neg\neg A)$ wegen (3.2.30) Regel (MP) anwenden und erhalten $\vdash_{Ł} (A \rightarrow_{Ł} \neg\neg A)$; also mit (3.2.32):

$$A \equiv \neg\neg A . \tag{3.2.34}$$

Nun können wir zeigen, daß die gemäß (3.2.2), (3.2.3) und (3.2.4) in $\mathscr{L}/_{\equiv}$ eingeführten Operationen korrekt, d. h. repräsentantenunabhängig definiert sind. Aus $(Ł_\infty 2)$ erhalten wir nämlich: $(A \rightarrow_{Ł} B) \vdash_{Ł} (B \rightarrow_{Ł} C) \rightarrow_{Ł} (A \rightarrow_{Ł} C)$, und durch Vertauschen von A, B auch: $(B \rightarrow_{Ł} A) \vdash_{Ł} (A \rightarrow_{Ł} C) \rightarrow_{Ł} (B \rightarrow_{Ł} C)$. Deshalb gilt nun:

$$\text{wenn} \quad A \equiv B, \quad \text{so} \quad (A \rightarrow_{Ł} C) \equiv (B \rightarrow_{Ł} C). \tag{3.2.35}$$

Ganz analog erhält man aus (3.2.31) statt $(Ł_\infty 2)$ die Beziehung:

$$\text{wenn} \quad A \equiv B, \quad \text{so} \quad (C \rightarrow_{Ł} A) \equiv (C \rightarrow_{Ł} B). \tag{3.2.36}$$

Schließlich geben (3.2.34) und (3.2.36): $(A \rightarrow_{Ł} B) \equiv (A \rightarrow_{Ł} \neg\neg B)$; setzt man aber in (3.2.33) $\neg B$ für B, so erhält man $(A \rightarrow_{Ł} \neg\neg B) \equiv (\neg B \rightarrow_{Ł} \neg A)$. Insgesamt ergibt sich somit $(A \rightarrow_{Ł} B) \equiv (\neg B \rightarrow_{Ł} \neg A)$ und daraus:

$$\text{wenn} \quad A \equiv B, \quad \text{so} \quad \neg A \equiv \neg B. \tag{3.2.37}$$

Wegen (3.2.35), (3.2.36) und (3.2.37) kann man sowohl im Vorderglied einer **Ł**-Impliaktion, im Hinterglied einer solchen Implikation als auch nach dem Negationszeichen **Ł**-Ausdrücke durch dazu $\equiv$-äquivalente ersetzen und erhält dabei **Ł**-Ausdrücke, die den vorherigen $\equiv$-äquivalent sind. Daraus folgt nun die Repräsentantenunabhängigkeit der Definitionen von $+, \cdot, ^-$.

Um zu zeigen, daß $\mathscr{L}/_{\equiv}$ bezüglich dieser Operationen und der in (3.2.24) angegebenen Elemente eine MV-Algebra ist, genügt es nun, statt der Identitäten (MV1), ..., (MV11′) nur entsprechende $\equiv$-Äquivalenzen zu zeigen: also etwa $A \veebar B \equiv B \veebar A$ statt (MV1), $A \wedge B \equiv B \wedge A$ statt (MV 9′) usw.

Mit (3.2.27) ist bereits (MV9) gezeigt, mit (3.2.34) ebenso (MV7). Wegen (3.2.34) erhält man $(\neg A \rightarrow_{Ł} B) \equiv (\neg B \rightarrow_{Ł} A)$ aus (3.2.33), und dies ist (MV1) nach (3.1.5). Entsprechend folgt (MV1′) über (3.2.37) sofort aus (3.2.33). Aus (3.1.4) folgt bei zweimaliger Anwendung von

(3.2.34) direkt (MV6′), daraus mit (3.2.37) und (3.2.34) auch (MV6). Deswegen gilt $a \sqcap b = \overline{(\bar{a} \sqcup \bar{b})}$ in unserer algebraischen Struktur und (MV9′) folgt über (MV7) aus (MV9). Setzen wir in (3.2.29) $\neg A$ für A und $\neg B$ für B, so ergibt sich $A \veebar (B \veebar C) \equiv B \veebar (A \veebar C)$ wegen (3.1.5); vertauschen von B und C gibt $A \veebar (C \veebar B) \equiv C \veebar (A \veebar B)$ und (MV1) daraus $A \veebar (B \veebar C) \equiv (A \veebar B) \veebar C$, also (MV2). (MV2′) folgt nun über (MV6), (MV6′) und (MV7).

Übrigens entspricht der $\sqcup$-Verknüpfung der $\equiv$-Restklassen die $\vee$-Verknüpfung ihrer Repräsentanten: sind $a = [A]$ und $b = [B]$, so ist $(A \,\&\, \neg B) \veebar B$ nach (3.2.1) ein Repräsentant von $a \sqcup b$; unsere bisherigen Resultate liefern aber zusammen mit den entsprechenden Definitionen

$$(A \,\&\, \neg B) \veebar B \equiv \neg (A \,\&\, \neg B) \rightarrow_{Ł} B \equiv (\neg A \veebar B) \rightarrow_{Ł} B$$
$$\equiv (A \rightarrow_{Ł} B) \rightarrow_{Ł} B \equiv A \vee B. \qquad (3.2.38)$$

Dann folgt leicht, daß sich auch $\sqcap$ und $\wedge$ in dieser Weise entsprechen.

Aus (3.2.33) und (3.2.34) ergibt sich $(A \rightarrow_{Ł} B) \equiv (\neg B \rightarrow_{Ł} \neg A)$ als „Kontraposition“ und damit auch $\big(A \rightarrow_{Ł} (B \rightarrow_{Ł} C)\big) \equiv \big((A \rightarrow_{Ł} (\neg C \rightarrow_{Ł} \neg B)\big)$, also $\big(A \rightarrow_{Ł} (B \rightarrow_{Ł} C)\big) \equiv \big(\neg C \rightarrow_{Ł} (A \rightarrow_{Ł} \neg B)\big)$ wegen (3.2.29). Erneute „Kontraposition“ gibt $\big(A \rightarrow_{Ł} (B \rightarrow_{Ł} C)\big) \equiv \big(\neg (A \rightarrow_{Ł} \neg B) \rightarrow_{Ł} C\big)$, also

$$\big(A \rightarrow_{Ł} (B \rightarrow_{Ł} C)\big) \equiv (A \,\&\, B \rightarrow_{Ł} C) \qquad (3.2.39)$$

nach (3.1.4). Setzt man in ($Ł_\infty 2$) noch $(B \rightarrow_{Ł} C)$ für A und $(A \rightarrow_{Ł} C)$ für B ein, erhält man $\vdash_{Ł} \big((B \rightarrow_{Ł} C) \rightarrow_{Ł} (A \rightarrow_{Ł} C)\big) \rightarrow_{Ł} (A \vee C \rightarrow_{Ł} B \vee C)$ wegen (3.1.1), also erneut aus ($Ł_\infty 2$) über (3.2.25)

$$\vdash_{Ł} (A \rightarrow_{Ł} B) \rightarrow_{Ł} (A \vee C \rightarrow_{Ł} B \vee C). \qquad (3.2.40)$$

Umbenennungen und (3.2.39) ergeben daraus

$$\vdash_{Ł} (A \rightarrow_{Ł} C) \,\&\, (A \vee B) \rightarrow_{Ł} C \vee B,$$

Berücksichtigung der „Kommutativität“ von $\vee$ und (3.2.29) außerdem

$$\vdash_{Ł} C \vee B \rightarrow_{Ł} \big((B \rightarrow_{Ł} D) \rightarrow_{Ł} (C \vee D)\big).$$

Aus beiden ergeben nun (3.2.25), (3.2.39) und (3.2.29):

$$\vdash_{Ł} (A \rightarrow_{Ł} C) \rightarrow_{Ł} \big((B \rightarrow_{Ł} D) \rightarrow_{Ł} (A \vee B \rightarrow_{Ł} C \vee D)\big),$$

also speziell

$$\vdash_{Ł} (A \rightarrow_{Ł} C) \rightarrow_{Ł} \big((B \rightarrow_{Ł} C) \rightarrow_{Ł} (A \vee B \rightarrow_{Ł} C \vee C)\big). \qquad (3.2.41)$$

Da aber wegen ($Ł_\infty 1$) speziell

$$\vdash_{Ł} (C \rightarrow_{Ł} C) \rightarrow_{Ł} \big((C \rightarrow_{Ł} (C \rightarrow_{Ł} C)) \rightarrow_{Ł} (C \rightarrow_{Ł} C)\big)$$

gilt und also wegen (3.2.30) auch

$$\vdash_{Ł} (C \to_{Ł} (C \to_{Ł} C)) \to_{Ł} (C \to_{Ł} C),$$

und da weiterhin wegen (3.1.1) und der „Kommutativität" von $\vee$

$$\begin{aligned}(C \to_{Ł} (C \to_{Ł} C)) \to_{Ł} (C \to_{Ł} C) &\equiv C \vee (C \to_{Ł} C)\\ &\equiv (C \to_{Ł} C) \vee C\\ &\equiv (((C \to_{Ł} C) \to_{Ł} C) \to_{Ł} C)\\ &\equiv C \vee C \to_{Ł} C\end{aligned}$$

ist, erhält man

$$\vdash_{Ł} C \vee C \to_{Ł} C \tag{3.2.42}$$

und somit aus (3.2.41) über (3.2.39) und (3.2.25)

$$\vdash_{Ł} (A \to_{Ł} C) \to_{Ł} ((B \to_{Ł} C) \to_{Ł} (A \vee B \to_{Ł} C)). \tag{3.2.43}$$

Aus den schon beim Herleiten von (3.2.28) benutzten Resultaten $\vdash_{Ł} A \to_{Ł} A \vee B$ und $\vdash_{Ł} A \to_{Ł} B \vee A$ ergibt sich nun

$$\vdash_{Ł} D \to_{Ł} (A \vee B) \vee C \quad \text{für} \quad D \in \{A, B, C\}.$$

Wegen (3.2.43) erhält man daraus mit Abtrennung zunächst

$$\vdash_{Ł} (B \vee C) \to_{Ł} (A \vee B) \vee C$$

und durch nochmalige Anwendung dieses Schrittes

$$\vdash_{Ł} A \vee (B \vee C) \to_{Ł} (A \vee B) \vee C.$$

Ganz analog zeigt man $\vdash_{Ł} (A \vee B) \vee C \to A \vee (B \vee C)$ und also (MV10). Wie üblich folgt daraus auch (MV10').

Ausgehend von $\vdash_{Ł} A \to_{Ł} A \vee B$ erhalten wir außerdem über (MV1'): $\vdash_{Ł} (B \,\&\, A) \to_{Ł} ((A \,\&\, B) \vee (A \,\&\, C))$ und also wegen (3.2.39)

$$\vdash_{Ł} B \to_{Ł} (A \to_{Ł} ((A \,\&\, B) \vee (A \,\&\, C))).$$

Ganz analog ergibt sich: $\vdash_{Ł} C \to_{Ł} (A \to_{Ł} ((A \,\&\, B) \vee (A \,\&\, C)))$. Über (3.2.43) erhalten wir daraus bei Berücksichtigung von (3.2.39) und (MV1'):

$$\vdash_{Ł} A \,\&\, (B \,\&\, C) \to_{Ł} (A \,\&\, B) \vee (A \,\&\, C). \tag{3.2.44}$$

Aus (3.2.31) erhalten wir nun $\vdash_{Ł} (B \to_{Ł} C) \to_{Ł} (A \vee B \to_{Ł} A \vee C)$. Geeignete Einsetzung führt zu $\vdash_{Ł} (\neg B \to_{Ł} \neg C) \to_{Ł} (\neg A \vee \neg B \to_{Ł} \neg A \vee \neg C)$ und weiterhin (3.2.33) zu $\vdash_{Ł} (C \to_{Ł} B) \to_{Ł} (A \,\&\, C \to_{Ł} A \,\&\, B)$. Da aber $\vdash_{Ł} B \to_{Ł} (B \vee C)$ gilt, erhalten wir nach Abtrennung auf diese Weise

$$\vdash_{\text{Ł}} A \,\&\, B \rightarrow_{\text{Ł}} A \,\&\, (B \vee C);$$

aus $\vdash_{\text{Ł}} C \rightarrow_{\text{Ł}} (B \vee C)$ erhalten wir ebenso

$$\vdash_{\text{Ł}} A \,\&\, C \rightarrow_{\text{Ł}} A \,\&\, (B \vee C).$$

Nun folgt aus (3.2.43), daß die zu (3.2.44) umgekehrte Ł-Implikation ebenfalls in $\mathbf{K}_{\text{Ł}}$ ableitbar ist. Also gilt (MV11′). Wie üblich folgern wir daraus (MV11).

Abschließend betrachten wir diejenigen der Bedingungen (MV1), ..., (MV11′), in denen die Konstanten $\mathsf{0}, \mathsf{1}$ vorkommen. Wegen (3.2.30) ist $\mathsf{1}$ die $\equiv$-Restklasse aller $\vdash_{\text{Ł}}$-ableitbaren Ausdrücke. ($\text{Ł}_\infty 1$) und (MP) geben deshalb bei geeigneter Einsetzung

$$\vdash_{\text{Ł}} A \veebar (p' \rightarrow_{\text{Ł}} p') \rightarrow_{\text{Ł}} (p' \rightarrow_{\text{Ł}} p');$$

umgekehrt ist wegen (3.1.5) auch

$$\vdash_{\text{Ł}} (p' \rightarrow_{\text{Ł}} p') \rightarrow_{\text{Ł}} A \veebar (p' \rightarrow_{\text{Ł}} p')$$

nur eine Instanz des Axiomenschemas ($\text{Ł}_\infty 1$). Damit ist (MV4) gezeigt. Da (3.2.34) unmittelbar (MV8) aus den Definitionen (3.2.24) ergibt, folgt (MV4′) wieder wie üblich über die „DEMORGANschen Gesetze" (MV6), (MV6′). Gilt sowohl $\vdash_{\text{Ł}} A$ als auch $\vdash_{\text{Ł}} B$, so gibt ($\text{Ł}_\infty 1$) einerseits $\vdash_{\text{Ł}} (A \rightarrow_{\text{Ł}} B)$, andererseits $\vdash_{\text{Ł}} (B \rightarrow_{\text{Ł}} A)$; also sind je zwei $\vdash_{\text{Ł}}$-ableitbare Ausdrücke $\equiv$-äquivalent. Da nach (3.1.5) und (MV1) gilt $A \veebar \neg A \equiv A \rightarrow_{\text{Ł}} A$, ist also auch (MV3) gezeigt. Wieder folgt (MV3′) daraus wie üblich. Für (MV5) schließlich haben wir zunächst

$$a + \mathsf{0} = a + a \cdot \bar{a} = a \sqcup a$$

nach (MV3′) und (3.2.1). Also bleibt $a \sqcup a = a$ zu zeigen, d. h. $A \vee A \equiv A$. Von (3.2.42) haben wir aber $\vdash_{\text{Ł}} A \vee A \rightarrow_{\text{Ł}} A$; und die Umkehrung $\vdash_{\text{Ł}} A \rightarrow_{\text{Ł}} A \vee A$ ist eine Instanz von ($\text{Ł}_\infty 1$). Damit ist (MV5) bewiesen. (MV5′) folgt wieder wie üblich. ∎

Satz 3.2.9 (Vollständigkeitssatz bezüglich Ł_∞). *Jede Ł_∞-Tautologie ist aus dem Axiomensystem* ($\text{Ł}_\infty 1$), ..., ($\text{Ł}_\infty 4$) *mittels* (MP) *ableitbar.*

Beweis. Nach Satz 3.1.2(c) ist ein Ł-Ausdruck genau dann eine Ł_∞-Tautologie, wenn er eine $\text{Ł}_{\aleph_0}$-Tautologie ist. Nun entspricht jedem nur die Junktoren $\vee, \wedge, \veebar, \&, \neg$ enthaltenden Ł-Ausdruck H (in den Aussagenvariablen $p_1, \ldots, p_n$) eineindeutig ein Term T_H der Sprache der MV-Algebren: Man ersetze die Symbole $\vee, \wedge, \veebar, \&, \neg$ durch die Symbole $\sqcup$, $\sqcap$, $+$, $\cdot$, $^-$ und die Aussagenvariablen $p_1, \ldots, p_n$ durch $x_1, \ldots, x_n$; und H ist genau dann $Ł_{\aleph_0}$-Tautologie, wenn die Identität $T_H = 1$ in der MV-Algebra $\mathbf{R}^+_{\leq 1}$ gilt. Da übrigens jeder Ł-Ausdruck semantisch äquivalent so umgeformt werden kann, daß die Junktoren $\rightarrow_Ł$, $\leftrightarrow_Ł$ nicht mehr vorkommen, er also „pfeilfrei gemacht" ist, entspricht jeder $Ł_{\aleph_0}$-Tautologie eine Identität der Form $T_H = 1$ in $\mathbf{R}^+_{\leq 1}$.

Wir zeigen nun, daß jede in der MV-Algebra $\mathbf{R}^+_{\leq 1}$ geltende Identität E auch in der in Hilfssatz 3.2.8 eingeführten MV-Algebra $\boldsymbol{L}$ gilt. Nach Satz 3.2.4 ist $\boldsymbol{L}$ isomorph einem subdirekten Produkt von MV-Algebren $\boldsymbol{A}_i$, deren Anordnungsrelationen linear sind. Nach Hilfssatz 3.2.7 gilt jede in $\mathbf{R}^+_{\leq 1}$ geltende Identität E in allen diesen „Faktoren" $\boldsymbol{A}_i$. Deswegen gilt E auch im direkten Produkt aller $\boldsymbol{A}_i$ und in dessen Unteralgebra $\boldsymbol{L}$ (vgl. etwa Grätzer [1968], Chang/Keisler [1973]).

Ist also H irgendeine $Ł_{\aleph_0}$-Tautologie, so mögen daraus mittels (3.1.3) und der Ł-Tautologie $\models_Ł (H_1 \rightarrow_Ł H_2) \leftrightarrow_Ł \neg H_1 \veebar H_2$ alle Junktoren $\rightarrow_Ł$, $\leftrightarrow_Ł$ durch semantisch äquivalente Umformung beseitigt werden. Das Resultat sei H^*; es ist unabhängig von der Reihenfolge der vorherigen Umformungsschritte. H^* ist $Ł_{\aleph_0}$-Tautologie; ihm entspreche die Identität $T_{H^*} = 1$ in $\mathbf{R}^+_{\leq 1}$. Dann gilt $T_{H^*} = 1$ in $\boldsymbol{L}$, d. h., es ist $\vdash_Ł H^*$. Da jedoch $(H_1 \leftrightarrow_Ł H_2) \equiv (H_1 \rightarrow_Ł H_2) \wedge (H_2 \rightarrow_Ł H_1)$ gemäß (3.1.3) gilt, und da auch $(H_1 \rightarrow_Ł H_2) \equiv \neg H_1 \veebar H_2$ gilt, können die von H nach H^* führenden Umformungsschritte in $\boldsymbol{L}$ rückgängig gemacht werden. Man erhält $\vdash_Ł H$. ∎

Da die Axiomenschemata $(Ł_\infty 1), \ldots, (Ł_\infty 4)$ auch nur $Ł_\infty$-Tautologien als Axiome auszeichnen, ist nun eine adäquate Axiomatisierung des aussagenlogischen Systems $Ł_\infty$ geleistet. Das nächste Ziel ist, auch für die endlichwertigen aussagenlogischen Systeme $Ł_M$ solche adäquaten Axiomatisierungen zu finden, die derjenigen von $Ł_\infty$ entsprechen. Die in Abschnitt 3.1.3 angegebene Rosser-Turquettesche Axiomatisierung dieser Systeme $Ł_M$ folgt ja anderen Prinzipien. Dabei ist interessant, daß eine geringfügige Modifizierung des Beweisganges für Satz 3.2.8 auch für diese Systeme $Ł_M$ zum angestrebten Vollständigkeitsbeweis führt (vgl. Grigolia [1977]).

Ist $M \geq 3$ eine natürliche Zahl, so nennen wir MV$_M$-*Algebra* jede MV-Algebra, in der zusätzlich zu (MV1), ..., (MV11') gelten für beliebige Elemente a:

(MV$_M$12) $(M - 1)\, a + a = (M - 1)\, a$,

(MV$_M$12') $a^{M-1} \cdot a = a^{M-1}$,

(MV$_M$13) $\left[na \cdot \left(\bar{a} + \overline{(n-1)\, a}\right)\right]^{M-1} = 0$

(MV$_M$13') $(M - 1)\left[a^n + \bar{a} \cdot \overline{a^{n-1}}\right] = 1$

für jede natürliche Zahl $1 < n < M - 1$, die kein Teiler von $M - 1$ ist.

Man sieht sofort, daß die Bedingungen ($MV_M 13$) und ($MV_M 13'$) entfallen, wenn $M = 3$ ist.

Um Beispiele für MV_M-Algebren zu haben, zeigen wir nun, daß die MV-Algebra $\mathcal{W}_m$, $m \geq 3$ genau dann eine MV_M-Algebra ist, wenn $m - 1$ ein Teiler von $M - 1$ ist. Nehmen wir an, daß $m - 1$ ein Teiler von $M - 1$ ist, dann ist $\mathcal{W}_m \subseteq \mathcal{W}_M$ nach Satz 3.1.2(b); also ist $\mathcal{W}_m$ eine MV_M-Algebra, falls $\mathcal{W}_M$ eine MV_M-Algebra ist. $\mathcal{W}_M$ ist aber wirklich eine MV_M-Algebra: man sieht sofort, daß $(M - 1)\, a = 1$ für jedes $0 \neq a \in \mathcal{W}_M$ und $b^{M-1} = 0$ für jedes $1 \neq b \in \mathcal{W}_M$, also sind ($MV_M 12$) und ($MV_M 12'$) in $\mathcal{W}_M$ erfüllt; da $\mathcal{W}_M$ jedenfalls MV-Algebra ist, erhält man ($MV_M 13'$) aus ($MV_M 13$) mittels (MV6), (MV6'). Also bleibt ($MV_M 13$) zu betrachten. Dazu diskutieren wir zunächst den Ausdruck $na \cdot \left(\bar{a} + \overline{(n-1)\, a}\right)$ und behaupten, daß

$$na \cdot \left(\bar{a} + \overline{(n-1)\, a}\right) = 1 \Leftrightarrow a = \frac{1}{n}. \tag{3.2.45}$$

Da analog (3.1.18), (3.1.19) gelten $a^k = \max\left(0, k \times a - (k-1)\right)$ und $ka = \min(1, k \times a)$ – hier $\times$, $-$ für die arithmetischen Operationen – und außerdem in jeder MV-Algebra gilt: $a \cdot b = 1$ gdw $a = b = 1$, findet man zunächst

$$na = 1 \Leftrightarrow a \geq \frac{1}{n},$$

$$\bar{a} + \overline{(n-1)\, a} = 1 \Leftrightarrow a \leq \frac{1}{n},$$

also insgesamt (3.2.45). Und zwar gilt (3.2.45) in jeder MV-Algebra $\mathcal{W}_m$. Ist mithin $1 < n < M - 1$ und n kein Teiler von $M - 1$, so ist $\frac{1}{n} \notin W_M$, also $na \cdot \left(\bar{a} + \overline{(n-1)\, a}\right) < 1$ und somit ($MV_M 13$) wegen nun $\left(na \cdot \left(\bar{a} + \overline{(n-1)\, a}\right)\right)^{M-1} = 0$.

Ist umgekehrt $\mathcal{W}_m$ eine MV_M-Algebra und wäre $m - 1$ kein Teiler von $M - 1$, so würde in $\mathcal{W}_M$ gelten ($MV_m 13$) mit $n = m - 1$ und also

$$(m-1)\, a \cdot \left(\bar{a} + \overline{(m-2)\, a}\right) \neq 1$$

für alle $a \in \mathcal{W}_m$, also insbesondere für $a = \dfrac{1}{m-1} \in \mathcal{W}_m$ im Widerspruch zu (3.2.45). Damit ist insgesamt gezeigt:

$$\mathcal{W}_m \ MV_M\text{-Algebra} \Leftrightarrow m - 1 \ \text{Teiler von} \ M - 1. \tag{3.2.46}$$

Hilfssatz 3.2.10. *Ist $\boldsymbol{I}$ maximales Ideal der* MV_M*-Algebra* $\boldsymbol{A}$*, so ist die Quotientenstruktur* $\boldsymbol{A}/\boldsymbol{I}$ *isomorph zu einer der* MV*-Algebren* $\mathscr{W}_m$*, wobei* $m - 1$ *Teiler von* $M - 1$ *ist.*

Beweis. Es ist sofort klar, daß $\boldsymbol{A}/\boldsymbol{I}$ eine MV_M-Algebra ist. Da $\boldsymbol{I}$ Primideal ist, ist auch die Anordnungsrelation $\leq$ in $\boldsymbol{A}/\boldsymbol{I}$ linear. $\boldsymbol{A}/\boldsymbol{I}$ enthält ein Atom, also ein Element $a \neq \mathsf{0}$, so daß für jedes $b \in \boldsymbol{A}/\boldsymbol{I}$ mit $\mathsf{0} \leq b \leq a$ entweder $b = \mathsf{0}$ oder $b = a$ gilt. Enthielte $\boldsymbol{A}/\boldsymbol{I}$ nämlich kein Atom, so gäbe es zu jedem $a \in \boldsymbol{A}/\boldsymbol{I}$ mit $\mathsf{0} < a < 1$ ein $\mathsf{0} \neq b \in \boldsymbol{A}/\boldsymbol{I}$ mit $(M - 1)\, b \leq a$: Für $M = 2$ ist dies trivial; für $M > 2$ zeigen wir induktiv für jede natürliche Zahl n die Existenz eines $\mathsf{0} \neq b \in \boldsymbol{A}/\boldsymbol{I}$ mit $nb \leq a$. Als Induktionsannahme sei $\mathsf{0} \neq c \in \boldsymbol{A}/\boldsymbol{I}$ mit $kc \leq a$. Da $\boldsymbol{A}/\boldsymbol{I}$ keine Atome enthalten soll, gibt es ein e mit $\mathsf{0} < e < c$; dafür gilt $\boldsymbol{d}(e, c) \neq \mathsf{0}$ für die in (3.2.22) erklärte Funktion $\boldsymbol{d}$. Ferner gilt $2e \leq c$ oder $2\boldsymbol{d}(e, c) \leq c$: ist nämlich $2e \not\leq c$, so ist $c \leq 2e = e + e$, also $\mathsf{1} = \bar{c} + e + e = \overline{c \cdot \bar{e}} + e$ und damit $\boldsymbol{d}(e, c) = \bar{e} \cdot c \leq e$; daher ergibt sich $2\boldsymbol{d}(e, c) \leq e + \boldsymbol{d}(e, c) = e + \bar{e} \cdot c = c \sqcup e = c$. Somit ist ein $b \neq \mathsf{0}$ gefunden mit $(k + 1)\, b \leq 2kb \leq k(2b) \leq kc \leq a$. Wenn also $\boldsymbol{A}/\boldsymbol{I}$ atomlos ist, so sei ein $a \in \boldsymbol{A}/\boldsymbol{I}$ mit $\mathsf{0} < a < \mathsf{1}$ fest gewählt und dazu ein $b \neq \mathsf{0}$ mit $(M - 1)\, b \leq a$. Dann ist wegen (MV_M12) die Menge $\{x \in \boldsymbol{A}/\boldsymbol{I} \mid x \leq (M - 1)\, b\}$ ein eigentliches Ideal $\neq \{\mathsf{0}\}$ von $\boldsymbol{A}/\boldsymbol{I}$ im Widerspruch dazu, daß $\boldsymbol{I}$ maximales Ideal von $\boldsymbol{A}$ war und $\boldsymbol{A}/\boldsymbol{I}$ also nur die trivialen Ideale $\{\mathsf{0}\}$ und $\boldsymbol{A}/\boldsymbol{I}$ hat.

Also enthält $\boldsymbol{A}/\boldsymbol{I}$ ein Atom a, für das außerdem $ma = \mathsf{1}$ gilt für ein kleinstes $m \leq M - 1$. Andernfalls wäre $\{x \in \boldsymbol{A}/\boldsymbol{I} \mid x \leq (M - 1)\, a\}$ erneut wegen (MV_M12) ein eigentliches Ideal $\neq \{\mathsf{0}\}$ von $\boldsymbol{A}/\boldsymbol{I}$. Widerspruch. Dieses Atom a liefert eine Kette:

$$\mathsf{0} < a < 2a < \cdots < (m - 1)\, a < ma = \mathsf{1}.$$

Es ist klar, daß stets $ka \leq (k + 1)\, a$. Wäre für $k < m$ aber $ka = (k + 1) a$, so sofort $ka = (k + 1)\, a = ka + a = (k + 1)\, a + a = (k + 2)\, a = \cdots = ma = \mathsf{1}$ im Widerspruch dazu, daß m minimal mit $ma = \mathsf{1}$ gewählt sein sollte.

Da die Anordnungsrelation $\leq$ von $\boldsymbol{A}/\boldsymbol{I}$ linear ist, gibt es also zu jedem $b \in \boldsymbol{A}/\boldsymbol{I}$ eine natürliche Zahl $n < m$ so, daß gilt: $na \leq b < (n + 1)\, a$. Nun folgt $na \cdot \bar{b} = \mathsf{0}$ wegen $na \leq b$ und folgt $b \cdot \bar{a}^{n+1} = \mathsf{0}$ wegen $b \leq (n + 1)\, a$, also $b \cdot \bar{a}^n \cdot \bar{a} = \mathsf{0}$, d. h. $\boldsymbol{d}(b, na) \leq a$. Wäre aber $\boldsymbol{d}(b, na) = a$, so $b \cdot \bar{a}^n = a$ und $b = b + \mathsf{0} = b + na \cdot \bar{b} = na + \bar{a}^n \cdot b = na + a = (n + 1)\, a$; Widerspruch. Also ist $\boldsymbol{d}(b, na) < a$, d. h. aber $\boldsymbol{d}(b, na) = \mathsf{0}$; letzteres bedeutet jedoch $b = na$. Also ist jedes Element von $\boldsymbol{A}/\boldsymbol{I}$ Vielfaches des Atoms a.

Offenbar gilt $ka + la = (k + l)\, a$ für alle natürlichen Zahlen k, l. Es gilt aber auch $\overline{ka} = (m - k)\, a$ für $0 \leq k \leq m$; dies ist trivial für

$k = m$; ist $k < m$, so $(m - k)\, a + ka = 1$, also $\overline{ka} \leq (m - k)\, a$; wäre jedoch $\overline{ka} \leq (m - k - 1)\, a$, so $1 = (m - k - 1)\, a + ka = (m - 1)\, a$ im Widerspruch zur Wahl von m. Damit ist gezeigt, daß die Abbildung φ, die durch $\varphi(ka) = \dfrac{k}{m}$ erklärt ist, ein Isomorphismus von $\boldsymbol{A}/\boldsymbol{I}$ auf $\mathscr{W}_{m+1}$ ist. Also ist $\mathscr{W}_{m+1}$ MV_M-Algebra und damit m Teiler von $M - 1$ nach (3.2.46). ∎

Satz 3.2.11. *Jede* MV_M*-Algebra ist isomorph einem subdirekten Produkt von* MV*-Algebren* $\mathscr{W}_m$, *für die* $m - 1$ *Teiler von* $M - 1$ *ist.*

Beweis. Wie bei Satz 3.2.4 zeigt man, daß jede MV_M-Algebra $\boldsymbol{A}$ subdirektes Produkt von MV_M-Algebren $\boldsymbol{A}/\boldsymbol{I}$ ist, wobei $\boldsymbol{I}$ maximales Ideal von $\boldsymbol{A}$ ist. Damit ergibt sich die Behauptung dann unmittelbar aus Hilfssatz 3.2.10. ∎

Satz 3.2.12 (Axiomatisierbarkeitstheorem für Ł_M). *Für jedes* $M \geq 3$ *ergeben die Axiomenschemata*

$(\text{Ł}_M 1)$ $\quad A \rightarrow_{\text{Ł}} (B \rightarrow_{\text{Ł}} A)$,

$(\text{Ł}_M 2)$ $\quad (A \rightarrow_{\text{Ł}} B) \rightarrow_{\text{Ł}} \big((B \rightarrow_{\text{Ł}} C) \rightarrow_{\text{Ł}} (A \rightarrow_{\text{Ł}} C)\big)$,

$(\text{Ł}_M 3)$ $\quad (\neg B \rightarrow_{\text{Ł}} \neg A) \rightarrow_{\text{Ł}} (A \rightarrow_{\text{Ł}} B)$,

$(\text{Ł}_M 4)$ $\quad \big((A \rightarrow_{\text{Ł}} B) \rightarrow_{\text{Ł}} B\big) \rightarrow_{\text{Ł}} \big((B \rightarrow_{\text{Ł}} A) \rightarrow_{\text{Ł}} A\big)$,

$(\text{Ł}_M 5)$ $\quad \sum\limits_{i=1}^{M} A \rightarrow_{\text{Ł}} \sum\limits_{i=1}^{M-1} A$,

$(\text{Ł}_M 6_n)$ $\quad \sum\limits_{i=1}^{M-1} \left(\prod\limits_{j=1}^{n} A \veebar \left(\neg A \,\&\, \sum\limits_{j=1}^{n-1} A\right)\right)$ *für* $1 < n < M - 1$, *so daß* $n - 1$ *kein Teiler von* $M - 1$ *ist*

zusammen mit der Abtrennungsregel (MP) *ein korrektes und vollständiges Axiomensystem für das aussagenlogische System* Ł_M.

Beweis. Man prüft leicht nach, daß jedes Axiom eine Ł_M-Tautologie ist. Daher gibt das Axiomensystem einen korrekten Ableitungskalkül. Es bleibt zu zeigen, daß jede Ł_M-Tautologie in diesem Kalkül ableitbar ist.

Wie in Hilfssatz 3.2.8 bilden wir die zugehörige Lindenbaum-Algebra $\boldsymbol{A}(\text{Ł}_M)$, die nunmehr eine MV_M-Algebra ist. Aus Hilfssatz 3.2.8 folgt zunächst, daß $\boldsymbol{A}(\text{Ł}_M)$ eine MV-Algebra ist, in der auch stets $(M - 1)\, a \leq Ma$ gilt wegen $\vdash_{\text{Ł}} \left(\sum\limits_{i=1}^{M-1} A \rightarrow_{\text{Ł}} \sum\limits_{i=1}^{M} A\right)$. Zusammen mit $(\text{Ł}_M 5)$ gibt dies $(\mathrm{MV}_M 12)$, woraus $(\mathrm{MV}_M 12')$ leicht zu gewinnen ist. Schließlich gibt $(\text{Ł}_M 6_n)$ sofort $(\mathrm{MV}_M 13')$; und $(\mathrm{MV}_M 13)$ folgt daraus wieder über die deMorganschen Eigenschaften (MV6), (MV6').

Nehmen wir nun an, es sei der Ł-Ausdruck H_0 nicht im konstituierten Kalkül, also nicht aus obigen Axiomen ableitbar. Dann ist $[H_0] \neq \mathbf{1}$ in $\boldsymbol{A}(Ł_M)$. Sei φ ein Isomorphismus auf ein geeignetes subdirektes Produkt von MV_M-Algebren $\mathscr{W}_{m_1}, \mathscr{W}_{m_2}, \ldots$ Dann ist

$$\varphi([H_0]) = (a_1, a_2, \ldots)$$

eine Folge von Elementen $a_i \in \mathscr{W}_{m_i}$. Wegen $[H_0] \neq \mathbf{1}$ gibt es einen Index k, so daß $a_k \neq \mathbf{1}$ gilt für das k-te Folgenglied. Es ist $a_k \in \mathscr{W}_M$. Erklärt man eine Variablenbelegung $\beta: \boldsymbol{V}_0 \to \mathscr{W}_M$ durch

$$\beta(p) = k\text{-tes Glied der Folge } \varphi([p]),$$

so folgt $\mathrm{Wert}^{Ł}(H_0, \beta) = a_k \neq \mathbf{1}$, d. h. H_0 ist keine $Ł_M$-Tautologie. Damit ist aber der Vollständigkeitsbeweis geleistet. ∎

3.2.3. Łukasiewicz-*Algebren*

Mit den MV-Algebren und den MV_M-Algebren hat man algebraische Entsprechungen für alle Łukasiewiczschen aussagenlogischen Systeme. Diese Algebren wurden von Chang [1958a] bzw. Grigolia [1977] eingeführt. Sie verallgemeinern Beziehungen, die zwischen der klassischen Aussagenlogik und den Booleschen Algebren bestehen. Eine andere Verallgemeinerung dieser Beziehungen betrachtete bereits Moisil [1940], [1941], der die sogenannten Łukasiewicz-Algebren einführte.

Sein Ausgangspunkt war das System $Ł_3$ und die Feststellung, daß darin zwar (wie in allen Systemen $Ł_\nu$) $\to_Ł$ nicht mittels der Junktoren $\wedge, \vee, \neg$ definiert werden kann, wohl aber mittels $\wedge, \vee, \neg, \mathsf{M}$, wenn man etwa $\mathrm{ver}^{Ł_3}_{\mathsf{M}}(0) = 0$ und $\mathrm{ver}^{Ł_3}_{\mathsf{M}}(1) = \mathrm{ver}^{Ł_3}_{\mathsf{M}}(1/2) = 1$ als die M beschreibende Wahrheitswertfunktion nimmt. Es gilt nämlich z. B.

$$\models_{Ł_3} (H \to_Ł G) \leftrightarrow_Ł \neg H \vee G \vee \mathsf{M}(\neg H \wedge G).$$

(Der einstellige Junktor M war von Łukasiewicz im Zusammenhang mit einer beabsichtigten modalen Interpretation der Quasiwahrheitswerte von $\mathscr{W}_3$ betrachtet und von Tarski durch $\mathsf{M}(H) =_{\mathrm{def}} (\neg H \to_Ł H)$ definiert worden — vgl. Łukasiewicz [1930].) Das Konstruktionsprinzip der 3-wertigen Łukasiewicz-Algebren, die Hinzunahme eines einstelligen Operators zu dem durch $\vee, \wedge, \neg$ konstituierten (erweiterten) Verband, konnte danach sofort auf den M-wertigen Fall verallgemeinert werden.

Definition 3.2.13. Eine *n-wertige* Łukasiewicz-*Algebra* ($n \geq 2$ eine natürliche Zahl) ist eine algebraische Struktur

$$\langle \boldsymbol{A}, \cup, \cap, \sim, \sigma_1^n, \ldots, \sigma_{n-1}^n, \mathbf{0}, \mathbf{1} \rangle$$

derart, daß $\langle A, \cup, \cap, \mathbf{0}, \mathbf{1}\rangle$ ein distributiver Verband mit Null- und Einselement ist und die einstelligen Operationen $\sim, \sigma_1^n, \ldots, \sigma_{n-1}^n$ folgende Bedingungen erfüllen für alle $a, b, \in A$ und alle $1 \leq i, j \leq n-1$:

(LA1) $\sim\sim a = a$,

(LA2) $\sim(a \cup b) = \sim a \cap \sim b$,

(LA3) $\sigma_i^n(a \cup b) = \sigma_i^n(a) \cup \sigma_i^n(b)$,

(LA4) $\sigma_i^n(a) \cup \sim\sigma_i^n(a) = \mathbf{1}$,

(LA5) $\sigma_j^n(\sigma_i^n(a)) = \sigma_i^n(a)$,

(LA6) $\sigma_i^n(\sim a) = \sim\sigma_{n-i}^n(a)$,

(LA7) $\sigma_i^n(a) \cup \sigma_{i+1}^n(a) = \sigma_{i+1}^n(a)$, wenn $i < n-1$,

(LA8) $a \cup \sigma_{n-1}^n(a) = \sigma_{n-1}^n(a)$,

(LA9) $(a \cap \sim\sigma_i^n(a) \cap \sigma_{i+1}^n(a)) \cup b = b$, wenn $i < n-1$.

In dieser Definition kann übrigens an Stelle von (LA8) und (LA9) die Bedingung

$$\text{wenn}\quad \sigma_i^n(a) = \sigma_i^n(b) \quad \text{für alle}\quad i = 1, \ldots, n-1,$$
$$\text{dann}\quad a = b$$

treten. Einfache Beispiele für n-wertige Łukasiewicz-Algebren erhält man auf zwei verschiedene Arten. Versieht man die Menge $\mathscr{W}_n$ mit den Operationen vel_1, et_1 und non_1 für $\cup$, $\cap$, $\sim$ und setzt

$$\sigma_i^n(t) = \begin{cases} 1, & \text{wenn}\quad i + t\cdot(n-1) \geq n \\ 0 & \text{sonst,} \end{cases}$$

so wird $\mathscr{W}_n$ dadurch zu einer n-wertigen Łukasiewicz-Algebra. Bildet man andererseits zu einer Booleschen Algebra $\boldsymbol{B} = \langle B, \cup, \cap, ^{-}, 0, 1\rangle$ die Menge

$$B^{[n]} = \{(a_1, \ldots, a_{n-1}) \mid a_1 \leq a_2 \leq \cdots \leq a_{n-1} \text{ und stets } a_i \in B\}$$

und erklärt man in $B^{[n]}$ die Operationen $\cap$, $\cup$ komponentenweise mittels der gleichbezeichneten Operationen in $\boldsymbol{B}$ sowie für $a = (a_1, \ldots, a_{n-1}) \in B^{[n]}$:

$$\sim a =_{\mathrm{def}} (\overline{a_{n-1}}, \overline{a_{n-2}}, \ldots, \overline{a_1}),$$
$$\sigma_i^n(a) =_{\mathrm{def}} (a_i, a_i, \ldots, a_i) \quad \text{für}\quad i = 1, \ldots, n-1,$$

so erhält man ebenfalls eine n-wertige Łukasiewicz-Algebra.

Ähnlich wie für MV_M-Algebren kann man zeigen, daß jede M-wertige Łukasiewicz-Algebra isomorph einem subdirekten Produkt von Unteralgebren der Łukasiewicz-Algebra $\mathscr{W}_M$ ist. Für jede n-wertige Łukasie-

WICZ-Algebra $\boldsymbol{A}$ ist die Menge $\mathscr{B}(\boldsymbol{A})$ der komplementären Elemente von $\boldsymbol{A}$, d. h.

$$\mathscr{B}(\boldsymbol{A}) = \{a \in A \mid a \cup \sim a = \mathbf{1}\} = \{a \in A \mid a \cap \sim a = \mathbf{0}\}$$

eine BOOLEsche Algebra bezüglich $\mathbf{0}, \mathbf{1}$ und der Operationen $\cap, \cup, \sim$ von $\boldsymbol{A}$. Außerdem ist für jede n-wertige ŁUKASIEWICZ-Algebra $\boldsymbol{A}$ die n-wertige ŁUKASIEWCZ-Algebra $\mathscr{B}(\boldsymbol{A})^{[n]}$ zu $\boldsymbol{A}$ isomorph.

Allerdings sind die n-wertigen ŁUKASIEWICZ-Algebren nur für $n = 3$ und $n = 4$ algebraische Entsprechungen der mehrwertigen aussagenlogischen Systeme $\mathbf{Ł}_n$, denn nur in den ŁUKASIEWICZ-Algebren $\mathscr{W}_3$, $\mathscr{W}_4$ ist die Wahrheitswertfunktion seq_1 der ŁUKASIEWICZschen Implikation definierbar, nicht dagegen in den n-wertigen ŁUKASIEWICZ-Algebren $\mathscr{W}_n$ für $n \geq 5$. Trotzdem wurden n-wertige ŁUKASIEWICZ-Algebren ganz allgemein untersucht. Neben rein algebraischem Interesse an derartigen Strukturen dürfte dies vor allem daran liegen, daß es enge Beziehungen zu den POSTschen Algebren gibt – vgl. dazu Abschnitt **3.3** – und auch zu algebraischen Betrachtungen der intuitionistischen Aussagenlogik. Wir wollen hier die Theorie der n-wertigen ŁUKASIEWICZ-Algebren nicht weiter darstellen und verweisen für einen guten Überblick auf CIGNOLI [1980], erwähnen aber noch, daß CIGNOLI [1982] für $n \geq 5$ durch Erweiterung der ŁUKASIEWICZ-Algebren um je endlich viele binäre Operationen doch erreichen kann, daß jene erweiterten Strukturen algebraische Entsprechungen zu den Systemen $\mathbf{Ł}_n$ werden.

3.3. Die POSTschen aussagenlogischen Systeme

Unabhängig von und etwa gleichzeitig mit dem polnischen Logiker ŁUKASIEWICZ hat der amerikanische Mathematiker POST [1921] Systeme mehrwertiger Aussagenlogik betrachtet. Waren die Motive bei ŁUKASIEWICZ mehr philosophischer Art – vgl. Abschnitt 5.2 –, so entwickelte POST seine Systeme im Kontext der Untersuchung der klassischen Aussagenlogik z. B. bezüglich funktionaler Vollständigkeit. Während ŁUKASIEWICZ [1920] nur die Hinzunahme eines dritten (Quasi-) Wahrheitswertes diskutiert, führt POST [1921] sofort beliebige endlichwertige Systeme ein.

Bezeichnen wir das *M-wertige* POST*sche System* mit $\mathbf{P}_M$, so sind die grundlegenden Junktoren von $\mathbf{P}_M$ eine Negation und eine Alternative. Wir wählen als Symbole

$$\sim \text{(Negation)} \quad \text{und} \quad \vee \text{(Alternative)};$$

die zugehörigen Wahrheitswertfunktionen in den POSTschen Systemen sind

$$\mathrm{ver}^{\mathbf{P}}_{\sim} = \mathrm{non}_2, \qquad \mathrm{ver}^{\mathbf{P}}_{\vee} = \mathrm{vel}_1;$$

vgl. (2.3.8), (2.3.12) für deren Definition. Die Menge der Quasiwahrheitswerte von P_M sei $\mathcal{W}_M$. Bezüglich ausgezeichneter Quasiwahrheitswerte gibt es keine einheitliche Festlegung; schon Post [1921] diskutiert den Fall, daß außer dem Wert 1 noch weitere Quasiwahrheitswerte positiv ausgezeichnet sein können.

Die Junktorenmenge $\{\sim, \vee\}$ jedes der Postschen Systeme P_M ist funktional vollständig gemäß Satz 2.7.4. Daher ist auf jedes dieser Systeme P_M das Rosser-Turquettesche Axiomatisierungsverfahren von Abschnitt 2.5 anwendbar. Entscheidend dabei ist die Wahl einer geeigneten Implikation, die die Standardbedingung (I) oder wenigstens die Bedingung (J*) erfüllt; vgl. Folgerung 2.5.3. Wegen der funktionalen Vollständigkeit von $\{\sim, \vee\}$ ist solch eine Implikation in jedem der Systeme P_M definierbar. Es ist interessant, daß bereits Post [1921] – obwohl er keine Axiomatisierung angibt, sondern nur Hinweise dafür, wie eine solche zu gewinnen wäre – einen Kandidaten für solch eine Implikation definiert. Die dieser Implikation entsprechende Wahrheitswertfunktion $\mathrm{seq}_{\mathrm{Post}}$ läßt sich am einfachsten als eine Kopplung der Wahrheitswertfunktionen seq_1, seq_2 darstellen; und zwar ist

$$\mathrm{seq}_{\mathrm{Post}}(x, y) =_{\mathrm{def}} \begin{cases} \mathrm{seq}_2(x, y), & \text{wenn } x \text{ ausgezeichneter Quasiwahrheitswert,} \\ \mathrm{seq}_1(x, y), & \text{wenn } x \text{ nicht-ausgezeichneter Quasiwahrheitswert.} \end{cases}$$

Obwohl diese Implikation nicht die Standardbedingung (I) einer Implikation zu erfüllen braucht, erfüllt sie doch die Bedingung (J*), so daß sie etwa im entsprechenden Rosser-Turquetteschen Axiomensystem verwendet werden kann.

Auch ohne Berufung auf Satz 2.7.4 ist die funktionale Vollständigkeit von jedem der Systeme P_M leicht einsehbar. Wie Post [1921] erkläre man zunächst einen einstelligen Junktor T_1 analog (2.7.4) als

$$\mathsf{T}_1(H) =_{\mathrm{def}} H \vee \bigvee_{i=1}^{M-1} \sim_i H, \tag{3.3.1}$$

wobei $\bigvee$ die wie in (3.1.20) erklärte endliche Iteration der Alternative $\vee$ ist und entsprechend $\sim_i$ die Iteration von $\sim$:

$$\sim_1 H =_{\mathrm{def}} \sim H, \qquad \sim_{k+1} H =_{\mathrm{def}} \sim (\sim_k H), \tag{3.3.2}$$

deren zugehörige Wahrheitswertfunktion non_2^i schon in (2.7.3) erklärt wurde. Da jede der einstelligen Operationen non_2^k für $k = 1, 2, \ldots$ eine zyklische Vertauschung in der Menge $\mathcal{W}_M$ der Quasiwahrheitswerte bewirkt, kann daher mittels einer geeigneten dieser Operationen jeder vorgegebene Quasiwahrheitswert in jeden anderen beliebig vorgegebenen überführt werden. Benutzen wir erneut die in (2.6.8) eingeführten Quasiwahrheitswerte $\tau_i = \frac{M-i}{M-1}$, so können wir einfach schreiben

$$\mathrm{non}_2^k(\tau_i) = \tau_{i+k},$$

wenn wir mit den Indizes 1, 2, ..., M der τ_i modulo M rechnen. Deshalb hat der Ausdruck $\mathsf{T}_1(H)$ bei jeder Variablenbelegung den Quasiwahrheitswert 1 ($= \tau_1$).

Führen wir für jedes $k = 1, \ldots, M$ einen weiteren einstelligen Junktor D_k ein durch die Festlegung

$$\mathsf{D}_k(H) =_{\mathrm{def}} \sim_{M-1} \bigl(\sim_k H \vee \sim_{M-1} (H \vee \sim \mathsf{T}_1(H))\bigr), \tag{3.3.3}$$

so findet man, daß für die zugehörige Wahrheitswertfunktion d_k gilt:

$$\mathrm{d}_k(x) = \begin{cases} \tau_k, & \text{wenn} \quad x = 1 \\ 0 & \text{sonst.} \end{cases}$$

Mit diesen Ausdrucksmitteln gelingt es zunächst, jede einstellige Wahrheitswertfunktion zu repräsentieren. Ist etwa $h: \mathscr{W}_M \to \mathscr{W}_M$ und $k_1, \ldots, k_M$ solch eine Folge von Quasiwahrheitswerten, daß

$$h(\tau_i) = \tau_{k_i} \quad \text{für} \quad i = 1, 2, \ldots, M$$

gilt, so repräsentiert folgender Ausdruck die Wahrheitswertfunktion h:

$$\mathsf{D}_{k_1}(p) \vee \bigvee_{i=2}^{M} \mathsf{D}_{k_i}(\sim_{M-i+1} p),$$

wobei p eine Aussagenvariable ist. Speziell kann man deswegen durch

$$\neg H =_{\mathrm{def}} \mathsf{D}_M(H) \vee \bigvee_{i=2}^{M} \mathsf{D}_{M+1-i}(\sim_{M+1-i} H)$$

oder noch einfacher durch

$$\neg H =_{\mathrm{def}} \mathsf{D}_M(H) \vee \bigvee_{i=2}^{M} \mathsf{D}_i\, (\sim_i H) \tag{3.3.4}$$

in $\mathbf{P}_M$ die Negation $\neg$ des Łukasiewiczschen Systems $\mathbf{Ł}_M$ einführen. Damit hat man als

$$H_1 \wedge H_2 =_{\mathrm{def}} \neg\, (\neg\, H_1 \vee \neg\, H_2) \tag{3.3.5}$$

die Konjunktion von $\mathbf{Ł}_M$ mit der Wahrheitswertfunktion et_1 ebenfalls erklärt. Mit ihrer Hilfe ist es leicht, zu einem vorgegebenen n-Tupel $(\tau_{i_1}, \ldots, \tau_{i_n})$ von Quasiwahrheitswerten und einem weiteren Wert $\tau_k \in \mathscr{W}_M$

einen Ausdruck $B_{i_1 \ldots i_n;k}$ in den Aussagenvariablen $p_1, \ldots, p_n$ derart anzugeben, daß $B_{i_1 \ldots i_n;k}$ den Wert τ_k annimmt, wenn $p_1, \ldots, p_n$ die Werte $\tau_{i_1}, \ldots, \tau_{i_n}$ in dieser Reihenfolge haben, und der sonst den Wert $\tau_M = 0$ hat. Man setze

$$B_{i_1 \ldots i_n;k} =_{\text{def}} \bigwedge_{l=1}^{n} \mathsf{D}_k(\sim_{M+1-i_l} p_l),$$

wobei $\sim_0$ als das leere Zeichen, also als „nicht vorhanden" und $\bigwedge$ als die endliche Iteration der Konjunktion $\wedge$ aufzufassen sind. Eine beliebige n-stellige Wahrheitswertfunktion $h: \mathcal{W}_M^n \to \mathcal{W}_M$ wird mithin z. B. durch folgenden Ausdruck in den Aussagenvariablen $p_1, \ldots, p_n$ repräsentiert:

$$\bigvee_{i_1=\tau_1}^{\tau_M} \bigvee_{i_2=\tau_1}^{\tau_M} \cdots \bigvee_{i_n=\tau_1}^{\tau_M} B_{i_1 \ldots i_n; h(i_1, \ldots, i_n)}.$$

Anders als im Falle der ŁUKASIEWICZschen mehrwertigen Systeme $\mathbf{Ł}_\nu$ gibt es für die POSTschen Systeme $\mathbf{P}_M$ kaum syntaktisch orientierte, d. h. auf Kalkülunteruchung ausgerichtete Studien. Dagegen wurden für die Systeme $\mathbf{P}_M$ wesentlich eher als für die Systeme $\mathbf{Ł}_\nu$ algebraische Entsprechungen definiert und untersucht, und zwar erstmals von ROSENBLOOM [1942]. Wir wollen die von ihm eingeführten algebraischen Strukturen hier kurz P-Algebren nennen.

Eine P-*Algebra* der *Ordnung* n ist eine algebraische Struktur $\langle A, +, ' \rangle$ mit einer binären und einer unären, d. h. einstelligen Operation, deren Trägermenge A wenigstens zwei Elemente enthält und in der für beliebige Elemente $a, b, c, c_0, c_1, \ldots, c_{n-1} \in A$ gelten:

(P1) $\quad a + b = b + a,$

(P2) $\quad a + (b + c) = (a + b) + c,$

(P3) $\quad a + a = a;$

schreibt man weiterhin $\sum$ für die endliche Iteration von $+$ und setzt

$$a^0 =_{\text{def}} a, \qquad a^{k+1} =_{\text{def}} (a^k)'$$

sowie damit

$$t(a) =_{\text{def}} \sum_{k=0}^{n-1} a^k, \qquad d_1(a) =_{\text{def}} \left(\sum_{i=1}^{n-1} a^i \right)^{n-1},$$

$$d_k(a) =_{\text{def}} \left(a^k + (a + t^1(a))^{n-1} \right)^{n-1} \quad \text{für} \quad 2 \le k \le n-1,$$

wobei $t^1(a) = (t(a))'$ sei, und endlich noch

$$-a =_{\text{def}} \sum_{k=1}^{n-1} (d_k(a))^k, \qquad a \cdot b =_{\text{def}} -((-a) + (-b)),$$

so sollen auch noch gelten:

(P4) $\quad t(a) = t^n(a)$,

(P5) $\quad a + (b \cdot c) = (a + b) \cdot (a + c)$,

(P6) $\quad \left(\sum_{k=0}^{n-1} c_k \cdot d_1^k(a)\right)' = \sum_{k=0}^{n-1} c_k' \cdot d_1^k(a)$,

(P7) $\quad a = \sum_{k=0}^{n-1} a \cdot b^k$,

(P8) $\quad a = d_1(a) + \sum_{k=1}^{n-1} t^k(a) \cdot d_1^{n-k}(a)$,

wobei $t^k(a) = \big(t(a)\big)^k$ und $d_1^i(a) = \big(d_1(a)\big)^i$ gesetzt wurden.

Diese Definition ist ziemlich kompliziert. Man merkt ihr aber deutlich den Zusammenhang mit dem entsprechenden POSTschen System $\mathbf{P}_n$ an: so entspricht die Definition von $t(a)$ etwa der Einführung des Junktors T_1 in (3.3.1), die Potenzschreibweise a^k entspricht der Negationsiteration (3.3.2), die Definition von $d_k(a)$ entspricht (3.3.3) und die Einführung der Operationen $-$, $\cdot$ entspricht (3.3.4) bzw. (3.3.5). Deswegen bestätigt man relativ leicht, daß jede der algebraischen Strukturen $\langle \mathscr{W}_M, \text{vel}_1, \text{non}_2 \rangle$ eine P-Algebra der Ordnung M ist.

ROSENBLOOM [1942] zeigt u. a., daß je zwei P-Algebren der Ordnung n mit je endlich vielen Elementen schon dann isomorph sind, wenn sie gleiche Elementeanzahl haben. Außerdem erhält er die folgende interessante Charakterisierung der Funktionen d_1^k, die wir hier jedoch nicht beweisen wollen, weil dazu die Ableitung zahlreicher Zwischenresultate aus den Axiomen (P1), ..., (P8) der P-Algebren notwendig wäre.

Satz 3.3.1. *Sind in einer* P-*Algebra* $\langle A, +, ' \rangle$ *der Ordnung n sowohl von der Funktion* t^{n-1} *als auch untereinander paarweise verschiedene einstellige Funktionen* $\sigma_1, \ldots, \sigma_n$ *von A in A (mittels* $+, '$*) so definiert, daß für jedes* $a \in A$ *und alle* $1 \leq j < k \leq n$

$$\sum_{i=1}^{n} \sigma_i(a) = t(a), \qquad \sigma_j(a) \cdot \sigma_k(a) = t^{n-1}(a)$$

gelten, dann sind die Funktionen $\sigma_1, \ldots, \sigma_n$ *gerade die Funktionen* $d_1, d_1^1, \ldots, d_1^{n-1}$ *(in eventuell anderer Reihenfolge).*

Innerhalb weiter gefaßter ringtheoretischer Untersuchungen findet WADE [1945] das Resultat, daß jede P-Algebra der Ordnung n subdirektes Produkt von zur P-Algebra $\langle \mathscr{W}_n, \text{vel}_1, \text{non}_2 \rangle$ isomorphen P-Algebren ist, jede endliche P-Algebra der Ordnung n also isomorph ist zum direkten Produkt endlich vieler Kopien der P-Algebra $\langle \mathscr{W}_n, \text{vel}_1, \text{non}_2 \rangle$. Anders ausgedrückt heißt dies, daß jede P-Algebra der Ordnung n isomorph ist einer P-Algebra von n-wertigen Funktionen mit Werten in $\mathcal{W}_n$, deren Operationen „stellenweise" mittels vel_1 und non_2 erklärt sind.

Da aber auch WADE [1945] den Begriff der P-Algebra von ROSENBLOOM [1942] ungeändert beibehält, vereinfachen seine Resultate die Theorie der P-Algebren nicht wirklich. Der wesentliche Grund für die Kompliziertheit der in (P1), ..., (P8) formulierten Bedingungen liegt dabei darin, daß sowohl die POSTschen Systeme $\mathbf{P}_M$ als auch die P-Algebren nur auf zwei fundamentalen Verknüpfungen basieren, aber maximale Ausdruckskraft haben, weil jeweils die beiden Operationen zusammen eine funktional vollständige Menge ergeben. Dies wurde (endgültig) klar, als EPSTEIN [1960] mit anderen Grundoperationen eine weit einfachere Charakterisierung (im wesentlichen) dieser Strukturen gab. Die Einschränkung „im wesentlichen" resultiert dabei daraus, daß EPSTEIN [1960] als algebraische Strukturen nicht Mengen mit einer binären und einer unären Operation, sondern Mengen mit zwei binären (und n unären Operationen sowie $n+2$ ausgezeichneten Elementen) betrachtet. In relativ einheitlicher Form können wir – DWINGER [1977] folgend – diese geänderten Strukturen, die wir nun wie üblich POSTsche Algebren nennen wollen, wie folgt beschreiben.

Definition 3.3.2. Ein distributiver Verband $\boldsymbol{A} = \langle A, +, \cdot, 0, 1\rangle$ mit Null- und Einselement ist genau dann eine POST*sche Algebra* der *Ordnung n*, $n \geq 2$, wenn gelten:

(PA1) Es gibt Elemente $\boldsymbol{e}_0, \boldsymbol{e}_1, \ldots, \boldsymbol{e}_{n-1} \in A$, so daß bezüglich der Verbandshalbordnung $\leqq$ gilt:

$$0 = \boldsymbol{e}_0 \leqq \boldsymbol{e}_1 \leqq \cdots \leqq \boldsymbol{e}_{n-1} = 1.$$

(PA2) Jedes $a \in A$ kann eindeutig in der Form $a = \sum_{i=1}^{n-1} a_i \cdot \boldsymbol{e}_i$ dargestellt werden, wobei jedes a_i für $1 \leq i \leq n-1$ im Verband $\boldsymbol{A}$ ein Komplement[1] besitzt und gilt, daß

$$a_1 \geqq a_2 \geqq \cdots \geqq a_{n-1}.$$

Man kann unschwer zeigen, daß die Elemente $\boldsymbol{e}_0, \boldsymbol{e}_1, \ldots, \boldsymbol{e}_{n-1}$ eindeutig bestimmt sind. Außerdem zeigt man, daß ein distributiver Verband nicht POSTsche Algebra verschiedener Ordnungen sein kann.

Die Operationen $+, \cdot$ einer POSTschen Algebra entsprechen den gleichbezeichneten Operationen in den P-Algebren; das Nullelement 0 ent-

[1] Als Komplement von a bezeichnet man dabei im Verband $\boldsymbol{A}$ jedes Element b, für das $a + b = 1$ und $a \cdot b = 0$ gelten.

spricht $t^{n-1}(a)$, das Einselement 1 entspricht analog $t(a)$ – jeweils für beliebiges a der betrachteten P-Algebra. Und generell entspricht jedes der Elemente $\boldsymbol{e}_k$ für $1 \leq k < n - 1$ der konstanten Funktion $t^{n-1-k}(a)$ in den P-Algebren. Dagegen entsprechen die Koeffizienten der in (P8) geforderten Darstellung für jedes $a \in A$ nicht direkt den Koeffizienten der in (PA2) geforderten Darstellung. Die Distributivität des Verbandes $\langle A, +, \cdot, 0, 1\rangle$ und die Tatsache, daß jeder der Koeffizienten $a_1, \ldots, a_{n-1}$ von (PA2) ein Komplement haben soll, gestatten aber, von der „monotonen Darstellung" von $a \in A$ gemäß (PA2) zu einer „disjunkten Darstellung" $a = \sum_{i=1}^{n-1} c_i \cdot \boldsymbol{e}_i$ mit $c_i \cdot c_j = 0$ für alle $1 \leq i < j \leq n - 1$ überzugehen und umgekehrt. Da es außerdem leicht möglich ist, einen weiteren Koeffizienten c_0 hinzuzunehmen, so daß $c_0 \cdot c_i = 0$ gilt für jedes $1 \leq i \leq n - 1$ und zusätzlich $\sum_{k=0}^{n-1} c_k = 1$ ist, liefert dann Satz 3.3.1 die Entsprechung der Koeffizienten $c_0, c_1, \ldots, c_{n-1}$ zu den Funktionen $d_1, d_1^1, \ldots, d_1^{n-1}$ der P-Algebren.

Dieser soeben erwähnte Übergang von einer „monotonen Darstellung" $a = \sum_{i=1}^{n-1} a_i \cdot \boldsymbol{e}_i$ zu einer „disjunkten Darstellung" $a = \sum_{i=0}^{n-1} c_i \cdot \boldsymbol{e}_i$ und umgekehrt deutet an, daß (PA1), (PA2) nicht die einzigen Bedingungen sind, mittels deren man die Postschen Algebren definieren kann. In der Tat gibt es eine Reihe unterschiedlicher Definitionen, die sämtlich gleichwertig sind: vgl. etwa Epstein [1960], Traczyk [1963] und [1977], Rasiowa [1974], Epstein/Horn [1974] bzw. Dwinger [1977].

Man könnte nun direkt den Zusammenhang von P-Algebren und Postschen Algebren dadurch herstellen, daß man einerseits in jeder P-Algebra wie oben angegeben die Kette $\boldsymbol{e}_0 < \boldsymbol{e}_1 < \cdots < \boldsymbol{e}_{n-1}$ festlegt und (PA2) nachweist, und andererseits in jeder Postschen Algebra eine Operation $'$ definiert und für sie und die Verbandsvereinigung $+$ die Bedingungen (P1), ..., (P8) bestätigt. Dies führt zu umfangreichen Rechnungen, die man vermeiden kann, wenn man sich vorerst für die Darstellbarkeit Postscher Algebren interessiert.

Aus Definition 3.3.2 und der Tatsache, daß die Menge aller derjenigen Elemente eines distributiven Verbandes $\langle A, +, \cdot, 0, 1\rangle$, die ein Komplement besitzen, eine Boolesche Algebra ist, erhält man leicht

Satz 3.3.3. *Ein distributiver Verband $\langle A, +, \cdot, 0, 1\rangle$ mit Null- und Einselement ist genau dann eine* Post*sche Algebra der Ordnung $n, n \geq 2$, wenn es eine* Boole*sche Algebra $\boldsymbol{B} = \langle B, \cup, \cap, ^-, 0, 1\rangle$ gibt derart, daß dieser Verband isomorph ist zur Menge*

$$\{(b_1, \ldots, b_{n-1}) \in B^{n-1} \mid b_1 \geqq b_2 \geqq \cdots \geqq b_{n-1}\}$$

von $(n-1)$-Tupeln von Elementen aus $\boldsymbol{B}$ mit $\mathbf{0} = (0, \ldots, 0)$ und $\mathbf{1} = (1, \ldots, 1)$ als ausgezeichneten Elementen und komponentenweise erklärten Operationen.

Dieser Satz ist noch nicht ausreichend, um die Beziehungen zwischen P-Algebren und POSTschen Algebren zu liefern. Dazu verhilft jedoch ein Darstellungssatz bei EPSTEIN [1960], der besagt, daß jede POSTsche Algebra der Ordnung n isomorph ist einer geeigneten POSTschen Algebra n-wertiger Funktionen, von Funktionen also, wie sie auch bei WADE [1945] zur Darstellung von P-Algebren benutzt werden. Und in diesen Funktionenmengen ist es dann einfach, P-Algebren und POSTsche Algebren (mit gleichen Grundbereichen) so wechselseitig zu definieren, daß dabei nur – in umkehrbarer Weise – zu jeweils anderen Operationen überzugehen ist. Für Details vgl. man EPSTEIN [1960].

Satz **3.3.3** ist aber gut geeignet, um einfache Beispiele für POSTsche Algebren zu konstruieren. Man nehme etwa für $\boldsymbol{B}$ die zweielementige BOOLEsche Algebra $\mathscr{W}_2 = \{0, 1\}$ mit den Operationen max, min, non_1; dann erhält man eine POSTsche Algebra der Ordnung n für jedes $n \geq 2$, deren Elemente die $(n-1)$-Tupel

$$(0, \ldots, 0), (1, 0, \ldots, 0), (1, 1, 0, \ldots, 0), \ldots, (1, \ldots, 1, 0), (1, \ldots, 1)$$

sind und die offensichtlich isomorph ist zur POSTschen Algebra $\mathscr{W}_n$ mit den Operationen max, min und den ausgezeichneten Elementen $\boldsymbol{e}_i = \frac{i}{n-1}$.

Bezeichnet man für diejenigen Elemente c einer POSTschen Algebra $\boldsymbol{A}$ der Ordnung n, die ein Komplement haben, dieses (dann eindeutig bestimmte) mit $\bar{c}$, so kann man aus der Darstellung gemäß (PA2) dadurch eine unäre Operation $\sim$ gewinnen, daß man für $a = \sum_{i=1}^{n-1} a_i \cdot \boldsymbol{e}_i$ setzt:

$$\sim a =_{\text{def}} \sum_{i=1}^{n-1} \overline{a_i} \cdot \boldsymbol{e}_i.$$

Man zeigt leicht, daß diese Operation $\sim$ die Eigenschaften (LA1), (LA2) der ŁUKASIEWICZ-Algebren hat. (Der Verband $\boldsymbol{A}$ mit dieser zusätzlichen Operation wird daher zu einer sogenannten DEMORGAN-Algebra.) Überhaupt ergibt sich, daß jede POSTsche Algebra $\boldsymbol{A}$ der Ordnung n auch eine n-wertige ŁUKASIEWICZ-Algebra ist: Man erkläre $\sim$ wie eben und setze $\sigma_i^n(a) = a_{n-i}$ für jedes $1 \leq i < n$, wenn $a = \sum_{i=1}^{n-1} a_i \cdot \boldsymbol{e}_i$ ist. Umgekehrt kann man von den n-wertigen ŁUKASIEWICZ-Algebren dadurch zu den POSTschen Algebren der Ordnung n gelangen, daß man zusätzlich die Existenz geeigneter Elemente $e_0, e_1, \ldots, e_{n-1}$ fordert mit $e_0 = 0$, $e_{n-1} = 1$ und

$$\sigma_j^n(e_i) = \begin{cases} 1, & \text{wenn } j \geq n - i \\ 0, & \text{wenn } j < n - i \end{cases}$$

für alle Indizes i, j (vgl. CIGNOLI [1980]).

Will man die POSTschen Algebren ihrerseits wieder direkt mit Systemen mehrwertiger Aussagenlogik in Verbindung bringen, wählt man für die POSTschen Algebren der Ordnung n günstigerweise eine weniger algebraisch orientierte Charakterisierung als in Definition 3.3.2, vor allem eine solche Charakterisierung, die nicht wie (PA2) auf die nur partiell erklärte Komplementbildung Bezug nimmt. (Denn sonst müßte man in den entsprechenden Logiksystemen eine nur partiell anwendbare Negation zulassen.) Eine für diese Zwecke gut geeignete Charakterisierung gibt ROUSSEAU [1970], auf deren Basis RASIOWA [1974] diesen Zusammenhang zwischen POSTschen Algebren der Ordnung n und n-wertigen aussagenlogischen Systemen ausführlich entwickelt. Wir verweisen den interessierten Leser für diesen Problemkreis deswegen auf RASIOWA [1974], wo auch ausführliche weitere Literaturverweise gegeben werden. Die Axiome der betrachteten aussagenlogischen Systeme ergeben sich weitgehend direkt aus entsprechenden Axiomen für POSTsche Algebren. Bei RASIOWA [1974] nicht dargestellt sind Kalküle für die mehrwertige Logik, die ebenfalls von POSTschen Algebren als Quasiwahrheitswertstrukturen ausgehen, in ihrer Erzeugungsweise der entsprechenden Ausdrücke aber den GENTZENschen Sequenzenkalkülen als Form von Kalkülen natürlichen Schließens – vgl. etwa SUNDHOLM [1983] für einen Überblick über verschiedenartige Formalisierungen der klassischen Logik – entsprechen. Solche Systeme haben z. B. KIRIN [1966], [1968], ROUSSEAU [1967–70], SALONI [1972] angegeben.

Für die die Mittel der mehrwertigen Logik nutzenden Untersuchungen zur Informatik, insbesondere zur Schaltalgebra, sind die POSTschen Algebren deswegen von besonderem Interesse, weil ihre Operationensysteme funktional vollständig sind und daher besonders gut geeignet zur Untersuchung von Problemen der Darstellbarkeit beliebiger Wahrheitswertfunktionen durch solche aus einer vorgegebenen Menge von Wahrheitswertfunktionen, die ihrerseits etwa durch vorgegebene Bauelemente bestimmt ist – vgl. RINE [1977] für eine gute Einführung, aber auch CARVALLO [1968] für einige Teilaspekte.

3.4. Die GÖDELschen aussagenlogischen Systeme

Im Zusammenhang mit Untersuchungen zur intuitionistischen Aussagenlogik hat GÖDEL [1932] eine Familie endlichwertiger aussagenlogischer Systeme angegeben. Das *M-wertige GÖDELsche System* $\mathbf{G}_M$, $M \geq 2$, hat $\mathcal{W}_M$ als Menge der Quasiwahrheitswerte und Junktoren

$$\wedge, \vee, \rightarrow_G, \sim \tag{3.4.1}$$

für – in der angegebenen Reihenfolge – Konjunktion, Alternative, Implikation und Negation, deren zugehörige Wahrheitswertfunktionen

$$\text{et}_1, \text{vel}_1, \text{seq}_2, \text{non}^* \tag{3.4.2}$$

sind; vgl. (2.3.9), (2.3.12), (2.3.17). Die Wahrheitswertfunktion non* ist erklärt als

$$\text{non}^*(x) =_{\text{def}} \begin{cases} 1, & \text{wenn} \quad x = 0 \\ 0 & \text{sonst}. \end{cases}$$

Ausgezeichneter Quasiwahrheitswert ist der Wert 1.

In ganz entsprechender Weise kann man unendlichwertige Systeme $\mathbf{G}_{\aleph_0}$ und $\mathbf{G}_\infty$ mit Quasiwahrheitswertmenge $\mathcal{W}_{\aleph_0}$ bzw. $\mathcal{W}_\infty$ betrachten. Wie im Falle der unendlichwertigen ŁUKASIEWICZschen aussagenlogischen Systeme zeigt man auch für $\mathbf{G}_{\aleph_0}$ und $\mathbf{G}_\infty$, daß beide Systeme die gleichen Tautologien haben.

Da alle in (3.4.1) angegebenen Junktoren – bzw. ihre Wahrheitswertfunktionen (3.4.2) – die Normalbedingung erfüllen, ist keines der Systeme $\mathbf{G}_\nu$ funktional vollständig für $\nu \geq 3$. Das System $\mathbf{G}_2$ allerdings ist das System der klassischen Aussagenlogik und also funktional vollständig.

Von den in (3.4.1) angegebenen Junktoren ist in den Systemen $\mathbf{G}_\nu$ keiner entbehrlich, d. h., keiner ist allein mittels der restlichen definierbar. Dagegen kann man etwa statt des Negators $\sim$ die Konstante $\mathbf{0}$ für den Quasiwahrheitswert 0 aufnehmen, dann wäre $\sim$ etwa als

$$\sim H =_{\text{def}} H \rightarrow_G \mathbf{0}$$

definierbar. Gelegentlich findet man diese Formulierung der Systeme $\mathbf{G}_\nu$. Sie ist aber auch nicht allgemeiner als obige, denn ausgehend von (3.4.1) ist definierbar:

$$\mathbf{0} =_{\text{def}} \sim (p' \rightarrow_G p').$$

Obwohl die Implikation $\rightarrow_G$ der GÖDELschen Systeme die Bedingung (J*) erfüllt, ist das ROSSER-TURQUETTEsche Axiomatisierungsverfahren doch nicht auf die Systeme $\mathbf{G}_\nu$ für $\nu \geq 3$ anwendbar, da in ihnen nicht alle Junktoren J_t (für $t \in \mathcal{W}_\nu$) definierbar sind. Ist nämlich ein Quasiwahrheitswert $0 \neq t \in \mathscr{W}_\nu$ gegeben, so können aus dem Wert t mittels der in (3.4.2) gegebenen Wahrheitswertfunktionen zunächst zwar die Quasiwahrheitswerte $0, t, 1$ erzeugt werden, aber die Superpositionen der Funktionen aus (3.4.2), die dies leisten, ergeben bei Ersetzen von t durch einen anderen Quasiwahrheitswert $0 \neq s \in \mathscr{W}_\nu$ an allen Argumentstellen entweder wie vorher die Werte 0 bzw. 1, oder sie ergeben nun s statt vorher t. Es ist also nicht möglich, den Quasiwahrheitswert $t \neq 0$ vom Quasiwahrheitswert $s \neq 0$ zu unterscheiden.

Bevor wir der Frage der Axiomatisierbarkeit der Systeme $\mathbf{G}_\nu$ weiter nachgehen, wollen wir erst noch einige Beziehungen zwischen den Tautologienmengen der verschiedenen GÖDELschen Systeme feststellen. Natürlich ist jede $\mathbf{G}_\nu$-Tautologie eine Tautologie der klassischen Aussagenlogik. Umgekehrt ist die Tautologie $\neg\neg p \Rightarrow p$ der klassischen Logik z. B. keine $\mathbf{G}_3$-Tautologie. (Dabei hat man in jedem Falle geeignet klassische Implikation und $\rightarrow_{\mathrm{G}}$ sowie klassische Negation und $\sim$ auszutauschen.)

Schreiben wir $\mathrm{Taut}_\nu^{\mathbf{G}}$ statt $\mathrm{Taut}^{\mathbf{G}_\nu}$, so gilt

Satz 3.4.1. *Für jedes $M \geq 2$ ist*

(a) $\quad \mathrm{Taut}_{M+1}^{\mathbf{G}} \subset \mathrm{Taut}_M^{\mathbf{G}}$,

(b) $\quad \mathrm{Taut}_{\aleph_0}^{\mathbf{G}} \subset \mathrm{Taut}_M^{\mathbf{G}}$,

(c) $\quad \mathrm{Taut}_{\aleph_0}^{\mathbf{G}} = \bigcap_{m=2}^{\infty} \mathrm{Taut}_m^{\mathbf{G}}$.

Beweis. (a) Wir betrachten für eine beliebige natürliche Zahl n den Ausdruck

$$G_n =_{\mathrm{def}} \bigvee_{i=1}^{n-1} \bigvee_{k=i+1}^{n} \big((p_i \rightarrow_{\mathrm{G}} p_k) \wedge (p_k \rightarrow_{\mathrm{G}} p_i)\big), \tag{3.4.3}$$

bei dem $\bigvee$ die schon in (3.1.20) erklärte Iteration der Alternative $\vee$ ist, und bei dem $p_1, \ldots, p_n$ paarweise verschiedene Aussagenvariablen sind. Da

$$\mathrm{Wert}^{\mathbf{G}}\big((p \rightarrow_{\mathrm{G}} q) \wedge (q \rightarrow_{\mathrm{G}} p), \beta\big) = 1 \Leftrightarrow \beta(p) = \beta(q)$$

in allen GÖDELschen Systemen gilt, ist G_n genau dann $\mathbf{G}_M$-Tautologie, wenn $M < n$ ist. Denn $\mathbf{G}_M$ hat M Quasiwahrheitswerte, also muß bei $n > M$ jede Belegung $\beta: \boldsymbol{V}_0 \rightarrow \mathscr{W}_M$ wenigstens zwei der Aussagenvariablen $p_1, \ldots, p_n$ denselben Quasiwahrheitswert geben; dann ist aber $\mathrm{Wert}^{\mathbf{G}}(G_n, \beta) = 1$. Ist dagegen $n \leq M$, so gibt es eine Belegung $\beta': \boldsymbol{V}_0 \rightarrow \mathscr{W}_M$, für die $\beta'(p_1), \ldots, \beta'(p_n)$ paarweise verschiedene Quasiwahrheitswertesind. Dafür ist aber offenbar $\mathrm{Wert}^{\mathbf{G}}(G_n, \beta') \neq 1$. Also gilt insbesondere stets $G_M \in \mathrm{Taut}_M^{\mathbf{G}} \setminus \mathrm{Taut}_{M+1}^{\mathbf{G}}$.

Betrachten wir nun irgendeinen $\mathbf{G}$-Ausdruck H, dessen Variablen unter $p_1, \ldots, p_n$ vorkommen mögen. Sei ferner $\beta: V_0 \to \mathcal{W}_\nu$ irgendeine Variablenbelegung und sei f eine ordnungstreue eineindeutige Abbildung (d. h. ein Verbandsisomorphismus) von der Menge $\{0, 1, \beta(p_1), \ldots, \beta(p_n)\}$ von Quasiwahrheitswerten in eine Quasiwahrheitswertmenge $\mathcal{W}_m$, für die $f(0) = 0$ und $f(1) = 1$ ist. Dann zeigt man leicht induktiv über den Ausdrucksaufbau von H, daß

$$\mathrm{Wert}^{\mathbf{G}}(H, \beta_0) = f\big(\mathrm{Wert}^{\mathbf{G}}(H, \beta)\big) \tag{3.4.4}$$

gilt für jede Belegung $\beta_0: V_0 \to \mathcal{W}_m$, für die $\beta_0(p_i) = f\big(\beta(p_i)\big)$ ist für $i = 1, \ldots, n$.

Ist insbesondere H eine $\mathbf{G}_{M+1}$-Tautologie und $\beta: V_0 \to \mathcal{W}_M$, so gibt es eine eineindeutige ordnungstreue Abbildung $f: \mathcal{W}_M \to \mathcal{W}_{M+1}$ mit $f(0) = 0$ und $f(1) = 1$. Für die Variablenbelegung $\beta_f: V_0 \to \mathcal{W}_{M+1}$ mit $\beta_f(p) = f\big(\beta(p)\big)$ für jede Aussagenvariable p gilt dann

$$\mathrm{Wert}^{\mathbf{G}}(H, \beta) = f^{-1}\big(\mathrm{Wert}^{\mathbf{G}}(H, \beta_f)\big) = f^{-1}(1) = 1\,.$$

Also ist H auch $\mathbf{G}_M$-Tautologie, d. h. es gilt $\mathrm{Taut}^{\mathbf{G}}_{M+1} \subseteq \mathrm{Taut}^{\mathbf{G}}_M$.

(b) Wegen $\mathcal{W}_{M+1} \subseteq \mathcal{W}_{\aleph_0}$ ist jede $\mathbf{G}_{\aleph_0}$-Tautologie auch $\mathbf{G}_{M+1}$-Tautologie. Daher folgt die Behauptung nun aus (a).

(c) Offensichtlich ergibt sich $\mathrm{Taut}^{\mathbf{G}}_{\aleph_0} \subseteq \bigcap_{m=2}^{\infty} \mathrm{Taut}^{\mathbf{G}}_m$ aus (b). Es ist daher nur zu zeigen, daß ein Ausdruck H, der keine $\mathbf{G}_{\aleph_0}$-Tautologie ist, auch keine $\mathbf{G}_M$-Tautologie ist für ein geeignetes $M \geq 2$. Gelte also $\mathrm{Wert}^{\mathbf{G}}(H, \beta) \neq 1$ für eine Belegung $\beta: V_0 \to \mathcal{W}_{\aleph_0}$. In H mögen höchstens die Aussagenvariablen $p_1, \ldots, p_n$ vorkommen; f sei eineindeutige ordnungstreue Abbildung von $\{0, 1, \beta(p_1), \ldots, \beta(p_n)\}$ in $\mathcal{W}_{n+2}$ mit $f(0) = 0$ und $f(1) = 1$. Wählt man $\beta_0: V_0 \to \mathcal{W}_{n+2}$ wie für (3.4.4), so ist $\mathrm{Wert}^{\mathbf{G}}(H, \beta_0) = f\big(\mathrm{Wert}^{\mathbf{G}}(H, \beta)\big) \neq 1$. Also ist H auch keine $\mathbf{G}_{n+2}$-Tautologie. ∎

Es erweist sich nun als günstig, zuerst die Axiomatisierung des Systems $\mathbf{G}_{\aleph_0}$ zu diskutieren. Diese Axiomatisierung stammt von Dummett [1959]; in der Darstellung folgen wir aber Horn [1969]. Dabei ist es wegen des Ursprungs der Gödelschen mehrwertigen Systeme nicht verwunderlich, daß sich eine enge Beziehung zur intuitionistischen Aussagenlogik ergibt. Diese intuitionistische Aussagenlogik kann in einer aussagenlogischen Sprache mit den Junktoren $\sim, \wedge, \vee, \to$ etwa auf folgende Axiomenschemata gegründet werden (vgl. Rasiowa/Sikorski [1963] und etwa auch Borkowski [1976], Kreiser/Gottwald/Stelzner [1988]):

(IL1) $(A \to B) \to \big((B \to C) \to (A \to C)\big)$,

(IL2) $A \to A \vee B$,

(IL3) $B \to A \vee B$,

(IL4) $(A \to C) \to \big((B \to C) \to (A \vee B \to C)\big)$,

(IL5) $A \wedge B \to A$,

(IL6) $A \wedge B \to B$,

(IL7) $(C \to A) \to \big((C \to B) \to (C \to A \wedge B)\big)$,

(IL8) $\big(A \to (B \to C)\big) \to (A \wedge B \to C)$,

(IL9) $(A \wedge B \to C) \to \big(A \to (B \to C)\big)$,

(IL10) $A \wedge \sim A \to B$,

(IL11) $(A \to A \wedge \sim A) \to \sim A$.

Eine zugehörige Ableitungsregel ist die Abtrennungsregel (MP). Die Theoreme der intuitionistischen Aussagenlogik, d. h. die aus (IL1), ..., (IL11) ableitbaren Ausdrücke können auch semantisch charakterisiert werden als diejenigen Ausdrücke, die in sämtlichen HEYTING-Algebren erfüllt sind (vgl. RASIOWA/SIKORSKI [1963], RASIOWA [1974]).

Eine HEYTING-*Algebra*, auch pseudo-BOOLEsche Algebra genannt, ist dabei eine algebraische Struktur $\boldsymbol{A} = \langle A, \sqcup, \sqcap, \rightarrowtail, -, 0, 1\rangle$ derart, daß

(HA1) $\langle A, \sqcup, \sqcap, 0, 1\rangle$ Verband mit Null- und Einselement

ist und für beliebige Elemente $a, b, c \in A$ gelten:

(HA2) $a \sqcap b \leqq c$ gdw $b \leqq (a \rightarrowtail c)$,

(HA3) $(a \rightarrowtail -b) = (b \rightarrowtail -a)$,

(HA4) $\big(-(a \rightarrowtail a) \rightarrowtail b\big) = 1$.

Erfülltsein eines Ausdrucks H der intuitionistischen Aussagenlogik in einer HEYTING-Algebra $\boldsymbol{A}$ bedeutet dabei, daß die Junktoren $\wedge, \vee, \to, \sim$ als die Operationen $\sqcap, \sqcup, \rightarrowtail, -$ interpretiert werden, die Aussagenvariablen als Variable für Elemente von $\boldsymbol{A}$, und daß H dann stets den Wert 1 hat.

Wir wollen als HEYTING-*Kette* jede HEYTING-Algebra bezeichnen, die die Linearitätsbedingung

($\mathrm{HA_{lin}}$) $(a \rightarrowtail b) = 1$ oder $(b \rightarrowtail a) = 1$

für alle ihre Elemente a, b erfüllt. Dann finden wir einen ersten Zusammenhang mit den GÖDELschen Systemen.

Satz 3.4.2. *Die endlichen* HEYTING-*Ketten sind bis auf Isomorphie gerade die* GÖDEL*schen Quasiwahrheitswertstrukturen* $\langle \mathcal{W}_M, \mathrm{vel}_1, \mathrm{et}_1, \mathrm{seq}_2, \mathrm{non}^*, 0, 1\rangle$ *mit* $M \geq 2$.

Beweis. Man bestätigt leicht, daß jede der Quasiwahrheitswertmengen $\mathcal{W}_M$, $M \geq 2$, mit den Operationen vel_1, et_1, seq_2, non* und den ausgezeichneten Elementen 0, 1 eine HEYTING-Kette ist. Es bleibt also zu zeigen, daß jede HEYTING-Kette mit endlich vielen Elementen einer der HEYTING-Ketten $\mathcal{W}_M$ isomorph ist.

Da aus (HA2) sofort folgt, daß die Bedingungen $a \leqq b$ und $(a \rightarrowtail b) = 1$ in HEYTING-Algebren gleichwertig sind, kann darin also die Verbandshalbordnung $\leqq$ durch die Pseudokomplementbildung $\rightarrowtail$ beschrieben werden. Mithin verlangt (HA_{lin}) gerade die Linearität bzgl. der Verbandshalbordnung. Ist $\boldsymbol{A}$ eine HEYTING-Kette mit $M \geq 2$ Elementen, so gibt es daher eine eineindeutige ordnungstreue Abbildung f von $\boldsymbol{A}$ auf $\mathcal{W}_M$, für die offenbar $f(0) = 0$ und $f(1) = 1$ sein muß. Wir zeigen nun, daß f sogar ein Isomorphismus ist, also operationstreu bezüglich jeder der Verknüpfungen $\sqcup$, $\sqcap$, $\rightarrowtail$, $-$ der HEYTING-Kette $\boldsymbol{A}$. Dazu wiederum genügt es zu zeigen, daß diese Operationen in $\boldsymbol{A}$ in gleicher Weise mittels der Verbandshalbordnung definiert werden können wie vel_1, et_1, seq_2 non* in $\mathcal{W}_M$ mittels der gewöhnlichen Anordnung.

Klar ist wegen (HA_{lin}), daß $a \sqcup b = \sup(a, b) = \max(a, b)$ und $a \sqcap b = \inf(a, b) = \min(a, b)$ im Verband $\langle A, \sqcup, \sqcap, 0, 1\rangle$ gelten. Im Falle $a \leqq b$ hatten wir $(a \rightarrowtail b) = 1$ bereits erhalten; ist aber $a > b$, so $a \nleqq (a \rightarrowtail b)$ nach (HA2), also $(a \rightarrowtail b) < a$ nach (HA_{lin}), außerdem gilt stets $b \leqq (a \rightarrowtail b)$ nach (HA2) und ebenso $a \sqcap (a \rightarrowtail b) \leqq b$, also ist dann insgesamt

$$b \leqq (a \rightarrowtail b) = a \sqcap (a \rightarrowtail b) = b \sqcap \big(a \sqcap (a \rightarrowtail b)\big) \leqq b,$$

d. h. $(a \rightarrowtail b) = b$. Also ist $\rightarrowtail$ in der gesuchten Art charakterisierbar. Nach (HA3) ist $(a \rightarrowtail -0) = (0 \rightarrowtail -a) = 1$ für jedes $a \in A$, also $-0 = 1$; ist aber $a \neq 0$, also $0 < a$, so ist $-a = (1 \rightarrowtail -a) = (a \rightarrowtail -1) = (a \rightarrowtail 0) = 0$, da $-1 = 0$ gilt nach (HA4) und $(a \rightarrowtail a) = 1$. Also ist auch $-$ in der gesuchten Art charakterisierbar, d. h., f ist ein Isomorphismus. ∎

Noch eine dritte Art algebraischer Struktur müssen wir betrachten. HEYTING-Algebren, in denen zusätzlich die Bedingung

(HA_{G}) $(a \rightarrowtail b) \sqcup (b \rightarrowtail a) = 1$

stets erfüllt ist, wollen wir G-*Algebren* nennen. Es ist klar, daß jede HEYTING-Kette eine G-Algebra ist. In diesen G-Algebren werden wir Filter zu betrachten haben. Das können wir aber schon in beliebigen HEYTING-Algebren tun.

Eine nichtleere Teilmenge $\boldsymbol{F}$ einer HEYTING-Algebra $\boldsymbol{A} = \langle A, \sqcup, \sqcap, \rightarrowtail, -, 0, 1\rangle$ ist ein *Filter* von $\boldsymbol{A}$, falls gelten:

(F1) wenn $a, b \in \boldsymbol{F}$, so $a \sqcap b \in \boldsymbol{F}$;

(F2) wenn $a \in \boldsymbol{F}$ und $a \leqq b$, so $b \in \boldsymbol{F}$

für beliebige $a, b, \in A$. Ist $F \neq A$ für einen Filter F von A, so heißt F *eigentlicher* Filter; gilt sogar

(F3) wenn $a \sqcup b \in F$, so $a \in F$ oder $b \in F$

für einen eigentlichen Filter F, so heißt F *Primfilter*.

Für jeden Filter F von A gilt $1 \in F$. Für jedes Element $a \in A$ ist die Menge $\{b \in A \mid a \leqq b\}$ ein Filter, der *Hauptfilter* von a. Ist $a \neq 0$, so ist der Hauptfilter von a ein eigentlicher Filter. Außerdem überlegt man sich leicht, daß die Vereinigung über eine (inklusionsgeordnete) Kette von Filtern von A stets wieder ein Filter von A ist. Zu jedem Filter F von A kann man eine Äquivalenzrelation $\sim$ in A erklären durch die Festlegung

$$a \sim b =_{\mathrm{def}} (a \rightarrowtail b) \in F \wedge (b \rightarrowtail a) \in F,$$

die sogar Kongruenzrelation in A ist, d. h. operationstreu ist bezüglich der repräsentantenweise zwischen den $\sim$-Restklassen erklärten Operationen $\sqcup, \sqcap, \rightarrowtail, -$. Überhaupt ist die Restklassenstruktur $\langle A/_\sim, \sqcup, \sqcap, \rightarrowtail, -, [0], [1]\rangle$ wieder eine HEYTING-Algebra, die wir kurz mit A/F bezeichnen wollen, wenn eben repräsentantenweise wie üblich $[a] \sqcup [b] = [a \sqcup b]$, $[a] \sqcap [b] = [a \sqcap b]$, $[a] \rightarrowtail [b] = [a \rightarrowtail b]$ und $-[a] = [-a]$ in $A/_\sim$ erklärt werden (vgl. RASIOWA/SIKORSKI [1963], RASIOWA [1974]).

Hilfssatz 3.4.3. (a) *In jeder* HEYTING-*Algebra* A *gibt es zu beliebigen* $a, b \in A$, *für die* $b \nleqq a$ *ist, einen Primfilter* F *mit* $b \in F$ *und* $a \notin F$.

(b) *Ist* A *eine* G-*Algebra und* F *Primfilter von* A, *dann ist* A/F *eine* HEYTING-*Kette.*

Beweis. (a) Es sei $\mathfrak{F}_{a,b}$ die Gesamtheit aller derjenigen eigentlichen Filter F von A, für die $b \in F$ und $a \notin F$ gelten. Es ist $\mathfrak{F}_{a,b} \neq \emptyset$, da der Hauptfilter von b zu $\mathfrak{F}_{a,b}$ gehört. In $\mathfrak{F}_{a,b}$ hat jede inklusionsgeordnete Kette von Filtern ein Supremum, nämlich die Vereinigung über diese Kette. Also gibt es nach dem ZORNschen Lemma ein (bezüglich Inklusion) maximales Element F^* von $\mathfrak{F}_{a,b}$. Wir zeigen, daß F^* Primfilter ist; wegen $F^* \in \mathfrak{F}_{a,b}$ ist natürlich $b \in F^*$ und $a \notin F^*$.

Wäre F^* kein Primfilter, so gäbe es Elemente $c_1, c_2 \notin F^*$, für die aber $c_1 \sqcup c_2 \in F^*$ wäre. Dann bilden wir die jeweils (bezüglich Inklusion) kleinsten Filter F_1, F_2, die F^* umfassen und c_1 bzw. c_2 enthalten. (Diese Filter existieren, da der Durchschnitt beliebig vieler Filter von A stets wieder ein Filter von A ist.) Dafür ist $a \notin F_1$ oder $a \notin F_2$, denn andernfalls wäre $a \in F_1$ und $a \in F_2$, also gäbe es Elemente $d_1, d_2 \in F^*$ mit $c_1 \sqcap d_1 \leqq a$ und $c_2 \sqcap d_2 \leqq a$, also mit $(d \sqcap c_1) \sqcup (d \sqcap c_2) \leqq a$ für $d = d_1 \sqcap d_2 \in F^*$, weswegen $a \geqq d \sqcap (c_1 \sqcup c_2) \in F^*$ und also $a \in F^*$ wäre, denn jede HEYTING-Algebra ist bezüglich $\sqcap, \sqcup$ ein distributiver Verband. Aber es ist ja $a \notin F^*$.

Wir können o. B. d. A. annehmen, daß $a \notin F_1$ ist. Dann muß aber $F_1 \in \mathfrak{F}_{a,b}$ gelten, was wegen $F^* \subset F_1$ im Widerspruch zur Wahl von F^* steht. Also muß F^* Primfilter sein.

(b) Ist A G-Algebra und F Primfilter, so gilt wegen (HA_G) für die Restklassen in A/F sofort $[1] = [(a \rightarrowtail b) \sqcup (b \rightarrowtail a)] = [a \rightarrowtail b] \sqcup [b \rightarrowtail a] \in F$, also gilt $([a] \rightarrowtail [b]) = [a \rightarrowtail b] \in F$ oder $([b] \rightarrowtail [a]) = [b \rightarrowtail a] \in F$, d. h. es gilt $([a] \rightarrowtail [b]) = [1]$ oder $([b] \rightarrowtail [a]) = [1]$ in A/F und daher $[a] \leqq [b]$ oder $[b] \leqq [a]$. Deswegen ist A/F HEYTING-Kette. ∎

Hilfssatz 3.4.4. *Eine* HEYTING-*Algebra ist genau dann* G-*Algebra, wenn sie einem subdirekten Produkt von* HEYTING-*Ketten isomorph ist.*

Beweis. Man prüft leicht nach, daß jedes direkte Produkt von G-Algebren wieder eine G-Algebra ist, deren Operationen „komponentenweise" mittels der entsprechenden Operationen des jeweiligen Faktors erklärt sind. Daher ist auch das direkte Produkt von HEYTING-Ketten stets eine G-Algebra. Da auch Unteralgebren von G-Algebren stets G-Algebren sind, ist eine Richtung der behaupteten Äquivalenz bestätigt.

Ist andererseits A eine G-Algebra und $\mathfrak{P}$ die Gesamtheit aller Primfilter von A, so ist $\bigcap \mathfrak{P} = \{1\}$ nach Hilfssatz 3.4.3(a). Deswegen folgt aus einem allgemeinen Resultat der Algebra – vgl. etwa BIRKHOFF [1948], GRÄTZER [1968] – sofort, daß A isomorph ist einem subdirekten Produkt aller Quotientenstrukturen A/F für $F \in \mathfrak{P}$, also einem subdirekten Produkt von HEYTING-Ketten nach Hilfssatz 3.4.3(b). ∎

Kommen wir nun zu den Ausdrücken der oben für die intuitionistische Aussagenlogik betrachteten Sprache mit den Junktoren $\wedge$, $\vee$, $\rightarrow$, $\sim$ zurück. Ist $\beta: V_0 \rightarrow A$ eine Belegung der Aussagenvariablen mit Werten aus einer HEYTING-Algebra $A = \langle A, \sqcup, \sqcap, \rightarrowtail, -, 0, 1\rangle$, so mögen die den Junktoren $\vee$, $\wedge$, $\rightarrow$, $\sim$ in A entsprechenden Wahrheitswertfunktionen die Operationen $\sqcap$, $\sqcup$, $\rightarrowtail$, $-$ sein und $\mathrm{Wert}^A(H, \beta)$ für einen Ausdruck H dieser Sprache damit wie in Abschnitt 2.1 erklärt sein. Wir nennen H in A gültig, wenn $\mathrm{Wert}^A(H, \beta) = 1$ für alle $\beta: V_0 \rightarrow A$.

Es ist bekannt, daß ein solcher Ausdruck H genau dann aus (IL1), ..., (IL11) ableitbar ist, wenn H in allen HEYTING-Algebren gültig ist (vgl. RASIOWA/SIKORSKI [1963], RASIOWA [1974]). Man sieht leicht, daß ein Ausdruck H genau dann in einem direkten Produkt $A = \prod_{i \in I} A_i$ von HEYTING-Algebren gültig ist, wenn er in jedem der Faktoren A_i gültig ist. Und natürlich ist jeder in einer HEYTING-Algebra A gültige Ausdruck auch in allen Unteralgebren von A gültig. Also ist jeder in allen HEYTING-Algebren A_i, $i \in I$, gültige Ausdruck auch in jedem subdirekten Produkt der A_i gültig.

Wir betrachten nun zusätzlich zu den Axiomen (IL1), ..., (IL11) der intuitionistischen Aussagenlogik das Axiom

$(\mathrm{IL_G})\quad (A \to B) \vee (B \to A)$.

Führen wir in der Menge $\mathcal{L}$ der Ausdrücke unserer hier betrachteten Sprache eine binäre Relation $\equiv$ ein durch die Festlegung

$$H \equiv G =_{\mathrm{def}} \vdash_{\mathrm{i}} (H \to G) \wedge \vdash_{\mathrm{i}} (G \to H),$$

wobei $\vdash_{\mathrm{i}}$ die Ableitbarkeit aus den Axiomen (IL1), ..., (IL11), $(\mathrm{IL_G})$ bedeute, so zeigt man analog wie im Beweis von Hilfssatz 3.2.8 mittels (IL1), ..., (IL11), daß $\equiv$ eine Äquivalenzrelation ist. In der Restklassenmenge $\mathcal{L}/_{\equiv}$ kann man repräsentantenweise $\vee$, $\wedge$, $\to$, $\sim$ entsprechende Operationen einführen. Dadurch wird $\mathcal{L}/_{\equiv}$ zu einer HEYTING-Algebra, die wegen $(\mathrm{IL_G})$ sogar G-Algebra ist. Sie werde mit $\boldsymbol{A}^{\mathsf{IG}}$ bezeichnet. Die Details der zum Beweis der Behauptungen notwendigen Rechnungen sind weitgehend Routine und z. B. bei RASIOWA/SIKORSKI [1963] bzw. RASIOWA [1974] zu finden.

Satz 3.4.5. *Für jeden Ausdruck H der Sprache der intuitionistischen Aussagenlogik sind die folgenden Behauptungen äquivalent:*

(a) *H ist aus* (IL1), ..., (IL11) *und* $(\mathrm{IL_G})$ *ableitbar;*
(b) *H ist in jeder* G-*Algebra gültig;*
(c) *H ist in jeder* HEYTING-*Kette gültig;*
(d) *H ist in einer unendlichen* HEYTING-*Kette gültig;*
(e) *H ist in jeder endlichen* HEYTING-*Kette gültig;*
(f) *H ist in jeder* HEYTING-*Kette mit höchstens* $n+2$ *Elementen gültig, wenn n die Anzahl der in H vorkommenden Aussagenvariablen ist;*
(g) *H ist in* $\boldsymbol{A}^{\mathsf{IG}}$ *gültig.*

Beweis. Gelte (a). Da (IL1), ..., (IL11) in jeder HEYTING-Algebra gültig sind, sind diese Ausdrücke auch in jeder G-Algebra gültig; und $(\mathrm{IL_G})$ ist in einer HEYTING-Algebra offenbar genau dann gültig, wenn $(\mathrm{HA_G})$ in dieser Algebra gültig ist, es sich also um eine G-Algebra handelt. Da (**MP**) von in einer G-Algebra gültigen Ausdrücken immer wieder zu darin gültigen Ausdrücken führt, gilt also (b).

Offenbar folgt (c) aus (b). Umgekehrt folgt (b) aus (c) wegen Hilfssatz 3.4.4 und der Tatsache, daß in jedem Faktor eines subdirekten Produktes gültige Ausdrücke auch im subdirekten Produkt gültig sind.

Aus (b) folgt auch sofort (g). Und nach Definition von $\boldsymbol{A}^{\mathsf{IG}}$ heißt Gültigkeit in $\boldsymbol{A}^{\mathsf{IG}}$ gerade $\vdash_{\mathrm{i}}$-Ableitbarkeit. Also folgt (a) aus (g).

Damit sind zunächst (a), (b), (c), (g) als äquivalent nachgewiesen.

Aus (c) folgt weiterhin unmittelbar (d), denn es gibt unendliche HEYTING-Ketten — $\langle \mathcal{W}_{\aleph_0}, \mathrm{vel}_1, \mathrm{et}_1, \mathrm{seq}_2, \mathrm{non}^*, 0, 1\rangle$ ist eine. Ebenso folgt aus (d) sofort (e), denn jede endliche HEYTING-Kette ist Unteralgebra jeder unendlichen HEYTING-Kette: Dies zeigt man durch geeignete isomorphe Einbettung wie im Beweis zu Satz 3.4.1(a).

(f) ist triviale Konsequenz aus (e), denn (f) ist ja nur eine Einschränkung der Behauptung (e).

Nun gelte (f), und H enthalte genau n verschiedene Aussagenvariablen, etwa $p_1, \ldots, p_n$. Wir zeigen (c). Würde (c) nicht gelten, dann gäbe es eine HEYTING-Kette $\boldsymbol{A}$ und eine Belegung $\beta: V_0 \to A$ mit $\mathrm{Wert}^{\boldsymbol{A}}(H, \beta) \neq 1$. Die Menge $B = \{0, 1, \beta(p_1), \ldots, \beta(p_n)\}$ ist Trägermenge einer Unteralgebra $\boldsymbol{B}$ von $\boldsymbol{A}$, bzgl. deren für die $\boldsymbol{B}$-Modifikation $\bar{\beta}$ der Belegung β, d. h. die durch

$$\bar{\beta}(p) = \begin{cases} \beta(p), & \text{wenn} \quad p \in \{p_1, \ldots, p_n\} \\ 0 & \text{sonst} \end{cases}$$

festgelegte Variablenbelegung $\mathrm{Wert}^{\boldsymbol{A}}(H, \beta) = \mathrm{Wert}^{\boldsymbol{B}}(H, \bar{\beta})$ gilt. Also ist H in $\boldsymbol{B}$ nicht gültig im Widerspruch dazu, daß (f) gelten sollte. Also folgt (c) aus (f).

Damit ist auch die Äquivalenz von (c), (d), (e), (f) gezeigt. ∎

Nun können wir zu den GÖDELschen aussagenlogischen Systemen zurückkehren. Es mögen (IL*1), ..., (IL*11), (IL^*_G) diejenigen G-Ausdrücke sein, die man aus (IL1), ..., (IL11), (IL_G) dadurch erhält, daß man überall den Junktor $\to$ durch den Junktor $\to_\mathrm{G}$ ersetzt (und natürlich die weiteren Junktoren $\vee$, $\wedge$, $\sim$ nun als Junktoren von $\mathbf{G}_\nu$ ansieht).

Satz 3.4.6. *Ein* $\mathbf{G}$*-Ausdruck* H *ist genau dann eine* $\mathbf{G}_{\aleph_0}$*-Tautologie, wenn* H *aus* (IL*1), ..., (IL*11) *und* (IL^*_G) *ableitbar ist.*

Beweis. Ist H eine $\mathbf{G}_{\aleph_0}$-Tautologie, so ist H nach Satz 3.4.1 eine $\mathbf{G}_M$-Tautologie für jedes $M \geq 2$. Also ist nach Satz 3.4.2 H in jeder endlichen HEYTING-Kette gültig und daher nach Satz 3.4.5 aus (IL*1), ..., (IL*11), (IL^*_G) ableitbar. (Die Umbenennung von $\to$ in $\to_\mathrm{G}$ ist offenbar für Satz 3.4.5 unwesentlich.)

Ist umgekehrt H aus (IL*1), ..., (IL*11), (IL^*_G) ableitbar, so ist H wegen Satz 3.4.5 in allen endlichen HEYTING-Ketten gültig, also $\mathbf{G}_M$-Tautologie für jedes $M \geq 2$ nach Satz 3.4.2, also $\mathbf{G}_{\aleph_0}$-Tautologie nach Satz 3.4.1. ∎

Der durch die Axiome (IL1), ..., (IL11) und (IL_G) zusammen mit der Abtrennungsregel (MP) konstituierte Logikkalkül wird üblicherweise LC genannt wie bei DUMMETT [1959]. Unter einer *Normalerweiterung* von LC wollen wir solch einen Logikkalkül verstehen, dessen Theoremmenge dadurch erzeugt werden kann, daß man zu LC weitere Axiomenschemata hinzunimmt und dann die Menge aller daraus ableitbaren Ausdrücke bildet. Im weiteren sei **T** eine Normalerweiterung von LC. Eine T-*Algebra* sei eine solche HEYTING-Algebra, in der alle Axiome und folglich alle Theoreme von **T** gültig seien. Die **LC**-Algebren sind dann gerade die obigen G-Algebren.

Die für HEYTING-Algebren eingeführten Begriffe können wir also auch für T-Algebren benutzen, ebenso die bereits bewiesenen Resultate. Es ist insbesondere jede T-Algebra einem subdirekten Produkt von HEYTING-Ketten isomorph. Ferner gibt es zu jedem Ausdruck H, der nicht **T**-ableitbar ist, nach Satz 3.4.5 und Hilfssatz 3.4.4 eine endliche HEYTING-Kette, die T-Algebra ist und in der H nicht gültig ist, d. h. es gibt ein $M \geq 2$ derart, daß H keine $\mathbf{G}_M$-Tautologie ist nach Satz 3.4.2, aber jedes **T**-Theorem eine $\mathbf{G}_M$-Tautologie ist.

Eine Normalerweiterung **T** von **LC** soll *echt* heißen, falls es ein **T**-Theorem gibt, das kein **LC**-Theorem ist, sie soll *konsistent* heißen, falls nicht jeder Ausdruck (der betrachteten Sprache) **T**-Theorem ist. Dann gilt folgender, bei DUNN/MEYER [1971] bewiesene Satz.

Satz 3.4.7. *Ist* **T** *eine konsistente echte Normalerweiterung von* **LC**, *so ist die Theoremmenge von* **T** *die Menge aller* $\mathbf{G}_M$*-Tautologien für ein geeignetes* $M \geq 2$.

Beweis. Es sei **T** echte Normalerweiterung von **LC** und konsistent. Wir betrachten die Menge K aller natürlichen Zahlen $m \geq 2$, für die $\mathcal{W}_m$ – mit den in (3.4.2) angegebenen Operationen – eine T-Algebra ist. Es ist $K \neq \emptyset$, denn **T** ist konsistent, d. h. es gibt überhaupt T-Algebren. Aber K ist auch endlich, denn andernfalls wäre $K = \{m \mid m \geq 2\}$, da für $m < n$ stets $\mathcal{W}_m$ einer Unteralgebra von $\mathcal{W}_n$ isomorph ist, also $\mathcal{W}_m$ mit $\mathcal{W}_n$ T-Algebra sein müßte. Ist aber K die Menge aller natürlichen Zahlen ≥ 2, so ist die Menge der **T**-Theoreme die Menge der $\mathbf{G}_{\aleph_0}$-Tautologien, also **T** keine echte Normalerweiterung von **LC**.

Wir betrachten nun $M = \max K$. Dann ist $\mathcal{W}_M$ eine T-Algebra, d. h. jedes **T**-Theorem ist eine $\mathbf{G}_M$-Tautologie. Ist aber H kein **T**-Theorem, dann ist H keine $\mathbf{G}_M$-Tautologie für ein geeignetes $m \geq 2$, für das $m \leq M$ gelten muß nach Wahl von M. Also ist H auch keine $\mathbf{G}_M$-Tautologie. Mithin sind die **T**-Theoreme genau die $\mathbf{G}_M$-Tautologien. ∎

Man kann also die Menge der $\mathbf{G}_M$-Tautologien, $M \geq 2$, dadurch adäquat axiomatisieren, daß man zu den Axiomen von **LC**, d. h. zu den Axiomenschemata (IL*1), ..., (IL*11) und (IL^*_G) alle Einsetzungsinstanzen eines Ausdrucks hinzunimmt, der zwar $\mathbf{G}_M$-Tautologie ist, aber keine $\mathbf{G}_{M+1}$ Tautologie. Diese Eigenschaft hat z. B. der in (3.4.3) angegebene Ausdruck G_{M+1}, d. h., die Hinzunahme des Axiomenschemas

$$\bigvee_{i=1}^{M} \bigvee_{k=i+1}^{M+1} \big((A_i \to_\mathrm{G} A_k) \wedge (A_k \to_\mathrm{G} A_i)\big)$$

zu den LC-Axiomen(schemata) ergibt ein adäquates Axiomensystem für die $\mathbf{G}_M$-Tautologien. Eine weitere entsprechende Ausdrucksfamilie hat Kubin [1979] angegeben (zusammen mit einem beweistheoretisch geführten Adäquatheitsnachweis). Er bildet rekursiv für jedes $n \geq 3$ die Ausdrücke

$$K_3 =_{\text{def}} \big((\sim p_1 \rightarrow_{\mathrm{G}} p_2) \rightarrow_{\mathrm{G}} (((p_2 \rightarrow_{\mathrm{G}} p_1) \rightarrow_{\mathrm{G}} p_2) \rightarrow_{\mathrm{G}} p_2)\big),$$

$$K_{n+1} =_{\text{def}} \big((\sim K_n \rightarrow_{\mathrm{G}} p_n) \rightarrow_{\mathrm{G}} (((p_n \rightarrow_{\mathrm{G}} K_n) \rightarrow_{\mathrm{G}} p_n) \rightarrow_{\mathrm{G}} p_n)\big)$$

für eine Folge $p_1, p_2, p_3, \ldots$ paarweise verschiedener Aussagenvariabler. Induktiv zeigt man, daß

$$\mathrm{Wert}^{\mathbf{G}}(K_n, \beta) = \begin{cases} \beta(p_{n-1}), & \text{wenn} \quad 0 < \beta(p_1) < \beta(p_2) < \cdots \\ & \qquad\qquad < \beta(p_{n-1}) < 1 \\ 1 & \text{sonst}. \end{cases}$$

Daher ist K_M eine $\mathbf{G}_M$-Tautologie, aber keine $\mathbf{G}_{M+1}$-Tautologie für jedes $M \geq 3$. Also kann die Menge aller $\mathbf{G}_M$-Tautologien, $M \geq 3$, auch dadurch adäquat axiomatisiert werden, daß man zu den LC-Axiomen(schemata) das – rekursiv erklärte – Axiomenschema

$$K_M^* =_{\text{def}} \big((\sim K_{M-1}^* \rightarrow_{\mathrm{G}} A_n) \rightarrow_{\mathrm{G}} (((A_n \rightarrow_{\mathrm{G}} K_{M-1}^*) \rightarrow_{\mathrm{G}} A_n) \rightarrow_{\mathrm{G}} A_n)\big)$$

hinzunimmt. (Hier setze man $K_2^* = A_1$ oder bilde K_3^* direkt aus K_3.)

Zusätzlich zeigt Kubin [1979], daß die Menge der $\mathbf{G}_3$-Tautologien schon durch die Axiomenschemata (IL*1), ..., (IL*11), K_3^* – also ohne $(\mathrm{IL}_{\mathrm{G}}^*)$ – adäquat axiomatisiert wird.

3.5. Spezielle dreiwertige aussagenlogische Systeme

Jedes mehrwertige logische System wird bei inhaltlicher Interpretation mit dem Problem der Deutung der Quasiwahrheitswerte bzw. der Deutung der zu den „wahr" und „falsch" vertretenden Werten 1 und 0 hinzutretenden Quasiwahrheitswerte konfrontiert. In diesem Zusammenhang nehmen dreiwertige logische Systeme insofern eine Sonderstellung ein, als bei ihnen genau ein „zusätzlicher" Wahrheitswert existiert. Deswegen ist es nicht überraschend, daß anwendungsorientiert vor allem auch dreiwertige Systeme diskutiert worden sind.

Wir wollen hier unsere Aufmerksamkeit insbesondere zwei einander sehr ähnlichen Systemen widmen, die von Bočvar [1938] und Kleene [1938] stammen. Die mit diesen Systemen verbundenen Intentionen waren völlig unterschiedlich. Bei Bočvar ging es um die Analyse logischer und semantischer Antinomien, die in Logiken höherer Stufen bei unkritischem Gebrauch des Komprehensionsprinzips bzw. von metatheoretischen Begriffen auftreten können (vgl. etwa BORKOWSKI [1976] oder BETH [1965]). Deswegen interpretierte er den „zusätzlichen" Quasiwahrheitswert 1/2 als „sinnlos", „paradox", „bedeutungslos", „unsinnig". KLEENES Ausgangspunkt dagegen war die Betrachtung von partiell-rekursiven Relationen, also von Relationen, die u. U. undefiniert sein können. Deswegen steht in seinem Falle der „zusätzliche" Quasiwahrheitswert 1/2 für „undefiniert", „unbestimmt". Beide Systeme interpretieren die Quasiwahrheitswerte 1, 0 als die Wahrheitswerte W, F; in beiden Fällen ist der Wert 1 der einzige ausgezeichnete Quasiwahrheitswert.

BOČVAR [1938] unterscheidet zwischen inneren und äußeren Wahrheitswertfunktionen. Die inneren Wahrheitswertfunktionen bilden die von 0, 1 verschiedenen Quasiwahrheitswerte – d. h. im dreiwertigen Falle den Wert 1/2 – stets wieder auf solche Quasiwahrheitswerte ab. Die äußeren Wahrheitswertfunktionen nehmen nur die Werte 0, 1 als Funktionswerte an. Deswegen gibt diese Aufteilung der Wahrheitswertfunktionen keine vollständige Klassifikation. Als grundlegende Junktoren des BOČVARschen dreiwertigen Systems $\mathbf{B}_3$ können dienen[2]

$$\neg,\ \wedge_{+},\ \mathsf{J}_0,\ \mathsf{J}_1 \qquad (3.5.1)$$

für innere Negation, innere Konjunktion, äußere Negation und äußere Behauptung, deren Wahrheitswertfunktionen

$$\mathrm{non}_1,\ \mathrm{et}^*,\ \mathrm{j}_0,\ \mathrm{j}_1$$

sind. Dabei wird die Wahrheitswertfunktion et* durch die Wahrheitswerttafel

et*	0	1/2	1
0	0	1/2	0
1/2	1/2	1/2	1/2
1	0	1/2	1

bzw. durch den analytischen Ausdruck

$$\mathrm{et}^*(x, y) =_{\mathrm{def}} \begin{cases} \mathrm{et}(x, y), & \text{wenn} \quad x, y \in \{0, 1\} \\ 1/2, & \text{wenn} \quad x = 1/2 \quad \text{oder} \quad y = 1/2 \end{cases}$$

charakterisiert, wobei et die Wahrheitswertfunktion der Konjunktion

[2] Die im folgenden für BOČVARS System benutzten Bezeichnungen stimmen mit den von ihm verwendeten nicht überein.

der klassischen Aussagenlogik sei; die Wahrheitswertfunktionen non_1, j_0, j_1 wurden in (2.3.7) bzw. (2.3.20) erklärt.

Setzt man weiterhin für beliebige korrekt gebildete Ausdrücke H_1, H_2 der Sprache mit den Junktoren (3.5.1)

$$H_1 \vee_+ H_2 =_{\mathrm{def}} \models (\models H_1 \wedge_+ \models H_2), \tag{3.5.2}$$

$$H_1 \rightarrow_+ H_2 =_{\mathrm{def}} \models (H_1 \wedge_+ \models H_2), \tag{3.5.3}$$

$$H_1 \leftrightarrow_+ H_2 =_{\mathrm{def}} (H_1 \rightarrow_+ H_2) \wedge_+ (H_2 \rightarrow_+ H_1), \tag{3.5.4}$$

so hat man damit innere Versionen von Alternative, Implikation und Äquivalenz, die über 0, 1 mit den entsprechenden klassischen Wahrheitswertfunktionen übereinstimmende Wahrheitswertfunktionen haben und stets den Wert 1/2 annehmen, wenn eines ihrer Argumente den Wert 1/2 annimmt. Entsprechende äußere Versionen ergeben sich daraus nach einem einheitlichen Muster. Äußere Konjunktion $\mathbb{A}$ und äußere Alternative $\mathbb{V}$ etwa als

$$H_1 \mathbb{A} H_2 =_{\mathrm{def}} \mathsf{J}_1(H_1) \wedge_+ \mathsf{J}_1(H_2),$$

$$H_1 \mathbb{V} H_2 =_{\mathrm{def}} \mathsf{J}_1(H_1) \vee_+ \mathsf{J}_1(H_2);$$

äußere Implikation und äußere Äquivalenz erhält man in analoger Weise.

Von den in (3.5.1) aufgeführten Junktoren gehört $\models$ direkt zum dreiwertigen Łukasiewiczschen System $\mathbf{Ł}_3$, und J_0, J_1 sind in $\mathbf{Ł}_3$ definierbar, vgl. (3.1.21), (3.1.24). Aber auch die innere Konjunktion $\wedge_+$ kann in $\mathbf{Ł}_3$ definiert werden, etwa als

$$H_1 \wedge_+ H_2 =_{\mathrm{def}} (H_1 \wedge H_2) \vee (H_1 \wedge \neg H_1) \vee (H_2 \wedge \neg H_2), \tag{3.5.5}$$

wie man leicht durch Aufstellen der vollständigen Wahrheitswerttabelle bestätigt. Mithin ist $\mathbf{B}_3$ ein Teilsystem von $\mathbf{Ł}_3$. Das System $\mathbf{B}_3$ ist sogar ein echtes Teilsystem von $\mathbf{Ł}_3$. Denn in $\mathbf{B}_3$ kann jeder Ausdruck H, in dem nur die Aussagenvariablen $p_1, \ldots, p_n$ vorkommen, semantisch äquivalent dargestellt werden in der Form

$$\mathsf{J}_1(H) \vee_+ \mathsf{U}(p_{i_1}) \vee_+ \cdots \vee_+ \mathsf{U}(p_{i_k}),$$

wobei $(i_1, \ldots, i_k)$ eine Teilfolge von $(1, \ldots, n)$ ist und

$$\mathsf{U}(p) =_{\mathrm{def}} p \wedge_+ \models p$$

gesetzt wurde (vgl. Finn [1974]). Daraus ergibt sich, daß die Wahrheitswertfunktion seq_1 nicht in $\mathbf{B}_3$ darstellbar, der Junktor $\rightarrow_Ł$ von $\mathbf{Ł}_3$ also in $\mathbf{B}_3$ nicht definierbar ist. Ist nämlich hinsichtlich einer solchen Normalformdarstellung $j \in \{i_1, \ldots, i_k\}$ und $\mathrm{Wert}^{\mathbf{B}_3}(p_j, \beta) = 1/2$ für eine Belegung β, so ist offenbar auch $\mathrm{Wert}^{\mathbf{B}_3}(H, \beta) = 1/2$; ist dagegen $j \notin \{i_1, \ldots, i_k\}$ und

$\mathrm{Wert}^{\mathbf{B}_3}(p_{i_r}, \beta) \in \{0, 1\}$ für alle $r = 1, \ldots, k$, so ist $\mathrm{Wert}^{\mathbf{B}_3}(H, \beta) \in \{0, 1\}$ unabhängig von $\mathrm{Wert}^{\mathbf{B}_3}(p_j, \beta)$. Wäre demnach $p_1 \rightarrow_{Ł} p_2$ durch einen $\mathbf{B}_3$-Ausdruck H_0 darstellbar, so müßte wegen $\mathrm{seq}_1(1/2, 0) = 1/2$ in der Normalform von H_0 das Alternativglied $\mathsf{U}(p_1)$ auftreten; dies ergäbe aber $\mathrm{Wert}^{\mathbf{B}_3}(H_0, \beta_0) = 1/2$ für jede Belegung β_0 mit $\beta_0(p_1) = \beta_0(p_2) = 1/2$ im Widerspruch zu $\mathrm{seq}_1(1/2, 1/2) = 1$.

Das Axiomatisierungsproblem für $\mathbf{B}_3$ hat FINN [1971], [1974a] diskutiert. Wir wollen es hier nicht betrachten.

KLEENE [1938] führt je eine dreiwertige Negation, Konjunktion, Alternative, Implikation und Äquivalenz ein. Diesen Junktoren

$$\neg, \wedge, \vee, \rightarrow_{\mathrm{K}}, \leftrightarrow_{\mathrm{K}} \tag{3.5.6}$$

entsprechen die Wahrheitswertfunktionen

$$\mathrm{non}_1, \mathrm{et}_1, \mathrm{vel}_1, \mathrm{seq}', \mathrm{äq}',$$

die in (2.3.7), (2.3.9) und (2.3.12) eingeführt wurden bzw. die erklärt sind durch die Wahrheitswerttafeln:

seq′	0	1/2	1
0	1	1	1
1/2	1/2	1/2	1
1	0	1/2	1

äq′	0	1/2	1
0	1	1/2	0
1/2	1/2	1/2	1/2
1	0	1/2	1

Offenbar sind $\neg, \wedge, \vee$ dieselben Junktoren wie in $\mathbf{Ł}_3$. Die KLEENEsche Äquivalenz hätte auch definitorisch als

$$H_1 \leftrightarrow_{\mathrm{K}} H_2 =_{\mathrm{def}} (H_1 \rightarrow_{\mathrm{K}} H_2) \wedge (H_2 \rightarrow_{\mathrm{K}} H_1) \tag{3.5.7}$$

eingeführt werden können. KLEENE [1952] bezeichnet diese Junktoren als Junktoren im starken Sinne und betrachtet daneben noch je eine weitere Alternative, Konjunktion und Implikation im schwachen Sinne, die genau den Junktoren $\vee_+$, $\wedge_+$, $\rightarrow_+$ des Systems $\mathbf{B}_3$ entsprechen, also immer dann den Quasiwahrheitswert 1/2 annehmen, wenn eines ihrer Argumente diesen Wert annimmt. Diese Junktoren im schwachen Sinne sind wegen (3.5.5) und (3.5.2), (3.5.3) mittels der in (3.5.6) angegebenen Junktoren definierbar.

Da KLEENES Implikation $\rightarrow_{\mathrm{K}}$ im ŁUKASIEWICZschen System $\mathbf{Ł}_3$ definiert werden kann, und zwar etwa als

$$H_1 \rightarrow_{\mathrm{K}} H_2 =_{\mathrm{def}} (H_1 \rightarrow_{Ł} H_2) \wedge (H_1 \vee \neg H_1 \vee H_2 \vee \neg H_2), \tag{3.5.8}$$

ist also jeder von KLEENE betrachtete Junktor in $\mathbf{Ł}_3$ definierbar.

Erneut ist jedoch die ŁUKASIEWICZsche Implikation $\rightarrow_{Ł}$ nicht mittels der in (3.5.6) angeführten Junktoren definierbar: Ist nämlich $H_1 \circ H_2$

als zweistellige Aussagenverknüpfung mittels der Junktoren (3.5.6) definierbar, so ist die zugehörige Wahrheitswertfunktion $ver_{\circ}$ Superposition von non_1, et_1 und seq', hat also die Eigenschaft $ver_{\circ}(1/2, 1/2) = 1/2$ und ist daher verschieden von seq_1.

BOČVARS und KLEENES Ausdrucksmittel (3.5.1) und (3.5.6) zusammen erlauben aber die Definition des Junktors $\rightarrow_{Ł}$, wie ŠESTAKOV [1964] bemerkt hat. Man kann etwa definieren

$$H_1 \rightarrow_{Ł} H_2 =_{\mathrm{def}} (H_1 \rightarrow_{K} H_2) \vee \big(\mathrm{J}_{1/2}(H_1) \wedge \mathrm{J}_{1/2}(H_2)\big),$$

wobei gesetzt ist

$$\mathrm{J}_{1/2}(H) =_{\mathrm{def}} \neg\, \mathrm{J}_0(H) \wedge \neg\, \mathrm{J}_1(H).$$

Deswegen sind auch weder BOČVARS Junktoren (3.5.1) mittels der KLEENEschen (3.5.6) definierbar noch umgekehrt KLEENES mittels der BOČVARschen.

Dreiwertige aussagenlogische Systeme, deren „zusätzlicher" Quasiwahrheitswert analog wie bei BOČVAR [1938] als „sinnlos", „ohne Bedeutung" gedeutet wird und deren Ausdrucksmittel sich im wesentlichen im Rahmen der in $\mathbf{Ł}_3$ formulierbaren bewegen, haben z. B. auch HALLDÉN [1949], SEGERBERG [1965] und PIRÓG-RZEPECKA [1966], [1973], [1977] diskutiert.

Wie $\mathbf{Ł}_3$ ist auch BOČVARS System $\mathbf{B}_3$ verallgemeinert worden und sind entsprechend den Prinzipien für den Aufbau von $\mathbf{B}_3$ endlichwertige Systeme $\mathbf{B}_n$ untersucht worden (der interessierte Leser vgl. dazu z. B. RESCHER [1969], BOČVAR/FINN [1972], [1976] und GRIGOLIJA/FINN [1979]).

Einen weiteren Zugang zu dreiwertigen Systemen findet man über die Betrachtung vager Prädikate wie etwa „heißes Wasser", bezüglich deren es Grenzfälle gibt, in denen weder das Zutreffen noch das Nichtzutreffen des Prädikates begründet behauptet werden kann. Einen unendlichwertigen Ansatz zur Diskussion dieses Phänomens stellt die in Abschnitt 5.8. erörterte Theorie der unscharfen Mengen dar. Im Sinne dreiwertiger Ansätze diskutieren dieses Problem etwa KÖRNER [1966] und die daran anschließenden Arbeiten von CLEAVE [1974], KEARNS [1974], [1979], aber — mehr mathematisch orientiert — beispielsweise auch KLAUA [1968], [1969] (vgl. GOTTWALD [1984 a]) sowie GENTILHOMME [1968]. Schließlich sind dreiwertige Systeme zur Diskussion sogenannter Präsuppositionsphänomene (vgl. Abschnitt 5.4.) benutzt und entwickelt worden, teils in der Form von Systemen, die außer den klassischen Wahrheitswerten W, F noch „Wahrheitswertlücken" zulassen (d. h. zulassen, daß gewisse Aussagen keinen Wahrheitswert haben), teils als „echte" dreiwertige Systeme.

3.6. Allgemeinere Junktorenklassen und Quasiwahrheitswertstrukturen

In den bisher betrachteten mehrwertigen aussagenlogischen Systemen sind wir nur relativ wenigen Varianten mehrwertiger Junktoren begegnet, die bekannte klassische Junktoren verallgemeinern. Beispielsweise waren es als Verallgemeinerungen der Konjunktion der klassischen Aussagenlogik nur die durch die Wahrheitswertfunktionen et_1, et_2, et^* interpretierten Junktoren und die äußere Konjunktion des Bočvarschen Systems $\mathbf{B}_3$. Dabei sind zudem et^* nur im dreiwertigen Falle und et_2 nur gelegentlich in den Systemen Ł_ν diskutiert worden; Łukasiewicz/Tarski [1930] selbst haben zwar keine Konjunktion im Grundvokabular ihrer Systeme, aber spätere Untersuchungen diskutieren eher die durch et_1 als die durch et_2 interpretierte Konjunktion (vgl. Rosser/Turquette [1952], Ackermann [1967], Rescher [1969]). Dies ist auch Ausdruck der Tatsache, daß man für Verallgemeinerungen leitende Gesichtspunkte braucht. Solche Gesichtspunkte gewinnt man häufig am ehesten aus (beabsichtigten bzw. realisierten) Anwendungen. Einige der in Kapitel 5 dargestellten Anwendungen mehrwertiger Logik deuten in jüngerer Zeit in folgende beiden Richtungen:

(1) über $\mathscr{W}_\infty$ – und auch über $\mathscr{W}_M$ für $M \geq 3$ – sollten allgemeinere Funktionenklassen als Kandidaten für Wahrheitswertfunktionen, etwa von Konjunktionen, diskutiert werden – vgl. Abschnitt 5.8. und insbesondere auch Hamacher [1978], Thole/Zimmermann/Zysno [1979] Zimmermann/Zysno [1980];

(2) statt der Quasiwahrheitswertmengen $\mathscr{W}_M$, $M \geq 3$, und $\mathscr{W}_\infty$ sind gegebenenfalls auch allgemeinere Strukturen als Mengen von Quasiwahrheitswerten angemessen – vgl. etwa Abschnitt 5.4 und z. B. auch Wechler [1978].

3.6.1. *Eine Charakterisierung der Wahrheitswertfunktionen et_1 und vel_1*

Verallgemeinerungen allein des Verallgemeinerns wegen sind wissenschaftlich meist bedenklich. Deshalb ist im Zusammenhang mit unseren einleitenden Bemerkungen hinsichtlich allgemeinerer Kandidaten für Wahrheitswertfunktionen der üblichen Junktoren das folgende allgemeine, von Bellman/Giertz [1973] bewiesene Resultat von Interesse, weil es eine gewisse Auszeichnung der Wahrheitswertfunktionen et_1, vel_1 gegenüber anderen Kandidaten für verallgemeinerte Wahrheitswertfunktionen von Konjunktionen bzw. Alternativen ausdrückt.

Satz 3.6.1. *Es seien $\owedge$, $\ovee$ zweistellige Wahrheitswertfunktionen in $\mathscr{W}_\infty$, die kommutativ, assoziativ und wechselseitig distributiv seien. Ferner mögen gelten:*

(a) $\owedge$, $\ovee$ *sind stetig und monoton wachsend in jedem Argument;*
(b) *jede der Zuordnungen $x \mapsto x \owedge x$ und $x \mapsto x \ovee x$ ist streng monoton;*
(c) *stets ist $x \owedge y \leq x$ und $x \ovee y \geq x$;*
(d) $1 \owedge 1 = 1$ *und* $0 \ovee 0 = 0$.

Dann ist $\owedge = \mathrm{et}_1$ *und* $\ovee = \mathrm{vel}_1$.

Beweis. Es sei $h(x) = x \owedge x$ für jedes $x \in \mathscr{W}_\infty$. Dann gilt $h(0) = 0$ wegen (c) und $h(1) = 1$ wegen (d). Nach (a) ist $h: \mathscr{W}_\infty \to \mathscr{W}_\infty$ eine stetige, nach (b) eine streng monotone Funktion. Also ist h eine eineindeutige Abbildung von $\mathscr{W}_\infty$ auf $\mathscr{W}_\infty$.

Ebenso ergibt sich, daß die durch $g(x) = x \ovee x$ erklärte Funktion $g: \mathscr{W}_\infty \to \mathscr{W}_\infty$ eine eineindeutige Abbildung von $\mathscr{W}_\infty$ auf $\mathscr{W}_\infty$ ist.

Nun seien $a, x \in \mathscr{W}_\infty$ so gewählt, daß $a = h(x)$ ist. Dann folgt aus (c) unmittelbar wegen der vorausgesetzten Distributivität

$$x \owedge x = a \leq a \ovee (a \owedge a) = (a \ovee a) \owedge (a \ovee a) \tag{3.6.1}$$

und mithin $x \leq a \ovee a$ wegen (b). Damit ergibt sich weiterhin

$$x \leq a \ovee a = (x \owedge x) \ovee (x \owedge x) = x \owedge (x \ovee x) \leq x,$$

also insgesamt Gleichheit, d. h.

$$x = a \ovee a = (x \owedge x) \ovee (x \owedge x) = x \owedge (x \ovee x)$$

für beliebige $x \in \mathscr{W}_\infty$. Dann ist gemäß (3.6.1) auch

$$a \leq a \ovee (a \owedge a) = (a \ovee a) \owedge (a \ovee a) = x \owedge x = a,$$

also für beliebige $x \in \mathscr{W}_\infty$

$$x = x \ovee (x \owedge x),$$

denn h war eineindeutig. Setzt man nun $b \ovee b$ für x, so findet man

$$\begin{aligned} b \ovee b &= (b \ovee b) \ovee \big((b \ovee b) \owedge (b \ovee b)\big) \\ &= (b \ovee b) \ovee \big(b \ovee (b \owedge b)\big) = (b \ovee b) \ovee b \end{aligned}$$

und also auch durch nochmalige Anwendung dieser Beziehung

$$b \ovee b = (b \ovee b) \ovee b = \big((b \ovee b) \ovee b\big) \ovee b = (b \ovee b) \ovee (b \ovee b)$$

wegen der Assoziativität von $\ovee$. Da g eineindeutig war, bedeutet dies

$$b = b \ovee b$$

für beliebige $b \in \mathscr{W}_\infty$. Analog ergibt sich, daß

$$b = b \circledwedge b$$

gilt für jedes $b \in \mathscr{W}_\infty$.

Für beliebige $s, y \in \mathscr{W}_\infty$ folgt aus diesen Resultaten sofort mittels (c)

$$x \leq x \circledvee (x \circledwedge y) = (x \circledwedge x) \circledvee (x \circledwedge y) = x \circledwedge (x \circledvee y) \leq x$$

und also allgemein

$$x \circledvee (x \circledwedge y) = x = x \circledwedge (x \circledvee y),$$

d. h., die algebraische Struktur $\langle \mathscr{W}_\infty, \circledvee, \circledwedge \rangle$ ist ein distributiver Verband. Nehmen wir noch o. B. d. A. an, daß $y \leq x$ ist, so existiert stets ein $z \in \mathscr{W}_\infty$ zu gegebenen $x, y \in \mathscr{W}_\infty$ derart, daß

$$x \circledwedge z = y$$

gilt; denn die durch $h_x(u) = x \circledwedge u$ erklärte Funktion h_x ist stetig und monoton nach (a) und hat die Eigenschaften $h_x(0) = 0$ sowie $h_x(x) = x$. Deswegen gilt dafür

$$x \circledvee y = x \circledvee (x \circledwedge z) = x = \mathrm{vel}_1(x, y),$$

$$x \circledwedge y = x \circledwedge (x \circledwedge z) = x \circledwedge z = y = \mathrm{et}_1(x, y). \blacksquare$$

Obwohl alle in Satz 3.6.1 benutzten Voraussetzungen Verallgemeinerungen entsprechender Eigenschaften von Konjunktion und Alternative der klassischen Logik sind, ist es derzeit nicht geklärt, ob alle in diesen Voraussetzungen formulierten Eigenschaften wirklich von verallgemeinerten Konjunktionen bzw. Alternativen (in der Quasiwahrheitswertmenge $\mathscr{W}_\infty$) gefordert werden sollten. So stellen sicher Voraussetzung (b), aber auch die wechselseitige Distributivität von $\circledwedge$ und $\circledvee$ keine unverzichtbaren Forderungen dar (vgl. auch BOČVAR/FINN [1974]).

3.6.2. T-Normen als Wahrheitswertfunktionen für Konjunktionen

Bleiben wir weiterhin zunächst bei der Betrachtung der Quasiwahrheitswertmenge $\mathscr{W}_\infty$ und ihrer endlichen Teilmengen $\mathscr{W}_M$ für $M \geq 3$. Eine Reihe neuerer anwendungsorientierter Untersuchungen zu unscharfen Mengen und unscharfen, d. h. vagen Begriffen favorisieren die in Abschnitt 2.3 definierten T-Normen als Kandidaten für die Wahrheitswertfunktionen verallgemeinerter Konjunktionen — und entsprechend die T-Conormen als Wahrheitswertfunktionen verallgemeinerter Alternativen (vgl. etwa YAGER [1980a], DOMBI [1982], PRADE [1982], WEBER

[1983]). Offenbar formulieren ja (T1), ..., (T4) grundlegende Eigenschaften von Konjunktionen und (T*1), ..., (T*4) von Alternativen; und auch bei der Einführung der T-Normen bei SCHWEIZER/SKLAR [1961] haben sie im wesentlichen schon die Rolle verallgemeinerter Konjunktionen gehabt. Interessanterweise haben derartige Anwendungsuntersuchungen auch zu verallgemeinerten Implikationen geführt. PEDRYCZ [1983] führt in $\mathscr{W}_\infty$ sog. Φ-Operatoren ein. Ein *Φ-Operator* zu einer T-Norm $\boldsymbol{t}$ ist solch eine binäre Operation φ in $\mathscr{W}_\infty$, für die für beliebige $a, b, c \in \mathscr{W}_\infty$ gelten[3]:

(Φ1) $\quad b \leq c \Rightarrow a\varphi b \leq a\varphi c,$

(Φ2) $\quad a\boldsymbol{t}(a\varphi b) \leq b,$

(Φ3) $\quad b \leq a\varphi(a\boldsymbol{t}b).$

Diese Definition der Φ-Operatoren führt sofort auf die Frage, zu welchen T-Normen Φ-Operatoren existieren. Dazu müssen wir diejenigen T-Normen $\boldsymbol{t}$ betrachten, die in einem – und damit wegen der Kommutativität (T3) in beiden – ihrer Argumente linksseitig stetig sind, die also die Bedingung

(D) $$a\boldsymbol{t}\left(\sup_{i \in I} b_i\right) = \sup_{i \in I} (a\boldsymbol{t}b_i)$$

für beliebige $a \in \mathscr{W}_\infty$ und $b_i \in \mathscr{W}_\infty$ für $i \in I$ erfüllen. T-Normen, die diese Bedingung (D) erfüllen, wollen wir *residual* nennen.

Die bereits in Abschnitt 2.3 eingeführten T-Normen et_1, et_2 und et_3 sind residual. Überhaupt ist jede stetige T-Norm residual.

Die oben erwähnte Bedingung der linksseitigen Stetigkeit ist für die Residualität einer T-Norm nicht nur hinreichend, sondern auch notwendig. Ist nämlich $\boldsymbol{t}$ eine T-Norm, die nicht linksseitig stetig ist, so gibt es eine reelle Zahl $a \in \mathscr{W}_\infty$ und eine monoton wachsende Folge c_i, $i = 1, 2, \ldots$ reeller Zahlen aus $\mathscr{W}_\infty$, so daß

$$a\boldsymbol{t} \lim_{i\to\infty} c_i \neq \lim_{i\to\infty} (a\boldsymbol{t}c_i).$$

---

[3] Der leichteren Lesbarkeit halber wechseln wir an dieser Stelle die Operationsschreibweise. Wir hatten z. B. für die charakterisierenden Bedingungen (T1), ..., (T4) der T-Normen $\boldsymbol{t}(a, b)$ für das Ergebnis der Anwendung der Operation $\boldsymbol{t}$ auf die Argumente a, b geschrieben. Diese Schreibweise ist die Präfixschreibweise. Parallel zu ihr hat man auch für beliebige zweistellige Operatoren die schon in (2.1.3) für zweistellige Junktoren eingeführte Infixschreibweise, bei der man $a\boldsymbol{t}b$ für $\boldsymbol{t}(a, b)$ schreibt und die natürlich nur für zweistellige Operationen brauchbar ist – für diese aber gelegentlich leichter lesbare Ausdrücke ergibt als die (allgemeinere) Präfixschreibweise. Wir werden beide Schreibweisen je nach Bedarf benutzen.

Es ist dafür natürlich

$$\lim_{i\to\infty} c_i = \sup_{i\in\mathsf{N}} c_i$$

für die Menge N der natürlichen Zahlen wegen der Monotonie der Folge $(c_i)_{i<\infty}$. Die Monotonieeigenschaft (T2) bewirkt, daß auch

$$\lim_{i\to\infty} (a\boldsymbol{t}c_i) = \sup_{i\in\mathsf{N}} (a\boldsymbol{t}c_i)$$

gilt, insgesamt also (D) verletzt und mithin $\boldsymbol{t}$ nicht residual ist.

Satz 3.6.2. *Zu einer* T-*Norm existiert genau dann ein* Φ-*Operator, wenn diese* T-*Norm residual ist. Und ist* $\boldsymbol{t}$ *eine residuale* T-*Norm, so ist* $\boldsymbol{t}$ *genau ein* Φ-*Operator* $\varphi_{\boldsymbol{t}}$ *zugeordnet, der gegeben ist durch*

$$\varphi_{\boldsymbol{t}}(a, b) = \sup \{x \mid a\boldsymbol{t}x \leq b\}. \tag{3.6.2}$$

Beweis. Sei $\boldsymbol{t}$ residuale T-Norm und $\varphi_{\boldsymbol{t}}$ dazu gemäß (3.6.2) gebildet. Dann erfüllt $\varphi_{\boldsymbol{t}}$ offenbar die Bedingung (Φ1). Da $\boldsymbol{t}$ residual ist, gilt stets

$$a\boldsymbol{t}(a\varphi_{\boldsymbol{t}}b) = a\boldsymbol{t} \sup \{x \mid a\boldsymbol{t}x \leq b\} = \sup \{a\boldsymbol{t}x \mid a\boldsymbol{t}x \leq b\} \leq b,$$

d. h. (Φ2); außerdem ist stets

$$a\varphi_{\boldsymbol{t}}(a\boldsymbol{t}b) = \sup \{x \mid a\boldsymbol{t}x \leq a\boldsymbol{t}b\} \geq b,$$

weshalb auch (Φ3) gilt. Also ist $\varphi_{\boldsymbol{t}}$ ein Φ-Operator zur T-Norm $\boldsymbol{t}$.

Ist ψ irgendein Φ-Operator zur T-Norm $\boldsymbol{t}$, so gilt wegen (Φ2) sofort für beliebige $a, b, \in \mathcal{W}_\infty$ und die auch in diesem Falle bildbare Funktion $\varphi_{\boldsymbol{t}}$ gemäß (3.6.2)

$$a\psi b \leq a\varphi_{\boldsymbol{t}}b.$$

Wäre aber $x_0\psi y_0 < x_0\varphi_{\boldsymbol{t}}y_0$ für geeignete $x_0, y_0 \in \mathcal{W}_\infty$, so gäbe es ein $z \in \mathcal{W}_\infty$, für das $x_0\psi y_0 < z$ und $x_0\boldsymbol{t}z \leq y_0$ gelten würden, wofür also

$$z \leq x_0\psi(x_0\boldsymbol{t}z) \geq x_0\psi y_0 < z$$

wäre, was nicht sein kann. Also gibt es zu einer T-Norm höchstens einen Φ-Operator.

Nun sei die T-Norm $\boldsymbol{t}$ nicht residual. Dann gibt es Quasiwahrheitswerte $a, c \in \mathcal{W}_\infty$ und $b_i \in \mathcal{W}_\infty$ für $i \in I$, so daß

$$c = \sup_{i\in I} (a\boldsymbol{t}b_i) < a\boldsymbol{t}\left(\sup_{i\in I} b_i\right)$$

gilt. Wäre dann φ ein Φ-Operator zur T-Norm $\boldsymbol{t}$, so würde nach dem soeben Bewiesenen $\varphi = \varphi_t$ sein und also

$$at(a\varphi c) = at \sup \{x \mid atx \le c\} \ge at \left(\sup_{i \in I} b_i\right) > c$$

gelten im Widerspruch zu (Φ2). Deswegen gibt es zu einer nichtresidualen T-Norm keinen Φ-Operator. ∎

Man bestätigt wegen (3.6.2) leicht, daß für jede residuale T-Norm t und beliebige $a, b, x \in \mathscr{W}_\infty$ gilt

$$x \le a\varphi_t b \Leftrightarrow atx \le b,$$

d. h., φ_t ist der Pseudokomplementbildung in Verbänden sehr ähnlich (vgl. Birkhoff [1948], Hermes [1967]). Genauer ist für jede residuale T-Norm t die algebraische Struktur $\langle \mathscr{W}_\infty, \mathrm{et}_1, \mathrm{vel}_1, t, \varphi_t \rangle$ eine L_+-fuzzy-Algebra in der Terminologie von Wechler [1978]; Strukturen gleicher Art sind auch alle endlichen Teilmengen $\mathscr{W}_M$, $M \ge 3$, von $\mathscr{W}_\infty$, wenn die betrachtete residuale T-Norm t Elementen aus $\mathscr{W}_M$ immer wieder Elemente aus $\mathscr{W}_M$ zuordnet.

Ganz allgemein zeigen übrigens solche mehr algebraisch orientierten Betrachtungen, daß an zahlreichen Stellen unserer Überlegungen nicht die Wahl der Quasiwahrheitswertmenge das Entscheidende ist, sondern die dieser Menge durch die darin betrachteten Operationen aufgeprägte algebraische Struktur. Dies hat schon Goguen [1968–69] ausgenutzt, für dessen Kontext-Operationen in vollständigen verbandsgeordneten Halbgruppen die residualen T-Normen in $\mathscr{W}_\infty$ Beispiele sind. Die meisten der folgenden Resultate können daher gemäß Goguen [1968–69] für weit allgemeinere Quasiwahrheitswertstrukturen bewiesen werden. Wir beschränken uns hier aber auf den einfachen Fall der Quasiwahrheitswertmenge $\mathscr{W}_\infty$, werden jedoch die Beweise so gestalten, daß sie möglichst leicht verallgemeinerbar sind.

Hilfssatz 3.6.3. *Ist φ Φ-Operator zur residualen* T-*Norm* t, *so gelten für beliebige $a, b, c, d \in \mathscr{W}_\infty$:*

(a) $a \le b \Rightarrow a\varphi c \ge b\varphi c,$

(b) $a \le b \Leftrightarrow a\varphi b = 1,$

(c) $b \le a\varphi b,$

(d) $1\varphi b = b,$

(e) $(a\varphi b)\, tc \le a\varphi(btc),$

(f) $atc \le b\varphi d \Leftrightarrow bt(atc) \le d.$

Beweis. (a), (c) und (d) ergeben sich sofort aus der Darstellung (3.6.2) für φ. Daraus folgt auch leicht $a\varphi b = 1$ bei $a \le b$. Um (b) vollständig zu beweisen, sei also nun $1 = a\varphi b = \sup\{x \mid a\boldsymbol{t}x \leq b\}$; dann ist

$$a = a\boldsymbol{t}1 = a\boldsymbol{t}\sup\{x \mid x < 1\} = \sup\{a\boldsymbol{t}x \mid x < 1\} \leq b,$$

denn wegen der Monotoniebedingung (T2) gilt $a\boldsymbol{t}x \leq b$ für $x < 1$ stets. Also gilt auch (b).

Für (e) hat man zunächst mit (3.6.2) und (D)

$$(a\varphi b)\,\boldsymbol{t}c = c\boldsymbol{t}\sup\{x \mid a\boldsymbol{t}x \leq b\} = \sup\{c\boldsymbol{t}x \mid a\boldsymbol{t}x \leq b\}.$$

Gilt also $a\boldsymbol{t}x \leq b$, so ist $a\boldsymbol{t}(c\boldsymbol{t}x) = (a\boldsymbol{t}c)\,\boldsymbol{t}x \leq b\boldsymbol{t}x$, und mithin ist

$$\{c\boldsymbol{t}x \mid a\boldsymbol{t}x \leq b\} \subseteq \{y \mid a\boldsymbol{t}y \leq b\boldsymbol{t}c\}.$$

Daher ergibt sich nun

$$(a\varphi b)\,\boldsymbol{t}c \leq \sup\{x \mid a\boldsymbol{t}x \leq b\boldsymbol{t}c\} = a\varphi(b\boldsymbol{t}c).$$

Für (f) möge zunächst $a\boldsymbol{t}c \leq b\varphi d$ sein. Dann ergibt sich aus (T4) und Satz 3.6.2 unmittelbar

$$b\boldsymbol{t}(a\boldsymbol{t}c) \leq b\boldsymbol{t}\sup\{x \mid b\boldsymbol{t}x \leq d\} = \sup\{b\boldsymbol{t}x \mid b\boldsymbol{t}x \leq d\} \leq d.$$

Ist aber $b\boldsymbol{t}(a\boldsymbol{t}c) \leq d$, so wegen ($\Phi$3) sofort

$$a\boldsymbol{t}c \leq b\varphi\big(b\boldsymbol{t}(a\boldsymbol{t}c)\big) \leq b\varphi d. \quad \blacksquare$$

Wir betrachten nun ein mehrwertiges aussagenlogisches System **L**, von dessen Vokabular wir voraussetzen, daß es zu einer vorgegebenen residualen T-Norm $\boldsymbol{t}$ Junktoren $\&_{\boldsymbol{t}}$ und $\rightarrow_{\boldsymbol{t}}$ für eine Konjunktion und eine Implikation enthalte, dessen Quasiwahrheitswertmenge $\mathcal{W}_\infty$ sei und das die Menge $\mathcal{D}^{\mathbf{L}} = \{1\}$ von ausgezeichneten Quasiwahrheitswerten habe. Da wir nicht verlangen, daß $\&_{\boldsymbol{t}}$, $\rightarrow_{\boldsymbol{t}}$ die einzigen Junktoren von **L** sind, kann **L** insbesondere auch eine Erweiterung des Łukasiewiczschen Systems $\mathbf{Ł}_\infty$ sein. Die Junktoren $\&_{\boldsymbol{t}}$, $\rightarrow_{\boldsymbol{t}}$ mögen als zugeordnete Wahrheitswertfunktionen haben:

$$\mathrm{ver}^{\mathbf{L}}_{\&_{\boldsymbol{t}}} = \boldsymbol{t}, \qquad \mathrm{ver}^{\mathbf{L}}_{\rightarrow_{\boldsymbol{t}}} = \varphi_{\boldsymbol{t}}. \tag{3.6.3}$$

Aus Satz 3.6.2 erhält man durch elementare Rechnungen, daß für die residuale T-Norm et_1 die zugehörige Implikation $\rightarrow_{\mathrm{et}_1}$ die Implikation $\rightarrow_{\mathrm{G}}$ der Gödelschen Systeme ist, und ebenfalls, daß für die residuale T-Norm et_2 die zugehörige Implikation $\rightarrow_{\mathrm{et}_2}$ die Łukasiewiczsche Implikation $\rightarrow_{Ł}$ ist. (Zunächst ergibt sich dies für die Systeme $\mathbf{G}_\infty$ bzw. $\mathbf{Ł}_\infty$; da aber et_1, et_2 auch Operationen in allen $\mathcal{W}_M$, $M \geq 3$, sind, überträgt sich das Resultat auf die jeweiligen endlichwertigen Systeme $\mathbf{G}_M$ bzw. $\mathbf{Ł}_M$.)

Nehmen wir an, daß $H, G, F, \ldots$ korrekt gebildete Ausdrücke der Sprache von **L** sind, so finden wir leicht die folgenden Resultate. Zu ihrer einfachen Formulierung werde die Sprache von $\mathbf{L}$ noch definitorisch durch einen weiteren Junktor $\leftrightarrow_t$ ergänzt. Es sei

$$H_1 \leftrightarrow_t H_2 =_{\text{def}} (H_1 \rightarrow_t H_2) \,\&_t\, (H_2 \rightarrow_t H_1). \tag{3.6.4}$$

Dann gelten beispielsweise:

$$\models_{\mathbf{L}} H_1 \,\&_t\, H_2 \leftrightarrow_t H_2 \,\&_t\, H_1,$$
$$\models_{\mathbf{L}} (H_1 \,\&_t\, H_2) \,\&_t\, H_3 \leftrightarrow_t H_1 \,\&_t\, (H_2 \,\&_t\, H_3),$$
$$\models_{\mathbf{L}} H \,\&_t\, (H \rightarrow_t G) \rightarrow_t G,$$
$$\models_{\mathbf{L}} H \rightarrow_t (G \rightarrow_t H \,\&_t\, G),$$
$$\models_{\mathbf{L}} H \rightarrow_t (G \rightarrow_t H),$$
$$\models_{\mathbf{L}} (H \rightarrow_t G_1) \,\&_t\, G_2 \rightarrow_t (H \rightarrow_t G_1 \,\&_t\, G_2).$$

Alle diese Behauptungen ergeben sich unmittelbar aus den Definitionen der T-Normen bzw. Φ-Operatoren und aus Hilfssatz 3.6.3. Ebenso leicht erhält man die Resultate:

$$\text{wenn} \quad \models_{\mathbf{L}} (H_1 \rightarrow_t H_2), \quad \text{so} \quad \models_{\mathbf{L}} (H_1 \,\&_t\, G \rightarrow_t H_2 \,\&_t\, G),$$
$$\text{wenn} \quad \models_{\mathbf{L}} (H_1 \rightarrow_t H_2), \quad \text{so} \quad \models_{\mathbf{L}} (G \rightarrow_t H_1) \rightarrow_t (G \rightarrow_t H_2),$$
$$\text{wenn} \quad \models_{\mathbf{L}} (H_1 \rightarrow_t H_2), \quad \text{so} \quad \models_{\mathbf{L}} (H_2 \rightarrow_t G) \rightarrow_t (H_1 \rightarrow_t G).$$

Die Gültigkeit einer Implikation $\models_{\mathbf{L}} (H_1 \rightarrow_t H_2)$ bedeutet dabei, daß H_1 bei jeder Variablenbelegung $\beta: \boldsymbol{V}_0 \rightarrow \mathscr{W}_\infty$ einen Quasiwahrheitswert hat, der nicht größer ist als derjenige von H_2. Deswegen gilt auch:

$$\text{wenn} \quad \models_{\mathbf{L}} (H_1 \rightarrow_t H_2) \quad \text{und} \quad \models_{\mathbf{L}} H_1, \quad \text{so} \quad \models_{\mathbf{L}} H_2.$$

Entsprechend ergibt sich für die Konjunktion $\&_t$:

$$\models_{\mathbf{L}} H \,\&_t\, G \quad \text{gdw} \quad \models_{\mathbf{L}} H \quad \text{und} \quad \models_{\mathbf{L}} G.$$

Als weniger offensichtliche Beispiele für $\mathbf{L}$-Tautologien sollen noch die folgenden Ausdrücke betrachtet werden.

Satz 3.6.4. *Für jede residuale* T-*Norm* $\mathbf{t}$ *gelten:*

(a) $\models_{\mathbf{L}} \big(F \rightarrow_t (G \rightarrow_t H)\big) \leftrightarrow_t (F \,\&_t\, G \rightarrow_t H),$

(b) $\models_{\mathbf{L}} (H_1 \rightarrow_t H_2) \rightarrow_t (H_1 \,\&_t\, G \rightarrow_t H_2 \,\&_t\, G),$

(c) $\models_{\mathbf{L}} (H_1 \rightarrow_t H_2) \,\&_t\, (H_2 \rightarrow_t H_3) \rightarrow_t (H_1 \rightarrow_t H_3),$

(d) $\models_{\mathbf{L}} (G_1 \rightarrow_t H_1) \,\&_t\, (G_2 \rightarrow_t H_2) \rightarrow_t (G_1 \,\&_t\, G_2 \rightarrow_t H_1 \,\&_t\, H_2).$

Beweis. (a) Wegen Hilfssatz 3.6.3 (f) gilt für beliebige Elemente $a, b, c \in \mathscr{W}_\infty$ und Φ-Operatoren φ_t

$$a\varphi_t(b\varphi_t c) = \sup \{u \mid a\boldsymbol{t}u \leq b\varphi_t c\}$$
$$= \sup \{u \mid b\boldsymbol{t}(a\boldsymbol{t}u) \leq c\} = (a\boldsymbol{t}b)\, \varphi_t c\,,$$

woraus sich die **L**-Gültigkeit des angegebenen Ausdrucks sofort ergibt.

(b) Wegen der Monotonie der T-Norm $\boldsymbol{t}$ gemäß (T2) ist im Falle $a\boldsymbol{t}x \leq b$ für $a, b, x \in \mathscr{W}_\infty$ auch $(a\boldsymbol{t}c)\, \boldsymbol{t}x = (a\boldsymbol{t}x)\, \boldsymbol{t}c \leq b\boldsymbol{t}c$, also gilt generell

$$a\varphi_t b \leq (a\boldsymbol{t}c)\, \varphi_t(b\boldsymbol{t}c)$$

für alle $a, b, c \in \mathscr{W}_\infty$ nach Satz 3.6.2.

(c) Da die Ungleichungen $a\boldsymbol{t}x \leq b$ und $b\boldsymbol{t}y \leq c$ sofort $a\boldsymbol{t}(x\boldsymbol{t}y) \leq c$ ergeben, folgt wieder aus (3.6.2)

$$(a\varphi_t b)\, \boldsymbol{t}(b\varphi_t c) = \sup \{x\boldsymbol{t}(b\varphi_t c) \mid a\boldsymbol{t}x \leq b\}$$
$$= \sup \{x\boldsymbol{t}y \mid a\boldsymbol{t}x \leq b \quad \text{und} \quad b\boldsymbol{t}y \leq c\}$$
$$\leq \sup \{z \mid a\boldsymbol{t}z \leq c\} = a\varphi_t c$$

für beliebige $a, b, c \in \mathscr{W}_\infty$. Dies ergibt unmittelbar die Behauptung.

(d) folgt entsprechend aus der sich mit Hilfssatz 3.6.3 (e) und Beweisteil (a) ergebenden Ungleichungskette

$$(a\varphi_t b)\, \boldsymbol{t}(c\varphi_t d) \leq a\varphi_t\big(b\boldsymbol{t}(c\varphi_t d)\big)$$
$$\leq a\varphi_t\big(c\varphi_t(c\boldsymbol{t}d)\big) = (a\boldsymbol{t}c)\, \varphi_t(b\boldsymbol{t}d)\,. \quad \blacksquare$$

Man sieht, daß die Junktoren $\&_t$, $\rightarrow_t$ brauchbare Kandidaten für verallgemeinerte Konjunktionen bzw. Implikationen sind: eine Reihe wichtiger Tautologien der klassischen Aussagenlogik bleiben „erhalten“, d. h. bleiben bei entsprechender Uminterpretation der Junktoren gültige Ausdrücke.

Hat man in **L** die Negation $\neg$ der ŁUKASIEWICZschen Systeme zur Verfügung, so kann man gemäß (2.3.15) durch die Festlegung

$$H_1 \vee_t H_2 =_{\text{def}} \neg\, (\neg\, H_1 \,\&_t\, \neg\, H_2) \tag{3.6.5}$$

einer gegebenen, mit einer T-Norm verbundenen Konjunktion $\&_t$ in natürlicher Art auch noch eine Alternative zuordnen, deren zugehörige Wahrheitswertfunktion eine T-Conorm ist (vgl. Abschnitt 2.3). Verfährt man so, sichert man zugleich die Gültigkeit der DEMORGANschen Gesetze

$$\models_{\mathbf{L}} \neg\, (H_1 \vee_t H_2) \leftrightarrow_t \neg\, H_1 \,\&_t\, \neg\, H_2\,,$$
$$\models_{\mathbf{L}} \neg\, (H_1 \,\&_t\, H_2) \leftrightarrow_t \neg\, H_1 \vee_t \neg\, H_2\,,$$

wie man an den Wahrheitswertfunktionen leicht bestätigt.

Auch ohne die ŁUKASIEWICZsche Negation $\neg$ zur Verfügung zu haben bzw. zu nutzen, kann man ausgehend von einer residualen T-Norm $\boldsymbol{t}$ eine Negation definitorisch einführen. Man muß nur z. B. annehmen, eine Konstante $\mathbf{0}$ für den Quasiwahrheitswert 0 zu haben. Dann definiere man:

$$-_{t} H =_{\text{def}} H \rightarrow_{t} \mathbf{0}. \tag{3.6.6}$$

Für die residualen T-Normen et_1, et_2 erhält man auf diese Weise als Junktor $-_{\mathrm{et}_1}$ die Negation $\sim$ der GÖDELschen Systeme und als Junktor $-_{\mathrm{et}_2}$ die Negation $\neg$ der ŁUKASIEWICZschen Systeme. Allerdings scheinen auch andere Festlegungen über die Wahrheitswertfunktionen von Negationen zu ,,brauchbaren" Negationen zu führen (vgl. etwa WEBER [1983]). Auch hier werden letztlich Anwendungen zu entscheiden haben, welchen Negationen in welchem Zusammenhang der Vorzug zu geben ist.

Akzeptiert man Definition (3.6.6), so ergeben sich u. a. die folgenden Beispiele für gültige Ausdrücke.

Satz 3.6.5. *Für jede residuale* T-*Norm* $\boldsymbol{t}$ *gelten*

(a) $\models_{\mathsf{L}} H \rightarrow_{t} -_{t}-_{t}H$,

(b) $\models_{\mathsf{L}} -_{t}H \leftrightarrow_{t} -_{t}-_{t}-_{t}H$,

(c) $\models_{\mathsf{L}} -_{t}(H \,\&_{t}\, -_{t}H)$,

(d) $\models_{\mathsf{L}} H \rightarrow_{t} (-_{t}H \rightarrow_{t} G)$,

(e) $\models_{\mathsf{L}} (H \rightarrow_{t} -_{t}G) \leftrightarrow_{t} (G \rightarrow_{t} -_{t}H)$,

(f) $\models_{\mathsf{L}} (H \rightarrow_{t} G) \rightarrow_{t} (-_{t}G \rightarrow_{t} -_{t}H)$,

(g) $\models_{\mathsf{L}} (H \rightarrow_{t} G) \,\&_{t}\, (H \rightarrow_{t} -_{t}G) \rightarrow_{t} -_{t}(H \,\&_{t}\, H)$.

Beweis. (a) folgt sofort aus (3.6.2) und (Φ2); für (b) hat man außerdem noch die Antimonotonie von φ_t im ersten Argument entsprechend Hilfssatz **3.6.3** (a) zu benutzen. (c) ist unmittelbare Folgerung aus $a\boldsymbol{t}(a\varphi_t 0) \leq 0$, was nach ($\Phi$2) stets gilt. (d) ergibt sich direkt aus (c), Satz **3.6.4** (a) und der Beziehung $0\varphi_t a = 1$. (e) Wegen (3.6.6) genügt es, daß stets $a\varphi_t(b\varphi_t 0) = (a\boldsymbol{t}b)\, \varphi_t 0 = b\varphi_t(a\varphi_t 0)$ für Quasiwahrheitswerte gilt; dann folgt die Behauptung wegen (3.6.4) aus Hilfssatz **3.6.3** (b). Behauptung (f) folgt wegen Hilfssatz **3.6.3** (b) aus Hilfssatz **3.6.3** (a). Schließlich erhält man (g) aus (c) und Satz 3.6.4 (d). ∎

3.6.3. Mehrdimensionale Quasiwahrheitswertmengen

Neben der oben schon erwähnten algebraischen Fassung der Mehrwertigkeit und der damit gegebenen Verallgemeinerung der strukturellen Eigenschaften der Quasiwahrheitswertmengen und der in ihnen durch die Wahrheitswertfunktionen der betrachteten Junktoren definierten Operationen auf sehr weite Strukturklassen ist noch eine andere Konstruktion allgemeinerer Quasiwahrheitswertstrukturen von Interesse, als es die bisher überwiegend betrachteten Quasiwahrheitswertmengen $\mathcal{W}_M$, $M \geq 3$, bzw. $\mathcal{W}_{\aleph_0}$, $\mathcal{W}_\infty$ sind. Bei den Quasiwahrheitswertmengen, die hier noch betrachtet werden sollen, möge es sich um Mengen von k-Tupeln — k eine feste natürliche Zahl — handeln. Eine entsprechende Quasiwahrheitswertmenge wollen wir *mehrdimensional* nennen, speziell k-dimensional, wenn es sich um eine Menge von k-Tupeln handelt.

Besonderes Interesse an mehrdimensionalen Quasiwahrheitswertmengen resultiert — neben rein theoretischen Gründen — vor allem aus Anwendungsgesichtspunkten (vgl. etwa Abschnitt 5.4 und in anderem Zusammenhang STREHLE [1983] für derartige Anwendungen). Gibt es nämlich mehrere, gleichzeitig zu beachtende Aspekte, die ein Abgehen von dem Zweiwertigkeitsprinzip der klassischen Logik veranlassen, so kann jeder dieser Aspekte — es mögen k Stück sein — den Wert einer Komponente eines k-Tupels von Werten bestimmen, welches dann insgesamt als Quasiwahrheitswert fungiert.

Zu mehrdimensionalen Mengen von Quasiwahrheitswerten führt auch ein allgemeines Konstruktionsprinzip, eine Art Produktbildung, das die Erzeugung eines neuen logischen Systems ausgehend von endlich vielen vorgegebenen Systemen gestattet.

Es mögen $\mathsf{S}_1, \mathsf{S}_2, \ldots, \mathsf{S}_k$ logische Systeme sein.[4] Nötig ist, daß alle diese Systeme dasselbe Alphabet und dieselben Ausdrücke haben (bzw. daß durch unwesentliche Bezeichnungsänderungen dies erreicht werden kann), daß sie also insbesondere über dieselben Junktoren und Quasiwahrheitswertkonstanten verfügen. Die daraus gebildete *Produktlogik* $\mathsf{S} = \prod_{i=1}^{k} \mathsf{S}_i$ ist ein logisches System, dessen Alphabet das gemeinsame Alphabet aller Systeme S_i ist, dessen Ausdrücke die aller Systeme S_i sind, und dessen Wahrheitswertfunktionen für die im Alphabet vorhandenen Junktoren dadurch erklärt werden, daß z. B. für jeden zweistelligen Junktor φ seine Wahrheitswertfunktion $\mathrm{ver}_\varphi^{\mathsf{S}}$ im System S definiert ist als

$$\mathrm{ver}_\varphi^{\mathsf{S}}(x, y) =_{\mathrm{def}} \left(\mathrm{ver}_\varphi^{\mathsf{S}_1}(x_1, y_1), \ldots, \mathrm{ver}_\varphi^{\mathsf{S}_k}(x_k, y_k)\right), \tag{3.6.7}$$

wobei $x = (x_1, \ldots, x_k)$, $y = (y_1, \ldots, y_k)$ spezielle mehrdimensionale Quasiwahrheitswerte sind derart, daß jeweils ihre i-te Komponente Quasiwahrheitswert des Systems S_i ist. Einer Konstanten $\mathbf{t}$ des (gemeinsamen)

[4] Die Systeme S_i können dabei selbst zweiwertig oder auch mehrwertig sein, die in ihnen betrachteten Wahrheitswerte also insbesondere selbst wieder Quasiwahrheitswerte sein.

Alphabets entspricht als Wert im Produktsystem S natürlich dasjenige k-Tupel von (Quasi-) Wahrheitswerten, dessen i-te Komponente der t entsprechende Quasiwahrheitswert im System S_i ist für alle $1 \leq i \leq k$.

Betrachten wir speziell etwa $\mathsf{S}_1 = \mathsf{S}_2 = \mathsf{C}_2$, C_2 das System der klassischen Aussagenlogik mit Wahrheitswertmenge $\{0, 1\}$, so ergeben sich für Negation, Implikation, Konjunktion und Alternative im Produktsystem $\mathsf{S} = \mathsf{C}_2 \times \mathsf{C}_2 = \prod_{i=1}^{2} \mathsf{S}_i = \prod_{i=1}^{2} \mathsf{C}_2$ folgende Wahrheitswertetabellen, in denen wir kurz ab für das geordnete Paar (d. h. 2-Tupel) (a, b) schreiben:

	00	01	10	11
$\neg$	11	10	01	00

$\Rightarrow$	00	01	10	11
00	11	11	11	11
01	10	11	10	11
10	01	01	11	11
11	00	01	10	11

$\wedge$	00	01	10	11
00	00	00	00	00
01	00	01	00	01
10	00	00	10	10
11	00	01	10	11

$\vee$	00	01	10	11
00	00	01	10	11
01	01	01	11	11
10	10	11	10	11
11	11	11	11	11

Natürlich ist es auch möglich, in der Menge der Quasiwahrheitswerte von S weitere Wahrheitswertfunktionen – und damit in S weitere Junktoren – einzuführen, etwa dadurch, daß in verschiedenen Komponenten von (3.6.7) auf Wahrheitswertfunktionen zu unterschiedlichen Junktoren Bezug genommen wird (vgl. z. B. Rescher [1969] und wiederum Abschnitt 5.4).

Ausgezeichnete Quasiwahrheitswerte im Produktsystem S können z. B. alle diejenigen k-Tupel sein, deren sämtliche Komponenten ausgezeichnete (Quasi-) Wahrheitswerte der jeweiligen „Faktorsysteme" sind, aber z. B. auch alle diejenigen k-Tupel, die eine Komponente – bzw. auch hinreichend viele, etwa mehr als $k/2$ – haben, die ausgezeichneter Quasiwahrheitswert ihres „Faktorsystems" ist. Weitere Festlegungen sind möglich.

Die Lösung theoretischer Problemstellungen für derartige Produktsysteme wird man – soweit möglich – auf die Lösung der entsprechenden Problemstellungen für die „Faktorsysteme" zurückführen. So ist bei den soeben genannten Versionen für die Festlegung der ausgezeichneten Quasiwahrheitswerte etwa das Entscheidungsproblem für solch ein Produktsystem S genau dann positiv lösbar, wenn es für alle „Faktorsysteme" von S eine positive Lösung hat; analog ist in diesen Fällen das Axiomatisierungsproblem für S genau dann positiv lösbar, wenn es für alle „Faktorsysteme" von S positiv lösbar ist.

4. Mehrwertige Prädikatenlogik

4.1. Mehrwertige Prädikate

Die Prädikate der klassischen Prädikatenlogik, die die formale Erfassung der gewöhnlichen Begriffe leisten, werden stets bezüglich gewisser, im vorhinein abgegrenzter Individuenbereiche betrachtet und sind dann – wegen des Extensionalitätsprinzips, das die klassische Prädikatenlogik akzeptiert – eindeutig charakterisiert durch ihre Umfänge. Unter dem Umfang eines Prädikates (bzw. auch eines Begriffes) versteht man dabei die Klasse aller derjenigen Objekte des betrachteten Individuenbereiches (bzw. die Klasse aller derjenigen k-Tupel von Objekten dieses Individuenbereiches bei k-stelligen Prädikaten, $k \geq 2$), die unter das betreffende Prädikat fallen, d. h., auf die jenes Prädikat, jener Begriff zutrifft.

In gleicher Weise geht die mehrwertige Prädikatenlogik immer von der Annahme aus, daß für ihre jeweiligen Betrachtungen ein Individuenbereich gegeben sei. Außer der Forderung, daß es sich dabei stets um einen nichtleeren Bereich handeln soll, werden an den jeweiligen Individuenbereich im allgemeinen keine weiteren Bedingungen gestellt, so daß die Betrachtungen wie im Falle der klassischen Prädikatenlogik für beliebige nichtleere Individuenbereiche gelten. Wie auch in der mehrwertigen Aussagenlogik wird in der mehrwertigen Prädikatenlogik ein *Extensionalitätsprinzip* akzeptiert, das das aussagenlogische Extensionalitätsprinzip dahingehend erweitert, daß es fordert, daß die mehrwertigen Prädikate vollständig durch ihre Umfänge charakterisiert seien. Der Verzicht auf das Zweiwertigkeitsprinzip der klassischen Logik bedeutet nun, daß Aussagen über das Zutreffen eines bestimmten Prädikates P auf bestimmte Objekte wieder von W und F, d. h. von 1 und 0 verschiedene Quasiwahrheitswerte haben können; gehören alle diese Quasiwahrheitswerte einer Menge $\mathcal{W}$ von Quasiwahrheitswerten an, so soll P auch mehrwertiges Prädikat bezüglich $\mathcal{W}$ heißen.

Präzisiert werden muß allerdings, was unter dem *Umfang* eines mehrwertigen Prädikates verstanden werden soll. Der übliche Klassenbegriff der (klassischen) Logik ist dazu ebensowenig unmittelbar geeignet wie der übliche Mengenbegriff der Mathematik. Die seit etwa 1965 erfolgende mathematische Präzisierung und Behandlung vager, d. h. unscharf abgegrenzter Begriffe wie etwa: junges Mädchen, heißes Wasser, hoher Berg, die einher geht mit der Einführung sogenannter unscharfer Mengen, bietet hier einen Ausweg: Unscharfe Mengen können als Umfänge mehrwertiger Prädikate dienen. Man muß nur für jedes (einstellige) mehrwertige Prädikat P, jedes Individuum a des betrachteten Individuenbereiches und die unscharfe Menge U_P, die Umfang von P sein soll, fordern, daß der Quasiwahrheitswert des Zutreffens von P auf a der (verallgemeinerte) Enthaltenseinswert von a in U_P ist. (Für mehrstellige mehrwertige Prädikate hat man mit k-Tupeln von Individuen entsprechend zu verfahren.) Umgekehrt liefert die mehrwertige Prädikatenlogik eine sehr geeignete Sprache zur Darstellung der oben erwähnten mathematischen Untersuchungen über unscharfe Mengen (vgl. Abschnitt 5.4).

Eine zweite Möglichkeit, den Umfangsbegriff für mehrwertige Prädikate präzise zu fassen, besteht darin, als Umfang eines mehrwertigen Prädikates eine ganze Schar gewöhnlicher Klassen zu nehmen: nämlich für jeden Quasiwahrheitswert t (eventuell mit Ausnahme eines einzigen) etwa die Klasse aller der (k-Tupel von) Objekte(n) des Individuenbereiches, auf die jenes Prädikat gerade mit dem Quasiwahrheitswert t zutrifft. Allerdings ist diese zweite Variante im wesentlichen mit der erstgenannten identisch, denn in den Betrachtungen über unscharfe Mengen – vgl. Gottwald [1981] für einen Überblick – zeigt man u. a., daß sich jede unscharfe Menge repräsentieren läßt durch eine Schar gewöhnlicher Mengen.

Unabhängig davon, was man genau unter dem Umfang eines einstelligen mehrwertigen Prädikates P verstehen will, ist dieser Umfang stets „bis auf Isomorphie" charakterisiert bezüglich eines fixierten Individuenbereiches $\mathcal{A}$ durch die jedem $a \in \mathcal{A}$ eindeutig zugeordneten Quasiwahrheitswerte t_a für das Zutreffen von P auf a. Entsprechend ist der Umfang jedes k-stelligen mehrwertigen Prädikates Q hinreichend genau charakterisiert durch die Zuordnung der Quasiwahrheitswerte $t_{(a_1,\ldots,a_k)}$ des Zutreffens von Q auf $(a_1, \ldots, a_k)$ für jedes k-Tupel $(a_1, \ldots, a_k)$ von Objekten des Individuenbereiches. Deswegen ist es weiterhin ausreichend, die k-stelligen mehrwertigen Prädikate, $k \geq 1$, jeweils durch eine Funktion von der Menge aller k-Tupel von Individuen in die Menge der Quasiwahrheitswerte darzustellen.

4.2. Die formale Sprache der Prädikatenlogik und ihre mehrwertigen Interpretationen

Unseren prädikatenlogischen Betrachtungen legen wir eine Sprachnormierung zu Grunde, die derjenigen der klassischen Prädikatenlogik analog ist. Wie in jenem Falle bieten sich hinsichtlich Prädikatensymbolen der Sprache zwei unterschiedliche Verfahrensweisen an: Entweder man trifft von Anfang an Vorsorge, daß zu jeder Stellenzahl $k \geq 1$

„ausreichend viele“ Prädikatensymbole für jede intendierte Anwendungssituation zur Verfügung stehen, dann muß man zu jeder solchen Stellenzahl unendlich viele Prädikatensymbole in die Sprache aufnehmen — oder man wählt von Fall zu Fall die benötigten Prädikatensymbole, dann muß deren jeweilige Anzahl offen gelassen werden. Wir entscheiden uns für die zweite dieser Verfahrensweisen, da die Beschreibung konkreter Interpretationen in diesem Falle einfacher wird.

Zum Alphabet eines mehrwertigen prädikatenlogischen Systems $\mathbf{S}$ mögen deshalb im folgenden gehören:

(a) eine unendliche Menge $\boldsymbol{V}$ von Individuenvariablen;

(b) eine Menge $\boldsymbol{P}^{\mathbf{S}}$ von Prädikatensymbolen, deren jedes eine zugehörige feste Stellenzahl ≥ 1 hat;

(c) eine — im allgemeinen endliche — Menge $\boldsymbol{J}^{\mathbf{S}}$ von Junktoren, deren jeder eine zugehörige feste Stellenzahl ≥ 1 hat;

(d) eine — ebenfalls im allgemeinen endliche — Menge von Quantoren, deren jeder eine zugehörige Zahl von Leerstellen für Individuenvariablen und eine ebenfalls zugehörige Zahl von Leerstellen für prädikatenlogische Ausdrücke hat[1];

(e) die Klammern), (und das Komma als technische Zeichen zur Sicherung der eindeutigen Lesbarkeit bildbarer Ausdrücke

und gegebenenfalls noch

(f) je eine Menge $\boldsymbol{Q}^{\mathbf{S}}$ bzw. $\boldsymbol{O}^{\mathbf{S}}$ von Konstanten zur Bezeichnung bestimmter Quasiwahrheitswerte bzw. bestimmter Objekte des Individuenbereichs.

Wir benutzen als Individuenvariable den mit einer beliebigen endlichen Anzahl von Strichen als oberen Indizes ergänzten Buchstaben „x“, d. h. wir nehmen

$$\boldsymbol{V} = \{x', x'', x''', \ldots\}. \tag{4.2.1}$$

Es wird weiterhin allerdings nur selten nötig sein, einen ganz bestimmten Ausdruck der Sprache von $\mathbf{S}$ explizit aufzuschreiben. Vielmehr wird es im allgemeinen ausreichend sein, die Form der zu betrachtenden Ausdrücke hinreichend genau anzugeben. Deswegen werden wir oft nur anzu-

---

[1] Dies ist ein sehr allgemeiner Quantorenbegriff, den ROSSER/TURQUETTE [1952] betrachtet haben. Meist beschränkt man sich — auch in der klassischen Logik, auf die dieser verallgemeinerte Quantorenbegriff ebenfalls übertragbar ist — jedoch auf Quantoren, die sich je nur auf eine Individuenvariable und einen Ausdruck beziehen. Wichtige Ausnahme ist in der klassischen Logik der sogenannte HÄRTIG-Quantor I mit einer Leerstelle für Individuenvariable und zwei Leerstellen für Ausdrücke, für den $\mathsf{I}x(H, G)$ bedeutet: Es gibt ebenso viele x mit $H(x)$ wie x mit $G(x)$.

geben brauchen, daß an gewissen Stellen eines Ausdrucks eine Individuenvariable bzw. ein Prädikatensymbol auftritt, ohne daß es dabei wesentlich wäre, um welche Individuenvariable bzw. um welches Prädikatensymbol (geeigneter Stellenzahl) es sich dabei handelt. Deswegen benutzen wir im folgenden die Symbole

$$x, y, z, x_1, y_1, z_1, x_2, y_2, z_2, \ldots \qquad (4.2.2)$$

zur Andeutung von, d. h. als Metavariable für Individuenvariable und die Symbole

$$P, Q, R, \ldots \quad \text{(eventuell mit Indizes)} \qquad (4.2.3)$$

als Metavariable für Prädikatensymbole.

Individuenvariablen und Individuenkonstanten sollen gemeinsam als Individuensymbole bezeichnet werden. Wenn nötig, mögen weiterhin

$$a, a_1, a_2, \ldots \qquad (4.2.4)$$

Individuensymbole bedeuten, gelegentlich übrigens auch nur Individuenkonstante, was aber aus dem Kontext immer klar hervorgehen wird.

Aneinanderfügen der Zeichen des Alphabets führt für jedes mehrwertige prädikatenlogische System **S** u. a. zu den sinnvollen Zeichenreihen, d. h. den Ausdrücken von **S**. Wie üblich sei die Menge aller Ausdrücke des Systems **S** – kurz: aller **S**-Ausdrücke – die kleinste Menge, die:

(1) jede Quasiwahrheitswertkonstante enthält und auch jeden prädikativen Ausdruck, d. h. jede Zeichenreihe $P(a_1, \ldots, a_k)$, die dadurch entsteht, daß man die Leerstellen eines k-stelligen Prädikatensymbols $P \in \boldsymbol{P}^{\mathbf{S}}$ mit Individuensymbolen $a_1, \ldots, a_k$ ausfüllt;

(2) für jeden zum Alphabet gehörenden Junktor φ der Stellenzahl m und beliebige **S**-Ausdrücke $H_1, \ldots, H_m$ auch die Zeichenreihe $\varphi(H_1, \ldots, H_m)$ enthält;

(3) für jeden zum Alphabet gehörenden Quantor **Q** mit k Leerstellen für Individuenvariable und m Leerstellen für Ausdrücke, für paarweise verschiedene Individuenvariable $x_1, \ldots, x_k$ und für **S**-Ausdrücke $H_1, \ldots, H_m$ auch die Zeichenreihe

$$(\mathbf{Q}x_1 \ldots x_k)\,(H_1, \ldots, H_m) \qquad (4.2.5)$$

enthält.

Wie üblich kommen die Individuenvariablen $x_1, \ldots, x_k$ an allen Stellen des Ausdrucks (4.2.5), an denen sie vorkommen, *gebunden* vor. Das m-Tupel $(H_1, \ldots, H_m)$ von **S**-Ausdrücken nennen wir den *Wirkungsbereich* des Quantors **Q** im Ausdruck (4.2.5). Eine Individuenvariable x kommt an einer Stelle irgendeines **S**-Ausdrucks H gebunden vor, wenn diese

Stelle zu einem Teilausdruck von H der Gestalt (4.2.5) gehört und x in diesem Teilausdruck außerdem in einer der Leerstellen für Individuenvariablen des Quantors Q vorkommt. Eine Individuenvariable kommt an einer Stelle eines **S**-Ausdrucks *frei* vor, wenn sie an dieser Stelle, aber nicht gebunden, vorkommt. Diejenigen Ausdrücke eines prädikatenlogischen Systems **S**, in denen keine Individuenvariablen an irgendeiner Stelle frei vorkommen, sollen *Aussagen* von **S** heißen.

Statt nur Prädikatensymbole in die Alphabete unserer prädikatenlogischen Systeme aufzunehmen, kann man außerdem auch noch Operationssymbole zulassen, wie man dies auch in der klassischen Prädikatenlogik tut. Allerdings ergeben sich dabei keine Besonderheiten gegenüber der Situation, wie man sie aus der klassischen Logik kennt: Die Operationssymbole gestatten die Bildung von Termen, d. h. von komplexen Bezeichnungen für Objekte der jeweiligen Individuenbereiche, und diese fungieren beim Ausdrucksaufbau wie Individuensymbole. Da hierbei im Bereich der mehrwertigen Logik keine aus der Mehrwertigkeit resultierenden Besonderheiten auftreten, soll diese Erweiterungsmöglichkeit hier nicht im einzelnen diskutiert werden. Allerdings setzt diese Erweiterung normalerweise voraus, daß unter den Prädikatensymbolen ein Identitätszeichen – oder: Gleichheitszeichen – vorkommt. Diese mehrwertige Prädikatenlogik mit Identität diskutieren wir im Abschnitt 4.6.

Die früher in (2.1.3), (2.1.4) für Junktoren vereinbarten Bezeichnungsvereinfachungen übernehmen wir für unsere prädikatenlogischen Sprachen. Zusätzlich wollen wir für Quantoren Q mit je einer Leerstelle für Individuenvariable und für Ausdrücke

$$\mathsf{Q}xH \quad \text{statt} \quad (\mathsf{Q}x)\,(H) \tag{4.2.6}$$

schreiben. Klammereinsparungsregeln mögen in der gewohnten Weise benutzt werden; insbesondere sollen also zusätzlich zu den aussagenlogischen Vereinbarungen Quantifizierungen – d. h. Ausdrucksbildungen gemäß (4.2.5) – stets stärker binden als Verknüpfungen mittels Junktoren.

Mit einem prädikatenlogischen System **S** fest verbunden sind die Sprache von **S**, d. h. das Alphabet von **S** und die Bildungsregeln für **S**-Ausdrücke, die Menge $\mathscr{W}^{\mathsf{S}}$ der Quasiwahrheitswerte von **S** und die Menge $\mathscr{D}^{\mathsf{S}}$ der ausgezeichneten Quasiwahrheitswerte von **S**, die den Junktoren φ aus J^{S} zugeordneten Wahrheitswertfunktionen $\mathrm{ver}_{\varphi}^{\mathsf{S}}$ und die eineindeutige Zuordnung von Quasiwahrheitswerten zu den Quasiwahrheitswertkonstanten des Alphabets von **S**, sowie schließlich die den Quantoren von **S** zugeordneten (Klassen von) verallgemeinerten Wahrheitswertfunktionen.

Die einem Quantor Q von S mit k Leerstellen für Individuenvariable und m Leerstellen für S-Ausdrücke zugeordnete verallgemeinerte Wahrheitswertfunktion $\mathrm{Ver}_{\mathsf{Q}}^{\mathsf{S}}$ ordnet jeder Funktion $f: \mathcal{A}^k \to (\mathcal{W}^{\mathsf{S}})^m$ über irgendeiner nichtleeren Menge $\mathcal{A}$, die also jedem k-Tupel von Elementen von $\mathcal{A}$ ein m-Tupel von Quasiwahrheitswerten zuordnet, selbst wieder einen Quasiwahrheitswert zu. Dabei muß diese Funktion $\mathrm{Ver}_{\mathsf{Q}}^{\mathsf{S}}$ so beschaffen sein, daß $\mathrm{Ver}_{\mathsf{Q}}^{\mathsf{S}}(f) = \mathrm{Ver}_{\mathsf{Q}}^{\mathsf{S}}(g)$ für alle solchen Funktionen $f: \mathcal{A}^k \to (\mathcal{W}^{\mathsf{S}})^m$ und $g: \mathcal{B}^k \to (\mathcal{W}^{\mathsf{S}})^m$ gilt, zu denen es eine eineindeutige Abbildung h von $\mathcal{A}$ auf $\mathcal{B}$ gibt, so daß

$$f(a_1, \ldots, a_k) = g(h(a_1), \ldots, h(a_k))$$

für alle $a_1, \ldots, a_k \in \mathcal{A}$ gilt. Dadurch wird gesichert, daß durch den Quantor Q alle Elemente von $\mathcal{A}$ „gleichartig" behandelt werden, daß also keine Elemente von $\mathcal{A}$ durch Q voneinander unterschieden werden können, und daß Q über verschiedenen Individuenbereichen „in gleicher Weise" wirkt.

Für zwei häufig benutzte Quantoren mit je einer Leerstelle für Individuenvariable und für S-Ausdrücke, die naheliegende Verallgemeinerungen des Generalisators bzw. des Partikularisators der klassischen Prädikatenlogik sind, haben die zugehörigen verallgemeinerten Wahrheitswertfunktionen γ bzw. ψ als Werte für beliebige $f: \mathcal{A} \to \mathcal{W}^{\mathsf{S}}$

$$\gamma_{\mathcal{A}}(f) =_{\text{def}} \inf \{f(b) \mid b \in \mathcal{A}\} \tag{4.2.7}$$

bzw.

$$\psi_{\mathcal{A}}(f) =_{\text{def}} \sup \{f(b) \mid b \in \mathcal{A}\} \tag{4.2.8}$$

und erfüllen somit offensichtlich die genannten Bedingungen für verallgemeinerte Wahrheitswertfunktionen für Quantoren.

Offen bleibt hinsichtlich eines prädikatenlogischen Systems daher zunächst, welche Objekte durch die Individuensymbole bezeichnet werden sollen und welche mehrwertigen Prädikate die einzelnen, im System vorhandenen Prädikatensymbole bedeuten sollen. All dies darf bezüglich eines fixierten prädikatenlogischen Systems S wechseln und ist – wie in der klassischen Prädikatenlogik – jeweils durch eine Interpretation für S festzulegen. Jede solche Interpretation $\mathfrak{A}$ für ein mehrwertiges prädikatenlogisches System S muß also liefern:

– einen nichtleeren Individuenbereich, dessen Objekte – die Individuen von $\mathfrak{A}$ – durch die Individuensymbole von S bezeichnet werden;
– zu jeder Individuenkonstanten von S ein dadurch bezeichnetes Individuum der Interpretation $\mathfrak{A}$;
– zu jedem Prädikatensymbol von S ein mehrwertiges Prädikat gleicher Stellenzahl (bezüglich der Quasiwahrheitswertmenge $\mathcal{W}^{\mathsf{S}}$ von S), d. h.

eine Funktion entsprechender Stellenzahl vom Individuenbereich in $\mathscr{W}^{\mathbf{S}}$.

Der Individuenbereich einer Interpretation $\mathfrak{A}$ wird weiterhin mit $|\mathfrak{A}|$ bzw. mit $\mathscr{A}$ (d. h. mit demjenigen Schreibschriftbuchstaben, dessen Frakturversion die Interpretation bezeichnet) bezeichnet werden. Ist t eine Quasiwahrheitswertkonstante von $\mathbf{S}$, so sei $\mathsf{t}^{\mathfrak{A}}$ der von t bei $\mathfrak{A}$ bezeichnete Quasiwahrheitswert. Entsprechend sei $P^{\mathfrak{A}}$ das von dem Prädikatensymbol P von $\mathbf{S}$ bei $\mathfrak{A}$ bezeichnete mehrwertige Prädikat und $a^{\mathfrak{A}}$ das von der Individuenkonstante a von $\mathbf{S}$ bezeichnete Individuum.

Um das Wahrheitswertverhalten von Ausdrücken diskutieren zu können, benötigen wir schließlich noch Belegungen $f: V \to |\mathfrak{A}|$ der Individuenvariablen mit Objekten des Individuenbereiches einer gegebenen Interpretation $\mathfrak{A}$. Damit sind wir nun in der Lage, jedem $\mathbf{S}$-Ausdruck H bezüglich einer gegebenen Interpretation $\mathfrak{A}$ und einer Belegung f der Individuenvariablen einen Quasiwahrheitswert $\mathrm{Wert}_{\mathfrak{A}}^{\mathbf{S}}(H, f)$ zuzuordnen. Dies geschieht induktiv über den Ausdrucksaufbau von H. Ist H eine Quasiwahrheitswertkonstante t, so sei

$$\mathrm{Wert}_{\mathfrak{A}}^{\mathbf{S}}(\mathsf{t}, f) =_{\mathrm{def}} \mathsf{t}^{\mathfrak{A}};$$

ist H ein prädikativer Ausdruck $P(a_1, \ldots, a_n)$, so sei

$$\mathrm{Wert}_{\mathfrak{A}}^{\mathbf{S}}(P(a_1, \ldots, a_n), f) =_{\mathrm{def}} P^{\mathfrak{A}}(f{:}a_1, \ldots, f{:}a_n), \tag{4.2.9}$$

wobei für Individuensymbole $a_1, \ldots, a_n$ gesetzt sei

$$f{:}a_i =_{\mathrm{def}} \begin{cases} f(a_i), & \text{wenn } a_i \text{ Individuenvariable} \\ a_i^{\mathfrak{A}}, & \text{wenn } a_i \text{ Individuenkonstante} \end{cases} \tag{4.2.10}$$

für $i = 1, \ldots, n$ und natürlich n die Stellenzahl des Prädikatensymbols P sei. Ist φ m-stelliger Junktor von $\mathbf{S}$ und H der $\mathbf{S}$-Ausdruck $\varphi(H_1, \ldots, H_m)$ mit den $\mathbf{S}$-Ausdrücken $H_1, \ldots, H_m$ als Konstituenten, so sei

$$\begin{aligned} &\mathrm{Wert}_{\mathfrak{A}}^{\mathbf{S}}(\varphi(H_1, \ldots, H_m), f) \\ &\qquad =_{\mathrm{def}} \mathrm{ver}_{\varphi}^{\mathbf{S}}(\mathrm{Wert}_{\mathfrak{A}}^{\mathbf{S}}(H_1, f), \ldots, \mathrm{Wert}_{\mathfrak{A}}^{\mathbf{S}}(H_m, f)). \end{aligned} \tag{4.2.11}$$

Ist endlich $\mathbf{Q}$ Quantor von $\mathbf{S}$ und H der gemäß (4.2.5) gebildete Ausdruck $(\mathbf{Q}x_1 \ldots x_k)\,(H_1, \ldots, H_m)$, so haben wir für jede Belegung f der Individuenvariablen, beliebige Individuenvariablen $y_1, \ldots, y_n$ und Individuen $b_1, \ldots, b_n$ zunächst eine Abänderungsbelegung $f(y_1 \ldots y_n / b_1 \ldots b_n)$ von f zu erklären durch die Festsetzung:

$$f(y_1 \ldots y_n / b_1 \ldots b_n)\,(x) =_{\mathrm{def}} \begin{cases} f(x), & \text{wenn } x \neq y_i \text{ für alle } i = 1, \ldots, n \\ b_i, & \text{wenn } x = y_i \text{ für ein } i = 1, \ldots, n. \end{cases} \tag{4.2.12}$$

Damit bilden wir zur Belegung f und zum Ausdruck H nun die Funktion $f_H^{\mathfrak{A}}: |\mathfrak{A}|^k \to (\mathscr{W}^{\mathbf{S}})^m$, indem wir für beliebige Individuen $b_1, \ldots, b_k \in |\mathfrak{A}|$

$$f_H^{\mathfrak{A}}(b_1, \ldots, b_k) =_{\text{def}} \left(\mathrm{Wert}_{\mathfrak{A}}^{\mathbf{S}}(H_1, g), \ldots, \mathrm{Wert}_{\mathfrak{A}}^{\mathbf{S}}(H_m, g)\right)$$

setzen bei

$$g = f(x_1 \ldots x_k / b_1 \ldots b_k);$$

dann sei schließlich

$$\mathrm{Wert}_{\mathfrak{A}}^{\mathbf{S}}\left((\mathbf{Q}x_1 \ldots x_k)\,(H_1, \ldots, H_m), f\right) =_{\text{def}} \mathrm{Ver}_{\mathbf{Q}}^{\mathbf{S}}(f_H^{\mathfrak{A}}). \tag{4.2.13}$$

Mit diesen Festlegungen ist der Quasiwahrheitswert $\mathrm{Wert}_{\mathfrak{A}}^{\mathbf{S}}(H, f)$ für beliebige Interpretationen $\mathfrak{A}$ von **S**, **S**-Ausdrücke H und Belegungen f: $V \to |\mathfrak{A}|$ erklärt. Ist für einen **S**-Ausdruck H und eine Interpretation $\mathfrak{A}$ von **S** der Quasiwahrheitswert $\mathrm{Wert}_{\mathfrak{A}}^{\mathbf{S}}(H, f)$ ausgezeichnet für jede Belegung $f: V \to |\mathfrak{A}|$, so nennen wir H *gültig bei* – oder: *in* – der Interpretation $\mathfrak{A}$. Ein Ausdruck H, der gültig ist bei jeder Interpretation von **S**, heiße *allgemeingültig* (im prädikatenlogischen System **S**). Ein **S**-Ausdruck H, der bei einer Interpretation $\mathfrak{A}$ für wenigstens eine Belegung $f: V \to |\mathfrak{A}|$ einen ausgezeichneten Quasiwahrheitswert $\mathrm{Wert}_{\mathfrak{A}}^{\mathbf{S}}(H, f)$ hat, heißt *erfüllbar bei* – oder: *in* – $\mathfrak{A}$; und wir nennen einen **S**-Ausdruck H *erfüllbar* (im System **S**), wenn H wenigstens in einer Interpretation $\mathfrak{A}$ von **S** erfüllbar ist.

Die Aussagen des mehrwertigen prädikatenlogischen Systems **S** haben die Eigenschaft, daß ihr Quasiwahrheitswert bei gegebener Interpretation $\mathfrak{A}$ von **S** unabhängig von den Belegungen der Individuenvariablen ist. Wir schreiben deswegen für **S**-Aussagen

$$\mathrm{Wert}_{\mathfrak{A}}^{\mathbf{S}}(H) \quad \text{statt} \quad \mathrm{Wert}_{\mathfrak{A}}^{\mathbf{S}}(H, f). \tag{4.2.14}$$

Beliebige **S**-Ausdrücke H haben entsprechend die Eigenschaft, daß ihr Quasiwahrheitswert $\mathrm{Wert}_{\mathfrak{A}}^{\mathbf{S}}(H, f)$ nur davon abhängt, welche Individuen durch f den in H frei vorkommenden Individuenvariablen zugeordnet werden: Es gilt $\mathrm{Wert}_{\mathfrak{A}}^{\mathbf{S}}(H, f) = \mathrm{Wert}_{\mathfrak{A}}^{\mathbf{S}}(H, g)$, wenn $f(x) = g(x)$ für alle Individuenvariablen x gilt, die an irgendeiner Stelle von H frei vorkommen. (Dies zeigt man induktiv über den Ausdrucksaufbau von H ganz analog wie im Beweis von Satz 2.1.1 für aussagenlogische Systeme.)

Wir nennen **S**-Ausdrücke H, G *semantisch äquivalent in* einer Interpretation $\mathfrak{A}$ von **S**, falls $\mathrm{Wert}_{\mathfrak{A}}^{\mathbf{S}}(H, f) = \mathrm{Wert}_{\mathfrak{A}}^{\mathbf{S}}(G, f)$ gilt für beliebige Belegungen $f: V \to |\mathfrak{A}|$ der Individuenvariablen. Die **S**-Ausdrücke H, G heißen (schlechthin) *semantisch äquivalent*, falls sie semantisch äquivalent sind in jeder **S**-Interpretation.

Die Beziehung der semantischen Äquivalenz ist eine Äquivalenzrelation in der Menge aller **S**-Ausdrücke. Ist eine Interpretation $\mathfrak{A}$ von **S** fixiert, dann ist auch die Beziehung der semantischen Äquivalenz in $\mathfrak{A}$ eine Äquivalenzrelation in der Menge aller **S**-Ausdrücke. Analog zu Satz 2.1.2 gilt nun

Satz 4.2.1. (Ersetzbarkeitstheorem). *Sind H', H'' semantisch äquivalente **S**-Ausdrücke, in denen dieselben Individuenvariablen frei vorkommen, und entsteht der **S**-Ausdruck G dadurch aus dem **S**-Ausdruck H, daß in H an einigen Stellen seines Vorkommens der Teilausdruck H' von H durch H'' ersetzt wird, so sind die Ausdrücke H, G semantisch äquivalent.*

Der Beweis kann analog dem zu Satz 2.1.2 geführt werden, soll hier aber nicht gegeben werden. Die Einschränkung hinsichtlich der in H', H'' frei vorkommenden Individuenvariablen garantiert, daß in Wirkungsbereichen von Quantoren auch ersetzt werden kann, ist aber abschwächbar. Ein entsprechender Satz gilt bezüglich semantischer Äquivalenz in einer Interpretation $\mathfrak{A}$.

Ist ein **S**-Ausdruck H gültig in einer Interpretation $\mathfrak{A}$, so heißt $\mathfrak{A}$ auch ein *Modell* von H; die *Modellklasse* $\mathrm{Mod}^{\mathbf{S}}(H)$ von H sei – entsprechend (2.2.1) – die Klasse aller Modelle von H. Eine Interpretation $\mathfrak{A}$ heißt Modell einer Menge Σ von **S**-Ausdrücken, falls $\mathfrak{A}$ Modell jedes **S**-Ausdrucks $H \in \Sigma$ ist; die Modellklasse $\mathrm{Mod}^{\mathbf{S}}(\Sigma)$ ist wieder die Klasse aller Modelle von Σ. Von einem **S**-Ausdruck H sagen wir, daß er aus einer Menge Σ von **S**-Ausdrücken *folgt* bzw. daß er eine *Folgerung* aus Σ ist, falls für jede Interpretation $\mathfrak{A}$ und jede Belegung $f: V \to |\mathfrak{A}|$, für die $\mathrm{Wert}^{\mathbf{S}}_{\mathfrak{A}}(G, f)$ ein ausgezeichneter Quasiwahrheitswert ist für jeden **S**-Ausdruck $G \in \Sigma$, auch $\mathrm{Wert}^{\mathbf{S}}_{\mathfrak{A}}(H, f)$ ausgezeichneter Quasiwahrheitswert ist.

Ist $t \in \mathscr{W}^{\mathbf{S}}$ ein fixierter Quasiwahrheitswert, so wollen wir einen **S**-Ausdruck H in einer Interpretation $\mathfrak{A}$ für **S** *t-gültig* nennen, falls $\mathrm{Wert}^{\mathbf{S}}_{\mathfrak{A}}(H, f) = t$ gilt für jede Belegung $f: V \to |\mathfrak{A}|$ der Individuenvariablen. Eine Interpretation $\mathfrak{A}$ heiße *t-Modell* von H, falls H in $\mathfrak{A}$ t-gültig ist; entsprechend heiße $\mathfrak{A}$ t-Modell einer Menge Σ von **S**-Ausdrücken, falls $\mathfrak{A}$ t-Modell jedes Ausdrucks $H \in \Sigma$ ist.

Schreiben wir $\Sigma \models H$, falls H aus Σ folgt, und schreiben wir entsprechend $\models H$, falls H allgemeingültig ist, sowie $\mathfrak{A} \models H$, falls H in $\mathfrak{A}$ gültig ist, d. h. $\mathfrak{A}$ Modell von H ist[2], so ergeben sich unmittelbar aus diesen Definitionen:

$$\models H \quad \text{gdw} \quad \emptyset \models H,$$
$$\mathfrak{A} \models H \quad \text{gdw} \quad \mathfrak{A} \in \mathrm{Mod}^{\mathbf{S}}(H)$$

---

[2] Dieser in gewisser Weise zweideutige Gebrauch des Symbols $\models$ wird nicht zu Mißverständnissen Anlaß geben, da aus dem Kontext stets eindeutig hervorgehen wird, ob „vor“ $\models$ auf eine Ausdrucksmenge oder auf eine Interpretation verwiesen wird.

und für S-Aussagen H_0 und Mengen Σ_0 von S-Aussagen auch

$$\Sigma_0 \models H_0 \quad \text{gdw} \quad \mathrm{Mod}^{\mathsf{S}}(\Sigma_0) \subseteq \mathrm{Mod}^{\mathsf{S}}(H_0),$$

$$H_0 \quad \text{erfüllbar} \quad \text{gdw} \quad \mathrm{Mod}^{\mathsf{S}}(H_0) \neq \emptyset.$$

Wie in der mehrwertigen Aussagenlogik (vgl. Abschnitt 2.2) liegt es nahe, zu jeder Menge Σ von S-Ausdrücken ihre Folgerungsmenge, d. h. die Menge aller aus Σ folgenden S-Ausdrücke zu betrachten:

$$\mathrm{Fl}^{\mathsf{S}}(\Sigma) =_{\mathrm{def}} \{H \mid \Sigma \models H\}. \tag{4.2.15}$$

Dann beweist man wie in Satz 2.2.2 leicht aus den vorangegangenen Definitionen, daß für beliebige Mengen Σ, θ von S-Ausdrücken gelten:

$\Sigma \subseteq \mathrm{Fl}^{\mathsf{S}}(\Sigma)$; (Einbettung)

$\Sigma \subseteq \theta \Rightarrow \mathrm{Fl}^{\mathsf{S}}(\Sigma) \subseteq \mathrm{Fl}^{\mathsf{S}}(\theta)$; (Monotonie)

$\mathrm{Fl}^{\mathsf{S}}(\mathrm{Fl}^{\mathsf{S}}(\Sigma)) = \mathrm{Fl}^{\mathsf{S}}(\Sigma)$. (Abgeschlossenheit)

Schreiben wir schließlich noch $\mathfrak{A} \models_f H$ (bzw. $\mathfrak{A} \models_f \Sigma$), falls in der Interpretation $\mathfrak{A}$ von S bei der Belegung f der Individuenvariablen der Ausdruck H (bzw. jeder Ausdruck $H \in \Sigma$) einen ausgezeichneten Quasiwahrheitswert $\mathrm{Wert}^{\mathsf{S}}_{\mathfrak{A}}(H, f)$ hat, so charakterisiert die Bedingung

$$\mathfrak{A} \models_f \Sigma \Rightarrow \mathfrak{A} \models_f H$$

bei Gültigkeit für beliebige $\mathfrak{A}$, f, daß H eine Folgerung aus Σ ist. Analog schreiben wir $\mathfrak{A} \models \Sigma$, falls $\mathfrak{A}$ Modell von Σ ist. Dann ist etwa

$$\mathrm{Mod}^{\mathsf{S}}(\Sigma) = \{\mathfrak{A} \mid \mathfrak{A} \models \Sigma\}.$$

4.3. Zur Erfüllbarkeit prädikatenlogischer Ausdrucksmengen

Im folgenden werden wir u. a. daran interessiert sein, eine ganze Schar – oft auch Familie genannt – von Interpretationen $\mathfrak{A}_i$, $i \in I$, eines logischen Systems S zu betrachten. Die Indexmenge I unterliege dabei keinen Einschränkungen, kann also insbesondere unendlich, u. U. sogar überabzählbar sein. Ehe wir eine Verallgemeinerung der Bildung des direkten Produkts algebraischer Strukturen für Interpretationen von S diskutieren können, ist erst noch ein Hilfsbegriff einzuführen.

Zur Indexmenge I betrachten wir ihre Potenzmenge $\mathbf{P}I = \{X \mid X \subseteq I\}$, d. h. die Menge aller Teilmengen von I. Eine nichtleere Teilmenge $\boldsymbol{F} \subseteq \mathbf{P}I$, d. h. eine Menge von Teilmengen von I nennt man Filter über I, falls

($\mathrm{F}_I 1$) mit $X, Y \in \boldsymbol{F}$ stets auch $X \cap Y \in \boldsymbol{F}$ gilt,

($\mathrm{F}_I 2$) mit $X \in \boldsymbol{F}$ und $X \subseteq Y$ stets auch $Y \in \boldsymbol{F}$ gilt.

(Dieser Filterbegriff ist offensichtlich dem in Abschnitt 3.4 für MV-Algebren betrachteten Filterbegriff völlig analog. Wir wollen diesen strukturellen Gesichtspunkt hier aber nicht eingehender besprechen.)

Die Potenzmenge $\mathbf{P}I$ selbst ist ein Filter über I. Alle von $\mathbf{P}I$ verschiedenen Filter über I nennt man *eigentliche* Filter über I. Für jede nichtleere Teilmenge $\emptyset \neq X_0 \subseteq I$ von I ist die Menge

$$\boldsymbol{F}_{X_0} = \{X \mid X_0 \subseteq X \wedge X \subseteq I\} \tag{4.3.1}$$

ein eigentlicher Filter über I, der sogenannte *Hauptfilter* von X_0. Die bezüglich Inklusion maximalen eigentlichen Filter nennt man *Ultrafilter*. Man prüft leicht nach, daß jeder Hauptfilter einer Einermenge ein Ultrafilter ist.

Ist nämlich etwa $X_0 = \{j\}$ für $j \in I$ und $\boldsymbol{F}^j$ der Hauptfilter von $\{j\}$, so gilt $j \notin Y$ für jedes $Y \subseteq I$, für das $Y \notin \boldsymbol{F}^j$ gilt. Ist dann aber $\boldsymbol{F}$ ein $\boldsymbol{F}^j$ echt umfassender Filter, so gibt es ein $Y_0 \in \boldsymbol{F}$ mit $Y_0 \notin \boldsymbol{F}^j$. Dafür gilt $Y_0 \cap \{j\} = \emptyset$ und also $\emptyset \in \boldsymbol{F}$ wegen (F_I1), weswegen $\boldsymbol{F} = \mathbf{P}I$ sein muß nach (F_I2), $\boldsymbol{F}$ also kein eigentlicher Filter sein kann. Also ist $\boldsymbol{F}^j$ ein Ultrafilter.

Man bestätigt auch leicht, daß der Durchschnitt beliebig vieler Filter über I stets wieder ein Filter über I ist. Dagegen braucht für Filter $\boldsymbol{F}_1, \boldsymbol{F}_2$ über I deren Vereinigung $\boldsymbol{F}_1 \cup \boldsymbol{F}_2$ nicht wieder ein Filter über I zu sein. Bildet man aber

$$\boldsymbol{F}_1 + \boldsymbol{F}_2 =_{\text{def}} \{X \subseteq I \mid \bigvee_{Y_1 \in \boldsymbol{F}_1} \bigvee_{Y_2 \in \boldsymbol{F}_2} (Y_1 \cap Y_2 \subseteq X)\},$$

so ist $\boldsymbol{F}_1 + \boldsymbol{F}_2$ wieder ein Filter über I: Man sieht sofort, daß (F_I2) für $\boldsymbol{F}_1 + \boldsymbol{F}_2$ erfüllt ist; sind aber $X, X' \in \boldsymbol{F}_1 + \boldsymbol{F}_2$, so $Y_1 \cap Y_2 \subseteq X$ und $Y_1' \cap Y_2' \subseteq X'$ für geeignete $Y_1, Y_1' \in \boldsymbol{F}_1$ und $Y_2, Y_2' \in \boldsymbol{F}_2$, daher sind auch $Y_i \cap Y_i' \in \boldsymbol{F}_i$ für $i = 1, 2$ und $X \cap X' \in \boldsymbol{F}_1 + \boldsymbol{F}_2$ wegen $(Y_1 \cap Y_1') \cap (Y_2 \cap Y_2') \subseteq X \cap X'$, also ist auch (F_I1) für $\boldsymbol{F}_1 + \boldsymbol{F}_2$ erfüllt. Zugleich ist $\boldsymbol{F}_1 + \boldsymbol{F}_2$ der bezüglich Inklusion kleinste Filter, der $\boldsymbol{F}_1$ und $\boldsymbol{F}_2$ umfaßt, d. h. der $\boldsymbol{F}_1 \cup \boldsymbol{F}_2$ umfaßt.

Ebenso überlegt man sich, daß für jeden Filter $\boldsymbol{F}$ über I und jede Teilmenge X_0 von I die Menge

$$\{X \subseteq I \mid \bigvee_{Y \in \boldsymbol{F}} (Y \cap X_0 \subseteq X)\} \tag{4.3.2}$$

der kleinste Filter ist, der $\boldsymbol{F}$ umfaßt und zugleich X_0 enthält.

Beide Konstruktionen sind Spezialfälle des folgenden allgemeineren Resultates.

Hilfssatz 4.3.1. *Ist* $\boldsymbol{X} \subseteq \mathbf{P}I$ *eine Menge von Teilmengen von* I, *so ist*

$$\langle \boldsymbol{X} \rangle =_{\text{def}} \{Y \subseteq I \mid Y \supseteq X_1 \cap \ldots \cap X_k \quad \textit{für geeignete} \\ X_1, \ldots, X_k \in \boldsymbol{X}\}$$

der kleinste Filter, der $\boldsymbol{X}$ *umfaßt.*

Beweis. Wie oben bestätigt man unmittelbar, daß $\langle \boldsymbol{X} \rangle$ ein Filter ist. Es ist klar, daß $\boldsymbol{X} \subseteq \langle \boldsymbol{X} \rangle$ gilt. Ist $\boldsymbol{F}$ ein Filter mit $\boldsymbol{X} \subseteq \boldsymbol{F}$ und $Y \in \langle \boldsymbol{X} \rangle$, so gibt es $X_1, \ldots, X_k \in \boldsymbol{X}$, also $X_1, \ldots, X_k \in \boldsymbol{F}$ mit $X_1 \cap \ldots \cap X_k \subseteq Y$. Wegen $(\mathrm{F}_I 2)$ und $X_1 \cap \ldots \cap X_k \in \boldsymbol{F}$ muß also $Y \in \boldsymbol{F}$ sein. Daher folgt $\langle \boldsymbol{X} \rangle \subseteq \boldsymbol{F}$ aus $\boldsymbol{X} \subseteq \boldsymbol{F}$. ∎

Also kann jede Teilmenge von $\mathbf{P}I$ zu einem Filter über I erweitert werden. Es kann aber auch jeder eigentliche Filter über I zu einem Ultrafilter erweitert werden.

Satz 4.3.2. *Ist* $\boldsymbol{F}$ *ein eigentlicher Filter über* I, *so gibt es einen Ultrafilter* $\boldsymbol{U}$ *über* I *mit* $\boldsymbol{F} \subseteq \boldsymbol{U}$.

Beweis. Wir betrachten die Klasse $\mathfrak{F}_{\boldsymbol{F}}$ aller eigentlichen Filter über I, die den eigentlichen Filter $\boldsymbol{F}$ umfassen. Wegen $\boldsymbol{F} \in \mathfrak{F}_{\boldsymbol{F}}$ ist $\mathfrak{F}_{\boldsymbol{F}} \neq \emptyset$. Es ist leicht einzusehen, daß die Vereinigung über jede (inklusionsgeordnete) Kette von Filtern aus $\mathfrak{F}_{\boldsymbol{F}}$ selbst wieder ein Filter aus $\mathfrak{F}_{\boldsymbol{F}}$ ist. Damit sind die Voraussetzungen des ZORNschen Lemmas erfüllt. Also hat $\mathfrak{F}_{\boldsymbol{F}}$ ein maximales Element $\boldsymbol{U}$, wofür $\boldsymbol{F} \subseteq \boldsymbol{U}$ gilt. Nach Wahl von $\mathfrak{F}_{\boldsymbol{F}}$ ist $\boldsymbol{U}$ Ultrafilter. ∎

Für unsere beabsichtigten Anwendungen der Ultrafilter ist es vorteilhaft, noch folgende Charakterisierung der Ultrafilter zur Verfügung zu haben.

Satz 4.3.3. *Ein Filter* $\boldsymbol{F}$ *über* I *ist genau dann ein Ultrafilter über* I, *wenn für jedes* $X \subseteq I$ *entweder* $X \in \boldsymbol{F}$ *ist oder aber* $(I \setminus X) \in \boldsymbol{F}$.

Beweis. Sei zunächst $\boldsymbol{F}$ Ultrafilter über I. Würde $Y_0 \in \boldsymbol{F}$ und $(I \setminus Y_0) \in \boldsymbol{F}$ gelten für ein $Y_0 \subseteq I$, so wäre $\emptyset = Y_0 \cap (I \setminus Y_0) \in \boldsymbol{F}$, also $\boldsymbol{F} = \mathbf{P}I$ im Widerspruch dazu, daß $\boldsymbol{F}$ eigentlicher Filter sein sollte. Wäre aber $X_0 \notin \boldsymbol{F}$ und $(I \setminus X_0) \notin \boldsymbol{F}$ für ein $X_0 \subseteq I$, so bilden wir einen $\boldsymbol{F}$ echt umfassenden und X_0 enthaltenden Filter $\boldsymbol{F}^*$ über I gemäß (4.3.1). Würde dafür $\emptyset \in \boldsymbol{F}^*$ gelten, wäre $X \cap X_0 = \emptyset$ für ein $X \in \boldsymbol{F}$, also $X \subseteq (I \setminus X_0)$ und $(I \setminus X_0) \in \boldsymbol{F}$ im Widerspruch zur Annahme bezüglich $\boldsymbol{F}$. Also ist $\boldsymbol{F}^*$ ein eigentlicher Filter, was nun der Voraussetzung widerspricht, daß $\boldsymbol{F}$ Ultrafilter sein sollte. Also ist entweder $X \in \boldsymbol{F}$ oder $(I \setminus X) \in \boldsymbol{F}$ für $X \subseteq I$, wenn $\boldsymbol{F}$ Ultrafilter ist.

Nun möge für einen Filter $\boldsymbol{F}$ stets entweder $X \in \boldsymbol{F}$ oder $(I \setminus X) \in \boldsymbol{F}$

sein für $X \subseteq I$. Wäre $\boldsymbol{F}$ kein Ultrafilter, so gäbe es einen $\boldsymbol{F}$ echt umfassenden Ultrafilter $\boldsymbol{U}$ über I und ein $X_0 \in \boldsymbol{U} \setminus \boldsymbol{F}$. Für dieses $X_0 \subseteq I$ gilt $X_0 \notin \boldsymbol{F}$, also $(I \setminus X_0) \in \boldsymbol{F}$, also $(I \setminus X_0) \in \boldsymbol{U}$ und daher $\emptyset = X_0 \cap (I \setminus X_0) \in \boldsymbol{U}$ im Widerspruch dazu, daß $\boldsymbol{U}$ eigentlicher Filter sein soll. Also ist $\boldsymbol{F}$ Ultrafilter. ∎

Betrachten wir nun wieder eine Familie $\mathfrak{A}_i$, $i \in I$, von Interpretationen für $\mathbf{S}$. Zu den jeweiligen Individuenbereichen $|\mathfrak{A}_i| = \mathcal{A}_i$ können wir zunächst deren allgemeines kartesisches Produkt $\bigtimes_{i \in I} \mathcal{A}_i$ bilden als

$$\bigtimes_{i \in I} \mathcal{A}_i =_{\text{def}} \{f : I \to \bigcup_{i \in I} \mathcal{A}_i \mid f(i) \in \mathcal{A}_i \text{ für jedes } i \in I\}.$$

Für jeden Filter $\boldsymbol{F}$ über I kann in dieser Menge von Funktionen eine binäre Relation $\sim_{\boldsymbol{F}}$ erklärt werden durch

$$f \sim_{\boldsymbol{F}} g =_{\text{def}} \{i \in I \mid f(i) = g(i)\} \in \boldsymbol{F} \tag{4.3.3}$$

für beliebige $f, g \in \bigtimes_{i \in I} \mathcal{A}_i$. Diese Relation $\sim_{\boldsymbol{F}}$ ist eine Äquivalenzrelation: $\sim_{\boldsymbol{F}}$ ist reflexiv, denn $I \in \boldsymbol{F}$ gilt für jeden Filter $\boldsymbol{F}$; trivialerweise ist $\sim_{\boldsymbol{F}}$ symmetrisch; schließlich ist $\sim_{\boldsymbol{F}}$ transitiv wegen (F_I1). Man nennt $\sim_{\boldsymbol{F}}$ auch *$\boldsymbol{F}$-Äquivalenz* bzw. *Filteräquivalenz* bezüglich $\boldsymbol{F}$.

Es sei $\boldsymbol{F}\text{-Prod}_{i \in I} \mathcal{A}_i$ die Gesamtheit aller Äquivalenzklassen $[f]_{\boldsymbol{F}}$ von $f \in \bigtimes_{i \in I} \mathcal{A}_i$ bezüglich der $\boldsymbol{F}$-Äquivalenz (4.3.3). Unser nächstes Ziel ist es, ausgehend von den Interpretationen $\mathfrak{A}_i$ für $\mathbf{S}$ eine weitere Interpretation $\mathfrak{B}$ für $\mathbf{S}$ zu konstruieren, deren Individuenbereich die Menge $\boldsymbol{F}\text{-Prod}_{i \in I} \mathcal{A}_i$ ist. Ist a eine Individuenkonstante der Sprache von $\mathbf{S}$ und $(a^{\mathfrak{A}_i})_{i \in I}$ diejenige Funktion aus der Menge $\bigtimes_{i \in I} \mathcal{A}_i$, die jedem $i \in I$ die Interpretation $a^{\mathfrak{A}_i}$ von a in $\mathfrak{A}_i$ zuordnet, so sei

$$a^{\mathfrak{B}} =_{\text{def}} [(a^{\mathfrak{A}_i})_{i \in I}]_{\boldsymbol{F}}, \tag{4.3.4}$$

also die Interpretation von a in $\mathfrak{B}$ gerade die Restklasse von $(a^{\mathfrak{A}_i})_{i \in I}$ bzgl. der $\boldsymbol{F}$-Äquivalenz. Ist andererseits P ein n-stelliges Prädikatensymbol der Sprache von $\mathbf{S}$, so gelte für beliebiges $t \in \mathcal{W}^{\mathbf{S}}$ und $f : \boldsymbol{V} \to \boldsymbol{F}\text{-Prod}_{i \in I} \mathcal{A}_i$

$$\begin{aligned} &\mathrm{Wert}^{\mathbf{S}}_{\mathfrak{B}}(P(a_1, \ldots, a_n), f) = t =_{\text{def}} \\ &\qquad \{i \in I \mid \mathrm{Wert}^{\mathbf{S}}_{\mathfrak{A}_i}(P(a_1, \ldots, a_n), f_i) = t\} \in \boldsymbol{F}, \end{aligned} \tag{4.3.5}$$

wenn $a_1, \ldots, a_n$ Individuensymbole der Sprache von $\mathbf{S}$ sind und für jedes $x \in \boldsymbol{V}$ noch

$$f(x) = [(f_i(x))_{i \in I}]_{\boldsymbol{F}}$$

gesetzt ist mit $f_i : \boldsymbol{V} \to |\mathfrak{A}_i|$ für jedes $i \in I$ bei obiger Funktionsnotation.

Unmittelbar einsichtig ist, daß (4.3.4) eine korrekte Definition für

$a^{\mathfrak{B}}$ ist. Aber von (4.3.5) muß gezeigt werden, daß $\text{Wert}^{\mathbf{S}}_{\mathfrak{B}}(P(a_1, \ldots, a_n), f)$ eindeutig festgelegt ist. Zunächst ist für jede Belegung

$$f: \boldsymbol{V} \to \boldsymbol{F}\text{-Prod}_{i \in I}\, \mathcal{A}_i$$

der Wert $f(x)$ für ein $x \in \boldsymbol{V}$ eine Restklasse $[g_x]_{\boldsymbol{F}}$ einer Funktion $g_x \in \bigtimes_{i \in I} \mathcal{A}_i$, also $f(x) = \left[(g_x(i))_{i \in I}\right]_{\boldsymbol{F}}$ bei Rückgriff auf die oben für (4.3.4) eingeführte Funktionsnotation. Erklärt man nun für jedes $i \in I$ eine Funktion $f_i: \boldsymbol{V} \to \mathcal{A}_i$ durch $f_i(x) = g_x(i)$ für beliebige $x \in \boldsymbol{V}$, so hat man $f(x) = \left[(f_i(x))_{i \in I}\right]_{\boldsymbol{F}}$, was für (4.3.5) benutzt wurde. Die Funktionen g_x als Repräsentanten der Restklassen $f(x)$ sind aber durch f nicht eindeutig festgelegt. Seien also etwa $f(x) = [g_x]_{\boldsymbol{F}} = [g'_x]_{\boldsymbol{F}}$ für jedes $x \in \boldsymbol{V}$. Dann ist stets $g_x \sim_{\boldsymbol{F}} g'_x$. Funktionen $f'_i: \boldsymbol{V} \to \mathcal{A}_i$ mögen ausgehend von den Funktionen g'_x ebenso gebildet sein wie oben die Funktionen $f_i: \boldsymbol{V} \to \mathcal{A}_i$ ausgehend von den Funktionen g_x. Dann ist nach Wahl von g_x, g'_x stets $\{i \in I \mid g_x(i) = g'_x(i)\} \in \boldsymbol{F}$ und also

$$\{i \in I \mid f_i(x) = f'_i(x)\} \in \boldsymbol{F}$$

für jedes $x \in \boldsymbol{V}$. Ist a eine Individuenkonstante, so gilt mit der in (4.2.10) eingeführten Bezeichnung $f_i : a = a^{\mathfrak{A}_i} = f'_i : a$ für jedes $i \in I$. Deswegen gilt sogar

$$\{i \in I \mid f_i : a = f'_i : a\} \in \boldsymbol{F} \tag{4.3.6}$$

für jedes Individuensymbol der Sprache von $\mathbf{S}$. Da offensichtlich $P^{\mathfrak{A}_i}(f'_i : a_1, \ldots, f'_i : a_n) = t$ gilt, wenn $P^{\mathfrak{A}_i}(f_i : a_1, \ldots, f_i : a_n) = t$ ist und $f'_i : a_k = f_i : a_k$ für $k = 1, \ldots, n$, so ergibt sich wegen (4.2.9) sofort:

$$\left\{i \in I \mid \text{Wert}^{\mathbf{S}}_{\mathfrak{A}_i}(P(a_1, \ldots, a_n), f_i) = t\right\} \cap \bigcap_{k=1}^{n} \{i \in I \mid f'_i : a_k = f_i : a_k\}$$
$$\subseteq \left\{i \in I \mid \text{Wert}^{\mathbf{S}}_{\mathfrak{A}_i}(P(a_1, \ldots, a_n), f'_i) = t\right\}$$

und also mit (4.3.6):

$$\left\{i \in I \mid \text{Wert}^{\mathbf{S}}_{\mathfrak{A}_i}(P(a_1, \ldots, a_n), f_i) = t\right\} \in \boldsymbol{F}$$
$$\Rightarrow \left\{i \in I \mid \text{Wert}^{\mathbf{S}}_{\mathfrak{A}_i}(P(a_1, \ldots, a_n), f'_i) = t\right\} \in \boldsymbol{F}$$

für beliebige $t \in \mathcal{W}^{\mathbf{S}}$. Aus Symmetriegründen erhält man entsprechend die dazu umgekehrte Implikation, also insgesamt die Unabhängigkeit des Definiendums von (4.3.5) von der Wahl der Repräsentanten der Restklassen $f(x)$.

Für die Korrektheit der Definition (4.3.5) bleibt nun noch zu zeigen, daß es keine verschiedenen Quasiwahrheitswerte $s, t \in \mathcal{W}^{\mathbf{S}}$ geben kann, so daß $\text{Wert}^{\mathbf{S}}_{\mathfrak{B}}(P(a_1, \ldots, a_n), f) = s$ und $\text{Wert}^{\mathbf{S}}_{\mathfrak{B}}(P(a_1, \ldots, a_n), f) = t$ aus (4.3.5) folgt, daß es aber stets ein $t \in \mathcal{W}^{\mathbf{S}}$ gibt, für das $\{i \in I \mid$

$\text{Wert}^{\mathbf{S}}_{\mathfrak{A}_i}(P(a_1, \ldots, a_n), f_i) = t\} \in \boldsymbol{F}$ gilt. Sei für den Moment

$$Y_t = \{i \in I \mid \text{Wert}^{\mathbf{S}}_{\mathfrak{A}_i}(P(a_1, \ldots, a_n), f_i) = t\}$$

gesetzt für $t \in \mathscr{W}^{\mathbf{S}}$. Gilt $s \neq t$ für $s, t \in \mathscr{W}^{\mathbf{S}}$, so ist offenbar $Y_s \cap Y_t = \emptyset$; wäre also $Y_s \in \boldsymbol{F}$ und $Y_t \in \boldsymbol{F}$ für $s \neq t$, so auch $\emptyset \in \boldsymbol{F}$ und also $\boldsymbol{F} = \mathbf{P}I$ kein eigentlicher Filter. Deswegen werden wir Definition (4.3.5) nur bezüglich eigentlicher Filter betrachten. Wäre andererseits $Y_t \notin \boldsymbol{F}$ für jedes $t \in \mathscr{W}^{\mathbf{S}}$ und $\boldsymbol{F}$ ein Ultrafilter, so wäre stets $(I \setminus Y_t) \in \boldsymbol{F}$ nach Satz 4.3.3 und also dann $\bigcup_{\substack{s \in \mathscr{W}^{\mathbf{S}} \\ s \neq t}} Y_s \in \boldsymbol{F}$ wegen $(I \setminus Y_t) \subseteq \bigcup_{s \neq t} Y_s$ auf Grund von $\bigcup_{r \in \mathscr{W}^{\mathbf{S}}} Y_r = I$. Wenn dann noch $\mathscr{W}^{\mathbf{S}}$ endlich ist, ergibt sich ein Widerspruch aus $\emptyset = \bigcap_{t \in \mathscr{W}^{\mathbf{S}}} \Bigl(\bigcup_{\substack{s \in \mathscr{W}^{\mathbf{S}} \\ s \neq t}} Y_s\Bigr) \in \boldsymbol{F}$, denn $\boldsymbol{F}$ sollte Ultrafilter sein.

Daher ist (4.3.5) eine korrekte Definition, wenn $\boldsymbol{F}$ ein Ultrafilter ist und die Menge $\mathscr{W}^{\mathbf{S}}$ der Quasiwahrheitswerte eine endliche Menge, also $\mathbf{S}$ ein endlichwertiges prädikatenlogisches System.

Für unendlichwertige prädikatenlogische Systeme $\mathbf{S}$ mit $\mathscr{W}^{\mathbf{S}} = \mathscr{W}_\infty$ – oder auch mit $\mathscr{W}^{\mathbf{S}} = \mathscr{W}_{\aleph_0}$ – muß Definition (4.3.5) etwas abgeändert werden. Dazu nennen wir eine Menge $\mathcal{V} \subseteq \mathscr{W}^{\mathbf{S}}$ eine *Umgebung* von $t \in \mathscr{W}^{\mathbf{S}}$, falls es eine reelle Zahl $\varepsilon > 0$ gibt, so daß $\mathcal{V} = \{s \in \mathscr{W}^{\mathbf{S}} \mid t - \varepsilon < s < t + \varepsilon\}$ gilt. Damit setzen wir allgemeiner

$$\text{Wert}^{\mathbf{S}}_{\mathfrak{B}}(P(a_1, \ldots, a_n), f) = t =_{\text{def}} \qquad \textbf{(4.3.5*)}$$
$$\text{für jede Umgebung } \mathcal{V} \text{ von } t \text{ ist}$$
$$\{i \in I \mid \text{Wert}^{\mathbf{S}}_{\mathfrak{A}_i}(P(a_1, \ldots, a_n), f_i) \in \mathcal{V}\} \in \boldsymbol{F}.$$

Wie oben mit Bezug auf (4.3.5) zeigt man auch nun wieder, daß Definition (4.3.5*) unabhängig ist von der Wahl der Repräsentanten der Restklassen $f(x)$ für $x \in \boldsymbol{V}$. Da es zu je zwei verschiedenen Quasiwahrheitswerten s, t stets Umgebungen $\mathcal{V}_s$ von s und $\mathcal{V}_t$ von t mit $\mathcal{V}_s \cap \mathcal{V}_t = \emptyset$ gibt, legt (4.3.5*) bezüglich eines eigentlichen Filters $\boldsymbol{F}$ den $\text{Wert}^{\mathbf{S}}_{\mathfrak{B}}(P(a_1, \ldots, a_n), f)$ eindeutig fest, wenn überhaupt durch (4.3.5*) solch ein Wert geliefert wird. Daß durch (4.3.5*) solch ein Wert geliefert wird, ergibt sich wieder für Ultrafilter $\boldsymbol{F}$. Andernfalls gäbe es nach dem Heine-Borelschen Überdeckungssatz[3] zu jedem $t \in \mathscr{W}^{\mathbf{S}}$ eine Umgebung $\mathcal{V}_t^*$ der-

[3] Dieser Satz besagt, daß jede aus offenen Mengen bestehende Überdeckung einer abgeschlossenen und beschränkten Menge D reeller Zahlen eine endliche Teilmenge hat, die selbst schon Überdeckung von D ist (vgl. etwa Günther/Beyer/Gottwald/Wünsch [1972] oder irgendein anderes elementares Lehrbuch der Analysis).

art, daß

$$Y_t^* = \{i \in I \mid \mathrm{Wert}_{\mathfrak{A}_i}^{\mathbf{S}}(P(a_1, \ldots, a_n), f_i) \in \mathcal{V}_t^*\} \notin \boldsymbol{F}$$

wäre. Die Gesamtheit aller dieser Umgebungen $\mathcal{V}_t^*$, $t \in \mathcal{W}^{\mathbf{S}}$, wäre eine offene Überdeckung von $\mathcal{W}^{\mathbf{S}}$, hätte also bereits eine endliche Teilklasse, die ebenfalls offene Überdeckung von $\mathcal{W}^{\mathbf{S}}$ wäre. Mithin würde es Quasiwahrheitswerte $t_1, \ldots, t_k \in \mathcal{W}^{\mathbf{S}}$ geben, für die $Y_{t_j}^* \notin \boldsymbol{F}$ wäre für jedes $j = 1, \ldots, k$ und $\bigcup_{j=1}^{k} Y_{t_j}^* = I$. Daraus ergäbe sich wie oben der Widerspruch $\emptyset \in \boldsymbol{F}$.

Damit haben wir bezüglich jeder der von uns betrachteten Quasiwahrheitswertmengen $\mathcal{W}_M$, $M \geq 2$, und $\mathcal{W}_{\aleph_0}$, $\mathcal{W}_\infty$ gefunden, daß für jede Familie $\mathfrak{A}_i$, $i \in I$, von Interpretationen für **S** und jeden Ultrafilter $\boldsymbol{F}$ über I durch die Definitionen (4.3.4) und (4.3.5) bzw. (4.3.5*) eine weitere Interpretation für **S** mit dem Individuenbereich $\boldsymbol{F}\text{-Prod}_{i \in I} \mathcal{A}_i$ erklärt wird. Diese Interpretation heißt das *Ultraprodukt* der $\mathfrak{A}_i$, $i \in I$, bezüglich des Ultrafilters $\boldsymbol{F}$.

Für endlichwertige prädikatenlogische Systeme **S** sind übrigens die Definitionen (4.3.5) und (4.3.5*) gleichwertig. Dies sieht man leicht ein, wenn man beachtet, daß bei $\mathcal{W}^{\mathbf{S}} = \mathcal{W}_M$ und etwa $\varepsilon = M/2$ zu jedem $t \in \mathcal{W}_M$ die durch ε bestimmte Umgebung $\mathcal{V}$ von t die Einermenge $\mathcal{V} = \{t\}$ ist. Andererseits kann man mittels (4.3.4) und (4.3.5*) Ultraprodukte immer dann erklären, wenn $\mathcal{W}^{\mathbf{S}}$ ein kompakter HAUSDORFF-Raum ist (vgl. CHANG/KEISLER [1966]). Wir wollen solch allgemeine Quasiwahrheitswertmengen hier aber nicht betrachten.

Ist $\mathfrak{B}$ das Ultraprodukt der Interpretationen $\mathfrak{A}_i$, $i \in I$, bzgl. des Ultrafilters $\boldsymbol{F}$, so kann man die aus Definition (4.3.5) folgende Äquivalenz

$$\mathrm{Wert}_{\mathfrak{B}}^{\mathbf{S}}(P(a_1, \ldots, a_n), f) = t \Leftrightarrow \{i \in I \mid \mathrm{Wert}_{\mathfrak{A}_i}^{\mathbf{S}}(P(a_1, \ldots, a_n), f_i) = t\} \in \boldsymbol{F}$$

gleichwertig schreiben als

$$\{i \in I \mid \mathrm{Wert}_{\mathfrak{A}_i}^{\mathbf{S}}(P(a_1, \ldots, a_n), f_i) = \mathrm{Wert}_{\mathfrak{B}}^{\mathbf{S}}(P(a_1, \ldots, a_n), f)\} \in \boldsymbol{F}.$$

Allgemeiner sind für jeden **S**-Ausdruck H, beliebige $t \in \mathcal{W}^{\mathbf{S}}$ und Belegungen $f: \boldsymbol{V} \to \boldsymbol{F}\text{-Prod}_{i \in I} \mathcal{A}_i$ der Individuenvariablen die Bedingung

$$\mathrm{Wert}_{\mathfrak{B}}^{\mathbf{S}}(H, f) = t \Leftrightarrow \{i \in I \mid \mathrm{Wert}_{\mathfrak{A}_i}^{\mathbf{S}}(H, f_i) = t\} \in \boldsymbol{F} \tag{4.3.6}$$

und die Bedingung

$$\{i \in I \mid \mathrm{Wert}_{\mathfrak{A}_i}^{\mathbf{S}}(H, f_i) = \mathrm{Wert}_{\mathfrak{B}}^{\mathbf{S}}(H, f)\} \in \boldsymbol{F} \tag{4.3.7}$$

gleichwertig, wie man sich leicht überlegt.

Satz 4.3.4. *Es sei* $\mathbf{S}$ *ein endlichwertiges prädikatenlogisches System und* $\mathfrak{B}$ *das Ultraprodukt einer Familie* $\mathfrak{A}_i$, $i \in I$, *von Interpretationen für* $\mathbf{S}$ *bezüglich des Ultrafilters* $\boldsymbol{F}$ *über* I. *Dann gilt für jede Belegung* $f\colon \boldsymbol{V} \to \boldsymbol{F}\text{-Prod}_{i\in I}|A_i|$ *und ihr für jedes* $i \in I$ *entsprechende „Faktorbelegungen"* $f_i\colon \boldsymbol{V} \to |A_i|$ *mit*

$$f(x) = \left[\left(f_i(x)\right)_{i\in I}\right]_{\boldsymbol{F}} \quad \text{für jedes } x \in \boldsymbol{V}$$

und für jeden $\mathbf{S}$*-Ausdruck* H, *daß*

$$\{i \in I \mid \mathrm{Wert}^{\mathbf{S}}_{\mathfrak{A}_i}(H, f_i) = \mathrm{Wert}^{\mathbf{S}}_{\mathfrak{B}}(H, f)\} \in \boldsymbol{F}.$$

Beweis. Unter den angegebenen Voraussetzungen führen wir den Beweis induktiv über den Ausdrucksaufbau von H. Ist H ein prädikativer Ausdruck, so ergibt sich gemäß unserer vorangehenden Bemerkungen die Behauptung unmittelbar aus Definition (4.3.5).

Nun sei H irgendein $\mathbf{S}$-Ausdruck. Die Induktionsannahme besagt, daß (4.3.7) für jeden Teilausdruck von H gelten soll.

Hat H die Gestalt $\varphi(H_1, \ldots, H_m)$ für einen Junktor $\varphi \in \boldsymbol{J}^{\mathbf{S}}$, so gelten nach (4.2.11) die Gleichungen

$$\mathrm{Wert}^{\mathbf{S}}_{\mathfrak{B}}(H, f) = \mathrm{ver}^{\mathbf{S}}_{\varphi}\left(\mathrm{Wert}^{\mathbf{S}}_{\mathfrak{B}}(H_1, f), \ldots, \mathrm{Wert}^{\mathbf{S}}_{\mathfrak{B}}(H_m, f)\right),$$
$$\mathrm{Wert}^{\mathbf{S}}_{\mathfrak{A}_i}(H, f_i) = \mathrm{ver}^{\mathbf{S}}_{\varphi}\left(\mathrm{Wert}^{\mathbf{S}}_{\mathfrak{A}_i}(H_1, f_i), \ldots, \mathrm{Wert}^{\mathbf{S}}_{\mathfrak{A}_i}(H_m, f_i)\right)$$

für jedes $i \in I$. Nach Induktionsannahme gilt

$$\{i \in I \mid \mathrm{Wert}^{\mathbf{S}}_{\mathfrak{A}_i}(H_j, f_i) = \mathrm{Wert}^{\mathbf{S}}_{\mathfrak{B}}(H_j, f)\} \in \boldsymbol{F} \tag{4.3.8}$$

für jedes $j = 1, \ldots, m$ und also nach (F_I1) auch

$$\bigcap_{j=1}^{m} \{i \in I \mid \mathrm{Wert}^{\mathbf{S}}_{\mathfrak{A}_i}(H_j, f_i) = \mathrm{Wert}^{\mathbf{S}}_{\mathfrak{B}}(H_j, f)\} \in \boldsymbol{F}. \tag{4.3.9}$$

Da aber offensichtlich

$$\bigcap_{j=1}^{m} \{i \in I \mid \mathrm{Wert}^{\mathbf{S}}_{\mathfrak{A}_i}(H_j, f_i) = \mathrm{Wert}^{\mathbf{S}}_{\mathfrak{B}}(H_j, f)\}$$
$$\subseteq \{i \in I \mid \mathrm{Wert}^{\mathbf{S}}_{\mathfrak{A}_i}(H, f_i) = \mathrm{Wert}^{\mathbf{S}}_{\mathfrak{B}}(H, f)\}$$

gilt, ergibt sich aus (4.3.9) und (F_I2) sofort die Behauptung, d. h. (4.3.7) für den hier betrachteten $\mathbf{S}$-Ausdruck H.

Hat H die Gestalt $(\mathbf{Q}x_1 \ldots x_k)\,(H_1, \ldots, H_m)$ für einen Quantor $\mathbf{Q}$ von $\mathbf{S}$, so ist nach (4.2.13) nun zu jeder Belegung $f\colon \boldsymbol{V} \to \boldsymbol{F}\text{-Prod}_{i\in I}\mathcal{A}_i$ die zugeordnete Funktion $f^{\mathfrak{B}}_{H}\colon |\mathfrak{B}|^k \to (\mathscr{W}^{\mathbf{S}})^m$ zu betrachten, wobei $\mathfrak{B}$ das Ultraprodukt der Familie $\mathfrak{A}_i$, $i \in I$, von $\mathbf{S}$-Interpretationen bezüglich des

Ultrafilters $\boldsymbol{F}$ ist. Es ist

$$\mathrm{Wert}^{\mathsf{S}}_{\mathfrak{B}}(H, f) = \mathrm{Ver}^{\mathsf{S}}_{\mathsf{Q}}(f^{\mathfrak{B}}_{H}), \tag{4.3.10}$$

$$\mathrm{Wert}^{\mathsf{S}}_{\mathfrak{A}_i}(H, f_i) = \mathrm{Ver}^{\mathsf{S}}_{\mathsf{Q}}\big((f_i)^{\mathfrak{A}_i}_{H}\big) \tag{4.3.11}$$

für jedes $i \in I$, wobei für beliebige $b^1_i, \ldots, b^k_i \in |\mathfrak{A}_i|$ ist

$$(f_i)^{\mathfrak{A}_i}_{H}(b^1_i, \ldots, b^k_i) = \big(\mathrm{Wert}^{\mathsf{S}}_{\mathfrak{A}_i}(H_1, g_i), \ldots, \mathrm{Wert}^{\mathsf{S}}_{\mathfrak{A}_i}(H_m, g_i)\big)$$

bei

$$g_i = f_i(x_1 \ldots x_k / b^1_i \ldots b^k_i).$$

Analog ist für $c_l = [(b^l_i)_{i \in I}]_{\boldsymbol{F}} \in |\mathfrak{B}|$ für $l = 1, \ldots, k$

$$f^{\mathfrak{B}}_{H}(c_1, \ldots, c_k) = \big(\mathrm{Wert}^{\mathsf{S}}_{\mathfrak{B}}(H_1, g), \ldots, \mathrm{Wert}^{\mathsf{S}}_{\mathfrak{B}}(H_m, g)\big)$$

mit

$$g = f(x_1 \ldots x_k / c_1 \ldots c_k).$$

Offenbar ist nach Wahl von g und allen g_i, $i \in I$

$$g(x) = \big[(g_i(x))_{i \in I}\big]_{\boldsymbol{F}} \quad \text{für jedes} \quad x \in \boldsymbol{V}$$

und mithin nach Induktionsannahme (4.3.8) für jedes $j = 1, \ldots, m$:

$$\{i \in I \mid \mathrm{Wert}^{\mathsf{S}}_{\mathfrak{A}_i}(H_j, g_i) = \mathrm{Wert}^{\mathsf{S}}_{\mathfrak{B}}(H_j, g)\} \in \boldsymbol{F}. \tag{4.3.12}$$

Da die verallgemeinerte Wahrheitswertfunktion $\mathrm{Ver}^{\mathsf{S}}_{\mathsf{Q}}$ nur vom Wertebereich ihres jeweiligen Argumentes abhängt, ergibt sich

$$\bigcap_{j=1}^{m} \{i \in I \mid \mathrm{Wert}^{\mathsf{S}}_{\mathfrak{A}_i}(H_j, g_i) = \mathrm{Wert}^{\mathsf{S}}_{\mathfrak{B}}(H_j, g)\} \subseteq \{i \in I \mid \mathrm{Ver}^{\mathsf{S}}_{\mathsf{Q}}\big((f_i)^{\mathfrak{A}_i}_{H}\big) = \mathrm{Ver}^{\mathsf{S}}_{\mathsf{Q}}(f^{\mathfrak{B}}_{H})\}$$

und also aus (4.3.12) und ($\mathrm{F}_I 2$) wegen (4.3.10), (4.3.11)

$$\{i \in I \mid \mathrm{Wert}^{\mathsf{S}}_{\mathfrak{A}_i}(H, f_i) = \mathrm{Wert}^{\mathsf{S}}_{\mathfrak{B}}(H, f)\} \in \boldsymbol{F},$$

also (4.3.7) für den in diesem Falle betrachteten **S**-Ausdruck H. ∎

Die Aussage von Satz 4.3.4. läßt sich auch auf unendlichwertige prädikatenlogische Systeme ausdehnen, wenn die den Junktoren und Quantoren dieser Systeme entsprechenden (verallgemeinerten) Wahrheitswertfunktionen geeignete Stetigkeitsbedingungen erfüllen. CHANG/KEISLER [1966] haben dies für beliebige kompakte HAUSDORFF-Räume als Quasiwahrheitswertmengen — also insbesondere für $\mathcal{W}_{\aleph_0}$ und $\mathcal{W}_\infty$ — gezeigt. Wir wollen die Details hier nicht darstellen und verweisen den interessierten Leser auf CHANG/KEISLER [1966].

Folgerung 4.3.5. *Unter den Voraussetzungen von Satz 4.3.4 gilt für das Ultraprodukt $\mathfrak{B}$ aller $\mathfrak{A}_i$, $i \in I$, bezüglich des Ultrafilters $\boldsymbol{F}$ über I*

$$\mathfrak{B} \models_f H \Leftrightarrow \{i \in I \mid \mathfrak{A}_i \models_{f_i} H\} \in \boldsymbol{F}$$

für jeden **S**-*Ausdruck* H *und jede Belegung* f *der Individuenvariablen mit Individuen von* $\mathfrak{B}$.

Beweis. Gelte zunächst $\mathfrak{B} \models_f H$, dann ist für einen ausgezeichneten Quasiwahrheitswert $t_0 \in \mathscr{D}^{\mathbf{S}}$: $\mathrm{Wert}^{\mathbf{S}}_{\mathfrak{B}}(H, f) = t_0$. Also ist nach Satz 4.3.4. und (4.3.6)

$$\{i \in I \mid \mathrm{Wert}^{\mathbf{S}}_{\mathfrak{A}_i}(H, f_i) = t_0\} \in \boldsymbol{F}.$$

Dann folgt sofort über ($\mathrm{F}_I 2$)

$$\{i \in I \mid \mathrm{Wert}^{\mathbf{S}}_{\mathfrak{A}_i}(H, f_i) = t_0\} \subseteq \{i \in I \mid \mathfrak{A}_i \models_{f_i} H\} \in \boldsymbol{F}.$$

Nun sei umgekehrt $\{i \in I \mid \mathfrak{A}_i \models_{f_i} H\} \in \boldsymbol{F}$ und $\mathscr{D}^{\mathbf{S}} = \{s_1, \ldots, s_k\}$. Dann ist also

$$\bigcup_{l=1}^{k} \{i \in I \mid \mathrm{Wert}^{\mathbf{S}}_{\mathfrak{A}_i}(H, f_i) = s_l\} \in \boldsymbol{F}.$$

Wie beim Nachweis der Korrektheit von Definition (4.3.5) ergibt sich hieraus, daß wenigstens eine der endlich vielen Mengen, deren Vereinigung Element von $\boldsymbol{F}$ ist, selbst Element von $\boldsymbol{F}$ sein muß, da sonst $\emptyset \in \boldsymbol{F}$ gelten würde. Also gibt es ein $t \in \mathscr{D}^{\mathbf{S}}$, so daß

$$\{i \in I \mid \mathrm{Wert}^{\mathbf{S}}_{\mathfrak{A}_i}(H, f_i) = t\} \in \boldsymbol{F}$$

und also $\mathrm{Wert}^{\mathbf{S}}_{\mathfrak{B}}(H, f) = t$ gilt nach Satz 4.3.4. Dann gilt aber $\mathfrak{B} \models_f H$ nach Definition der Erfüllbarkeitsbeziehung. ∎

Mit Hilfe einer geeigneten Ultraproduktkonstruktion gelingt es nun, auch für mehrwertige prädikatenlogische Systeme einen Kompaktheitssatz zu beweisen. Um mit den durch die Ultraproduktkonstruktion zur Verfügung stehenden Beweismethoden ein möglichst allgemeines Resultat zu beweisen, führen wir erst noch eine weitere Benennung ein.

Unter einer *bewerteten Ausdrucksmenge* Σ von **S** wollen wir eine Menge von geordneten Paaren (H, t) von **S**-Ausdrücken H und Quasiwahrheitswerten $t \in \mathscr{W}^{\mathbf{S}}$ verstehen, die eine Funktion ist, d. h., bei der es zu jedem **S**-Ausdruck H höchstens einen Wert $s \in \mathscr{W}^{\mathbf{S}}$ gibt mit $(H, s) \in \Sigma$. Ein Modell einer bewerteten Ausdrucksmenge Σ sei eine solche Interpretation $\mathfrak{A}$ für **S**, für die für jedes Paar $(H, t) \in \Sigma$ gilt, daß $\mathfrak{A}$ t-Modell von H ist; ein solches Modell von Σ gibt also jedem **S**-Ausdruck H, der in einem geordneten Paar von Σ vorkommt, den in diesem Paar vorkommenden Quasiwahrheitswert.

Satz 4.3.6 (Kompaktheitssatz). *Es sei* **S** *ein endlichwertiges prädikatenlogisches System. Eine bewertete Ausdrucksmenge* Σ *von* **S** *hat genau dann ein Modell, wenn jede endliche Teilmenge von* Σ *ein Modell hat.*

Beweis. Selbstverständlich hat dann, wenn Σ ein Modell hat, auch jede endliche Teilmenge von Σ ein Modell. Also bleibt nur die Umkehrung zu zeigen: Hat jede endliche Teilmenge von Σ ein Modell, so auch Σ.

Sei zunächst für jede endliche Teilmenge $\Delta \subseteq \Sigma$ die Interpretation $\mathfrak{A}_\Delta$ ein Modell von Δ. Es sei $\mathcal{J}$ die Menge aller endlichen Teilmengen von Σ. Für jedes $\Delta \in \mathcal{J}$ sei $\Delta^+ = \{\theta \in \mathcal{J} \mid \Delta \subseteq \theta\}$; außerdem sei $\boldsymbol{Z} = \{\Delta^+ \mid \Delta \in \mathcal{J}\}$. Es ist $\boldsymbol{Z} \subseteq \mathbf{P}\mathcal{J}$, und wir bilden entsprechend Hilfssatz 4.3.1 den Filter $\langle \boldsymbol{Z} \rangle$ über $\mathcal{J}$. Dieser Filter $\langle \boldsymbol{Z} \rangle$ ist ein eigentlicher Filter, d. h. es gilt $\emptyset \notin \langle \boldsymbol{Z} \rangle$, denn für je endlich viele $\Delta_1^+, \ldots, \Delta_k^+ \in \boldsymbol{Z}$ ist

$$\Delta_1 \cup \cdots \cup \Delta_k \in \Delta_1^+ \cap \cdots \cap \Delta_k^+ \neq \emptyset.$$

Es sei schließlich $\boldsymbol{F}$ ein $\langle \boldsymbol{Z} \rangle$ umfassender Ultrafilter über $\mathcal{J}$, der nach Satz 4.3.2 existieren muß.

Es sei $\mathfrak{B}$ das Ultraprodukt der Interpretationen $\mathfrak{A}_\Delta$, $\Delta \in \mathcal{J}$, bezüglich des Ultrafilters $\boldsymbol{F}$. Wir zeigen, daß $\mathfrak{B}$ ein Modell von Σ ist.

Dazu sei

$$(H, t) \in \Sigma \quad \text{und} \quad \Delta_{(H,t)} = \{(H, t)\} \in \mathcal{J}.$$

Dann gilt $\Delta_{(H,t)}^+ \in \boldsymbol{F}$ und

$$\Delta_{(H,t)}^+ = \{\theta \in \mathcal{J} \mid \Delta_{(H,t)} \subseteq \theta\} \subseteq \{\theta \in \mathcal{J} \mid \mathfrak{A}_\theta \text{ } t\text{-Modell von } H\}.$$

Also ist für jede Belegung $f: \boldsymbol{V} \to |\mathfrak{B}|$ sofort

$$\{\theta \in \mathcal{J} \mid \mathrm{Wert}^{\mathbf{S}}_{\mathfrak{A}_\theta}(H, f_\theta) = t\} \in \boldsymbol{F} \tag{4.3.13}$$

und daher nach Satz 4.3.4 wegen der Gleichwertigkeit von (4.3.7) und (4.3.6) auch $\mathrm{Wert}^{\mathbf{S}}_{\mathfrak{B}}(H, f) = t$. Da f beliebig war, ist mithin $\mathfrak{B}$ ein t-Modell von H und also auch ein Modell von Σ. ∎

Dieser Beweis des Kompaktheitssatzes benötigt nur deswegen die Voraussetzung der Endlichkeit von $\mathcal{W}^{\mathbf{S}}$, weil auf Satz 4.3.4 bzw. Folgerung 4.3.5 Bezug genommen wird. So wie Satz 4.3.4 – und entsprechend auch Folgerung 4.3.5 – auf geeignete unendlichwertige prädikatenlogische Systeme verallgemeinert werden können, gilt dies demnach auch für den Kompaktheitssatz (vgl. Chang/Keisler [1966]).

Folgerung 4.3.7. *Es sei* $\mathbf{S}$ *ein endlichwertiges System,* $t \in \mathcal{W}^{\mathbf{S}}$ *und* θ *eine Menge von* $\mathbf{S}$*-Ausdrücken. Dann gelten:*

(a) θ *hat genau dann ein* t*-Modell, wenn jede endliche Teilmenge von* θ *ein* t*-Modell hat;*

(b) θ *hat genau dann ein Modell, wenn jede endliche Teilmenge von* θ *ein Modell hat.*

Beweis. Bei (a) gehe man von θ über zur bewerteten Ausdrucksmenge $\Sigma = \{(H, t) \mid H \in \theta\}$ und wende Satz 4.3.6 an; bei (b) gehe man analog zu einer geeigneten „bewerteten Version" von θ über. ∎

Wie im aussagenlogischen Falle ist es auch nun für manche Anwendungen vorteilhaft, noch eine verschärfte Version des Kompaktheitssatzes 4.3.6 zur Verfügung zu haben.

Satz 4.3.8. *Es seien* **S** *ein endlichwertiges prädikatenlogisches System und Σ sowie Ξ bewertete Ausdrucksmengen. Dann gilt: Σ hat genau dann ein Modell, das zugleich Modell von Ξ ist, wenn jede endliche Teilmenge von Σ ein Modell hat, das zugleich Modell von Ξ ist.*

Beweis. Der Beweis von Satz 4.3.6 ist nur soweit abzuändern, daß nun für jedes endliche $\Delta \subseteq \Sigma$ die Interpretation $\mathfrak{A}_\Delta$ ein Modell von Δ sei, das zugleich Modell von Ξ ist. ∎

Der Kompaktheitssatz in seiner verschärften Version ermöglicht einen einfachen Beweis, daß es zu jeder Interpretation $\mathfrak{A}$ für ein endlichwertiges prädikatenlogisches System **S** eine Interpretation $\mathfrak{B}$ für **S** mit einem Individuenbereich größerer Mächtigkeit gibt, die Modell derselben Ausdrucksmengen ist, für die auch $\mathfrak{A}$ Modell ist. Dazu führen wir einen weiteren modelltheoretischen Begriff ein.

Es seien $\mathfrak{A}$, $\mathfrak{B}$ Interpretationen für das mehrwertige prädikatenlogische System **S**. Dann heißt $\mathfrak{A}$ eine *elementare Unterstruktur* von $\mathfrak{B}$, falls gelten

(EU1) $|\mathfrak{A}| \subseteq |\mathfrak{B}|$;

(EU2) $\mathrm{Wert}^{\mathbf{S}}_{\mathfrak{A}}(H, f) = \mathrm{Wert}^{\mathbf{S}}_{\mathfrak{B}}(H, f)$ für jeden **S**-Ausdruck H und alle $f: V \to |\mathfrak{A}|$.

Ist $\mathfrak{A}$ elementare Unterstruktur von $\mathfrak{B}$, so schreiben wir dafür: $\mathfrak{A} \prec \mathfrak{B}$. Statt zu sagen, daß $\mathfrak{A}$ elementare Unterstruktur von $\mathfrak{B}$ ist, sagen wir auch, daß $\mathfrak{B}$ *elementare Erweiterung* von $\mathfrak{A}$ ist. Die Mächtigkeit, d. h. die Kardinalzahl einer Menge X wollen wir mit card X bezeichnen. Unter der *Kardinalzahl der Sprache* von **S** verstehen wir die Kardinalzahl der Menge aller Zeichen des Alphabets von **S**; dies ist immer eine unendliche Kardinalzahl, da die Menge V der Individuenvariablen bereits unendlich ist.

Satz 4.3.9. *Sei* **S** *ein endlichwertiges prädikatenlogisches System und σ die Kardinalzahl der Sprache von* **S**. *Sei ferner $\mathfrak{A}$ eine Interpretation für* **S** *mit unendlichem Individuenbereich. Dann gibt es zu jeder Kardinalzahl β, die nicht kleiner als σ und als* card $|\mathfrak{A}|$ *ist, eine elementare Erweiterung $\mathfrak{B}$ von $\mathfrak{A}$ mit $\beta \leq$* card $|\mathfrak{B}|$.

Beweis. Ist $\beta =$ card $|\mathfrak{A}|$, so wähle man $\mathfrak{B} = \mathfrak{A}$. Sei also weiterhin $\beta >$ card $|\mathfrak{A}|$. Es sei $\alpha =$ card $|\mathfrak{A}|$. Durch Erweiterung des Alphabets werde **S** zuerst zu einem prädikatenlogischen System $\mathbf{S}_\alpha$ und dann zu einem

System $\mathbf{S}_\beta$ erweitert. $\mathbf{S}_\alpha$ entstehe aus $\mathbf{S}$ durch Hinzunahme einer Menge $\{a'_\xi \mid \xi < \alpha\}$ von Individuenkonstanten (die noch nicht zur Sprache von $\mathbf{S}$ gehören sollen) und eines neuen zweistelligen Prädikatensymbols U. $\mathbf{S}_\beta$ entstehe aus $\mathbf{S}_\alpha$ durch Hinzunahme einer weiteren Menge $\{c_\eta \mid \eta < \beta\}$ neuer Individuenkonstanten.

Die Interpretation $\mathfrak{A}$ für $\mathbf{S}$ werde dadurch zu einer Interpretation $\mathfrak{A}_\alpha$ für $\mathbf{S}_\alpha$ erweitert, daß den neuen Individuenkonstanten a'_ξ, $\xi < \alpha$, in eineindeutiger Weise die sämtlichen Elemente von $|\mathfrak{A}|$ zugeordnet werden und für das neue Prädikatensymbol U gesetzt wird

$$\mathrm{Wert}^{\mathbf{S}_\alpha}_{\mathfrak{A}_\alpha}(U(a_1, a_2), f) =_{\mathrm{def}} \begin{cases} 1, & \text{wenn} \quad f{:}a_1 \neq f{:}a_2 \\ 0 & \text{sonst} \end{cases}$$

für jede Belegung $f{:}V \to |\mathfrak{A}|$. Weiterhin seien θ die Menge aller $\mathbf{S}_\alpha$-Aussagen, für jede Aussage $G \in \theta : s_G = \mathrm{Wert}^{\mathbf{S}_\alpha}_{\mathfrak{A}_\alpha}(G)$, schließlich

$$\theta^* = \{(G, s_G) \mid G \in \theta\}.$$

Im System $\mathbf{S}_\beta$ bilden wir nun eine weitere bewertete Ausdrucksmenge Σ. Es sei $\Sigma = \{(U(c_\xi, c_\zeta), 1) \mid \xi < \zeta < \beta\}$. Jede endliche Teilmenge $\Delta \subseteq \Sigma$ hat ein Modell, das zugleich Modell von θ^* ist: Man gehe von der Interpretation $\mathfrak{A}_\alpha$ aus und ordne zusätzlich den endlich vielen in Δ vorkommenden Individuenkonstanten c_η eineindeutig endlich viele Individuen aus $|\mathfrak{A}| = |\mathfrak{A}_\alpha|$ zu und allen anderen Individuenkonstanten c_ξ dasselbe Individuum wie der Individuenkonstanten a'_0. Nach Satz 4.3.8 hat die bewertete Ausdrucksmenge Σ ein Modell $\mathfrak{B}_\beta$, das auch Modell von θ'^* ist. Offenbar ist $\beta \leq \mathrm{card}\,|\mathfrak{B}_\beta|$, da die β Individuenkonstanten c_η, $\eta < \beta$ in $\mathfrak{B}_\beta$ paarweise verschiedene Elemente bezeichnen.

Ausgehend von $\mathfrak{B}_\beta$ bilden wir eine Interpretation $\mathfrak{B}$ für $\mathbf{S}$ dadurch, daß wir die in $\mathfrak{B}_\beta$ bezüglich der Interpretation des Prädikatensymbols U und der Individuenkonstanten a'_ξ, $\xi < \alpha$, und c_η, $\eta < \beta$ getroffenen Festlegungen „vergessen". Es ist allerdings vorher noch nötig, die Struktur $\mathfrak{A}$ in die Struktur $\mathfrak{B}_\beta$ isomorph einzubetten; dazu sind in $\mathfrak{B}_\beta$ die von a'_ξ, $\xi < \alpha$, bezeichneten Elemente durch jeweils die von a'_ξ in $\mathfrak{A}_\alpha$ bezeichneten zu ersetzen und auch alle mehrwertigen Prädikate von $\mathfrak{B}_\beta$ entsprechend abzuändern. Dann ist $\beta \leq \mathrm{card}\,|\mathfrak{B}_\beta| = \mathrm{card}\,|\mathfrak{B}|$ und $|\mathfrak{A}| \subseteq |\mathfrak{B}|$. Also bleibt noch $\mathrm{Wert}^{\mathbf{S}}_{\mathfrak{A}}(H, f) = \mathrm{Wert}^{\mathbf{S}}_{\mathfrak{B}}(H, f)$ für beliebiges $f{:}V \to |\mathfrak{A}|$ und jeden $\mathbf{S}$-Ausdruck H zu zeigen. Dazu bilden wir ausgehend von H und f einen $\mathbf{S}_\alpha$-Ausdruck H_f dadurch, daß jede in H frei vorkommende Individuenvariable x an allen Stellen ihres freien Vorkommens durch die $f(x)$ in $\mathfrak{A}_\alpha$ bezeichnende Individuenkonstante a'_γ (für ein geeignetes $\gamma < \alpha$) ersetzt wird. Dann ist sowohl $\mathrm{Wert}^{\mathbf{S}}_{\mathfrak{A}}(H, f) = \mathrm{Wert}^{\mathbf{S}_\alpha}_{\mathfrak{A}_\alpha}(H_f)$ als auch $\mathrm{Wert}^{\mathbf{S}}_{\mathfrak{B}}(H, f) = \mathrm{Wert}^{\mathbf{S}_\beta}_{\mathfrak{B}_\beta}(H_f)$ für die $\mathbf{S}_\alpha$-Aussage H_f. Da aber $H_f \in \theta$ gilt, ist schließlich auch $\mathrm{Wert}^{\mathbf{S}_\alpha}_{\mathfrak{A}_\alpha}(H_f) = \mathrm{Wert}^{\mathbf{S}_\beta}_{\mathfrak{B}_\beta}(H_f)$. ∎

Es interessiert aber nicht nur die hiermit bewiesene elementare Erweiterbarkeit vorgegebener Interpretationen zu Interpretationen vorgegebener Mindestmächtigkeit. In analoger Weise kann man nach elementarer „Verkleinerbarkeit", d. h. nach der Existenz elementarer Unterstrukturen vorgegebener Höchstmächtigkeit fragen. Antwort auf diese Problemstellung gibt das folgende Resultat.

Satz 4.3.10. *Sei σ die Kardinalzahl der Sprache eines mehrwertigen prädikatenlogischen Systems* $\mathbf{S}$ *und τ die Kardinalzahl der Menge $\mathcal{W}^{\mathbf{S}}$ der Quasiwahrheitswerte. Sei ferner $\mathfrak{A}$ eine Interpretation für* $\mathbf{S}$ *mit unendlichem Individuenbereich und $\mathcal{C} \subseteq |\mathfrak{A}|$. Dann gibt es zu jeder Kardinalzahl $\beta \leq \text{card}\,|\mathfrak{A}|$, für die $\sigma, \tau \leq \beta$ und auch $\text{card}\,\mathcal{C} \leq \beta$ gelten, eine elementare Unterstruktur $\mathfrak{B}$ von $\mathfrak{A}$ mit $\beta = \text{card}\,|\mathfrak{B}|$.*

Beweis. Für $\beta = \text{card}\,|\mathfrak{A}|$ sei $\mathfrak{B} = \mathfrak{A}$; also sei weiterhin $\beta < \text{card}\,|\mathfrak{A}|$. Es sei $\sqsubset$ eine Wohlordnung der Menge aller endlichen Folgen von Elementen von $|\mathfrak{A}|$, wobei die Elemente von $|\mathfrak{A}|$ als Folgen der Länge Eins betrachtet werden sollen (und etwa noch angenommen werden kann, daß jede kürzere Folge $\sqsubset$-kleiner ist als jede längere). Es sei $\mathcal{B}_0$ eine Teilmenge von $|\mathfrak{A}|$ mit $\mathcal{C} \subseteq \mathcal{B}_0$ und $\beta = \text{card}\,\mathcal{B}_0$, die außerdem alle von den Individuenkonstanten von $\mathbf{S}$ in $\mathfrak{A}$ bezeichneten Elemente von $|\mathfrak{A}|$ enthalte. Wir konstruieren eine aufsteigende Folge $\mathcal{B}_0 \subseteq \mathcal{B}_1 \subseteq \mathcal{B}_2 \subseteq \cdots$ von Teilmengen von $|\mathfrak{A}|$, deren Vereinigung $\mathcal{B} = \bigcup_{n=0}^{\infty} \mathcal{B}_n$ Individuenbereich von $\mathfrak{B}$ sein wird.

Für jedes $n \geq 0$ sei $\mathcal{B}_{n+1}$ diejenige Teilmenge von $|\mathfrak{A}|$, die alle Elemente von $\mathcal{B}_n$ enthält und außerdem zu jedem m-Tupel $(H_1, \ldots, H_m)$ von $\mathbf{S}$-Ausdrücken, deren freie Variable je unter $x_1, \ldots, x_l$ vorkommen mögen, jedem $(l-k)$-Tupel $(b_{k+1}, \ldots, b_l)$ von Elementen von $\mathcal{B}_n$ und jedem m-Tupel $\bar{s} \in (\mathcal{W}^{\mathbf{S}})^m$ von Quasiwahrheitswerten, das als

$$\bar{s} = \big(\text{Wert}_{\mathfrak{A}}^{\mathbf{S}}(H_1, f(x_{k+1} \ldots x_l/b_{k+1} \ldots b_l)), \ldots,$$
$$\text{Wert}_{\mathfrak{A}}^{\mathbf{S}}(H_m, f(x_{k+1} \ldots x_l/b_{k+1} \ldots b_l))\big)$$

für eine Belegung $f: V \to |\mathfrak{A}|$ auftreten kann, alle Glieder $b_1, \ldots, b_k$ der $\sqsubset$-kleinsten k-gliedrigen Folge $(b_1, \ldots, b_k)$ von Elementen von $|\mathfrak{A}|$ enthält, für die

$$\bar{s} = \big(\text{Wert}_{\mathfrak{A}}^{\mathbf{S}}(H_1, f(x_1 \ldots x_l/b_1 \ldots b_l)), \ldots,$$
$$\text{Wert}_{\mathfrak{A}}^{\mathbf{S}}(H_m, f(x_1 \ldots x_l/b_1 \ldots b_l))\big)$$

ist für eine – und damit für jede – Belegung $f: V \to |\mathfrak{A}|$. Dabei seien m, k beliebige natürliche Zahlen.

Da die Kardinalzahl σ des Alphabets von $\mathbf{S}$ zugleich die Anzahl der $\mathbf{S}$-Ausdrücke ist wegen $\sigma \geq \aleph_0$, ergibt sich aus der Annahme $\beta = \text{card}\,\mathcal{B}_n$

auf Grund der Konstruktion von $\mathscr{B}_{n+1}$ die Abschätzung

$$\beta \leq \text{card } \mathscr{B}_{n+1} \leq \beta + \sum_{\substack{k,l,m=1 \\ k \leq l}}^{\infty} k \cdot \sigma^m \cdot \beta^{l-k} \cdot \tau^m$$

$$\leq \beta + \aleph_0 \cdot \sigma \cdot \beta \cdot \tau \leq \beta + \beta = \beta,$$

also auch $\beta = \text{card } \mathscr{B}_{n+1}$. Daher gilt $\beta = \text{card } \mathscr{B}_n$ für jedes $n \geq 0$ und also auch

$$\beta \leq \text{card } \mathscr{B} \leq \aleph_0 \cdot \beta = \beta.$$

Die Interpretation $\mathscr{B}$ habe die Menge $\mathscr{B}$ als Individuenbereich, als mehrwertige Prädikate die Einschränkungen der mehrwertigen Prädikate von $\mathfrak{A}$ auf $|\mathfrak{B}|$, und sie ordne den Individuenkonstanten von **S** dieselben Elemente zu wie die Interpretation $\mathfrak{A}$. Da card $|\mathfrak{B}| = \beta$ und $|\mathfrak{B}| \subseteq |\mathfrak{A}|$ gezeigt sind, bleibt für jeden **S**-Ausdruck H und jede Belegung $f: \boldsymbol{V} \to |\mathfrak{B}|$ zu zeigen

$$\text{Wert}^{\mathbf{S}}_{\mathfrak{B}}(H, f) = \text{Wert}^{\mathbf{S}}_{\mathfrak{A}}(H, f). \tag{4.3.14}$$

Dies erfolgt induktiv über den Ausdrucksaufbau von H.

Für prädikative Ausdrücke H ist (4.3.14) klar nach Definition der Interpretation $\mathfrak{B}$. Deswegen möge (4.3.14) nun zutreffend sein für alle Teilausdrücke von H. Hat dabei H die Gestalt $\varphi(H_1, \ldots, H_m)$ für einen Junktor $\varphi \in \boldsymbol{J}^{\mathbf{S}}$, so ergibt sich (4.3.14) für H unmittelbar über (4.2.11) aus der Induktionsannahme. Deswegen sei schließlich H von der Gestalt $(\mathbf{Q}x_1 \ldots x_k)\,(H_1, \ldots, H_m)$ für einen Quantor **Q** von **S**. Nach (4.2.13) ist in diesem Falle

$$\text{Wert}^{\mathbf{S}}_{\mathfrak{B}}(H, f) = \text{Ver}^{\mathbf{S}}_{\mathbf{Q}}(f^{\mathfrak{B}}_H)$$

für $f: \boldsymbol{V} \to |\mathfrak{B}|$. Es mögen die freien Variablen von H unter $x_{k+1}, \ldots, x_l$ vorkommen. Dann kommen die freien Variablen jedes der **S**-Ausdrücke $H_1, \ldots, H_m$ unter $x_1, \ldots, x_l$ vor. Die Elemente $f(x_{k+1}), \ldots, f(x_l)$ aus $|\mathfrak{B}| = \mathscr{B}$ mögen bereits alle in $\mathscr{B}_n$ vorkommen für ein geeignetes n. Nach Wahl von $\mathscr{B}_{n+1}$ ist jedes Element des Wertebereichs von $f^{\mathfrak{A}}_H$ bereits Funktionswert von $f^{\mathfrak{B}}_H$ für Argumente aus $\mathscr{B}_{n+1}$. Somit ergibt sich

$$\text{Wert}^{\mathbf{S}}_{\mathfrak{B}}(H, f) = \text{Ver}^{\mathbf{S}}_{\mathbf{Q}}(f^{\mathfrak{B}}_H) = \text{Ver}^{\mathbf{S}}_{\mathbf{Q}}(f^{\mathfrak{A}}_H) = \text{Wert}^{\mathbf{S}}_{\mathfrak{A}}(H, f),$$

da die Wertebereiche von $f^{\mathfrak{B}}_H$ und $f^{\mathfrak{A}}_H$ übereinstimmen. Also ist $\mathfrak{B}$ elementare Unterstruktur von $\mathfrak{A}$. ∎

Aus diesen beiden Sätzen gewinnen wir nun leicht zwei weitere interessante Resultate, die – in der klassischen Logik – üblicherweise als Sätze von Löwenheim-Skolem (in absteigender bzw. aufsteigender Version) bezeichnet werden. Wie oben schon mehrfach erläutert, ist die bei der aufsteigenden Version erfolgende Einschränkung auf endlichwertige Systeme weitgehend vermeidbar.

Satz 4.3.11. *Es sei* **S** *ein prädikatenlogisches System, dessen Quasiwahrheitswertmenge die Mächtigkeit* τ *und dessen Sprache die Kardinalzahl* σ *habe.* Σ *sei eine bewertete Menge von* **S**-*Ausdrücken, die ein unendliches Modell der Kardinalzahl* α *habe.*

(a) *Dann hat* Σ *für jede Kardinalzahl* β *mit* $\sigma, \tau \leq \beta \leq \alpha$ *ein Modell der Mächtigkeit* β.

(b) *Ist* **S** *endlichwertig, so hat* Σ *für jede Kardinalzahl* $\gamma \geq \alpha$ *ein Modell der Mächtigkeit* γ.

Beweis. Seien die genannten Voraussetzungen erfüllt und $\mathfrak{A}$ das erwähnte unendliche Modell für Σ. Ist $\sigma, \tau \leq \beta \leq \alpha$, so gibt es nach Satz 4.3.10 eine elementare Unterstruktur $\mathfrak{B} \prec \mathfrak{A}$ der Mächtigkeit β. Nach Definition dieser Beziehung $\prec$ ist $\mathfrak{B}$ sofort auch Modell von Σ. Also gilt (a).

Ist **S** endlichwertig, so gibt es nach Satz 4.3.9 zu jeder Kardinalzahl $\gamma \geq \alpha$ eine elementare Erweiterung $\mathfrak{B}$ von $\mathfrak{A}$ mit $\gamma \leq \text{card}\,|\mathfrak{B}|$. Gilt $\gamma = \text{card}\,|\mathfrak{B}|$, so ist für (b) nichts zu zeigen, denn wegen $\mathfrak{A} \prec \mathfrak{B}$ ist auch $\mathfrak{B}$ Modell von Σ. Ist aber $\gamma < \text{card}\,|\mathfrak{B}|$, so gibt es gemäß dem Beweis für (a) zu dem Modell $\mathfrak{B}$ von Σ eine elementare Unterstruktur $\mathfrak{B}^*$ der Mächtigkeit γ von $\mathfrak{B}$. Aus $\mathfrak{B}^* \prec \mathfrak{B}$ folgt wieder, daß auch $\mathfrak{B}^*$ Modell von Σ ist. ∎

4.4. Die Axiomatisierbarkeit mehrwertiger prädikatenlogischer Systeme

Innerhalb dieses Abschnittes betrachten wir nur endlichwertige prädikatenlogische Systeme **S**, setzen also $\mathcal{W}^{\mathbf{S}} = \mathcal{W}_M$ für geeignetes $M \geq 2$. Die im folgenden dargestellte Axiomatisierungsmethode nach Rosser/Turquette [1952] hat viele Analogien mit der in Abschnitt 2.5 vorgeführten Rosser-Turquetteschen Axiomatisierungsmethode für endlichwertige aussagenlogische Systeme. So wie in 2.5 einer der entscheidenden Schritte des Axiomatisierungsverfahrens die im Axiomenschema ($\text{Ax}_{\text{RT}}8$) erfolgende Kodierung der Wahrheitswertfunktionen der Junktoren des betrachteten Systems gewesen ist, so wird nun analog das Quasiwahrheitswertverhalten quantifizierter **S**-Ausdrücke der Form $(\mathsf{Q}x_1 \ldots x_k)$ $(H_1, \ldots, H_m)$ für die Quantoren von **S** im Axiomensystem zu kodieren sein.

Erneut nehmen wir an, daß eine Implikation $\rightarrow$ und einstellige Junktoren J_t für jedes $t \in \mathscr{W}^{\mathbf{S}}$ zum Alphabet von **S** gehören bzw. in **S** definierbar sind. Außerdem betrachten wir eine Negation $\sim$ und einen Quantor $\wedge xH$, der dem Generalisator, d. h. Allquantor der klassischen Logik entsprechen soll; beide mögen ebenfalls zum Alphabet von **S** gehören bzw. in **S** definierbar sein.

Bevor wir ein Axiomensystem für **S** aufstellen und damit einen Kalkül zur Erzeugung von **S**-Ausdrücken konstituieren können, muß nun zunächst die Kodierung des Quasiwahrheitswertverhaltens der **S**-Ausdrücke geleistet werden, und zwar nicht nur der quantifizierten **S**-Ausdrücke, sondern aller — denn als Teilausdrücke quantifizierter **S**-Ausdrücke kommen ja beliebige **S**-Ausdrücke vor. Allerdings wird diese Kodierung etwas schwieriger werden als im aussagenlogischen Falle, wo wir sie im Axiomenschema ($\mathrm{Ax_{RT}}8$) metasprachlich realisiert hatten. Für die Junktoren des endlichwertigen Systems **S** reichen dabei die Ausdrucksmittel der klassischen Prädikatenlogik der 1. Stufe jedenfalls aus. Für die Quantoren von **S** setzen wir in diesem Abschnitt von nun an voraus, daß zur Beschreibung ihres Quasiwahrheitswertverhaltens die Ausdrucksmittel der klassischen Prädikatenlogik der 1. Stufe ebenfalls ausreichen mögen. (Dies ist zwar eine Einschränkung, wird sich aber in unseren weiteren Diskussionen nicht negativ bemerkbar machen.)

Wie früher sollen die Quasiwahrheitswerte von $\mathscr{W}_M$ mit $\tau_1, \ldots, \tau_M$ bezeichnet werden, wobei wie in (2.6.8)

$$\tau_i = \frac{M - i}{M - 1}$$

gesetzt sei. (Da $M \geq 2$ jeweils als fest gegeben vorausgesetzt wird, brauchen wir M in dieser Bezeichnung nicht extra anzugeben.) Ziel ist, für jeden **S**-Ausdruck H zu jedem Quasiwahrheitswert τ_i eine (Quasiwahrheits-) Wertbedingung zu formulieren, die charakterisiert, unter welchen Umständen H den Quasiwahrheitswert τ_i annimmt. Als *i-te Wertbedingung* $\mathrm{B}_i(H)$ werden wir eine solche Charakterisierung dafür bezeichnen, daß H den Quasiwahrheitswert τ_i annimmt, in der nur auf die (Werte der) prädikativen Bestandteile von H und die in H auftretenden Quasiwahrheitswertkonstanten Bezug genommen wird. Entsprechend dem induktiven Aufbau der **S**-Ausdrücke werden wir auch die Wertbedingungen induktiv einführen, beginnend mit einfachsten Ausdrücken und Ausdrucksverknüpfungen.

Der Einfachheit halber nehmen wir an, daß zum Alphabet des betrachteten M-wertigen prädikatenlogischen Systems **S** keine Konstanten für Quasiwahrheitswerte gehören mögen. Jedem Prädikatensymbol P ordnen wir M paarweise verschiedene Prädikatensymbole $\pi^1, \ldots, \pi^M$ der klassischen Prädikatenlogik PL_2 zu, die alle gleiche Stellenzahl wie P

haben sollen. Verschiedenen Prädikatensymbolen P_1, P_2 von **S** zugeordnete Prädikatensymbole π_1^i, π_2 von PL_2, $1 \le i, j \le M$, sollen ebenfalls stets verschieden sein. Der Einfachheit halber nehmen wir außerdem an, daß das System **S** und die klassische Prädikatenlogik PL_2 genau die gleichen Individuenvariablen (und Individuenkonstanten) haben mögen, so daß beim weiterhin beabsichtigten Wechsel von **S**-Ausdrücken zu PL_2-Ausdrücken und umgekehrt Individuensymbole ungeändert bleiben können. Auch benutzen wir für Individuensymbole von **S** und von PL_2 dieselben Metavariablen. Damit ist nun der intendierte Sinn der dem Prädikatensymbol P von **S** zugeordneten Prädikatensymbole $\pi^1, \ldots, \pi^M$ leicht anzugeben:

$\pi^i(a_1, \ldots, a_n)$ bedeute, daß $P(a_1, \ldots, a_n)$ den Quasiwahrheitswert τ_i hat

(und zwar bezüglich einer fixierten Interpretation, d. h. im wesentlichen bezüglich eines fixierten Individuenbereiches und einer fixierten Zuordnung von Individuen zu den vorhandenen Individuenkonstanten, und bezüglich einer fixierten Belegung der Individuenvariablen). Deswegen setzen wir für jeden prädikativen Ausdruck $P(a_1, \ldots, a_n)$ von **S** und die P zugeordneten PL_2-Prädikatensymbole $\pi^1, \ldots, \pi^M$:

$$\mathrm{B}_i(P(a_1, \ldots, a_n)) =_{\mathrm{def}} \pi^i(a_1, \ldots, a_n), \qquad i = 1, \ldots, M. \tag{4.4.1}$$

Um die Wertbedingungen $\mathrm{B}_1(H), \ldots, \mathrm{B}_m(H)$ für einen aussagenlogisch zusammengesetzten **S**-Ausdruck H, also einen Ausdruck der Gestalt $\varphi(H_1, \ldots, H_m)$ anzugeben, bei dem $H_1, \ldots, H_m$ **S**-Ausdrücke sind, deren Wertbedingungen bereits erklärt sind, erinnern wir uns, daß die φ entsprechende Wahrheitswertfunktion $\mathrm{ver}_\varphi^{\mathbf{S}}$ vollständig durch eine Wahrheitswerttabelle beschrieben werden kann. Ist τ_i ein Quasiwahrheitswert, der als Funktionswert von $\mathrm{ver}_\varphi^{\mathbf{S}}$ vorkommt, so gibt es endlich viele m-Tupel $(\tau_{i_{1j}}, \ldots, \tau_{i_{mj}})$, $1 \le j \le l$, von Quasiwahrheitswerten, so daß $\mathrm{ver}_\varphi^{\mathbf{S}}(s_1, \ldots, s_m) = \tau_i$ genau dann gilt, wenn $(s_1, \ldots, s_m)$ eines der m-Tupel $(\tau_{i_{1j}}, \ldots, \tau_{i_{mj}})$ für $1 \le j \le l$ ist. Dann sei

$$\begin{aligned}\mathrm{B}_i(H) =_{\mathrm{def}} &\left(\mathrm{B}_{i_{11}}(H_1) \wedge \mathrm{B}_{i_{21}}(H_2) \wedge \cdots \wedge B_{i_{m1}}(H_m)\right) \vee \cdots \\ &\vee \left(\mathrm{B}_{i_{1l}}(H_1) \wedge \cdots \wedge \mathrm{B}_{i_{ml}}(H_m)\right),\end{aligned} \tag{4.4.2}$$

wobei wir auf die Angabe der in $H, H_1, \ldots, H_m$ evtl. frei auftretenden Individuenvariablen verzichten.[4] Ist dagegen τ_i ein Quasiwahrheitswert,

---

[4] Durch unsere Vereinbarungen ist $\mathrm{B}_i(H)$ streng genommen noch nicht eindeutig festgelegt: Sowohl die Alternativglieder von $\mathrm{B}_i(H)$ können in ihrer Reihenfolge variieren, als auch diese selbst als mehrgliedrige Konjunktionen können sich je in der Reihenfolge dieser Konjunktionsglieder unterscheiden. Für unsere Zwecke genügt aber diese Angabe von $\mathrm{B}_i(H)$ „bis auf Reihenfolge in Konjunktionen bzw. Alternativen".

der als Funktionswert von $\mathrm{ver}_\varphi^{\mathbf{S}}$ nicht vorkommt, so wählen wir als $B_i(H)$ irgendeine PL_2-Kontradiktion, etwa

$$\mathrm{B}_i(H) =_{\mathrm{def}} \mathrm{B}_1(H_1) \wedge \neg\, \mathrm{B}_1(H_1). \tag{4.4.3}$$

Als Beispiel wollen wir die in den ŁUKASIEWICZschen Systemen $Ł_M$ in (3.1.4) erklärte starke Konjunktion & betrachten und $M = 5$ setzen. Dann ist $\mathrm{ver}_\&^{\mathbf{S}} = \mathrm{et}_2$ und die beschreibende Wahrheitswerttabelle in Abschnitt 2.3.2 zu finden. Sei etwa $i = 3$, also $\tau_i = \tau_3 = 1/2$ gewählt. Dann erhält man unmittelbar

$$\mathrm{B}_3(H_1 \,\&\, H_2) = \big(\mathrm{B}_3(H_1) \wedge \mathrm{B}_1(H_2)\big) \vee \big(\mathrm{B}_2(H_1) \wedge \mathrm{B}_2(H_2)\big) \\ \vee \big(\mathrm{B}_1(H_1) \wedge \mathrm{B}_3(H_2)\big).$$

Schließlich ist der Fall zu betrachten, daß H ein quantifizierter Ausdruck ist, also von der Gestalt $(\mathsf{Q}x_1 \ldots x_k)\,(H_1, \ldots, H_m)$ für einen Quantor Q von $\mathbf{S}$. Unsere oben erwähnte Annahme hinsichtlich der Quantoren von $\mathbf{S}$ besagt nun präzise, daß es zu jedem $i = 1, \ldots, M$ einen PL_2-Ausdruck $\mathrm{B}_i\big((\mathsf{Q}x_1 \ldots x_k)\,(H_1, \ldots, H_m)\big)$ geben soll, der allein aus den PL_2-Ausdrücken $\mathrm{B}_l(H_j)$ für $l = 1, \ldots, M$ und $j = 1, \ldots, m$ aufgebaut ist und die Eigenschaft hat, daß $\mathrm{B}_i\big((\mathsf{Q}x_1 \ldots x_k)\,(H_1, \ldots, H_m)\big)$ bei einer $\mathbf{S}$-Interpretation $\mathfrak{A}$ und einer Belegung $f\colon \boldsymbol{V} \to |\mathfrak{A}|$ genau dann gilt, wenn dafür

$$\mathrm{Ver}_{\mathsf{Q}}^{\mathbf{S}}\big(f^{\mathfrak{A}}_{(\mathsf{Q}x_1 \ldots x_k)(H_1, \ldots, H_m)}\big) = \tau_i \tag{4.4.4}$$

ist. Kann man die Definition der dem Quantor Q entsprechenden verallgemeinerten Wahrheitswertfunktion $\mathrm{Ver}_{\mathsf{Q}}^{\mathbf{S}}$ in der Sprache der klassischen Prädikatenlogik PL_2 der 1. Stufe aufschreiben, so kann man aus dieser Definition die Wertbedingungen $B_i\big((\mathsf{Q}x_1 \ldots x_k)\,(H_1, \ldots, H_m)\big)$ ähnlich direkt entnehmen, wie wir dies für die Junktoren $\varphi \in \boldsymbol{J}^{\mathbf{S}}$ an Hand der Wahrheitswerttabelle für $\mathrm{ver}_\varphi^{\mathbf{S}}$ konnten.

Kommen in dem $\mathbf{S}$-Ausdruck $H = (\mathsf{Q}x_1 \ldots x_k)\,(H_1, \ldots, H_m)$ nur die Prädikatensymbol $P_1, \ldots, P_n$ von $\mathbf{S}$ vor und sind π_j^i für $j = 1, \ldots, n$ und $i = 1, \ldots, M$ die ihnen entsprechenden PL_2-Prädikatensymbole, sind ferner A_H, B_H die PL_2-Ausdrücke

$$A_H = \bigwedge_{j=1}^{n} \bigwedge_{\substack{i,h=1 \\ i \neq h}}^{M} \bigwedge_{x_1, \ldots, x_k} \neg\, (\pi_j^i \wedge \pi_j^h), \tag{4.4.5}$$

$$B_H = \bigwedge_{j=1}^{n} \bigwedge_{x_1, \ldots, x_k} \bigvee_{i=1}^{M} \pi_j^i, \tag{4.4.6}$$

in denen die mit einem Laufindex versehenen Zeichen $\bigwedge$, $\bigvee$ die (endlichen) Iterationen der PL_2-Operationen $\wedge$, $\vee$ sind, so ist die PL_2-Gültigkeit von

$$A_H \wedge B_H \Rightarrow \bigvee_{i=1}^{M} \mathrm{B}_i(H) \tag{4.4.7}$$

und von

$$A_H \wedge B_H \Rightarrow \bigwedge_{\substack{i,h=1\\ i\neq h}}^{M} \neg\, (\mathrm{B}_i(H) \wedge \mathrm{B}_h(H)) \tag{4.4.8}$$

unmittelbare Folgerung aus unserer obigen Annahme bezüglich der **S**-Quantoren und entscheidendes formales Charakteristikum dafür, daß $\mathrm{B}_1(H), \ldots, \mathrm{B}_M(H)$ Wertbedingungen für H sein können. Denn (4.4.5) besagt, daß für $i \neq h$ die PL_2-Prädikate π_j^i, π_j^h nie zugleich zutreffen, und (4.4.6) besagt, daß von den PL_2-Prädikaten $\pi_j^1, \ldots, \pi_j^M$ stets wenigstens eines zutrifft. Beide Bedingungen müssen für die durch die π_j^i dargestellten – elementaren – Wertbedingungen für prädikative **S**-Ausdrücke natürlich erfüllt sein.

Für einen gegebenen Quantor **Q** von **S** ist aber (4.4.4) eine trotz (4.4.7) und (4.4.8) unentbehrliche Forderung, denn die Bedingungen (4.4.7) und (4.4.8) müssen für jeden Quantor **Q** von **S** erfüllt sein. Hat man jedoch umgekehrt ein System von Wertbedingungen $\mathrm{B}_1(H'), \ldots, \mathrm{B}_M(H')$ für einen quantifizierten **S**-Ausdruck $H' = (\mathbf{Q}'x_1 \ldots x_k)\,(P_1, \ldots, P_m)$, in dem $P_1, \ldots, P_m$ Prädikatensymbole von **S** sind, so kann dieses System von Wertbedingungen dann zur Definition einer verallgemeinerten Wahrheitswertfunktion $\mathrm{Ver}^{\mathbf{S}}_{\mathbf{Q}'}$ eines Quantors **Q'** benutzt werden, wenn es entsprechend die Bedingungen (4.4.7), (4.4.8) für beliebige Wahl der Prädikate $P_1, \ldots, P_m$, d. h. der PL_2-Prädikate $\pi_1^1, \ldots, \pi_1^M, \ldots, \pi_m^1, \ldots, \pi_m^M$ erfüllt, d. h., wenn (4.4.7) und (4.4.8) klassisch-logisch allgemeingültig sind. Man setze in diesem Falle

$$\mathrm{Ver}^{\mathbf{S}}_{\mathbf{Q}'}(f^{\mathfrak{A}}_{H'}) = \tau_i \quad \text{gdw} \quad \mathrm{Wert}^{\mathsf{PL}_2}_{\mathfrak{A}}(\mathrm{B}_i(H'), f) = \mathsf{W} \tag{4.4.9}$$

für den Ausdruck $H' = (\mathbf{Q}'x_1 \ldots x_k)\,(H_1, \ldots, H_m)$.

Betrachten wir als Beispiel wieder ein 5-wertiges System **S**, in dem Quantoren $\mathbf{Q}_1, \mathbf{Q}_2$ mit je einer Leerstelle für Individuenvariable und für Ausdrücke derart vorhanden sein mögen, daß entsprechend (4.2.7), (4.2.8)

$$\mathrm{Ver}^{\mathbf{S}}_{\mathbf{Q}_1}(f^{\mathfrak{A}}_{H'}) = \gamma_{\mathfrak{A}}(\mathrm{Wert}^{\mathbf{S}}_{\mathfrak{A}}(H, f(x/\ldots))), \tag{4.4.10}$$

$$\mathrm{Ver}^{\mathbf{S}}_{\mathbf{Q}_2}(f^{\mathfrak{A}}_{H''}) = \psi_{\mathfrak{A}}(\mathrm{Wert}^{\mathbf{S}}_{\mathfrak{A}}(H, f(x/\ldots))) \tag{4.4.11}$$

für jeden **S**-Ausdruck $H' = \mathbf{Q}_1 xH$ und jeden **S**-Ausdruck $H'' = \mathbf{Q}_2 xH$ sei, wobei $\mathrm{Wert}^{\mathbf{S}}_{\mathfrak{A}}(H, f(x/\ldots))$ diejenige Funktion g über $\mathfrak{A}$ sei, für die für jedes $b \in |\mathfrak{A}|$ gilt $g(b) = \mathrm{Wert}^{\mathbf{S}}_{\mathfrak{A}}(H, f(x/b))$. Dann ist z. B. für $\mathbf{Q}_1$:

$$\mathrm{B}_1(\mathbf{Q}_1 xH) = \bigwedge x \mathrm{B}_1(H),$$

$$\mathrm{B}_2(\mathbf{Q}_1 xH) = \bigwedge x(\mathrm{B}_1(H) \vee \mathrm{B}_2(H)) \wedge \bigvee x \mathrm{B}_2(H),$$

und es ist analog für Q_2 etwa

$$\mathrm{B}_3(\mathsf{Q}_2 x H) = \bigwedge x\big(\mathrm{B}_3(H) \vee \mathrm{B}_4(H) \vee \mathrm{B}_5(H)\big) \wedge \bigvee x \mathrm{B}_3(H).$$

Der Leser schreibe die restlichen Wertbedingungen für beide Quantoren selbst auf und überprüfe, daß (4.4.7) und (4.4.8) dafür erfüllt sind, wenn wir annehmen, daß für alle $\mathrm{B}_i(H)$ die entsprechenden Bedingungen erfüllt sind. Außerdem möge er bestätigen, daß aus diesen Wertbedingungen gemäß (4.4.9) die Definitionen (4.2.7) bzw. (4.2.8) für $\mathrm{Ver}^{\mathsf{S}}_{\mathsf{Q}_1}$ bzw. $\mathrm{Ver}^{\mathsf{S}}_{\mathsf{Q}_2}$ gewonnen werden können.

Die für quantifizierte S-Ausdrücke $H = (\mathsf{Q} x_1 \dots x_k)\,(H_1, \dots, H_m)$ in (4.4.5) bzw. (4.4.6) erklärten PL_2-Ausdrücke A_H und B_H wollen wir nun für beliebige S-Ausdrücke H erklären. Dies ist auf einfache Art möglich: Die Wahl der Konstituenten π_j^i für $i = 1, \dots, M$ und $j = 1, \dots, m$ bleibt unverändert – und die PL_2-Generalisierung $\bigwedge\limits_{x_1,\dots,x_k}$ soll stets über all die Individuenvariablen $x_1, \dots, x_k$ erstreckt werden, die bei der Bildung des S-Ausdrucks H aus den S-Ausdrücken $H_1, \dots, H_m$ gebunden werden. Anders ausgedrückt: Werden bei der Bildung von H keine Individuenvariablen gebunden, entfällt die PL_2-Generalisierung $\bigwedge\limits_{x_1,\dots,x_k}$ (bzw. ist dabei $k = 0$ zu setzen).

Hilfssatz 4.4.1. *Werden die in* (4.4.5) *und* (4.4.6) *eingeführten* PL_2-*Ausdrücke* A_H *und* B_H *wie soeben angegeben für beliebige* S-*Ausdrücke* H *erklärt, so gelten* (4.4.7) *und* (4.4.8) *ebenfalls für beliebige* S-*Ausdrücke.*

Beweis. Die Behauptung ergibt sich induktiv über den Ausdrucksaufbau von H. Ist $H = P(a_1, \dots, a_l)$ prädikativer S-Ausdruck und sind dem Prädikatensymbol P von S die PL_2-Prädikatensymbole $\pi^1, \dots, \pi^M$ zugeordnet, so sind

$$A_H = \bigwedge_{\substack{i,h=1\\ i \neq h}}^{M} \neg\, (\pi^i \wedge \pi^h), \quad B_H = \bigvee_{i=1}^{M} \pi^i$$

und nach (4.4.1) außerdem stets

$$\mathrm{B}_i(H) = \pi^i$$

(wobei zur Abkürzung der Aufschreibung die überall gleichen Individuensymbole $a_1, \dots, a_l$, die in die Leerstellen von H und allen π^i eingetragen sind, nicht aufgeführt wurden). Dann gelten jedoch (4.4.7) und (4.4.8) trivialerweise.

Ist $H = \varphi(H_1, \dots, H_m)$ für $\varphi \in \boldsymbol{J}^{\mathsf{S}}$ und gelten (4.4.7), (4.4.8) für alle $H_1, \dots, H_m$, so gelten offenbar

$$A_H \Leftrightarrow \bigwedge_{j=1}^{m} A_{H_j}, \qquad B_H \Leftrightarrow \bigwedge_{j=1}^{m} B_{H_j}. \tag{4.4.12}$$

Damit gilt also auch

$$A_H \wedge B_H \Leftrightarrow \bigwedge_{j=1}^{m} \bigvee_{i=1}^{M} \mathrm{B}_i(H_j). \tag{4.4.13}$$

Beachtet man nun die in (4.4.2) angegebene Struktur von $\mathrm{B}_i(H)$, die Tatsache, daß für $\wedge$, $\vee$ (und damit für $\bigwedge$, $\bigvee$) entsprechende Distributivgesetze gelten, und die weitere Tatsache, daß in klassischen Konjunktionen bzw. Alternativen bereits vorhandene Konjunktions- bzw. Alternativglieder noch eventuell mehrfach hinzugefügt werden können, so findet man, daß

$$\bigwedge_{j=1}^{m} \bigvee_{i=1}^{M} \mathrm{B}_i(H_j) \Rightarrow \bigvee_{i=1}^{M} \mathrm{B}_i(H) \tag{4.4.14}$$

PL_2-gültig ist. (4.4.13) und (4.4.14) ergeben nun (4.4.7) für den jetzt betrachteten Fall. Analog erhält man aus (4.4.12) und der Induktionsannahme leicht, daß

$$A_H \wedge B_H \Rightarrow \bigwedge_{j=1}^{m} \bigwedge_{\substack{i,h=1 \\ i \neq h}}^{M} \neg \big(\mathrm{B}_i(H_j) \wedge \mathrm{B}_h(H_j)\big) \tag{4.4.15}$$

PL_2-gültig ist. (4.4.8) beweisen wir indirekt. Dazu setzen wir voraus, daß $A_H \wedge B_H$ gilt. Wäre dann die Konklusion von (4.4.8) falsch, so gäbe es Indizes $i \neq h$ mit $1 \leq i, h \leq M$, für die

$$\mathrm{B}_i(H) \wedge \mathrm{B}_h(H)$$

gelten würde. Dann gäbe es aber nach (4.4.2) jeweilige Alternativglieder

$$\mathrm{B}_{i_{1j}}(H_1) \wedge \cdots \wedge \mathrm{B}_{i_{mj}}(H_m)$$

sowie

$$\mathrm{B}_{h_{1r}}(H_1) \wedge \cdots \wedge \mathrm{B}_{h_{mr}}(H_m)$$

von $\mathrm{B}_i(H)$ bzw. $\mathrm{B}_h(H)$, die PL_2-gültig wären. Aus $A_H \wedge B_H$ und (4.4.15) folgen aber sofort: $i_{1j} = h_{1r}, \ldots, i_{mj} = h_{mr}$, so daß wegen $i \neq h$ die Wahrheitswertfunktion $\mathrm{ver}_\varphi^{\mathsf{S}}$ an der Stelle $(\tau_{i_{1j}}, \ldots, \tau_{i_{mj}})$ die verschiedenen Funktionswerte τ_i und τ_h annehmen müßte. Widerspruch. Also gilt auch (4.4.8) in diesem Falle.

Ist schließlich H quantifizierter S-Ausdruck, so haben wir die Gültigkeit von (4.4.7) und (4.4.8) für diesen Fall von Anfang an gefordert, denn sie ergibt sich ja aus der grundlegenden Annahme der Darstellbarkeit des Wahrheitswertverhaltens von H mittels Wertbedingungen. ∎

Die Wertbedingungen sind somit für diejenigen endlichwertigen prädikatenlogischen Systeme S, für deren Quantoren sie existieren, die Analoga zu den von aussagenlogischen Ausdrücken (mehrwertiger aussagenlogischer Systeme) repräsentierten Wahrheitswertfunktionen. Entsprechend gilt

Satz 4.4.2. *Das M-wertige prädikatenlogische System $\mathbf{S}$ enthalte keine Konstanten für Quasiwahrheitswerte; seine Quantoren sollen alle durch Wertbedingungen beschreibbar sein. Unter diesen Umständen ist ein $\mathbf{S}$-Ausdruck H genau dann in $\mathbf{S}$ allgemeingültig, wenn*

$$A_H \wedge B_H \Rightarrow \bigvee_{i=1}^{K} \mathrm{B}_i(H) \tag{4.4.16}$$

PL_2-*gültig ist, wobei* $\mathscr{D}^{\mathbf{S}} = \{\tau_1, \ldots, \tau_K\}$ *die Menge der ausgezeichneten Quasiwahrheitswerte von* $\mathbf{S}$ *ist.*

Der Beweis ist offensichtlich auf Grund unserer Einführung der Wertbedingungen $\mathrm{B}_i(H)$. Da wir bei unserer Axiomatisierung von $\mathbf{S}$ jedoch auf die Wertbedingungen Bezug nehmen werden, ist Satz 4.4.2 ein wichtiges Hilfsresultat für den Beweis eines entsprechenden Axiomatisierbarkeitstheorems.

Bevor wir jedoch ein entsprechendes Axiomensystem angeben, wollen wir erst noch festlegen, wann ein durch Wertbedingungen charakterisierbarer Quantor $\bigwedge$ von $\mathbf{S}$ mit je einer Leerstelle für Individuenvariable und für $\mathbf{S}$-Ausdrücke die *Standardbedingung für einen Generalisator* von $\mathbf{S}$ erfüllt. Dies sei genau dann der Fall, wenn für jeden $\mathbf{S}$-Ausdruck H die Äquivalenz

$$\bigwedge x \bigvee_{i=1}^{K} \mathrm{B}_i(H) \Leftrightarrow \bigvee_{i=1}^{K} \mathrm{B}_i(\bigwedge xH) \tag{4.4.17}$$

PL_2-gültig ist, wobei erneut $\mathscr{D}^{\mathbf{S}} = \{\tau_1, \ldots, \tau_K\}$ gesetzt ist (vgl. ROSSER/TURQUETTE [1952]).

Um nun unsere Axiome formulieren zu können, ist zu jedem $\mathbf{S}$-Ausdruck H und den ihm zugeordneten Wertbedingungen $\mathrm{B}_i(H)$, die Ausdrücke der klassischen Prädikatenlogik sind, eine „Rückübersetzung" dieser Wertbedingungen $\mathrm{B}_i(H)$ in $\mathbf{S}$-Ausdrücke nötig. Da wir in diesem Abschnitt generell angenommen haben, daß in den betrachteten M-wertigen prädikatenlogischen Systemen Junktoren $\rightarrow$, $\sim$, J_t und ein Quantor $\bigwedge$ verfügbar sein sollen, von welch letzterem wir außerdem annehmen, daß er durch Wertbedingungen beschreibbar ist, können wir folgende Festlegung treffen, die noch benutzt, daß mit der Einführung der Wertbedingungen den in H auftretenden Prädikatensymbolen $P_1, \ldots, P_n$ PL_2-Prädikatensymbole $\pi_1^1, \ldots, \pi_n^M$ zugeordnet worden sind. Für jeden Wertausdruck $\mathrm{B}_i(H)$ sei ein zu $\mathrm{B}_i(H)$ klassisch-logisch äquivalenter PL_2-

Ausdruck $\mathrm{B}_i'(H)$ gewählt,[5] in dem nur Negation, Implikation und Allquantor von PL_2 als logische Operatoren vorkommen; dann sei

$\mathrm{B}_i^*(H)$ = derjenige **S**-Ausdruck, der aus $\mathrm{B}_i'(H)$ dadurch entsteht, daß die logischen Operatoren $\Rightarrow$, $\neg$, $\boldsymbol{\wedge}$ von PL_2 durch die entsprechenden Operatoren $\rightarrow$, $\sim$, $\bigwedge$ von **S** ersetzt werden und für π_k^i bei $1 \leq i \leq M$, $1 \leq k \leq n$ stets $\mathsf{J}_{\tau_i}(P_k)$ geschrieben wird unter Beibehaltung der in den jeweils zugehörigen Leerstellen stehenden Individuensymbole.

Wie im aussagenlogischen Falle in Abschnitt 2.5 formulieren wir das Axiomensystem mittels Axiomenschemata, deren erste, aussagenlogische mit den in 2.5 angegebenen übereinstimmen sollen, wobei allerdings nun das Schema $(\mathrm{Ax_{RT}}6)$ überflüssig ist, da wir vorausgesetzt haben, daß zur Sprache der von uns betrachteten mehrwertigen prädikatenlogischen Systeme **S** keine Quasiwahrheitswertkonstanten gehören. Zusätzlich zu den aussagenlogischen Axiomenschemata $(\mathrm{Ax_{RT}}1), \ldots, (\mathrm{Ax_{RT}}8)$ betrachten wir nun die Axiomenschemata:

$(\mathrm{Ax_{RT}}9)$ $\bigwedge xA \rightarrow B$,

wobei B dadurch aus A entsteht, daß die Individuenvariable x an allen Stellen ihres freien Vorkommens in A ersetzt wird durch eine Individuenkonstante oder durch eine Individuenvariable y derart, daß in A x nie frei im Wirkungsbereich eines y bindenden Quantors vorkommt;

$(\mathrm{Ax_{RT}}10)$ $\bigwedge x(A \rightarrow B) \rightarrow (A \rightarrow \bigwedge xB)$,

wobei die Individuenvariable x im **S**-Ausdruck A nicht frei vorkommt;

$(\mathrm{Ax_{RT}}11)$ $\mathrm{B}_i^*\big((\mathsf{Q}x_1 \ldots x_k)(A_1, \ldots, A_m)\big) \rightarrow \mathsf{J}_{\tau_i}\big((\mathsf{Q}x_1 \ldots x_k)(A_1, \ldots, A_m)\big)$

für jeden Quantor **Q** von **S** und alle $1 \leq i \leq M$.

Man sieht sofort, daß das Schema $(\mathrm{Ax_{RT}}11)$ für die Quantoren von **S** dieselbe Rolle spielt wie das Axiomenschema $(\mathrm{Ax_{RT}}8)$ für die Junktoren von **S**.

Als Ableitungsregeln nehmen wir zu diesen Axiomenschemata die Abtrennungsregel (MP) und die Generalisierungsregel

$$(\mathsf{Gen}) \quad \frac{A}{\bigwedge xA}$$

[5] Erneut ist hiermit der Ausdruck $\mathrm{B}_i'(H)$ nicht eindeutig festgelegt. Solch eine Festlegung ist jedoch keine prinzipielle Schwierigkeit. Da Einzelheiten im folgenden keine Rolle spielen, möge der interessierte Leser solch eine Festlegung nach eigener Wahl treffen oder als getroffen unterstellen.

hinzu und konstituieren solcherart einen Kalkül zur Erzeugung von **S**-Ausdrücken.

Satz 4.4.3 (Korrektheitssatz). *Erfüllen Junktoren* $\rightarrow$, $\sim$, J_t *für alle* $t \in \mathcal{W}^{\mathsf{S}}$ *und ein (jeweils einstelliger) Quantor* $\bigwedge$ *eines endlichwertigen prädikatenlogischen Systems* **S** *die Bedingungen, daß:*

- *jeder unter eines der Schemata* $(\mathrm{Ax_{RT}}1), \ldots, (\mathrm{Ax_{RT}}11)$ *fallende* **S**-*Ausdruck bezüglich* **S** *allgemeingültig ist,*
- *ein* **S**-*Ausdruck* $H_1 \rightarrow H_2$ *stets einen nicht-ausgezeichneten Quasiwahrheitswert hat, wenn* H_1 *einen ausgezeichneten und* H_2 *einen nicht-ausgezeichneten Quasiwahrheitswert hat,*
- $\bigwedge xH$ *allgemeingültig bezüglich* **S** *ist, wenn* H *allgemeingültig bezüglich* **S** *ist,*

dann ist jeder aus $(\mathrm{Ax_{RT}}1), \ldots, (\mathrm{Ax_{RT}}11)$ *mittels* (MP) *und* (Gen) *ableitbare* **S**-*Ausdruck bzgl.* **S** *allgemeingültig, d. h., unter diesen Voraussetzungen ist der von* $(\mathrm{Ax_{RT}}1), \ldots, (\mathrm{Ax_{RT}}11)$ *und* (MP), (Gen) *konstituierte Kalkül korrekt bezüglich* **S**.

Beweis. Es ist unmittelbar zu sehen, daß die Voraussetzungen garantieren, daß jede Ableitung in dem betrachteten, durch $(\mathrm{Ax_{RT}}1), \ldots, (\mathrm{Ax_{RT}}11)$ und (MP), (Gen) konstituierten Kalkül als Ergebnis einen in **S** allgemeingültigen **S**-Ausdruck liefert, denn die in einer solchen Ableitung benutzten Axiome sind nach Voraussetzung **S**-allgemeingültig – und (MP) sowie (Gen) führen unter diesen Voraussetzungen von in **S** allgemeingültigen Ausdrücken stets wieder zu in **S** allgemeingültigen Ausdrücken. ∎

Folgerung 4.4.4. *Ist* **S** *ein endlichwertiges prädikatenlogisches System, das über eine Implikation* $\rightarrow$ *und eine Negation* $\sim$ *verfügt, die die entsprechenden Standardbedingungen erfüllen, das Junktoren* J_t *für alle* $t \in \mathcal{W}^{\mathsf{S}}$ *derart hat, daß deren zugehörige Wahrheitswertfunktionen durch* (2.3.20) *gegeben sind, und das einen Generalisator* $\bigwedge$ *hat, der ebenfalls die entsprechende Standardbedingung erfüllt, dann sind aus* $(\mathrm{Ax_{RT}}1), \ldots, (\mathrm{Ax_{RT}}11)$ *mit* (MP) *und* (Gen) *nur in* **S** *allgemeingültige* **S**-*Ausdrücke ableitbar.*

Beweis. Da $\rightarrow$ und $\bigwedge$ die entsprechenden Standardbedingungen erfüllen sollen, ist sofort klar, daß die zweite und die dritte in Satz 4.4.3 aufgeführte spezielle Annahme bezüglich **S** erfüllt sind. Es bleibt also zu zeigen, daß nunmehr auch jedes unter eines der Schemata $(\mathrm{Ax_{RT}}1), \ldots, (\mathrm{Ax_{RT}}11)$ fallende Axiom ein **S**-allgemeingültiger Ausdruck ist. Dies ergibt sich für die „aussagenlogischen" Schemata $(\mathrm{Ax_{RT}}1), \ldots, (\mathrm{Ax_{RT}}8)$ wie im Beweis von Satz 2.5.1; für die restlichen Schemata ist es in analoger Weise ohne prinzipielle Schwierigkeiten – nur mit einigem Rechenaufwand – zu zeigen und möge deshalb dem Leser überlassen bleiben. ∎

Satz 4.4.5 (Vollständigkeitssatz). *Verfügt das endlichwertige prädikatenlogische System* **S** *über eine Implikation* $\rightarrow$, *eine Negation* $\sim$ *und einen Generalisator* $\bigwedge$, *die die jeweiligen Standardbedingungen erfüllen, und außerdem für jedes* $t \in \mathcal{W}^{\mathbf{S}}$ *über einen Junktor* J_t *mit Wahrheitswertfunktion* (2.3.20), *so ist jeder in* **S** *allgemeingültige Ausdruck aus* ($\mathrm{Ax}_{\mathrm{RT}}1$), ..., ($\mathrm{Ax}_{\mathrm{RT}}11$) *mittels* (**MP**) *und* (**Gen**) *ableitbar.*

Der Beweis dieses Vollständigkeitssatzes verlangt ähnlich wie der Beweis des entsprechenden aussagenlogischen Vollständigkeitssatzes 2.5.2 zunächst die Herleitung einer Reihe von **S**-Ausdrücken aus dem gegebenen Axiomensystem, mit denen man dann z. B. den von Henkin [1949] für den klassischen Prädikatenkalkül der 1. Stufe gegebenen Vollständigkeitsbeweis entsprechend adaptieren kann. Aus Platzgründen sollen die Details hier nicht ausgeführt werden. Der interessierte Leser konsultiere Rosser/Turquette [1952].

Der Kompaktheitssatz für endlichwertige prädikatenlogische Systeme **S** in der verschärften Form von Satz 4.3.7 gestattet es, wie beim Beweis von Satz 2.2.5 zu zeigen, daß die Folgerungsbeziehung $\models_{\mathbf{S}}$ von **S** die Endlichkeitseigenschaft ($\mathrm{FIN}_{\models}$) hat. Bezeichnen wir mit $\vdash$ die Ableitbarkeitsrelation in dem durch ($\mathrm{Ax}_{\mathrm{RT}}1$), ..., ($\mathrm{Ax}_{\mathrm{RT}}11$) und (**MP**), (**Gen**) konstituierten Kalkül und mit $\vdash^*$ ihre Standarderweiterung, die wie in 2.6 erklärt sei, so folgt sofort, daß $\vdash^*$ die Eigenschaft ($\mathrm{FIN}_{\vdash}$) hat. Um die Gültigkeit des Deduktionstheorems ($\mathrm{DED}_{\vdash}$) für $\vdash^*$ einzusehen, kann man wie beim Beweis von Satz 2.6.2 und von Behauptung (2.6.6) argumentieren, muß aber in jenem Beweis noch den zusätzlichen Fall ergänzen, daß G_i Ergebnis der Anwendung der Regel (**Gen**) ist. In diesem Falle kann G_i, das dann von der Gestalt $\bigwedge xG_k$ für ein $k < i$ ist, ersetzt werden durch die Folge

$$\bigwedge x(G \rightarrow G_k), \qquad \bigwedge x(G \rightarrow G_k) \rightarrow (G \rightarrow \bigwedge xG_k), \qquad G \rightarrow G_i,$$

falls in G die Variable x nicht frei vorkommt. Deswegen beschränken wir uns weiterhin bei der Betrachtung von ($\mathrm{DED}_{\vdash}$) auf den Fall, daß nur **S**-Aussagen und Mengen von **S**-Aussagen betrachtet werden. Dafür gilt dann offensichtlich ($\mathrm{DED}_{\vdash}$). Deswegen betrachten wir nun ($\mathrm{DED}_{\models}$) auch nur hinsichtlich **S**-Aussagen und Mengen von **S**-Aussagen; dafür finden wir wie in 2.6: Erfüllt $\rightarrow$ die Standardbedingung, so gilt ($\mathrm{DED}_{\models}$). Insgesamt ergibt sich somit

Satz 4.4.6 (Hauptsatz der Folgerungsbeziehung). *Ist* **S** *ein endlichwertiges prädikatenlogisches System, das über Junktoren* J_t *für jedes* $t \in \mathcal{W}^{\mathbf{S}}$ *verfügt,* *deren Wahrheitswertfunktionen* (2.3.20) *sind, und außerdem über eine Implikation* $\rightarrow$, *eine Negation* $\sim$ *und einen Generalisator* $\bigwedge$ *verfügt, die die jeweiligen Standardbedingungen erfüllen, so gilt für* **S**-*Aussagen* H *und Mengen* Σ *von* **S**-*Aussagen*

$$\Sigma \models_{\mathbf{S}} H \quad gdw \quad \Sigma \vdash^{*} H,$$

wobei $\vdash^{*}$ *die Standarderweiterung der Ableitungsbeziehung des durch* ($\mathrm{Ax_{RT}}1$), ..., ($\mathrm{Ax_{RT}}11$) *und* (MP), (Gen) *konstituierten Kalküls ist.*

So, wie wir bisher die ROSSER-TURQUETTEsche Axiomatisierungsmethode von Abschnitt 2.6 auf den prädikatenlogischen Fall übertragen haben, kann man im Prinzip die mit Folgerungssequenzen arbeitende SCHRÖTERsche Axiomatisierungsmethode aus Abschnitt 2.6 ebenfalls auf den prädikatenlogischen Fall übertragen, jedenfalls dann, wenn es gelingt, Einführungsregeln für die Quantoren von **S** bezüglich jeder Stelle in den Folgerungssequenzen zu formulieren.

Man kann aber auch ohne Bezug auf eine fixierte Axiomatisierungsmethode fragen, ob die Menge der allgemeingültigen Ausdrücke eines mehrwertigen prädikatenlogischen Systems **S** axiomatisierbar, d. h. die Menge aller durch einen Algorithmus erzeugbaren **S**-Ausdrücke ist. (Solche Mengen nennt man auch rekursiv aufzählbar.) In dieser allgemeinen Form hat MOSTOWSKI [1961], [1961–62] das Problem diskutiert und in Abhängigkeit von $\mathcal{W}^{\mathbf{S}}$, $\mathcal{D}^{\mathbf{S}}$ und den in **S** betrachteten Junktoren und Quantoren sowohl positive als auch negative Resultate bezüglich Axiomatisierbarkeit erhalten. (Allerdings liefern seine Methoden im positiven Falle nur die Information, daß eine adäquate Axiomatisierung existiert, aber kein Axiomensystem.)

4.5. Die ŁUKASIEWICZschen prädikatenlogischen Systeme

Die Mengen der Junktoren und der Quasiwahrheitswerte stimmen bei diesen mehrwertigen prädikatenlogischen Systemen mit denen der entsprechenden, in **3.1** eingeführten aussagenlogischen Systeme überein. Wir übernehmen deswegen die dortige Symbolik. Allerdings soll Ł_M für $M \geq 2$ bzw. $\text{Ł}_{\aleph_0}$, Ł_∞ nun das prädikatenlogische System mit Quasiwahrheitswertmenge $\mathcal{W}_M$ bzw. $\mathcal{W}_{\aleph_0}$, $\mathcal{W}_\infty$ bezeichnen. (Dies wird ebensowenig Anlaß für Mißverständnisse geben wie die Tatsache, daß die jeweils zum System Ł_ν gerechneten Prädikatensymbole niemals explizit angegeben werden und eventuell von Fall zu Fall wechseln können.) Wie bisher ist $\mathcal{D}^{\text{Ł}} = \{1\}$ die Menge der ausgezeichneten Quasiwahrheitswerte.

Entscheidend ist die Beschreibung der den Systemen Ł_ν angehörenden Quantoren. Dies sind üblicherweise ein Generalisator $\forall$ und ein Partikularisator $\exists$, die je eine Leerstelle für eine Individuenvariable und für einen $Ł$-Ausdruck haben, und für die (4.2.13) die einfachen Formen

$$\mathrm{Wert}_{\mathfrak{A}}^{Ł}(\forall\, xH, f) =_{\mathrm{def}} \inf \left\{\mathrm{Wert}_{\mathfrak{A}}^{Ł}(H, f(x/b)) \mid b \in |\mathfrak{A}|\right\}, \tag{4.5.1}$$

$$\mathrm{Wert}_{\mathfrak{A}}^{Ł}(\exists\, xH, f) =_{\mathrm{def}} \sup \left\{\mathrm{Wert}_{\mathfrak{A}}^{Ł}(H, f(x/b)) \mid b \in |\mathfrak{A}|\right\}, \tag{4.5.2}$$

annimmt, d. h., für die $\mathrm{Ver}_{\forall}^{Ł}$ bzw. $\mathrm{Ver}_{\exists}^{Ł}$ entsprechend den Beispielen (4.2.7) bzw. (4.2.8) festgelegt sind.

Schwierigkeiten ergeben sich nun allerdings bei der Quasiwahrheitswertmenge $\mathcal{W}_{\aleph_0}$: Es gibt entsprechend unseren bisherigen Festlegungen Interpretationen $\mathfrak{A}_0$ derart, daß bereits für ein einstelliges Prädikatensymbol P der Quasiwahrheitswert $\mathrm{Wert}_{\mathfrak{A}_0}^{Ł}(\forall\, xP)$ nicht mehr zu $\mathcal{W}_{\aleph_0}$ gehört. Für ein prädikatenlogisches System $Ł_{\aleph_0}$ wären also die Quantorenfestlegungen (4.5.1), (4.5.2) zu ändern — oder schärfere Bedingungen hinsichtlich der Interpretationen bzw. der in den Interpretationen erlaubten mehrwertigen Prädikate zu stellen. Wir wollen solche Varianten nicht diskutieren, als Konsequenz betrachten wir das System $Ł_{\infty}$ als einziges unendlichwertiges ŁUKASIEWICZsches System.

Da man leicht bestätigt, daß

(T25) $\models_{Ł} \neg \forall\, xH \leftrightarrow_{Ł} \exists\, x \neg H$

in jedem der Systeme $Ł_{\nu}$ gilt bezüglich der in (3.1.3) eingeführten $Ł$-Äquivalenz $\leftrightarrow_{Ł}$, braucht im Prinzip nur einer der beiden Quantoren $\forall, \exists$ dem Alphabet eines jeweils betrachteten ŁUKASIEWICZschen Systems anzugehören — der andere ist dann immer definierbar.

4.5.1. *Wichtige allgemeingültige Ausdrücke*

Selbstverständlich ist jedes Ergebnis der Einsetzung prädikatenlogischer $Ł$-Ausdrücke für die Aussagenvariablen einer Tautologie eines aussagenlogischen Systems $Ł_{\nu}$ ein im entsprechenden prädikatenlogischen System $Ł_{\nu}$ allgemeingültiger Ausdruck. Deswegen liefern alle früher in 3.1 angeführten Beispiele für Tautologien nun sofort Beispiele für allgemeingültige Ausdrücke. Weitere Beispiele allgemeingültiger $Ł$-Ausdrücke, die nicht in dieser Art Einsetzungsinstanzen aussagenlogischer Tautologien sind, sind etwa die Vertauschbarkeit der Reihenfolge gleichartiger Quantifizierungen:

(T26) $\models_{Ł} \forall\, x \forall\, yH \leftrightarrow_{Ł} \forall\, y \forall\, xH,$

(T26a) $\models_{Ł} \exists\, x \exists\, yH \leftrightarrow_{Ł} \exists\, y \exists\, xH,$

die bedingte Vertauschbarkeit ungleicher Quantoren

(T27) $\models_{Ł} \exists\, x \forall\, yH \rightarrow_{Ł} \forall\, y \exists\, xH,$

die Verteilbarkeit von Quantoren auf Konjunktionen bzw. Alternativen in der Form

(**T28**) $\models_{\text{Ł}} \forall x(H_1 \wedge H_2) \leftrightarrow_{\text{Ł}} \forall xH_1 \wedge \forall xH_2$,

(**T29**) $\models_{\text{Ł}} \exists x(H_1 \vee H_2) \leftrightarrow_{\text{Ł}} \exists xH_1 \vee \exists xH_2$

und für starke Konjunktionen bzw. Alternativen in der schwächeren Form

(**T30**) $\models_{\text{Ł}} \forall xH_1 \,\&\, \forall xH_2 \rightarrow_{\text{Ł}} \forall x(H_1 \,\&\, H_2)$,

(**T31**) $\models_{\text{Ł}} \exists x(H_1 \veebar H_2) \rightarrow_{\text{Ł}} \exists xH_1 \veebar \exists xH_2$,

sowie außerdem für $* \in \{\wedge, \&\}$ als

(**T32**) $\models_{\text{Ł}} \exists x(H_1 * H_2) \rightarrow_{\text{Ł}} \exists xH_1 * \exists xH_2$

und für $\circ \in \{\vee, \veebar\}$ als

(**T33**) $\models_{\text{Ł}} \forall xH_1 \circ \forall xH_2 \rightarrow_{\text{Ł}} \forall x(H_1 \circ H_2)$.

Für die Verteilbarkeit auf eine Implikation vermerken wir noch, daß

(**T34**) $\models_{\text{Ł}} \forall x(H_1 \rightarrow_{\text{Ł}} H_2) \rightarrow_{\text{Ł}} (\forall xH_1 \rightarrow_{\text{Ł}} \forall xH_2)$

gilt. Damit ergibt sich über (**T30**) dann z. B. aus dem Gesetz (**T10**) vom Kettenschluß die speziell prädikatenlogische Form

(**T35**) $\models_{\text{Ł}} \forall x(H_1 \rightarrow_{\text{Ł}} H_2) \,\&\, \forall x(H_2 \rightarrow_{\text{Ł}} H_3) \rightarrow_{\text{Ł}} \forall x(H_1 \rightarrow_{\text{Ł}} H_3)$.

Bezeichnen wir für ein Individuensymbol a mit $H[x/a]$ denjenigen Ausdruck, der aus H entsteht, wenn man darin die Individuenvariable x an allen Stellen ihres freien Vorkommens durch a ersetzt, so gelten, falls keine Stelle des freien Vorkommens von x in H im Wirkungsbereich eines a bindenden Quantors vorkommt:

(**T36**) $\models_{\text{Ł}} \forall xH \rightarrow_{\text{Ł}} H[x/a]$,

(**T37**) $\models_{\text{Ł}} H[x/a] \rightarrow_{\text{Ł}} \exists xH$

und also insgesamt auch

(**T38**) $\models_{\text{Ł}} \forall xH \rightarrow_{\text{Ł}} \exists xH$.

Nimmt man zusätzlich an, daß im **Ł**-Ausdruck G die (auch in den folgenden Beispielen quantifizierte) Variable x nicht frei vorkommt, so gelten noch

(**T39**) $\models_{\text{Ł}} \forall x(H \rightarrow_{\text{Ł}} G) \leftrightarrow_{\text{Ł}} (\exists xH \rightarrow_{\text{Ł}} G)$,

(**T40**) $\models_{\text{Ł}} \forall x(G \rightarrow_{\text{Ł}} H) \leftrightarrow_{\text{Ł}} (G \rightarrow_{\text{Ł}} \forall xH)$,

(T41) $\models_{Ł} \exists x(H \rightarrow_{Ł} G) \leftrightarrow_{Ł} (\forall xH \rightarrow_{Ł} G)$,

(T42) $\models_{Ł} \exists x(G \rightarrow_{Ł} H) \leftrightarrow_{Ł} (G \rightarrow_{Ł} \exists xH)$.

Für jedes dieser Beispiele bestätigt man durch unmittelbares Ausrechnen mittels (4.5.1), (4.5.2) und der entsprechenden Wahrheitswertfunktionen der auftretenden Junktoren, die in Abschnitt **3.1** angegeben sind, daß es sich dabei stets um Ł-allgemeingültige Ausdrücke handelt.

Die Gesetze der Quantorenverschiebung (**T39**), ..., (**T42**) gestatten es zusammen mit (**T25**) und (**T9**), in der aus der klassischen Prädikatenlogik gewohnten Weise zu jedem Ł-Ausdruck H einen zu H semantisch äquivalenten Ł-Ausdruck in pränexer Normalform zu finden. Dabei sagt man von einem Ł-Ausdruck G, er sei in *pränexer Normalform*, falls G die Gestalt $\mathsf{Q}_1 x_1 \ldots \mathsf{Q}_n x_n G_0$ hat, wobei $\mathsf{Q}_1, \ldots, \mathsf{Q}_n$ die Quantoren $\forall, \exists$ in geeigneter Reihenfolge sind und in G_0 keiner dieser Quantoren mehr vorkommt.

Übrigens bleibt für die endlichwertigen Systeme $Ł_M$, $M \geq 2$, diese semantisch äquivalente Umformbarkeit in einen Ausdruck von pränexer Normalform auch dann erhalten, wenn man zu $Ł_M$ beliebige weitere Junktoren hinzufügt, deren zugehörige Wahrheitswertfunktionen in jedem ihrer Argumente monotone Funktionen sind. (Für $Ł_\infty$ muß man für das gleiche Resultat zusätzlich die Stetigkeit dieser Wahrheitswertfunktionen fordern.)

Spezielle Beispiele für Verallgemeinerungen der Konjunktionen bzw. der Implikation der Łukasiewiczschen Systeme waren die in Abschnitt **3.6.2** betrachteten T-Normen und Φ-Operatoren. Im prädikatenlogischen Kontext hat man diese Junktoren bisher nur zusammen mit den Quantoren $\forall, \exists$ der Łukasiewiczschen Systeme diskutiert. Erweitern wir für den Moment das Alphabet von $Ł_\nu$ um die Junktoren $\&_t$, $\rightarrow_t$, $-_t$ entsprechend (**3.6.3**), (**3.6.6**) für eine residuale T-Norm t, so ergeben sich die vollständigen Analoga dieser Gesetze der Quantorenverschiebung:

(**T*43**) $\models \forall x(H \rightarrow_t G) \leftrightarrow_t (\exists xH \rightarrow_t G)$,

(**T*44**) $\models \forall x(G \rightarrow_t H) \leftrightarrow_t (G \rightarrow_t \forall xH)$,

(**T*45**) $\models \exists x(H \rightarrow_t G) \leftrightarrow_t (\forall xH \rightarrow_t G)$,

(**T*46**) $\models \exists x(G \rightarrow_t H) \leftrightarrow_t (G \rightarrow_t \exists xH)$

wobei $\models$ Gültigkeit im erweiterten Ł-System bedeute und in G die Variable x nicht frei vorkomme.

Als Beispiel beweisen wir (**T*43**). Dazu sei für eine Interpretation $\mathfrak{A}$

eine Belegung $f: V \to |\mathfrak{A}|$ fixiert und für jedes $b \in |\mathfrak{A}|$ gesetzt:

$$h(b) = \mathrm{Wert}_{\mathfrak{A}}(H, f(x/b)),$$
$$g = \mathrm{Wert}_{\mathfrak{A}}(G, f).$$

Dann ist wegen Hilfssatz 3.6.3 (a), d. h. wegen der Antimonotonie von φ^{t} im ersten Argument, für jedes $b \in |\mathfrak{A}|$:

$$h(b)\, \varphi_t g \geq \Big(\sup_{c \in |\mathfrak{A}|} h(c)\Big)\, \varphi_t g$$

und damit natürlich

$$\inf_{b \in |\mathfrak{A}|} \big(h(b)\, \varphi_t g\big) \geq \Big(\sup_{c \in |\mathfrak{A}|} h(c)\Big)\, \varphi_t g\,,$$

was gerade

$$\models (\exists\, xH \to_t G) \to_t \forall\, x(H \to_t G)$$

bedeutet. Um auch die umgekehrte Implikation als gültig nachzuweisen, ist wegen (3.6.2) zu zeigen, daß

$$\inf_{b \in |\mathfrak{A}|} \big(h(b)\, \varphi_t g\big) \leq \Big(\sup_{c \in |\mathfrak{A}|} h(c)\Big)\, \varphi_t g \leq \sup \Big\{u \mid \Big(\sup_{c \in |\mathfrak{A}|} h(c)\Big)\, \boldsymbol{t} u \leq g\Big\}.$$

Dies folgt aber daraus, daß der links stehende Term selbst zu denen gehört, deren Supremum gemäß (3.6.2) zu bilden ist, denn es gilt

$$\begin{aligned}\Big(\sup_{c \in |\mathfrak{A}|} h(c)\Big)\, \boldsymbol{t} \inf_{b \in |\mathfrak{A}|} \big(h(b)\, \varphi_t g\big) &\leq \inf_{b \in |\mathfrak{A}|} \Big(\Big(\sup_{c \in |\mathfrak{A}} h(c)\Big)\, \boldsymbol{t}\big(h(b)\, \varphi_t g\big)\Big)\\ &\leq \inf_{b \in |\mathfrak{A}|}\ \sup_{c \in |\mathfrak{A}|} \big(h(c)\, \boldsymbol{t}(h(b)\, \varphi_t g)\big)\\ &\leq \sup \big(h(c)\, \boldsymbol{t}(h(c)\, \varphi_t g)\big) \leq g\,.\end{aligned}$$

Die übrigen Gesetze (T*44) bis (T*46) beweist man mittels ähnlich elementarer Rechnungen.

Als Verteilungsgesetze der Quantoren auf eine $\&_t$-Konjunktion erhält man in entsprechender Weise

(T*47) $\models \forall\, xH_1 \&_t \forall\, xH_2 \to_t \forall\, x(H_1 \&_t H_2)$,

was jedoch mit $\leftrightarrow_t$ statt $\to_t$ i. allg. nicht gilt; ferner erhält man

(T*48) $\models \exists\, x(H_1 \&_t H_2) \to_t \exists\, xH_1 \&_t \exists\, xH_2$,

(T*49) $\models \exists\, x(G \&_t H) \leftrightarrow_t G \&_t \exists\, xH$

sowie für stetige T-Normen $\boldsymbol{t}$

(T*50) $\models \forall\, x(G \&_t H) \leftrightarrow_t G \&_t \forall\, xH$, was wiederum im allgemeinen nicht für beliebige residuale T-Normen gilt. In den letzten beiden Fällen ist wieder vorausgesetzt, daß die Variable x in G nicht frei vorkommt. Als Negationsgesetze erwähnen wir schließlich noch

(T*51) $\models \exists x -_t H \to_t -_t \forall x H$,

(T*52) $\models -_t \exists x H \to_t \forall x -_t H$.

4.5.2. *Resultate über die Ł-Systeme*

Für die endlichwertigen ŁUKASIEWICZschen Systeme $Ł_M$, $M \geq 2$, sind alle der in Abschnitt 4.3 angegebenen Ergebnisse zutreffend. Aus Abschnitt 3.1.3 ist bekannt, daß in jedem dieser Systeme $Ł_M$, $M \geq 2$, die Junktoren J_t für jedes $t \in \mathcal{W}_M$ definierbar sind. Um die Ergebnisse von 4.4 auf die Systeme $Ł_M$, $M \geq 2$, anwenden zu können, brauchen wir in diesen Systemen noch je eine Implikation, Negation und einen Generalisator, die die entsprechenden Standardbedingungen erfüllen. Als solcher Generalisator kann der zum System $Ł_M$ unmittelbar gehörende Quantor $\forall$ dienen, denn da nur 1 ausgezeichneter Quasiwahrheitswert ist, reduziert sich (4.4.17) auf die einfache Forderung

$$B_1(\forall xH) \leftrightarrow \bigwedge x B_1(H),$$

deren Gültigkeit man aus (4.5.1) sofort ableitet. $\forall$ erfüllt also die Standardbedingung für einen Generalisator. Aber für $M > 2$ erfüllen weder $\to_Ł$ noch $\neg$ die entsprechenden Standardbedingungen. Jedoch ist es sowohl leicht, eine die Standardbedingung erfüllende Implikation $\to^*$ in $Ł_M$ zu definieren, als auch eine die Standardbedingung erfüllende Negation $\neg^*$. Man kann etwa setzen

$$H_1 \to^* H_2 =_{\text{def}} J_1(H_1) \to_Ł H_2 \tag{4.5.3}$$

oder auch nach (3.1.22) und iterierter Anwendung von (T7) gleichwertig

$$H_1 \to^* H_2 =_{\text{def}} \bigodot_{i=1}^{M-1} (H_1, H_2),$$

wobei $\bigodot$ wie in (2.5.1), (2.5.2) erklärt ist, allerdings mit Bezug auf die Implikation $\to_Ł$. Entsprechend einfach kann man $\neg^*$ definieren als

$$\neg^* H =_{\text{def}} \neg J_1(H). \tag{4.5.4}$$

Also kann jedes der endlichwertigen prädikatenlogischen Systeme $Ł_M$, $M \geq 2$, nach dem ROSSER-TURQUETTEschen Axiomatisierungsverfahren durch die entsprechenden Axiomenschemata ($Ax_{RT}1$), ..., ($Ax_{RT}11$) aus

2.5, 4.4 zusammen mit den Ableitungsregeln (MP) und (Gen) adäquat – d. h. korrekt und vollständig – axiomatisiert werden.

Wie für die aussagenlogischen ŁUKASIEWICZschen Systeme gibt es natürlich auch für die prädikatenlogischen Systeme $\mathbf{Ł}_M$, $M \geq 2$, adäquate Axiomatisierungen, die den Ausdrucksmitteln von $\mathbf{Ł}_M$ eleganter angepaßt sind als die ROSSER-TURQUETTEsche Axiomatisierung. THIELE [1958] hat derartige Axiomatisierungen angegeben. Ausgangspunkt sei irgendein mit Axiomenschemata formuliertes adäquates Axiomensystem für das aussagenlogische System $\mathbf{Ł}_M$, also etwa das in Satz 3.2.11 angeführte. Die in diesem Axiomensystem vorkommenden Metavariablen für $\mathbf{Ł}$-Ausdrücke werden nun als Metavariable für prädikatenlogische $\mathbf{Ł}$-Ausdrücke angesehen. Statt speziell quantorenbezogene weitere Axiomenschemata – wie etwa die Schemata ($\mathrm{Ax_{RT}}9$) bis ($\mathrm{Ax_{RT}}11$) in 4.4 – hinzuzufügen, wird ein umfangreicheres System von Ableitungsregeln akzeptiert. THIELE [1958] nimmt folgende Regeln: die Abtrennungsregel (MP) in der gewohnten Form, die Regeln der vorderen und der hinteren Generalisierung

$$(\mathsf{Gen_v})\quad \frac{H_1 \rightarrow_{Ł} H_2}{\forall x H_1 \rightarrow_{Ł} H_2} \qquad\qquad (\mathsf{Gen_h})\quad \frac{G \rightarrow_{Ł} H}{G \rightarrow_{Ł} \forall x H}$$

sowie die entsprechenden Regeln der vorderen und der hinteren Partikularisierung

$$(\mathsf{Part_v})\quad \frac{H \rightarrow_{Ł} G}{\exists x H \rightarrow_{Ł} G} \qquad\qquad (\mathsf{Part_h})\quad \frac{H_1 \rightarrow_{Ł} H_2}{H_1 \rightarrow_{Ł} \exists x H_2},$$

in denen vorausgesetzt ist, daß im $\mathbf{Ł}$-Ausdruck G die quantifizierte Variable x nicht frei vorkommt, schließlich die Regel der gebundenen Umbenennung

$$(\mathsf{gU})\quad \frac{H}{H'}$$ wobei H' aus H durch gebundene Umbenennung hervorgeht,

und eine spezielle Regel für vollfreie Umbenennung:

$$(\mathsf{fU^*})\quad \frac{H}{H[x/a]}$$ wobei die Variable x in H frei, aber nicht gebunden vorkommt und a entweder in H vorkommende Individuenkonstante oder in H frei, aber nicht gebunden vorkommende Individuenvariable ist.

Auf diese Weise wird nicht nur ein Kalkül konstituiert, bezüglich dessen Korrektheits- und Vollständigkeitssatz gelten, sondern für die Standarderweiterung der Ableitungsbeziehung dieses Kalküls gilt sogar der dem obigen Satz 4.4.6 entsprechende Hauptsatz der Folgerungsbeziehung (vgl. THIELE [1958]).

Haben uns die Resultate von Abschnitt 4.3 Auskünfte darüber gegeben, wann gewisse (bewertete) Ausdrucksmengen Modelle haben bzw. wann sie zu gegebenen Modellen auch „größere" bzw. „kleinere" haben, so sind wir nun in gewisser Weise umgekehrt in der Lage zu zeigen, daß unter geeigneten Bedingungen eine vorgegebene Ausdrucksmenge in einer $\mathfrak{L}$-Interpretation nicht erfüllbar ist. Dazu seien weiterhin Σ eine Menge von $\mathfrak{L}$-Ausdrücken, in denen höchstens die Individuenvariablen $x_1, \ldots, x_n$ frei vorkommen mögen, und θ eine Menge von $\mathfrak{L}$-Aussagen. Man sagt, daß Σ durch θ *lokal realisiert* wird, falls es einen $\mathfrak{L}$-Ausdruck H gibt, dessen freie Variable unter $x_1, \ldots, x_n$ vorkommen, so daß $\theta \cup \{H\}$ erfüllbar ist und $\theta \cup \{H\} \models_{\mathfrak{L}} \Sigma$ gilt. Man sagt, daß Σ durch θ *lokal vermieden* wird, falls Σ durch θ nicht lokal realisiert wird, d. h., falls für jeden $\mathfrak{L}$-Ausdruck H mit den freien Variablen unter $x_1, \ldots, x_n$ aus der Erfüllbarkeit von $\theta \cup \{H\}$ folgt, daß $\theta \cup \{H\} \not\models_{\mathfrak{L}} \Sigma$. Schließlich sagen wir, daß eine $\mathfrak{L}$-Interpretation $\mathfrak{A}$ diese Ausdrucksmenge Σ *vermeidet*, falls Σ in $\mathfrak{A}$ nicht erfüllbar ist.

Satz 4.5.1. (Typenvermeidungssatz für $\mathfrak{L}_M$). *Wir betrachten ein endlichwertiges System $\mathfrak{L}_M$. Es seien θ eine erfüllbare Menge von $\mathfrak{L}$-Aussagen und Σ eine Menge von $\mathfrak{L}$-Ausdrücken, in denen höchstens die Variablen $x_1, \ldots, x_n$ frei vorkommen. Σ möge durch θ lokal vermieden werden. Dann gibt es ein abzählbares Modell von θ, das Σ vermeidet.*

Beweis. Zur Vereinfachung des Beweisganges nehmen wir an, daß zum Alphabet von $\mathfrak{L}_M$ neben den Junktoren $\neg$, $\rightarrow_{\mathfrak{L}}$ nur der Quantor $\exists$ gehört, daß $\forall$ also definitorisch eingeführt sei. Es sei $C = \{c_1, c_2, \ldots\}$ eine abzählbare Menge von Individuenkonstanten, die alle im System $\mathfrak{L}_M$ noch nicht vorkommen mögen. Das um diese Konstantenmenge erweiterte System $\mathfrak{L}_M$ bezeichnen wir mit $\mathfrak{L}_C$. Es sei

$$G_0, G_1, G_2, \ldots$$

eine Aufzählung aller $\mathfrak{L}_C$-Aussagen. Mit ihrer Hilfe konstruieren wir eine wachsende Folge erfüllbarer Mengen von $\mathfrak{L}_C$-Aussagen. Wir setzen $\boldsymbol{T}_0 =_{\text{def}} \theta$. Nach Voraussetzung ist θ erfüllbar. Und natürlich ist θ eine Menge von $\mathfrak{L}_C$-Aussagen. Sei daher nun die erfüllbare $\mathfrak{L}_C$-Aussagenmenge $\boldsymbol{T}_m$ gegeben und sei

$$\boldsymbol{T}_m = \theta \cup \{H_1, \ldots, H_r\}.$$

Wir setzen $H = H_1 \wedge \cdots \wedge H_r$. In H mögen nur Individuenkonstanten $c_i \in C$ mit $i \leq k$ vorkommen; diese sollen gegen die paarweise verschiedenen Individuenvariablen $x_1, \ldots, x_k$ ausgetauscht werden: Man schreibe in H überall x_i für c_i, das Ergebnis sei H^*. (Falls nötig, muß in H

noch gebundene Umbenennung vorgenommen werden.) Wir bilden $H^\wedge = \exists x_{n+1} \ldots \exists x_k H^*$.

Nach Konstruktion ist $\theta \cup \{H^\wedge\}$ erfüllbar. Da Σ durch θ lokal vermieden wird, heißt das, daß $\theta \cup \{H^\wedge\} \not\models_{Ł} \Sigma$, also daß es einen Ł-Ausdruck $G^+(x_1, \ldots, x_n) \in \Sigma$ gibt, für den die Ausdrucksmenge $\theta \cup \{H^\wedge, \neg^* G^+\}$ erfüllbar ist. Hierbei benutzen wir die in (4.5.4) erklärte zusätzliche Negation $\neg^*$, für die $\neg^* G^+$ genau dann einen ausgezeichneten Quasiwahrheitswert hat, wenn G^+ einen nicht-ausgezeichneten Quasiwahrheitswert hat. Es sei

$$G = \neg^* G^+(c_{m\cdot n+1}, \ldots, c_{m\cdot n+n}),$$

d. h., wir setzen in $\neg^* G^+$ für die Variable x_i die Konstante $c_{m\cdot n+i}$ ein. Damit sei

$$\boldsymbol{T}'_m = \boldsymbol{T}_m \cup \{G\}.$$

Offenbar ist $\boldsymbol{T}'_m$ eine erfüllbare Menge von $Ł_C$-Aussagen. Weiter sei

$$\boldsymbol{T}''_m = \begin{cases} \boldsymbol{T}'_m \cup \{G_m\}, & \text{wenn } \boldsymbol{T}'_m \cup \{G_m\} \text{ erfüllbar} \\ \boldsymbol{T}'_m \cup \{\neg^* G_m\} & \text{sonst.} \end{cases}$$

Auch $\boldsymbol{T}''_m$ ist eine erfüllbare Menge von $Ł_C$-Aussagen. Schließlich sei

$$\boldsymbol{T}_{m+1} = \begin{cases} \boldsymbol{T}''_m \cup \{H(c_r)\}, & \text{wenn } G_m = \exists x H(x) \text{ und } c_r \text{ diejenige Individuenkonstante von } C \text{ mit kleinstem Index ist, die weder in } \boldsymbol{T}_m \text{ noch in } G_m \text{ vorkommt,} \\ \boldsymbol{T}''_m & \text{sonst.} \end{cases}$$

Dann ist auch $\boldsymbol{T}_{m+1}$ eine erfüllbare Menge von $Ł_C$-Aussagen und endliche Erweiterung von $\boldsymbol{T}_m$, also von θ.

Wir betrachten nun $\boldsymbol{T}_\infty = \bigcup_{m=0}^{\infty} \boldsymbol{T}_m$. Nach Kompaktheitssatz ist $\boldsymbol{T}_\infty$ eine erfüllbare Menge von $Ł_C$-Aussagen. Und für jede $Ł_C$-Aussage G gilt $G \in \boldsymbol{T}_\infty$ oder $\neg^* G \in \boldsymbol{T}_\infty$. Es sei $\mathfrak{B}$ ein abzählbar unendliches Modell von $\boldsymbol{T}_\infty$. Es sei $\mathcal{A} \subseteq |\mathfrak{B}|$ die Menge aller derjenigen Individuen, die durch $\mathfrak{B}$ den Individuenkonstanten aus C (und den eventuell in $Ł_M$ zugelassenen Individuenkonstanten) zugeordnet werden. Die Interpretation der Prädikatensymbole von $Ł_M$ und der Individuenkonstanten aus C und von $Ł_M$ bezüglich $\mathcal{A}$ seien die Einschränkungen der entsprechenden Interpretationen im Modell $\mathfrak{B}$; dadurch ist eine $Ł_C$-Interpretation $\mathfrak{A}$ mit $|\mathfrak{A}| = \mathcal{A}$ konstituiert. $\mathfrak{A}$ ist ebenfalls Modell von $\boldsymbol{T}_\infty$; dies ist nur für $Ł_C$-Aussagen der Form $\exists x H(x)$ aus $\boldsymbol{T}_\infty$ nicht sofort klar – in jenem Falle ist aber $H(c_r) \in \boldsymbol{T}_\infty$ für eine geeignete Konstante $c_r \in C$ und also $\mathfrak{A} \models \exists x H(x)$.

$\mathfrak{A}$ ist aber nicht nur abzählbares Modell von $\boldsymbol{T}_\infty$, sondern damit auch ein Modell von θ, das nach Konstruktion die Ausdrucksmenge Σ vermeidet. Diese Eigenschaften bezüglich θ und Σ bleiben schließlich auch erhalten, wenn man von $\mathfrak{A}$ zu demjenigen „Redukt" $\mathfrak{A}_0$ übergeht, das die Individuenkonstanten aus C nicht mehr berücksichtigt und daher $Ł_M$-Interpretation ist, aber sonst mit $\mathfrak{A}$ übereinstimmt. ∎

Bislang haben wir nur die endlichwertigen Systeme $Ł_M$ diskutiert. Bevor wir uns nun dem unendlichwertigen System $Ł_\infty$ zuwenden, sollen uns noch einige Beziehungen zwischen diesen Systemen interessieren, die Resultate von Satz 3.1.2 verallgemeinern. Dazu sei

$\mathrm{Algg}_\nu =_{\mathrm{def}}$ Menge aller bezüglich $Ł_\nu$ allgemeingültigen $Ł$-Ausdrücke.

Satz 4.5.2. *Für beliebige natürliche Zahlen $M, N \geq 2$ gelten*

(a) $\mathscr{W}_M \subseteq \mathscr{W}_N \Leftrightarrow \mathrm{Algg}_M \supseteq \mathrm{Algg}_N$,

(b) $\mathrm{Algg}_\infty = \bigcap_{m=2}^{\infty} \mathrm{Algg}_m$.

Beweis. (a) Ist $\mathscr{W}_M \subseteq \mathscr{W}_N$, so ist jede $Ł_M$-Interpretation auch eine $Ł_N$-Interpretation, also jeder bezüglich $Ł_N$ allgemeingültige $Ł$-Ausdruck auch bezüglich $Ł_M$ allgemeingültig. Ist dagegen $\mathscr{W}_M \not\subseteq \mathscr{W}_N$, so ist nach Satz 3.1.2 bereits $\mathrm{Taut}_N \setminus \mathrm{Taut}_M \neq \emptyset$, also erst recht $\mathrm{Algg}_N \setminus \mathrm{Algg}_M \neq \emptyset$, d. h. $\mathrm{Algg}_M \not\supseteq \mathrm{Algg}_N$.

(b) Da jede $Ł_M$-Interpretation auch eine $Ł_\infty$-Interpretation ist, ergibt sich wie eben sofort

$$\mathrm{Algg}_\infty \subseteq \bigcap_{m=2}^{\infty} \mathrm{Algg}_m .$$

Um zu zeigen, daß hier Gleichheit gilt, zeigen wir nach einer Beweisidee von Rutledge [1960], daß jeder bezüglich $Ł_\infty$ nicht allgemeingültige $Ł$-Ausdruck schon bezüglich eines geeigneten endlichwertigen Systems $Ł_M$ nicht allgemeingültig ist.

Sei H_0 solch ein $Ł$-Ausdruck, der nicht $Ł_\infty$-allgemeingültig ist. Seien $\mathfrak{A}$ eine $Ł_\infty$-Interpretation und $f_0 : \boldsymbol{V} \to |\mathfrak{A}|$ eine Belegung der Individuenvariablen derart, daß $\mathrm{Wert}_{\mathfrak{A}}^{Ł}(H_0, f_0) = t_0$ und $t_0 < 1$ sei. Wir diskutieren, wie sich bei festen H_0, f_0 und $|\mathfrak{A}|$ eine Änderung der Interpretation der in H_0 auftretenden Prädikatensymbole auf den Quasiwahrheitswert t_0 auswirkt. Für jedes $k \geq 1$ soll $\mathbf{P}_k$ die Menge aller k-stelligen $\mathscr{W}_\infty$-wertigen Prädikate über $|\mathfrak{A}|$ sein, also die Menge aller k-stelligen Funktionen von $|\mathfrak{A}|$ in $\mathscr{W}_\infty$. Für $\mathscr{P}, \mathscr{Q} \in \mathbf{P}_k$ setzen wir

$$\|\mathscr{P}, \mathscr{Q}\| =_{\mathrm{def}} \sup_{b_1,\ldots,b_k \in |\mathfrak{A}|} |\mathscr{P}(b_1, \ldots, b_k) - \mathscr{Q}(b_1, \ldots, b_k)| . \qquad (4.5.5)$$

Aus der Analysis ist bekannt, daß $\|\mathscr{P}, \mathcal{Q}\|$ eine Metrik in $\mathbf{P}_k$ ist. Ist H irgendein $\mathbf{Ł}$-Ausdruck, in dem höchstens die Prädikatensymbole $P_1, \ldots, P_m$ der Stellenzahlen $k_1, \ldots, k_m$ vorkommen, so ordnen wir H die durch

$$F_H(f, \mathcal{Q}_1, \ldots, \mathcal{Q}_m) =_{\text{def}} \text{Wert}^{\mathbf{Ł}}_{\mathfrak{B}}(H, f) \tag{4.5.6}$$

erklärte Funktion zu, wobei $f\colon V \to |\mathfrak{A}|$ ist und stets $\mathcal{Q}_j \in \mathbf{P}_{k_j}$ sowie $\mathfrak{B}$ diejenige $\mathbf{Ł}_\infty$-Interpretation sei, die den Prädikatensymbolen $P_1, \ldots, P_m$ die Prädikate $\mathcal{Q}_1, \ldots, \mathcal{Q}_m$ zuordnet und sonst mit $\mathfrak{A}$ übereinstimmt. Ferner sei $\tau(H)$ die Anzahl der Vorkommen des Junktors $\to_{\mathbf{Ł}}$ in H. Wir zeigen zunächst induktiv über den Ausdrucksaufbau von H, daß stets

$$|F_H(f, \mathcal{Q}_1 \ldots \mathcal{Q}_i \ldots \mathcal{Q}_m) - F_H(f, \mathcal{Q}_1 \ldots \mathcal{Q}'_i \ldots \mathcal{Q}_m)| \leq 2^{\tau(H)} \cdot \|\mathcal{Q}_i, \mathcal{Q}'_i\|$$
(4.5.7)

gilt für alle $i = 1, \ldots, m$. Schreiben wir für den dabei betrachteten Differenzbetrag kurz $\mathbf{db}(H, f)$, setzen wir also

$$\mathbf{db}(H, f) =_{\text{def}} |F_H(f, \mathcal{Q}_1 \ldots \mathcal{Q}_i \ldots \mathcal{Q}_m) - F_H(f, \mathcal{Q}_1 \ldots \mathcal{Q}'_i \ldots \mathcal{Q}_m)|,$$

wobei in der Bezeichnung $\mathbf{db}(H, f)$ die Erwähnung sowohl des Indexes i als auch die der Prädikate $\mathcal{Q}_1, \ldots, \mathcal{Q}_m, \mathcal{Q}'_i$ entfallen kann, da diese im folgenden festgehalten und somit aus dem Kontext bestimmt seien, so ergibt sich für prädikative Ausdrücke H aus (4.5.6) und (4.5.5) sofort $\tau(H) = 0$ und

$$\mathbf{db}(H, f) \leq \|\mathcal{Q}_i, \mathcal{Q}'_i\| = 2^{\tau(H)} \cdot \|\mathcal{Q}_i, \mathcal{Q}'_i\|.$$

Gelte (4.5.7) also nun für alle Teilausdrücke von H. Ist $H = \neg H_1$, so erhält man unmittelbar $\tau(H) = \tau(H_1)$ und

$$\mathbf{db}(H, f) = \mathbf{db}(H_1, f) \leq 2^{\tau(H_1)} \cdot \|\mathcal{Q}_i, \mathcal{Q}'_i\| = 2^{\tau(H)} \cdot \|\mathcal{Q}_i, \mathcal{Q}'_i\|.$$

Ist $H = H_1 \to_{\mathbf{Ł}} H_2$, so ist $\tau(H) = \tau(H_1) + \tau(H_2) + 1$ und also auf Grund elementarer Abschätzungen

$$\begin{aligned}\mathbf{db}(H, f) &\leq \mathbf{db}(H_1, f) + \mathbf{db}(H_2, f) \\ &\leq 2^{\tau(H_1)} \cdot \|\mathcal{Q}_i, \mathcal{Q}'_i\| + 2^{\tau(H_2)} \cdot \|\mathcal{Q}_i, \mathcal{Q}'_i\| \\ &\leq 2^{\tau(H)} \cdot \|\mathcal{Q}_i, \mathcal{Q}'_i\|.\end{aligned}$$

Ist schließlich $H = \exists x H_1$, so ist $\tau(H) = \tau(H_1)$ und

$$\begin{aligned}\mathbf{db}(H, f) &= \Big|\sup_{b \in |\mathfrak{A}|} F_{H_1}\big(f(x/b), \mathcal{Q}_1 \ldots \mathcal{Q}_i \ldots \mathcal{Q}_m\big) \\ &\qquad - \sup_{b \in |\mathfrak{A}|} F_{H_1}\big(f(x/b), \mathcal{Q}_1 \ldots \mathcal{Q}'_i \ldots \mathcal{Q}_m\big)\Big| \\ &\leq \sup_{b \in |\mathfrak{A}|} \mathbf{db}\big(H_1, f(x/b)\big) \leq \sup_{b \in |\mathfrak{A}|} 2^{\tau(H_1)} \cdot \|\mathcal{Q}_i, \mathcal{Q}'_i\| = 2^{\tau(H)} \cdot \|\mathcal{Q}_i, \mathcal{Q}'_i\|.\end{aligned}$$

Damit ist (4.5.7) allgemein gezeigt, da wir uns wie im Beweis von Satz 4.5.1 auf die Betrachtung des Quantors $\exists$ beschränken können. Nun wählen wir zu t_0 ein $\varepsilon > 0$ derart, daß $t_0 + \varepsilon < 1$ gilt. In H_0 mögen die m Prädikatensymbole $P_1, \ldots, P_m$ vorkommen. Dann folgt aus (4.5.7) leicht:

$$\text{wenn} \quad \|P_i^{\mathfrak{A}}, Q_i\| < \frac{\varepsilon}{n \cdot 2^{\tau(H_0)}} \quad \text{für jedes} \quad i = 1, \ldots, m,$$

$$\text{so} \quad |F_{H_0}(f_0, P_1^{\mathfrak{A}}, \ldots, P_m^{\mathfrak{A}}) - F_{H_0}(f_0, Q_1, \ldots, Q_m)| < \varepsilon$$

und also

$$\text{wenn} \quad \|P_i^{\mathfrak{A}}, Q_i\| < \frac{\varepsilon}{n \cdot 2^{\tau(H_0)}} \quad \text{für} \quad i = 1, \ldots, m,$$

$$\text{so} \quad \text{Wert}_{\mathfrak{B}}^{Ł}(H_0, f_0) < 1$$

für diejenigen $Ł_\infty$-Interpretation $\mathfrak{B}$, die den Prädikatensymbolen $P_1, \ldots, P_m$ von H_0 die mehrwertigen Prädikate (passender Stellenzahl) $Q_1, \ldots, Q_m$ zuordnet und sonst mit $\mathfrak{A}$ übereinstimmt. Dabei ist es für $\text{Wert}_{\mathfrak{B}}^{Ł}(H_0, f_0)$ unwesentlich, welche mehrwertigen Prädikate den in H_0 nicht auftretenden Prädikatensymbolen von $Ł_\infty$ zugeordnet werden.

Für $M > 1 + \frac{1}{\varepsilon} \cdot n \cdot 2^{\tau(H_0)}$ gibt es sogar für $i = 1, \ldots, m$ stets ein $\mathscr{W}_M$-wertiges Prädikat $Q_i^\wedge$ mit $\|P_i^{\mathfrak{A}}, Q_i^\wedge\| < \frac{\varepsilon}{n} \cdot 2^{-\tau(H_0)}$; nimmt man in $\mathfrak{B}^\wedge$ stets $Q_i^\wedge$ als Interpretation des Prädikatensymbols P_i, $i = 1, .., m$, und beliebige $\mathscr{W}_M$-wertige Prädikate als Interpretationen der in H_0 nicht auftretenden Prädikatensymbole der betrachteten Sprache, so ist $\mathfrak{B}^\wedge$ eine $Ł_m$-Interpretation, in der H_0 nicht gültig ist. Also ist $H_0 \notin \text{Algg}_M$. ∎

Während Satz 4.5.2 Resultate über Łukasiewiczsche aussagenlogische Systeme bezüglich Allgemeingültigkeit direkt verallgemeinert, ergibt sich hinsichtlich Erfüllbarkeit ein interessanter Unterschied: Es gibt $Ł_\infty$-erfüllbare prädikatenlogische Ł-Ausdrücke, die nicht bereits $Ł_M$-erfüllbar sind für geeignetes M. Um Ragaz [1981] folgend solch einen Ł-Ausdruck anzugeben, sei

$$H_1 \lll H_2 =_{\text{def}} \neg (H_1 \,\&\, H_2) \wedge (H_1 \,\&\, H_2 \leftrightarrow_{Ł} H_2)$$

gesetzt für beliebige Ł-Ausdrücke H_1, H_2. Man überlegt sich dafür leicht, daß

$$\mathfrak{A} \models_f (H_1 \lll H_2) \quad \text{gdw} \quad \text{Wert}_{\mathfrak{A}}^{Ł}(H_1, f) = \frac{1}{2} \cdot \text{Wert}_{\mathfrak{A}}^{Ł}(H_2, f)$$

gilt für beliebige Ł-Interpretationen $\mathfrak{A}$ und Belegungen $f : V \to |\mathfrak{A}|$.

Für ein einstelliges Prädikatensymbol P bilden wir nun den Ł-Ausdruck

$$\exists x P(x) \wedge \forall x \exists y (P(y) \ll P(x)).$$

Für diesen Ł-Ausdruck gilt, daß er $Ł_\infty$-erfüllbar ist, aber nicht erfüllbar in einem der endlichwertigen Systeme $Ł_M$, weil Erfüllbarkeit dieses Ausdrucks in einer Ł-Interpretation $\mathfrak{A}$ verlangt, daß das mehrwertige Prädikat $P^{\mathfrak{A}}$ unendlich viele Quasiwahrheitswerte als Werte annimmt, und zwar den Quasiwahrheitswert 1 und alle Quasiwahrheitswerte 2^{-n} für $n \geq 1$.

4.5.3. Das unendlichwertige Ł-System

Wenden wir uns nun dem unendlichwertigen ŁUKASIEWICZschen prädikatenlogischen System $Ł_\infty$ zu. Zunächst interessiert, in welchem Maße die Resultate von Abschnitt 4.3 auch für $Ł_\infty$ gelten. Der entscheidende Punkt dabei ist, den Ultraproduktsatz 4.3.4 auch für $Ł_\infty$ zu beweisen. Dies gelingt; allerdings ist statt auf (4.3.5) auf (4.3.5*) Bezug zu nehmen, weswegen auch der entsprechende Übergang von (4.3.6) zu (4.3.7) nun entfällt.

Satz 4.5.3. *Es sei $\mathfrak{B}$ das Ultraprodukt einer Familie $\mathfrak{A}_i$, $i \in I$, von $Ł_\infty$-Interpretationen bezüglich des Ultrafilters $\boldsymbol{F}$ über I. Dann gilt für jede Belegung $f: \boldsymbol{V} \to \boldsymbol{F}\text{-Prod}_{i\in I}|\mathfrak{A}_i|$ und ihr für jedes $i \in I$ entsprechende „Faktorbelegungen" $f_i: \boldsymbol{V} \to |\mathfrak{A}_i|$ mit*

$$f(x) = [(f_i(x))_{i\in I}]_{\boldsymbol{F}} \quad \textit{für jedes} \quad x \in \boldsymbol{V},$$

für jeden Ł-Ausdruck H und jeden Quasiwahrheitswert $t \in \mathcal{W}_\infty$:

$$\mathrm{Wert}^{Ł}_{\mathfrak{B}}(H, f) = t \quad gdw \quad \{i \in I \mid \mathrm{Wert}^{Ł}_{\mathfrak{A}_i}(H, f_i) \in \mathcal{V}\} \in \boldsymbol{F}$$
$$\textit{für jede Umgebung } \mathcal{V} \textit{ von } t.$$

Beweis. Die Definition (4.3.5*) liefert den Induktionsanfang für den induktiven Beweis über den Ausdrucksaufbau von H, den wir führen werden. Sei also vorausgesetzt, daß die Behauptung nun wieder für jeden Teilausdruck des betrachteten Ausdrucks H gelte.

Zunächst habe H die Gestalt $H_1 \to_Ł H_2$. Es sei $\mathrm{Wert}^{Ł}_{\mathfrak{B}}(H, f) = t$, also

$$t = \min\left(1, 1 - \mathrm{Wert}^{Ł}_{\mathfrak{B}}(H_1, f) + \mathrm{Wert}^{Ł}_{\mathfrak{B}}(H_2, f)\right)$$

und $\mathcal{V}^t$ eine Umgebung von t. Dann gibt es für $j = 1, 2$ Umgebungen $\mathcal{V}_j$ von $\mathrm{Wert}^{Ł}_{\mathfrak{B}}(H_j, f)$ derart, daß

$$\min(1, 1 - s_1 + s_2) \in \mathcal{V}^t \quad \text{für alle} \quad s_1 \in \mathcal{V}_1, s_2 \in \mathcal{V}_2.$$

Nach Induktionsannahme ergibt sich daher

$$\{i \in I \mid \mathrm{Wert}^{\text{Ł}}_{\mathfrak{A}_i}(H_1, f_i) \in \mathcal{V}_1\} \cap \{i \in I \mid \mathrm{Wert}^{\text{Ł}}_{\mathfrak{A}_i}(H_2, f_i) \in \mathcal{V}_2\} \in \boldsymbol{F}$$

und also $\{i \in I \mid \mathrm{Wert}^{\text{Ł}}_{\mathfrak{A}_i}(H, f_i) \in \mathcal{V}^t\} \in \boldsymbol{F}$, da dies eine Obermenge jenes Durchschnittes und somit erst recht Element von $\boldsymbol{F}$ ist. Gilt umgekehrt $\{i \in I \mid \mathrm{Wert}^{\text{Ł}}_{\mathfrak{A}_i}(H, f_i) \in \mathcal{V}\} \in \boldsymbol{F}$ für jede Umgebung $\mathcal{V}$ von t, so nehmen wir an, daß $\mathrm{Wert}^{\text{Ł}}_{\mathfrak{B}}(H, f) = s \neq t$ sei. Dann gibt es Umgebungen $\mathcal{V}^t$ von t und $\mathcal{V}^s$ von s mit $\mathcal{V}^t \cap \mathcal{V}^s = \emptyset$. Nach Wahl von s und $\mathcal{V}^s$ ist entsprechend dem bisher Bewiesenen

$$\{i \in I \mid \mathrm{Wert}^{\text{Ł}}_{\mathfrak{A}_i}(H, f_i) \in \mathcal{V}^s\} \in \boldsymbol{F},$$

weswegen auch

$$\emptyset = \{i \in I \mid \mathrm{Wert}^{\text{Ł}}_{\mathfrak{A}_i}(H, f_i) \in \mathcal{V}^s\} \cap \{i \in I \mid \mathrm{Wert}^{\text{Ł}}_{\mathfrak{A}_i}(H, f_i) \in \mathcal{V}^t\} \in \boldsymbol{F}$$

sein müßte. Also kann nicht $\mathrm{Wert}^{\text{Ł}}_{\mathfrak{B}}(H, f) \neq t$ sein in diesem Falle.

Hat H die Gestalt $\neg H_1$, so ergibt sich die Behauptung unseres Satzes ganz einfach aus der entsprechenden Behauptung für H_1. Deswegen nehmen wir abschließend an, daß $H = \exists xH_1$ sei. (Wie im Beweis von Satz 4.5.1 genügt die Betrachtung des Quantors $\exists$.)

Es sei $\mathrm{Wert}^{\text{Ł}}_{\mathfrak{B}}(H, f) = t$, d. h. es sei $\sup\limits_{b \in |\mathfrak{B}|} \mathrm{Wert}^{\text{Ł}}_{\mathfrak{B}}\big(H_1, f(x/b)\big) = t$. Würde dann eine Umgebung $\mathcal{V}_0$ von t existieren, für die

$$\{i \in I \mid \mathrm{Wert}^{\text{Ł}}_{\mathfrak{A}_i}(H, f_i) \in \mathcal{V}_0\} \notin \boldsymbol{F}$$

ist, so sei $c \in |\mathfrak{B}|$ so gewählt, daß $t_c = \mathrm{Wert}^{\text{Ł}}_{\mathfrak{B}}\big(H_1, f(x/c)\big) \in \mathcal{V}_0$ gilt, und es sei $\mathcal{V}'$ eine Umgebung von t_c, für die zusätzlich $\mathcal{V}' \subseteq \mathcal{V}_0$ ist. Dann wäre

$$\big\{i \in I \mid \mathrm{Wert}^{\text{Ł}}_{\mathfrak{A}_i}\big(H_1, f_i(x/c_i)\big) \in \mathcal{V}'\big\} \in \boldsymbol{F}$$

und also $\emptyset \in \boldsymbol{F}$ wegen

$$\{i \in I \mid \mathrm{Wert}^{\text{Ł}}_{\mathfrak{A}_i}(H, f_i) \notin \mathcal{V}_0\} \cap \big\{i \in I \mid \mathrm{Wert}^{\text{Ł}}_{\mathfrak{A}_i}\big(H_1, f_i(x/c_i)\big) \in \mathcal{V}'\big\}$$
$$\subseteq \big\{i \in I \mid \mathrm{Wert}^{\text{Ł}}_{\mathfrak{A}_i}(H, f_i) < \mathrm{Wert}^{\text{Ł}}_{\mathfrak{A}_i}\big(H_1, f_i(x/c_i)\big)\big\} = \emptyset$$

nach Wahl von t, $\mathcal{V}_0$ und $\mathcal{V}'$. Widerspruch. Also ist doch, da $\boldsymbol{F}$ Ultrafilter ist, $\{i \in I \mid \mathrm{Wert}^{\text{Ł}}_{\mathfrak{A}_i}(H, f_i) \in \mathcal{V}\} \in \boldsymbol{F}$ für jede Umgebung $\mathcal{V}$ von t.

Sei umgekehrt $\{i \in I \mid \mathrm{Wert}^{\text{Ł}}_{\mathfrak{A}_i}(H, f_i) \in \mathcal{V}\} \in \boldsymbol{F}$ für jede Umgebung $\mathcal{V}$ von $t \in \mathcal{W}_\infty$. Wäre dann $\mathrm{Wert}^{\text{Ł}}_{\mathfrak{B}}(H, f) = s \neq t$, so gäbe es Umgebungen $\mathcal{V}^s$ von s und $\mathcal{V}^t$ von t mit $\mathcal{V}^s \cap \mathcal{V}^t = \emptyset$, mittels deren man wie oben im Falle $H = H_1 \rightarrow_{\text{Ł}} H_2$ erhielte $\emptyset \in \boldsymbol{F}$. Also ist $\mathrm{Wert}^{\text{Ł}}_{\mathfrak{B}}(H, f) = t$, womit unser induktiver Beweis insgesamt beendet ist. ∎

Satz 4.5.4 (Kompaktheitssatz für Ł_∞). *Eine bewertete Ausdrucksmenge Σ von Ł_∞ hat genau dann ein Modell, wenn jede endliche Teilmenge von Σ ein Modell hat.*

Beweis. Wir folgen dem Beweisgang zu Satz 4.3.6 und erhalten wie dort für jedes $(H, t) \in \Sigma$, daß

$$\Delta^+_{(H,t)} = \{\theta \in \mathcal{I} \mid \Delta_{(H,t)} \subseteq \theta\} \subseteq \{\theta \in \mathcal{I} \mid \mathfrak{A}_\theta \ t\text{-Modell von } H\} \in \boldsymbol{F}.$$

Deswegen ist nun für jede Belegung $f: \boldsymbol{V} \to |\mathfrak{B}|$ und jede Umgebung $\mathcal{V}$ von t

$$\{\theta \in \mathcal{I} \mid \mathrm{Wert}^{\text{Ł}}_{\mathfrak{A}_\theta}(H, f_\theta) \in \mathcal{V}\} \in \boldsymbol{F}$$

und also $\mathrm{Wert}^{\text{Ł}}_{\mathfrak{B}}(H, f) = t$ nach Satz 4.5.3. Nun schließe man weiter wie im früheren Beweis. ∎

Damit gelten also auch für Ł_∞ alle jene Resultate, die in Abschnitt 4.3 im Anschluß an Satz 4.3.6 nur für endlichwertige Systeme **S** gezeigt worden waren. Weiterhin ist es möglich, für Ł_∞ auch den Typenvermeidungssatz 4.5.1 zu beweisen, wie dies GRÄSZLE [1976] zusammen mit dem Beweis einer Reihe weiterer modelltheoretischer Resultate bezüglich Ł_∞ getan hat.

Das Axiomatisierungsproblem für Ł_∞ ist lange Zeit ungelöst gewesen. ROSSER/TURQUETTE [1952] haben nur endlichwertige prädikatenlogische Systeme diskutiert. Einen ersten Teilerfolg erzielte RUTLEDGE [1959] mit dem Beweis für die Axiomatisierbarkeit der Menge der allgemeingültigen Ausdrücke des „monadischen Fragments" von Ł_∞, d. h. desjenigen „Fragments" von Ł_∞, in dessen Sprache nur einstellige Prädikatensymbole zugelassen sind. Weitere partielle Axiomatisierbarkeitsresultate stammen von HAY [1963] und von BELLUCE/CHANG [1963] (vgl. auch ROSSER [1960]). Um diese Ergebnisse erläutern zu können, führen wir einige Verallgemeinerungen bereits erklärter Begriffe ein.

Ein Ł-Ausdruck H möge *schwach allgemeingültig* (bezüglich Ł_∞) heißen, falls $\neg H$ nicht erfüllbar ist, d. h., falls für jede Ł_∞-Interpretation $\mathfrak{A}$ und jede Belegung $f: \boldsymbol{V} \to |\mathfrak{A}|$ gilt $\mathrm{Wert}^{\text{Ł}}_{\mathfrak{A}}(H, f) > 0$. Ein Ł-Ausdruck H möge *stark allgemeingültig* heißen, falls er gültig ist in jeder MV-Interpretation für Ł_∞. Eine solche MV-*Interpretation* für Ł_∞ ist eine derartige Interpretation $\mathfrak{B}$, deren entsprechende Menge von Quasiwahrheitswerten eine MV-Algebra $\langle A, +, \cdot, ^-, 0, 1\rangle$ ist mit linearer zugehöriger Anordnungsrelation $\leqq$ und einem zusätzlichen Wert $\iota \notin A$, so daß den Junktoren $\to_{\text{L}}$ und $\neg$ die durch

$$\mathrm{ver}^{\mathrm{MV}}_{\to}(x, y) =_{\mathrm{def}} \begin{cases} \bar{x} + y, & \text{wenn} \quad x, y \in A \\ \iota, & \text{wenn} \quad x = \iota \quad \text{oder} \quad y = \iota, \end{cases}$$

$$\mathrm{ver}^{\mathrm{MV}}_{\neg}(x) =_{\mathrm{def}} \begin{cases} \bar{x}, & \text{wenn} \quad x \in A \\ \iota, & \text{wenn} \quad x = \iota \end{cases}$$

erklärten Wahrheitswertfunktionen zugeordnet sind und der Quantor $\exists$

durch die Bedingung

$$\mathrm{Wert}_{\mathfrak{B}}^{\mathrm{MV}}(\exists\, xH, f) =_{\mathrm{def}} \begin{cases} \sup\left\{\mathrm{Wert}_{\mathfrak{B}}^{\mathrm{MV}}(H, f(x/b)) \mid b \in |\mathfrak{B}|\right\}, & \text{falls dieses Supremum über eine Teilmenge von } A \text{ zu bilden ist und existiert,} \\ \iota & \text{sonst} \end{cases}$$

charakterisiert ist. Schließlich heiße für $t \in \mathscr{W}_\infty$ ein **Ł**-Ausdruck H ($> t$)-*gültig*, falls $\mathrm{Wert}_{\mathfrak{A}}^{\text{Ł}}(H, f) > t$ ist für jede (gewöhnliche) Ł_∞-Interpretation $\mathfrak{A}$ und Belegung $f: V \to |\mathfrak{A}|$.

Sowohl Hay [1963] als auch Belluce/Chang [1963] geben spezielle Axiomensysteme an, die weitgehend einander ähnlich sind. Die entsprechenden Ableitungsbeziehungen sollen mit $\vdash_{\mathrm{H}}$ bzw. $\vdash_{\mathrm{BC}}$ bezeichnet werden. Das Axiomensystem von Belluce/Chang [1963] hat z. B. als Axiomenschemata ($\text{Ł}_\infty 1$), ..., ($\text{Ł}_\infty 4$) und weiterhin in einer entsprechend (3.1.3), (3.1.4), (3.1.5) definitorisch erweiterten Sprache die Schemata

($\text{Ł}_\infty 5$) $\exists\, xA \,\&\, \exists\, xA \leftrightarrow_{\text{Ł}} \exists\, x(A \,\&\, A)$,

($\text{Ł}_\infty 6$) $\exists\, xA \veebar \exists\, xA \leftrightarrow_{\text{Ł}} \exists\, x(A \veebar A)$,

($\text{Ł}_\infty 7$) $A[x/y] \rightarrow_{\text{Ł}} \exists\, xA$

für jede in A nicht gebunden vorkommende Individuenvariable y,

($\text{Ł}_\infty 8$) $\exists\, xA \leftrightarrow_{\text{Ł}} \exists\, yA[x/y]$

für jede in A nicht frei vorkommende Individuenvariable y,

($\text{Ł}_\infty 9$) $\forall\, x(A \rightarrow_{\text{Ł}} B) \rightarrow_{\text{Ł}} (\exists\, xA \rightarrow_{\text{Ł}} B)$,
falls die Variable x in B nicht frei vorkommt,

($\text{Ł}_\infty 10$) $\exists\, x(A \rightarrow_{\text{Ł}} B) \leftrightarrow_{\text{Ł}} (A \rightarrow_{\text{Ł}} \exists\, xB)$,
falls die Variable x in A nicht frei vorkommt

zusammen mit den Ableitungsregeln (MP) und (Gen). Belluce/Chang [1963] erhalten als einen *schwachen Vollständigkeitssatz*, daß

$$H \text{ stark allgemeingültig} \Leftrightarrow\ \vdash_{\mathrm{BC}} H$$

gilt. Natürlich ist jeder stark allgemeingültige **Ł**-Ausdruck auch allgemeingültig bezüglich Ł_∞; aber statt der Umkehrung ergibt sich nur, daß für jeden **Ł**-Ausdruck H gilt:

$$H \text{ allgemeingültig (bezüglich } \text{Ł}_\infty) \Leftrightarrow$$

$$H \veebar \prod_{i=1}^{n} H \text{ stark allgemeingültig für } n = 1, 2, \ldots$$

HAY [1963] findet bezüglich ihres Axiomensystems für jedes $n \geq 1$ und jeden Ł-Ausdruck H:

$$H\left(> \frac{1}{n}\right)\text{-gültig} \Leftrightarrow \vdash_{\mathrm{H}} \sum_{i=1}^{n} H$$

und als Folgerung daraus:

$$H \text{ schwach allgemeingültig (bezüglich } Ł_\infty) \Leftrightarrow$$

$$\vdash_{\mathrm{H}} \sum_{i=1}^{n} H \text{ für ein } n = 1, 2, 3, \ldots;$$

außerdem erhält sie, daß für jedes $n \geq 1$ und jeden Ł-Ausdruck H gilt:

$$H\left(> \frac{n}{n+1}\right)\text{-gültig} \Leftrightarrow \vdash_{\mathrm{H}} H \veebar \prod_{i=1}^{n} H.$$

Somit ergibt sich in beiden Fällen die folgende Charakterisierung der $Ł_\infty$-Allgemeingültigkeit:

$$H\ Ł_\infty\text{-allgemeingültig} \Leftrightarrow \vdash_{\mathrm{BC}} H \veebar \prod_{i=1}^{n} H \quad \text{für jedes} \quad n \geq 1$$

$$\Leftrightarrow \vdash_{\mathrm{H}} H \veebar \prod_{i=1}^{n} H \quad \text{für jedes} \quad n \geq 1, \qquad (4.5.8)$$

die aber in keinem der beiden Fälle das Axiomatisierungsproblem löst, weil immer auf Beweisbarkeit einer unendlichen Menge von Ł-Ausdrücken Bezug genommen wird.

Die endgültige, allerdings negative Lösung des Axiomatisierungsproblems für $Ł_\infty$ brachte erst SCARPELLINI [1962], der bewies, daß die Ausdrucksmenge Algg_∞ nicht die Menge aller in einem geeigneten Kalkül erzeugbaren Ł-Ausdrücke sein kann. Die wesentliche Idee dabei ist, $Ł_\infty$-Allgemeingültigkeit und die Erfüllbarkeit in endlichen Individuenbereichen im Rahmen der klassischen Logik in geeignete Beziehung zueinander zu bringen. Einen bezüglich der ŁUKASIEWICZschen Systeme $Ł_\nu$ bisher noch nicht benutzten Begriff müssen wir zur Erläuterung des Beweisganges noch einführen: Ein Ł-Ausdruck H heiße *schwach erfüllbar*, falls es eine Interpretation $\mathfrak{A}$ und eine Belegung $f: V \to |\mathfrak{A}|$ gibt, so daß $\mathrm{Wert}_{\mathfrak{A}}^{Ł}(H, f) > 0$ ist.

Außerdem benötigen wir eine Transformation von Ausdrücken der klassischen Prädikatenlogik PL_2 in Ł-Ausdrücke. Dazu nehmen wir an, daß die PL_2-Ausdrücke mit den Junktoren $\neg$, $\wedge$, $\vee$ und den Quantoren $\bigwedge$, $\bigvee$ formuliert seien, also $\Rightarrow$ und $\Leftrightarrow$ in PL_2-Ausdrücken nicht auftreten. Weiterhin sollen in der Sprache von PL_2 und von $Ł_\infty$ genau die gleichen Prädikaten- und Individuensymbole benutzt werden. Als (unwesentliche)

Besonderheit werde schließlich von der Sprache von Ł_∞ zu einer Erweiterung Ł^*_∞ übergegangen, in der ein zusätzliches nullstelliges Prädikatensymbol Λ existiert, dem bei Ł^*_∞-Interpretationen ein Quasiwahrheitswert zuzuordnen ist. Nun kann die Λ-Transformierte Λ-Trans(H) eines PL_2-Ausdrucks H induktiv durch folgende Fälle festgelegt werden:

$$\Lambda\text{-Trans}(H) = H \quad \text{für prädikative Ausdrücke } H;$$

$$\Lambda\text{-Trans}(H_1 * H_2) = \Lambda\text{-Trans}(H_1) * \Lambda\text{-Trans}(H_2) \quad \text{für } * \in \{\wedge, \vee\}^{6};$$

$$\Lambda\text{-Trans}(\neg H) = (\Lambda \veebar \Lambda) \,\&\, \neg\, \Lambda\text{-Trans}(H);$$

$$\Lambda\text{-Trans}(\bigwedge xH) = \forall x \Lambda\text{-Trans}(H);$$

$$\Lambda\text{-Trans}(\bigvee xH) = \exists x \Lambda\text{-Trans}(H).$$

Sei nun G ein vorgegebener PL_2-Ausdruck, in dem nur die Prädikatensymbole $P_1, \ldots, P_m$ (der Stellenzahlen $k_1, \ldots, k_m$) vorkommen. Wir bilden zunächst den Ł^*-Ausdruck

$$\Delta(P_i, \Lambda) =_{\text{def}} (\forall) \big(P_i \wedge ((\Lambda \veebar \Lambda) \,\&\, \neg\, P_i) \wedge \neg\, (P_i \leftrightarrow_{\text{Ł}} \Lambda)\big),$$

bei dem $(\forall)$ Generalisierung über alle im weiteren Ausdruck folgenden Variablen ist und in die Leerstellen von P_i – an allen drei Stellen des Auftretens in gleicher Weise – paarweise verschiedene Individuenvariable eingetragen sind. Mit seiner Hilfe bilden wir den weiteren Ł^*-Ausdruck

$$K(G, \Lambda) =_{\text{def}} \Lambda \wedge \neg\, (\Lambda \veebar \Lambda) \wedge \bigwedge_{i=1}^{m} \Delta(P_i, \Lambda).$$

Elementare Rechnungen ergeben als Zwischenresultat, daß gilt:

G erfüllbar (in PL_2) gdw

$\big(\Lambda\text{-Trans}(G) \,\&\, \neg\, \Lambda\big) \wedge K(G, \Lambda)$ schwach erfüllbar (in Ł^*_∞).

Der Ausdruck $K(G, \Lambda)$ ist sogar eine Ł^*-Aussage. Seine Konstruktion sichert, daß dann, wenn für eine Ł^*_∞-Interpretation $\mathfrak{B}$ gilt

$$\text{Wert}^{\text{Ł}^*}_{\mathfrak{B}}\big(K(G, \Lambda)\big) \geq \delta > 0 \tag{4.5.9}$$

und $\lambda = \text{Wert}^{\text{Ł}^*}_{\mathfrak{B}}(\Lambda)$ gesetzt wird, sogar $2\delta \leq \lambda$ gilt und stets

$$\delta \leq \text{Wert}^{\text{Ł}^*}_{\mathfrak{B}}\big(\Lambda\text{-Trans}(G), f\big) \leq \lambda - \delta$$

oder

$$\lambda + \delta \leq \text{Wert}^{\text{Ł}^*}_{\mathfrak{B}}\big(\Lambda\text{-Trans}(G), f\big) \leq 2\lambda - \delta$$

---

[6] Natürlich sind die auf der linken Seite dieser Gleichungen stehenden Symbole $\wedge$, $\vee$ als die von PL_2 und die rechts stehenden als die in (3.1.1), (3.1.2) erklärten Symbole der Łukasiewiczschen Systeme zu verstehen.

gilt für $f: V \to |\mathfrak{B}|$. Setzt man noch für beliebige $\mathbf{L}^*$-Ausdrücke A, B:

$$A * B =_{\mathrm{def}} (A \wedge B) \vee \big(\neg (A \vee B) \,\&\, (\Lambda \veebar \Lambda)\big)$$

und weiterhin für jedes $i = 1, \ldots, m$ und beliebige Individuenvariable x, y:

$$D_i(x, y, \Lambda) =_{\mathrm{def}} \forall x_1 \ldots \forall x_{k_i} \bigwedge_{j=1}^{k_i} \big(P_i(x_1, \ldots, x_{j-1}, x, x_{j+1}, \ldots, x_{k_i}) * P_i(x_1, \ldots, x_{j-1}, y, x_{j+1}, \ldots, x_{k_i})\big),$$

so kann man im Individuenbereich $|\mathfrak{B}|$ von $\mathfrak{B}$ eine zweistellige Relation $\backsim$ einführen durch die Festlegung für $b_1, b_2 \in |\mathfrak{B}|$:

$$b_1 \backsim b_2 \quad \text{gdw} \quad \text{für alle} \quad f: V \to |\mathfrak{B}|:$$

$$\lambda + \delta \leq \mathrm{Wert}_{\mathfrak{B}}^{\mathbf{L}^*}\left(\bigwedge_{i=1}^{m} D_i(x, y, \Lambda), f(xy/b_1b_2)\right) \leq 2\lambda - \delta. \qquad (4.5.10)$$

Gilt (4.5.9), so ist durch (4.5.10) eine Äquivalenzrelation $\backsim$ in $|\mathfrak{B}|$ erklärt.

Ist schließlich noch Q ein einstelliges, nicht in G vorkommendes Prädikatensymbol[7], so bilden wir weiterhin die $\mathbf{L}^*$-Aussage

$$H(G, \Lambda, Q) =_{\mathrm{def}} \forall x \forall y \left(\left(\bigwedge_{i=1}^{m} D_i(x, y, \Lambda) \,\&\, \neg \Lambda\right) \vee \neg \big(Q(x) \leftrightarrow_{\mathbf{L}} Q(y)\big)\right),$$

deren schwache Erfüllbarkeit in $\mathfrak{B}$ sichert, daß $|\mathfrak{B}|$ bezüglich $\backsim$ nur endlich viele Restklassen hat. Daraus folgt als zweites wesentliches Zwischenresultat:

$$\begin{aligned} &G\ \mathsf{PL}_2\text{-erfüllbar in einem endlichen Individuenbereich} \\ &\text{gdw} \quad \big(\Lambda\text{-Trans}(G) \,\&\, \neg \Lambda\big) \wedge K(G, \Lambda) \wedge H(G, \Lambda, Q) \qquad (4.5.11) \\ &\qquad \text{schwach erfüllbar.} \end{aligned}$$

Wäre nun die Menge Algg_∞ der bezüglich $\mathbf{L}_\infty$ allgemeingültigen $\mathbf{L}$-Ausdrücke axiomatisierbar, so gäbe es einen Kalkül zur Erzeugung aller Ausdrücke von Algg_∞, d. h., – in rekursionstheoretischer Terminologie – Algg_∞ wäre eine rekursiv aufzählbare Menge von $\mathbf{L}$-Ausdrücken. Dann wäre auch die Menge Algg_∞^* aller bezüglich $\mathbf{L}_\infty^*$ allgemeingültigen Ausdrücke rekursiv aufzählbar, denn man kann leicht jeden Λ enthaltenden $\mathbf{L}^*$-Ausdruck durch einen $\mathbf{L}$-Ausdruck kodieren. (Man ersetze etwa Λ durch $\forall x P_0(x)$ für ein ausgewähltes einstelliges Prädikatensymbol P_0.) Da aber für jeden $\mathbf{L}^*$-Ausdruck H gilt:

$$H \text{ nicht schwach erfüllbar} \quad \text{gdw} \quad \neg H \in \mathrm{Algg}_\infty^*,$$

[7] Die Existenz solch eines Prädikatensymbols ist nötigenfalls durch eine (unwesentliche) Spracherweiterung zu sichern.

wäre damit die Menge aller nicht schwach erfüllbaren $\mathbf{L}^*$-Ausdrücke und also wegen (4.5.11) auch die Menge aller nicht in einem endlichen Individuenbereich PL_2-erfüllbaren Ausdrücke rekursiv aufzählbar. Da aber

$$G \text{ im Endlichen allgemeingültig}^{8} \quad \text{gdw}$$

$$\neg\, G \text{ in keinem endlichen Individuenbereich erfüllbar}$$

für jeden PL_2-Ausdruck G gilt, wäre dann auch die Menge aller im Endlichen allgemeingültigen PL_2-Ausdrücke rekursiv aufzählbar. Das ist aber nicht der Fall (vgl. etwa Asser [1981]). Also kann Algg_∞ nicht axiomatisierbar sein.

Damit ist sofort auch klar, daß die Menge Algg_∞ keine entscheidbare Teilmenge der Menge aller $\mathbf{L}$-Ausdrücke sein kann. Ihre rekursionstheoretische Kompliziertheit hat Ragaz [1981] untersucht, der auch gezeigt hat, daß – anders als in der klassischen Prädikatenlogik – selbst die einfachere Menge aller bezüglich $\mathbf{L}_\infty$ allgemeingültigen $\mathbf{L}$-Ausdrücke, die nur einstellige Prädikatensymbole enthalten, keine entscheidbare Teilmenge der Menge aller $\mathbf{L}$-Ausdrücke ist (vgl. auch Ragaz [1983]).

Ändert man allerdings bezüglich $\mathbf{L}_\infty$ die Menge der ausgezeichneten Quasiwahrheitswerte $\mathcal{D}$ ab, so ergeben sich z. T. andere Resultate. Mostowski [1961–62] zeigt u. a., daß für jede rationale Zahl $0 \leq r < 1$ bei Wahl des halboffenen Intervalls $\mathcal{D}_1 = (r, 1]$ die Menge der bezüglich $\mathcal{D}_1$ allgemeingültigen $\mathbf{L}$-Ausdrücke axiomatisierbar wird. Allerdings gibt er kein adäquates Axiomensystem an; das gelingt jedoch Belluce [1964]. Wählt man dagegen ein abgeschlossenes Intervall $\mathcal{D}_2 = [r, 1]$, r irgendeine rationale Zahl mit $0 < r \leq 1$, als Menge der ausgezeichneten Quasiwahrheitswerte, dann ist die Menge der zugehörigen allgemeingültigen $\mathbf{L}$-Ausdrücke wieder nicht axiomatisierbar (vgl. Belluce [1964] bzw. Chang [1965]).

4.6. Prädikatenlogische Systeme mit mehrwertiger Identität

Bereits in Abschnitt 4.2 hatten wir die Möglichkeit erwähnt, analog wie im Falle der klassischen Prädikatenlogik auch in der mehrwertigen die Sprache um Operationssymbole zu bereichern, um damit eine umfangreiche Klasse von Termen zur Bezeichnung von Individuen verfügbar zu haben – und dann auch über eine mehrwertige Entsprechung der Identität der klassischen Logik verfügen zu wollen.

Wir nehmen nun an, daß zum Alphabet der betrachteten mehrwertigen prädikatenlogischen Systeme $\mathbf{S}$ auch eine Menge $\boldsymbol{O}^{\mathbf{S}}$ von Operationssymbolen gehört, deren jedes eine zugehörige Stellenzahl ≥ 1 hat. Die

[8] Dies meint Gültigkeit in allen Interpretationen mit endlichem Grundbereich.

Buchstaben

$$F, F_1, F_2, \ldots \qquad \text{(eventuell mit weiteren Indizes)}$$

mögen als Metavariable für Operationssymbole dienen. Zu den Termen rechnen wir wie üblich alle Individuensymbole und für jedes Operationssymbol F – seine Stellenzahl sei k – und beliebige Terme $\boldsymbol{t}_1, \ldots, \boldsymbol{t}_k$ auch die Zeichenreihe $F(\boldsymbol{t}_1, \ldots, \boldsymbol{t}_k)$, sonst aber weiter nichts. Beim weiteren systematischen Ausdrucksaufbau dürfen Terme überall dort auftreten bzw. benutzt werden, wo dies bisher bereits für Individuenkonstanten erlaubt war. Außerdem möge unter den Prädikatensymbolen ein zweistelliges als (verallgemeinertes) Gleichheitszeichen ausgezeichnet sein; wir bezeichnen es im folgenden mit: $\equiv$.

4.6.1. Mehrwertige Identitätsbeziehungen

Syntaktisch ist, entsprechend den vorangehenden Bemerkungen, der Übergang zu mehrwertigen prädikatenlogischen Systemen mit Identität kein Problem. Wesentlich schwieriger ist es, inhaltlich zu verstehen, was die – bzw. eine (!) – mehrwertige Identität sein soll. Es gibt den – sozusagen „absoluten" – Standpunkt, daß auch innerhalb der mehrwertigen Logik Gegenstände als nur entweder identisch oder verschieden angesehen werden können und demzufolge das Gleichheitszeichen $\equiv$ in „vernünftigen" Interpretationen nur durch solch ein zweistelliges mehrwertiges Prädikat interpretiert werden darf, das den Quasiwahrheitswert 0 für jedes Paar unterschiedlicher Individuen und den Quasiwahrheitswert 1 für jedes Paar übereinstimmender Individuen ergibt. Sowohl wegen der nur schwer überzeugend begründbaren Auswahl der Quasiwahrheitswerte 0 bzw. 1 hierbei (warum sollten nicht je ein anderer nicht-ausgezeichneter bzw. ausgezeichneter Quasiwahrheitswert deren Rolle übernehmen können) als auch wegen der offensichtlichen Diskrepanz zwischen der Interpretation des (verallgemeinerten) Gleichheitszeichens $\equiv$ und den Interpretationen der übrigen Prädikatensymbole erscheint dieser „absolute" Standpunkt bezüglich der mehrwertigen Identität problematisch, auch wenn er u. U. technisch besonders einfach realisierbar ist bzw. sich fast zwingend zu ergeben scheint. So erwähnt etwa THIELE [1958] für die endlichwertigen ŁUKASIEWICZschen Systeme Ł_M, daß das Akzeptieren der naheliegenden mehrwertigen Versionen

$$\forall x(x \equiv x), \tag{4.6.1}$$

$$\forall x \forall y(x \equiv y \rightarrow_{\text{Ł}} (H(x) \rightarrow_{\text{Ł}} H(x//y))) \tag{4.6.2}$$

gewöhnlicher Identitätsaxiome von PL_2 – $H(x//y)$ ist hierbei ein **Ł**-Ausdruck, in dem die in $H(x)$ nicht gebunden vorkommende Individuenvariable x an einigen Stellen ihres Vorkommens durch y ersetzt wurde derart, daß dabei an jenen Stellen y nicht in den Wirkungsbereich eines y bindenden Quantors gerät – bereits den „absoluten" Standpunkt nach sich zieht, daß $\equiv$ nur in der oben erwähnten Weise durch ein quasi zweiwertiges Prädikat interpretiert werden kann. Denn ist etwa für eine $\mathbf{Ł}$-Interpretation $\mathfrak{A}$ und eine Belegung $f: V \to |\mathfrak{A}|$ für Individuen $b, c \in |\mathfrak{A}|$:

$$0 < \mathrm{Wert}_{\mathfrak{A}}^{\mathbf{Ł}}(x \equiv y, f(xy/bc)) < 1,$$

so wähle man

$$H_0(x) = \prod_{i=1}^{m} (x \equiv x), \qquad H_0(x//y) = \prod_{i=1}^{m} (x \equiv y)$$

für ein geeignet großes m und erhält

$$\mathrm{Wert}_{\mathfrak{A}}^{\mathbf{Ł}}(x \equiv y \to_{\mathbf{Ł}} (H_0(x) \to_{\mathbf{Ł}} H_0(x//y)), f(xy/bc)) < 1$$

im Widerspruch dazu, daß (4.6.2) Identitätsaxiom, also $\mathbf{Ł}$-allgemeingültig sein sollte.

Konsequenter erscheint der „durchgehend mehrwertige" Standpunkt, als Interpretationen von $\equiv$ auch solche mehrwertigen Prädikate zuzulassen, die echt zwischen 0 und 1 gelegene Quasiwahrheitswerte annehmen können. Allerdings entsteht dann das schwierige Problem, festzulegen, welche zusätzlichen Eigenschaften solche „mehrwertige Identitätsprädikate" noch haben sollen – denn ganz beliebige mehrwertige Prädikate wird man als Interpretationen für $\equiv$ sicher nicht zulassen wollen, aber anschaulich zu fordernde Eigenschaften mehrwertiger Identitätsprädikate fehlen weitestgehend. Daher ist die mehrwertige Prädikatenlogik mit Identität ein nur selten behandelter Gegenstand. Immerhin hat Morgan [1974], [1975] sowohl den „absoluten" als auch den „durchgehend mehrwertigen" Standpunkt repräsentierende Versionen mehrwertiger Prädikatenlogik mit Identität entwickelt, die im folgenden dargestellt werden sollen.

Wir gehen nun davon aus, daß im betrachteten mehrwertigen prädikatenlogischen System $\mathbf{S}$ neben dem Gleichheitszeichen $\equiv$ wie in Abschnitt 4.4 die Junktoren J_t für jedes $t \in \mathcal{W}^{\mathbf{S}}$ und je eine Implikation $\to$, Negation $\sim$, Konjunktion $\sqcap$, Alternative $\sqcup$ und ein Generalisator $\bigwedge$ verfügbar sind (d. h. zum Alphabet gehören bzw. im System definiert werden können), die die entsprechenden Standardbedingungen erfüllen. Außerdem sollen wie in 4.4 die Quantoren von $\mathbf{S}$ durch Wertbedingungen beschreibbar und $\mathbf{S}$ endlichwertig sein. Daher können wir weiterhin annehmen, daß durch ($\mathrm{Ax_{RT}}$1), ..., ($\mathrm{Ax_{RT}}$11) und die Regeln (MP) sowie (Gen) ein Ableitungsbegriff $\vdash_{\mathbf{S}}$ für $\mathbf{S}$ konstituiert ist, von dem weiterhin ausgegangen werden kann. Aus dem Beweis des zugehörigen Vollständigkeitssatzes bei ROSSER/TURQUETTE [1952] entnimmt man dann u. a., daß

$$\Sigma \vdash_{\mathbf{S}}\text{-konsistent} \quad \text{gdw} \quad \Sigma \text{ erfüllbar bezüglich } \mathbf{S} \tag{4.6.3}$$

für jede Menge Σ von **S**-Ausdrücken gilt, wobei Σ $\vdash_{\mathbf{S}}$-konsistent heißt, falls es keinen **S**-Ausdruck H mit $\Sigma \vdash_{\mathbf{S}}^{*} (H \sqcap \sim H)$ gibt. Bereits aus Abschnitt 2.6 ist bekannt, daß $\vdash_{\mathbf{S}}$ bezüglich $\rightarrow$ auch das Deduktionstheorem ($\text{DED}_{\vdash}$) erfüllt.

4.6.2. „Absolute" Identitätsbeziehungen

Behandeln wir zunächst den „absoluten" Standpunkt. Entsprechend (4.6.1) werden wir fordern, daß $x \equiv x$ stets den „bestmöglichen" Quasiwahrheitswert habe, also **S**-allgemeingültig sei:

(AxId*1) $\bigwedge x \mathsf{J}_1(x \equiv x)$.

Die Vereinbarung, den „absoluten" Standpunkt diskutieren zu wollen, führt als weitere Forderung unmittelbar dazu, die **S**-Allgemeingültigkeit zu verlangen von:

(AxId*2) $\bigwedge x \bigwedge y(\mathsf{J}_1(x \equiv y) \sqcup \mathsf{J}_0(x \equiv y))$.

Für jedes Operationssymbol F der Stellenzahl n scheint es naheliegend, die **S**-Allgemeingültigkeit zu fordern von

(AxId*3) $\bigwedge x_1 \dots \bigwedge x_n \bigwedge y_1 \dots \bigwedge y_n(x_1 \equiv y_1 \sqcap \dots \sqcap x_n \equiv y_n$
$\rightarrow F(x_1, \dots, x_n) \equiv F(y_1, \dots, y_n))$,

d. h. beispielsweise bei $n = 1$ zu verlangen, daß $F(x) \equiv F(y)$ einen ausgezeichneten Quasiwahrheitswert annimmt, wenn $x \equiv y$ einen ausgezeichneten Wert hat.

Für jedes Prädikatensymbol P der Stellenzahl n ist man zunächst geneigt, in ganz analoger Weise die **S**-Allgemeingültigkeit von

$$\bigwedge x_1 \dots \bigwedge x_n \bigwedge y_1 \dots \bigwedge y_n(x_1 \equiv y_1 \sqcap \dots \sqcap x_n \equiv y_n \sqcap P(x_1, \dots, x_n) \rightarrow P(y_1, \dots, y_n)) \tag{4.6.4}$$

zu fordern. Da aber P nicht in gleicher Weise wie $\equiv$ als de facto zweiwertiges Prädikat interpretiert werden muß, wäre im Falle, daß das System **S** über mehr als einen ausgezeichneten Quasiwahrheitswert verfügt, mit der **S**-Allgemeingültigkeit von (4.6.4) – bei etwa $n = 1$ der Einfachheit halber – verträglich, daß für Individuenkonstanten a_1, a_2 bezüglich einer S-Interpretation $\mathfrak{A}$ gelten würden für einen ausgezeichneten Quasiwahrheitswert $s < 1$:

$$\mathfrak{A} \models \mathsf{J}_1(a_1 \equiv a_2), \quad \mathfrak{A} \models \mathsf{J}_1(P(a_1)), \quad \mathfrak{A} \models \mathsf{J}_s(P(a_2)).$$

Diese Situation widerspricht aber der inhaltlichen Vorstellung, daß bei vollständiger Übereinstimmung von a_1 und a_2 – ausgedrückt durch $\mathfrak{A} \models \mathsf{J}_1(a_1 \equiv a_2)$ – diesen Individuen auch jede Eigenschaft in gleichem Grade zukommen muß. Deswegen ersetzen wir (4.6.4) durch die Forderung, daß

$$\text{(AxId*4)} \quad \bigwedge x_1 \ldots \bigwedge x_n \bigwedge y_1 \ldots \bigwedge y_n (x_1 \equiv y_1 \sqcap \cdots \sqcap x_n \equiv y_n \sqcap \mathsf{J}_s(P(x_1, \ldots, x_n)) \rightarrow \mathsf{J}_s(P(y_1, \ldots, y_n)))$$

S-allgemeingültig sein soll für jeden Quasiwahrheitswert s und jedes n-stellige Prädikatensymbol P.

Mit ID^* wollen wir weiterhin die Menge aller S-Ausdrücke bezeichnen, die unter eines der Schemata (AxId*1), ..., (AxId*4) fallen. Eine $\equiv$-*absolute* S-Interpretation sei eine solche S-Interpretation $\mathfrak{A}$, in der für beliebige Individuen $b, c \in |\mathfrak{A}|$ für das $\equiv$ interpretierende mehrwertige Prädikat id* gilt:

$$\mathrm{id}^*(b, c) = \begin{cases} 1, & \text{falls } b = c \\ 0 & \text{sonst.} \end{cases} \tag{4.6.5}$$

Es ist leicht zu sehen, daß jede $\equiv$-absolute S-Interpretation ein Modell für ID^* ist, diese Menge ID^* von S-Ausdrücken gemäß (4.6.3) also $\vdash_{\mathsf{S}}$-konsistent ist.

Satz 4.6.1. *Eine Menge Σ von S-Ausdrücken ist genau dann in einer $\equiv$-absoluten S-Interpretation erfüllbar, wenn die Ausdrucksmenge $\Sigma \cup \mathsf{ID}^*$ bezüglich S erfüllbar ist.*

Beweis. Ist $\mathfrak{B}$ eine $\equiv$-absolute S-Interpretation und $\mathfrak{B} \models_f \Sigma$, so gilt sofort auch $\mathfrak{B} \models_f \Sigma \cup \mathsf{ID}^*$, denn alle in ID^* enthaltenen S-Ausdrücke sind Aussagen. Deswegen nehmen wir weiterhin an, daß $\mathfrak{A}$ eine S-Interpretation sei und $g: \boldsymbol{V} \rightarrow |\mathfrak{A}|$, so daß $\mathfrak{A} \models_g \Sigma \cup \mathsf{ID}^*$ gilt.

$\mathfrak{A}$ braucht keine $\equiv$-absolute S-Interpretation zu sein. Unser Ziel ist daher, ausgehend von $\mathfrak{A}$ eine $\equiv$-absolute S-Interpretation zu konstruieren, in der Σ ebenfalls erfüllbar ist. Dazu erklären wir in $|\mathfrak{A}|$ eine binäre Relation $\approx$ durch

$$b_1 \approx b_2 =_{\mathrm{def}} \mathrm{Wert}_{\mathfrak{A}}(x \equiv y, g(xy/b_1 b_2)) = 1 \tag{4.6.6}$$

für paarweise verschiedene Individuenvariable x, y. Es ist leicht zu sehen, daß dies eine korrekte Definition ist, die sogar unabhängig ist von der

Wahl der betrachteten Belegung g. Die Relation $\approx$ ist eine Äquivalenzrelation in $|\mathfrak{A}|$: sie ist reflexiv, weil (AxId*1) in $\mathfrak{A}$ gültig ist; sie ist symmetrisch und transitiv, weil (AxId*4) in $\mathfrak{A}$ gültig ist. Es sei

$$\mathcal{A}^* = |\mathfrak{A}|/_{\approx} = \{[b]_{\approx} \mid b \in |\mathfrak{A}|\}, \tag{4.6.7}$$

wobei $[b]_{\approx}$ die $\approx$-Restklasse von b in $|\mathfrak{A}|$ bedeuten möge.

$\mathcal{A}^*$ soll nun Individuenbereich einer $\equiv$-absoluten **S**-Interpretation werden. Dazu müssen über $\mathcal{A}^*$ für alle zum Alphabet von **S** gehörenden Prädikaten- und Operationssymbole entsprechende mehrwertige Prädikate bzw. Operationen erklärt werden. Dafür setzen wir für beliebige $b_1, \ldots, b_n \in |\mathfrak{A}|$ und jedes n-stellige Prädikatensymbol P von **S** ($\equiv$ eingeschlossen):

$$P^*([b_1]_{\approx}, \ldots, [b_n]_{\approx}) =_{\text{def}} P^{\mathfrak{A}}(b_1, \ldots, b_n), \tag{4.6.8}$$

und für jedes n-stellige Operationssymbol F von **S**:

$$F^*([b_1]_{\approx}, \ldots, [b_n]_{\approx}) =_{\text{def}} [F^{\mathfrak{A}}(b_1, \ldots, b_n)]_{\approx}, \tag{4.6.9}$$

wobei $F^{\mathfrak{A}}$ die F bei der **S**-Interpretation $\mathfrak{A}$ entsprechende Operation ist.

Die Gültigkeit der **S**-Aussagen (AxId*4) bzw. (AxId*3) in $\mathfrak{A}$ sichert, daß sowohl die Definition (4.6.8) als auch die Definition (4.6.9) sinnvoll, d. h. unabhängig von der Wahl der betrachteten Repräsentanten der auftretenden $\approx$-Restklassen sind. Da auch (AxId*2) bzgl. $\mathfrak{A}$ gültig ist, ergibt sich für $\text{id}^* = \equiv^* = \equiv^{\mathfrak{A}}$, d. h. für das $\equiv$ bei der durch (4.6.7) zusammen mit (4.6.8), (4.6.9) konstituierten **S**-Interpretation $\mathfrak{A}^*$ entsprechende mehrwertige Prädikat, unmittelbar (4.6.5). Daher ist $\mathfrak{A}^*$ eine $\equiv$-absolute **S**-Interpretation.

Es bleibt zu zeigen, daß Σ in $\mathfrak{A}^*$ erfüllbar ist. Dazu werde jeder Belegung $f: V \to |\mathfrak{A}|$ durch die Festlegung

$$f^*(x) =_{\text{def}} [f(x)]_{\approx}$$

eine Belegung $f^*: V \to \mathcal{A}^*$ bezüglich $\mathfrak{A}^*$ zugeordnet. Die Definition (4.6.9) sichert, daß für jeden **S**-Term T gilt

$$\text{Wert}^{\mathbf{S}}_{\mathfrak{A}^*}(T, f^*) = [\text{Wert}^{\mathbf{S}}_{\mathfrak{A}}(T, f)]_{\approx},$$

wie man leicht induktiv über den Termaufbau bestätigt. Entsprechend sichert (4.6.8) zunächst unmittelbar, daß

$$\text{Wert}^{\mathbf{S}}_{\mathfrak{A}^*}(H, f^*) = \text{Wert}^{\mathbf{S}}_{\mathfrak{A}}(H, f) \tag{4.6.10}$$

gilt für prädikative **S**-Ausdrücke H. Induktiv über den Ausdrucksaufbau ergibt sich dann leicht, daß (4.6.10) für beliebige **S**-Ausdrücke H gilt. Deswegen gilt also $\mathfrak{A}^* \models_{g^*} \Sigma$, was noch zu zeigen war. ∎

Betrachten wir nun die Standarderweiterung $\vdash^*_{\mathbf{S}}$ der oben eingeführten

Ableitungsbeziehung $\vdash_{\mathsf{S}}$, und schreiben wir $\models_{*} H$, falls der **S**-Ausdruck H in allen $\equiv$-absoluten **S**-Interpretationen gültig ist, so erhalten wir sofort aus Satz 4.6.1 und Satz 4.4.6:

Folgerung 4.6.2 (Korrektheitssatz): *Für jeden* **S**-*Ausdruck H gilt*

$$\mathsf{ID}^* \vdash_{\mathsf{S}}^{*} H \Rightarrow \models_{*} H .$$

Wichtig ist, daß sich ganz entsprechend auch der zugehörige Vollständigkeitssatz ergibt.

Satz 4.6.3 (Vollständigkeitssatz). *Für jeden* **S**-*Ausdruck H gilt*

$$\models_{*} H \Rightarrow \mathsf{ID}^* \vdash_{\mathsf{S}}^{*} H .$$

Beweis. Es gelte $\models_{*} H$, d. h., H sei gültig in allen $\equiv$-absoluten **S**-Interpretationen. Dann ist die Ausdrucksmenge $\mathsf{ID}^* \cup \{\sim H\}$ nicht erfüllbar bezüglich **S**, da andernfalls wegen Satz 4.6.1 der **S**-Ausdruck $\sim H$ in einer $\equiv$-absoluten **S**-Interpretation erfüllbar wäre. Daher ist nach (4.6.3) die Ausdrucksmenge $\mathsf{ID}^* \cup \{\sim H\}$ $\vdash_{\mathsf{S}}$-inkonsistent, d. h., es existiert ein **S**-Ausdruck G, für den $\mathsf{ID}^* \cup \{\sim H\} \vdash_{\mathsf{S}}^{*} (G \sqcap \sim G)$ gilt. (DED$_{\vdash}$) liefert also

$$\mathsf{ID}^* \vdash_{\mathsf{S}}^{*} \sim H \rightarrow (G \sqcap \sim G),$$

woraus sofort $\mathsf{ID}^* \vdash_{\mathsf{S}}^{*} H$ folgt, weil $\big(\sim H \rightarrow (G \sqcap \sim G)\big) \rightarrow H$ ein **S**-allgemeingültiger Ausdruck und also nach Satz 4.4.5 $\vdash_{\mathsf{S}}$-ableitbar ist. ∎

4.6.3. „Echt mehrwertige" Identitätsbeziehungen

Für den „absoluten" Standpunkt ist mit den Resultaten von 4.6.2 für solche prädikatenlogischen Systeme, wie sie in Abschnitt 4.4 adäquat axiomatisiert wurden, eine zufriedenstellende Version mehrwertiger Prädikatenlogik mit Identität gefunden. Gleiches wird nun, Morgan [1975] folgend, auch für den „durchgehend mehrwertigen" Standpunkt angestrebt. Beibehalten werden wir dabei die Forderung, daß jeder unter das Schema

(AxId1) $\bigwedge x \mathsf{J}_1(x \equiv x)$

fallende **S**-Ausdruck bezüglich **S** allgemeingültig sein soll. Natürlich entfällt nun die Betrachtung des Schemas (AxId*2). Allerdings führt auch Schema (AxId*3) nun auf Schwierigkeiten, wenn **S** mehr als einen ausgezeichneten Quasiwahrheitswert hat. Wird nämlich in solch einem Falle nur der Quasiwahrheitswert 1 für $a \equiv b$ (a, b geeignete Individuenkonstanten zur Vereinfachung der folgenden Bemerkungen) als „vollständige Übereinstimmung“ von a und b interpretiert, so gestattet die **S**-Allgemeingültigkeit aller unter (AxId*3) fallenden **S**-Ausdrücke immer noch eine gewisse Abweichung von der üblichen Eindeutigkeitsforderung für Operationen: Es kann – etwa bei $n = 1$ – dann möglich sein, daß $x \equiv y$ den Quasiwahrheitswert 1 hat, aber $F(x) \equiv F(y)$ einen (ausgezeichneten) Wert < 1. Wir wollen Akzeptabilität solch einer Situation, ihre möglichen Konsequenzen und auch Methoden zu ihrer Vermeidung hier nicht diskutieren, sondern wie MORGAN [1975] nur den einfachsten Fall im weiteren zulassen, daß das Alphabet von **S** keine Operationssymbole enthält.

Es bleibt nun zu prüfen, in welchem Maße (4.6.4) bzw. das Schema (AxId*4) den Intentionen des „durchgehend mehrwertigen“ Standpunktes entsprechen. Zur weiteren Vereinfachung der folgenden Überlegungen sei zunächst daran erinnert, daß die PL_2-Version von (4.6.4) gewonnen werden kann aus allen PL_2-Ausdrücken der Form

$$(\bigwedge) \bigwedge x_i \bigwedge y_i(x_i = y_i \wedge P(x_1 \ldots x_i \ldots x_n) \Rightarrow P(x_1 \ldots y_i \ldots x_n)) \tag{4.6.11}$$

für $i = 1, \ldots, n$, wobei P n-stelliges Prädikatensymbol, $(\bigwedge)$ Generalisierung über alle im nachfolgenden Ausdruck frei vorkommenden Variablen und $P(x_1 \ldots y_i \ldots x_n)$ der Ausdruck ist, in dessen i-ter Leerstelle die Variable x_i durch die Variable y_i ersetzt worden ist.

Einem unmittelbaren Umschreiben von (4.6.11) in die Sprache von **S**, d. h. einem Ersetzen der in (4.6.11) auftretenden Junktoren bzw. Quantoren von PL_2 durch solche von **S**, stehen dieselben Einwände entgegen, die wir im Anschluß an (4.6.4) diskutiert haben. Deswegen erscheint die zusätzliche Einführung geeigneter Junktoren J_t angebracht, wie dies auch in (AxId*4) geschah. Aber allgemeiner als dort wird man inhaltlich erwarten, daß „angenäherte Gleichheit“ von a, b auch – bei $n = 1$ der Einfachheit halber – nur „angenäherte Gleichheit“ der Quasiwahrheitswerte von $P(a)$ und $P(b)$ verlangt, also (4.6.11) etwa durch

$$(\wedge) \wedge x_i \wedge y_i(\mathsf{J}_s(x_i \equiv y_i) \sqcap \mathsf{J}_t(P(x_1 \ldots x_i \ldots x_n)) \rightarrow \mathsf{J}_{\sigma(s,t)}(P(x_1 \ldots y_i \ldots x_n))) \tag{4.6.12}$$

zu ersetzen sein wird, wobei $1 \leq i \leq n$ ist und $s, t \in \mathscr{W}^{\mathsf{S}}$ sowie σ eine zweistellige Wahrheitswertfunktion. Obwohl mit (4.6.12) die Möglichkeit gegeben ist, daß die Quasiwahrheitswerte t, $\sigma(s, t)$ verschieden sind, verlangt (4.6.12) doch, daß der Quasiwahrheitswert von $P(x_1 \ldots y_i \ldots x_n)$ – bei fixierter Belegung der Individuenvariablen – eindeutig durch die Quasiwahrheitswerte von $x_i \equiv y_i$ und $P(x_1 \ldots x_i \ldots x_n)$ festgelegt ist. Dies entspricht zumindest bei $s = 0$ nicht den aus der klassischen Prädikatenlogik mit Identität bekannten Verhältnissen und erscheint als zu weitgehende Forderung. Eher dürfte sich eine sachgemäße formale Erfassung der oben erwähnten „angenäherten Gleichheit" der Quasiwahrheitswerte von $P(x_1 \ldots x_i \ldots x_n)$ und $P(x_1 \ldots y_i \ldots x_n)$ ergeben, wenn wir verlangen, daß diese Werte „nicht zu unterschiedlich" sind und ihre maximal erlaubte „Differenz" vom Quasiwahrheitswert von $x_i \equiv y_i$ abhängt. Um diese Vorstellung in der Sprache von **S** formulieren zu können, benutzen wir die durch

$$\bigsqcup_{i=1}^{1} H_i =_{\text{def}} H_1, \qquad \bigsqcup_{i=1}^{k+1} H_i =_{\text{def}} \left(\bigsqcup_{i=1}^{k} H_i\right) \sqcup H_{k+1}$$

erklärte Iteration der Alternative $\sqcup$ von **S** und die in (2.6.8) eingeführten Bezeichnungen τ_i für die Werte aus $\mathcal{W}^{\mathbf{S}} = \mathcal{W}_M$. Statt (4.6.12) betrachten wir nun die **S**-Ausdrücke

$$(\bigwedge) \bigwedge x_i \bigwedge y_i \Bigg(\mathrm{J}_s(x_i \equiv y_i) \sqcap \mathrm{J}_t(P(x_1 \ldots x_i \ldots x_n)) \rightarrow \bigsqcup_{r=\sigma(s,t)}^{\tau(s,t)} \mathrm{J}_{\tau_r}(P(x_1 \ldots y_i \ldots x_n))\Bigg) \qquad (4.6.13)$$

für $1 \leq i \leq n$ sowie $s, t \in \mathcal{W}^{\mathbf{S}} = \mathcal{W}_M$ und Funktionen $\sigma, \tau: \mathcal{W}_M \times \mathcal{W}_M \rightarrow \{1, .., M\}$. Entscheidend ist nun die Wahl der Funktionen σ, τ.

Die naheliegende Vorstellung, $\mathrm{Wert}^{\mathbf{S}}_{\mathfrak{A}}(x \equiv y, f) = 1$ als vollständige Übereinstimmung von $f(x)$ und $f(y)$ zu interpretieren, führt unmittelbar zu den Forderungen

$$\sigma(1, t) = \tau(1, t) = M - t \cdot (M - 1),$$

d. h. zu den Forderungen

$$\sigma(1, t) = \tau(1, t) \quad \text{und} \quad \tau_{\sigma(1,t)} = t,$$

weswegen für $s = 1$ (4.6.12) und (4.6.13) dieselben Aussagen formulieren. Ferner verlangen wir natürlich

$$1 \leq \sigma(s, t) \leq \tau(s, t) \leq M \quad \text{für alle} \quad s, t \in \mathcal{W}^{\mathbf{S}}.$$

Für den Fall $s = 0$ sollte entsprechend der Quasiwahrheitswert von $P(x_1 \ldots y_i \ldots x_n)$ in (4.6.13) keinen einschränkenden Bedingungen unterliegen, also

$$\sigma(0, t) = 1 \quad \text{und} \quad \tau(0, t) = M$$

sein für jedes $t \in \mathcal{W}^{\mathbf{S}}$. Außerdem sollten die Funktionen σ, τ monoton im ersten Argument sein:

$$s_1 \leq s_2 \Rightarrow \sigma(s_1, t) \leq \sigma(s_2, t) \wedge \tau(s_1, t) \geq \tau(s_2, t),$$

damit „geringere Übereinstimmung" (der Werte) von x_i, y_i mehr Möglichkeiten für die Abweichung (des Wertes) von $P(x_1 \ldots y_i \ldots x_n)$ von (dem Wert von) $P(x_1 \ldots x_i \ldots x_n)$ zuläßt.

Um allen diesen Forderungen gerecht zu werden, wählt MORGAN [1975] die folgenden speziellen Funktionen:

$$\sigma(\tau_i, \tau_j) = \max(1, j - i + 1),$$
$$\tau(\tau_i, \tau_j) = \min(M, j + i - 1).$$

Unter Verwendung bekannter Wahrheitswertfunktionen kann man, wie leichte Umrechnungen zeigen, dies auch schreiben als:

$$\tau_{\sigma(s,t)} = \mathrm{seq}_1(s, t), \qquad \tau_{\tau(s,t)} = \mathrm{et}_2(s, t).$$

Deswegen akzeptieren wir nun als weitere Forderung für den „durchgehend mehrwertigen" Standpunkt zur mehrwertigen Prädikatenlogik mit Identität, daß jeder unter das Schema

$$\text{(AxId2)} \quad (\bigwedge) \bigwedge x_i \bigwedge y_i \Big(\mathsf{J}_s(x_i \equiv y_i) \sqcap \mathsf{J}_t\big(P(x_1 \ldots x_i \ldots x_n)\big) \rightarrow \bigsqcup_{r = \mathrm{et}_2(s,t)}^{\mathrm{seq}_1(s,t)} \mathsf{J}_r\big(P(x_1 \ldots y_i \ldots x_n)\big)\Big),$$

in dem $1 \leq i \leq n$ ist, $s, t \in \mathscr{W}^{\mathsf{S}}$ und P ein n-stelliges Prädikatensymbol von S, fallende S-Ausdruck bzgl. S allgemeingültig sein soll.

Die in (AxId2) speziell nur für den Austausch einer Individuenvariablen in einer Leerstelle eines prädikativen S-Ausdrucks formulierten Bedingungen an das Wahrheitswertverhalten dieses Ausdrucks „vor" und „nach" diesem Austausch können prinzipiell mittels (AxId2) nun auch für den Austausch einer oder mehrerer Individuenvariablen in komplexeren S-Ausdrücken (an eventuell mehreren Stellen) formuliert werden. Allerdings werden diese Formulierungen mit wachsender Anzahl von Stellen, an denen Individuenvariable ausgetauscht werden, rasch sehr kompliziert. Deswegen wollen wir nur den einfachsten Fall (AxId2) explizit notieren.

Während aber eine – abgeschwächte – Transitivität von $\equiv$ aus (AxId2) leicht zu gewinnen ist, nämlich einfach als

$$\bigwedge x \bigwedge y \bigwedge z \Big(\mathsf{J}_s(x \equiv y) \sqcap \mathsf{J}_t(y \equiv z) \rightarrow \bigsqcup_{r = \mathrm{et}_2(t,s)}^{\mathrm{seq}_1(t,s)} \mathsf{J}_r(x \equiv z)\Big),$$

fehlt nun eine entsprechende Möglichkeit bzgl. der Symmetrie von $\equiv$. Deswegen werden wir schließlich noch die S-Allgemeingültigkeit jedes unter das Schema

$$\text{(AxId3)} \quad \bigwedge x \bigwedge y \big(\mathsf{J}_s(x \equiv y) \rightarrow \mathsf{J}_s(y \equiv x)\big)$$

fallenden S-Ausdrucks fordern.

Mit $\mathbf{ID}$ bezeichnen wir weiterhin die Menge aller unter eines der Schemata (AxId1), (AxId2), (AxId3) fallenden $\mathbf{S}$-Ausdrücke. Offenbar ist $\mathbf{ID}$ eine Menge von $\mathbf{S}$-Aussagen. Als „vernünftige" Interpretationen mehrwertiger prädikatenlogischer Systeme $\mathbf{S}$ mit Identität werden wir vom „durchgehend mehrwertigen" Standpunkt aus nur solche $\mathbf{S}$-Interpretationen zulassen, die Modell von $\mathbf{ID}$ sind.

Die „vernünftigen" Interpretationen sollen aber nicht durch diese Modelleigenschaft charakterisiert werden, sondern durch Bedingungen an das $\equiv$ entsprechende mehrwertige Prädikat, wie dies analog auch durch (4.6.5) bei der Realisierung des „absoluten" Standpunktes geschehen ist.

Eine $\mathbf{S}$-Interpretation $\mathfrak{A}$ möge $\equiv$-*normal* heißen, falls für das $\equiv$ in $\mathfrak{A}$ interpretierende mehrwertige Prädikat $\mathrm{id} = \equiv^{\mathfrak{A}}$ gelten für alle $b_1, b_2 \in |\mathfrak{A}|$:

$(\mathrm{N}_{\equiv}1)\quad \mathrm{id}(b_1, b_1) = 1\,,$

$(\mathrm{N}_{\equiv}2)\quad \mathrm{id}(b_1, b_2) = \mathrm{id}(b_2, b_1)$

und außerdem die Ungleichung

$$(\mathrm{N}_{\equiv}3)\quad \mathrm{id}(b_1, b_2) \le \inf \{1 - |P^{\mathfrak{A}}(\vec{c}) - P^{\mathfrak{A}}(\vec{c}\,')| \;\; | P \text{ Prädikatensymbol von } \mathbf{S} \text{ und } (\vec{c}, \vec{c}\,') \in \boldsymbol{D}_{\mathfrak{A}}(P; b_1, b_2)\}\,.$$

Dabei sollen zwei n-Tupel $\vec{c}, \vec{c}\,'$ von Elementen aus $|\mathfrak{A}|$ (b_1, b_2)-*verbunden* genannt werden, falls $\vec{c}$ und $\vec{c}\,'$ in $n - 1$ Komponenten übereinstimmen und in einer Komponente $\vec{c}$ den Wert b_1 und $\vec{c}\,'$ den Wert b_2 hat, und soll für jedes Prädikatensymbol P von $\mathbf{S}$ mit Stellenzahl k

$$\boldsymbol{D}_{\mathfrak{A}}(P; b_1, b_2) =_{\mathrm{def}} \{(\vec{c}, \vec{c}\,') \mid \vec{c}, \vec{c}\,' \ (b_1, b_2)\text{-verbundene } k\text{-Tupel von Elementen von } |\mathfrak{A}|\}$$

sein.

Satz 4.6.4. *Eine $\mathbf{S}$-Interpretation $\mathfrak{A}$ ist genau dann $\equiv$-normal, wenn $\mathfrak{A}$ Modell von $\mathbf{ID}$ ist.*

Beweis. Es ist sofort klar, daß alle unter (AxId1) fallenden $\mathbf{S}$-Aussagen genau dann in $\mathfrak{A}$ erfüllbar und also gültig sind, wenn $(\mathrm{N}_{\equiv}1)$ gilt. Ebenso ergibt sich unmittelbar, daß alle unter (AxId3) fallenden $\mathbf{S}$-Aussagen genau dann in $\mathfrak{A}$ erfüllbar und also gültig sind, wenn $(\mathrm{N}_{\equiv}2)$ gilt.

Nehmen wir nun an, $(\mathrm{N}_{\equiv}3)$ gelte bezüglich $\mathfrak{A}$ und der $\mathbf{S}$-Ausdruck

$$\mathrm{J}_s(x_i \equiv y_i) \sqcap \mathrm{J}_t(P(x_1 \ldots x_i \ldots x_n)) \tag{4.6.14}$$

habe bei $s, t \in \mathcal{W}^{\mathbf{S}}$ für eine Belegung $f\colon \boldsymbol{V} \to |\mathfrak{A}|$ einen ausgezeichneten Quasiwahrheitswert. Es seien $b_1 = f(x_i)$, $b_2 = f(y_i)$, $\vec{c} = (f(x_1), \ldots, f(x_n))$

und $\vec{c}' = (f(x_1), \ldots f(y_i) \ldots, f(x_n))$. Offenbar sind die n-Tupel $\vec{c}, \vec{c}'$ nach Konstruktion (b_1, b_2)-verbunden. Ferner ist $\mathrm{id}(b_1, b_2) = s$ und $P_{\mathfrak{A}}(\vec{c}) = t$. Deswegen ergibt sich aus ($\mathrm{N}_{\equiv}3$) für $t' = P^{\mathfrak{A}}(\vec{c}')$:

$$s \leq 1 - |t - t'|$$

und also

$$s - 1 \leq t' - t \leq 1 - s,$$

was auch als

$$s + t - 1 \leq t' \leq 1 - s + t$$

geschrieben werden kann und wegen $0 \leq t' \leq 1$ äquivalent ist mit

$$\mathrm{et}_2(s, t) \leq t' \leq \mathrm{seq}_1(s, t).$$

Damit ist gezeigt, daß auch der **S**-Ausdruck

$$\bigsqcup_{r=\mathrm{et}_2(s,t)}^{\mathrm{seq}_1(s,t)} \mathsf{J}_r(P(x_1 \ldots y_i \ldots x_n)) \tag{4.6.15}$$

bei dieser Belegung f einen ausgezeichneten Quasiwahrheitswert hat. Insgesamt folgt daraus, daß jede unter (AxId2) fallende **S**-Aussage bezüglich $\mathfrak{A}$ gültig ist.

Umgekehrt sei nun jede zu **ID** gehörende **S**-Aussage in $\mathfrak{A}$ erfüllbar, d. h. bezüglich $\mathfrak{A}$ gültig. Dann gelten ($\mathrm{N}_{\equiv}1$) und ($\mathrm{N}_{\equiv}2$). Würde ($\mathrm{N}_{\equiv}3$) nicht gelten, so gäbe es Individuen $b_1, b_2 \in |\mathfrak{A}|$, ein n-stelliges Prädikatensymbol P von **S** und (b_1, b_2)-verbundene n-Tupel $\vec{c}, \vec{c}'$ von Elementen von $|\mathfrak{A}|$, für die

$$\mathrm{id}(b_1, b_2) > 1 - |P^{\mathfrak{A}}(\vec{c}) - P^{\mathfrak{A}}(\vec{c}')| \tag{4.6.16}$$

wäre. Wir setzen $s = \mathrm{id}(b_1, b_2)$ und $t = P^{\mathfrak{A}}(\vec{c})$. Offenbar gibt es einen Index $1 \leq i \leq n$, Individuenvariable $x_1, \ldots, x_n, y_i$ und eine Belegung $f\colon \boldsymbol{V} \to |\mathfrak{A}|$ derart, daß $b_1 = f(x_i)$, $b_2 = f(y_i)$ sowie $\vec{c} = (f(x_1), \ldots, f(x_n))$ und $\vec{c}' = (f(x_1), \ldots, f(y_i) \ldots, f(x_n))$ gelten. Somit bekäme der **S**-Ausdruck (4.6.14) bei f einen ausgezeichneten Quasiwahrheitswert, aber wegen (4.6.16) wäre

$$s > 1 - |t - t'|$$

für $t' = P^{\mathfrak{A}}(\vec{c}')$, woraus sich analog oben

$$t' < s + t - 1 \quad \text{oder} \quad 1 - s + t < t'$$

bzw. gleichwertig

$$\mathrm{et}_2(s, t) \not\leq t' \quad \text{oder} \quad t' \not\leq \mathrm{seq}_1(s, t)$$

ergeben. Deswegen hätte bei f der **S**-Ausdruck (4.6.15) keinen ausgezeichneten Quasiwahrheitswert, womit insgesamt eine unter (AxId2) fallende und in $\mathfrak{A}$ nicht gültige und somit nicht erfüllbare **S**-Aussage konstruiert wäre. Da dies nach Voraussetzung unmöglich ist, muß also auch ($N_{\equiv}3$) gelten. ∎

Folgerung 4.6.5. ID *ist bezüglich* **S** *erfüllbar und also* $\vdash_{\mathbf{S}}$*-konsistent.*

Beweis. Wegen (4.6.3) genügt es zu zeigen, daß ID erfüllbar ist, also eine **S**-Interpretation $\mathfrak{B}$ anzugeben, die Modell von ID ist. Wir wählen irgendein Element ω und setzen $|\mathfrak{B}| = \{\omega\}$ sowie $P^{\mathfrak{B}}(\omega, \ldots, \omega) = 1$ für alle Prädikatensymbole P von **S**, also insbesondere auch $\mathrm{id}(\omega, \omega) = 1$. Man bestätigt leicht, daß $\mathfrak{B}$ Modell von ID ist. ∎

Erneut betrachten wir nun die Standarderweiterung $\vdash_{\mathbf{S}}^{*}$ der oben eingeführten Ableitungsbeziehung $\vdash_{\mathbf{S}}$ und schreiben jetzt $\models_n H$, falls der **S**-Ausdruck H in allen $\equiv$-normalen **S**-Interpretationen gültig ist.

Folgerung 4.6.6 (Korrektheitssatz). *Für jeden* **S**-*Ausdruck H gilt*

$$\mathsf{ID} \vdash_{\mathbf{S}}^{*} H \Rightarrow\ \models_n H .$$

Beweis. Aus Satz 4.4.6 folgt, daß $\mathsf{ID} \vdash_{\mathbf{S}}^{*} H$ genau dann gilt, wenn $\mathsf{ID} \models_{\mathbf{S}} H$ gilt. Daher folgt die Behauptung sofort aus Satz 4.6.4. ∎

Satz 4.6.7 (Vollständigkeitssatz). *Für jeden* **S**-*Ausdruck H gilt*

$$\models_n H \Rightarrow \mathsf{ID} \vdash_{\mathbf{S}}^{*} H .$$

Beweis. Es gelte $\models_n H$. Dann ist die Ausdrucksmenge $\mathsf{ID} \cup \{\sim H\}$ nicht bezüglich **S** erfüllbar nach Satz 4.6.4. Daher ist nach (4.6.3) die Ausdrucksmenge $\mathsf{ID} \cup \{\sim H\}$ $\vdash_{\mathbf{S}}$-inkonsistent, und es kann wie im Beweis zu Satz 4.6.3 weiter geschlossen werden. ∎

Es ist übrigens mit den gleichen Beweismethoden leicht sogar für jede Menge Σ von **S**-Ausdrücken zu zeigen, daß

$$\mathsf{ID} \cup \Sigma \vdash_{\mathbf{S}}^{*} H \Leftrightarrow \Sigma \models_n H$$

gilt, wenn $\Sigma \models_n H$ bedeute, daß H in allen denjenigen $\equiv$-normalen **S**-Interpretationen gültig ist, die auch Modell von Σ sind. Der Leser möge übungshalber diesen Beweis selbst führen.

Für die Łukasiewiczschen prädikatenlogischen Systeme lassen sich bemerkenswerterweise die in den Schemata (AxId1), …, (AxId3) kodierten Bedingungen ($N_{\equiv}1$), …, ($N_{\equiv}3$) für die $\equiv$ interpretierenden mehrwertigen Prädikate id weit einfacher formulieren, wie sich aus Gottwald [1985] ergibt. Es ist sofort klar, daß die Forderung nach der Gültigkeit aller unter eines der Schemata

$(\mathrm{Id}_{\text{Ł}}1)\quad \forall\, x(x \equiv x),$

$(\mathrm{Id}_{\text{Ł}}2)\quad \forall\, x \,\forall\, y(x \equiv y \to_{\text{Ł}} y \equiv x)$

fallenden **Ł**-Aussagen bezüglich einer **Ł**-Interpretation $\mathfrak{A}$ dazu gleichwertig ist, für das mehrwertige Prädikat id $= \equiv^{\mathfrak{A}}$ zu verlangen, daß es den Bedingungen $(\mathrm{N}_{\equiv}1)$ und $(\mathrm{N}_{\equiv}2)$ genügt. Statt der Betrachtung des relativ schwierig zu formulierenden Schemas (AxId2) genügt es nun, das Schema

$$(\mathrm{Id}_{\text{Ł}}3)\quad (\forall)\,\forall\, x_i \,\forall\, y_i\big(x_i \equiv y_i \,\&\, P(x_1 \ldots x_i \ldots x_n) \to_{\text{Ł}} P(x_1 \ldots y_i \ldots x_n)\big)$$

für beliebige $i = 1, \ldots, n$ und n-stellige Prädikatensymbole P zu betrachten. Ist nämlich $f\colon \boldsymbol{V} \to |\mathfrak{A}|$ irgendeine Belegung und setzen wir: $s = \mathrm{Wert}_{\mathfrak{A}}^{\text{Ł}}(x_i \equiv y_i, f)$, $t = \mathrm{Wert}_{\mathfrak{A}}^{\text{Ł}}\big(P(x_1 \ldots x_i \ldots x_n), f\big)$ und $t' = \mathrm{Wert}_{\mathfrak{A}}^{\text{Ł}}\big(P(x_1 \ldots y_i \ldots x_n), f\big)$, so verlangt die Gültigkeit von $(\mathrm{Id}_{\text{Ł}}3)$ in $\mathfrak{A}$ sofort

$$\mathrm{et}_2(s, t) \leq t',$$

da 1 einziger ausgezeichneter Quasiwahrheitswert ist. Da man wegen der Gültigkeit von $(\mathrm{Id}_{\text{Ł}}2)$ bezüglich $\mathfrak{A}$, d. h. wegen $(\mathrm{N}_{\equiv}2)$ in $(\mathrm{Id}_{\text{Ł}}3)$ die Individuenvariablen x_i, y_i gegeneinander austauschen kann, führt die Gültigkeit von $(\mathrm{Id}_{\text{Ł}}3)$ in $\mathfrak{A}$ auch zu

$$\mathrm{et}_2(s, t') \leq t,$$

was gleichwertig ist zur Ungleichung

$$t' \leq \mathrm{seq}_1(s, t),$$

wie elementare Umformungen zeigen. Damit sieht man, daß $(\mathrm{Id}_{\text{Ł}}3)$ bereits alle in (AxId2) kodierten Forderungen ebenfalls enthält, also die Gültigkeit aller unter $(\mathrm{Id}_{\text{Ł}}3)$ fallenden **Ł**-Aussagen bezüglich $\mathfrak{A}$ verlangt, daß $(\mathrm{N}_{\equiv}3)$ erfüllt ist. Da es trivial ist, für jede $\equiv$-normale **Ł**-Interpretation zu zeigen, daß sie Modell jedes der Schemata $(\mathrm{Id}_{\text{Ł}}1)$, $(\mathrm{Id}_{\text{Ł}}2)$, $(\mathrm{Id}_{\text{Ł}}3)$ ist, erhalten wir schließlich für die Menge $\mathsf{ID}_{\text{Ł}}$ aller unter eines dieser Schemata fallenden **Ł**-Aussagen:

Satz 4.6.8. *Eine* **Ł**-*Interpretation* $\mathfrak{A}$ *ist genau dann* $\equiv$-*normal, wenn sie Modell von* $\mathsf{ID}_{\text{Ł}}$ *ist.*

Axiomatisiert man also die endlichwertigen Systeme Ł_M nach dem Rosser-Turquetteschen Verfahren von Abschnitt 4.4 etwa mittels der in (4.5.3), (4.5.4) angegebenen, die Standardbedingungen erfüllenden Junktoren, so hat man in diesem Falle wieder (4.6.3) zur Verfügung und kann damit ausgehend von Satz 4.6.8 die Analoga zu Folgerung 4.6.6 und Satz 4.6.7 beweisen, in denen $\mathsf{ID}_{\text{Ł}}$ an die Stelle von ID tritt.

5. Anwendungen der mehrwertigen Logik

5.1. Das Anwendungsproblem

Diskussionen um Nutzen und Anwendbarkeit mehrwertiger logischer Systeme konzentrieren sich häufig überwiegend auf zwei Gesichtspunkte: einerseits auf die Frage der inhaltlichen Deutung der Quasiwahrheitswerte solcher Systeme und andererseits darauf, ob mehrwertige logische Systeme – und eventuell welche – ein brauchbarer Ersatz für die klassische Logik sind. Die zweite dieser Fragen scheint jedenfalls falsch gestellt: Weder bei Systemen mehrwertiger Logik noch auch bei anderen Systemen nichtklassischer Logik kann es darum gehen, daß sie die klassische Logik ersetzen.[1] Vielmehr sollen und können sie die klassische Logik in Anwendungsbereichen fruchtbar ergänzen, die jenseits des traditionellen Anwendungsfeldes der klassischen Logik liegen. Welche Bereiche dies sein könnten, hängt wesentlich vom inhaltlichen Verständnis der spezifischen Ausdrucksmittel solcher Systeme ab. Während die naive Anschauung aber oft vermeint hat, mit den gegenüber der klassischen Logik neuen Ausdrucksmitteln etwa der Modallogik oder der deontischen Logik unschwer eine inhaltlich angemessene Interpretation verbinden zu können, war die scheinbare Anschaulichkeit mehrwertiger logischer Systeme stets geringer. Dies liegt sicher zu einem großen Teil darin begründet, daß die sich schnell präsentierende Auffassung der „zusätzlichen" Wahrheitswerte mehrwertiger logischer Systeme als Wahrheitswerte „zwischen" den traditionellen Werten „wahr" und „falsch" bisher nicht in befriedigender Weise mit den gängigen Vorstellungen über die Wahrheit bzw. Falschheit von Aussagen in Einklang gebracht werden konnte. Eines der hauptsächlichen Probleme der Anwendung logischer Systeme ist daher die stets geeignete Interpretation der „zusätzlichen" – oder genauer: aller in diesen Systemen vorhandenen – Quasiwahrheitswerte. Bei den im folgenden betrachteten – teils erfolgreichen, teils problematischen – Anwendung(sversuch)en wird daher dieses Problem der jeweiligen Deutung der zugelassenen Quasiwahrheitswerte vorrangig Interesse beanspruchen. Die Tatsache, daß sehr unterschiedliche Deutungen zur Sprache kommen werden, spricht aber nicht gegen die mehr-

[1] Daß die intuitionistische Logik – insbesondere bei L. E. J. Brouwer in ihrer in die Mathematik eingeschlossenen Form als Intuitionismus – historisch mit diesem Anspruch aufgetreten ist, kann hier außer Betracht bleiben, da sich dieser Anspruch als verfehlt erwiesen hat und heute auch nicht mehr erhoben wird.

wertige Logik: In der Modallogik zeigt sich nämlich ganz dieselbe Problemlage, wenn man danach fragt, was man sich unter den möglichen Welten der KRIPKEsemantik vorzustellen hat. Und auch dort ist zu beobachten, daß in verschiedenen Anwendungssituationen ganz unterschiedliche Interpretationen dieser sogenannten möglichen Welten und der Erreichbarkeitsrelation zwischen ihnen erfolgreich bzw. notwendig sind. Ja es ist für die Anwendbarkeit der mehrwertigen Logik sogar vorteilhaft, daß die Quasiwahrheitswerte ganz unterschiedlicher Deutungen fähig sind, denn dadurch vergrößert sich der Bereich potentieller Anwendungsgebiete.

Die weiterhin diskutierten Anwendungen der mehrwertigen Logik betreffen historisch oder aktuell wesentliche Beispiele. Eine Vollständigkeit des mit diesen Beispielen gegebenen Überblicks ist weder innerhalb der einzelnen Beispielbereiche noch im Großen für die Anwendungsgebiete mehrwertiger Logik überhaupt angestrebt, noch wird sie gegeben. Dabei sind es in wichtigen Anwendungsbeispielen gar nicht in erster Linie bisher besprochene theoretische Resultate über (spezielle) mehrwertige logische Systeme, die anwendungsrelevant sind, sondern es ist oft nur die Idee der Mehrwertigkeit oder die geschickte Nutzung des Formalismus, insbesondere der sprachlichen Ausdrucksfähigkeit mehrwertiger logischer Systeme, die anwendungsrelevant sind. Der deswegen gelegentlich vorgebrachte Einwand der Vermeidbarkeit mehrwertig-logischer Ideen in diesen Anwendungen ist zwar prinzipiell richtig, liegt aber auf demselben Niveau, als wolle man in der modernen Algebra den Gebrauch kategorientheoretischer Methoden vermeiden, weil alles auch rein mengentheoretisch dargestellt werden kann – oder im modernen Wohnungsbau den Einsatz von Großplatten, weil alles auch „Stein für Stein" gemauert werden könnte. Wie üblicherweise in theoretischen Wissenschaftsbereichen wird man übrigens erwarten können, daß von solchen Anwendungen umgekehrt Impulse ausgehen für die Weiterentwicklung der mehrwertigen Logik. War dies bei der Begründung der mehrwertigen Logik durch ŁUKASIEWICZ bereits mit intendierten modallogischen Anwendungen der Fall (vgl. Abschnitt 5.2), so erscheint heute u. a. die in raschem Fortschreiten begriffene Entwicklung bei Theorie und Anwendungen unscharfer Mengen – vgl. Abschnitt 5.8 – als potentielle Quelle solcher Anregungen.

5.2. Quasiwahrheitswerte und alethische Modalitäten

Es ist bemerkenswert, daß bereits in der Anfangsphase der Entwicklung der mehrwertigen Logik – und zwar bei ŁUKASIEWICZ [1920] – die Beziehung der Quasiwahrheitswerte mehrwertiger logischer Systeme zu den klassischen Modalitäten „notwendig" und „möglich" eine für die Konstituierung mehrwertiger Systeme entscheidende Rolle gespielt hat. Der Ausgangspunkt bei ŁUKASIEWICZ ist die Feststellung, daß sich die Theorie dieser Modalitäten „notwendig" und „möglich" nicht in angemessener Art und Weise im Rahmen der zweiwertigen extensionalen Aussagenlogik entwickeln läßt. Versucht man dies, stellt man schnell fest (vgl. ŁUKASIEWICZ [1930]), daß logische Prinzipien, deren Gültigkeit man aus anschaulich naheliegenden Gründen innerhalb der Modallogik wünscht, zu Widersprüchen führen, wenn man versucht, die entsprechenden Ausdrucksmittel, nämlich die Operatoren $\Box$ für „notwendig" und $\Diamond$ für „möglich", und die entsprechend gewünschten modalen Formeln zur klassischen Aussagenlogik hinzuzunehmen, und zwar unter Beibehaltung des extensionalen, d. h. wahrheitsfunktionalen Standpunktes auch bezüglich $\Box$, $\Diamond$. (Die moderne Modallogik weicht gerade in diesem Punkte von der klassischen Logik ab.) Deshalb hatte ŁUKASIEWICZ die Idee, mehr als zwei Wahrheitswerte zuzulassen und den extensionalen Standpunkt beizubehalten. Am Anfang seiner Überlegungen steht z. B. die Problematik der auf Zukünftiges bezogenen Aussagen. Er schreibt [1930; S. 64]:

> Ich kann ohne Widerspruch annehmen, dass meine Anwesenheit in Warschau in einem bestimmten Zeitmoment des nächsten Jahres, z. B. mittags den 21 Dezember, heutzutage weder im positiven noch im negativen Sinne entschieden ist. Es ist somit möglich, aber nicht notwendig, dass ich zur angegebenen Zeit in Warschau anwesend sein werde. Unter dieser Voraussetzung kann die Aussage: „ich werde mittags den 21 Dezember nächsten Jahres in Warschau anwesend sein", heutzutage weder wahr noch falsch sein. Denn wäre sie heutzutage wahr, so müßte meine zukünftige Anwesenheit in Warschau notwendig sein, was der Voraussetzung widerspricht; und wäre sie heutzutage falsch, so müßte meine zukünftige Anwesenheit in Warschau unmöglich sein, was ebenfalls der Voraussetzung widerspricht. Der betrachtete Satz ist daher heutzutage weder wahr noch falsch und muß einen dritten, von „0" oder dem Falschen und von „1" oder dem Wahren verschiedenen Wert haben. Diesen Wert können wir mit „1/2" bezeichnen; es ist eben „das Mögliche", das als dritter Wert neben „das Falsche" und „das Wahre" an die Seite tritt.

Die Fortführung dieser Diskussion führt ŁUKASIEWICZ auf die für sein System $Ł_3$ charakteristischen Wahrheitswerttafeln für Negation und Implikation. Für die Modaloperatoren benutzt er folgende Tafeln:

	0	1/2	1
$\Box$	0	0	1
$\Diamond$	0	1	1

Wie TARSKI – vgl. ŁUKASIEWICZ [1930] – zeigte, hat man dann als gleichwertig mögliche Definitionen:

$$\Diamond p =_{\text{def}} \neg p \rightarrow_{Ł} p,$$

$$\Box p =_{\text{def}} \neg (p \rightarrow_{Ł} \neg p).$$

Bald nachdem ŁUKASIEWICZ [1920] sein System $Ł_3$ gefunden hatte war ihm klar, daß in gleicher Weise formal die Systeme $Ł_M$, $M > 3$ und auch $Ł_{\aleph_0}$, $Ł_\infty$ möglich sind (wobei er wegen Satz 3.1.2(c) die unendlichwertigen Systeme identifizierte, da er nur die Aussagenlogik betrachtete). Er meint jedoch [1930; S. 72], daß:

... unter allen mehrwertigen Systemen nur zwei eine philosophische Bedeutung beanspruchen können: das dreiwertige und das unendlichwertige System. Denn werden die von „0“ und „1“ verschiedenen Werte als „das Mögliche“ gedeutet, so können aus guten Gründen nur zwei Fälle unterschieden werden: entweder nimmt man an, dass das Mögliche keine Gradunterschiede aufweist, und dann erhält man das dreiwertige System; oder man setzt das Gegenteil voraus, und dann ist es am natürlichsten ebenso wie in der Wahrscheinlichkeitsrechnung anzunehmen, dass unendlich viele Gradunterschiede des Möglichen bestehen, was zum unendlichwertigen Aussagenkalkül führt. Ich glaube, dass gerade dieses letztere System vor allen anderen den Vorzug verdient.

Mehr als zwei Jahrzehnte später wendet sich ŁUKASIEWICZ [1953] noch einmal der modalen Logik zu und konstruiert ein auf intuitiv einsichtigen Prinzipien basierendes formales System modaler Logik, das ihn veranlaßt, diese eben zitierte Auffassung expressis verbis zu widerrufen.[2] Statt dessen findet er, daß sein neues modallogisches System „ein 4-wertiges System ist mit zwei Werten ..., die das Mögliche bezeichnen, wobei jedoch beide Werte ein und dieselbe Möglichkeit unter zwei verschiedenen Aspekten darstellen“. Der Grund dafür ist, daß – bei geeigneter Festlegung hinsichtlich der Modaloperatoren – die Theoreme dieses modallogischen Systems gerade die Tautologien des Produktsystems $C_2 \times C_2$ – vgl. Abschnitt 3.6.3 – sind.

Trotz dieser interessanten Ideen von ŁUKASIEWICZ haben sich mehrwertige und modale Logik weitestgehend unabhängig voneinander entwickelt. Dies ist Ausdruck dafür, daß die von ŁUKASIEWICZ vermutete enge Beziehung zwischen diesen beiden Bereichen nichtklassischer Logiken nicht zu existieren scheint. Allerdings sind die Beziehungen zwischen mehrwertiger und modaler Logik bis heute nicht völlig eindeutig geklärt, was aber u. a. sowohl von der ungenauen Abgrenzung dessen, was mehr-

[2] Interessanterweise findet WOODRUFF [1974] eine Übersetzung der Ł-Ausdrücke in die Sprache des modallogischen Systems S5 (vgl. unten, wo dieses System angeführt wird), die die Eigenschaft hat, daß ein Ł-Ausdruck H genau dann $Ł_3$-Theorem ist, wenn seine Übersetzung S5-Theorem ist. Dies ist eine gewisse Rechtfertigung des ursprünglichen ŁUKASIEWICZschen Ansatzes.

wertige Logik einerseits und modale Logik andererseits sind und können, als auch von der Schwierigkeit der präzisen Formulierung und des Beweises einer Unmöglichkeitsaussage über positive Beziehungen zwischen beiden Gebieten abhängt. Immerhin hat bereits DUGUNDJI [1940] bewiesen, daß es für keines der modallogischen Systeme[3] S1, ..., S5 ein zugehöriges endlichwertiges aussagenlogisches System gibt, dessen Tautologien genau die Theoreme des entsprechenden modallogischen Systems sind.

Die modallogischen Systeme S1, ..., S5 erhält man etwa dadurch, daß man ausgehend von (primitiven, d. h. undefinierten) Junktoren $\sim$, $\sqcap$, $\Diamond$ im Rahmen einer aussagenlogischen Sprache z. B. noch Junktoren $\sqcup$, $\rightarrow$, $\Box$ definitorisch einführt durch die Festlegungen $H_1 \sqcup H_2 =_{\text{def}} \sim (\sim H_1 \sqcap \sim H_2)$ und

$$\Box H =_{\text{def}} \sim \Diamond \sim H, \qquad H_1 \rightarrow H_2 =_{\text{def}} \sim \Diamond (H_1 \sqcap \sim H_2), \tag{5.2.1}$$

und daß man die folgenden damit formulierbaren Axiomenschemata und Schlußregeln annimmt:

(M1) $A \sqcap B \rightarrow B \sqcap A$,

(M2) $A \sqcap B \rightarrow A$,

(M3) $A \rightarrow A \sqcap A$,

(M4) $(A \sqcap B) \sqcap C \rightarrow A \sqcap (B \sqcap C)$,

(M5) $(A \rightarrow B) \sqcap (B \rightarrow C) \rightarrow (A \rightarrow C)$,

(M6) $A \rightarrow \Diamond A$

für das System S1, wozu für die Systeme S2, ..., S5 je ein weiteres Axiomenschema kommt, und zwar

für S2: $\Diamond (A \sqcap B) \rightarrow \Diamond A$,

für S3: $(A \rightarrow B) \rightarrow (\Diamond A \rightarrow \Diamond B)$,

für S4: $\Diamond \Diamond A \rightarrow \Diamond A$,

für S5: $\Diamond A \rightarrow \Box \Diamond A$;

die Schlußregeln schließlich sind eine Version des Modus ponens

(MP$^+$) $\dfrac{A,\ A \rightarrow B}{B}$,

[3] Für Darstellungen der Modallogik sei verwiesen auf die entsprechenden Kapitel von KREISER/GOTTWALD/STELZNER [1988] bzw. von GABBAY/GUENTHNER [1983–89; Bd. 2] sowie auf FEYS [1965], HUGHES/CRESSWELL [1968] und CHELLAS [1980].

die Einführung der „Konjunktion" in der Form

$$(\mathsf{Konj})\quad \frac{A,\, B}{A \sqcap B}$$

und eine Ersetzungsregel

$$(\mathsf{Ers})\quad \frac{A \to B,\ B \to A,\ H}{H'},$$

wobei H' aus H durch Ersetzung des Teilausdrucks A von H durch B an einigen Stellen des Vorkommens in H entsteht.

Um die Frage nach der Existenz eines mehrwertigen (aussagenlogischen) Systems **S**, dessen Tautologien genau die Theoreme von Sk ($k = 1, \ldots, 5$) sind, zu diskutieren, betrachten wir zusätzlich noch den durch

$$H_1 \leftrightarrow H_2 =_{\text{def}} (H_1 \to H_2) \sqcap (H_2 \to H_1)$$

definierten Junktor. Aus (M2), (M3) und (M5) ergibt sich sofort, daß jeder Ausdruck der Form $A \to A$ und wegen (Konj) also auch jeder Ausdruck der Form $A \leftrightarrow A$ Theorem von S1 – und damit von jedem Sk obiger Liste – ist. Unschwer zeigt man auch, daß stets $A \to A \sqcup B$ Theorem von S1 ist. Hat man also ein mehrwertiges System **S** der gesuchten Art, so muß **S** Entsprechungen $\leftrightarrow$, $\vee$ der Junktoren $\leftrightarrow$, $\sqcup$ von Sk haben, für die wegen des Extensionalitätsprinzips für beliebige Belegungen $\beta: V_0 \to \mathcal{W}^{\mathbf{S}}$ gelten müssen:

(F1) wenn $\mathrm{Wert}^{\mathbf{S}}(H_1, \beta) = \mathrm{Wert}^{\mathbf{S}}(H_2, \beta)$, so $\mathrm{Wert}^{\mathbf{S}}(H_1 \leftrightarrow H_2, \beta) \in \mathcal{D}^{\mathbf{S}}$;

(F2) wenn $\mathrm{Wert}^{\mathbf{S}}(H_1, \beta) \in \mathcal{D}^{\mathbf{S}}$ oder $\mathrm{Wert}^{\mathbf{S}}(H_2, \beta) \in \mathcal{D}^{\mathbf{S}}$, so $\mathrm{Wert}^{\mathbf{S}}(H_1 \vee H_2, \beta) \in \mathcal{D}^{\mathbf{S}}$.

In **S** betrachten wir die den bereits früher in (3.4.3) eingeführten Ausdrücken von $\mathbf{G}_n$ entsprechenden Ausdrücke

$$\Delta_n =_{\text{def}} \bigvee_{i=1}^{n-1} \bigvee_{k=i+1}^{n} (p_i \leftrightarrow p_k),$$

wobei $\bigvee$ die Iteration der **S**-Alternative $\vee$ ist und $p_1, \ldots, p_n$ paarweise verschiedene Individuenvariable. Ist **S** endlichwertig, etwa M-wertig, so folgt aus (F1), (F2) sofort, daß jeder **S**-Ausdruck Δ_n für $n > M$ eine **S**-Tautologie ist. Gelingt es nun zu zeigen, daß die (modallogischen Entsprechungen der) Ausdrücke Δ_n keine Theoreme von S5 – und damit auch keine Theoreme von S1, …, S4 – sind, so ist gezeigt, daß die Menge der Theoreme von Sk ($k = 1, \ldots, 5$) von der Menge der **S**-Tautologien des endlichwertigen Systems **S** verschieden ist.

Zu diesem Nachweis nutzen wir eine weitere Methode mehrwertiger Interpretation logischer Systeme, die in Abschnitt 5.5 separat besprochen werden wird: Wir geben ein mehrwertiges System an, dessen Tautologien die S5-Theoreme (via einer Umdeutung der Junktoren) umfassen, bezüglich dessen geeignete der Ausdrücke Δ_n aber keine Tautologien sind. Es sei E eine n-elementige Menge, $\mathbf{P}E$ ihre Potenzmenge, d. h. die Menge aller Teilmengen von E. Wir wählen $\mathbf{P}E$ als Quasiwahrheitswertmenge, nehmen E als einzigen ausgezeichneten Quasiwahrheitswert, interpretieren $\sim$, $\cap$ als Komplement- bzw. Durchschnittsbildung in $\mathbf{P}E$ und setzen für beliebiges $X \subseteq E$:

$$\mathrm{ver}_{\diamond}(X) =_{\mathrm{def}} \begin{cases} E, & \text{wenn} \quad X \neq \emptyset \\ \emptyset, & \text{wenn} \quad X = \emptyset. \end{cases}$$

Dann folgt aus (5.2.1) unmittelbar

$$\mathrm{ver}_{\rightarrow}(X, Y) = \begin{cases} E, & \text{wenn} \quad X \cap (E \setminus Y) = \emptyset \\ \emptyset & \text{sonst}, \end{cases}$$

womit es zu einer Routineangelegenheit wird, nachzuprüfen, daß bei diesem mehrwertigen System alle modallogischen Axiome (M1), ..., (M6) und auch die zusätzlichen Axiome für S2, .., S5 Tautologien sind. Aber keiner der Ausdrücke Δ_m mit $m < 2^n$ ist eine Tautologie. Damit ist insgesamt gezeigt, daß keiner dieser Ausdrücke Δ_n in einem der modallogischen Systeme Sk, $1 \leq k \leq 5$, abgeleitet werden kann, also keines der Systeme Sk als endlichwertiges aussagenlogisches System aufgefaßt werden kann.

Dagegen gelingt es, für S5 ein mehrwertiges System anzugeben, dessen Tautologien gerade die S5-Theoreme sind. Man kann dazu von dem Produktsystem $\mathsf{C}_\infty = \prod_{k=0}^{\infty} \mathsf{C}_2$ ausgehen, die Wahrheitswertfolge (W, W, W, ...) als einzigen ausgezeichneten Quasiwahrheitswert nehmen, schränkt aber die in der klassischen Aussagenlogik C_2 betrachtete Junktorenmenge auf Negation und Konjunktion ein, erklärt dafür in C_∞ eine Wahrheitswertfunktion für $\diamond$ als:

$$\mathrm{ver}_{\diamond}(s) =_{\mathrm{def}} \begin{cases} (\mathsf{W}, \mathsf{W}, \mathsf{W}, \ldots), & \text{wenn} \quad s \neq (\mathsf{F}, \mathsf{F}, \mathsf{F}, \ldots) \\ (\mathsf{F}, \mathsf{F}, \mathsf{F}, \ldots), & \text{wenn} \quad s = (\mathsf{F}, \mathsf{F}, \mathsf{F}, \ldots) \end{cases}$$

und mit deren Hilfe eine Wahrheitswertfunktion für $\rightarrow$ entsprechend (5 2.1). Eine inhaltliche Deutung für dieses System C_∞ erhält man, indem man die betrachteten Quasiwahrheitswerte $(t_k)_{k \geq 0}$ als abgekürzte Notierungen „beidseits unendlicher" Folgen $(\ldots, u_{-3}, u_{-2}, u_{-1}, u_0, u_1, u_2, \ldots)$ ansieht, wobei letztere Folge als Folge $(u_0, u_{-1}, u_1, u_{-2}, u_2, \ldots)$ notiert wird, und indem man jeden dieser Wahrheitswerte u_j, $-\infty < j < \infty$, mit einem „Zeitpunkt" j derart koppelt, daß

$$\mathrm{Wert}(H, \beta) = (\ldots, u_{-2}, u_{-1}, u_0, u_1, u_2, \ldots)$$

meint, daß für jeden „Zeitpunkt" j der Wahrheitswert von H in diesem Moment $= u_j$ ist. Man unterstellt somit eine zeitlogische Deutung, bei der ein Ausdruck $\Box H$ genau dann den ausgezeichneten Quasiwahrheitswert von C_∞ annimmt, wenn – bezüglich dieser Deutung – H zu jedem Zeitpunkt wahr ist.[4] Unschwer prüft man nach, daß jedes S5-Theorem eine Tautologie des solcherart modifizierten Systems C_∞ ist. Es gilt aber sogar die Umkehrung, d. h. die Mengen der S5-Theoreme und der C_∞-Tautologien stimmen überein, womit eine Interpretation von S5 als unendlichwertiges System gegeben ist. (Für den Beweis der letztgenannten Behauptung verweisen wir auf die Literatur zur Zeitlogik, etwa auf Rescher/Urquhart [1971] oder Prior [1957], wo sowohl weitergehende Resultate über den Zusammenhang modallogischer und zeitlogischer Systeme als auch über den Zusammenhang zeitlogischer und mehrwertiger Systeme zu finden sind, die hier nicht besprochen werden sollen.)

Obwohl durch derartige zeitlogische Deutungen für noch weitere Systeme modaler Logik äquivalente Systeme mehrwertiger Logik konstruiert werden können, führt dies weder zu einer Subsumtion der Modallogik unter die mehrwertige noch zu einer für jedes System mehrwertiger Logik geeigneten modalen bzw. zeitlogischen Deutung der Quasiwahrheitswerte, weswegen jedem dieser drei Bereiche nichtklassischer Logik eigenständiger Wert zuzuschreiben ist.

5.3. Mehrwertige und intuitionistische Logik

Als Reaktion auf die um die Wende zum 20. Jahrhundert entdeckten mengentheoretisch-logischen bzw. semantischen Antinomien,[5] zugleich aber als Ausdruck eigener philosophischer Anschauungen hatte der holländische Mathematiker L. E. J. Brouwer zunächst in seiner Dissertation von 1907 und danach verstärkt zu Beginn der 20er Jahre eine soge-

---

[4] Zusätzlich ist dabei unterstellt, daß die Zeit eine lineare, diskrete und „beiderseits" unbegrenzte Struktur hat, also in eine Abfolge von Zeitpunkten ohne Anfang und ohne Ende und auch ohne „Verzweigungen" zerfällt.

[5] Gute, instruktive Überblicke zu diesen Antinomien geben z. B. Beth [1965], v. Kutschera [1967], Borkowski [1976].

nannte intuitionistische Mathematik entwickelt, die nach seiner Auffassung unabhängig von irgendeiner vorangestellten Logik sei und ihre eigene, ihr immanente Logik habe (vgl. BROUWER [1975]). Lange blieben die Prinzipien dieser intuitionistischen Logik unklar, zumal BROUWER die Auffassung vertrat, daß jene Logik einer adäquaten Formalisierung unzugänglich sei und sich lediglich im Betreiben intuitionistischer Mathematik realisiere. Erst HEYTING [1930] gab ein formales System für die intuitionistische Logik an, das deren wesentliche Prinzipien deutlich machte. Allerdings hat er nur einen Logikkalkül angegeben, während eine zugehörige präzise Semantik fehlte, d. h. es fehlte eine inhaltliche Vorstellung, die es gestattet hätte, die Theoreme des HEYTINGschen formalen Systems intuitionistischer Logik als inhaltlich in geeigneter Weise ausgezeichnete Ausdrücke zu charakterisieren (wie dies etwa bei den Tautologien mehrwertiger aussagenlogischer Systeme der Fall ist).

Wesentliche Zwischenergebnisse bei der Herausbildung eines inhaltlichen Verständnisses der intuitionistischen Logik waren ihre Deutung als Aufgabenrechnung durch KOLMOGOROFF [1932] und der Nachweis von GÖDEL [1932], daß die intuitionistische Logik nicht als ein endlichwertiges System mehrwertiger Logik aufgefaßt werden kann. In diesem Zusammenhang hat GÖDEL die in Abschnitt 3.4 eingeführten Systeme $\mathbf{G}_M$ betrachtet, deren Tautologienmenge stets umfangreicher ist als die Menge der Theoreme der intuitionistischen Aussagenlogik (vgl. Sätze 3.4.1 und 3.4.6). Da jeder der Ausdrücke $A \leftrightarrow A$ ebenso wie jeder der Ausdrücke $A \to A \vee B$ für beliebige Ausdrücke A, B Theorem der intuitionistischen Logik ist (vgl. etwa RASIOWA/SIKORSKI [1963] oder auch SCHMIDT [1960], NOVIKOV [1977]), muß jedes mehrwertige System, dessen Tautologienmenge mit der Menge der Theoreme der intuitionistischen Aussagenlogik (via einer Uminterpretation der Junktoren) übereinstimmen soll, die Bedingungen (F1), (F2) von Abschnitt 5.2 erfüllen — also hat es, solange es endlichwertig ist, stets Ausdrücke G_n der in (3.4.3) angegebenen Art unter seinen Tautologien, die aber keine Theoreme der intuitionistischen Aussagenlogik sind, wie z. B. aus dem Beweis zu Satz 3.4.1 und Satz 3.4.6 zu entnehmen ist.

Wenig später gelang es dem polnischen Logiker JAŚKOWSKI [1936], eine unendliche Folge $\mathbf{J}_k$ endlichwertiger aussagenlogischer Systeme derart anzugeben, daß die Theoreme der intuitionistischen Aussagenlogik — via Uminterpretation der Junktoren — gerade diejenigen Ausdrücke sind, die Tautologie bezüglich jedes der Systeme $\boldsymbol{J}_k$ sind. Ausgangssystem $\mathbf{J}_1$ ist dabei das System $\mathbf{C}_2$ der klassischen Aussagenlogik. Zur Konstruktion weiterer Systeme dieser Folge führt JAŚKOWSKI eine spezielle Operation Γ ein, die jedem M-wertigen aussagenlogischen System ein $(M + 1)$-wertiges zuordnet. Sei $\mathbf{S}$ ein M-wertiges System mit den Junktoren $\sim$, $\to$,

$\sqcap, \sqcup$ und einem ausgezeichneten Quasiwahrheitswert 1. Es sei $\omega \notin \mathscr{W}^{\mathbf{S}}$; dann ist $\mathscr{W}' = \mathscr{W}^{\mathbf{S}} \cup \{\omega\}$ die Quasiwahrheitswertmenge von $\mathbf{S}' = \Gamma(\mathbf{S})$, und der einzige ausgezeichnete Quasiwahrheitswert von $\mathbf{S}'$ ist derjenige von $\mathbf{S}$. Setzen wir für $x \in \mathscr{W}^{\mathbf{S}}$:

$$\nu(x) =_{\mathrm{def}} \begin{cases} \omega, & \text{wenn} \quad x = 1 \\ x & \text{sonst}, \end{cases}$$

so ist ν eine eineindeutige Abbildung von $\mathscr{W}^{\mathbf{S}}$ auf die Menge der nichtausgezeichneten Quasiwahrheitswerte von $\mathbf{S}'$. Mit ihrer Hilfe können wir leicht die den Junktoren $\sim, \rightarrow, \sqcap, \sqcup$ in $\mathbf{S}'$ entsprechenden Wahrheitswertfunktionen ver'_* mittels derjenigen von $\mathbf{S}$ angeben. Es ist

$$\mathrm{ver}'_{\sim}(x) =_{\mathrm{def}} \begin{cases} \nu\big(\mathrm{ver}^{\mathbf{S}}_{\sim}(1)\big), & \text{wenn} \quad x = 1 \\ \mathrm{ver}^{\mathbf{S}}_{\sim}\big(\nu^{-1}(x)\big) & \text{sonst}. \end{cases}$$

Die restlichen Funktionen lassen sich am einfachsten mittels Funktionstafeln beschreiben, die in der linken Spalte das erste und in der oberen Zeile das zweite Argument markieren:

$\mathrm{ver}'_{\rightarrow}$	1	$\nu(y)$
1	$\mathrm{ver}^{\mathbf{S}}_{\rightarrow}(1, 1)$	$\nu(\mathrm{ver}^{\mathbf{S}}_{\rightarrow}(1, y))$
$\nu(x)$	$\mathrm{ver}^{\mathbf{S}}_{\rightarrow}(x, 1)$	$\mathrm{ver}^{\mathbf{S}}_{\rightarrow}(x, y)$

$\mathrm{ver}'_{\sqcap}$	1	$\nu(y)$
1	$\mathrm{ver}^{\mathbf{S}}_{\sqcap}(1, 1)$	$\nu(\mathrm{ver}^{\mathbf{S}}_{\sqcap}(1, y))$
$\nu(x)$	$\nu(\mathrm{ver}^{\mathbf{S}}_{\sqcap}(x, 1))$	$\nu(\mathrm{ver}^{\mathbf{S}}_{\sqcap}(x, y))$

$\mathrm{ver}'_{\sqcup}$	1	$\nu(y)$
1	$\mathrm{ver}^{\mathbf{S}}_{\sqcup}(1, 1)$	$\mathrm{ver}^{\mathbf{S}}_{\sqcup}(1, y)$
$\nu(x)$	$\mathrm{ver}^{\mathbf{S}}_{\sqcup}(x, 1)$	$\nu(\mathrm{ver}^{\mathbf{S}}_{\sqcup}(x, y))$

Für jedes $n \geq 1$ definieren wir nun rekursiv

$$\mathbf{J}_{n+1} =_{\mathrm{def}} \Gamma\left(\prod_{k=1}^{n+1} \mathbf{J}_n\right), \tag{5.3.1}$$

wobei neben der soeben erklärten Γ-Operation die in Abschnitt 3.6.3 eingeführte Produktbildung logischer Systeme eine wesentliche Rolle spielt.

JAŚKOWSKI [1936] skizziert einen Beweis dafür, daß die Durchschnittsmenge $\bigcap_{n=1}^{\infty} \mathrm{Taut}^{J_n}$ die Menge aller Theoreme der intuitionistischen Aussagenlogik ist. Einen ausführlichen Beweis geben z. B. ROSE [1953] und SURMA [1973]; SURMA/WROŃSKI/ZACHOROWSKI [1975] merken an, daß gewisse Varianten der Konstruktion (5.3.1) immer noch dasselbe Resultat liefern. Im Prinzip kann man, wie ebenfalls JAŚKOWSKI [1936] bemerkt, von dieser Folge (5.3.1) von „JAŚKOWSKI-Systemen" noch zu einem unendlichwertigen System übergehen, dessen Tautologien genau die Theoreme der intuitionistischen Aussagenlogik sind. Da die Quasiwahrheitswerte auch jenes unendlichwertigen Systems in keinem erkennbaren inneren Zusammenhang zu den Grundideen des intuitionistischen Ansatzes stehen, wollen wir dieses System nicht explizit vorstellen.

5.4. Mehrwertige Logik und Präsuppositionstheorie

Die Umgangssprache ermöglicht es, Sätze zu bilden, in denen leere Namen vorkommen, d. h. Eigennamen bzw. Beschreibungen, die keinen Gegenstand – weder genau einen noch mehrere – bezeichnen; z. B.:

Der derzeitige König von Polen ist in Dresden geboren worden. (5.4.1)

Derartige Sätze sind von ihrer syntaktischen Struktur her nicht von solchen Sätzen zu unterscheiden, in denen nur bezeichnende Eigennamen bzw. Beschreibungen vorkommen; etwa parallel zu (5.4.1) dem Satz:

Der derzeitige König von Schweden ist in Dresden geboren worden. (5.4.2)

Übrigens ist es in dem hier diskutierten Zusammenhang unwesentlich, daß die in beiden Sätzen interessierenden Namen Beschreibungen und keine direkten Eigennamen sind. Die folgenden Diskussionen bleiben unverändert gültig, wenn man etwa den leeren Namen „der derzeitige König von Polen" in (5.4.1) ersetzt durch leere Eigennamen wie „Nicolas Bourbaki"[6] oder „Palmström". Wesentlich dagegen ist, daß entsprechend der Negation

Der derzeitige König von Schweden ist nicht in Dresden geboren worden. (5.4.3)

[6] BOURBAKI ist wohlbekannt als Autor mathematischer Standardwerke. Er ist jedoch keine Person – „Bourbaki" also kein Eigenname, sondern Pseudonym für ein – zeitlich variables(!) – Kollektiv vorwiegend französischer Mathematiker (*vgl.* etwa GUEDJ [1985]).

des Satzes (5.4.2) auch ausgehend von Satz (5.4.1) ganz ebenso dessen – scheinbare (?) – Negation gebildet werden kann als:

Der derzeitige König von Polen ist nicht in Dresden geboren worden. (5.4.4)

Will man dann einerseits den Sätzen (5.4.2), (5.4.3) und andererseits den Sätzen (5.4.1), (5.4.4) Wahrheitswerte zuordnen, so führt dies im ersten Falle zu keinerlei Problemen, wohl aber im zweiten Falle. Denn nach gewöhnlichem Verständnis der Umgangssprache müssen sowohl (5.4.1) als auch (5.4.4) als falsch gelten.

Ursache für dieses Problem ist natürlich, daß sowohl (5.4.1) als auch (5.4.4) die Existenz eines derzeitigen Königs von Polen unterstellen – wie dies (5.4.2), (5.4.3) analog hinsichtlich eines derzeitigen Königs von Schweden tun. Derartige „Unterstellungen“ heißen Präsuppositionen und treten nicht nur in der hier diskutierten Form von Existenzpräsuppositionen auf, sondern sind ebenso in Sätzen wie „Gisela raucht nicht *mehr*“, „*Nur* Peter hat seine Hausaufgaben erledigt“ und „Horst ist *noch* größer als Werner“ präsent. Ihre allgemeine Untersuchung fällt in den Grenzbereich von Logik und Linguistik und soll hier nicht erörtert werden; der interessierte Leser kann Kreiser/Gottwald/Stelzner [1988] konsultieren. Uns soll nur ein spezieller Aspekt interessieren: die Zuordnung von Wahrheitswerten zu Sätzen wie (5.4.1), (5.4.4).

Es erscheint intuitiv als klar, daß keinem der beiden Sätze (5.4.1) und (5.4.4) der Wahrheitswert W zugeordnet werden kann, weil dann in jedem dieser Fälle normales Sprachverständnis die Existenz eines derzeitigen Königs von Polen unterstellen würde. Betrachtet man aber sowohl (5.4.1) als auch (5.4.4) als falsch, so muß man – da der Übergang von (5.4.1) zu (5.4.4) genau dem Negieren von (5.4.2), also dem Übergang von (5.4.2) zu (5.4.3) entspricht – verschiedene Negationsformen bei Aussagen zulassen, deren jeweilige Anwendung (irgendwie) davon abhängt, ob in den betrachteten Aussagen leere Namen vorkommen oder nicht. Das erscheint wenig günstig, da in solch einem Falle bezüglich der Negation der extensionale Standpunkt verlassen werden müßte. Deswegen scheinen sich nur zwei Auswege anzubieten:

(a) man ordne weder (5.4.1) noch (5.4.4) einen Wahrheitswert zu, gestatte also das Auftreten sogenannter *Wahrheitswertlücken*;
(b) man ordne (5.4.1), (5.4.4) von W, F verschiedene Wahrheitswerte zu, führe die Betrachtungen also in einem geeigneten System mehrwertiger Logik.

Allerdings sind diese Auswege nur bedingt verschieden: Version (a) kann stets auch im Stile von Version (b) betrieben werden – man hat nur an

Stelle irgendeiner Wahrheitswertlücke einen (von 0 und 1 verschiedenen dritten) Quasiwahrheitswert treten zu lassen. Deswegen sollen weiterhin nur noch mehrwertige Deutungen im Kontext der Präsuppositionstheorie interessieren.

Die bisherigen Untersuchungen zu Präsuppositionen, die sich mehrwertiger Logiken bedienen, haben entweder dreiwertige oder vierwertige Systeme in Betracht gezogen. Im dreiwertigen Falle, d. h. bei Betrachtung der Quasiwahrheitswertmenge $\mathcal{W}_3$, wird dann der Quasiwahrheitswert 1/2 z. B. allen den Sätzen der einfachen Subjekt-Prädikat-Struktur (5.4.1), (5.4.2) zugesprochen, in denen leere Namen benutzt werden, deren Existenzpräsuppositionen also nicht erfüllt sind. Als Wahrheitswertfunktion zum Junktor der Negation ergibt sich dabei non_1 in natürlicher Weise; d. h. für unser Beispiel: (5.4.4) bleibt Negation von (5.4.1), und beide Sätze bekommen den Quasiwahrheitswert 1/2 zugeordnet. Die weiteren Entwicklungen können bei diesem Ansatz entweder unter Heranziehung eines geeigneten dreiwertigen Systems erfolgen, wie dies etwa Woodruff [1970] bezüglich Kleenes System von 1938 – vgl. Abschnitt 3.5 – getan hat, oder sie können unter Berufung auf Sprachverständnis und Linguistik eigenständig dreiwertige Systeme aufbauen wie etwa Blau [1978]. So betrachtet Woodruff [1970] beispielsweise eine Implikation $\rightarrow$ und eine Alternative $\vee$ mit Wahrheitswertfunktionen seq' und vel_1, eine Negation $\neg$ mit Wahrheitswertfunktion non_1 und einen zusätzlichen einstelligen Junktor T, dessen zugehörige Wahrheitswertfunktion als

$$\mathrm{ver}_{\mathsf{T}}(x) =_{\mathrm{def}} \mathrm{et}_2(x, x)$$

eingeführt werden kann, wofür also $\mathrm{ver}_{\mathsf{T}}(x) = 1$ genau dann gilt, wenn $x = 1$ ist und $\mathrm{ver}_{\mathsf{T}}(x) = 0$ sonst. Die intuitiv naheliegende Einführung der Präsuppositionsbeziehung als

$$\begin{array}{l} B \text{ ist Präsupposition für } A =_{\mathrm{def}} \\ \text{immer wenn } A \text{ wahr oder falsch ist, ist } B \text{ wahr} \end{array} \tag{5.4.5}$$

kann dann formal als Verknüpfung im System als

$$B \ll A =_{\mathrm{def}} \mathsf{T}(\mathsf{T}A \vee \mathsf{T} \neg A) \rightarrow \mathsf{T}B \tag{5.4.6}$$

eingeführt und selbst mit einem (von 1/2 verschiedenen) Quasiwahrheitswert bewertet werden; sie kann aber auch schärfer als

$$\text{Präsupp}\,(B, A) =_{\mathrm{def}} \models B \ll A \tag{5.4.7}$$

metasprachlich expliziert werden. (Angenommen ist dabei, daß 1 einziger ausgezeichneter Quasiwahrheitswert ist.)

Schon diese beiden konkurrierenden formalen Fassungen (5.4.6),

(5.4.7) der inhaltlich verstandenen Beziehung (5.4.5), aber auch weitere Versionen in anderen dreiwertigen Systemen für die Präsuppositionstheorie zeigen an, daß in diesem Bereich noch keine einheitlichen Auffassungen über die formale Darstellung der Präsuppositionsbeziehung bestehen. Deswegen sollen hier die verschiedenen, zur Diskussion stehenden dreiwertigen Systeme für die Präsuppositionstheorie nicht in ihren logischen Details betrachtet werden. Statt dessen erörtern wir noch die Grundzüge eines vierwertigen Systems für die Präsuppositionstheorie, für dessen Quasiwahrheitswerte eine intuitiv sehr einleuchtende Deutung angegeben werden kann. Dieses System wird z. B. bei BERGMANN [1981], [1981 a] untersucht.

Die Quasiwahrheitswertmenge dieses Systems ist die Menge $\{0, 1\}^2$ aller geordneten Paare, deren beide Komponenten der Menge $\{0, 1\}$ angehören. Da in unserer bisherigen Diskussion von Sätzen der Art (5.4.1) zwei Gesichtspunkte eine wesentliche Rolle gespielt haben, und zwar einerseits die Frage nach der Zuordnung eines (Quasi-) Wahrheitswertes und andererseits die nach – erfüllten oder nicht erfüllten – Präsuppositionen, bietet diese Quasiwahrheitswertmenge nun die Möglichkeit, diese beiden Gesichtspunkte zur Bewertung von Aussagen parallel (und in gewisser Weise unabhängig voneinander) zu beachten. Man braucht dazu nur z. B. die erste Komponente eines Quasiwahrheitswertes als (gewöhnlichen) Wahrheitswert anzusehen und die zweite Komponente als einen „Korrektheitswert", der Auskunft über das Erfülltsein der Präsuppositionen gibt, in den einfachen Beispielfällen (5.4.1), ..., (5.4.4) also darüber, ob in den betrachteten Sätzen leere Namen vorkommen oder nicht.[7] Somit sollten den Sätzen (5.4.1) und (5.4.4) der Quasiwahrheitswert $(0, 0)$, den Sätzen (5.4.2) bzw. (5.4.3) dagegen die Quasiwahrheitswerte $(0, 1)$ bzw. $(1, 1)$ zugeordnet werden, was verträglich ist mit einer Negation $\sim$, deren zugehörige Wahrheitswertfunktion durch die Tabelle

A	$(0, 0)$	$(1, 0)$	$(0, 1)$	$(1, 1)$
$\sim A$	$(0, 0)$	$(0, 0)$	$(1, 1)$	$(0, 1)$

beschrieben wird. Damit kann (5.4.4) ebenso als Negation von (5.4.1) aufgefaßt werden wie (5.4.3) als solche von (5.4.2), und es brauchen an dieser Stelle keine unterschiedlichen Negationsarten in die Betrachtungen eingeführt zu werden.

[7] Im Prinzip kann die zweite Komponente für unterschiedliche Zielstellungen zur Diskussion ganz unterschiedlicher semantischer Bedingungen genutzt werden (vgl. etwa HERZBERGER [1973], MARTIN [1975]).

Dieser vierwertige Ansatz hat gegenüber dem dreiwertigen Zugang neben dem Vorzug der deutlicheren Trennung der Wahrheits- und der Präsuppositionsproblematik auch den Vorteil, daß ohne Schwierigkeiten wahre Sätze mit Korrektheitswert 0 zugelassen und diskutiert werden können wie etwa der Satz

Nicolas Bourbaki war als 40jähriger Mitglied der Pariser Académie des Sciences oder Henry Poincaré war es,

in dem der leere Name „Nicolas Bourbaki" vorkommt, der aber trotzdem als wahr gelten sollte, weil sein zweiter Alternativanteil eine wahre Aussage ist. Die dabei vertretene Auffassung der Alternative $\vee$ wird erfaßt durch folgende Wahrheitswerttafel:

$A \vee B$	(0, 0)	(1, 0)	(0, 1)	(1, 1)
(0, 0)	(0, 0)	(1, 0)	(0, 0)	(1, 0)
(1, 0)	(1, 0)	(1, 0)	(1, 0)	(1, 0)
(0, 1)	(0, 0)	(1, 0)	(0, 1)	(1, 1)
(1, 1)	(1, 0)	(1, 0)	(1, 1)	(1, 1)

Diese Alternative $\vee$ ist genau diejenige Verknüpfung, die im Produktsystem $\mathsf{C}_2 \times \mathsf{C}_2 = \prod_{i=1}^{2} \mathsf{C}_2$ dadurch erzeugt wird, daß bezüglich der ersten Komponente die Alternative der klassischen Aussagenlogik C_2 betrachtet wird, bezüglich der zweiten Komponente jedoch die Konjunktion der klassischen Aussagenlogik, wofür inhaltliche Überlegungen, vor allem die Auffassung, daß die Präsuppositionen eines aussagenlogisch zusammengesetzten Ausdrucks alle Präsuppositionen der Teilausdrücke sein sollen, den Anlaß geben. Damit ergeben inhaltliche Betrachtungen ein Beispiel für die in Abschnitt **3.6.3** erwähnten Möglichkeiten, in Produktsystemen Junktoren dadurch einzuführen, daß in den „Faktorsystemen" auf unterschiedliche Junktoren Bezug genommen wird. In entsprechender Weise führt Bergmann [1981] übrigens auch eine Implikation des betrachteten vierwertigen Systems ein, wobei bezüglich der ersten Komponente der Quasiwahrheitswerte auf die Implikation von C_2 und bezüglich der zweiten Komponente wieder auf die Konjunktion von C_2 Bezug genommen wird.

Für die semantischen Untersuchungen dieses vierwertigen Systems von Bergmann [1981], zu dessen Sprache noch beschränkte und unbeschränkte Quantoren und im allgemeinen auch Individuenkonstanten gehören, das also ein prädikatenlogisches System ist, muß ein gegenüber Abschnitt 4.2 geringfügig verallgemeinerter Interpretationsbegriff zugrunde gelegt werden: Interpretationen dürfen hier auch leere Individuenbereiche haben und brauchen nicht jeder Individuenkonstanten der Sprache ein Objekt des Individuenbereiches zuzuordnen. Der Wert eines Ausdrucks H bei einer solchen Interpretation $\mathfrak{A}$ und einer Variablenbelegung f wird dann analog zu (4.2.9), (4.2.11) und (4.2.13) erklärt. Allerdings ist dabei der inhaltlichen Vorstellung Rechnung zu tragen, daß der Korrektheitswert genau dann Null sein soll, wenn leere Namen – d. h. hier: Individuenkonstante, die nichts bezeichnen – oder sich auf einen leeren Bereich beziehende Quantoren[8] auftreten.

Von der inhaltlichen Deutung der Quasiwahrheitswerte her wird man – was BERGMANN [1981], [1981a] nicht explizit tut – den Wert (1, 1) als den einzigen ausgezeichneten Quasiwahrheitswert betrachten. Neben den im dadurch festgelegten Sinne allgemeingültigen Ausdrücken des betrachteten vierwertigen Systems wird man sich jedoch auch für die logisch wahren und die logisch korrekten Ausdrücke interessieren, d. h. für diejenigen Ausdrücke, deren Wahrheitswert (d. h. deren erste Komponente des Quasiwahrheitswertes) bzw. deren Korrektheitswert stets = 1 ist. Naheliegend sind die Festlegungen, einen Ausdruck H wahr (korrekt) in einer Interpretation $\mathfrak{A}$ zu nennen, wenn H für jede Variablenbelegung bezüglich $\mathfrak{A}$ den Wahrheitswert (Korrektheitswert) 1 hat, und damit die Präsuppositionsbeziehung formal zu erfassen als:

$$\text{Präsupp}(B, A) =_{\text{def}} \quad B \text{ ist wahr in jeder Interpretation, in der } A \text{ korrekt ist.} \tag{5.4.8}$$

Wie in (5.4.7) wird damit die Präsuppositionsbeziehung metasprachlich gefaßt. Eine objektsprachliche Fassung analog zu (5.4.6) wäre ebenfalls möglich, soll hier aber nicht angegeben werden. Interessant ist, daß die hinter der Definition (5.4.8) stehende inhaltliche Auffassung, daß B dann Präsupposition für A ist, wenn die Wahrheit von B notwendige Voraussetzung für die Korrektheit von A ist, eine Verfeinerung der in (5.4.5) angegebenen Analyse des Präsuppositionsphänomens ist.

Um die Brauchbarkeit dieses vierwertigen Systems und seine Vorzüge gegenüber dreiwertigen Ansätzen bei der Analyse von Präsuppositionserscheinungen in der natürlichen Sprache zu zeigen, hat BERGMANN [1981a] Satzkonstruktionen mit „nur" wie etwa „Klaus ißt nur rohes Gemüse", Satzkonstruktionen mit „sogar" wie z. B. „Sogar Horst ist heute erkältet" und auch betonte Umstellungen der gewöhnlichen Satzgliedabfolge wie beispielsweise „Ein Paar neue Schuhe ist es, was sich Herta gestern kaufte" erfolgreich diskutiert. Ob ihre Analysen schließlich Anerkennung finden werden, ist Gegenstand linguistischer Forschung.

---

[8] Dies sind unbeschränkte Quantoren bezüglich leerer Individuenbereiche bzw. beschränkte Quantoren mit nicht erfüllbarer Beschränkungsbedingung.

Für die mehrwertige Logik ist es – wie für Logik überhaupt – beim gegenwärtigen Forschungsstand auf diesem außerlogischen Gebiet nur wichtig und von Interesse, daß mit der Vielfalt logischer Systeme, die sie bereitstellt, eine breite Palette potentiell brauchbarer Systeme für Belange spezieller Anwendungen verfügbar sind. Sobald durch Anwendungen eine Teilklasse solcher Systeme besonderes Interesse gewinnt, erhält ihrerseits die Logik Anregungen zu einem eingehenderen Studium dieser logischen Systeme. Für die Präsuppositionstheorie scheint gegenwärtig eine solche Abgrenzung noch nicht genügend klar erfolgt zu sein, weswegen die hier erwähnten, auf die Erörterung von Präsuppositionsphänomenen angewendeten mehrwertigen Systeme an dieser Stelle nicht weiter untersucht werden sollen.

5.5. Unabhängigkeitsbeweise I: aussagenlogisch

Eine der frühesten Anwendungen zwar nicht des theoretischen Apparates mehrwertiger logischer Systeme, aber verallgemeinerter Wahrheitswertmengen und -funktionen auf Problemstellungen der klassischen Logik ist die erstmals von Bernays [1926] systematisch benutzte Methode, durch Rückgriff auf geeignete Mengen von Quasiwahrheitswerten den Nachweis der Unabhängigkeit z. B. gewisser im Rahmen der klassischen Logik formulierter Axiomensysteme zu erbringen – oder ganz entsprechend zu zeigen, daß eine gewisse Aussage aus bestimmten anderen nicht herleitbar ist. Es kann sich dabei um Axiomensysteme für spezielle mathematische Theorien (und eine in der Sprache jener Theorie formulierbare weitere Aussage) handeln, es kann sich aber auch „lediglich" um Axiomensysteme für die klassische Aussagenlogik oder andere aussagenlogische Systeme handeln.[9]

Das Beweisprinzip besteht in folgendem: Man geht aus von einer Menge von Quasiwahrheitswerten, in der es einen oder mehrere ausgezeichnete Quasiwahrheitswerte gibt, und geht außerdem aus von Wahrheitswertfunktionen in dieser Menge von Quasiwahrheitswerten, die den in der Sprache des betrachteten logischen Systems auftretenden Junktoren – bzw. Junktoren und Quantoren im prädikatenlogischen Falle – entsprechen. Die Konstruktion ist dabei so anzulegen, daß die Ableitungsregeln des betrachteten logischen Systems auch hinsichtlich der mehrwertigen Interpretation seiner Verknüpfungszeichen die Eigenschaft haben, von Ausdrücken, die (immer) einen ausgezeichneten Quasiwahr-

[9] Mathematische Theorien benötigen in nichttrivialen Fällen normalerweise prädikatenlogische Ausdrucksmittel (vgl.. 5.6).

heitswert haben, stets wieder zu Ausdrücken zu führen, die (immer) einen ausgezeichneten Quasiwahrheitswert haben.

Will man etwa für ein aus endlich vielen Axiomen(schemata) (ax1), ..., (ax$N$) bestehendes Axiomensystem zeigen, daß (ax1) nicht aus den restlichen Axiomen(schemata) (ax2), ..., (ax$N$) ableitbar ist, so muß man eine solche Menge von Quasiwahrheitswerten, eine solche Interpretation der Junktoren und eventuell eine solche Belegung der Aussagenvariablen mit Quasiwahrheitswerten konstruieren, daß zusätzlich zur oben genannten Eigenschaft der Ableitungsregeln auch noch jedes Axiom des „Restsystems" (ax2), ..., (ax$N$) stets einen ausgezeichneten Quasiwahrheitswert hat, währenddessen Axiom (ax1) – bzw. ein unter Schema (ax1) fallendes Axiom – nicht stets einen ausgezeichneten Quasiwahrheitswert haben darf. Gelingt eine solche Konstruktion, so ist wegen der speziellen Eigenschaft der Ableitungsregeln, die von Prämissen mit ausgezeichneten Quasiwahrheitswerten stets zu einer Konklusion mit ausgezeichnetem Quasiwahrheitswert führen, klar, daß (ax1) nicht aus (ax2), ..., (ax$N$) abgeleitet werden kann.

Um ein Beispiel für diese Methode zu betrachten, gehen wir aus von einem z. B. bei Asser [1959] angegebenen Axiomensystem für die klassische Aussagenlogik. Es seien p, q, r fest gewählte Aussagenvariable und $\neg$, $\wedge$, $\vee$, $\Rightarrow$, $\Leftrightarrow$ die Junktoren der klassischen Aussagenlogik. Das genannte Axiomensystem besteht aus folgenden Axiomen, bei deren Notierung wir uns der üblichen Klammereinsparungsregeln bedienen:

(Ax1) $p \Rightarrow (q \Rightarrow p)$

(Ax2) $((p \Rightarrow q) \Rightarrow p) \Rightarrow p$

(Ax3) $(p \Rightarrow q) \Rightarrow ((q \Rightarrow r) \Rightarrow (p \Rightarrow r))$

(Ax4) $p \wedge q \Rightarrow p$

(Ax5) $p \wedge q \Rightarrow q$

(Ax6) $(p \Rightarrow q) \Rightarrow ((p \Rightarrow r) \Rightarrow (p \Rightarrow q \wedge r))$

(Ax7) $p \Rightarrow p \vee q$

(Ax8) $q \Rightarrow p \vee q$

(Ax9) $(p \Rightarrow r) \Rightarrow ((q \Rightarrow r) \Rightarrow (p \vee q \Rightarrow r))$

(Ax10) $(p \Leftrightarrow q) \Rightarrow (p \Rightarrow q)$

(Ax11) $(p \Leftrightarrow q) \Rightarrow (q \Rightarrow p)$

(Ax12) $(p \Rightarrow q) \Rightarrow ((q \Rightarrow p) \Rightarrow (p \Leftrightarrow q))$

(Ax13) $(p \Rightarrow q) \Rightarrow (\neg q \Rightarrow \neg p)$

(Ax14) $p \Rightarrow \neg\neg p$

(Ax15) $\neg\neg p \Rightarrow p$.

Die zugehörigen Ableitungsregeln sind (MP) und die Einsetzungsregel.[10]

Dieses Axiomensystem ist unabhängig, d. h. keines der 15 Axiome dieses Systems ist aus den restlichen 14 Axiomen herleitbar. Um unsere Methode der Unabhängigkeitsbeweise zu demonstrieren, genügt es allerdings, nur für eines dieser Axiome den Nachweis seiner Unbeweisbarkeit aus den übrigen Axiomen, d. h. den Nachweis seiner Unabhängigkeit zu führen. Der interessierte Leser findet den vollständigen Unabhängigkeitsbeweis bei Asser [1959].

Betrachten wir etwa Axiom (Ax2), die Menge $\mathscr{W}_3 = \{0, 1/2, 1\}$ von Quasiwahrheitswerten, die Interpretation von $\neg$, $\wedge$, $\vee$, $\Rightarrow$, $\Leftrightarrow$ als Junktoren $\neg$, $\wedge$, $\vee$, $\rightarrow_Ł$, $\leftrightarrow_Ł$ im Sinne des Łukasiewiczschen Systems $Ł_3$ mit 1 als einzigem ausgezeichneten Quasiwahrheitswert. Die Zuordnung

p	q
1/2	0

von Quasiwahrheitswerten ergibt folgende Quasiwahrheitswerte

$p \Rightarrow q$	$(p \Rightarrow q) \Rightarrow p$	$((p \Rightarrow q) \Rightarrow p) \Rightarrow p$
1/2	1	1/2

entsprechend der angegebenen mehrwertigen Deutung der klassischen Junktoren. Also hat (Ax2) in diesem Falle nicht den ausgezeichneten Quasiwahrheitswert.

Die in Abschnitt 3.1 für $Ł_3$ genannten Resultate besagen u. a., daß die Ableitungsregeln des durch (Ax1), ..., (Ax15), (MP) und die Einsetzungsregel konstituierten Kalküls der klassischen Aussagenlogik auch bei der jetzigen mehrwertigen Deutung stets eine Konklusion mit ausgezeichnetem Quasiwahrheitswert ergeben, wenn man dabei von Prämissen mit ausgezeichneten Quasiwahrheitswerten ausgeht. Die Axiome (Ax1), (Ax3) treten auch im oben erwähnten Wajsbergschen Axiomen-

[10] Die Einsetzungsregel für derartige aussagenlogische Kalküle gestattet das (simultane) Einsetzen ganzer Ausdrücke für Aussagenvariable. Sie ist immer dann notwendig, wenn wie hier Axiomensysteme direkt mit Axiomen und nicht wie sonst in diesem Buch mittels Axiomenschemata formuliert werden, in letzterem Falle ist sie normalerweise beweisbar und damit „überflüssig".

system für Ł_3 auf, haben also stets einen ausgezeichneten Quasiwahrheitswert. Da weiterhin offenbar

$$\text{wenn} \quad x \leq y, \quad \text{so} \quad \text{seq}_1(x, y) = 1$$

gilt, haben auf Grund der Eigenschaften der Wahrheitswertfunktionen zu den Junktoren $\neg$, $\wedge$, $\vee$, $\leftrightarrow_{\text{Ł}}$ auch die Axiome (Ax4), (Ax5), (Ax7), (Ax8), (Ax10), (Ax11), (Ax14), (Ax15) stets den ausgezeichneten Quasiwahrheitswert.

Um unsere weiteren Überlegungen zu vereinfachen, erwähnen wir zunächst, daß für beliebige Quasiwahrheitswerte x, y gilt

$$x \leq \text{seq}_1(y, x). \tag{5.5.1}$$

Hätte nun (Ax6) nicht stets den ausgezeichneten Quasiwahrheitswert, so gäbe es den Variablen p, q, r zugeordnete Quasiwahrheitswerte v_p, v_q, v_r, so daß

$$\text{seq}_1(v_p, v_q) > \text{seq}_1\big(\text{seq}_1(v_p, v_r), \text{seq}_1(v_p, \text{et}_1(v_q, v_r))\big)$$

wäre, also insbesondere

$$\text{seq}_1(v_p, v_r) > \text{seq}_1\big(v_p, \text{et}_1(v_q, v_r)\big)$$

und daher $v_r > \text{et}_1(v_q, v_r)$, also $v_r > v_q$. Damit wäre jedoch $\text{et}_1(v_q, v_r) = v_q$ und mithin

$$\text{seq}_1(v_p, v_q) > \text{seq}_1\big(\text{seq}_1(v_p, v_r), \text{seq}_1(v_p, v_q)\big),$$

was nach (5.5.1) nicht sein kann. Also hat auch (Ax6) stets den ausgezeichneten Quasiwahrheitswert.

Hätte (Ax9) nicht stets den ausgezeichneten Quasiwahrheitswert, so gäbe es entsprechend Quasiwahrheitswerte v_p, v_q, v_r, so daß

$$\text{seq}_1(v_p, v_r) > \text{seq}_1\big(\text{seq}_1(v_q, v_r), \text{seq}_1(\text{vel}_1(v_p, v_q), v_r)\big),$$

also insbesondere

$$\text{seq}_1(v_q, v_r) > \text{seq}_1\big(\text{vel}_1(v_p, v_q), v_r\big)$$

und daher $v_q < \text{vel}_1(v_p, v_q)$, also $v_q < v_p$. Damit wäre aber $\text{vel}_1(v_p, v_q) = v_p$ und demnach

$$\text{seq}_1(v_p, v_r) > \text{seq}_1\big(\text{seq}_1(v_q, v_r), \ \text{seq}_1(v_p, v_r)\big),$$

was nach (5.5.1) nicht sein kann.

Hätte schließlich (Ax12) nicht stets den ausgezeichneten Quasiwahrheitswert, so gäbe es p, q zuzuordnende Quasiwahrheitswerte v_p, v_q, so daß

$$\text{seq}_1(v_p, v_q) > \text{seq}_1\big(\text{seq}_1(v_q, v_p), \hat{v}\big),$$

wobei nach (3.1.3) gesetzt ist

$$\hat{v} = \mathrm{et}_1(\mathrm{seq}_1(v_p, v_q), \mathrm{seq}_1(v_q, v_p)).$$

Mithin wäre

$$\mathrm{seq}_1(v_p, v_q) > 1 - \mathrm{seq}_1(v_q, v_p) + \hat{v}$$

und demnach

$$\hat{v} < \mathrm{seq}_1(v_p, v_q) + \mathrm{seq}_1(v_q, v_p) - 1$$
$$= \mathrm{et}_2(\mathrm{seq}_1(v_p, v_q), \mathrm{seq}_1(v_q, v_p)) \leq \mathrm{et}_1(\mathrm{seq}_1(v_p, v_q), \mathrm{seq}_1(v_q, v_p)) = \hat{v},$$

was erneut unmöglich ist.

Also haben alle Axiome außer (Ax2) stets einen ausgezeichneten Quasiwahrheitswert bei dieser Interpretation in $\mathbf{Ł}_3$. Damit ist unser Unabhängigkeitsbeweis für (Ax 2) geführt.

Der Nachweis der Unabhängigkeit jedes der anderen Axiome erfolgt im Prinzip in der gleichen Art. Das Hauptproblem ist jeweils die geeignete Auswahl von (ausgezeichneten) Quasiwahrheitswerten und die passende Interpretation der klassischen Junktoren durch (mehrwertige) Wahrheitswertfunktionen. Dabei ist es für den hier diskutierten Anwendungszweck völlig gleichgültig, ob man bezüglich der gewählten Quasiwahrheitswerte und Wahrheitswertfunktionen über eine „vernünftige" inhaltliche Deutung verfügt oder nicht. Eben deswegen ist diese Methode der Unabhängigkeitsbeweise – die oft auch als Matrizenmethode bezeichnet wird, weil man eine Zusammenfassung einer Menge von Quasiwahrheitswerten mit Wahrheitswertfunktionen für die zu betrachtenden Junktoren auch als logische Matrix zu bezeichnen pflegt – nur eine recht schwache Anwendung mehrwertiger Logik, die lediglich die Grundidee mehrerer „Wahrheitswerte" aufgreift.

Für spezielle Ausdrücke, deren Unbeweisbarkeit aus einem vorgegebenen Axiomensystem zu beweisen ist, haben wir die hier besprochene Methode übrigens schon in den Abschnitten 5.2 und 5.3 benutzt, als die Ausdrücke Δ_n bzw. G_n als in der modalen Logik S5 bzw. der intuitionistischen Logik unbeweisbar nachzuweisen waren.

5.6. Unabhängigkeitsbeweise II: prädikatenlogisch

Die Grundidee der in Abschnitt 5.5 erläuterten Methode für Unabhängigkeitsbeweise – die geeignete Betrachtung verallgemeinerter Mengen von Wahrheitswerten – ist nicht auf den Fall aussagenlogischer Systeme zu beschränken, sondern ganz analog für prädikatenlogische Systeme nutzbar. Allerdings muß in diesem Falle außer der geeigneten Wahl einer Menge von Quasiwahrheitswerten, der ausgezeichneten unter ihnen und der den vorhandenen Junktoren zuzuordnenden Wahrheitswertfunktionen auch noch die Angabe eines (nichtleeren) Individuenbereichs der den Prädikatensymbolen entsprechenden mehrwertigen Prädikate (sowie der den Operationssymbolen entsprechenden Operationen) und der die Quantoren interpretierenden verallgemeinerten Wahrheitswertfunktionen erfolgen. Dadurch werden die Beweisführungen in diesem Falle aufwendiger und komplizierter, weswegen lange Zeit die aussagenlogische Version derartiger Unabhängigkeitsbeweise die allein genutzte gewesen ist.

Etwa vor 20 Jahren hat man aber gefunden, daß die prädikatenlogische Version einen intuitiv sehr einsichtigen Zugang zur Unabhängigkeitsproblematik innerhalb der klassischen Mengentheorie bietet. Diese Wendung hat SCOTT [1967] der vorher von COHEN [1963–64] entdeckten Forcing-Methode gegeben. Wir wollen, vorwiegend BELL [1977] folgend, das Konstruktionsprinzip geeigneter mehrwertiger Interpretationen für die Mengentheorie als Beispiel hier erläutern.[11] Die mengentheoretischen Spezifika dieser Konstruktion sind dabei vorerst unwesentlicher als die Wahl der Quasiwahrheitswerte und erst später entscheidend in die Betrachtungen einzubeziehen.

Als Quasiwahrheitswerte wählen wir die Elemente einer BOOLEschen Algebra.

Definition 5.6.1. Eine algebraische Struktur $\boldsymbol{B} = \langle B, +, \cdot, {}^*, 0, 1 \rangle$ mit zweistelligen Operationen $+, \cdot$, einer einstelligen Operation * und voneinander verschiedenen speziellen Elementen $0, 1$ ist eine BOOLEsche Algebra, falls für beliebige $a, b, c \in B$ gelten:

(B1)	$a + b = b + a$,	(B1′)	$a \cdot b = b \cdot a$,
(B2)	$a + (b + c) = (a + b) + c$,	(B2′)	$a \cdot (b \cdot c) = (a \cdot b) \cdot c$,
(B3)	$(a + b) \cdot b = b$,	(B3′)	$(a \cdot b) + b = b$,
(B4)	$(a + b) \cdot c = (a \cdot c) + (b \cdot c)$,	(B4′)	$(a \cdot b) + c = (a + c) \cdot (b + c)$,
(B5)	$a + a^* = 1$,	(B5′)	$a \cdot a^* = 0$,
(B6)	$a + 1 = 1$,	(B6′)	$a \cdot 0 = 0$.

Mit der Wahl einer BOOLEschen Algebra als Quasiwahrheitswertstruktur hat man natürliche Kandidaten für Wahrheitswertfunktionen dreier Junktoren. Wir nehmen die Operationen $+, \cdot, {}^*$ in dieser Reihen-

[11] Weitere gut lesbare Darstellungen findet man auch bei ROSSER [1969], JECH [1971].

folge als Wahrheitswertfunktionen für die Junktoren $\vee$, $\wedge$, $\neg$ der klassischen Logik, führen durch die Festlegungen

$$a \rightharpoonup b =_{\text{def}} a^* + b, \tag{5.6.1}$$

$$a \rightleftharpoons b =_{\text{def}} (a^* + b) \cdot (b^* + a) \tag{5.6.2}$$

noch Wahrheitswertfunktionen für die Junktoren $\Rightarrow$ und $\Leftrightarrow$ ein, und nehmen schließlich *1* als einzigen ausgezeichneten Quasiwahrheitswert.

In algebraischer Terminologie ist eine BOOLEsche Algebra ein distributiver und komplementärer Verband. Die zugehörige Verbandshalbordnung $\leqq$ ist charakterisiert durch

$$a \leqq b \quad \text{gdw} \quad a \cdot b = a \quad \text{gdw} \quad a + b = b \tag{5.6.3}$$

und hat *0* als Minimum, *1* als Maximum und $a \cdot b$ bzw. $a + b$ als Infimum bzw. Supremum der Zweiermenge $\{a, b\}$. Hat in einer BOOLEschen Algebra $\boldsymbol{B}$ jede Teilmenge $X \subseteq |\boldsymbol{B}|$ ein Infimum $\bigvee X$ und ein Supremum $\bigvee X$, so soll jene Algebra $\boldsymbol{B}$ vollständig heißen.[12] In vollständigen BOOLEschen Algebren hat man mit den (verallgemeinerten, ,,infinitären“) Operationen $\bigwedge, \bigvee$ natürliche Interpretationen für die Quantoren $\boldsymbol{\bigwedge}$ und $\boldsymbol{\bigvee}$ der klassischen Prädikatenlogik.

Deswegen betrachten wir im folgenden nur vollständige BOOLEsche Algebren als Strukturen für unsere Mengen von Quasiwahrheitswerten und nennen jede Interpretation für die klassische Prädikatenlogik PL_2, deren Quasiwahrheitswertmenge eine vollständige BOOLEsche Algebra ist, eine *BOOLEsche Interpretation* bzw. kurz eine B-*Interpretation.* Die gewöhnlichen, zweiwertigen Interpretationen für PL_2, mittels deren Allgemeingültigkeit bezüglich PL_2 normalerweise erklärt wird, sind spezielle B-Interpretationen, weil für die Wahrheitswerte W, F die algebraische Struktur $\langle\{\mathsf{W}, \mathsf{F}\}$, vel, et, non, F, $\mathsf{W}\rangle$ mit den Wahrheitswertfunktionen vel, et, non der klassischen Logik als Operationen eine vollständige BOOLEsche Algebra ist. Alle anderen B-Interpretationen sind echt mehrwertige Interpretationen für die klassische Prädikatenlogik, die allerdings die Eigenschaft haben, Modell der Menge der bezüglich PL_2 allgemeingültigen Ausdrücke zu sein.

Satz 5.6.2. *Es sei H ein allgemeingültiger Ausdruck der klassischen Prädikatenlogik* PL_2 *und $\mathfrak{A}$ eine* B-*Interpretation für* PL_2. *Dann ist H gültig in $\mathfrak{A}$.*

---

[12] Neben der Schreibweise $\bigwedge X$ für das Infimum werden wir uns, wenn angebracht, auch der Indexschreibweise $\bigwedge\limits_{i \in I} d_i$ an Stelle von $\bigwedge \{d_i \mid i \in I\}$ bedienen und analog bezüglich des Supremums verfahren.

Beweis. Da H wegen des Vollständigkeitssatzes für PL_2 in geeigneten adäquaten Axiomatisierungen von PL_2 ableitbar ist, genügt es, die Behauptung für alle Axiome einer solchen Axiomatisierung zu zeigen und zugleich zu beweisen, daß die zugehörigen Ableitungsregeln von in $\mathfrak{A}$ gültigen Ausdrücken stets wieder zu in $\mathfrak{A}$ gültigen Ausdrücken führen.

Eine adäquate Axiomatisierung für PL_2 erhält man beispielsweise, wenn man jedes der in Abschnitt 5.5 angegebenen Axiome (Ax1), ..., (Ax15) als Axiomenschema schreibt und die in Abschnitt 4.5.2 diskutierten Ableitungsregeln (MP), (Gen_v), (Gen_h), (Part_v), (Part_h), (gU) und (fU*) – in denen natürlich $\rightarrow_{\mathrm{L}}$, $\forall$, $\exists$ durch die entsprechenden Symbole $\Rightarrow$, $\bigwedge$, $\bigvee$ der Sprache von PL_2 zu ersetzen sind – hinzufügt (vgl. Asser [1972]).

Da es sich bei diesen Axiomenschemata ausschließlich um Implikationen handelt, ist es nützlich, als Hilfsresultat für beliebige Booleesche Algebren $\mathfrak{B}$ zunächst zu zeigen:

$$a \leqq b \qquad \text{gdw} \qquad a^* + b = 1. \tag{5.6.4}$$

Ist aber $a \leqq b$, so $a + b = b$ und damit $a^* + b = a^* + (a + b) = (a^* + a) + b = 1 + b = 1$; ist umgekehrt $a^* + b = 1$, so $a = a \cdot 1 = a \cdot (a^* + b) = (a \cdot a^*) + (a \cdot b) = 0 + (a \cdot b) = a \cdot b$ und also $a \leqq b$, weil stets $0 + c = (0 \cdot c) + c = c$ ist. Daraus entnimmt man nun unmittelbar, daß die unter eines der Axiomenschemata 1, 4, 5, 7, 8, 10 bzw. 11 fallenden Ausdrücke in jeder B-Interpretation gültig sind. Daß auch alle unter die Schemata 13, 14, 15 fallenden Ausdrücke in jeder B-Interpretation gültig sind, folgt daraus, daß

$$\begin{aligned} a^{**} &= a^{**} \cdot (a + a^*) = (a^{**} \cdot a) + (a^{**} \cdot a^*) = a^{**} \cdot a \\ &= (a^{**} \cdot a) + (a^* \cdot a) = (a^{**} + a^*) \cdot a = a \end{aligned}$$

in jeder Booleeschen Algebra gilt.

Für die Diskussion der restlichen Axiomenschemata ist es vorteilhaft, noch zwei weitere Beziehungen in Booleeschen Algebren abzuleiten. Dazu stellen wir zunächst fest, daß aus $a \cdot b = 0$ und $a + b = 1$ unmittelbar $b = a^*$ folgt:

$$\begin{aligned} a^* &= a^* \cdot (a^* + b) = a^* + (a^* \cdot b) + (a \cdot b) = a^* + b \\ &= (a^* \cdot b) + (a^* \cdot b^*) + b \\ &= b + (a^* \cdot b^*) = b + (a^* \cdot b^* \cdot a) + (a^* \cdot b^* \cdot b) = b. \end{aligned}$$

Da nun weiterhin sowohl

$$(a + b) \cdot a^* \cdot b^* = (a \cdot a^* \cdot b^*) + (b \cdot a^* \cdot b^*) = 0$$

als auch

$$\begin{aligned} a + b + (a^* \cdot b^*) &= a + (a \cdot b) + (a^* \cdot b) + (a^* \cdot b^*) \\ &= a + a^* + (a \cdot b) = 1 \end{aligned}$$

gilt, wobei zuletzt $1 + c = c^* + c + c = c^* + c = 1$ und häufig $a + a = (1 \cdot a) + a = a$ benutzt wurden, ergibt sich aus obiger Feststellung:

$$(a + b)^* = a^* \cdot b^* .$$

Analog zeigt man auch die Beziehung

$$(a \cdot b)^* = a^* + b^* .$$

Damit ergibt sich für die Betrachtung von Axiomenschema 3, daß stets

$$\begin{aligned}
&(a^* + b)^* + \big((b^* + c)^* + a^* + c\big) \\
&= (a \cdot b^*) + (b \cdot c^*) + a^* + c \\
&= (a \cdot b^*) + (b \cdot c^*) + (a^* \cdot b) + (a^* \cdot b^*) + c \\
&= b^* + (b \cdot c^*) + (a^* \cdot b) + (c \cdot b) + (c \cdot b^*) \\
&= b^* + b + (a^* \cdot b) + (c \cdot b^*) = 1
\end{aligned}$$

gilt und also jeder unter Schema 3 fallende Ausdruck in jeder B-Interpretation gültig ist. Für die Betrachtung von Axiomenschema 6 folgt aus

$$\begin{aligned}
&(a^* + b)^* + \big((a^* + c)^* + a^* + (b \cdot c)\big) \\
&= (a \cdot b^*) + (a \cdot c^*) + a^* + (b \cdot c) \\
&= \big(a \cdot (b^* + c^*)\big) + \big(a^* + (b \cdot c)\big) = \big(a \cdot (b \cdot c)^*\big) + \big(a^* + (b \cdot c)\big) \\
&= \big(a^* + (b \cdot c)\big)^* + \big(a^* + (b \cdot c)\big) = 1,
\end{aligned}$$

was in jeder BOOLEschen Algebra gilt, daß jeder unter Schema 6 fallende Ausdruck ebenfalls in jeder B-Interpretation gültig ist.

Analoge Rechnungen zeigen, daß auch alle unter die Axiomenschemata 2, 9 bzw. 12 fallenden Ausdrücke von PL_2 in allen B-Interpretationen gültig sind, wie der Leser mit den bisher benutzten Hilfsmitteln selbst bestätigen kann.

Die Beziehung (5.6.4) sichert zusammen mit Definition (5.6.1), daß (MP) von in einer B-Interpretation $\mathfrak{A}$ gültigen Ausdrücken nur zu in $\mathfrak{A}$ gültigen Ausdrücken führen kann. Dieselbe Eigenschaft ist für die Regeln (gU) und (fU*) offensichtlich; daß sie auch für die restlichen Regeln (Gen_v), (Gen_h), (Part_v) und (Part_h) zutrifft, ergibt sich aus der Definition von Infimum und Supremum und daraus, daß in allen BOOLEschen Algebren gelten:

wenn $a \leqq b$, so $b^* \leqq a^*$,

wenn $a \leqq b$, so $a + c \leqq b + c$,

was man leicht an Hand von (5.6.3) und bereits benutzten Rechengesetzen bestätigt. ∎

Interessanterweise kann Satz 5.6.2 wesentlich verschärft werden: Die allgemeingültigen Ausdrücke von PL_2 sind genau diejenigen Ausdrücke, die in allen B-Interpretationen für PL_2 gültig sind (vgl. RASIOWA/SIKORSKI [1963]). Da wir aber an speziellen B-Interpretationen interessiert sind, wollen wir diese Verschärfung hier nicht näher betrachten.

Unser besonderes Ziel sind sogar B-Interpretationen für ein System der (klassischen) Mengenlehre, und zwar für das System ZFC der axiomatischen Mengenlehre nach ZERMELO und FRAENKEL. Dieses System ist in zahlreichen Büchern ausführlich dargestellt und diskutiert, genannt seien: JECH [1971], TAKEUTI/ZARING [1971], [1973], FRAENKEL/BAR-HILLEL/LEVY [1973], DRAKE [1974], KURATOWSKI/MOSTOWSKI [1976], KUNEN [1980]. Zu seiner Sprache gehört das Gleichheitszeichen „=" und ein weiteres zweistelliges Prädikatensymbol „∈" für die Elementbeziehung; als spezifisch mengentheoretische Axiome nimmt man üblicherweise folgende:

(ZF1) Extensionalitätsaxiom

$$\bigwedge x \bigwedge y \big(\bigwedge z (z \in x \Leftrightarrow z \in y) \Rightarrow x = y\big);$$

(ZF2) Aussonderungsaxiom

$$\bigwedge u \bigvee v \bigwedge x \big(x \in v \Leftrightarrow x \in u \wedge H(x)\big),$$

wobei die Variable v nicht frei im Ausdruck $H(x)$ vorkommen darf;

(ZF3) Ersetzungsaxiom

$$\bigwedge u \Big(\bigwedge_{x \in u} \bigvee y H(x, y) \Rightarrow \bigvee v \bigwedge_{x \in u} \bigvee_{y \in v} H(x, y)\Big),$$

wobei die Variable v nicht frei im Ausdruck $H(x, y)$ vorkommen darf;

(ZF4) Vereinigungsmengenaxiom

$$\bigwedge u \bigvee v \bigwedge x \Big(x \in v \Leftrightarrow \bigvee_{y \in u} (x \in y)\Big);$$

(ZF5) Potenzmengenaxiom

$$\bigwedge u \bigvee v \bigwedge x \Big(x \in v \Leftrightarrow \bigwedge_{y \in x} (y \in u)\Big);$$

(ZF6) Unendlichkeitsaxiom

$$\bigvee u \Big(\bigvee x (x \in u) \wedge \bigwedge_{x \in u} \bigvee_{y \in u} (x \in y)\Big);$$

(ZF7) Fundierungsaxiom

$$\bigwedge x \Big(\bigwedge_{y\in x} H(y) \Rightarrow H(x)\Big) \Rightarrow \bigwedge x H(x),$$

wobei die Variable y nicht frei im Ausdruck $H(x)$ vorkommen darf und $H(y)$ für $H[x/y]$ steht.

Das durch diese Axiome (ZF1), ..., (ZF7) konstituierte mengentheoretische System **ZF** wird dadurch zum System **ZFC**, daß noch das sogenannte Auswahlaxiom hinzugenommen wird. Um es zu formulieren, bedienen wir uns nicht nur wie bisher der beschränkten Quantoren $\bigwedge_{x\in a}$ und $\bigvee_{x\in a}$, die wie üblich als Abkürzungen zu verstehen sind:

$$\bigwedge_{x\in a} H =_{\text{def}} \bigwedge x(x \in a \Rightarrow H), \qquad \bigvee_{x\in a} H =_{\text{def}} \bigvee x(x \in a \wedge H), \tag{5.6.5}$$

sondern wir benutzen auch den beschränkten Einzigkeitsquantor $\bigvee!_{x\in a}$ für „es gibt genau ein $x \in a$", der durch die Festlegung

$$\bigvee!_{x\in a} H(x) =_{\text{def}} \bigvee_{x\in a} H(x) \wedge \bigwedge_{x\in a} \bigwedge_{y\in a} \big(H(x) \wedge H(y) \Rightarrow x = y\big) \tag{5.6.6}$$

definitorisch eingeführt werden kann.

(AC) Auswahlaxiom

$$\bigwedge u \bigvee v \bigwedge_{x\in u} \Big(\bigvee_{y\in x} \bigvee!_{z\in u} (y \in z) \Rightarrow \bigvee!_{y\in x} (y \in v)\Big).$$

Aus dieser geringfügig vom üblichen abweichenden Formulierung entnimmt man leicht auch eine der gängigeren Formulierungen des Auswahlaxioms: Ist nämlich u eine Menge von paarweise disjunkten nichtleeren Mengen, so ist v eine Auswahlmenge von u, deren Existenz also von (AC) verlangt wird.

Um die Konstruktion der Individuenbereiche der uns weiterhin interessierenden B-Interpretationen $\mathfrak{V}^{\boldsymbol{B}}$, $\boldsymbol{B}$ eine Booleschen Algebra, kurz und übersichtlich beschreiben zu können, brauchen wir noch einige mengentheoretische Begriffsbildungen (für unsere Metasprache!), die wir bisher nicht benutzt haben. Dies sind für Funktionen f ihr Definitionsbereich $\mathrm{dom}(f)$, d. h. die Menge aller der Elemente a, für die ein Funktionswert $f(a)$ erklärt ist, für beliebige Mengen X, Y die Menge ${}^XY$ aller Funktionen f mit $\mathrm{dom}(f) = X$ sowie stets $f(a) \in Y$ für $a \in \mathrm{dom}(f)$, und dies ist die Klasse **On** aller Ordinalzahlen. Unter einer Ordinalzahl versteht man dabei eine solche Menge u, die alle Elemente ihrer Elemente ebenfalls enthält, für die also aus $a \in b$, $b \in u$ folgt $a \in u$, und für die für alle $a, b \in u$ entweder $a \in b$ oder $a = b$ oder $b \in a$ gilt. In der Klasse **On** aller Ordinalzahlen ist durch die Elementbeziehung $\in$ eine irreflexive Ordnungsrelation $<$ erklärt als

$$\alpha < \beta =_{\mathrm{def}} \alpha \in \beta$$

für beliebige $\alpha, \beta \in \mathbf{On}$, die eine Wohlordnung ist und bezüglich deren jede Ordinalzahl α die Menge aller kleineren Ordinalzahlen ist:

$$\alpha = \{\beta \mid \beta \in \mathbf{On} \wedge \beta < \alpha\}.$$

Die kleinsten Ordinalzahlen sind

$$0 =_{\mathrm{def}} \emptyset, \quad 1 =_{\mathrm{def}} \{\emptyset\} = \{0\}, \quad 2 =_{\mathrm{def}} \{0, 1\},$$
$$3 =_{\mathrm{def}} \{0, 1, 2\}, \ldots,$$

also die natürlichen Zahlen; die Menge aller natürlichen Zahlen ist die kleinste transfinite Ordinalzahl ω. Griechische Buchstaben $\alpha, \beta, \ldots$ benutzen wir weiterhin in diesem Abschnitt als Variable für Ordinalzahlen.

Die Ordinalzahlen stellen eine Verallgemeinerung der natürlichen Zahlen dar und gestatten es, auch die Elemente unendlicher Mengen „durchzuzählen". Zu jeder wohlgeordneten Menge X gibt es nämlich genau eine Ordinalzahl α derart, daß X eineindeutig und ordnungserhaltend auf α, d. h. auf die Menge aller Ordinalzahlen $< \alpha$ abgebildet werden kann. Jede derartige Abbildung realisiert eine „Durchnumerierung" der Elemente von X mit den Ordinalzahlen $< \alpha$. In diesem Sinne repräsentieren die Ordinalzahlen die überhaupt möglichen Wohlordnungen von Mengen.

Wichtig ist, daß für Ordinalzahlen ein Induktionsprinzip gültig ist, das dem der ordnungstheoretischen Induktion im Bereich der natürlichen Zahlen völlig analog ist und wie jenes induktive Beweise bezüglich der Gesamtheit aller Ordinalzahlen erlaubt. Dieses Prinzip lautet:

$$\bigwedge \xi \Big(\bigwedge_{\mu<\xi} H(\eta) \Rightarrow H(\xi)\Big) \Rightarrow \bigwedge \xi H(\xi),$$

wobei ξ, η wie vereinbart für Ordinalzahlen stehen und H eine mengentheoretische Eigenschaft ist. Analog gilt für Ordinalzahlen ein Prinzip induktiver Definitionen, das es gestattet, Mengen K_α für alle $\alpha \in \mathbf{On}$ dadurch zu definieren, daß bei der Definition jeder einzelnen Menge K_α von allen K_β mit $\beta < \alpha$ Gebrauch gemacht wird. Eben nach diesem Prinzip definieren wir nun für eine beliebige BOOLEsche Algebra $\boldsymbol{B}$ Mengen $\mathcal{V}_\alpha^{\boldsymbol{B}}$ als

$$\mathcal{V}_\alpha^{\boldsymbol{B}} =_{\mathrm{def}} \{u \in {}^{\mathrm{dom}(u)}|\boldsymbol{B}| \mid \bigvee_{\xi<\alpha} (\mathrm{dom}(u) \subseteq \mathcal{V}_\xi^{\boldsymbol{B}})\} \tag{5.6.7}$$

für alle $\alpha \in \mathbf{On}$. Die „Vereinigung" aller dieser Mengen ergibt den Individuenbereich $\mathcal{V}^{\boldsymbol{B}}$ der zu konstruierenden B-Interpretation $\mathfrak{V}^{\boldsymbol{B}}$ mit Quasiwahrheitswertstruktur $\boldsymbol{B}$:

$$\mathcal{V}^{\boldsymbol{B}} =_{\text{def}} \{u \mid \bigvee \alpha(u \in \mathcal{V}_\alpha^{\boldsymbol{B}})\}. \tag{5.6.8}$$

Ausgehend von diesem Individuenbereich $\mathcal{V}^{\boldsymbol{B}}$ ist die B-Interpretation $\mathfrak{V}^{\boldsymbol{B}}$ festgelegt, sobald mehrwertige Prädikate $\triangleq$ und $\hat{\in}$ erklärt sind, die die Prädikatensymbole $=$, $\in$ der Sprache von **ZFC** in $\mathcal{V}^{\boldsymbol{B}}$ interpretieren. Wir schreiben im folgenden

$$[\![u \mathrel{\hat{\in}} v]\!] \quad \text{für} \quad \hat{\in}\,(u, v), \qquad [\![u \triangleq v]\!] \quad \text{für} \quad \triangleq (u, v)$$

für beliebige $u, v \in \mathcal{V}^{\boldsymbol{B}}$ und haben damit

$$\text{Wert}_{\mathfrak{V}^{\boldsymbol{B}}}(x \in y, f) = [\![f(x) \mathrel{\hat{\in}} f(y)]\!],$$
$$\text{Wert}_{\mathfrak{V}^{\boldsymbol{B}}}(x = y, f) = [\![f(x) \triangleq f(y)]\!]$$

für beliebige Individuenvariable x, y und Belegungen $f: \boldsymbol{V} \to \mathcal{V}^{\boldsymbol{B}}$. Für alle $a, b, \in \mathcal{V}^{\boldsymbol{B}}$ sei gesetzt

$$[\![a \mathrel{\hat{\in}} b]\!] =_{\text{def}} \bigvee_{u \in \text{dom}(b)} \big(b(u) \cdot [\![a \triangleq u]\!]\big), \tag{5.6.9}$$

$$[\![a \triangleq b]\!] =_{\text{def}} \bigwedge_{u \in \text{dom}(a)} \big(a(u) \rightharpoonup [\![u \mathrel{\hat{\in}} b]\!]\big) \cdot \bigwedge_{v \in \text{dom}(b)} \big(b(v) \rightharpoonup [\![v \mathrel{\hat{\in}} a]\!]\big). \tag{5.6.10}$$

Dies ist eine simultane induktive Definition beider mehrwertiger Prädikate $\hat{\in}$ und $\triangleq$. Nennen wir für jedes $a \in \mathcal{V}^{\boldsymbol{B}}$ die kleinste Ordinalzahl α mit $a \in \mathcal{V}_\alpha^{\boldsymbol{B}}$ den Rang von a, so führen die Definitionen (5.6.9) und (5.6.10) sukzessive auf die Betrachtung von Elementen von $\mathcal{V}^{\boldsymbol{B}}$ mit immer kleinerem Rang und sind deshalb korrekt.

Der Einfachheit halber schreiben wir weiterhin nur Wert(...) statt $\text{Wert}_{\mathfrak{V}^{\boldsymbol{B}}}(\ldots)$ und $\models_{\boldsymbol{B}} \ldots$ statt $\mathfrak{V}^{\boldsymbol{B}} \models \ldots$ Aus Satz 5.6.2 wissen wir, daß $\mathfrak{V}^{\boldsymbol{B}}$ Modell ist für jeden allgemeingültigen Ausdruck der klassischen Prädikatenlogik (ohne Identität), der in der Sprache von **ZFC** formulierbar ist.[13] Aus dem nächsten Satz folgt, daß die Definition (5.6.10) sogar garantiert, daß in $\mathfrak{V}^{\boldsymbol{B}}$ alle allgemeingültigen Ausdrücke der klassischen Prädikatenlogik mit Identität gültig sind.

Satz 5.6.3. *Für alle $a, b, c \in \mathcal{V}^{\boldsymbol{B}}$ gelten:*

(a) $\quad [\![a \triangleq a]\!] = 1,$

---

[13] Dabei ist das Auftreten des Gleichheitszeichens $=$ nicht explizit verboten, jedoch ist $=$ wie ein beliebiges zweistelliges Prädikatensymbol zu behandeln und nicht nur als Identität zu deuten.

(b) *wenn* $a \in \mathrm{dom}(b)$, *so* $b(a) \leqq [\![a \mathrel{\hat{\in}} b]\!]$,

(c) $[\![a \mathrel{\hat{=}} b]\!] = [\![b \mathrel{\hat{=}} a]\!]$,

(d) $[\![a \mathrel{\hat{=}} b]\!] \cdot [\![b \mathrel{\hat{=}} c]\!] \leqq [\![a \mathrel{\hat{=}} c]\!]$,

(e) $[\![a \mathrel{\hat{=}} c]\!] \cdot [\![a \mathrel{\hat{\in}} b]\!] \leqq [\![c \mathrel{\hat{\in}} b]\!]$,

(f) $[\![a \mathrel{\hat{=}} c]\!] \cdot [\![b \mathrel{\hat{\in}} a]\!] \leqq [\![b \mathrel{\hat{\in}} c]\!]$.

Beweis. (a) Wir führen den Beweis induktiv über den Rang von a und nehmen an, daß für alle $c \in \mathrm{dom}(a)$ die Behauptung gelte. Dann ist

$$a(c) = a(c) \cdot [\![c \mathrel{\hat{=}} c]\!] \leqq [\![c \mathrel{\hat{\in}} a]\!]$$

nach (5.6.9) und also

$$[\![a \mathrel{\hat{=}} a]\!] = \bigwedge_{c \in \mathrm{dom}(a)} \left(a(c) \rightharpoonup [\![c \mathrel{\hat{\in}} a]\!]\right) = 1$$

gemäß (5.6.4), und weil $u \cdot u = u$ in jeder BOOLEschen Algebra stets gilt.

Damit folgt (b) sofort aus (5.6.9). Behauptung (c) folgt ebenfalls unmittelbar aus der in a, b „symmetrischen" Definition (5.6.10).

(d) Erneut führen wir den Beweis induktiv über den Rang von a und nehmen an, daß für alle $u \in \mathrm{dom}(a)$ und beliebige $v, w \in \mathcal{V}^{\boldsymbol{B}}$ gelte

$$[\![u \mathrel{\hat{=}} v]\!] \cdot [\![v \mathrel{\hat{=}} w]\!] \leqq [\![u \mathrel{\hat{=}} w]\!]. \tag{5.6.11}$$

Dann gilt insbesondere für alle $v \in \mathrm{dom}(b)$ und $w \in \mathrm{dom}(c)$ sogar

$$\begin{aligned}&[\![a \mathrel{\hat{=}} b]\!] \cdot [\![b \mathrel{\hat{=}} c]\!] \cdot a(u) \cdot b(v) \cdot c(w) \cdot [\![u \mathrel{\hat{=}} v]\!] \cdot [\![v \mathrel{\hat{=}} w]\!]\\ &\leqq c(w) \cdot [\![u \mathrel{\hat{=}} w]\!] \leqq [\![u \mathrel{\hat{\in}} c]\!],\end{aligned}$$

woraus wegen $[\![b \mathrel{\hat{=}} c]\!] \cdot b(v) \leqq [\![v \mathrel{\hat{\in}} c]\!]$ gemäß (5.6.10)[14] nach Supremumbildung über alle $w \in \mathrm{dom}(c)$ wegen (5.6.9) folgt

$$[\![a \mathrel{\hat{=}} b]\!] \cdot [\![b \mathrel{\hat{=}} c]\!] \cdot a(u) \cdot b(v) \cdot [\![u \mathrel{\hat{=}} v]\!] \leqq [\![u \mathrel{\hat{\in}} c]\!].$$

Supremumbildung über alle $v \in \mathrm{dom}(b)$ liefert hieraus

$$[\![a \mathrel{\hat{=}} b]\!] \cdot [\![b \mathrel{\hat{=}} c]\!] \cdot a(u) \cdot [\![u \mathrel{\hat{\in}} b]\!] \leqq [\![u \mathrel{\hat{\in}} c]\!].$$

Erneut ergibt sich $[\![a \mathrel{\hat{=}} b]\!] \cdot a(u) \leqq [\![u \mathrel{\hat{\in}} b]\!]$ und damit aus dieser letzten Ungleichung

$$[\![a \mathrel{\hat{=}} b]\!] \cdot [\![b \mathrel{\hat{=}} c]\!] \cdot a(u) \leqq [\![u \mathrel{\hat{\in}} c]\!].$$

---

[14] Es ist $b(v) \cdot [\![b \mathrel{\hat{=}} c]\!] \leqq b(v) \cdot (b(v) \rightharpoonup [\![v \mathrel{\hat{\in}} b]\!]) = b(v) \cdot (b(v)^* + [\![v \mathrel{\hat{\in}} b]\!]) = b(v) \cdot [\![v \mathrel{\hat{\in}} b]\!] \leqq [\![v \mathrel{\hat{\in}} b]\!]$.

Da für Elemente r, s, t einer beliebigen BOOLEschen Algebra aus $r \cdot s \leqq t$ folgt, daß

$$r \leqq r + (r^* \cdot s^*) = (r \cdot s) + (r \cdot s^*) + (r^* \cdot s^*)$$
$$= (r \cdot s) + s^* \leqq s^* + t = s \rightharpoonup t$$

ist, ergibt sich in unserem Falle

$$[\![a \triangleq b]\!] \cdot [\![b \triangleq c]\!] \leqq a(u) \rightharpoonup [\![u \hat{\in} c]\!]$$

und also

$$[\![a \triangleq b]\!] \cdot [\![b \triangleq c]\!] \leqq \bigwedge_{u \in \mathrm{dom}(a)} \big(a(u) \rightharpoonup [\![u \hat{\in} c]\!]\big). \tag{5.6.12}$$

Da aber die Induktionsannahme (5.6.11) wegen (c) als

$$[\![w \triangleq v]\!] \cdot [\![v \triangleq u]\!] \leqq [\![w \triangleq u]\!]$$

geschrieben werden kann, liefern ganz analoge Rechnungen ebenso

$$[\![a \triangleq b]\!] \cdot [\![b \triangleq c]\!] \leqq \bigwedge_{w \in \mathrm{dom}(c)} \big(c(w) \rightharpoonup [\![w \hat{\in} a]\!]\big),$$

was mit (5.6.12) wegen (5.6.10) die Behauptung (d) ergibt.

(e) Es ist wegen (d), (c) und der Tatsache, daß das verallgemeinerte Distributivgesetz $r \cdot \bigvee \{s_i \mid i \in I\} = \bigvee \{r \cdot s_i \mid i \in I\}$ in jeder BOOLEschen Algebra gilt, unmittelbar

$$[\![a \triangleq c]\!] \cdot [\![a \hat{\in} b]\!] = \bigvee_{v \in \mathrm{dom}(b)} \big([\![a \triangleq c]\!] \cdot b(v) \cdot [\![a \triangleq v]\!]\big)$$
$$\leqq \bigvee_{v \in \mathrm{dom}(b)} \big(b(v) \cdot [\![c \triangleq v]\!]\big) = [\![c \hat{\in} b]\!].$$

(f) ergibt sich schließlich mittels (e) durch ganz analoge Überlegungen aus der Definition (5.6.9):

$$[\![a \triangleq c]\!] \cdot [\![b \hat{\in} a]\!] = \bigvee_{u \in \mathrm{dom}(a)} \big([\![a \triangleq c]\!] \cdot a(u) \cdot [\![b \triangleq u]\!]\big)$$
$$\leqq \bigvee_{u \in \mathrm{dom}(a)} \big([\![u \hat{\in} c]\!] \cdot [\![b \triangleq u]\!]\big) \leqq [\![b \hat{\in} c]\!]. \blacksquare$$

Folgerung 5.6.4. *Jeder allgemeingültige Ausdruck der klassischen Prädikatenlogik mit Identität ist in der* B-*Interpretation* $\mathfrak{V}^B$ *gültig.*

Beweis. Nach Satz 5.6.2 genügt es zu zeigen, daß die spezifischen Identitätsaxiome von PL_2 in $\mathfrak{V}^B$ gültig sind. Da $\in$ das einzige vom Gleichheitszeichen verschiedene Prädikatensymbol unserer Sprache von **ZFC** ist, sind dies etwa folgende Axiome (vgl. ASSER [1972]):

$$\bigwedge x(x = x),$$

$$\bigwedge x \bigwedge y \bigwedge z(x = y \wedge x = z \Rightarrow y = z),$$

$$\bigwedge x \bigwedge y \bigwedge z(x = y \wedge x \in z \Rightarrow y \in z),$$

$$\bigwedge x \bigwedge y \bigwedge z(x = y \wedge z \in x \Rightarrow z \in y).$$

Wir diskutieren nur das zweite dieser Axiome. Um seine Gültigkeit in $\mathfrak{V}^B$ zu zeigen, genügt es,

$$\mathrm{Wert}(x = y \wedge x = z \Rightarrow y = z, f) = 1$$

zu beweisen für jede Belegung $f: \boldsymbol{V} \to V^B$. Setzen wir $a = f(x)$, $b = f(y)$ und $c = f(z)$, so ist also für beliebige $a, b, c \in V^B$

$$[\![a \triangleq b]\!] \cdot [\![a \triangleq c]\!] \leqq [\![b \triangleq c]\!]$$

zu zeigen wegen (5.6.4). Dies folgt sofort aus Satz 5.6.3 (c), (d).

Ebenso einfach folgt die $\mathfrak{V}^B$-Gültigkeit der drei anderen Axiome aus Satz 5.6.3. ∎

Für die spätere Diskussion der Gültigkeit der ZFC-Axiome in $\mathfrak{V}^B$ ist es nützlich, noch explizite Beschreibungen der Werte solcher Ausdrücke zu haben, die mit beschränkten Quantoren beginnen.

Satz 5.6.5. *Es seien H ein Ausdruck der Sprache von* ZFC, *$f: \boldsymbol{V} \to V^B$ eine Belegung der Individienvariablen und $a = f(x)$. Dann gelten:*

(a) $$\mathrm{Wert}\Big(\bigvee_{y \in x} H, f\Big) = \bigvee_{u \in \mathrm{dom}(a)} \big(a(u) \cdot \mathrm{Wert}(H, f(y/u))\big),$$

(b) $$\mathrm{Wert}\Big(\bigwedge_{y \in x} H, f\Big) = \bigwedge_{u \in \mathrm{dom}(a)} \big(a(u) \rightharpoonup \mathrm{Wert}(H, f(y/u))\big).$$

Beweis. Es genügt, Behauptung (a) zu zeigen, da (b) ganz analog hergeleitet werden kann. Aus den entsprechenden Definitionen ergibt sich sukzessive:

$$\begin{aligned}
\mathrm{Wert}\Big(\bigvee_{y \in x} H, f\Big) &= \mathrm{Wert}\big(\bigvee y(y \in x \wedge H), f\big) \\
&= \bigvee_{v \in V^B} \big([\![v \hat{\in} a]\!] \cdot \mathrm{Wert}(H, f(y/v))\big) \\
&= \bigvee_{v \in V^B} \bigvee_{u \in \mathrm{dom}(a)} \big(a(u) \cdot [\![u \triangleq v]\!] \cdot \mathrm{Wert}(H, f(y/v))\big) \\
&= \bigvee_{u \in \mathrm{dom}(a)} \Big(a(u) \cdot \bigvee_{v \in V^B} \big([\![u \triangleq v]\!] \cdot \mathrm{Wert}(H, f(y/v))\big)\Big) \\
&= \bigvee_{u \in \mathrm{dom}(a)} \big(a(u) \cdot \mathrm{Wert}(\bigvee y(y = z \wedge H), f(yz/vu))\big) \\
&= \bigvee_{u \in \mathrm{dom}(a)} \big(a(u) \cdot \mathrm{Wert}(H, f(y/u))\big). \ \blacksquare
\end{aligned}$$

Schauen wir uns noch einmal die Definitionen (5.6.9) und (5.6.10) an, so sehen wir, daß sie den in ZFC geltenden Beziehungen

$$a \in b \Leftrightarrow \bigvee_{x \in b} (a = x),$$

$$a = b \Leftrightarrow \bigwedge_{x \in a} (x \in b) \wedge \bigwedge_{x \in b} (x \in a)$$

entsprechen, auf die man in naheliegender Weise geführt wird, wenn man nach einer simultanen, induktiv über den – auch in ZFC ähnlich wie für $\mathcal{V}^{\boldsymbol{B}}$ definierbaren – Rang der betrachteten Mengen laufenden Charakterisierung für $\in$ und $=$ sucht. Trotzdem ist es keineswegs selbstverständlich, diese Charakterisierungen zu wählen, aber sie sind einer der entscheidenden Punkte für die Brauchbarkeit der B-Interpretationen $\mathfrak{V}^{\boldsymbol{B}}$.

In der klassischen Prädikatenlogik ist es ein oft benutzter Schritt, von einer zutreffenden Existenzaussage $\bigvee xH$ zur Betrachtung eines Gegenstandes a überzugehen, dem die Eigenschaft H zukommt. Diese Schlußweise wird in allen solchen B-Interpretationen $\mathfrak{V}^{\boldsymbol{B}}$ problematisch, deren Quasiwahrheitswertmenge $|\boldsymbol{B}|$ unendlich ist bzw. bezüglich der in $\boldsymbol{B}$ erklärten Verbandshalbordnung (5.6.3) unvergleichbare Elemente enthält: In solchen Fällen kann es nämlich Mengen $\mathcal{X} \subseteq |\boldsymbol{B}|$ von Quasiwahrheitswerten geben, deren Supremum zwar existiert, aber nicht zu $\mathcal{X}$ gehört – also kann es möglich sein, daß $\bigvee xH$ einen ausgezeichneten Quasiwahrheitswert annimmt, ohne daß H für irgendeines der Individuen einen ausgezeichneten Quasiwahrheitswert hat. Wir zeigen, daß diese letztgenannte Situation in den B-Interpretationen $\mathfrak{V}^{\boldsymbol{B}}$ nicht eintreten kann, dort obige Schlußweise der klassischen Prädikatenlogik also beibehalten werden kann.

Satz 5.6.6. *Zu jedem Ausdruck H der Sprache von* ZFC, *jeder* B-*Interpretation $\mathfrak{V}^{\boldsymbol{B}}$ und jeder Belegung $f: \boldsymbol{V} \to \mathcal{V}^{\boldsymbol{B}}$ gibt es ein $b \in \mathcal{V}^{\boldsymbol{B}}$ mit*

$$\mathrm{Wert}(\bigvee xH, f) = \mathrm{Wert}\big(H, f(x/b)\big).$$

Beweis. Wir schreiben im folgenden kurz $[\![\bigvee xH]\!]$ für $\mathrm{Wert}(\bigvee xH, f)$ und $[\![H(b)]\!]$ für $\mathrm{Wert}\big(H, f(x/b)\big)$. Da $|\boldsymbol{B}|$ eine Menge und $\mathcal{V}^{\boldsymbol{B}}$ eine echte Klasse ist, gibt es eine Ordinalzahl α und Individuen $b_\xi \in \mathcal{V}^{\boldsymbol{B}}$ für alle $\xi < \alpha$ derart, daß

$$\{[\![H(b)]\!] \mid b \in \mathcal{V}^{\boldsymbol{B}}\} = \{[\![H(b_\xi)]\!] \mid \xi < \alpha\}$$

ist und damit

$$[\![\bigvee xH]\!] = \bigvee \{[\![H(b_\xi)]\!] \mid \xi < \alpha\}.$$

Für jede Ordinalzahl $\beta < \alpha$ werde nun

$$u_\beta = [\![H(b_\beta)]\!] \cdot \big(\bigvee \{[\![H(b_\eta)]\!] \mid \eta < \beta\}\big)^*$$

gesetzt, wofür man dann

$$u_\beta \leqq [\![H(b_\beta)]\!] = \bigvee \{u_\eta \mid \eta \leqq \beta\} \tag{5.6.13}$$

induktiv unmittelbar beweisen kann aus den allgemeinen Rechengesetzen für (vollständige) BOOLEsche Algebren.

Mittels dieser Quasiwahrheitswerte u_β wird nun eine Funktion b erklärt, deren Definitionsbereich $\mathrm{dom}(b) = \bigcup_{\xi<\alpha} \mathrm{dom}(b_\xi)$ die Vereinigungsmenge aller Definitionsbereiche $\mathrm{dom}(b_\xi)$ sei. Für jedes $z \in \mathrm{dom}(b)$ werde

$$b(z) =_{\mathrm{def}} \bigvee \{u_\xi \cdot [\![z \hat{\in} b_\xi]\!] \mid \xi < \alpha\}$$

gesetzt. Da $\mathrm{dom}(b) \subseteq \mathcal{V}_\lambda^{\boldsymbol{B}}$ für eine hinreichend große Ordinalzahl λ gilt, ist $b \in \mathcal{V}^{\boldsymbol{B}}$. Deswegen gilt

$$[\![H(b)]\!] \leqq [\![\bigvee x H]\!].$$

Unser Ziel ist, auch die umgekehrte Ungleichung zu zeigen, weil sich dann die Behauptung unmittelbar ergibt. Dazu zeigen wir als Zwischenresultat zunächst noch

$$u_\xi \leqq [\![b \triangleq b_\xi]\!] \tag{5.6.14}$$

für jedes $\xi < \alpha$. Ist jedoch $z \in \mathrm{dom}(b)$, so $u_\xi \cdot b(z) \leqq u_\xi \cdot u_\xi \cdot [\![z \hat{\in} b_\xi]\!] \leqq [\![z \hat{\in} b_\xi]\!]$ und deswegen $u_\xi \leqq \big(b(z) \rightharpoonup [\![z \hat{\in} b_\xi]\!]\big)$,[15] also $u_\xi \leqq \bigwedge_{z\in\mathrm{dom}(b)} \big(b(z) \rightharpoonup [\![z \hat{\in} b_\xi]\!]\big)$; ist dagegen $z \in \mathrm{dom}(b_\xi)$, so $u_\xi \cdot b_\xi(z) \leqq u_\xi \cdot [\![z \hat{\in} b_\xi]\!] \leqq b(z) \leqq [\![z \hat{\in} b]\!]$, woraus wiederum $u_\xi \leqq \big(b_\xi(z) \leqq [\![z \hat{\in} b]\!]\big)$, also $u_\xi \leqq \bigwedge_{z\in\mathrm{dom}(b_\xi)} \big(b_\xi(z) \rightharpoonup [\![z \hat{\in} b]\!]\big)$ folgt. Wegen (5.6.10) ist damit (5.6.14) bestätigt.

Es ist also wegen (5.6.13) und (5.6.14) zunächst für jedes $\xi < \alpha$:

$$u_\xi \leqq [\![b \triangleq b_\xi]\!] \cdot [\![H(b_\xi)]\!] \leqq [\![H(b)]\!],$$

weil auch $\models_{\boldsymbol{B}} (y = x \wedge H \Rightarrow H[x/y])$ gilt nach Folgerung 5.6.4; damit ergibt sich erneut mittels (5.6.13) schließlich

$$[\![\bigvee x H]\!] = \bigvee \{[\![H(b_\xi)]\!] \mid \xi < \alpha\} = \bigvee \{u_\xi \mid \xi < \alpha\} \leqq [\![H(b)]\!]. \blacksquare$$

Nun formulieren und beweisen wir das Hauptresultat dieses Abschnittes.

Satz 5.6.7. *Jede* B-*Interpretation* $\mathfrak{V}^{\boldsymbol{B}}$ *ist Modell aller* ZFC-*Axiome und damit Modell aller in* ZFC *ableitbaren Theoreme.*

---

[15] Vgl. vorhergehende Fußnote.

Beweis. Das Extensionalitätsaxiom (ZF1) kann unter Benutzung beschränkter Quantoren äquivalent als

$$\bigwedge x \bigwedge y \Big(\bigwedge_{z\in x} (z \in y) \wedge \bigwedge_{z\in y} (z \in x) \Rightarrow x = y\Big)$$

geschrieben werden. Über Satz 5.6.5 ergibt damit Definition (5.6.10) direkt $\models_{\boldsymbol{B}}$ (ZF1).

Da wir bei der folgenden Diskussion der weiteren Axiome stets davon ausgehen können, eine Belegung $f: \boldsymbol{V} \to \mathcal{V}^{\boldsymbol{B}}$ zu betrachten, die nur für definitiv angegebene Variable abzuändern ist, schreiben wir wie im Beweis zu Satz 5.6.6 kurz $[\![H(x)]\!]$ oder auch nur $[\![H]\!]$ für $\mathrm{Wert}(H, f)$ – je nachdem explizit auf eine Variable hingewiesen werden soll oder nicht – und $[\![H(b)]\!]$ für $\mathrm{Wert}\big(H, f(x/b)\big)$ bei $b \in \mathcal{V}^{\boldsymbol{B}}$. Für ZFC-Axiome der Gestalt $\bigwedge u \bigvee v H(u, v)$ genügt es außerdem zum Nachweis von $\models_{\boldsymbol{B}} \bigwedge u \bigvee v H(u,v)$, zu jedem $b \in \mathcal{V}^{\boldsymbol{B}}$ ein $c \in \mathcal{V}^{\boldsymbol{B}}$ anzugeben mit $\mathrm{Wert}\big(H, f(uv/bc)\big) = 1$.

Betrachten wir nun das Aussonderungsaxiom (ZF2) und ein beliebiges $b \in \mathcal{V}^{\boldsymbol{B}}$. Wir wählen $\mathrm{dom}(c) = \mathrm{dom}(b)$ und setzen für jedes $z \in \mathrm{dom}(b)$:

$$c(z) =_{\mathrm{def}} b(z) \cdot [\![H(z)]\!]$$

für den in (ZF2) auftretenden Ausdruck $H(x)$. Offenbar ist $c \in \mathcal{V}^{\boldsymbol{B}}$. Ferner gilt

$$\begin{aligned}&[\![\bigwedge x\big(x \in v \Leftrightarrow x \in u \wedge H(x)\big)]\!]\\ &= [\![\bigwedge_{x\in v} \big(x \in u \wedge H(x)\big)]\!] \cdot [\![\bigwedge_{x\in u} \big(H(x) \Rightarrow x \in v\big)]\!],\end{aligned}$$

weswegen wir mit c für v und b für u nur noch letztere beiden Werte betrachten. Nach Satz 5.6.5 ist

$$[\![\bigwedge_{x\in c} \big(x \in b \wedge H(x)\big)]\!] = \bigwedge_{z\in\mathrm{dom}(c)} \big(b(z) \cdot [\![H(z)]\!] \rightharpoonup [\![z \mathrel{\hat{\in}} b]\!] \cdot [\![H(z)]\!]\big) = 1$$

wegen Satz 5.6.3(b) und (5.6.4), (5.6.1). Entsprechend ist

$$\begin{aligned}[\![\bigwedge_{x\in b} \big(H(x) \Rightarrow x \in c\big)]\!] &= \bigwedge_{z\in\mathrm{dom}(b)} \big(b(z) \rightharpoonup ([\![H(z)]\!] \rightharpoonup [\![z \mathrel{\hat{\in}} c]\!])\big)\\ &= \bigwedge_{z\in\mathrm{dom}(b)} \big(b(z)^* + [\![H(z)]\!]^* + [\![z \mathrel{\hat{\in}} c]\!]\big) = 1\end{aligned}$$

wegen $b(z)^* + [\![H(z)]\!]^* = \big(b(z) \cdot [\![H(z)]\!]\big)^*$ und $b(z) \cdot [\![H(z)]\!] \leqq [\![z \mathrel{\hat{\in}} c]\!]$. Damit ergibt sich $[\![\bigwedge x\big(x \in c \Leftrightarrow x \in b \wedge H(x)\big)]\!]$, wenn wir b, c wie Konstanten der Sprache von ZFC behandeln, und daraus unmittelbar $\models_{\boldsymbol{B}}$ (ZF2).

Für (ZF3) sei erneut $b \in \mathcal{V}^{\boldsymbol{B}}$ gegeben. Aus unseren bisherigen Resultaten folgt sofort

$$[\![\bigwedge_{x\in b}\bigvee yH(x,y)]\!] = \bigwedge_{z\in\mathrm{dom}(b)}\big(b(z) \rightharpoonup \bigvee\{[\![H(z,w)]\!] \mid w \in \mathcal{V}^{\boldsymbol{B}}\}\big).$$

Da $|\boldsymbol{B}|$ eine Menge ist, gibt es zu jedem $z \in \mathrm{dom}(b)$ eine Ordinalzahl $\beta(z)$, für die

$$\bigvee\{[\![H(z,w)]\!] \mid w \in \mathcal{V}^{\boldsymbol{B}}\} = \bigvee\{[\![H(z,w)]\!] \mid w \in \mathcal{V}^{\boldsymbol{B}}_{\beta(z)}\}$$

ist. Es sei $\alpha \in \mathbf{On}$ eine obere Schranke aller $\beta(z)$ für $z \in \mathrm{dom}(b)$. Wir wählen $c \in \mathcal{V}^{\boldsymbol{B}}$ so, daß $c(z) = 1$ für jedes $z \in \mathrm{dom}(c) = \mathcal{V}^{\boldsymbol{B}}_{\alpha}$. Dann ergibt sich leicht

$$[\![\bigwedge_{x\in b}\bigvee yH(x,y)]\!] \leqq [\![\bigwedge_{x\in b}\bigvee_{y\in c} H(x,y)]\!]$$

und daraus unschwer $\models_{\boldsymbol{B}}$ (ZF3), d. h. $\mathfrak{V}^{\boldsymbol{B}}$ ist auch Modell des Ersetzungsaxioms.

Das Vereinigungsmengenaxiom (ZF4) schreiben wir zunächst in äquivalenter Form als

$$\bigwedge u \bigvee v \Big(\bigwedge_{x\in v}\bigvee_{y\in u}(x \in y) \wedge \bigwedge_{y\in u}\bigwedge_{x\in y}(x \in v)\Big),$$

betrachten irgendein $b \in \mathcal{V}^{\boldsymbol{B}}$ und bilden dazu diejenige Funktion $c \in \mathcal{V}^{\boldsymbol{B}}$, für die

$$\mathrm{dom}(c) = \bigcup\{\mathrm{dom}(w) \mid w \in \mathrm{dom}(b)\}$$

ist und für jedes $z \in \mathrm{dom}(c)$ gesetzt wird

$$c(z) = \bigvee_{w\in\mathrm{dom}(b)} b(z)\cdot[\![z \,\hat{\in}\, w]\!] = [\![\bigvee_{y\in b}(z \in y)]\!].$$

Satz 5.6.5 liefert nun

$$[\![\bigwedge_{x\in c}\bigvee_{y\in b}(x \in y)]\!] = \bigwedge_{z\in\mathrm{dom}(c)}\big([\![\bigvee_{y\in b}(z \in y)]\!] \rightharpoonup [\![\bigvee_{y\in b}(z \in y)]\!]\big) = 1$$

und bei zweimaliger Anwendung entsprechend

$$[\![\bigwedge_{y\in b}\bigwedge_{x\in y}(x \in c)]\!] = \bigwedge_{z\in\mathrm{dom}(b)}\;\bigwedge_{w\in\mathrm{dom}(z)}\big(b(z)\cdot z(w) \rightharpoonup [\![w \,\hat{\in}\, c]\!]\big) = 1$$

wegen

$$b(z)\cdot z(w) \leqq b(z)\cdot[\![w \,\hat{\in}\, z]\!] \leqq [\![\bigvee_{y\in b}(w \in y)]\!] = c(w) \leqq [\![w \,\hat{\in}\, c]\!].$$

Daraus folgt unmittelbar $\models_{\boldsymbol{B}}$ (ZF4).

Zur Diskussion des Potenzmengenaxioms (ZF5) bedienen wir uns der üblichen Inklusionsbeziehung $x \subseteq y =_{\mathrm{def}} \bigwedge_{z\in x}(z \in y)$ und bilden zu $b \in \mathcal{V}^{\boldsymbol{B}}$

ein neues Objekt $c \in \mathcal{V}^{\boldsymbol{B}}$ mit $\mathrm{dom}(c) = {}^{\mathrm{dom}(b)}|\boldsymbol{B}|$, für das

$$c(z) = [\![z \subseteq b]\!] = \bigwedge_{w \in \mathrm{dom}(z)} \big(z(w) \rightharpoonup [\![w \mathrel{\hat{\in}} b]\!]\big)$$

für jedes $z \in \mathrm{dom}(c)$ sei. Für $\models_{\boldsymbol{B}}$ (ZF5) ist zu zeigen, daß

$$[\![\bigwedge x(x \in c \Leftrightarrow x \subseteq b)]\!] = \mathit{1}$$

gilt. Da jedoch aus Definition (5.6.9) sofort die Beziehung

$$[\![z \mathrel{\hat{\in}} c]\!] = \bigvee_{w \in \mathrm{dom}(c)} ([\![w \subseteq b]\!] \cdot [\![z \mathrel{\hat{=}} w]\!]) \leqq [\![z \subseteq b]\!]$$

für jedes $z \in \mathcal{V}^{\boldsymbol{B}}$ folgt, ist $[\![\bigwedge x(x \in c \Rightarrow x \subseteq b)]\!] = \mathit{1}$ und nur $[\![\bigwedge x(x \subseteq b \Rightarrow x \in c)]\!] = \mathit{1}$ noch zu zeigen. Dieser Nachweis gelingt dadurch, daß wir zu jedem $z \in \mathcal{V}^{\boldsymbol{B}}$ ein $w \in \mathcal{V}^{\boldsymbol{B}}$ konstruieren, für das

$$[\![z \subseteq b \Rightarrow z = w]\!] = [\![z \subseteq b \Rightarrow w \in c]\!] = \mathit{1}$$

gelten, woraus dann direkt $[\![z \subseteq b \Rightarrow z \in c]\!] = \mathit{1}$ folgt. Wir setzen

$$w(s) = [\![s \mathrel{\hat{\in}} z]\!] \quad \text{für} \quad s \in \mathrm{dom}(w) = \mathrm{dom}(z)$$

und erhalten daraus sofort $[\![s \mathrel{\hat{\in}} w]\!] \leqq [\![s \mathrel{\hat{\in}} z]\!]$ für jedes $s \in \mathcal{V}^{\boldsymbol{B}}$ und also $[\![w \subseteq z]\!] = \mathit{1}$. Da außerdem

$$[\![s \in b \wedge s \in z]\!] = \bigvee_{t \in \mathrm{dom}(b)} \big(b(t) \cdot [\![s \mathrel{\hat{=}} t]\!] \cdot [\![s \mathrel{\hat{\in}} z]\!]\big) \leqq [\![s \mathrel{\hat{\in}} w]\!]$$

ist wegen

$$b(t) \cdot [\![s \mathrel{\hat{=}} t]\!] \cdot [\![s \mathrel{\hat{\in}} z]\!] \leqq [\![s \mathrel{\hat{=}} t]\!] \cdot [\![t \mathrel{\hat{\in}} z]\!] = [\![s \mathrel{\hat{=}} t]\!] \cdot w(t),$$

ergibt sich $[\![b \cap z \subseteq w]\!] = \mathit{1}$ und damit $[\![z \subseteq b \Rightarrow z = w]\!] = \mathit{1}$ wegen

$$\begin{aligned}[\![z \subseteq b]\!] &\leqq [\![z \subseteq b \wedge b \cap z \subseteq w \wedge w \subseteq z]\!] \\ &\leqq [\![z \subseteq w \wedge w \subseteq z]\!] = [\![z \mathrel{\hat{=}} w]\!].\end{aligned}$$

Daraus folgt nun

$$[\![z \subseteq b]\!] \leqq [\![w = z \wedge z \subseteq b]\!] \leqq [\![w \subseteq b]\!] = c(w) \leqq [\![w \mathrel{\hat{\in}} c]\!]$$

und also $[\![z \subseteq b \Rightarrow w \in c]\!] = \mathit{1}$.

Zur Behandlung des Unendlichkeitsaxioms (ZF6) betrachten wir zunächst allgemein eine durch die induktiv über den Rang von a erklärte Zuordnung

$$a \mapsto \check{a} = \{(\check{s}, 1) \mid s \in a\}$$

gegebene Einbettung der Klasse aller gewöhnlichen Mengen in $\mathcal{V}^{\boldsymbol{B}}$. Man zeigt dafür durch direktes Nachrechnen, daß $[\![z \mathrel{\hat{\in}} \check{a}]\!] = \bigvee \{[\![z \mathrel{\hat{=}} \check{s}]\!] \mid s \in a\}$

gilt und außerdem

$$a \in c \quad \text{gdw} \quad [\![\check{a} \,\hat{\in}\, \check{c}]\!] = 1, \qquad a = c \quad \text{gdw} \quad [\![\check{a} \triangleq \check{c}]\!] = 1$$

ist. Dann betrachte man $\check{\omega}$ und zeige damit $\models_{\boldsymbol{B}}$ (ZF6), und zwar wieder durch direktes Nachrechnen.

Für den Nachweis von $\models_{\boldsymbol{B}}$ (ZF7) benutzen wir ein dem Fundierungsaxiom analoges Induktionsprinzip für die Klasse $\mathcal{V}^{\boldsymbol{B}}$, in dem $\mathcal{C}$ eine Teilklasse von $\mathcal{V}^{\boldsymbol{B}}$ bezeichnet:

$$\bigwedge_{x \in \mathcal{V}^{\boldsymbol{B}}} \big(\mathrm{dom}(x) \subseteq \mathcal{C} \Rightarrow x \in \mathcal{C}\big) \Rightarrow \mathcal{C} = \mathcal{V}^{\boldsymbol{B}}.$$

(Dieses Prinzip beweist man am einfachsten indirekt: Wäre $\mathcal{C} \neq \mathcal{V}^{\boldsymbol{B}}$, so betrachte man ein $z \in \mathcal{V}^{\boldsymbol{B}} \setminus \mathcal{C}$ von kleinstem Rang und führe dessen Existenz zum Widerspruch.) Wir setzen

$$t = [\![\bigwedge x \,(\bigwedge_{y \in x} H(y) \Rightarrow H(x))]\!]$$

und wollen $t \leqq [\![H(z)]\!]$ für jedes $z \in \mathcal{V}^{\boldsymbol{B}}$ zeigen, womit $\models_{\boldsymbol{B}}$ (ZF7) bewiesen wäre. Deswegen betrachten wir die Klasse $\mathcal{C}_t = \{z \in \mathcal{V}^{\boldsymbol{B}} \mid t \leqq [\![H(z)]\!]\}$ und nehmen für $w \in \mathcal{V}^{\boldsymbol{B}}$ an, daß $\mathrm{dom}(w) \subseteq \mathcal{C}_t$ gilt. Dann ist

$$t \leqq \bigwedge \{[\![H(z)]\!] \mid z \in \mathrm{dom}(w)\}$$
$$\leqq \bigwedge \{w(z) \rightharpoonup [\![H(z)]\!] \mid z \in \mathrm{dom}(w)\} = [\![\bigwedge_{y \in w} H(y)]\!]$$

und deswegen nach Wahl von t sogar

$$t \leqq [\![\bigwedge_{y \in w} H(y)]\!] \cdot [\![\bigwedge_{y \in w} H(y) \Rightarrow H(w)]\!] \leqq [\![H(w)]\!],$$

also $w \in \mathcal{C}_t$. Obiges Induktionsprinzip gibt also $\mathcal{C}_t = \mathcal{V}^{\boldsymbol{B}}$, d. h. $\models_{\boldsymbol{B}}$ (ZF7).

Als letztes Axiom von **ZFC** bleibt das Auswahlaxiom (AC) zu betrachten. Zur Abkürzung setzen wir

$$G_u(x, y) =_{\mathrm{def}} y \in x \wedge \bigvee_{z \in u}! \,(y \in z)$$

und betrachten ein beliebiges $b \in \mathcal{V}^{\boldsymbol{B}}$. Zu zeigen bleibt damit für ein geeignet gewähltes $c \in \mathcal{V}^{\boldsymbol{B}}$:

$$[\![\bigwedge_{x \in b} (\bigvee y G_b(x, y) \Rightarrow \bigvee_{y \in x}! \,(y \in c))]\!] = 1. \tag{5.6.15}$$

Inhaltlich besagt $G_u(x, y)$, daß in u y ein für x „charakteristisches" Element ist. Wir betrachten noch die Menge $U = \bigcup \{\mathrm{dom}(w) \mid w \in \mathrm{dom}(b)\}$ und denken uns die Elemente von U eineindeutig mit Ordinalzahlen durchnumeriert, so daß $U = \{w_\xi \mid \xi < \alpha\}$ für ein geeignetes $\alpha \in \mathbf{On}$ ist.

Es sei $\mathrm{dom}(c) = U$; und c umfasse alle die Elemente von U, die in der gegebenen Anordnung erste „charakteristische" Elemente eines $z \in \mathrm{dom}(b)$ sind – welch letztere Vorstellung aber „mehrwertig" zu formulieren ist. Deshalb sei für $z \in U$:

$$c(z) =_{\mathrm{def}} \bigvee_{w \in \mathrm{dom}(b)} \bigvee_{\xi < \alpha} \Big([\![z = w_\xi \wedge G_b(w, w_\xi)]\!] \cdot \bigwedge_{\eta < \xi} [\![\neg G_b(w, w_\eta)]\!] \Big).$$

Wegen (5.6.6) zerfällt die Konklusion des in (5.6.15) betrachteten Ausdrucks in zwei Konjunktionsglieder, die Existenz- und die Einzigkeitsforderung für $y \in x$. Es genügt zu zeigen, daß jede dieser beiden „Forderungen" für sich vom Vorderglied in (5.6.15) impliziert wird.

Betrachten wir zuerst die Existenzforderung. Es sei $w \in \mathrm{dom}(b)$ und $z \in \mathrm{dom}(w)$. Dann folgt wegen $\mathrm{dom}(w) \subseteq U = \mathrm{dom}(c)$ zunächst für jedes $\xi < \alpha$

$$[\![G_b(w, w_\xi)]\!] \cdot \bigwedge_{\eta < \xi} [\![\neg G_b(w, w_\eta)]\!] \cdot [\![z \triangleq w_\xi]\!] \cdot w(z) \leqq [\![z \hat{\in} c]\!] \cdot w(z)$$

mittels Satz **5.6.3**(b) und daraus durch Supremumbildung über alle $z \in \mathrm{dom}(w)$ wegen (5.6.9) und Satz 5.6.5(a)

$$[\![G_b(w, w_\xi)]\!] \cdot \bigwedge_{\eta < \xi} [\![\neg G_b(w, w_\eta)]\!] \cdot [\![w_\xi \hat{\in} w]\!] \leqq [\![\mathbf{V}_{y \in w} (y \in c)]\!].$$

Da jedoch $[\![G_b(w, w_\xi)]\!] \leqq [\![w_\xi \hat{\in} w]\!]$ nach Wahl von G_b ist, erhält man daraus ähnlich wie in (5.6.13)

$$\begin{aligned} [\![\mathbf{V}\, y G_b(w, y)]\!] &= \bigvee \{ [\![G_b(w, w_\xi)]\!] \mid \xi < \alpha \} \\ &= \bigvee \{ [\![G_b(w, w_\xi)]\!] \cdot \bigwedge_{\eta < \xi} [\![\neg G_b(w, w_\eta)]\!] \mid \xi < \alpha \} \\ &\leqq [\![\mathbf{V}_{y \in w} (y \in c)]\!], \end{aligned}$$

was gerade den „Existenzanteil" von (5.6.15) liefert. Für den „Einzigkeitsanteil" erhält man zunächst durch elementare Umformungen, daß zu zeigen ist

$$\begin{aligned} [\![\mathbf{\Lambda}\, x\, \mathbf{\Lambda}\, y_1\, \mathbf{\Lambda}\, y_2\, (\mathbf{V}\, y\, G_b(x, y) \wedge x \in b \wedge y_1 \in c \wedge y_1 \in x \\ \wedge\, y_2 \in c \wedge y_2 \in x \Rightarrow y_1 = y_2)]\!] = 1. \end{aligned}$$

Die Definition von c führt für jedes $z \in \mathrm{dom}(c) = U$ sofort zu $c(z) = [\![z \hat{\in} c]\!]$. Wir betrachten den Quasiwahrheitswert

$$\begin{aligned} s &= [\![w \in b \wedge z_1 \in c \wedge z_1 \in w \wedge z_2 \in c \wedge z_2 \in w]\!] \\ &= [\![w \hat{\in} b]\!] \cdot c(z_1) \cdot [\![z_1 \hat{\in} w]\!] \cdot c(z_2) \cdot [\![z_2 \hat{\in} w]\!] \end{aligned}$$

für beliebige $z_1, z_2 \in \mathrm{dom}(c)$. Da außerdem unmittelbar zu sehen ist, daß für $z \in \mathrm{dom}(c)$ gilt

$$c(z) \leqq \bigvee_{w' \in \mathrm{dom}(b)} [\![G_b(w', z)]\!],$$

findet man sofort die Ungleichungen

$$\begin{aligned} & c(z) \cdot [\![z \hat{\in} w]\!] \cdot [\![w \hat{\in} b]\!] \\ & \leqq \bigvee_{w' \in \mathrm{dom}(b)} [\![G_b(w', z) \wedge z \in w \wedge w \in b]\!] \leqq [\![G_b(w, z)]\!], \end{aligned}$$

wobei zuletzt ausgenutzt wird, daß

$$G_b(x', y) \wedge y \in x \wedge x \in b \Rightarrow x' = x$$

nach Wahl von G_b ein in PL_2 allgemeingültiger Ausdruck ist. Insgesamt ergibt sich damit

$$s \leqq [\![G_b(w, z_1)]\!] \cdot [\![G_b(w, z_2)]\!].$$

Für z_1, z_2 gibt es Ordinalzahlen $\varkappa, \lambda < \alpha$ mit $z_1 = w_\varkappa$ und $z_2 = w_\lambda$, von denen wir außerdem $\varkappa < \lambda$ voraussetzen können. Dann erhalten wir

$$\begin{aligned} s & \leqq s \cdot c(z_2) \\ & = s \cdot \bigvee_{w' \in \mathrm{dom}(b)} \bigvee_{\xi < \alpha} \Big([\![w_\lambda \triangleq w_\xi]\!] \cdot [\![G_b(w', w_\xi)]\!] \cdot \bigwedge_{\eta < \xi} [\![\neg G_b(w', w_\eta)]\!] \Big) \\ & \leqq \bigvee_{\xi < \alpha} [\![w_\lambda \triangleq w_\xi]\!] \cdot [\![G_b(w, w_\xi)]\!] \cdot [\![\neg G_b(w, w_\varkappa)]\!] \\ & \leqq [\![G_b(w, w_\lambda)]\!] \cdot [\![\neg G_b(w, w_\varkappa)]\!] = [\![G_b(w, z_2)]\!] \cdot [\![\neg G_b(w, z_1)]\!] \end{aligned}$$

und also

$$s \leqq [\![G_b(w, z_1)]\!] \cdot [\![G_b(w, z_2)]\!] \cdot [\![\neg G_b(w, z_1)]\!] = 0 \leqq [\![z_1 \triangleq z_2]\!],$$

woraus schließlich die Einzigkeitsforderung folgt. ∎

An diesem Beweis fällt neben seinem Umfang, der Ausdruck für die größere Schwierigkeit prädikatenlogischer Diskussionen gegenüber aussagenlogischen ist, vor allem auf, daß er selbst in ZFC kodierte mengentheoretische Prinzipien auf metatheoretischem Niveau nutzt. Deswegen ist der mit dem Nachweis, daß jede B-Interpretation $\mathfrak{V}^B$ Modell von ZFC ist, zugleich gelieferte Beweis der Widerspruchsfreiheit von ZFC nur ein relativer Konsistenzbeweis. Auch die Tatsache, daß in diesem Beweis sogar vom Auswahlaxiom Gebrauch gemacht wurde, ist unproblematisch: Denn sind die üblichen – z. B. in ZF kodierten – mengentheoretischen Prinzipien ohne Auswahlaxiom widerspruchsfrei, so bleiben sie es auch nach Hinzunahme des Auswahlaxioms (vgl. GÖDEL [1940] oder z. B. auch FRAENKEL/BAR-HILLEL/LEVY [1973]). Aber dieser Zusammenhang zwischen Modellkonstruktion und Konsistenznachweis ist für die Konstruktion der B-Interpretationen $\mathfrak{V}^{\boldsymbol{B}}$ sekundär. Primär ist vielmehr, daß es durch geeignete Wahl der BOOLEschen Algebra $\boldsymbol{B}$ gelingt, zu erreichen, daß $\mathfrak{V}^{\boldsymbol{B}}$ kein Modell ist für gewisse spezielle mengentheoretische Aussagen, weil diese in $\mathfrak{V}^{\boldsymbol{B}}$ einen von *1* verschiedenen Quasiwahrheitswert bekommen und deswegen keine Folgerungen aus ZFC sein können.

Für die Einzelheiten solcher Unbeweisbarkeitsnachweise verweisen wir auf die vielfältigen Originalarbeiten und auf ROSSER [1969] sowie BELL [1977].

5.7. Konsistenzuntersuchungen zur Mengenlehre

Während die in Abschnitt 5.6 beschriebene Konstruktion der B-Interpretationen $\mathfrak{V}^{\boldsymbol{B}}$, d. h. der sogenannten BOOLEschwertigen Modelle der Mengentheorie ZFC, keine wesentliche Bedeutung für Untersuchungen zur Widerspruchsfreiheit der grundlegenden mengentheoretischen Prinzipien hat, ist dieses Konsistenzproblem in anderer Weise mit mehrwertiger Logik in Verbindung gebracht worden. Die naive, im wesentlichen auf CANTOR und DEDEKIND zurückgehende Mengenlehre[16] nämlich geht von dem Extensionalitätsprinzip

(Ext) $\bigwedge x \bigwedge y(\bigwedge z(z \in x \Leftrightarrow z \in y) \Leftrightarrow x = y)$

und einem am ehesten als Schema

(Komp) $\bigvee x \bigwedge y(y \in x \Leftrightarrow H(y))$

zu formulierenden[17] uneingeschränkten Komprehensionsprinzip aus. (Dabei soll aus Gründen der formalen Korrektheit die Variable x nicht frei im Ausdruck $H(y)$ vorkommen.) Schon das Komprehensionsprinzip (Komp), welches ein Schema von Forderungen darstellt betreffend die Existenz von Mengen, ist aber widerspruchsvoll, wie insbesondere durch

[16] Einen ausgezeichneten, historisch orientierten Überblick zur Mengenlehre gibt FRAENKEL/BAR-HILLEL/LEVY [1973], MESCHKOWSKI [1967] konzentriert sich vorwiegend auf die Leistung CANTORS, und MEDVEDEV [1965] diskutiert Vor- und frühe Geschichte der Mengenlehre.

[17] Die naive Mengenlehre fußt auf intuitiv erläuterten Prinzipien, ist also keine formalisierte mathematische Theorie. Jede ihrer Formalisierungen mag daher mehr oder weniger von der ursprünglichen Intuition abweichen.

Untersuchungen von RUSSELL [1903] allgemein bekannt geworden ist. Man braucht nur für $H(y)$ den Ausdruck $\neg (y \in y)$ zu nehmen und gemäß (Komp) eine Menge x_R mit

$$\bigwedge y(y \in x_R \Leftrightarrow \neg (y \in y))$$

zu betrachten, um mit x_R an Stelle von y den Widerspruch

$$x_R \in x_R \Leftrightarrow \neg (x_R \in x_R) \tag{5.7.1}$$

zu erhalten, der üblicherweise als RUSSELLsche Antinomie bezeichnet wird.

Die zur Überwindung dieses und weiterer aus (Komp) und aus (Ext) im Rahmen der klassischen Prädikatenlogik ableitbaren Widersprüche geschaffenen Systeme der Mengentheorie verbleiben üblicherweise im Rahmen der klassischen Logik und schränken das Komprehensionsprinzip (Komp) ein. So ist etwa Axiom (ZF2) ebenso wie (ZF4), (ZF5) offensichtlich Spezialfall von (Komp). Auf diese Weise gelingt es, die bekannten mengentheoretischen Antinomien zu vermeiden. Ein Konsistenzbeweis für derartige Mengentheorien existiert aber nicht.

Eine grundsätzlich andere Möglichkeit, die Inkonsistenz der Prinzipien (Ext) und (Komp) zu umgehen, könnte darin bestehen, sie nicht mehr im Rahmen der klassischen Prädikatenlogik zu betrachten, sondern im Rahmen eines anderen, z. B. mehrwertigen Logiksystems. Bereits BOČVAR [1938] hatte sein dreiwertiges System $\mathbf{B}_3$ zur Vermeidung von Antinomien konzipiert. Einen direkten Konsistenzbeweis für (Komp) hat aber erst SKOLEM [1957] zu führen versucht, der dabei als mehrwertige Prädikatenlogik, in deren Sprache (Komp) — und auch (Ext) — formuliert sein sollen, die ŁUKASIEWICZschen Systeme $\mathbf{Ł}_\nu$ in Betracht zieht. Es zeigt sich aber schnell, daß die endlichwertigen Systeme $\mathbf{Ł}_M$ ungeeignet sind, weil in ihnen Analoga der RUSSELLschen Antinomie ableitbar sind, wie MOH SHAW-KWEI [1954] bemerkt hatte.

Betrachtet man nämlich ein endlichwertiges logisches System $\mathbf{S}$, in dem eine mehrwertige Implikation $\rightarrow$ vorhanden ist, bezüglich deren die *Abtrennungseigenschaft*

$$\text{wenn} \quad \models_{\mathbf{S}} H \quad \text{und} \quad \models_{\mathbf{S}} (H \rightarrow G), \quad \text{so} \quad \models_{\mathbf{S}} G$$

gilt und auch $\models_{\mathbf{S}} (H \rightarrow H)$ ist für jeden[18] $\mathbf{S}$-Ausdruck H, so ist die *Absorptionseigenschaft* n-ter Stufe

$$(\mathrm{Abs}_n) \quad \bigodot_{i=1}^{n+1} (H, G) \models_{\mathbf{S}} \bigodot_{i=1}^{n} (H, G)$$

[18] Für das Weitere ist es übrigens schon ausreichend, daß $\models_{\mathbf{S}}(H_0 \rightarrow H_0)$ für einen bezüglich $\mathbf{S}$ nicht allgemeingültigen $\mathbf{S}$-Ausdruck H_0 gilt.

geeignet, um zusammen mit (Komp) die Konstruktion eines Widerspruchs zu ermöglichen. Dazu muß nicht einmal das volle Komprehensionsprinzip (Komp) verfügbar sein, sondern lediglich eine Menge $\boldsymbol{a}_{n,H}$ mit der Eigenschaft, daß für einen bezüglich **S** nicht allgemeingültigen **S**-Ausdruck H die Ausdrücke

$$x \in \boldsymbol{a}_{n,H} \quad \text{und} \quad \overset{n}{\underset{i=1}{\ominus}} (x \in x, H)$$

„gleichwertig" sind (im Sinne z. B. semantischer Äquivalenz, definitorischer Übereinstimmung oder Beweisbarkeitsgleichheit) und für diese „Gleichwertigkeit" ein entsprechendes Ersetzbarkeitstheorem gilt. Dann erhält man sowohl

$$\models_{\mathbf{S}} (\boldsymbol{a}_{n,H} \in \boldsymbol{a}_{n,H}) \rightarrow \overset{n}{\underset{i=1}{\ominus}} (\boldsymbol{a}_{n,H} \in \boldsymbol{a}_{n,H}, H),$$

was nach Definition gerade

$$\models_{\mathbf{S}} \overset{n+1}{\underset{i=1}{\ominus}} (\boldsymbol{a}_{n,H} \in \boldsymbol{a}_{n,H}, H) \tag{5.7.2}$$

ist, als auch

$$\models_{\mathbf{S}} \overset{n}{\underset{i=1}{\ominus}} (\boldsymbol{a}_{n,H} \in \boldsymbol{a}_{n,H}, H) \rightarrow (\boldsymbol{a}_{n,H} \in \boldsymbol{a}_{n,H}). \tag{5.7.3}$$

Die Absorptionseigenschaft (Abs_n) gestattet dann, aus (5.7.2) das Vorderglied der in (5.7.3) betrachteten Implikation und also $\models_{\mathbf{S}} (\boldsymbol{a}_{n,H} \in \boldsymbol{a}_{n,H})$ wegen der Abtrennungseigenschaft zu gewinnen. Zusammen mit (5.7.2) führt dies aber zu $\models_{\mathbf{S}} H$, was nicht gelten sollte. Damit ist ein Widerspruch konstruiert, der der RUSSELLschen Antinomie (5.7.1) weitgehend analog ist.

Entscheidend dabei ist die Benutzung der Absorptionseigenschaft (Abs_n) für eine geeignete Stufe n. Da jedoch, wie man leicht nachprüft, jedes der endlichwertigen ŁUKASIEWICZschen Systeme Ł_M die Absorptionseigenschaft (Abs_{M-1}) hat, ist (Komp) bezüglich keines der Systeme Ł_M konsistent. Dagegen hat Ł_∞ für kein n die Eigenschaft (Abs_n); um das Fehlen der Eigenschaft (Abs_n) jeweils durch ein Beispiel zu belegen, muß man nur dafür sorgen, daß die in (Abs_n) betrachteten Ausdrücke H und G die Quasiwahrheitswerte $\frac{n}{n+1}$ und 0 annehmen.

Will man also (Komp) – und eventuell auch (Ext) – im Rahmen eines der ŁUKASIEWICZschen Systeme Ł_ν diskutieren, kommt dafür nur Ł_∞ in Betracht. Da wir hier Mengentheorie im Rahmen eines nichtklassischen Logiksystems diskutieren, wollen wir wie in der üblichen Mengentheorie im folgenden annehmen, daß zur Sprache von $Ł_\infty$ außer dem Gleichheitszeichen „$\equiv$" nur das zweistellige Prädikatensymbol „ε" für die Elementbeziehung gehört (und alle eventuell außerdem benutzten Prädikatensymbole auf dieser Basis definitorisch eingeführt sind). Ist Σ eine Menge von Ł-Ausdrücken, so wollen wir nun (Komp) bezüglich Σ in $Ł_\infty$ konsistent nennen, wenn für die Menge aller Ł-Ausdrücke

$$\exists\, x \forall\, y(y\varepsilon x \leftrightarrow_{Ł} H) \quad \text{für} \quad H \in \Sigma$$

eine $Ł_\infty$-Interpretation existiert, die Modell aller dieser Ł-Ausdrücke ist. Folgende speziellen Ausdrucksmengen betrachten wir:

Σ_1 = Menge aller Ł-Ausdrücke $H(y, x, x_1, \ldots, x_n)$ mit freien Variablen unter $y, x, x_1, \ldots, x_n$, in denen keine Quantoren vorkommen;

Σ_2 = Menge aller Ł-Ausdrücke $H(y, x)$, in denen höchstens die Variablen y, x frei vorkommen;

Σ_3 = Menge aller Ł-Ausdrücke $H(y, x, x_1, \ldots, x_n)$ mit freien Variablen unter $y, x, x_1, \ldots, x_n$, in denen für jeden Teilausdruck der Form $z_1 \varepsilon z_2$, in dem z_1 (in H) gebunden vorkommt, $z_1 = z_2$ ist;

Σ_4 = Menge aller Ł-Ausdrücke $H(y, x, x_1, \ldots, x_n)$ mit freien Variablen unter $y, x, x_1, \ldots, x_n$, in denen die Variable y nur in der ersten Argumentstelle des Prädikatensymbols „ε" vorkommt, d. h. die keinen Teilausdruck der Form $z \varepsilon y$ enthalten.

Skolem [1957] hat gezeigt, daß (Komp) bezüglich Σ_1 in $Ł_\infty$ konsistent ist. Einen einfachen Beweis dafür gibt Fenstad [1964]. Dieses Skolemsche Resultat hat Chang [1963] verallgemeinert, der bewies, daß (Komp) bezüglich Σ_3 in $Ł_\infty$ konsistent ist. Die Beziehung $\Sigma_1 \subseteq \Sigma_3$ ist unmittelbar zu sehen. Chang [1963] beweist außerdem, daß (Komp) bezüglich Σ_2 in $Ł_\infty$ konsistent ist. Schließlich hat Fenstad [1964] auch noch die Konsistenz von (Komp) bezüglich Σ_4 in $Ł_\infty$ gezeigt.

Betrachtet man nun erneut die ZF-Axiome (ZF1), ..., (ZF7) aus Abschnitt 5.5, so sieht man, daß z. B. vom Aussonderungsaxiom durch Σ_2 gar keine, durch $\Sigma_1, \Sigma_3, \Sigma_4$ aber jedenfalls nur Spezialfälle erfaßt werden. Der für die Diskussion des Vereinigungsmengenaxioms wesentliche Ł-Ausdruck

$$\exists\, z(y\varepsilon z \wedge z\varepsilon x_1)$$

gehört nur zur Ausdrucksmenge Σ_4; der für das Potenzmengenaxiom zu betrachtende Ł-Ausdruck

$$\forall\, z(z\varepsilon y \rightarrow_{Ł} z\varepsilon x_1)$$

dagegen gehört zu keiner dieser Ausdrucksmengen Σ_i, $i = 1, \ldots, 4$. Daher stellen die erwähnten Resultate von SKOLEM, CHANG und FENSTAD nur eine, vom ursprünglich von SKOLEM [1957] formulierten Ziel wohl weit entfernte Teillösung dar. Dazu kommt, daß die Hinzunahme des Extensionalitätsprinzips (Ext) in der Form

$$\forall x \forall y (\forall z (z \varepsilon x \leftrightarrow_{Ł} z \varepsilon y) \leftrightarrow_{Ł} x \equiv y) \tag{5.7.4}$$

zu Problemen führt. Stellt man sich bezüglich $\equiv$ auf den „absoluten" Standpunkt gemäß 4.6.2, so hat CHANG [1963] gezeigt, daß man (5.7.4) weder zum Komprehensionsprinzip (Komp) bezüglich Σ_2 noch zu (Komp) bezüglich Σ_3 unter Erhaltung der Konsistenz von $Ł_\infty$ hinzufügen kann. Denn ist $\mathfrak{A}$ eine $Ł_\infty$-Interpretation, die Modell von (Komp) bezüglich Σ_2 oder bezüglich Σ_3 ist, so gilt jedenfalls

$$\mathfrak{A} \models \exists x \forall y (y \varepsilon x \leftrightarrow_{Ł} \neg y \varepsilon y),$$

weswegen zu jedem $\eta > 0$ ein Objekt $c \in |\mathfrak{A}|$ existiert, für das

$$\mathrm{Wert}^{Ł}_{\mathfrak{A}}(x \varepsilon x \leftrightarrow_{Ł} \neg x \varepsilon x, f(x/c)) > 1 - \eta$$

ist und also $\mathrm{Wert}^{Ł}_{\mathfrak{A}}(x \varepsilon x, f(x/c))$ „hinreichend nahe" bei 1/2 liegt. Daher gibt es wegen

$$\mathfrak{A} \models \exists x \forall y (y \varepsilon x \leftrightarrow_{Ł} y \varepsilon y),$$

$$\mathfrak{A} \models \exists x \forall y (y \varepsilon x \leftrightarrow_{Ł} y \varepsilon y \veebar y \varepsilon y)$$

in $|\mathfrak{A}|$ Objekte a, b, für die $\mathrm{Wert}^{Ł}_{\mathfrak{A}}(a \equiv b) = 0$ ist wegen $a \neq b$, für die aber $\forall z (z \varepsilon a \leftrightarrow_{Ł} z \varepsilon b)$ einen von 0 verschiedenen Wert hat.

Stellt man sich jedoch bezüglich der mehrwertigen Identität $\equiv$ nicht auf den „absoluten", sondern auf den „durchgehend mehrwertigen" Standpunkt entsprechend 4.6.3, so bemerkt CHANG [1963], daß in diesem Falle wenigstens (5.7.4) zusammen mit (Komp) bezüglich Σ_2 in $Ł_\infty$ konsistent ist.

Die bisher erwähnten Untersuchungen von SKOLEM [1957], CHANG [1963] und FENSTAD [1964], die sich alle modelltheoretischer Methoden bedienten, d. h., die alle die Konsistenz gewisser Mengen von $Ł$-Ausdrücken durch Angabe von Modellen dafür nachwiesen, vermochten das Gesamtproblem also nicht zu lösen. Einen bemerkenswerten Fortschritt erreichte dagegen WHITE [1979] mit beweistheoretischen Methoden, d. h. mit der syntaktischen Untersuchung eines geeigneten axiomatischen Systems.

Ausgehend von den in Abschnitt 4.5.3 erwähnten Resultaten von HAY [1963] bzw. auch BELLUCE/CHANG [1963] betrachtet WHITE [1979] eine Erweiterung (einer unwesentlichen Modifizierung) des in 4.5.3 diskutierten Axiomensystems ($Ł_\infty$1), ..., ($Ł_\infty$10), bei der er zunächst nur das einzige zweistellige Prädikatensymbol „ε" in der Sprache zuläßt, jedoch Klassenterme $\{x \parallel H\}$ aufnimmt, wobei $\{x \parallel H\}$ für jeden Ł-Ausdruck ein Klassenterm ist, und dann als weitere Axiomenschemata

$$(\text{Ł}_\infty 11) \quad H[x/\boldsymbol{t}] \rightarrow_{\text{Ł}} \boldsymbol{t}\varepsilon\{x \parallel H\},$$

$$(\text{Ł}_\infty 12) \quad \boldsymbol{t}\varepsilon\{x \parallel H\} \rightarrow_{\text{Ł}} H[x/\boldsymbol{t}]$$

für jeden Term $\boldsymbol{t}$ und Ł-Ausdruck H. (Dabei ist der Einfachheit halber die Einsetzung $H[x/\boldsymbol{t}]$ so zu verstehen, daß gegebenenfalls zusätzlich in H passende gebundene Umbenennungen vorzunehmen sind, damit in $\boldsymbol{t}$ frei vorkommende Variable beim Einsetzen nicht gebunden werden.) Zusätzlich ist nun in (Ł_∞7) und (Ł_∞8) an Stelle der Individuenvariablen y jeder Term $\boldsymbol{t}$ zuzulassen, wobei wie eben die Einsetzungsbedingungen zu beachten sind. Als zugehörige Ableitungsregeln dienen zunächst wie in Abschnitt 4.5.3 die Regeln (MP) und (Gen), nun aber auch eine sich aus (4.5.8) ergebende infinitäre Regel

$$(\mathsf{inf}_{\text{Ł}}) \qquad \frac{H \veebar \prod_{i=1}^{n} H \quad \text{für jedes} \quad n \geq 1}{H},$$

die zusammen mit (MP), (Gen) aus (Ł_∞1), ..., (Ł_∞10) alle bezüglich Ł_∞ allgemeingültigen Ł-Ausdrücke herzuleiten gestatten würde.

Man sieht sofort, daß für jeden Ł-Ausdruck H der Term $\boldsymbol{t}_1 = \{z \parallel H[y/z]\}$ gebildet werden kann und dafür

$$y\varepsilon\boldsymbol{t}_1 \leftrightarrow_{\text{Ł}} H$$

aus (Ł_∞1), ..., (Ł_∞10) abgeleitet werden kann. Offenbar ist daher auch

$$\exists\, x\, \forall\, y(y\varepsilon x \leftrightarrow_{\text{Ł}} H) \tag{5.7.5}$$

aus diesem Axiomensystem ableitbar. Deswegen kann man die SKOLEMsche Problemstellung nun abwandeln zur Aufgabenstellung zu beweisen, daß aus dem Axiomensystem (Ł_∞1), ..., (Ł_∞12) kein Widerspruch, also keine Ł-Aussage der Gestalt $G \,\&\, \neg\, G$ mittels (MP), (Gen) und ($\mathsf{inf}_{\text{Ł}}$) ableitbar ist. Diese Aufgabe löst WHITE [1979] im wesentlichen dadurch, daß er dem oben angegebenen Axiomensystem einen Kalkül natürlichen Schließens, d. h. einen allein auf Ableitungsregeln basierenden Kalkül $\mathbf{K}^*$ zuordnet, in dem keine Ł-Aussage der Gestalt $G \,\&\, \neg\, G$ herleitbar ist, wohl aber jede aus obigem Axiomensystem ableitbare Ł-Aussage.[19]

[19] Da wir bisher keine Systeme natürlichen Schließens (für die mehrwertige Logik) entwickelt haben, wäre die Darstellung dieses Beweises hier zu aufwendig. Der interessierte Leser muß also WHITE [1979] direkt konsultieren.

Bemüht man sich, nun wieder das Extensionalitätsprinzip in die Diskussion einzubeziehen, so liegt es nahe, die mehrwertige Identität mittels

$$x \equiv y =_{\text{def}} \forall z(x\varepsilon z \leftrightarrow_{\text{Ł}} y\varepsilon z) \tag{5.7.6}$$

definitorisch einzuführen. Das Extensionalitätsprinzip ist dann in Ł_∞ als

$$\forall x \forall y\big(\forall z(z\varepsilon x \leftrightarrow_{\text{Ł}} z\varepsilon y) \rightarrow_{\text{Ł}} x \equiv y\big) \tag{5.7.7}$$

zu formulieren. Dann zeigt sich jedoch, daß in dem um (5.7.7) erweiterten obigen Axiomensystem $x \equiv y \vee \neg\, x \equiv y$ und damit auch $A \vee \neg A$ für jeden Ł-Ausdruck A herleitbar ist, was mit den inhaltlichen Intentionen des Systems Ł_∞ in eklatantem Widerspruch steht. Übrigens sind ganz eindeutig die Komprehensionsaxiome (5.7.5) für diesen Effekt verantwortlich. Bezeichnen wir nämlich mit Δ_1 die Menge aller Ł-Ausdrücke (5.7.5) mit $H \in \Sigma_1$, so zeigt RAGAZ [1981], [1983a], daß

$$\Delta_1 \models_{\text{Ł}_\infty} \forall x \forall y(x \equiv y \vee \neg\, x \equiv y)$$

und sogar

$$\Delta_1 \models_{\text{Ł}_\infty} \forall x \exists y\big(\neg\, x \equiv y \wedge \forall z(z\varepsilon x \leftrightarrow_{\text{Ł}} z\varepsilon y)\big)$$

gilt, wobei auch hier $\equiv$ entsprechend (5.7.6) definiert ist. Obwohl Definition (5.7.6) plausibel erscheint, werfen gerade diese Ergebnisse die Frage auf, ob nicht mit einer anderen Definition der mehrwertigen Identität bzw. in einem geeigneten, auf Ł_∞ basierenden System mehrwertiger Prädikatenlogik mit Identität – im „durchgehend mehrwertigen" Sinne – günstigere Resultate zu gewinnen sind.

Insgesamt erscheint auch das Resultat von WHITE [1979] noch nicht als eine zufriedenstellende Lösung des Konsistenzproblems für (Ext) und (Komp). Die SKOLEMsche Fassung dieses Konsistenzproblems bezüglich des Systems Ł_∞ harrt also noch ihrer endgültigen Lösung. Parallel dazu bleibt das Problem bestehen, ob die SKOLEMsche Problemstellung bzgl. anderer mehrwertiger Systeme eine positive Lösung hat. Allerdings hat MAYDOLE [1975] gezeigt, daß (Komp) nicht nur in den Systemen Ł_M, $M \geq 2$, sondern auch in fast allen üblicherweise betrachteten mehrwertigen Systemen inkonsistent ist; offen bleibt die Frage bei ihm außer für Ł_∞ nur für eine unendlichwertige Version der POSTschen Systeme und eine Variante von Ł_∞, in der alle Quasiwahrheitswerte $\geq 1/2$ ausgezeichnet sind und die durch

$$H \rightarrow_1 G =_{\text{def}} \neg\, H \vee G$$

definierte Implikation betrachtet wird.

Die hauptsächliche Schwierigkeit vor allem des modelltheoretischen

Zugangs zu diesem Problem besteht dabei wohl darin, daß man bislang nicht über eine naheliegende und natürliche Vorstellung darüber verfügt, wie eine Art „Standarduniversum“ für eine derartige „mehrwertige Mengenlehre“ beschaffen sein müßte, während man für die gewöhnliche, bezüglich PL_2 betriebene Mengenlehre im kumulativen Mengenuniversum, das durch transfinite Iteration der Potenzmengenbildung aus der leeren Menge bzw. einer vorgegebenen Gesamtheit von Urelementen gebildet vorgestellt wird, ein solches „Standarduniversum“ zu haben glaubt. Möglicherweise werden die im folgenden Abschnitt 5.8 behandelten Entwicklungen und Zusammenhänge hier später einmal weiterführen, allerdings scheinen sie im Moment für diesen Zweck noch nicht genügend weit untersucht zu sein.

5.8. Unscharfe Mengen, Vagheit von Begriffen und mehrwertige Logik

Schon in Abschnitt 4.1 hatten wir festgestellt, daß die Klassen der zweiwertigen Logik und damit auch die Mengen der klassischen Mengenlehre zwar die Umfänge zweiwertiger Begriffe adäquat darstellen, nicht aber die Umfänge mehrwertiger Prädikate. In einem weiteren Falle können diese gewöhnlichen Mengen Begriffsumfänge nicht zufriedenstellend erfassen: wenn es sich um Begriffe handelt, die vage sind, d. h. hier, deren Umfänge nur unscharf abgegrenzt sind.

5.8.1. Vagheit von Begriffen und unscharfe Mengen

Es ist offensichtlich und auch schon wiederholt in philosophischer Literatur reflektiert worden — etwa bei Russell [1923], Black [1937], [1963], Hempel [1939], Rolf [1981] —, daß nicht jede in praxi interessierende Eigenschaft ohne Willkür als zweiwertiges, „scharfes“ Prädikat beschrieben werden kann. Anders ausgedrückt: Nicht immer läßt sich der Bereich des Zutreffens einer Eigenschaft klar abgrenzen. Einfache Beispiele sind etwa die Eigenschaften (im Bereich der natürlichen Zahlen), Lebensalter einer jungen Frau zu sein, oder viel größer als 10 zu sein. Es ist leicht, viele weitere derartige Beispiele aus der alltäglichen Erfahrung und Sprachpraxis zu entnehmen; stichwortartig seien genannt: weite Entfernung, großes Haus, hoher Baum, moderne Kleidung, effektive Energieanwendung, guter Wirkungsgrad, rasche Genesung, leichte Bewölkung, talentierter Student, sehr gute Leistung, Großstadt, Kleinkind.

Die traditionelle Logik und Mathematik kann mit solchen nur „unscharf", vage festgelegten Eigenschaften nicht arbeiten. Daher ist üblicherweise vor der Anwendung formaler Methoden jede derartige vage Eigenschaft definitorisch in eine solche „mit klaren Grenzen" zu verwandeln. Erfahrungsgemäß ist es oft möglich, solche vagen Begriffe adäquat durch präzis abgegrenzte Begriffe der klassischen Logik bzw. durch die Umfänge solcher Begriffe – also durch gewöhnliche Mengen – zu erfassen. Vielfach ist eine solche Repräsentation vager Begriffe jedoch nur mit mehr oder weniger großer Willkür möglich; man versuche beispielsweise genau zu sagen, bis zu welchem Alter eine Frau jung ist. Aber nicht nur eine derartige Willkür, sondern auch unangemessener Aufwand sprechen mitunter gegen das Vermeiden unscharfer Begriffe: Man lese z. B. in einem Fahrschullehrbuch nach, wie ein PKW rückwärts in eine Parklücke einzuordnen ist, und versuche danach, diese unscharf, d. h. mit vagen Begriffen formulierte Anweisung durch einen präzisen Algorithmus zu ersetzen (der eventuell noch als automatisch und computergesteuert ausführbar vorgestellt werde). Noch deutlicher wird diese Problematik des unangemessenen Aufwandes in der Praxis bei der Behandlung komplexer Zusammenhänge oder komplizierter Prozesse, etwa bei der Beschreibung und Steuerung bzw. Regelung technischer Großprozesse. Dort führt eine solche „Präzisierung" schnell zu kaum noch überschaubaren Algorithmen bzw. Gleichungssystemen, für deren Bearbeitung selbst modernste Großcomputer oft nicht leistungsfähig oder nicht schnell genug sind.

Obwohl bereits die Philosophen der Antike – man denke an die bei Diogenes Laertius dem Eubulides zugeschriebenen Sophismen *sorites* (vom Kornhaufen) und *falakros* (vom Kahlkopf) – die Problematik unscharf abgegrenzter Begriffe bemerkten, waren es erst Problemstellungen der allgemeinen Systemtheorie, die Zadeh [1965], [1965a] zu einer mathematischen Behandlung vager Begriffe und von Situationen anregten, in denen derartige unscharfe Abgrenzungen eine wesentliche Rolle spielen, und die wegen ihrer potentiellen Anwendungsrelevanz breiteres Interesse fanden. Zu diesem Zweck führte Zadeh [1965] zusätzlich zu den gewöhnlichen Mengen neue, sogenannte *unscharfe Mengen* (= „fuzzy sets") ein, die dadurch charakterisiert sind, daß die Beziehung des Elementseins bezüglich unscharfer Mengen eine Abstufung zwischen „wahr" und „falsch" zuläßt. Und zwar wählt er als abstufende Enthaltenseinsgrade genau die sämtlichen reellen Zahlen zwischen 0 und 1, also die Menge $\mathscr{W}_\infty$ als Menge aller möglichen Enthaltenseinswerte von Elementen in unscharfen Mengen.

Natürlich ist die Wahl der Menge $\mathscr{W}_\infty$ als Menge der möglichen Enthaltenseinswerte nicht der wesentliche Punkt des Ansatzes. Sie kann durch andere Mengen ersetzt werden, die u. U. Träger einer allgemeineren Struktur sind – etwa bezüglich der Anordnung ihrer Elemente. Solch eine Diskussion gibt bereits GOGUEN [1968–69]. Es liegt hier dieselbe allgemeine Situation vor wie auch in der mehrwertigen Logik: Prinzipiell gibt es keinerlei ernsthafte Einschränkungen für die Wahl der verallgemeinerten Enthaltenseinswerte bzw. der Quasiwahrheitswerte – es sind die beabsichtigten Anwendungen, die für die jeweilige Wahl leitende Gesichtspunkte liefern sollten und häufig auch können. Wählt man etwa $\mathcal{W}_3$ statt $\mathcal{W}_\infty$, so erhält man die in Abschnitt 3.5 erwähnten partiellen Mengen von KLAUA [1968], [1969].

Es sollen hier nicht die vielfältigen, seit 1965 diskutierten Anwendungsmöglichkeiten und auch nicht realisierte Anwendungen unscharfer Mengen besprochen werden. Die Monographie DUBOIS/PRADE [1980] gibt einen ausführlichen Überblick.[20] Unser Interesse soll statt dessen den Beziehungen zwischen mehrwertiger Logik und der Theorie der unscharfen Mengen gelten, insbesondere unter dem Aspekt der Anwendung der mehrwertigen Logik bei Darstellung und Weiterentwicklung der Theorie der unscharfen Mengen. Umgekehrt können sich daraus natürlich wieder Anregungen und Problemstellungen für die mehrwertige Logik ergeben; beispielsweise können mittels unscharfer Mengen Darstellungen sowohl von ŁUKASIEWICZschen als auch von POSTschen Algebren gegeben werden (vgl. DEGLAS [1984]). Zu gegebenen unscharfen Mengen A, B über einem Bereich $\mathcal{U}$, die charakterisiert sind durch ihre verallgemeinerten Enthaltenseinsfunktionen $\mu_A, \mu_B\colon \mathcal{U} \to \mathcal{W}_\infty$, welche als Funktionswerte $\mu_A(x)$, $\mu_B(x)$ für $x \in \mathcal{U}$ die Enthaltenseinswerte des Elementes x in der unscharfen Menge A bzw. B haben, erklärt man ihren Durchschnitt $A \cap B$ und ihre Vereinigung $A \cup B$ mittels der zugehörigen Enthaltenseinsfunktionen $\mu_{A \cap B}$ bzw. $\mu_{A \cup B}$ durch die Beziehungen

$$\mu_{A \cap B}(x) =_{\text{def}} \min\big(\mu_A(x), \mu_B(x)\big), \tag{5.8.1}$$

$$\mu_{A \cup B}(x) =_{\text{def}} \max\big(\mu_A(x), \mu_B(x)\big). \tag{5.8.2}$$

Gilt für jedes $x \in \mathcal{U}$ die Ungleichung

$$\mu_A(x) \leq \mu_B(x), \tag{5.8.3}$$

so nennt ZADEH [1965] die unscharfe Menge A unscharfe Teilmenge der unscharfen Menge B und schreibt dafür: $A \subset B$.

[20] Kürzere Überblicksartikel sind etwa auch GOTTWALD [1981], ZIMMERMANN [1979]. Ausführliche Bibliographien sind GAINES/KOHOUT [1977] und KANDEL/YAGER [1979]; einen mathematisch orientierten Überblick geben BANDEMER/GOTTWALD [1989]. Für neueste Anwendungsuntersuchungen gibt vor allem die seit 1978 erscheinende Zeitschrift „Fuzzy Sets and Systems“ einen guten Überblick.

Der Bereich $\mathcal{U}$, über dem unscharfe Mengen betrachtet werden, gilt im jeweiligen Kontext der Betrachtungen als gegeben und fixiert. Eine unscharfe Menge A über $\mathcal{U}$ braucht von der sie charakterisierenden verallgemeinerten Enthaltenseinsfunktion $\mu_A\colon \mathcal{U} \to \mathcal{W}_\infty$ nicht unterschieden zu werden, weil bezüglich jeder unscharfen Menge A nur die Enthaltenseinswerte $\mu_A(x)$ interessieren. Daher kann man

$$\mathbf{F}(\mathcal{U}) =_{\text{def}} \{f \mid f\colon \mathcal{U} \to \mathcal{W}_\infty\} \tag{5.8.4}$$

als die Gesamtheit aller unscharfen Mengen über $\mathcal{U}$ betrachten. Terminologisch ist in diesem Zusammenhang Vorsicht geboten, weil man statt „unscharfe Menge über $\mathcal{U}$" oft auch „unscharfe Teilmenge von $\mathcal{U}$" sagt, aber damit nicht die Beziehung (5.8.3) meint; Anlaß zu Mißverständnissen braucht dies aber nicht zu sein, weil normalerweise der Kontext die nötige Zusatzinformation liefern muß, ob es sich um die Inklusionsbeziehung (5.8.3) handelt oder nicht.

Da es sich bei den unscharfen Mengen um eine natürliche Verallgemeinerung der gewöhnlichen Mengen handelt, wird ein mit der üblichen mengentheoretischen Symbolik vertrauter Logiker versuchen, die Theorie der unscharfen Mengen so in einer geeigneten formalen Sprache darzustellen, daß sich auch formal eine Analogie zwischen gewöhnlicher Mengentheorie und der Theorie der unscharfen Mengen ergibt.

Zur Lösung dieses Problems liegt es nahe, die verallgemeinerten Enthaltenseinsgrade als Quasiwahrheitswerte eines mehrwertigen prädikatenlogischen Systems **L** mit Wertemenge $\mathcal{W}_\infty$ zu deuten. Dann kann man in die Sprache von **L** ein zweistelliges mehrwertiges Prädikat ε zur Beschreibung der verallgemeinerten Elementbeziehung einführen, das man interpretiert vermöge der Festlegung

$$[x\varepsilon A] =_{\text{def}} \mu_A(x), \tag{5.8.5}$$

wenn $[H]$ den Quasiwahrheitswert eines Ausdrucks H der Sprache von **L** bezeichnet. Ordnet man außerdem einer Konjunktion $\wedge$ sowie einer Alternative $\vee$ die Wahrheitswertfunktionen et_1 bzw. vel_1 zu, so findet man, daß

$$[x\ \varepsilon\ A \cap B] = [x\varepsilon A \wedge x\varepsilon B], \tag{5.8.6}$$

$$[x\ \varepsilon\ A \cup B] = [x\varepsilon A \vee x\varepsilon B] \tag{5.8.7}$$

gilt für alle $x \in \mathcal{U}$ und alle unscharfen Mengen A, B über $\mathcal{U}$.

Während die hier betrachtete Idee unmittelbar (5.8.6), (5.8.7) und damit die Notwendigkeit der Betrachtung der Junktoren $\vee$, $\wedge$ von **L**, ergibt, wenn man von (5.8.1), (5.8.2) ausgeht, gibt sie keine Rechtfertigung oder gar Begründung eben dieses in (5.8.1), (5.8.2) ausgedrückten

Ansatzes. Auch ZADEHS Arbeiten geben keine Begründung – und eine „Rechtfertigung“ höchstens insofern, als brauchbare Anwendungen dies zu leisten vermögen. Eine auf einfachen Prinzipien basierende Begründung jenes Ansatzes gibt GILES [1976], [1979], [1982]. Sein Ausgangspunkt ist die Vorstellung, einer Aussage nicht direkt einen – verallgemeinerten – Wahrheitswert zuzuordnen, sondern (das Behaupten von) Aussagen als Ausdruck quantifizierbarer Verpflichtungen anzusehen. Dies führt ihn in natürlicher Weise auf die Junktoren $\vee$, $\wedge$ von $\mathbf{Ł}_\nu$ und die Definitionen (5.8.1), (5.8.2).

Die Verwendung der Klammerschreibweise $[H]$ für Ausdrücke der hier betrachteten mengentheoretischen Sprache, die keinen expliziten Bezug auf die Belegung der auftretenden freien Variablen berücksichtigt, ist der üblichen mengentheoretischen Darstellungsweise angepaßt, die – wie jeder „normale“ mathematische Text – von der Auffassung ausgeht, daß für die auftretenden Symbole entweder eine feste Interpretation durch den Kontext gegeben wird oder andernfalls $[H]$ funktional von den von jenen Symbolen bezeichneten Dingen abhängt. Da an dieser Stelle die Theorie der unscharfen Mengen nicht als eine formalisierte elementare Theorie aufgebaut – wie dies ausgehend von den Axiomen (ZF1), ..., (ZF7) im Rahmen der klassischen Prädikatenlogik für die Mengentheorie möglich wäre – sondern als inhaltlich verstandene mathematische Disziplin betrachtet werden soll, für die bei gegebenem Grundbereich $\mathcal{U}$ mit der Menge $\mathbf{F}(\mathcal{U})$ eine Standardinterpretation vorhanden ist, und da außerdem unser hauptsächliches Interesse allgemeingültigen Ausdrücken gelten wird, ist diese Bezeichnungsweise völlig ausreichend. Für die hier betrachtete Sprache eines mehrwertigen logischen Systems $\mathbf{L}$ ist es allerdings vorteilhaft, zwei Sorten von Individuensymbolen zur Verfügung zu haben: Individuenvariablen zur Bezeichnung von Elementen des Grundbereiches $\mathcal{U}$ und Symbole für unscharfe Mengen, d. h. zur Bezeichnung von Elementen von $\mathbf{F}(\mathcal{U})$. Die Menge der Individuenvariablen sei wie bisher $V = \{x', x'', x''', \ldots\}$, die Menge der Symbole für unscharfe Mengen sei $V^* = \{X', X'', X''', \ldots\}$, wobei durch x, y, z (eventuell mit Indizes) Individuenvariable und durch $A, B, C, \ldots$ Symbole für unscharfe Mengen angedeutet werden sollen. Das oben erwähnte zweistellige Prädikat ε zur Bezeichnung der verallgemeinerten Elementbeziehung unterliegt dann der Nebenbedingung, daß in seine erste Leerstelle nur eine Individuenvariable, in seine zweite Leerstelle dagegen nur ein Symbol für eine unscharfe Menge eingetragen werden darf; analogen Einschränkungen unterliegen die weiteren, definitorisch eingeführten Prädikaten- bzw. Funktionssymbole dieser Sprache. Diese Einschränkungen ergeben sich jeweils eindeutig aus dem Kontext.

5.8.2. Grundeigenschaften unscharfer Mengen

Betrachten wir im System $\mathbf{L}$ zusätzlich zu den Junktoren $\wedge$, $\vee$ die ŁUKASIEWICZsche Implikation $\rightarrow_Ł$ mit der Wahrheitswertfunktion seq_1, so ergibt sich aus (5 8.6) und (5.8.7) unmittelbar, daß die Ausdrücke

$$\forall x(x \varepsilon A \cap B \leftrightarrow_Ł x\varepsilon A \wedge x\varepsilon B), \tag{5.8.8}$$

$$\forall x(x \varepsilon A \cup B \leftrightarrow_Ł x\varepsilon A \vee x\varepsilon B) \tag{5.8.9}$$

für beliebige unscharfe Mengen A, B über $\mathcal{U}$ den Quasiwahrheitswert 1 haben, wobei der Quantor $\forall$ wie in (4.5.1) die Infimumbildung über alle entsprechenden Quasiwahrheitswerte bedeute. Dem üblichen Vorgehen in den Untersuchungen zu Theorie und Anwendungen unscharfer Mengen entspricht innerhalb des mehrwertigen logischen Systems $\mathbf{L}$ die Festlegung, den Quasiwahrheitswert 1 als den einzigen ausgezeichneten Quasiwahrheitswert zu wählen. Die Ausdrücke (5.8.8), (5.8.9) sind also in $\mathbf{L}$ allgemeingültig:

$$\models \forall x(x \varepsilon A \cap B \leftrightarrow_Ł x\varepsilon A \wedge x\varepsilon B),$$

$$\models \forall x(x \varepsilon A \cup B \leftrightarrow_Ł x\varepsilon A \vee x\varepsilon B),$$

wobei $\models$ hier und im folgenden für $\models_{\mathbf{L}}$ stehe. Überhaupt erscheint es nach den bisherigen Überlegungen sinnvoll, das für die Darstellung der Theorie der unscharfen Menge gewählte mehrwertige System $\mathbf{L}$ als eine Erweiterung des ŁUKASIEWICZschen Systems $\mathbf{Ł}_\infty$ anzusehen, wobei die Erweiterung außer in der Aufnahme einer zweiten Sorte von Variablen – und zwar den Symbolen für unscharfe Mengen – und eventuell darauf bezogener Quantifizierungen vor allem in der Hinzunahme von in $\mathbf{Ł}_\infty$ nicht vorhandenen bzw. sogar nicht definierbaren Junktoren bestehen wird. Die auf Variablen für unscharfe Mengen bezogenen Quantoren $\forall, \exists$ sind dabei entsprechend (4.5.1), (4.5.2) als Infimum- bzw. Supremumbildung bezüglich $\mathbf{F}(\mathcal{U})$ zu verstehen.

Die mittels der Ungleichung (5.8.3) gegebene Definition der Inklusionsbeziehung $\subset$ zwischen unscharfen Mengen kann wiedergegeben werden als:

$$A \subset B \quad \text{gdw} \quad \models \forall x(x\varepsilon A \rightarrow_Ł x\varepsilon B).$$

Deutlicher als zuvor fällt nun auf, daß die erwähnte Einführung von $\subset$ (anders als die Definitionen von $\cap$, $\cup$) den Rahmen der Ausdrucksmöglichkeiten des Systems $\mathbf{L}$ überschreitet. Um die Beziehung $\subset$ innerhalb eines mehrwertigen Systems zu erfassen, reicht aber $\mathbf{L}$ trotzdem aus. Man braucht lediglich von dem nur zweiwertigen Prädikat $\subset$ zunächst zu einem echt mehrwertigen Prädikat $\subseteqq$ überzugehen, das für beliebige unscharfe Mengen A, B als

$$A \subseteqq B =_{\text{def}} \forall\, x(x\varepsilon A \rightarrow_{Ł} x\varepsilon B) \tag{5.8.10}$$

erklärt ist. Dann erhält man sofort

$$A \subset B \quad \text{gdw} \quad \models A \subseteqq B$$

und hat in $\subseteqq$ einen vollwertigen, in **L** definierbaren Ersatz für $\subset$. Dabei hat die (verallgemeinerte, mehrwertige) Inklusionsbeziehung $\subseteqq$ gegenüber der Relation $\subset$ sogar den Vorzug größerer Natürlichkeit im Rahmen unserer Darstellung der Theorie der unscharfen Mengen mittels des Systems **L**.

Die Darstellung der Theorie der unscharfen Mengen in der Sprache eines mehrwertigen Logiksystems, etwa dem um geeignete Junktoren erweiterten ŁUKASIEWICZschen unendlichwertigen System, gestattet demnach nicht nur, die formale Analogie von gewöhnlicher Mengentheorie und Theorie der unscharfen Mengen zu verdeutlichen, sondern gibt auch Anregungen für die Entwicklung der Theorie der unscharfen Mengen. Die verallgemeinerte Inklusionsbeziehung $\subseteqq$ ist ein elementares Beispiel dafür; ein weiteres naheliegendes Beispiel ist eine verallgemeinerte, mehrwertige Identitätsrelation $\equiv$ für unscharfe Mengen, die analog (5.8.10) als

$$A \equiv B =_{\text{def}} \forall\, x(x\varepsilon A \leftrightarrow_{Ł} x\varepsilon B) \tag{5.8.11}$$

eingeführt werden kann. Über (**T28**) – vgl. Abschnitt 4.5.1 – findet man daraus unmittelbar

$$\models A \equiv B \leftrightarrow_{Ł} A \subseteqq B \wedge B \subseteqq A\,,$$

also wieder eine den Verhältnissen in der klassischen Mengenlehre völlig analoge Situation.

Die bisherige Konzentration auf die Junktoren $\wedge$, $\vee$, $\rightarrow_{Ł}$, die auch im System $Ł_\infty$ vorhanden sind, ist aber keineswegs notwendig. Wir hatten bereits in Abschnitt 3.6.2 gesehen, daß es mit den T-Normen und den Φ-Operatoren sowie den ihnen entsprechenden verallgemeinerten Konjunktionen und Implikationen eine umfangreiche Klasse weiterer mehrwertig-aussagenlogischer Verknüpfungen gibt, die die entsprechenden klassischen Junktoren verallgemeinern und in dieser Beziehung mit den Junktoren $\wedge$, $\rightarrow_{Ł}$ von $Ł_\infty$ gleichwertig sind. Deswegen kann man z. B. an Stelle der Definitionen (5.8.10) und (5.8.11) die allgemeineren Definitionen

$$A \subseteqq_t B =_{\text{def}} \forall\, x(x\varepsilon A \rightarrow_t x\varepsilon B)\,, \tag{5.8.12}$$

$$A \equiv_t B =_{\text{def}} A \subseteqq_t B \;\&_t\; B \subseteqq_t A \tag{5.8.13}$$

treten lassen. Hier und weiterhin setzen wir dabei voraus, daß $\boldsymbol{t}$ eine residuale T-Norm ist. Offenbar ist $\subseteqq \, = \, \subseteqq_{\mathrm{et}_2}$ und $\equiv \, = \, \equiv_{\mathrm{et}_2}$ (vgl. Abschnitt 2.3.4).

Die grundlegenden Eigenschaften der (residualen) T-Normen und der Φ-Operatoren ergeben unmittelbar die Resultate

$$\models A \equiv_{\boldsymbol{t}} A\,, \tag{5.8.14}$$

$$\models A \equiv_{\boldsymbol{t}} B \rightarrow_{\boldsymbol{t}} B \equiv_{\boldsymbol{t}} A \tag{5.8.15}$$

für beliebige unscharfe Mengen A, B, außerdem aber auch

$$\models \forall\, x(x\varepsilon A \,\&_{\boldsymbol{t}}\, A \equiv_{\boldsymbol{t}} B \rightarrow_{\boldsymbol{t}} x\varepsilon B)\,. \tag{5.8.16}$$

Dies sind offensichtlich Entsprechungen der in Abschnitt 4.6.3 diskutierten Identitätsaxiome ($\mathrm{Id}_{Ł}1$), ($\mathrm{Id}_{Ł}2$) und ($\mathrm{Id}_{Ł}3$) der ŁUKASIEWICZschen Systeme, weswegen die Beziehungen $\equiv_{\boldsymbol{t}}$ nicht nur als Analoga der gewöhnlichen Gleichheit für Mengen sondern als echt mehrwertige Identitätsrelationen für unscharfe Mengen gelten können.

Ist $\boldsymbol{t}$ eine residuale T-Norm, so folgt aus Hilfssatz 3.6.3(b), daß auch nun für beliebige unscharfe Mengen A, B gilt

$$A \subset B \quad \text{gdw} \quad \models A \subseteqq_{\boldsymbol{t}} B\,. \tag{5.8.17}$$

Da außerdem für jede T-Norm $\boldsymbol{t}$ aus (T1) und (T2) leicht für beliebige $u, v \in \mathscr{W}_\infty$ die Implikation

$$u\boldsymbol{t}v = 1 \Rightarrow u = v = 1$$

folgt, ergibt sich aus diesem Zusammenhang und der offensichtlichen Tatsache, daß stets

$$A = B \quad \text{gdw} \quad A \subset B \quad \text{und} \quad B \subset A$$

gilt, die zu (5.8.17) analoge und für beliebige residuale T-Normen $\boldsymbol{t}$ gültige Beziehung

$$A = B \quad \text{gdw} \quad \models A \equiv_{\boldsymbol{t}} B\,. \tag{5.8.18}$$

Die T-Normen und ihnen zugeordnete weitere Operationen in $\mathscr{W}_\infty$ haben ihre Bedeutung nicht nur für diese Verallgemeinerungen der mehrwertigen Relationen, sie können ebenso zur Definition weiterer Operationen für unscharfe Mengen benutzt werden, etwa für zusätzliche Vereinigungs- und Durchschnittsbildungen über $\cap$, $\cup$ hinaus. Um derartige Operationen für unscharfe Mengen und überhaupt unscharfe Mengen leicht definitorisch einführen zu können, bedienen wir uns im folgenden einer passenden Verallgemeinerung der Klassenterme $\{x \mid H(x)\}$ der gewöhnlichen Mengenlehre. Ist $H(x)$ ein Ausdruck der Sprache des Systems

L, so sei $[\![x \parallel H(x)]\!]$ diejenige unscharfe Menge A, für die

$$\mu_A(a) = [a\varepsilon A] = [H(a)]$$

für jedes $a \in \mathcal{U}$ gilt, wenn $H(a)$ kurz für denjenigen Ausdruck steht, den man aus $H(x)$ dadurch erhält, daß man eine $a \in \mathcal{U}$ bezeichnende Individuenkonstante **a** aufnimmt und diese für x in $H(x)$ einsetzt. Es gilt also allgemein

$$\models a \;\varepsilon\; [\![x \parallel H(x)]\!] \leftrightarrow_t H(a). \tag{5.8.19}$$

Die erwähnten weiteren Durchschnitte bzw. Vereinigungen unscharfer Mengen A, B lassen sich nun als

$$A \cap_t B =_{\text{def}} [\![x \parallel x\varepsilon A \;\&_t\; x\varepsilon B]\!], \tag{5.8.20}$$

$$A \cup_t B =_{\text{def}} [\![x \parallel x\varepsilon A \vee_t x\varepsilon B]\!] \tag{5.8.21}$$

definieren, wobei $\vee_t$ wie in (3.6.5) erklärt sei. Offenbar ist $\cap = \cap_{\min}$ und $\cup = \cup_{\min}$. (Man beachte, daß am Symbol „$\cup_t$“ als Index diejenige T-Norm angegeben wird, deren vermöge (2.3.15) erklärte zugehörige T-Conorm den Enthaltenseinswert $[x \;\varepsilon\; A \cup_t B]$ aus den Werten $[x\varepsilon A]$, $[x\varepsilon B]$ ergibt. Deswegen ist $\cup = \cup_{\min}$, obwohl max die $A \cup B$ direkt definierende T-Conorm ist.)

Neben der T-Norm $\text{et}_1 = \min$ sind es vor allem die T-Normen et_2 und et_3 gewesen, die in verschiedenen anwendungsorientierten Arbeiten über unscharfe Mengen z. B. im Sinne von Definition (5.8.20) bzw. (5.8.21) als Grundlage für mengenalgebraische Operationen mit unscharfen Mengen betrachtet worden sind. Obwohl Satz **3.6.1** zeigt, daß die T-Norm $\text{et}_1 = \min$ die „bequemsten“, weil den gewöhnlichen in der klassischen zweiwertigen Theorie ähnlichsten Rechengesetze garantiert, ermöglicht es gerade die Vielfalt der verfügbaren residualen T-Normen, z. B. mit mengenalgebraischen Operationen wie den in (5.8.20) und (5.8.21) definierten eine große Flexibilität bei der mathematischen Modellierung realer Prozesse zu erreichen. Und es werden letztlich auch derartige Anwendungen sein müssen, die unter den zahlreichen (residualen) T-Normen für Anwendungen besonders geeignete auszuzeichnen haben, da derzeit aus theoretischen Erwägungen heraus keine überzeugende Auswahl spezieller T-Normen vorgenommen werden kann, auf die allein man in weitergehenden Untersuchungen die Betrachtungen einschränken könnte. Deshalb wollen wir auch weiterhin hier mit t stets irgendeine residuale T-Norm bezeichnen, die weiter keinen Einschränkungen unterliege.

Stellt man sich nun zunächst die Frage, welche $\equiv_t$-Gleichheiten in **L** für analog zu (5.8.20), (5.8.21) erklärte unscharfe Mengen gelten, genügt es wegen (5.8.18), diese Frage für gewöhnliche Gleichheiten zu diskutieren.

Dazu kann man u. a. auf bekannte modelltheoretische Resultate zurückgreifen. Dafür ist es wichtig, daß nicht nur die Gesamtheit

$$\mathbf{F}(\mathcal{U}) = {}^{\mathcal{U}}[0, 1] = \mathop{\times}_{u \in \mathcal{U}} [0, 1] = \mathop{\times}_{u \in \mathcal{U}} \mathcal{W}_\infty$$

aller unscharfen Mengen über $\mathcal{U}$ als Grundmenge eines direkten Produktes aufgefaßt werden kann, sondern daß auch die Operationen $\cap_{\boldsymbol{t}}, \cup_{\boldsymbol{t}}$ in $\mathbf{F}(\mathcal{U})$ in natürlicher Weise mit der T-Norm $\boldsymbol{t}$ und ihrer zugehörigen T-Conorm $\boldsymbol{s_t}$ in $\mathcal{W}_\infty$ verbunden sind: im direkten Produkt

$$\langle \mathbf{F}(\mathcal{U}), \tau, \sigma \rangle = \prod_{u \in \mathcal{U}} \langle \mathcal{W}_\infty, \boldsymbol{t}, \boldsymbol{s_t} \rangle$$

der algebraischen Strukturen $\langle \mathcal{W}_\infty, \boldsymbol{t}, \boldsymbol{s_t} \rangle$ der Quasiwahrheitswerte von L sind die Operationen τ, σ in $\mathbf{F}(\mathcal{U})$ genau die Verknüpfungen $\cap_{\boldsymbol{t}}, \cup_{\boldsymbol{t}}$, die in (5.8.20), (5.8.21) definiert worden sind. Weitere in der Quasiwahrheitswertmenge $\mathcal{W}_\infty$ einführbare Operationen geben natürlich Anlaß zu weiteren Verknüpfungen für unscharfe Mengen. Bildet man etwa ausgehend von einer T-Norm $\boldsymbol{t}$ in Analogie zu (3.6.6) eine Negationsfunktion

$$\boldsymbol{n_t}(u) =_{\text{def}} \varphi_{\boldsymbol{t}}(u, 0), \tag{5.8.22}$$

so entspricht dieser einstelligen Operation in $\mathcal{W}_\infty$ im direkten Produkt der Quasiwahrheitswertstrukturen $\langle \mathcal{W}_\infty, \boldsymbol{t}, \boldsymbol{s_t}, \boldsymbol{n_t} \rangle$ die Komplementbildung $\complement_{\boldsymbol{t}}$, die definiert werden kann als

$$\complement_{\boldsymbol{t}} A =_{\text{def}} [\![x \parallel -_{\boldsymbol{t}} (x \varepsilon A)]\!]. \tag{5.8.23}$$

Um nicht auf die Betrachtung nur je einer residualen T-Norm beschränkt zu sein, nehmen wir an, daß eine ganze Schar $(\boldsymbol{t}_i)_{i \in I}$ solcher T-Normen gegeben sei, und betrachten zu jeder T-Norm $\boldsymbol{t}_i$ zugleich die ihr gemäß (2.3.15) zugeordnete T-Conorm $\boldsymbol{s}_i$ mit

$$u \boldsymbol{s}_i v = 1 - (1 - u)\, \boldsymbol{t}_i\, (1 - v)$$

für alle $u, v \in \mathcal{W}_\infty$ und die ihr gemäß (5.8.22) entsprechende Negationsfunktion $\boldsymbol{n}_i$ mit

$$\boldsymbol{n}_i(u) = \varphi_{\boldsymbol{t}}(u, 0) = \sup \{ v \mid u \boldsymbol{t}_i v = 0 \}$$

für alle $u \in \mathcal{W}_\infty$. Die Quasiwahrheitswertstruktur

$$\mathfrak{Q} = \langle \mathcal{W}_\infty, (\boldsymbol{t}_i)_{i \in I}, (\boldsymbol{s}_i)_{i \in I}, (\boldsymbol{n}_i)_{i \in I} \rangle$$

ergebe als direktes Produkt über alle $u \in \mathcal{U}$ die Struktur

$$\mathfrak{F}(\mathcal{U}) = \langle \mathbf{F}(\mathcal{U}), (\cap_i)_{i \in I}, (\cup_i)_{i \in I}, (\complement_i)_{i \in I} \rangle$$

der unscharfen Mengen über $\mathcal{U}$ mit je einer Familie von Durchschnitts-, Vereinigungs- und Komplementbildungen.

Natürlich könnte die Struktur $\mathfrak{Q}$ der Quasiwahrheitswerte auch mit anderen oder mit weiteren Operationen versehen sein. Wir wollen dies nicht in voller Allgemeinheit diskutieren, die folgenden Resultate aber gelten auch für solche Fälle. Ebenso darf an die Stelle der Quasiwahrheitswertmenge $\mathcal{W}_\infty$ eine andere Menge von Quasiwahrheitswerten treten.

Will man Eigenschaften dieser algebraischen Strukturen $\mathfrak{Q}$ und $\mathfrak{F}(\mathcal{U})$ diskutieren, so ist es vorteilhaft, wenn man mittels Termen die Möglichkeit hat, Elemente dieser Strukturen zu benennen. Für die Quasiwahrheitswertstruktur $\mathfrak{Q}$ werden wir als derartige Terme genau die aus Symbolen $a, b, c, \ldots$ für Quasiwahrheitswerte mittels Verknüpfungszeichen t_i, s_i, n_i für die Operationen $\boldsymbol{t}_i, \boldsymbol{s}_i, \boldsymbol{n}_i$ in gewohnter Weise korrekt bildbaren Terme nehmen, wobei wir uns der Infixschreibweise bei t_i, s_i bedienen, diese zweistelligen Symbole also zwischen ihre Argumente schreiben. Für die Struktur $\mathfrak{F}(\mathcal{U})$ der unscharfen Mengen über $\mathcal{U}$ sind die Terme genau diejenigen Ausdrücke unserer mehrwertigen mengentheoretischen Sprache, die ausgehend von Symbolen für unscharfe Mengen mittels der in (5.8.20), (5.8.21) und (5.8.23) eingeführten Operationssymbole $\cap_{\boldsymbol{t}_i}$, $\cup_{\boldsymbol{t}_i}$, $\complement_{\boldsymbol{t}_i}$ für alle $i \in I$ korrekt gebildet werden können, wobei aber $\cap_i$, $\cup_i$, $\complement_i$ zur Vereinfachung geschrieben wird.

Dieser Terme bedienen wir uns nun innerhalb unserer klassischen Metasprache. Ein *elementarer* HORN-*Ausdruck* (bezüglich $\mathfrak{Q}$ oder bezüglich $\mathfrak{F}(\mathcal{U})$) sei eine endliche Alternative, die als Alternativglieder Termungleichheiten der Form $T_1 \neq T_2$ und höchstens eine Termgleichung $T' = T''$ hat; dabei seien jeweils nur Terme bezüglich $\mathfrak{Q}$ oder nur Terme bezüglich $\mathfrak{F}(\mathcal{U})$ betrachtet. Einfachste Beispiele für elementare HORN-Ausdrücke bzgl. $\mathfrak{Q}$ sind somit

$$a \mathsf{t}_i b = b \mathsf{t}_i a,$$

$$a \mathsf{s}_i \mathsf{n}_i(b) \neq a \mathsf{t}_i b.$$

Entsprechende einfache Beispiele elementarer HORN-Ausdrücke bezüglich $\mathfrak{F}(\mathcal{U})$ sind

$$A \cap_i B = B \cap_i A,$$

$$A \cup_i \complement_i B \neq A \cap_i B.$$

Dabei ergibt sich in natürlicher Weise eine Entsprechung zwischen den elementaren HORN-Ausdrücken bzgl. $\mathfrak{Q}$ und denen bezüglich $\mathfrak{F}(\mathcal{U})$: hat man einen elementaren HORN-Ausdruck bezüglich $\mathfrak{Q}$, so ersetze man darin die auftretenden Symbole gemäß folgender Tabelle:

Symbol bez. $\mathfrak{Q}$	t_i	s_i	n_i	a	b	...
Symbol bez. $\mathfrak{F}(\mathcal{U})$	$\cap_i$	$\cup_i$	$\complement_i$	A	B	...

Man erhält offensichtlich einen Term bezüglich $\mathfrak{F}(\mathcal{U})$, der nach demselben „Übersetzungsverfahren" wieder in den ursprünglichen Term bzgl. $\mathfrak{Q}$ verwandelt werden kann. Mittels dieses Übersetzungsverfahrens ineinander überführbare Terme bezüglich $\mathfrak{Q}$ und bezüglich $\mathfrak{F}(\mathcal{U})$ wollen wir als *einander entsprechend* bezeichnen. Jedem Term bezüglich einer der Strukturen $\mathfrak{Q}$, $\mathfrak{F}(\mathcal{U})$ entspricht genau ein Term bezüglich der jeweils anderen Struktur.

Unter einem HORN-*Ausdruck* (bezüglich $\mathfrak{Q}$ oder bezüglich $\mathfrak{F}(\mathcal{U})$) wollen wir einen (metasprachlichen) Ausdruck verstehen, der aus elementaren HORN-Ausdrücken (bezüglich $\mathfrak{Q}$ oder bezüglich $\mathfrak{F}(\mathcal{U})$) mittels Konjunktion, Generalisierung und Partikularisierung gebildet worden ist, wobei sich Generalisierung und Partikularisierung auf die Elemente von $\mathfrak{Q}$ bzw. von $\mathfrak{F}(\mathcal{U})$ beziehen. Für HORN-Ausdrücke gilt ein bekannter Satz der klassischen – d. h. der auf PL_2 bezogenen – Modelltheorie.

Satz 5.8.1. *Es sei H ein* HORN-*Ausdruck bezüglich $\mathfrak{F}(\mathcal{U})$. H gilt in $\mathfrak{F}(\mathcal{U})$, d. h. $\mathfrak{F}(\mathcal{U})$ ist Modell von H, wenn der H entsprechende* HORN-*Ausdruck H' bezüglich $\mathfrak{Q}$ in der Struktur $\mathfrak{Q}$ gilt.*

Der Beweis ist z. B. bei CHANG/KEISLER [1973; S. 326ff.] zu finden und soll hier nicht ausgeführt werden. Als unmittelbare Folgerungen erhält man aus Satz 5.8.1 z. B. die Kommutativität und die Assoziativität aller Durchschnittsbildungen $\cap_t$ und aller Vereinigungsbildungen $\cup_t$ für (residuale – aber diese Einschränkung ist hier unwesentlich) T-Normen $\boldsymbol{t}$, denn diese Eigenschaften werden z. B. durch die HORN-Ausdrücke

$$\bigwedge A \bigwedge B(A \cap_t B = B \cap_t A),$$

$$\bigwedge A \bigwedge B \bigwedge C\big(A \cap_t (B \cap_t C) = (A \cap_t B) \cap_t C\big)$$

formuliert, deren Entsprechungen in $\mathfrak{Q}$ gelten.

Die bisherigen, auf die algebraischen Strukturen $\mathfrak{Q}$ und $\mathfrak{F}(\mathcal{U})$ bezogenen Betrachtungen bleiben gültig, wenn man in $\mathfrak{Q}$ außer den Operationen auch Relationen zur Verfügung hat. Nehmen wir in $\mathfrak{Q}$ etwa die (auf $\mathcal{W}_\infty$ eingeschränkte) natürliche Größenordnungsbeziehung $\leq$ für reelle Zahlen auf, so ergibt sich als zugehörige Relation im direkten Produkt $\mathfrak{F}(\mathcal{U})$ die über (5.8.3) erklärte ZADEHsche Inklusionsrelation $\subset$ für unscharfe Mengen. Erneut kann man nun Satz 5.8.1, der auch in diesem Falle gilt, benutzen, um aus Eigenschaften von $\leq$ in $\mathfrak{Q}$ auf Eigenschaften von $\subset$ in $\mathfrak{F}(\mathcal{U})$ zu schließen. Ist man aber an Eigenschaften von $\subseteqq_t$ interessiert, so erhält man über (5.8.17) nur solche Eigenschaften, die in PL_2 mit Bezugnahme auf $\models A \subseteqq_t B$ formulierbar sind. Dies sind aber vielfach nur Spezialfälle allgemeinerer Resultate, die durch die Gültigkeit gewisser in $\mathbf{L}$ formulierter und $\subseteqq_t$ enthaltender Ausdrücke dargestellt werden können. Einige wichtige einfache Beispiele faßt der folgende Satz zusammen, in dem — wie weiterhin stets — $\boldsymbol{t}$ als residuale T-Norm vorausgesetzt ist.

Satz 5.8.2. *Für beliebige unscharfe Mengen A, B, C gelten:*

(a) $\models A \subseteqq_t A$,

(b) $\models A \subseteqq_t B \mathbin{\&_t} B \subseteqq_t C \to_t A \subseteqq_t C$,

(c) $\models A \subseteqq_t B \to_t A \cap_t C \subseteqq_t B \cap_t C$,

(d) $\models A \subseteqq_t B \to_t \mathbf{C}_t B \subseteqq_t \mathbf{C}_t A$,

(e) *wenn die* T-*Norm* $\boldsymbol{t}$ *bzgl. ihrer* T-*Conorm* $\boldsymbol{s}_t$ *distributiv ist, auch*

$\models A \subseteqq_t B \to_t A \cup_t C \subseteqq_t B \cup_t C$.

Beweis. (a) ist unmittelbar klar. Für (b) haben wir wegen (5.8.12) und (**T***47) zunächst die Ungleichung

$$[A \subseteqq_t B \mathbin{\&_t} B \subseteqq_t C] \leq \big[\forall\, x\big((x\varepsilon A \to_t x\varepsilon B) \mathbin{\&_t} (x\varepsilon B \to_t x\varepsilon C)\big)\big],$$

woraus mit Satz 3.6.4(c) die Behauptung folgt.

So wie hier werden wir übrigens auch weiterhin den Beweis der Gültigkeit einer Implikation, d. h. den Beweis einer Behauptung der Form $\models H_1 \to_t H_2$ im allgemeinen dadurch führen, daß wir die äquivalente Behauptung $[H_1] \leq [H_2]$ zeigen.

Für (c) benutze man in gleicher Weise zunächst die Definitionen (5.8.12) und (5.8.20) und wende danach die wegen der Monotonie der Infimumbildung aus Satz 3.6.4(b) folgende Beziehung

$$\models \forall\, x(H_1 \to_t H_2) \to_t \forall\, x(H_1 \mathbin{\&_t} G \to_t H_2 \mathbin{\&_t} G)$$

an. Ganz ebenso beweist man (d) mit Bezug auf eine „generalisierte Version" von Satz 3.6.5(f).

Dieselbe Beweisidee ergibt, daß (e) gezeigt ist, sobald die Ungleichung

$$[x\varepsilon A \to_t x\varepsilon B] \leq [x\varepsilon A \vee_t x\varepsilon C \to_t x\varepsilon B \vee_t x\varepsilon C]$$

bewiesen ist, d. h., sobald eine Bedingung bezüglich der T-Norm $\boldsymbol{t}$ gefunden ist, die sichert, daß

$$[H_1 \to_t H_2] \leq [H_1 \vee_t G \to_t H_2 \vee_t G]$$

für beliebige **L**-Ausdrücke H_1, H_2, G gilt. Es ist also eine Bedingung an $\boldsymbol{t}$ gesucht, die die Gültigkeit von

$$\sup\{u \mid x\boldsymbol{t}u \leq y\} \leq \sup\{v \mid (x\boldsymbol{s}_t z)\,\boldsymbol{t}v \leq y\boldsymbol{s}_t z\} \qquad (5.8.24)$$

für beliebige $x, y, z \in \mathscr{W}_\infty$ garantiert. Ist aber $\boldsymbol{t}$ distributiv bezüglich $\boldsymbol{s_t}$, d. h. gilt stets

$$(x\boldsymbol{s_t}z)\,\boldsymbol{t}v = (x\boldsymbol{t}v)\,\boldsymbol{s_t}(z\boldsymbol{t}v),$$

so ergibt sich unmittelbar die Beziehung

$$x\boldsymbol{t}u \leq y \Rightarrow (x\boldsymbol{s_t}z)\,\boldsymbol{t}u \leq y\boldsymbol{s_t}z$$

für beliebige $x, y, z, u \in \mathscr{W}_\infty$, aus der (5.8.24) sofort folgt. Damit ist (e) bewiesen. ∎

Dieser Beweis zeigt u. a., daß die Distributivität von $\boldsymbol{t}$ bezüglich $\boldsymbol{s_t}$ nur eine hinreichende Voraussetzung in Behauptung (e) ist. Ebenfalls hinreichend ist z. B. die Subdistributivität von $\boldsymbol{t}$ bezüglich $\boldsymbol{s_t}$ in dem Sinne, daß

$$(x\boldsymbol{s_t}z)\,\boldsymbol{t}v \leq (x\boldsymbol{t}v)\,\boldsymbol{s_t}(z\boldsymbol{t}v)$$

für beliebige $x, z, v \in \mathscr{W}_\infty$ gilt; gleichermaßen hinreichend wäre, daß stets

$$(x\boldsymbol{s_t}z)\,\boldsymbol{t}v \leq x\boldsymbol{s_t}(z\boldsymbol{t}v)$$

gilt. Auch für andere Teilbehauptungen von Satz 5.8.2 sind Verallgemeinerungen möglich – etwa dadurch, daß bei $\subseteq_t$, $\rightarrow_t$ einerseits und bei $\cap_t$, $\mathbf{C}_t$ oder $\cup_t$ andererseits unterschiedliche T-Normen in Betracht gezogen werden. Es sind aber nicht diese möglichen Verallgemeinerungen, sondern es ist der Stil der in Satz 5.8.2 ausgesprochenen Behauptungen – vor allem die starke Benutzung der Ausdrucksmöglichkeiten von $\mathbf{L}$ –, der an dieser Stelle mit Bezug auf Satz 5.8.2 und auch auf folgende Resultate wichtig ist. Denn gerade die Art der Formulierung der in Satz 5.8.2 ausgesprochenen Resultate ist es, die die Auffassung untermauert, daß die Theorie der unscharfen Mengen ein Anwendungsgebiet für die mehrwertige Logik ist.

Mit den weiterhin angeführten Resultaten wird die Fruchtbarkeit dieser Auffassung gezeigt, ohne daß hier eine vollständige Darstellung der Theorie der unscharfen Mengen in dieser Art gegeben werden kann.

Unmittelbare Konsequenz von Satz 5.8.2 sind zunächst weitere, über (5.8.14), (5.8.15) und (5.8.16) hinausgehende Eigenschaften der mehrwertigen Beziehung $\equiv_t$, die $\equiv_t$ als guten Kandidaten für eine echt mehrwertige Identitätsrelation bestätigen.

Satz 5.8.3. *Für beliebige unscharfe Mengen A, B, C gelten*

(a) $\models A \equiv_t B \,\&_t\, B \equiv_t C \rightarrow_t A \equiv_t C$,

(b) $\models A \equiv_t B \rightarrow_t A \cap_t C \equiv_t B \cap_t C$,

(c) $\models A \equiv_t B \to_t \mathsf{C}_t A \equiv_t \mathsf{C}_t B$,

(d) *wenn die* T-*Norm* $\boldsymbol{t}$ *bezüglich der* T-*Conorm* $\mathbf{s}_t$ *distributiv ist, auch*

$$\models A \equiv_t B \to_t A \cup_t C \equiv_t B \cup_t C.$$

Beweis. Wegen Definition (5.8.13) ergeben sich alle diese Behauptungen aus den entsprechenden Ergebnissen von Satz 5.8.2, wobei Satz 3.6.4(d) wesentlich zu benutzen ist. ∎

Vom systematischen Standpunkt unserer Betrachtungen von Elementen des Grundbereiches $\mathcal{U}$ und von unscharfen Teilmengen über $\mathcal{U}$ ist es ein Nachteil, daß die mehrwertige Identitätsrelation $\equiv_t$ nur für unscharfe Mengen erklärt ist. Nützlich ist es für das Folgende, wenigstens noch eine mehrwertige Identitätsbeziehung zwischen Elementen von $\mathcal{U}$ zur Verfügung zu haben, allerdings nehmen wir dabei den ,,absoluten" Standpunkt ein (vgl. Abschnitt 4.6.1). Wir führen demzufolge ein zweistelliges mehrwertiges Prädikat $\doteq$ für Elemente von $\mathcal{U}$ ein, für das wir für beliebige $a, b \in \mathcal{U}$ setzen:

$$[a \doteq b] =_{\mathrm{def}} \begin{cases} 1, & \text{falls} \quad a = b \\ 0 & \text{sonst.} \end{cases} \tag{5.8.25}$$

In gleicher Weise könnte auch eine formal mehrwertige Gleichheitsbeziehung zwischen Elementen von $\mathcal{U}$ und unscharfen Mengen aus $\mathfrak{F}(\mathcal{U})$ erklärt werden. Da wir sie aber weiterhin nicht benötigen werden, verzichten wir darauf. Klar ist, daß $\doteq$ alle entsprechenden Identitätseigenschaften hat, vor allem auch

$$\models \forall x \forall y (x \doteq y \mathbin{\&_t} x \varepsilon A \to_t y \varepsilon A) \tag{5.8.26}$$

als Pendant zu (5.8.16).

In speziellen Fällen — etwa dann, wenn $\mathcal{U}$ selbst eine Klasse von unscharfen Mengen ist — kann der mit (5.8.25) gegebene Ansatz durchaus als zu speziell erscheinen. Es ist dann kein Problem, eine allgemeinere mehrwertige Gleichheitsbeziehung $\doteq$ in $\mathcal{U}$ zuzulassen, allerdings sollte als Konsequenz davon die Gesamtheit aller unscharfen Mengen eingeschränkt werden und statt $\mathfrak{F}(\mathcal{U})$ nur noch die Teilklasse aller derjenigen $A \in \mathfrak{F}(\mathcal{U})$ betrachtet werden, für die (5.8.26) gilt.

Die in (5.8.25) definierte Identitätsrelation $\doteq$ gestattet es, eine Reihe spezieller unscharfer Mengen einzuführen. Die *leere unscharfe Menge* sei

$$\emptyset =_{\mathrm{def}} [\![x \parallel \neg\, x \doteq x]\!], \tag{5.8.27}$$

wobei statt der Negation $\neg$ von $\mathbf{Ł}_\infty$ hier irgendeine Negation $-_t$ stehen könnte. Zu jedem $a \in \mathcal{U}$ und jedem Quasiwahrheitswert t (für den ,,t"

zugleich sein Name in L sei) sei die (unscharfe) *t-Einermenge* von a die unscharfe Menge

$$[\![a]\!]_t =_{\text{def}} [\![x \parallel x \doteq a \,\&\, t]\!], \tag{5.8.28}$$

wobei erneut an Stelle der Konjunktion & aus $\mathbf{Ł}_\infty$ irgendeine Konjunktion $\&_t$ stehen könnte. (Wegen (5.8.15) und (**T1**) ergibt sich in jedem Falle dieselbe unscharfe Menge.) Diese unscharfen Einermengen erlauben es nun, in vielfältiger Weise mittels der oben erklärten mengenalgebraischen Operationen — und natürlich auch weiterer solcher Operationen — endliche unscharfe Mengen zu bilden. Für die leere unscharfe Menge erwähnen wir einige interessante allgemeine Resultate.

Satz 5.8.4. *Für beliebige unscharfe Mengen A, B gelten*

(a) $\models A \equiv_t \emptyset \leftrightarrow_t \forall x -_t (x \varepsilon A)$,

(b) $\models \emptyset \subseteq_t A$,

(c) $\models A \cap_t \complement_t A \equiv_t \emptyset$,

(d) $\models A \cup_t B \equiv_t \emptyset \rightarrow_t A \equiv_t \emptyset \wedge B \equiv_t \emptyset$,

(e) $\models A \equiv_t \emptyset \,\&_t\, B \equiv_t \emptyset \rightarrow_t A \cup_t B \equiv_t \emptyset$.

Beweis. Die Behauptungen (a), (b) und (c) ergeben sich sofort aus den entsprechenden Definitionen. Für (d) ergibt sich wegen (a)

$$\begin{aligned}[A \cup_t B \equiv_t \emptyset] &= [\forall x -_t (x\varepsilon A \vee_t x\varepsilon B)] \\ &= \big[\forall x\big(-_t(x\varepsilon A) \,\&_t\, -_t (x\varepsilon B)\big)\big],\end{aligned}$$

wobei für den letzten Schritt die Gültigkeit der DEMORGANschen Gesetze benutzt wurde (vgl. 3.6.2). Da jedoch der Generalisator $\forall$ nicht auf beliebige Konjunktionen $\&_t$ verteilt werden kann (vgl. die frühere Bemerkung in 4.5.1 nach (**T*47**)), bleiben als weitere Abschätzung nur

$$[A \cup_t B \equiv_t \emptyset] \leq [\forall x -_t (x\varepsilon A)] = [A \equiv_t \emptyset]$$

und die analoge Abschätzung bezüglich B. Aus beiden Abschätzungen folgt leicht (d). Für (e) schließlich benutze man in ähnlicher Weise (a), die DEMORGANschen Gesetze aus 4.5.1 und (**T*47**). ∎

Um auch die infinitären Verallgemeinerungen von $\cap_t$ und $\cup_t$, d. h. die Durchschnitts- und Vereinigungsbildungen für beliebige Familien unscharfer Mengen einführen zu können, erweitern wir die Sprache von L und lassen auch unendliche Konjunktionen und Alternativen zu. Im Prinzip könnte man stattdessen auch beschränkte Quantoren einführen, hätte dann aber den Nachteil, daß die Indexbereiche der zu betrachtenden Familien von unscharfen Mengen immer Teilklassen von $\mathcal{U}$ sein müßten. Endliche Iterationen sowohl von $\&_t$ als auch von $\vee_t$ – und damit auch von $\cap_t$ und $\cup_t$ – einzuführen ist übrigens völlig unproblematisch: Die Definitionen (3.1.16), (3.1.17) können dafür als Muster dienen. Problematischer dagegen ist es, für beliebige (residuale) T-Normen $\boldsymbol{t}$ eine inhaltliche Vorstellung über ihre ,,unendlichen Iterationen" zu entwickeln. Wir wollen diese Frage hier nicht diskutieren und beschränken uns deswegen auf die unendlichen Iterationen von $\wedge = \&_{\min}$ und $\vee = \vee_{\min}$.

Ist I irgendeine (gewöhnliche, d. h. ,,scharfe") Indexmenge und H_i ein **L**-Ausdruck – im erweiterten Sinne mit u. U. unendlichen Konjunktionen oder Alternativen – für jedes $i \in I$, so seien

$$\bigwedge_{i \in I} H_i \quad \text{sowie} \quad \bigvee_{i \in I} H_i \tag{5.8.29}$$

ebenfalls **L**-Ausdrücke (im erweiterten Sinne), deren Quasiwahrheitswerte bestimmt seien durch die Festlegungen:

$$\Big[\bigwedge_{i \in I} H_i\Big] =_{\text{def}} \inf_{i \in I}\, [H_i], \tag{5.8.30}$$

$$\Big[\bigvee_{i \in I} H_i\Big] =_{\text{def}} \sup_{i \in I}\, [H_i]. \tag{5.8.31}$$

Vergleicht man (5.8.30) mit (4.5.1) und (5.8.31) mit (4.5.2), so sieht man, daß die infinitären Junktoren $\bigwedge$, $\bigvee$ den Quantoren $\forall$, $\exists$ weitgehend analog sind. Wir wollen hier allerdings keine spezifischen Eigenschaften dieser infinitären Junktoren beweisen. Soweit solche benötigt werden, werden sie im Gange anderer Beweise mit hergeleitet werden. Wesentlich benötigen wir $\bigwedge$, $\bigvee$ aber für die folgenden beiden Definitionen.

Für jede Familie A_i, $i \in I$ – I irgendeine Indexmenge – von unscharfen Mengen über $\mathcal{U}$ seien ihr Durchschnitt bzw. ihre Vereinigung die unscharfen Mengen

$$\bigcap_{i \in I} A_i =_{\text{def}} [\![x \,\|\, \bigwedge_{i \in I} (x \varepsilon A_i)]\!], \tag{5.8.32}$$

$$\bigcup_{i \in I} A_i =_{\text{def}} [\![x \,\|\, \bigvee_{i \in I} (x \varepsilon A_i)]\!]. \tag{5.8.33}$$

Von den zahlreichen, für diese infinitären mengentheoretischen Operationen beweisbaren Eigenschaften erwähnen wir lediglich

$$\models \bigcap_{i \in I} A_i \subseteqq_{\boldsymbol{t}} A_k \,\&\, A_k \subseteqq_{\boldsymbol{t}} \bigcup_{i \in I} A_i \tag{5.8.34}$$

für jedes $k \in I$ und für unscharfe Mengen B über $\mathcal{U}$ auch

$$\models \bigwedge_{i \in I} (B \subseteqq_{\boldsymbol{t}} A_i) \leftrightarrow_{\boldsymbol{t}} B \subseteqq_{\boldsymbol{t}} \bigcap_{i \in I} A_i, \tag{5.8.35}$$

$$\models \bigwedge_{i \in I} (A_i \subseteqq_{\boldsymbol{t}} B) \leftrightarrow_{\boldsymbol{t}} \bigcup_{i \in I} A_i \subseteqq_{\boldsymbol{t}} B, \tag{5.8.36}$$

die alle leicht durch direktes Nachrechnen zu bestätigen sind. Weitere Eigenschaften sind bei GOTTWALD [1986b] angegeben und bewiesen. An dieser Stelle sei nur noch erwähnt, daß die infinitäre Vereinigungsbildung (5.8.33) eine Darstellung einer beliebigen unscharfen Menge als Vereinigung unscharfer Einermengen gestattet. Man bestätigt nämlich sofort, daß für jede unscharfe Menge A über $\mathcal{U}$

$$A = \bigcup_{a \in \mathcal{U}} [\![a]\!]_{[a \varepsilon A]}$$

ist, und sieht auch, daß dies eine korrekte Darstellung in $\mathbf{L}$ ist, sobald $\mathbf{L}$ über ein Symbol zur Bezeichnung von A verfügt. Da offensichtlich für jedes $a \in \mathcal{U}$ gilt

$$[\![a]\!]_0 = \emptyset,$$

kann diese Darstellung noch vereinfacht werden. Bildet man zu $A \in \mathbf{F}(\mathcal{U})$ den Träger

$$\text{supp}(A) =_{\text{def}} \{a \mid [a \varepsilon A] \neq 0\},$$

der eine gewöhnliche Teilmenge von $\mathcal{U}$ ist, so hat man bereits

$$A = \bigcup_{a \in \text{supp}(A)} [\![a]\!]_{[a \varepsilon A]},$$

was der z. B. bei ZADEH [1975] benutzten Darstellung

$$A = \sum_{a \in \text{supp}(A)} \mu_A(a)/a$$

entspricht, bei der nach (5.8.5) $\mu_A(a) = [a \varepsilon A]$ ist und bei der $\mu_A(a)/a$ für unsere unscharfe Einermenge $[\![a]\!]_{\mu_A(a)}$ steht.

5.8.3. Gleichungen für unscharfe Zahlen

Haben wir bisher das mehrwertige logische System $\mathbf{L}$ in erster Linie zur verallgemeinernden Darstellung grundlegender Beziehungen der Theorie unscharfer Mengen benutzt, soll nun demonstriert werden, wie sich in natürlicher Weise auch anwendungsorientierte Resultate in der Theorie der unscharfen Mengen verallgemeinern oder gar gewinnen lassen. Dazu betrachten wir unscharfe Mengen über dem Bereich $\mathbf{R}$ der reellen Zahlen. Die Elemente von $\mathbf{F}(\mathbf{R})$ können als unscharf gegebene reelle Zahlen oder als ungenau bekannte Mengen von reellen Zahlen interpretiert werden, weswegen sie häufig als unscharfe Zahlen – „fuzzy numbers“ in Englisch – bezeichnet werden.[21]

Betrachtet man die Elemente von $\mathbf{F}(\mathsf{R})$ als unscharf gegebene bzw. ungenau bekannte reelle Zahlen(mengen), so entsteht das Bedürfnis, mit ihnen ähnlich wie mit reellen Zahlen rechnen zu können, sie also z. B. zu addieren oder zu multiplizieren. In der Numerischen Mathematik hat man ein vergleichbares Verfahren, ungenau bekannte reelle Zahlen durch Intervalle zu repräsentieren, bereits seit längerem erfolgreich praktiziert.[22] Es entspricht der dortigen Vorgehensweise, eine beliebige zweistellige Operation $*$ in R bezüglich einer gegebenen (residualen) T-Norm $\boldsymbol{t}$ so auf Elemente von $\mathbf{F}(\mathsf{R})$ zu übertragen, daß für beliebige $A, B \in \mathbf{F}(\mathsf{R})$ gesetzt wird:

$$A *_t B =_{\mathrm{def}} [\![a * b \parallel a\varepsilon A \,\&_t\, b\varepsilon B]\!] . \qquad (5.8.37)$$

Dieses für Operationen beliebiger Stellenzahl in gleicher Weise anwendbare Verfahren der Übertragung von Operationen von R auf $\mathbf{F}(\mathsf{R})$ hat ZADEH [1975] *Erweiterungsprinzip* genannt.

Die Darstellung (5.8.37) ist übrigens eine leicht verständliche Abkürzung für die ausführliche Aufschreibung

$$A *_t B = [\![x \parallel \exists\, a\, \exists\, b (a\varepsilon A \,\&_t\, b\varepsilon B \,\&_t\, x \doteq a * b)]\!] . \qquad (5.8.38)$$

Die Methode, den auf der rechten Seite von (5.8.38) stehenden Klassenterm in der Kurzform (5.8.37) zu notieren, kann natürlich nicht nur bezüglich arithmetischer Operationen in R, sondern bezüglich beliebiger Termbildungen über beliebigen Grundbereichen $\mathcal{U}$ angewendet werden; die später folgende Definition (5.8.50) des kartesischen Produktes unscharfer Mengen liefert ein Beispiel dafür.

Will man mit den verallgemeinerten, „unscharfen Zahlen“ aus $\mathbf{F}(\mathsf{R})$ rechnen, so wird man für $*$ in (5.8.37) zunächst die arithmetischen Operationen $+, -, \cdot, :$ betrachten. Dabei stellt man allerdings rasch fest, daß die verallgemeinerte Subtraktion $-_t$ nicht mehr die Umkehroperation zur verallgemeinerten Addition $+_t$ ist, d. h. für $A, B \in \mathbf{F}(\mathsf{R})$ hat die Gleichung

$$A +_t X = B \qquad (5.8.39)$$

[21] Diese „fuzzy numbers“ sind zugleich Verallgemeinerungen der gewöhnlichen Intervalle reeller Zahlen. Eine in erster Linie an der weitgehenden Erhaltung der Rechengesetze reeller Zahlen interessierte „Fuzzifizierung“ existiert parallel dazu und bedient sich weitgehend topologischer Untersuchungsmethoden (vgl. etwa RODABAUGH [1982], [1985]).

[22] Einführungen in dieses als Intervallarithmetik bzw. Intervallanalysis bezeichnete Gebiet geben etwa MOORE [1966], [1979], ALEFELD/HERZBERGER [1974] und ŠOKIN [1981].

im allgemeinen nicht die Lösung $X = B -_t A$. Mehr noch, schon Gleichungen des einfachen Typs (5.8.39) haben oft keine Lösung. Deswegen ist es ein erstes, interessantes Problem der „unscharfen Arithmetik", d. h. der Arithmetik in $\mathbf{F}(\mathsf{R})$, die lösbaren Gleichungen vom Typ (5.8.39) – z. B. durch Bedingungen an A, B – zu charakterisieren und ihre Lösungsmengen zu diskutieren. Wohl als erste haben Mizumoto/Tanaka [1979] dieses Problem erörtert und gefunden, daß Gleichung (5.8.39) mit $B = [\![0]\!]_1$ nur dann eine Lösung hat, wenn A eine 1-Einermenge ist. Da dies eine sehr einschränkende Bedingung ist, hat Yager [1980] die Qualität von Näherungslösungen von (5.8.39) bewertet – allerdings mit unscharfen Mengen über $\mathcal{W}_\infty$, d. h. mit unscharfen Mengen von Quasiwahrheitswerten. So interessant diese Idee ist, so problematisch ist jedoch die dabei unterstellte Deutung solcher unscharfer Teilmengen von $\mathcal{W}_\infty$ als „linguistischer Wahrheitswerte" wie z. B.: ziemlich falsch, mehr oder weniger wahr, sehr wahr etc. Ein elegantes Lösbarkeitskriterium für Gleichungen des Typs (5.8.39) gab schließlich Sanchez [1984], das Gottwald [1984] auch auf Systeme solcher Gleichungen ausdehnen konnte. Unsere Darlegungen der Theorie der unscharfen Mengen im mehrwertigen prädikatenlogischen System L erlauben sogar, diese zuletzt genannten Lösbarkeitskriterien weiter zu verallgemeinern und den Fall nur angenäherter Lösbarkeit mit zu erfassen. Die entscheidende Wendung, die der Frage nach der Lösbarkeit einer Gleichung (5.8.39) oder eines Systems solcher Gleichungen in L gegeben wird, ist dabei die Formulierung der Aussage „es existiert eine Lösung von (5.8.39)" bzw. „es existiert eine Lösung eines gegebenen Systems von Gleichungen (5.8.39)" in der Sprache des mehrwertigen logischen Systems L. Die Ausdehnung auf die Betrachtung von Näherungslösungen ergibt sich dabei fast von selbst, weil ein enger Zusammenhang zwischen den mehrwertigen Identitätsrelationen $\equiv_t$ und Abstandsmaßen für unscharfe Mengen besteht, wie der folgende Hilfssatz zeigt.

Lemma 5.8.5. *Ist* $\boldsymbol{t}$ *eine residuale* T-*Norm, für die* $\boldsymbol{t} \geq \mathrm{et}_2$ *gilt, d. h., für die* $\boldsymbol{t}(u, v) \geq \mathrm{et}_2(u, v)$ *ist für alle* $u, v \in \mathcal{W}_\infty$, *so ist die für beliebige* $A, B \in \mathbf{F}(\mathcal{U})$ *durch*

$$\varrho_t(A, B) =_{\mathrm{def}} 1 - [A \equiv_t B] \tag{5.8.40}$$

erklärte Funktion ϱ_t *eine Metrik in der Menge* $\mathbf{F}(\mathcal{U})$.

Beweis. Wegen $\models A \equiv_t A$ ist stets $[A \equiv_t A] = 1$, d. h. es ist stets $\varrho_t(A, A) = 0$. Da $\boldsymbol{t}$ residual ist, gilt sogar wegen Beziehung (5.8.18):

$$\varrho_t(A, B) = 0 \quad \text{gdw} \quad A = B.$$

Aus (5.8.15) folgt als weitere Eigenschaft von ϱ_t sofort für alle $A, B \in \mathbf{F}(\mathcal{U})$

$$\varrho_t(A, B) = \varrho_t(B, A).$$

Somit bleibt für ϱ_t die Dreiecksungleichung zu zeigen. Es ist jedoch

$$\begin{aligned}\varrho_t(A, B) + \varrho_t(B, C) &= 1 - ([A \equiv_t B] + [B \equiv_t C] - 1)\\ &\geq 1 - \mathrm{et}_2([A \equiv_t B], [B \equiv_t C])\\ &\geq 1 - [A \equiv_t B \,\&_t\, B \equiv_t C] \geq \varrho_t(A, C)\end{aligned}$$

für alle $A, B, C \in \mathbf{F}(\mathcal{U})$ wegen $\boldsymbol{t} \geq \mathrm{et}_2$ und Satz 5.8.3(a). ∎

Für $\boldsymbol{t} \geq \mathrm{et}_2$ ist somit ϱ_t eine Abstandsfunktion in $\mathbf{F}(\mathcal{U})$ im strengen mathematischen Sinne; gilt dagegen $\boldsymbol{t} \geq \mathrm{et}_2$ nicht, kann für ϱ_t trotzdem nur die Dreiecksungleichung verletzt sein.

Sei nun also $*$ eine binäre Operation in R, für die wir die Lösbarkeit von Gleichungen des Typs $A *_t X = B$ in $\mathbf{F}(\mathsf{R})$ diskutieren wollen. Sanchez [1984] folgend, führen wir eine weitere binäre Operation $\tilde{*}_t$ in $\mathbf{F}(\mathsf{R})$ ein, indem wir für beliebige $A, B \in \mathbf{F}(\mathsf{R})$ setzen:

$$B \,\tilde{*}_t\, A =_{\mathrm{def}} [\![y \parallel \forall x(x\varepsilon A \rightarrow_t (x * y)\, \varepsilon B)]\!] . \qquad (5.8.41)$$

Für die folgenden Beweisführungen ist es wichtig, daß dafür einige Inklusionsbeziehungen gelten.

Satz 5.8.6. *Für beliebige unscharfe Mengen $A, B, C \in \mathbf{F}(\mathsf{R})$ gelten*

(a) $\models B \subseteq_t C \rightarrow_t A *_t B \subseteq_t A *_t C$,

(b) $\models A *_t B \subseteq_t C \rightarrow_t B \subseteq_t C \,\tilde{*}_t\, A$,

(c) $\models A *_t (B \,\tilde{*}_t\, A) \subseteq_t B$.

Beweis. Wie in früheren Beweisen zeigen wir die Gültigkeit von (a) dadurch, daß wir die Ungleichung

$$[B \subseteq_t C] \leq [A *_t B \subseteq_t A *_t C] \qquad (5.8.42)$$

für die entsprechenden Quasiwahrheitswerte beweisen. Aus den Definitionen (5.8.12) und (5.8.37) folgt wegen (5.8.38) zunächst

$$\begin{aligned}[A *_t B \subseteq_t A *_t C] &= [\forall x(x \,\varepsilon\, A *_t B \rightarrow_t x \,\varepsilon\, A *_t C)]\\ &= \big[\forall x\big(\exists y \,\exists z(y\varepsilon A \,\&_t\, z\varepsilon B \,\&_t\, x \doteq y * z) \rightarrow_t x \,\varepsilon\, A *_t C\big)\big]\\ &= \big[\forall x \,\forall y \,\forall z\big(z\varepsilon B \,\&_t\, \theta(x, y, z) \rightarrow_t x \,\varepsilon\, A *_t C\big)\big],\end{aligned}$$

wobei ($\mathbf{T}$*43) benutzt und

$$\theta(x, y, z) =_{\mathrm{def}} y\varepsilon A \,\&_t\, x \doteq y * z$$

gesetzt worden ist. Da offensichtlich auch

$$\begin{aligned}[x \,\varepsilon\, A *_t C] &= [\exists u \,\exists v(u\varepsilon A \,\&_t\, v\varepsilon C \,\&_t\, x \doteq u * v)]\\ &\geq [y\varepsilon A \,\&_t\, z\varepsilon C \,\&_t\, x \doteq y * z] = [z\varepsilon C \,\&_t\, \theta(x, y, z)]\end{aligned}$$

für alle y, z gilt, erhalten wir daraus die Abschätzung

$$[A *_t B \subseteqq_t A *_t C]$$

$$\geq \big[\forall\, x\, \forall\, y\, \forall\, z\big(z\varepsilon B \,\&_t\, \theta(x, y, z) \rightarrow_t z\varepsilon C \,\&_t\, \theta(x, y, z)\big)\big],$$

die wegen Satz **3.6.4**(b) und der Möglichkeit, leere Quantifizierungen wegzulassen, fortgesetzt werden kann als:

$$\geq [\forall\, x\, \forall\, y\, \forall\, z(z\varepsilon B \rightarrow_t z\varepsilon C)] = [\forall\, z(z\varepsilon B \rightarrow_t z\varepsilon C)] = [B \subseteqq_t C].$$

Damit ist (5.8.42) und also (a) gezeigt.

Auch (b) zeigen wir dadurch, daß wir die entsprechende Ungleichung für die Quasiwahrheitswerte herleiten. Es ist u. a. wegen (**T***44) und Satz **3.6.4**(a)

$$[B \subseteqq_t C \,\tilde{*}_t\, A] = \big[\forall\, x\big(x\varepsilon B \rightarrow_t \forall\, y(y\varepsilon A \rightarrow_t (y * x)\, \varepsilon\, C)\big)\big]$$
$$= \big[\forall\, x\, \forall\, y\big(x\varepsilon B \,\&_t\, y\varepsilon A \rightarrow_t (y * x)\, \varepsilon\, C\big)\big].$$

Da aber stets

$$[x\varepsilon B \,\&_t\, y\varepsilon A] \leq [(y * x)\, \varepsilon\, A *_t B]$$

gilt, folgt über Hilfssatz **3.6.3**(a) nun

$$[B \subseteqq_t C \,\tilde{*}_t\, A] \geq \big[\forall\, x\, \forall\, y\big((y * x)\, \varepsilon\, A *_t B \rightarrow_t (y * x)\, \varepsilon\, C\big)\big]$$
$$\geq [\forall\, z(z\, \varepsilon\, A *_t B \rightarrow_t z\varepsilon C)] = [A *_t B \subseteqq_t C]$$

und daraus (b).

Um schließlich auch (c) zu beweisen, benutzen wir außer den entsprechenden Definitionen Hilfssatz **3.6.3**(a) und die Eigenschaft (Φ2) der Φ-Operatoren und erhalten

$$[A *_t (B \,\tilde{*}_t\, A) \subseteqq_t B]$$
$$= \big[\forall\, x\big(x\, \varepsilon\, A *_t (B \,\tilde{*}_t\, A) \rightarrow_t x\varepsilon B\big)\big]$$
$$= [\forall\, x\, \forall\, y\, \forall\, z(y\varepsilon A \,\&_t\, z\, \varepsilon\, B \,\tilde{*}_t\, A \,\&_t\, x \doteq y * z \rightarrow_t x\varepsilon B)]$$
$$= \big[\forall\, x\, \forall\, y\, \forall\, z\big(y\varepsilon A \,\&_t\, \forall\, u(u\varepsilon A \rightarrow_t u * z\, \varepsilon\, B) \,\&_t\, x \doteq y * z \rightarrow_t x\varepsilon B\big)\big]$$
$$\geq \big[\forall\, x\, \forall\, y\, \forall\, z\big(y\varepsilon A \,\&_t\, (y\varepsilon A \rightarrow_t y * z\, \varepsilon\, B) \,\&_t\, x \doteq y * z \rightarrow_t x\varepsilon B\big)\big]$$
$$\geq [\forall\, x\, \forall\, y\, \forall\, z(y * z\, \varepsilon\, B \,\&_t\, x \doteq y * z \rightarrow_t x\varepsilon B)] = 1. \;\blacksquare$$

Nun stehen alle notwendigen Resultate zur Verfügung, die wir für den angekündigten Beweis der verallgemeinerten Lösbarkeitskriterien benötigen. Nur diese Kriterien selbst können wir noch nicht einfach genug formulieren. Deswegen führen wir noch zwei Abkürzungen in die Sprache von **L** ein. Einmal benötigen wir die endliche Iteration der Konjunktion $\&_t$, wofür wir in Anlehnung an (3.1.16) schreiben: $\prod^{(t)}$. Es sei also für beliebige **L**-Ausdrücke $H_1, H_2, \dots$ gesetzt:

$$\prod_{i=1}^{1}{}^{(t)} H_i =_{\text{def}} H_1, \qquad \prod_{i=1}^{n+1}{}^{(t)} H_i =_{\text{def}} \left(\prod_{i=1}^{n}{}^{(t)} H_i\right) \&_t H_{n+1}. \tag{5.8.43}$$

Zusätzlich benötigen wir diese Iteration für den Fall, daß alle **L**-Ausdrücke H_i übereinstimmen. Wir schreiben dann kurz

$$H^n \quad \text{für} \quad \prod_{i=1}^{n}{}^{(t)} H, \tag{5.8.44}$$

wobei wir bei der Bezeichnung „H^n" die explizite Bezugnahme auf die residuale T-Norm t weglassen, weil dieser Bezug aus dem Kontext immer ausreichend klar werden wird. Im Falle $t = \mathrm{et}_1$ schreiben wir einfach $\bigwedge$ für $\prod^{(t)}$.

Hilfssatz 5.8.7. *Es sei β eine Variable für Elemente aus $\mathcal{U}$ bzw. für unscharfe Mengen über $\mathcal{U}$ und H ein* **L**-*Ausdruck. Dann gilt für jedes n:*

$$\models \exists \beta(H^n) \leftrightarrow_t (\exists \beta H)^n.$$

Beweis. Es genügt, den Fall $n = 2$ zu diskutieren und $[\exists \beta(H^2)] = [(\exists \beta H)^2]$ zu zeigen. Die allgemeine Behauptung folgt daraus leicht durch Induktion. Offensichtlich ist stets $[H] \leq [\exists \beta H]$, also wegen (**T**2) auch $[H^2] \leq [(\exists \beta H)^2]$; Supremumbildung ergibt $[\exists \beta(H^2)] \leq [(\exists \beta H)^2]$.

Schreiben wir andererseits $H(\beta)$ statt H und für eine von β verschiedene und nicht in H vorkommende Variable β_1 derselben Art wie β einfach $H(\beta_1)$ für $H[\beta/\beta_1]$, so gilt, da t residuale T-Norm sein soll:

$$\begin{aligned}[(\exists \beta H)^2] &= [\exists \beta H(\beta) \&_t \exists \beta_1 H(\beta_1)] = \left[\exists \beta \exists \beta_1 \big(H(\beta) \&_t H(\beta_1)\big)\right] \\ &\leq \left[\exists \beta \big(H(\beta) \&_t H(\beta)\big)\right] = [\exists \beta (H^2)],\end{aligned}$$

weil es zu jedem Wert $[H(\beta) \&_t H(\beta_1)]$ einen wenigstens gleichgroßen Quasiwahrheitswert $[H(\beta) \&_t H(\beta)]$ gibt. ∎

Betrachten wir jetzt das Gleichungssystem

$$A_i *_t X = B_i, \qquad i = 1, \dots, N, \tag{5.8.45}$$

wobei $A_i, B_i \in \mathbf{F}(\mathsf{R})$ seien für alle $i = 1, \dots, N$ und t stets eine residuale T-Norm. Dann kann die Aussage „System (5.8.45) hat eine Lösung" in der Sprache von **L** durch den **L**-Ausdruck

$$\exists X \prod_{i=1}^{N}{}^{(t)} (A_i *_t X \equiv_t B_i) \tag{5.8.46}$$

repräsentiert werden. Unsere Verallgemeinerung der Frage nach der Lösbarkeit des Gleichungssystems (5.8.45) besteht nun darin, nach dem Quasiwahrheitswert des **L**-Ausdrucks (5.8.46) zu fragen.

Satz 5.8.8. *Es seien $A_i, B_i \in \mathbf{F}(\mathsf{R})$ für jedes $i = 1, \ldots, N$. Dann gelten*

$$\models \left(\exists X \prod_{i=1}^{N}{}^{(\mathbf{t})} (A_i *_{\mathbf{t}} X \equiv_{\mathbf{t}} B_i)\right)^N \to_{\mathbf{t}} \prod_{i=1}^{N}{}^{(\mathbf{t})} \left(A_i *_{\mathbf{t}} \bigcap_{j=1}^{N} (B_j \tilde{*}_{\mathbf{t}} A_j) \equiv_{\mathbf{t}} B_i\right)$$

und auch

$$\models \prod_{i=1}^{N}{}^{(\mathbf{t})} \left(A_i *_{\mathbf{t}} \bigcap_{j=1}^{N} (B_j \tilde{*}_{\mathbf{t}} A_j) \equiv_{\mathbf{t}} B_i\right) \to_{\mathbf{t}} \exists X \prod_{i=1}^{N}{}^{(\mathbf{t})} (A_i *_{\mathbf{t}} X \equiv_{\mathbf{t}} B_i).$$

Beweis. Die zweite dieser Behauptungen ist sofort einzusehen, weil $\bigcap_{j=1}^{N} (B_j \tilde{*}_{\mathbf{t}} A_j)$ selbst zu $\mathbf{F}(\mathsf{R})$ gehört und also bei der „$\exists X$" entsprechenden Supremumbildung zu berücksichtigen ist.

Für die erste dieser Behauptungen ist es wegen Hilfssatz 5.8.7 ausreichend, für jedes $X \in \mathbf{F}(\mathsf{R})$ zu zeigen, daß

$$\left[\left(\prod_{i=1}^{N}{}^{(\mathbf{t})} (A_i *_{\mathbf{t}} X \equiv_{\mathbf{t}} B_i)\right)^N\right] \leq \left[\prod_{i=1}^{N}{}^{(\mathbf{t})} \left(A_i *_{\mathbf{t}} \bigcap_{j=1}^{N} (B_j \tilde{*}_{\mathbf{t}} A_j) \equiv_{\mathbf{t}} B_i\right)\right] \tag{5.8.47}$$

gilt. Zur Abkürzung setzen wir in diesem Beweis

$$D = \bigcap_{j=1}^{N} (B_j \tilde{*}_{\mathbf{t}} A_j).$$

Damit ergibt sich sukzessive

$$\begin{aligned}
&\left[\left(\prod_{i=1}^{N}{}^{(\mathbf{t})} (A_i *_{\mathbf{t}} X \equiv_{\mathbf{t}} B_i)\right)^N\right] \\
&= \left[\prod_{i,j=1}^{N}{}^{(\mathbf{t})} (A_i *_{\mathbf{t}} X \subseteq_{\mathbf{t}} B_i \mathbin{\&_{\mathbf{t}}} B_i \subseteq_{\mathbf{t}} A_i *_{\mathbf{t}} X)\right] \\
&= \left[\prod_{i,j=1}^{N}{}^{(\mathbf{t})} (A_i *_{\mathbf{t}} X \subseteq_{\mathbf{t}} B_i) \mathbin{\&_{\mathbf{t}}} \prod_{i,j=1}^{N}{}^{(\mathbf{t})} (B_i \subseteq_{\mathbf{t}} A_i *_{\mathbf{t}} X)\right] \\
&\leq \left[\prod_{i,j=1}^{N}{}^{(\mathbf{t})} (X \subseteq_{\mathbf{t}} B_i \tilde{*}_{\mathbf{t}} A_i) \mathbin{\&_{\mathbf{t}}} \prod_{i,j=1}^{N}{}^{(\mathbf{t})} (B_i \subseteq_{\mathbf{t}} A_i *_{\mathbf{t}} X)\right] \\
&\leq \left[\prod_{j=1}^{N}{}^{(\mathbf{t})} \bigwedge_{i=1}^{N} (X \subseteq_{\mathbf{t}} B_i \tilde{*}_{\mathbf{t}} A_i) \mathbin{\&_{\mathbf{t}}} \prod_{i,j=1}^{N}{}^{(\mathbf{t})} (B_i \subseteq_{\mathbf{t}} A_i *_{\mathbf{t}} X)\right]
\end{aligned}$$

auf Grund von Satz 5.8.6(b) und der Tatsache, daß $\boldsymbol{t} \leq \mathrm{et}_1$ für jede T-Norm $\boldsymbol{t}$ gilt. Wegen (5.8.35) und weil $\bigwedge_{i=1}^{N}$ ein Spezialfall von $\bigwedge\!\!\!\bigwedge_{i\in I}$ ist, kann diese Abschätzung fortgesetzt werden als:

$$\leq \left[\prod_{j=1}^{N}{}^{(\boldsymbol{t})} (X \subseteqq_{\boldsymbol{t}} D) \mathbin{\&_{\boldsymbol{t}}} \prod_{i,j=1}^{N} (B_i \subseteqq_{\boldsymbol{t}} A_i *_{\boldsymbol{t}} X)\right]$$

$$\leq \left[\prod_{i=1}^{N}{}^{(\boldsymbol{t})} (B_i \subseteqq_{\boldsymbol{t}} A_i *_{\boldsymbol{t}} X \mathbin{\&_{\boldsymbol{t}}} X \subseteqq_{\boldsymbol{t}} D)\right]$$

$$\leq \left[\prod_{i=1}^{N}{}^{(\boldsymbol{t})} (B_i \subseteqq_{\boldsymbol{t}} A_i *_{\boldsymbol{t}} X \mathbin{\&_{\boldsymbol{t}}} A_i *_{\boldsymbol{t}} X \subseteqq_{\boldsymbol{t}} A_i *_{\boldsymbol{t}} D)\right]$$

$$\leq \left[\prod_{i=1}^{N}{}^{(\boldsymbol{t})} (B_i \subseteqq_{\boldsymbol{t}} A_i *_{\boldsymbol{t}} D)\right],$$

wobei Satz 5.8.6(a) und Satz 5.8.2(b) benutzt wurden. Da jedoch aus (5.8.34)

$$\models D \subseteqq_{\boldsymbol{t}} B_i \mathbin{\tilde{*}_{\boldsymbol{t}}} A_i$$

folgt für jedes $i = 1, \ldots, N$, hat man wegen Satz 5.8.6(a), (c) und Satz 5.8.2(b) auch

$$\models A_i *_{\boldsymbol{t}} D \subseteqq_{\boldsymbol{t}} B_i$$

und also

$$\left[\prod_{i=1}^{N}{}^{(\boldsymbol{t})} (A_i *_{\boldsymbol{t}} D \subseteqq_{\boldsymbol{t}} B_i)\right] = 1,$$

was sofort

$$\left[\prod_{i=1}^{N}{}^{(\boldsymbol{t})} (B_i \subseteqq_{\boldsymbol{t}} A_i *_{\boldsymbol{t}} D)\right] = \left[\prod_{i=1}^{N}{}^{(\boldsymbol{t})} (A_i *_{\boldsymbol{t}} D \equiv_{\boldsymbol{t}} B_i)\right]$$

ergibt. Damit ist aber (5.8.47) gezeigt und also auch die erste Behauptung unseres Satzes. ∎

Bezeichnen wir den in (5.8.46) angegebenen **L**-Ausdruck mit G, so liefern die Resultate von Satz 5.8.8 einerseits eine untere Schranke für den Quasiwahrheitswert $[G]$ und andererseits eine obere Schranke für $[G^N]$. Da jedoch jede T-Norm eine monoton wachsende Funktion in beiden Argumenten ist, ist auch $[G^N]$ monoton wachsend von $[G]$ abhängig, jeder Quasiwahrheitswert s also obere Schranke von $[G]$, dessen N-fache $\boldsymbol{t}$-Iteration noch $\geq [G^N]$ ist. Somit liefert Satz 5.8.8 im Prinzip beiderseitige Schranken für den uns interessierenden Quasiwahrheitswert $[G]$. Für $\boldsymbol{t} = \mathrm{et}_1$ erhält man $[G]$ sogar exakt.

Folgerung 5.8.9. *Es seien* $A_i, B_i \in \mathbf{F}(\mathsf{R})$ *für jedes* $i = 1, \ldots, N$. *Ferner sei* $\boldsymbol{t} = \mathrm{et}_1$, *und es mögen alle Indizes* et_1 *an den Zeichen „$*$" und „$\equiv$" entfallen. Dann gilt*

$$\models \exists X \bigwedge_{i=1}^{N} (A_i * X \equiv B_i) \leftrightarrow_{Ł} \bigwedge_{i=1}^{N} \left(A_i * \bigcap_{j=1}^{N} (B_j \,\tilde{*}\, A_j) \equiv B_i \right).$$

Beweis. Im Falle $\boldsymbol{t} = \mathrm{et}_1$ stimmen für jedes n und jeden $\mathbf{L}$-Ausdruck H die Quasiwahrheitswerte $[H]$ und $[H^n]$ stets überein. Daher liefert Satz 5.8.8 die Behauptung unserer Folgerung mit „$\leftrightarrow_{\mathrm{et}_1}$" statt „$\leftrightarrow_{Ł}$". Da aber $\leftrightarrow_{Ł}$ der Junktor $\leftrightarrow_{\boldsymbol{t}}$ für $\boldsymbol{t} = \mathrm{et}_2$ ist und $\mathrm{et}_1, \mathrm{et}_2$ residuale T-Normen sind, und da für jede residuale T-Norm $\boldsymbol{t}$ eine Behauptung $\models (H_1 \leftrightarrow_{\boldsymbol{t}} H_2)$ genau dann gilt, wenn $[H_1] = [H_2]$ ist, kann an dieser Stelle „$\leftrightarrow_{\mathrm{et}_1}$" gegen „$\leftrightarrow_{Ł}$" ausgetauscht werden. ∎

Aber nicht nur für $\boldsymbol{t} = \mathrm{et}_1$ erhält man den Quasiwahrheitswert $[G]$ exakt, sondern auch für $N = 1$.

Folgerung 5.8.10. *Für alle* $A, B \in \mathbf{F}(\mathsf{R})$ *gilt*

$$\models \exists X (A *_{\boldsymbol{t}} X \equiv_{\boldsymbol{t}} B) \leftrightarrow_{\boldsymbol{t}} A *_{\boldsymbol{t}} (B \,\tilde{*}_{\boldsymbol{t}}\, A) \equiv_{\boldsymbol{t}} A.$$

Beweis. Über (5.8.44) und (5.8.43) folgt dies sofort aus Satz 5.8.8. ∎

Als Spezialfall ergibt sich nun auch das für $N = 1$ bei Sanchez [1984] und für beliebiges N bei Gottwald [1984] formulierte Lösbarkeitskriterium.

Satz 5.8.11. *Es seien* $A_i, B_i \in \mathbf{F}(\mathsf{R})$ *für alle* $i = 1, \ldots, N$. *Das Gleichungssystem*

$$A_i *_{\boldsymbol{t}} X = B_i, \qquad i = 1, \ldots, N$$

hat genau dann eine Lösung, wenn $\bigcap_{j=1}^{N} (B_j \,\tilde{*}_{\boldsymbol{t}}\, A_j)$ *eine Lösung dieses Gleichungssystems ist; und hat dieses Gleichungssystem eine Lösung, dann ist* $\bigcap_{j=1}^{N} (B_j \,\tilde{*}_{\boldsymbol{t}}\, A_j)$ *die bezüglich Inklusion größte Lösung.*

Beweis. Zur Abkürzung sei wieder $D = \bigcap_{j=1}^{N} (B_j \,\tilde{*}_{\boldsymbol{t}}\, A_j)$ gesetzt. Selbstverständlich hat das betrachtete Gleichungssystem eine Lösung, wenn D Lösung dieses Systems ist. Also nehmen wir nun an, dieses System habe eine Lösung, etwa die unscharfe Menge $C \in \mathbf{F}(\mathsf{R})$. Dann gilt

$$\models A_i *_{\boldsymbol{t}} C \equiv_{\boldsymbol{t}} B_i$$

für jedes $i = 1, \ldots, N$ und also nach Satz 5.8.6(b)

$$\models \bigwedge_{i=1}^{N} (C \subseteq_{\boldsymbol{t}} B_i \,\tilde{*}_{\boldsymbol{t}}\, A_i),$$

woraus wegen (5.8.35) folgt $\models C \subseteq_t D$, d. h., die Lösung C des betrachteten Gleichungssystems ist jedenfalls unscharfe Teilmenge von D. Es ist aber auch

$$\models \prod_{i=1}^{N}{}^{(t)} (A_i *_t C \equiv_t B_i)$$

und damit

$$\left[\left(\exists X \prod_{i=1}^{N}{}^{(t)} (A_i *_t C \equiv_t B_i)\right)^N\right] = \left[\exists X \prod_{i=1}^{N}{}^{(t)} (A_i *_t C \equiv_t B_i)\right] = 1,$$

weswegen aus Satz 5.8.8 unmittelbar

$$\left[\prod_{i=1}^{N}{}^{(t)} (A_i *_t D \equiv_t B_i)\right] = 1$$

folgt, d. h., mit C ist auch D Lösung des betrachteten Gleichungssystems. ∎

Die mit Satz 5.8.8 und seinen Folgerungen demonstrierte Methode der Untersuchung der Lösbarkeit des Gleichungssystems (5.8.45) ist nicht nur auf derartige verallgemeinerte arithmetische Gleichungen beschränkt, sie kann auf weitere wichtige Gleichungstypen ausgedehnt werden (vgl. Gottwald [1986]). Allerdings fehlt bisher die Ausdehnung z. B. auf kompliziertere arithmetische Gleichungen. Einige der Gleichungstypen, die mit dieser Methode ebenfalls diskutiert werden können, treten in interessanten ingenieurtechnischen Anwendungen der Informatik auf Probleme der automatischen Steuerung und Regelung auf. Um solche Gleichungen aber formulieren zu können, muß die Ausdrucksfähigkeit unseres mehrwertigen Systems **L** nochmals erweitert werden: In **L** muß die Behandlung unscharfer Relationen möglich werden.

5.8.4. Unscharfe Relationen

Die bisher praktizierte fortwährende Erweiterung der Ausdrucksfähigkeit des Systems $Ł_\infty$ bzw. des Systems **L** für die Zwecke der (Darstellung der) Theorie der unscharfen Mengen entspricht im wesentlichen der Entwicklung jener Theorie, macht jedoch einen uneinheitlichen Eindruck und ruft den Wunsch nach einer einheitlichen und in sich geschlossenen Darstellung hervor. Im Prinzip erscheint eine solche Darstellung mit einer geeigneten mehrwertigen Verallgemeinerung der üblichen – typentheoretischen oder an ZF orientierten typenhomogenen – Darstellung der klassischen Mengenlehre als möglich. Das entscheidende inhaltliche Problem dabei ist aber, daß man zwar für die klassische Mengenlehre mit dem aus einer vorgegebenen, eventuell leeren Menge von Urelementen durch transfinite Iteration der Potenzmengenbildung erzeugbaren kumulativen Mengenuniversum eine gewisse inhaltliche Standardvorstellung der Klasse aller Mengen hat, die gegenüber den üblichen Mengenbildungsverfahren abgeschlossen ist, daß man aber keine deutlichen Vorstellungen über ein gegenüber der Bildung neuer unscharfer Mengen hinreichend abgeschlossenes Universum unscharfer Mengen hat. Aus theoretischen Erwägungen heraus haben KLAUA [1966], [1966a],[23] CHAPIN [1974–75], GOTTWALD [1976], [1976–77], [1979], ZHANG [1979], [1979a], [1980], [1982], WEIDNER [1981] und z. T. auch WECHLER [1978] solche in sich (relativ) abgeschlossenen Universen unscharfer Mengen konstruiert und diskutiert. Diese Ansätze folgen jedoch unterschiedlichen Prinzipien, so daß sie derzeit nur konkurrierende Lösungsvorschläge darstellen, ohne daß es die anwendungsorientierte Entwicklung der Theorie der unscharfen Mengen bereits erlauben würde, gewissen unter ihnen den Vorzug gegenüber den anderen zu geben. Deswegen stellen wir keinen dieser Ansätze hier dar und folgen weiterhin unserer bisherigen Vorgehensweise, die Ausdrucksfähigkeit von L immer dann im notwendigen Maße zu erweitern, wenn die zu diskutierenden Probleme dies verlangen.

Unter *unscharfen Relationen* wollen wir unscharfe Mengen von geordneten Paaren verstehen, also unscharfe Mengen über $\mathcal{U} \times \mathcal{U}$. Ist der Bereich $\mathcal{U}$, über dem wir unscharfe Mengen betrachten, so beschaffen, daß $\mathcal{U} \times \mathcal{U} \subseteqq \mathcal{U}$ ist, $\mathcal{U}$ also gegenüber der Bildung geordneter Paare abgeschlossen ist, dann ist jede unscharfe Relation über $\mathcal{U}$ auch eine unscharfe Menge über $\mathcal{U}$ und die Behandlung unscharfer Relationen einfach dadurch möglich, daß man etwa als

$$\mathrm{Rel}\,(A) =_{\mathrm{def}} \forall\, x\big(x \varepsilon A \rightarrow_{\mathrm{G}} \exists\, y\, \exists\, z(x \doteq (y, z))\big)$$

in L ein mehrwertiges Prädikat Rel definitorisch einführt, für das für alle $A \in \mathbf{F}(\mathcal{U})$ dann gilt

$$\models \mathrm{Rel}\,(A) \quad \text{gdw} \quad A \text{ unscharfe Relation über } \mathcal{U}.$$

(Die Verwendung der Implikation $\rightarrow_{\mathrm{G}}$ der GÖDELschen Systeme ist unproblematisch, denn $\rightarrow_{\mathrm{G}}$ ist die zur T-Norm $\boldsymbol{t} = \min$ gehörende Implikation $\rightarrow_{\min}$.) Es wird jedoch im allgemeinen $\mathcal{U} \times \mathcal{U} \nsubseteq \mathcal{U}$ sein. Deswegen führen wir für die Elemente von $\mathbf{F}(\mathcal{U} \times \mathcal{U})$ eine dritte Art von Variablen ein, erweitern L also zu einem dreisortigen System. Die Symbole dieser dritten Sorte seien durch Frakturbuchstaben $\mathfrak{A}, \mathfrak{B}, \ldots, \mathfrak{X}, \mathfrak{Y}, \mathfrak{Z}$ angedeutet. Die notwendige Erweiterung der ε-Beziehung ist trivial für den Enthaltenseinswert geordneter Paare in unscharfen Relationen, die ja Funk-

[23] Man vgl. GOTTWALD [1984a] für einen Überblick über diese und weitere Arbeiten von D. KLAUA zum genannten Themenkreis.

tionen von $\mathcal{U} \times \mathcal{U}$ in die Quasiwahrheitswertmenge $\mathcal{W}_\infty$ sind, und werde durch die Festlegung $[x \varepsilon \mathfrak{A}] = 0$ getroffen, falls $x \notin \mathcal{U} \times \mathcal{U}$. Auch die erforderliche Neufestlegung der mengenalgebraischen Verknüpfungen und Beziehungen ist leicht zu erledigen, etwa als

$$\mathfrak{A} \cap_{\boldsymbol{t}} \mathfrak{B} =_{\text{def}} [\![(x, y) \parallel (x, y) \,\varepsilon\, \mathfrak{A} \,\&_{\boldsymbol{t}}\, (x, y) \,\varepsilon\, \mathfrak{B}]\!], \tag{5.8.48}$$

$$\mathfrak{A} \subseteqq_{\boldsymbol{t}} \mathfrak{B} =_{\text{def}} \forall x \, \forall y \big((x, y) \,\varepsilon\, \mathfrak{A} \rightarrow_{\boldsymbol{t}} (x, y) \,\varepsilon\, \mathfrak{B} \big) \tag{5.8.49}$$

für Durchschnitt und Inklusion. Der Vergleich von (5.8.48) mit (5.8.20) und von (5.8.49) mit (5.8.12) zeigt deutlich die Methode, wie bisher für unscharfe Mengen eingeführte Begriffsbildungen auf unscharfe Relationen übertragen werden können; er zeigt zugleich, weshalb es nicht nötig ist, zusätzlich zu den Beziehungen für Elemente aus $\mathcal{U}$ auch noch neue Symbole für die Elemente von $\mathcal{U} \times \mathcal{U}$ einzuführen. Verwenden wir im folgenden Begriffsbildungen bzgl. unscharfer Relationen, die explizit nur für unscharfe Mengen definiert worden sind, so ist immer diese Übertragungsmethode unterstellt.

Erste, einfache Beispiele unscharfer Relationen erhalten wir durch die Verallgemeinerung der Bildung des kartesischen Produkts von Mengen auf unscharfe Mengen. Für $A, B \in \mathbf{F}(\mathcal{U})$ definieren wir bezüglich beliebiger T-Normen $\boldsymbol{t}$:

$$A \times_{\boldsymbol{t}} B =_{\text{def}} [\![(x, y) \parallel x \varepsilon A \,\&_{\boldsymbol{t}}\, y \varepsilon B]\!], \tag{5.8.50}$$

setzen allerdings auch für die weiteren Behauptungen stets voraus, daß die dort auftretenden T-Normen residual seien – auch wenn diese Voraussetzung nicht immer notwendig ist. Natürlich werden für unscharfe kartesische Produkte eine große Zahl von Eigenschaften beweisbar. Wir erwähnen nur eine kleine Auswahl.

Satz 5.8.12. *Es seien A, B, C unscharfe Mengen und ebenso A_i, $i \in I$. Dann gelten*

(a) $\models A \subseteqq_{\boldsymbol{t}} B \rightarrow_{\boldsymbol{t}} A \times_{\boldsymbol{t}} C \subseteqq_{\boldsymbol{t}} B \times_{\boldsymbol{t}} C$,

(b) $\models A \equiv_{\boldsymbol{t}} B \rightarrow_{\boldsymbol{t}} A \times_{\boldsymbol{t}} C \equiv_{\boldsymbol{t}} B \times_{\boldsymbol{t}} C$,

(c) $\models A \times_{\boldsymbol{t}} B \equiv_{\boldsymbol{t}} \emptyset \leftrightarrow_{\boldsymbol{t}} A \equiv_{\boldsymbol{t}} \emptyset \vee_{\boldsymbol{t}} B \equiv_{\boldsymbol{t}} \emptyset$,

(d) $\models \bigcup_{i \in I} (A_i \times_{\boldsymbol{t}} B) \equiv_{\boldsymbol{t}} \bigcup_{i \in I} A_i \times_{\boldsymbol{t}} B$,

(e) $\models \bigcap_{i \in I} A_i \times_{\boldsymbol{t}} B \subseteqq_{\boldsymbol{t}} \bigcap_{i \in I} (A_i \times_{\boldsymbol{t}} B)$,

(f) *wenn $\boldsymbol{t}$ stetige T-Norm ist:*

$\models \bigcap_{i \in I} A_i \times_{\boldsymbol{t}} B \equiv_{\boldsymbol{t}} \bigcap_{i \in I} (A_i \times_{\boldsymbol{t}} B)$,

(g) *wenn* $\mathbf{t}$ *distributiv ist bezüglich der* T-*Norm* $\mathbf{t}'$:

$$A \times_{\mathbf{t}} (B \cap_{\mathbf{t}'} C) \equiv_{\mathbf{t}} (A \times_{\mathbf{t}} B) \cap_{\mathbf{t}'} (A \times_{\mathbf{t}} C).$$

Beweis. Ausgehend von den entsprechenden Definitionen und Voraussetzungen ergeben sich diese Behauptungen routinemäßig. Wir beweisen deswegen nur (c) und (g), die Beweise der restlichen Behauptungen möge der Leser selbst führen.

In Analogie zu Satz 5.8.4(a) gilt für unscharfe Relationen $\mathfrak{A}$ die Beziehung

$$\models \mathfrak{A} \equiv_{\mathbf{t}} \emptyset \leftrightarrow \forall x \forall y -_{\mathbf{t}} \big((x, y) \varepsilon \mathfrak{A}\big),$$

woraus sich folgende Abschätzung ergibt:

$$\begin{aligned}[A \times_{\mathbf{t}} B \equiv_{\mathbf{t}} \emptyset] &= [\forall x \forall y -_{\mathbf{t}} (x \varepsilon A \mathbin{\&_{\mathbf{t}}} y \varepsilon B)] \\ &= \big[\forall x \forall y\big(-_{\mathbf{t}}(x \varepsilon A) \vee_{\mathbf{t}} -_{\mathbf{t}} (y \varepsilon B)\big)\big] \\ &= \big[\big(\forall x -_{\mathbf{t}} (x \varepsilon A)\big) \vee_{\mathbf{t}} \big(\forall y -_{\mathbf{t}} (y \varepsilon B)\big)\big] \\ &= [A \equiv_{\mathbf{t}} \emptyset \vee_{\mathbf{t}} B \equiv_{\mathbf{t}} \emptyset].\end{aligned}$$

Damit ist (c) bewiesen. (g) ergibt sich entsprechend aus der Gleichungskette

$$\begin{aligned}A \times_{\mathbf{t}} (B \cap_{\mathbf{t}'} C) &= [\![(x, y) \parallel x \varepsilon A \mathbin{\&_{\mathbf{t}}} (y \varepsilon B \mathbin{\&_{\mathbf{t}'}} y \varepsilon C)]\!] \\ &= [\![(x, y) \parallel (x \varepsilon A \mathbin{\&_{\mathbf{t}}} y \varepsilon B) \mathbin{\&_{\mathbf{t}'}} (x \varepsilon A \mathbin{\&_{\mathbf{t}}} y \varepsilon C)]\!] \\ &= (A \times_{\mathbf{t}} B) \cap_{\mathbf{t}'} (A \times_{\mathbf{t}} C). \blacksquare\end{aligned}$$

Gewöhnliche Mengen von geordneten Paaren kann man sowohl als Relationen als auch als (mehrdeutige) Abbildungen auffassen. Es ist sogar gelegentlich vorteilhaft, eine gegebene Menge geordneter Paare teils wie eine Relation, teils wie eine Abbildung zu behandeln. In gleicher Weise kann man bei unscharfen Mengen von geordneten Paaren zwischen der relationentheoretischen und der abbildungstheoretischen Auffassung wechseln. Man kann unscharfe Relationen also auch als unscharfe Abbildungen auffassen. Tut man dies, dann ist man u. a. auch an der unscharfen Menge aller derjenigen „Bilder" interessiert, die einer gegebenen unscharfen Menge von „Urbildern" durch eine unscharfe Abbildung zugeordnet werden. Eine natürliche Verallgemeinerung der vollen Bilder der klassischen Mengenlehre ist es, für unscharfe Mengen A und unscharfe Relationen $\mathfrak{R}$ zu definieren:

$$\mathfrak{R}''A =_{\mathrm{def}} [\![y \parallel \exists x\big(x \varepsilon A \mathbin{\&_{\mathbf{t}}} (x, y) \varepsilon \mathfrak{R}\big)]\!]. \tag{5.8.51}$$

Mengentheoretische Eigenschaften solcher unscharfen vollen Bilder sind z. B. bei Gottwald [1986], [1986b] bewiesen und sollen hier weder abgeleitet noch formuliert werden. Erwähnen wollen wir aber die Tatsache, daß Gleichungssysteme der Form

$$\mathfrak{R}'' A_i = B_i\,, \qquad i = 1, \ldots, N\,, \tag{5.8.52}$$

bei denen A_i, B_i für $i = 1, \ldots, N$ gegebene unscharfe Mengen sind und eine unscharfe Relation $\mathfrak{R}$ als Lösung gesucht ist, bei Problemen des Entwurfs und der Bewertung sogenannter unscharfer Regler auftreten. Unscharfe Regler sind – in technisch realisierter Form – im allgemeinen auf mikroelektronischer Basis (automatisch oder im Dialogbetrieb) arbeitende Geräte zur Steuerung bzw. Kontrolle komplexer Systeme bzw. komplizierter Prozesse, etwa in der chemischen Industrie,[24] die ein vorgegebenes System von Kontrollregeln realisieren. Die Kontrollregeln sind dabei als umgangssprachlich formuliert und vage Begriffe wesentlich benutzend vorzustellen. Nehmen wir z. B. an, daß ein zu regelnder Prozeß nur über eine Meßgröße und auch nur über eine Steuergröße verfüge. Für einen zu konstruierenden unscharfen Regler liefere die Meßgröße den Input und entspreche sein Output der Steuergröße. Die verfügbare Prozeßinformation liege so vor, daß sie für die Inputvariable α und die Outputvariable β des Reglers dargestellt werden kann durch Aussagen der Form

$$\text{wenn} \quad \text{Wert}(\alpha) = A_i, \quad \text{so} \quad \text{Wert}(\beta) = B_i \tag{5.8.53}$$

für $i = 1, .., N$. Dabei sollen α, β sog. *linguistische Variable* sein, d. h. Variable, deren Werte unscharfe Mengen über geeigneten Grundbereichen sind – und die die Eigenschaften haben, daß jene Werte in anschaulich naheliegender Weise durch umgangssprachliche Worte benannt werden können. Ist etwa α die Variable TEMPERATUR, so können die Werte über einer als Grundbereich dienenden Temperaturskala als „hoch", „niedrig", „sehr niedrig", „nicht sehr hoch" etc. benannt werden.

Formal wird ein unscharfer Regler durch eine unscharfe Relation $\mathfrak{R}$ dargestellt, die genau dann das System (5.8.53) von Kontrollregeln realisiert, wenn $\mathfrak{R}$ jeden Inputwert A_i in den zugehörigen Outputwert B_i transformiert. Als Transformationsmechanismus dient dabei der Übergang von einer unscharfen Menge A zu ihrem unscharfen vollen Bild (5.8.51). Die Frage nach der Existenz eines „unscharfen Reglers" $\mathfrak{R}$, der das Kontrollregelsystem (5.8.53) realisiert, wird damit zur Frage nach der Existenz einer Lösung des Gleichungssystems (5.8.52) – bzw. zur Frage nach einer Näherungslösung von (5.8.52), wenn man mit einem

---

[24] Weitergehende Informationen zu Anwendungsfragen unscharfer Regler geben u. a. LARSEN [1980], HOLMBLAD/ØSTERGAARD [1982], TONG/BECK/LATTEN [1980], KING [1982] und SUGENO/NISHIDA [1985].

Regler zufrieden ist, der die Kontrollregeln (5.8.53) nur näherungsweise realisiert. Unser in Satz 5.8.8 und Satz 5.8.11 gegebenes (verallgemeinertes) Lösbarkeitskriterium für Gleichungssysteme der Art (5.8.45) kann sinngemäß auf Gleichungssysteme der Art (5.8.52) übertragen werden. Um das Ergebnis formulieren zu können, muß noch eine von der Bildung des unscharfen kartesischen Produktes verschiedene, ihr jedoch völlig analoge Bildung unscharfer Relationen aus unscharfen Mengen definiert werden. Wir setzen

$$A \otimes_{\boldsymbol{t}} B =_{\text{def}} [\![(x, y) \parallel x \varepsilon A \rightarrow_{\boldsymbol{t}} y \varepsilon B]\!]$$

für beliebige $A, B \in \mathbf{F}(\mathcal{U})$ und residuale T-Normen $\boldsymbol{t}$. Nun gilt

Satz 5.8.13. *Es seien $A_i, B_i \in \mathbf{F}(\mathcal{U})$ für jedes $i = 1, \ldots, N$. Dann gelten*

$$\models \left(\exists\, \mathfrak{R} \prod_{i=1}^{N}{}^{(\boldsymbol{t})} (\mathfrak{R}'' A_i \equiv_{\boldsymbol{t}} B_i)\right)^{N} \rightarrow_{\boldsymbol{t}} \prod_{i=1}^{N}{}^{(\boldsymbol{t})} \left(\left(\bigcap_{j=1}^{N} A_j \otimes_{\boldsymbol{t}} B_j\right)'' A_i \equiv_{\boldsymbol{t}} B_i\right)$$

und auch

$$\models \prod_{i=1}^{N}{}^{(\boldsymbol{t})} \left(\left(\bigcap_{j=1}^{N} A_j \otimes_{\boldsymbol{t}} B_j\right)'' A_i \equiv_{\boldsymbol{t}} B_i\right) \rightarrow_{\boldsymbol{t}} \exists\, \mathfrak{R} \prod_{i=1}^{N}{}^{(\boldsymbol{t})} (\mathfrak{R}'' A_i \equiv_{\boldsymbol{t}} B_i).$$

Beweis. Vgl. GOTTWALD [1986]. ∎

Analoga der aus Satz 5.8.8 abgeleiteten weiteren Resultate, d. h. von Folgerung 5.8.9, 5.8.10 und Satz 5.8.11 können nun aus Satz 5.8.13 ebenfalls gewonnen werden. Für diese und weitere Resultate sowie für ihre direkte Anwendung auf Probleme des Entwurfs und der Bewertung unscharfer Regler verweisen wir auf GOTTWALD [1986], [1986a] sowie GOTTWALD/PEDRYCZ [1985], [1986].

Relationentheorie zu betreiben heißt jedenfalls auch, spezielle Relationseigenschaften und spezielle Klassen von Relationen detailliert zu untersuchen. Dem Charakter dieses Abschnittes entsprechend wollen wir nur beispielhaft andeuten, wie dies im Rahmen unseres mehrwertigen Systems **L** für unscharfe Relationen geschehen kann. Weiterführende Resultate enthält z. B. GOTTWALD [1986b]. Relationseigenschaften lassen sich sowohl – die Ausdrucksfähigkeit von **L** übersteigend – mit metasprachlichen Mitteln einführen, etwa in der Form:

$$\mathfrak{R} \text{ transitiv} =_{\text{def}} \models \forall x \forall y \forall z\big((x, y)\, \varepsilon \mathfrak{R} \,\&_{\boldsymbol{t}}\, (y, z)\, \varepsilon \mathfrak{R} \rightarrow_{\boldsymbol{t}} (x, z)\, \varepsilon \mathfrak{R}\big),$$

als auch objektsprachlich als mehrwertige Prädikate innerhalb **L**, etwa die Transitivität dann als das Prädikat

$$\text{Trans}_{\boldsymbol{t}}(\mathfrak{R}) =_{\text{def}} \forall x \forall y \forall z\big((x, y)\, \varepsilon\, \mathfrak{R} \,\&_{\boldsymbol{t}}\, (y, z)\, \varepsilon\, \mathfrak{R} \rightarrow_{\boldsymbol{t}} (x, z)\, \varepsilon\, \mathfrak{R}\big).$$

Neben Anordnungsrelationen sind es vor allem Äquivalenzrelationen, denen aus theoretischen und anwendungsorientierten Interessen besondere Bedeutung zukommt. Wir werden deswegen unscharfe Äquivalenzrelationen definieren, damit Ansätze von KLAUA [1970] und ZADEH [1971] verallgemeinern und einige grundlegende Eigenschaften beweisen.

Zunächst ist der verallgemeinerte Begriff der unscharfen Äquivalenzrelation zu erklären. Dazu seien mehrwertige Prädikate Refl und Symm_t, die die gewohnten Eigenschaften der Reflexivität bzw. der Symmetrie mehrwertig verallgemeinern, definiert als:

$$\mathrm{Refl}(\mathfrak{R}) =_{\mathrm{def}} \forall\, x\big((x, x)\ \varepsilon\ \mathfrak{R}\big),$$
$$\mathrm{Symm}_t(\mathfrak{R}) =_{\mathrm{def}} \forall\, x\, \forall\, y\big((x, y)\ \varepsilon\ \mathfrak{R} \rightarrow_t (y, x)\ \varepsilon\ \mathfrak{R}\big).$$

Damit führen wir für beliebige $\mathfrak{R} \varepsilon \mathbf{F}(\mathcal{U} \times \mathcal{U})$ ein weiteres mehrwertiges Prädikat ein:

$$\mathrm{Äqrel}_t(\mathfrak{R}) =_{\mathrm{def}} \mathrm{Refl}(\mathfrak{R})\ \&_t\ \mathrm{Trans}_t(\mathfrak{R})\ \&_t\ \mathrm{Symm}_t(\mathfrak{R})$$

und legen mit seiner Hilfe fest:

$$\mathfrak{R} \text{ unscharfe Äquivalenzrelation (bezüglich } \boldsymbol{t}) =_{\mathrm{def}} \models \mathrm{Äqrel}_t(\mathfrak{R}).$$

Für derartige unscharfe Äquivalenzrelationen $\mathfrak{R}$ und beliebige $a \in \mathcal{U}$ sei die $\mathfrak{R}$-Äquivalenzklasse von a die unscharfe Menge

$$\langle a \rangle_{\mathfrak{R}} =_{\mathrm{def}} [\![x \parallel (a, x)\ \varepsilon \mathfrak{R}]\!] \tag{5.8.54}$$

über $\mathcal{U}$.

Satz 5.8.14. *Für jede unscharfe Äquivalenzrelation $\mathfrak{R} \in \mathbf{F}(\mathcal{U} \times \mathcal{U})$ bezüglich der residualen* T-*Norm $\boldsymbol{t}$ und beliebige $a, b \in \mathcal{U}$ gelten:*

(a) $\models a \varepsilon \langle a \rangle_{\mathfrak{R}}$,

(b) $\models b \varepsilon \langle a \rangle_{\mathfrak{R}} \leftrightarrow_t (a, b)\ \varepsilon\ \mathfrak{R}$,

(c) $\models \exists\, x(x\ \varepsilon\ \langle a \rangle_{\mathfrak{R}} \cap_t \langle b \rangle_{\mathfrak{R}}) \leftrightarrow_t (a, b)\ \varepsilon\ \mathfrak{R}$,

(d) $\models \langle a \rangle_{\mathfrak{R}} \equiv_t \langle b \rangle_{\mathfrak{R}} \leftrightarrow_t (a, b)\ \varepsilon\ \mathfrak{R}$.

Beweis. Wegen $\models \mathrm{Refl}(\mathfrak{R})$ folgt (a) direkt aus (5.8.54); (b) ist nur eine andere Aufschreibung von Definition (5.8.54). Aus (a) und (b) folgt sofort

$$\models (a, b)\ \varepsilon\ \mathfrak{R} \rightarrow_t b\ \varepsilon\ \langle a \rangle_{\mathfrak{R}} \cap_t \langle b \rangle_{\mathfrak{R}}$$

und damit als Teil der Behauptung (c) bereits

$$\models (a, b)\ \varepsilon\ \mathfrak{R} \rightarrow_t \exists\, x(x\ \varepsilon\ \langle a \rangle_{\mathfrak{R}} \cap_t \langle b \rangle_{\mathfrak{R}}). \tag{5.8.55}$$

Andererseits ergibt Definition (5.8.54) unmittelbar für beliebiges $x \in \mathcal{U}$:

$$\models x \,\varepsilon\, \langle a \rangle_{\mathfrak{R}} \cap_t \langle b \rangle_{\mathfrak{R}} \to_t (a, x) \,\varepsilon\, \mathfrak{R} \,\&_t\, (b, x) \,\varepsilon\, \mathfrak{R},$$

woraus mit $\models \mathrm{Symm}_t(\mathfrak{R})$ und $\models \mathrm{Trans}_t(\mathfrak{R})$ „in gewohnter Weise"

$$\models x \,\varepsilon\, \langle a \rangle_{\mathfrak{R}} \cap_t \langle b \rangle_{\mathfrak{R}} \to_t (a, b) \,\varepsilon\, \mathfrak{R}$$

folgt. Generalisierung und (**T*43**) liefern nun

$$\models \exists\, x(x \,\varepsilon\, \langle a \rangle_{\mathfrak{R}} \cap_t \langle b \rangle_{\mathfrak{R}}) \to_t (a, b) \,\varepsilon\, \mathfrak{R},$$

was zusammen mit (5.8.55) gerade (c) ergibt. Schließlich folgert man

$$\models \langle a \rangle_{\mathfrak{R}} \equiv_t \langle b \rangle_{\mathfrak{R}} \to_t \big((a, a) \,\varepsilon\, \mathfrak{R} \leftrightarrow_t (a, b) \,\varepsilon\, \mathfrak{R}\big)$$

aus (5.8.13) und (b), findet also wegen $\models \mathrm{Refl}(\mathfrak{R})$ und Hilfssatz **3.6.3**(d)

$$\models \langle a \rangle_{\mathfrak{R}} \equiv_t \langle b \rangle_{\mathfrak{R}} \to_t (a, b) \,\varepsilon\, \mathfrak{R}. \tag{5.8.56}$$

Satz **3.6.4**(a) sowie $\models \mathrm{Trans}_t(\mathfrak{R})$ und $\models \mathrm{Symm}_t(\mathfrak{R})$ ergeben zusammen die Behauptungen

$$\models (a, b) \,\varepsilon\, \mathfrak{R} \to_t \big((a, x) \,\varepsilon\, \mathfrak{R} \to_t (b, x) \,\varepsilon\, \mathfrak{R}\big),$$

$$\models (a, b) \,\varepsilon\, \mathfrak{R} \to_t \big((b, x) \,\varepsilon\, \mathfrak{R} \to_t (a, x) \,\varepsilon\, \mathfrak{R}\big),$$

und (3.6.2) erlaubt, auf

$$\models (a, b) \,\varepsilon\, \mathfrak{R} \to_t \big((a, x) \,\varepsilon\, \mathfrak{R} \to_t (b, x) \,\varepsilon\, \mathfrak{R}\big) \wedge \big((b, x) \,\varepsilon\, \mathfrak{R} \to_t (a, x) \,\varepsilon\, \mathfrak{R}\big)$$

zu schließen. Da die Quasiwahrheitswertmenge $\mathcal{W}_\infty$ linear geordnet ist, da Hilfssatz **3.6.3**(b) gilt und die betrachtete T-Norm $\boldsymbol{t}$ die Eigenschaft (T1) hat, gilt aussagenlogisch

$$\models \big((H \to_t G) \wedge (G \to_t H)\big) \leftrightarrow_t \big((H \to_t G) \,\&_t\, (G \to_t H)\big)$$

für beliebige **L**-Ausdrücke H, G und also insbesondere nun

$$\models (a, b) \,\varepsilon\, \mathfrak{R} \to_t \big((a, x) \,\varepsilon\, \mathfrak{R} \leftrightarrow_t (b, x) \,\varepsilon\, \mathfrak{R}\big).$$

Generalisierung und Anwendung von (**T*44**) führt zu

$$\models (a, b) \,\varepsilon\, \mathfrak{R} \to_t \langle a \rangle_{\mathfrak{R}} \equiv_t \langle b \rangle_{\mathfrak{R}}$$

und also zusammen mit (5.8.56) zu (d). ∎

Es ist jedoch nicht nur formal möglich, unscharfen Äquivalenzrelationen in geeigneter Weise Äquivalenzklassen derart zuzuordnen, daß dafür mehrwertige Analoga der wesentlichsten Beziehungen zwischen Restklassen gewöhnlicher Äquivalenzrelationen gelten. Es besteht auch für unscharfe Äquivalenzrelationen ein enger Zusammenhang mit Zerlegungen

— und zwar mit verallgemeinerten Zerlegungen des Grundbereiches $\mathcal{U}$, deren Zerlegungsklassen sich in gewissem (von der betrachteten T-Norm $\boldsymbol{t}$ abhängendem) Maße überlappen dürfen. Um solche Zerlegungen erklären zu können, benötigen wir noch eine Kodierung von $\mathcal{U}$ in $\mathbf{F}(\mathcal{U})$. Es sei

$$U =_{\text{def}} [\![x \parallel x \doteq x]\!].$$

Zu gegebener residualer T-Norm $\boldsymbol{t}$ sei eine *$\boldsymbol{t}$-schwache Zerlegung* von U solch eine — gewöhnliche — Menge $\mathfrak{Z}$ unscharfer Teilmengen von $\mathcal{U}$, für die

$$(\mathrm{Z}_t1) \qquad \models \bigcup_{A \in \mathfrak{Z}} A \equiv_t U$$

gilt und für beliebige $A, B \in \mathfrak{Z}$ außerdem

$$(\mathrm{Z}_t2) \qquad \models \exists\, x(x \,\varepsilon\, A \cap_t B) \rightarrow_t A \equiv_t B.$$

Satz 5.8.15. (a) *Ist $\mathfrak{R}$ eine unscharfe Äquivalenzrelation bezüglich $\boldsymbol{t}$, so ist die Menge $\mathfrak{Z}_{\mathfrak{R}} = \{\langle a \rangle_{\mathfrak{R}} \mid a \in \mathcal{U}\}$ aller $\mathfrak{R}$-Äquivalenzklassen eine $\boldsymbol{t}$-schwache Zerlegung von U.*

(b) *Ist $\mathfrak{Z}$ eine $\boldsymbol{t}$-schwache Zerlegung von U, so ist die unscharfe Relation*

$$\mathfrak{R}_{\mathfrak{Z}} = [\![(a, b) \parallel \bigvee_{A \in \mathfrak{Z}} \bigvee_{B \in \mathfrak{Z}} (a \varepsilon A \,\&_t\, b \varepsilon B \,\&_t\, A \equiv_t B)]\!]$$

eine unscharfe Äquivalenzrelation bezüglich $\boldsymbol{t}$.

Beweis. (a) Aus Satz 5.8.14 (a) folgt $\models (a \,\varepsilon\, \langle a \rangle_{\mathfrak{R}} \cap_t \langle a \rangle_{\mathfrak{R}})$ und daraus direkt die Eigenschaft (Z_t1) für $\mathfrak{Z}_{\mathfrak{R}}$. Die Eigenschaft (Z_t2) ist unmittelbare Folgerung aus Satz 5.8.14 (b), (c).

(b) Offensichtlich gelten $\models \mathrm{Refl}(\mathfrak{R}_{\mathfrak{Z}})$ und $\models \mathrm{Symm}_t(\mathfrak{R}_{\mathfrak{Z}})$, so daß nur die Transitivitätseigenschaft $\models \mathrm{Trans}_t(\mathfrak{R}_{\mathfrak{Z}})$ zu zeigen bleibt. Dazu schätzen wir für beliebige $a, b, c \in \mathcal{U}$ den Quasiwahrheitswert $[(a, b)\, \varepsilon \mathfrak{R}_{\mathfrak{Z}} \,\&_t\, (b, c)\, \varepsilon \mathfrak{R}_{\mathfrak{Z}}]$ ab. Es ist

$$[(a, b)\, \varepsilon\, \mathfrak{R}_{\mathfrak{Z}} \,\&_t\, (b, c)\, \varepsilon\, \mathfrak{R}_{\mathfrak{Z}}]$$
$$= \Big[\bigvee_{A, B, C, D \in \mathfrak{Z}} (a \varepsilon A \,\&_t\, b \varepsilon B \,\&_t\, A \equiv B \,\&_t\, b \varepsilon D \,\&_t\, c \varepsilon C \,\&_t\, D \equiv_t C) \Big]$$

nach Wahl von $\mathfrak{R}_{\mathfrak{Z}}$. Eigenschaft (Z_t2) gibt

$$[b \varepsilon B \,\&_t\, b \varepsilon D] \leq [B \equiv_t D],$$

was zusammen mit

$$[A \equiv_t B \,\&_t\, B \equiv_t D \,\&_t\, D \equiv_t C] \leq [A \equiv_t C]$$

leicht zur Beziehung

$$[(a, b) \,\varepsilon\, \Re_3 \,\&_t\, (b, c) \,\varepsilon\, \Re_3] \leq \Big[\bigvee_{A, C \in \mathfrak{Z}} (a \varepsilon A \,\&_t\, c \varepsilon C \,\&_t\, A \equiv_t C)\Big] = [(a, c) \,\varepsilon\, \Re_3]$$

führt, die $\models \mathrm{Trans}_t(\Re_3)$ beweist. ∎

Es ist die Bedingung $(Z_t 2)$, die für T-Normen $\boldsymbol{t} \neq \mathrm{et}_1$ selbst im Falle $[A \equiv_t B] = 0$ Überlappung von A und B in dem Sinne zuläßt, daß für ein $a \in \mathcal{U}$ sowohl $[a \varepsilon A] \neq 0$ als auch $[a \varepsilon B] \neq 0$ gestattet sind; für $\boldsymbol{t} = \mathrm{et}_2$ ist beispielsweise $[\exists\, x(x \,\varepsilon\, A \cap_{\min} B)] \leq 1/2$ mit $(Z_{\mathrm{et}_2} 2)$ verträglich. Diese Eigenschaft der Äquivalenzklassen unscharfer Äquivalenzrelationen ist es, die derartige Relationen z. B. für unscharfe Methoden automatischer Klassifikation bzw. auch der Gestalterkennung interessant macht (vgl. Dubois/Prade [1980]). Darauf, auf andere anwendungsorientierte Erweiterungen der in diesem Abschnitt 5.8 diskutierten theoretischen Resultate und auf jenen beruhende reale Anwendungen, etwa in der medizinischen Diagnostik, der automatischen Prozeßsteuerung oder der Entwicklung computergestützter Methoden der Entscheidungsfindung, kann hier nicht näher eingegangen werden; dies muß Gegenstand gesonderter Darstellungen sein. Der interessierte Leser kann dafür die Zeitschrift FUZZY SETS AND SYSTEMS konsultieren sowie neben Dubois/Prade [1980] etwa Schmucker [1984], Goodman/Nguyen [1985], Bandemer/Gottwald [1989], Zimmermann [1985], aber u. a. auch die Sammelbände Zimmermann/Zadeh/Gaines [1984], Gupta/Kandel/Bandler/Kiszka [1985], Sugeno [1985], Bocklisch/Orlovski/Peschel/Nishiwaki [1986], Di Nola/Ventre [1986].

5.9. Zwei außergewöhnliche Verallgemeinerungen

In unserem vorangehenden Abschnitt 5.8 wurde die mehrwertige Logik benutzt zur Darstellung der Theorie der unscharfen Mengen, die sich dabei wesentlich als eine Verallgemeinerung der gewöhnlichen Mengentheorie zu einer Theorie „mehrwertiger Mengen“ erwies, und zwar als eine Verallgemeinerung, die wegen ihrer Anwendungen ihren eigenständigen Wert neben der in Abschnitt 5.6 erörterten „Booleschwertigen Mengentheorie“ hat. Hier sollen zwei Ansätze diskutiert werden, bei denen die grundlegenden inhaltlichen Vorstellungen der Theorie der unscharfen Mengen ihrerseits angewendet werden entweder direkt auf die mehrwertige Logik oder zur ansatzweisen Modellierung des umgangssprachlichen, oft nicht völlig präzisen „Schlußfolgerns“. Beide Ansätze stellen außergewöhnliche Verallgemeinerungen der wesentlichsten Beziehung in der Logik, der Folgerungsbeziehung dar; beide Ansätze sind konsequente

Weiterentwicklungen bewährter und erfolgreicher Ideen; beide Ansätze bedürfen aber noch kritischer Diskussion zur Prüfung ihrer Bedeutung.[25] Diese Diskussion soll und kann hier nicht geleistet werden. Als Voraussetzung benötigt sie jedoch die Kenntnis dieser Ansätze und ihrer Einbettung in umfassendere Theorien. Gerade diese Einbettung ist mit den Darstellungen im Abschnitt 5.8 weitgehend gegeben, weswegen die Darstellung der grundlegenden Ideen jener Ansätze nun leicht möglich ist.

5.9.1. *Unscharfe Folgerungsbeziehung*

Der jetzt zu besprechende Ansatz ist bei Pavelka [1979] ausgeführt und kann teilweise auf Ideen von Goguen [1968–69] zurückgeführt werden. Seine zentrale Idee ist, die Folgerungsbeziehung eines mehrwertigen logischen Systems **S**, d. h. die Beziehung zwischen Mengen Σ von **S**-Ausdrücken und ihren gemäß (2.2.7) bzw. (4.2.15) erklärten Folgerungsmengen, zu verallgemeinern zu einer Beziehung zwischen unscharfen Mengen von **S**-Ausdrücken. Als Menge der verallgemeinerten Enthaltenseinswerte für die unscharfen Mengen von **S**-Ausdrücken, die bei diesem Ansatz betrachtet werden, dient die Menge der Quasiwahrheitswerte des mehrwertigen Systems **S**. Hauptproblem ist zunächst, eine auf semantischen Begriffsbildungen basierende Definition der angestrebten verallgemeinerten Folgerungsbeziehung zu geben. Pavelka [1979] leistet dies für den aussagenlogischen Fall, Novák [1987] für den prädikatenlogischen.

Es sei, ähnlich wie in Abschnitt 5.8, **L** ein eventuell geeignet um zusätzliche Junktoren erweitertes, endlich- oder unendlichwertiges aussagenlogisches Łukasiwieczsches System,[26] $\mathcal{W}$ die Menge seiner Quasiwahrheitswerte und $\mathrm{FOR}_{\mathbf{L}}$ die Menge aller **L**-Ausdrücke. Jeder Variablenbelegung $\beta : \boldsymbol{V}_0 \to \mathcal{W}$ ordnen wir die unscharfe Menge T_β über $\mathrm{FOR}_{\mathbf{L}}$ zu, für die für jedes $H \in \mathrm{FOR}_{\mathbf{L}}$ gilt:

$$[H \varepsilon T_\beta] =_{\mathrm{def}} \mathrm{Wert}^{\mathbf{L}}(H, \beta).$$

Ist dann $\Sigma \in \mathbf{F}(\mathrm{FOR}_{\mathbf{L}})$ eine unscharfe Menge von **L**-Ausdrücken, so wird die (verallgemeinerte) Folgerungsmenge $\mathrm{Fl}^*(\Sigma)$ erklärt als Durch-

---

[25] Beide Ansätze übrigens werden in der englischsprachigen Literatur unter dem (mehrdeutigen) Titel „fuzzy logic" abgehandelt.

[26] Obwohl Pavelka [1979] zunächst allgemeinere Quasiwahrheitswertstrukturen voraussetzt, kann er seine wesentlichen Resultate doch nur für diesen speziellen Fall mehrwertiger logischer Systeme beweisen. Wir beschränken uns deshalb von Anfang an auf diese Systeme.

schnitt geeigneter unscharfer Mengen T_β; und zwar ist für $I(\Sigma) = \{\beta \mid \beta: \boldsymbol{V}_0 \to \mathscr{W} \text{ und } \models \Sigma \subseteqq T_\beta\}$:

$$\mathrm{Fl}^*(\Sigma) =_{\mathrm{def}} \bigcap_{\beta \in I(\Sigma)} T_\beta. \tag{5.9.1}$$

Einer der Hauptpunkte bei der Untersuchung der Folgerungsbeziehung eines logischen Systems ist das Problem ihrer formalen, d. h. syntaktischen Darstellung als Ableitungsbeziehung eines geeigneten Kalküls. Um die durch (5.9.1) erklärte verallgemeinerte Folgerungsbeziehung syntaktisch darstellen zu können, benötigt man entsprechend einen verallgemeinerten Ableitungsbegriff, um Ausdrücke $H \in \mathrm{FOR}_{\mathsf{L}}$ mit einem gewissen „Grad" ableiten zu können. Ableitungen bleiben wie gewohnt endliche Folgen von L-Ausdrücken. Die entscheidende neue Idee ist, jedem Ausdruck solch einer Ableitung aus einer unscharfen Menge $\Sigma \in \mathbf{F}(\mathrm{FOR}_{\mathsf{L}})$ einen „Grad", d. h. einen Quasiwahrheitswert zuzuordnen. Ist $H \in \mathrm{supp}\,(\Sigma)$, also Element des Trägers von Σ, so tritt H in jeder Ableitung aus Σ mit dem Grade $[H \varepsilon \Sigma]$ auf. Tritt H in einer Ableitung aus Σ als Ergebnis der Anwendung einer Ableitungsregel auf vorhergehende Ausdrücke $H_1, \ldots, H_n$ dieser Ableitung auf, so muß die entsprechende Ableitungsregel neben H auch den Grad des Auftretens von H in jener Ableitung liefern – und zwar im allgemeinen als Funktion der Grade des Auftretens der Prämissen $H_1, \ldots, H_n$. Die Ableitungsregeln des zur Darstellung von Fl* dienenden Ableitungskalküls müssen also einerseits den Übergang von gewissen L-Ausdrücken $H_1, \ldots, H_n$, ihren Prämissen, zu einer Konklusion $H \in \mathrm{FOR}_{\mathsf{L}}$ gestatten und andererseits mit diesen Prämissen verbundenen Quasiwahrheitswerten $u_1, \ldots, u_n$ einen mit der Konklusion verbundenen Quasiwahrheitswert u zuordnen. Deswegen notiert Pavelka [1979] eine solche Ableitungsregel in der Form

$$\frac{H_1, \ldots, H_n}{H} \left(\frac{u_1, \ldots, u_n}{u} \right).$$

Als konkretes Beispiel möge die verallgemeinerte Form der Abtrennungsregel (**MP**) bezüglich der Łukasiewiczschen Implikation $\to_{\text{Ł}}$ dienen. Grundlage für die Korrektheit dieser Regel ist die in den Łukasiewiczschen Systemen stets bestehende Gültigkeit von

$$\models_{\text{Ł}} H_1 \,\&\, (H_1 \to_{\text{Ł}} H_2) \to_{\text{Ł}} H_2.$$

Da für jeden L-Ausdruck H der Grad des Auftretens in einer Ableitung aus Σ als – vorausgesetzter oder aus gewissen Voraussetzungen resultierender – Gültigkeitswert von H verstanden werden soll,[27] erhält (**MP**)

[27] Für $H \in \mathrm{supp}(\Sigma)$ ist hier $[H \varepsilon \Sigma]$ der vorausgesetzte Gültigkeitswert von H.

nun die verallgemeinerte Form

$$\frac{H_1, H_1 \to_{\text{Ł}} H_2}{H_2} \left(\frac{u, v}{\mathrm{et}_2(u, v)}\right).$$

Unter der *Ableitungsmenge* von $\Sigma \in \mathbf{F}(\mathrm{FOR}_{\mathsf{L}})$ wird dann diejenige unscharfe Menge $\mathrm{Abl}(\Sigma) \in \mathbf{F}(\mathrm{FOR}_{\mathsf{L}})$ verstanden, für die zu jedem $H \in \mathrm{FOR}_{\mathsf{L}}$ der Enthaltenseinswert $[H \varepsilon \mathrm{Abl}(\Sigma)]$ das Supremum aller „Gültigkeitswerte", d. h. aller Auftretensgrade von H in Ableitungen von H aus Σ ist.

Hauptergebnis von PAVELKA [1979] ist der Beweis der adäquaten Axiomatisierbarkeit der durch (5.9.1) festgelegten verallgemeinerten Folgerungsbeziehung, und zwar genau für die oben zugelassenen Quasiwahrheitswertmengen $\mathscr{W}_M$, $\mathscr{W}_\infty$. Er gibt eine – bei $\mathscr{W} = \mathscr{W}_M$ endliche und bei $\mathscr{W} = \mathscr{W}_\infty$ unendliche – Menge $\boldsymbol{R}$ derartiger verallgemeinerter Ableitungsregeln und eine unscharfe Menge Σ_0 von (logischen) Axiomen an, so daß für den durch Σ_0 und $\boldsymbol{R}$ konstituierten Ableitungskalkül der Vollständigkeitssatz in der verschärften Form des Hauptsatzes der Folgerungsbeziehung – d. h. als Analogon von Satz 2.6.3 – gilt.

Die Ausdehnung der Untersuchungen auf prädikatenlogische Systeme L obiger Art verlangt neben einer Präzisierung der prädikatenlogischen Sprache vor allem die Angabe einer geeigneten Klasse von Interpretationen, mit deren Hilfe die Verallgemeinerung der Folgerungsbeziehung auf den Fall unscharfer Folgerungsmengen (3.6.17) von unscharfen Mengen von L-Ausdrücken geleistet wird. NOVÁK [1987] nimmt – PAVELKA folgend – L als Erweiterung von Ł_ν, wobei neben zusätzlichen Junktoren auch zusätzliche Quantoren erlaubt sind, und wobei anders als in Abschnitt 4.5 auch Operationssymbole zur Sprache gehören dürfen. $\mathrm{FOR}_{\mathsf{L}}$ sei wieder die Menge aller L-Ausdrücke. Die Interpretationen für L unterscheiden sich von den bereits in Abschnitt 4.2 betrachteten Interpretationen nur dadurch, daß sie auch den Operationssymbolen jeweils eine Bedeutung zuschreiben müssen. Dazu wird vorausgesetzt, daß die Operationssymbole von L je einen Index tragen, der als Konstante für eine unscharfe Menge von Individuen, also als Konstante für eine unscharfe Teilmenge des Grundbereiches der jeweiligen Interpretation dient. Einem solchen (k-stelligen) Operationssymbol f entspricht dann in einer Interpretation $\mathfrak{A}$ ein Paar $(\mathsf{f}_{\mathfrak{A}}, G)$, bestehend aus einer ($k$-stelligen) Operation $\mathsf{f}_{\mathfrak{A}}$ in $|\mathfrak{A}|$ und einer unscharfen Teilmenge G von $|\mathfrak{A}|$, für das

$$\models \forall x_1 \ldots \forall x_k \left(\bigwedge_{i=1}^{k} (x_i \varepsilon G) \to_{\text{Ł}} \mathsf{f}_{\mathfrak{A}}(x_1, \ldots, x_k)\, \varepsilon\, G \right)$$

gilt. Jeder Interpretation $\mathfrak{A}$ und jeder Variablenbelegung $f: \boldsymbol{V} \to |\mathfrak{A}|$ kann dann wieder eine unscharfe Menge $T_{\mathfrak{A},f}$ von **L**-Ausdrücken zugeordnet werden durch die Festlegung

$$[H\varepsilon T_{\mathfrak{A},f}] =_{\mathrm{def}} \mathrm{Wert}_{\mathfrak{A}}^{\mathbf{L}}(H, f).$$

Ist nun $\Sigma \in \mathbf{F}(\mathrm{FOR}_{\mathbf{L}})$, so sei $J(\Sigma) = \{(\mathfrak{A}, f) \mid \mathfrak{A}$ Interpretation, $f: \boldsymbol{V} \to |\mathfrak{A}|$ und $\models \Sigma \subseteqq T_{\mathfrak{A},f}\}$. Analog zu (5.9.1) wird die verallgemeinerte Folgerungsmenge $\mathrm{Flg}^*(\Sigma)$ nun erklärt als

$$\mathrm{Flg}^*(\Sigma) =_{\mathrm{def}} \bigcap_{(\mathfrak{A},f)\in J(\Sigma)} T_{\mathfrak{A},f}. \qquad (5.9.2)$$

Die syntaktische Charakterisierung der verallgemeinerten Folgerungsbeziehung (5.9.2) folgt dem von Pavelka für den aussagenlogischen Fall vorgezeichneten Weg. Als Ergebnis erhält Novák [1987] auch für die prädikatenlogischen Systeme **L** einen verschärften Vollständigkeitssatz in der Form des Hauptsatzes der Folgerungsbeziehung.

5.9.2 *Approximatives Schließen*

Entspringt somit die erste der hier diskutierten beiden außergewöhnlichen Verallgemeinerungen überwiegend rein theoretischen Fragestellungen, entstand die zweite – die Entwicklung von Prinzipien und die Anwendung sogenannten „approximativen Schließens" – aus unmittelbaren Anwendungsbedürfnissen. Zunächst mag schon die Begriffsbildung *approximatives Schließen* dem Logiker als eine contradictio in adjecto erscheinen: Erwartet man doch vom logischen Schließen, daß es klare, präzise und keineswegs nur „approximative" Resultate liefert. Daß diese Begriffsbildung aber trotzdem in den letzten Jahren zu einem terminus technicus geworden ist, spiegelt Entwicklungen im Grenzbereich von Logik, Automatisierungstechnik, Informatik und Heuristik wider – Entwicklungen, die angeregt wurden von systemtheoretischen Untersuchungen im Umfeld der Konstruktion und des Einsatzes der modernen Computer, und die ihrerseits rückwirken können auf diese Konstruktion und vor allem neue Anwendungsgebiete erschließen helfen sollen. Und zwar in erster Linie Anwendungsgebiete, die oft auch in den Bereich der „künstlichen Intelligenz" – dieses Wort hier rein als terminus technicus verwendet – gerechnet werden und eng verbunden sind mit einer wesentlichen Hinwendung zu Effekten der natürlichen Sprache, die bisher der logischen Analyse noch nicht zugänglich gewesen sind.

Es ist wissenschaftsgeschichtlich keine ungewöhnliche Situation, daß Neuheit und Neuartigkeit derartiger Untersuchungen bewirken, daß viele Begriffe und Methoden eines solchen neu entstehenden Gebietes noch durchaus heuristisch-intuitiv verstanden werden, daß das Gebiet aus der Sicht der exakten Wissenschaften also methodisch-begrifflich noch weitgehend in statu nascendi ist. So ist die Lage auch derzeit im Bereich der Untersuchungen, auf die sich die Benennung „approximatives Schließen" bezieht und die in englischsprachigen Publikationen auch als „fuzzy logic" bezeichnet werden. Trotzdem zeigen sich schon Ansätze, Methoden, auch begriffliches Instrumentarium, von denen erwartet werden kann, daß ihnen auch weiterhin eine wesentliche Bedeutung eignen wird. Einigen solcher Begriffe wollen wir uns zuwenden — verbunden mit einer Diskussion wichtiger Problemstellungen vorwiegend logischer Art, die sich aus den hier angedeuteten Entwicklungen heraus stellen, und die beantwortet werden müssen, soll eines Tages der Terminus „approximatives Schließen" wirklich auf logisches Schließen in einem klar festgelegten Sinne dieses Wortes verweisen.

Betrachten wir zunächst zwei Beispiele, deren Form der des gewöhnlichen modus ponens, also der Abtrennungsregel entspricht. Beispiel A habe folgende beiden Prämissen:

(A1) *Wenn ein PKW eine hohe Geschwindigkeit hat, so ist sein Bremsweg lang.*

(A2) *Dieser PKW hat eine sehr hohe Geschwindigkeit.*

Als Konklusion eines sogenannten approximativen Schlusses soll sich in diesem Beispielfalle dann etwa ergeben:

(A3) *Dieser PKW hat einen sehr langen Bremsweg.*

Ganz analog sollen im Beispiel B folgende beiden Prämissen betrachtet werden:

(B1) *Wenn ein Schüler seine Hausaufgaben ordentlich erledigt, dann ist er gut auf die nächste Unterrichtsstunde vorbereitet.*

(B2) *Fritz Schulze hat seine Hausaufgaben nicht sehr ordentlich erledigt.*

Als Konklusion des hiervon ausgehenden approximativen Schlusses soll sich in diesem Beispiel etwa ergeben:

(B3) *Fritz Schulze ist mittelmäßig auf die nächste Unterrichtsstunde vorbereitet.*

Formal ist klar, daß derartige Schlüsse nicht durch den üblichen modus ponens modelliert werden können: Die jeweils zweite Prämisse ist keine Einsetzungsinstanz des Vordergliedes der (Matrix der) ersten Prämisse. Aber nicht nur solche Situationen will man beim approximativen Schließen meistern, man möchte auch unmittelbar etwa im Beispiel B „ordentlich", „sehr ordentlich", „nicht sehr ordentlich", „gut", „mittelmäßig" usw. als Werte geeigneter, sogenannter *unscharfer Variablen* — auch als *linguistische Variablen* bezeichnet – verwenden können; analog möchte man im Beispiel A mit „hoch“, „sehr hoch“ und „lang“, „sehr lang“ verfahren können.

Selbst wenn man im engen Rahmen der hier betrachteten Beispiele bleibt, ergibt sich sofort die Frage, was denn z. B. eine hohe Geschwindigkeit (eines PKW) sein soll. Es scheint klar, daß der Begriff der hohen Geschwindigkeit (eines PKW) kein in natürlicher Weise klar abgegrenzter Begriff ist: Es wird sicher allgemeine Übereinstimmung herrschen, daß eine Geschwindigkeit von 100 km/h hoch ist, und wohl ebenso, daß eine Geschwindigkeit von 30 km/h nicht hoch ist – aber für eine Geschwindigkeit von z. B. 60 km/h ist entsprechend einem naiven Verständnis natürlicher Sprache sicher sowohl die Klassifizierung als „hoch“ als auch diejenige als „nicht hoch“ nicht völlig sachgemäß. Der Begriff der hohen Geschwindigkeit (eines PKW) ist also ein vager, ein unscharfer Begriff, d. h. ein Begriff, dessen Umfang nicht klar abgegrenzt ist. Die Existenz von „Grenzfällen“ bzgl. des Begriffsumfangs, d. h. von solchen Fällen, in denen weder das Zutreffen noch das Nichtzutreffen jenes Begriffes hinreichend begründet festliegen, ist dabei eine objektive Erscheinung. Da die Modellierung vager Begriffe aber gerade eines der Grundanliegen der Theorie der unscharfen Mengen ist, ist es naheliegend, wenn man die Präzisierung dessen, was mit „unscharfen Variablen“ gemeint sein soll, mittels der – in Abschnitt 5.8 dargestellten Theorie der – unscharfen Mengen anstrebt.[28]

Aus Gründen der Anschaulichkeit pflegt man die Werte der unscharfen Variablen durch umgangssprachlich übliche Worte anzugeben. Im Hintergrund steht dabei die Auffassung, daß man für eine gegebene Anwendungssituation diese „linguistischen Werte“ geeigneter unscharfer Variablen deutet als unscharfe Mengen über einem passend zu wählenden Grundbereich: Für die im Beispiel B betrachtete unscharfe Variable HAUSAUFGABENQUALITÄT könnte ein solcher vielleicht konstituiert werden durch die Fehleranzahl zusammen mit einer Note für die Form. Man geht dabei von der Voraussetzung aus, daß der Variabilitätsbereich unscharfer Variabler entweder – z. B. durch Aufzählung der Werte – direkt angegeben wird, oder daß er erzeugt wird durch eine generative Grammatik. Die Motive, die hier zum Verweis auf generative Grammatiken Anlaß geben, können wir an unseren Beispielen leicht erkennen. Nach intuitivem Verständnis hängen z. B. die Werte „hoch“,

---

[28] Die Grundprinzipien und die meisten Ansätze dieses neuen Gebietes gehen ebenso wie die Theorie der unscharfen Mengen auf den amerikanischen Systemtheoretiker L. A. Zadeh zurück (vgl. Zadeh [1975], [1975a], Bellman/Zadeh [1977] und etwa auch Zadeh [1979]).

„sehr hoch" der Variablen GESCHWINDIGKEIT in Beispiel A eng zusammen: Der zweite ergibt sich aus dem ersten „durch Vorsetzen von ‚sehr'". Allgemein stellt man fest, daß die Werte unscharfer Variabler meist leicht unterteilt werden können in einige wenige grundlegende Werte und zahlreiche daraus mittels geeigneter Modifizierungen und Kombinationen ableitbare weitere Werte. Zum Kombinieren benutzt man normalerweise aussagenlogische Verknüpfungen der Namen der Werte, denen mengentheoretische Operationen mit den Werten entsprechen: der Kombination zweier Werte mittels „und" z. B. der Durchschnitt dieser unscharfen Mengen. Dem Modifizieren dagegen, sprachlich ausdrückbar durch das Vorsetzen solcher Worte wie „sehr", „ziemlich", „mehr oder weniger" usw., entsprechen einstellige Operatoren im Bereich unscharfer Mengen.[29] So hat es sich in vielen Erörterungen eingebürgert, das Quadrieren der verallgemeinerten Enthaltenseinswerte als Entsprechung zum Modifizieren mittels „sehr" zu nehmen. Aber dieses Vorgehen hat in Beispiel A unangenehme Konsequenzen: ist man etwa bereit, die Geschwindigkeit von 70 km/h mit dem Wert 1 als „hoch" einzuschätzen, so muß man demnach diese Geschwindigkeit mit demselben Wert 1 als „sehr hoch" einstufen – und das widerspricht offenbar der Anschauung.

Mehr noch: der Übergang zu unscharfen Mengen als Umfängen unscharfer Begriffe gestattet zwar, Grenzfälle des Zutreffens eines Begriffes dadurch zu modellieren, daß jenen Grenzfällen ein „zwischen" wahr und falsch gelegener Enthaltenseinswert im (verallgemeinerten) Begriffsumfang zugeordnet wird, aber welcher Wert dies sein soll, ist damit noch nicht geklärt und wird durch die bisherige Theorie auch nicht aufgezeigt.

Als tiefliegende offene Probleme bleiben also beim gegenwärtigen Entwicklungsstand sowohl die Frage nach geeigneten Modellierungen unscharfer umgangssprachlicher Begriffe durch unscharfe Mengen als auch die Modellierung der (in gewissen Anwendungssituationen sachgemäßen) Wirkung modifizierender Partikel der natürlichen Sprache.[30] Es scheint, als solle ein wesentlicher Fortschritt in diesen Fragen nur in Zusammenarbeit mit Sprachwissenschaftlern möglich sein.

Dem Ziel, approximatives Schließen modellierend darstellen zu können, sind wir mit unseren bisherigen Betrachtungen scheinbar nur wenig näher gekommen. Die Grundidee jedoch, bei dieser Modellierung sich

---

[29] Diese Interpretation der Modifizierungen geht letztlich auch auf Zadeh zurück, wird aber zuerst bei Lakoff [1973] ausführlicher diskutiert.

[30] Einige Anfänge solcher Betrachtungen finden sich außer bei Lakoff [1973] noch bei MacVicar-Whelan [1978].

unscharfer Mengen zu bedienen, erweist sich als nützlich, bietet sie doch die Möglichkeit, sich des bereits in größerem Umfang ausgearbeiteten (verallgemeinerten) mengentheoretischen Instrumentariums bedienen zu können, das im Abschnitt 5.8 dargestellt worden ist.

Die vielleicht überraschendste, zugleich aber bemerkenswerteste Lösung wird nun bei der Modellierung approximativer Schlüsse in der Art unserer Beispiele eingesetzt zur Wiedergabe der ersten Prämissen, d. h. allgemein: zur Modellierung von ,,wenn ... dann"-Formulierungen, in denen unscharfe Variable miteinander in Beziehung gebracht werden. Offenbar wird ja im Beispiel A durch die Prämisse (A1) ein Zusammenhang zwischen einem Wert der Variablen GESCHWINDIGKEIT und einem Wert der Variablen BREMSWEG konstatiert, während Prämisse (A2) einen speziellen Wert für die Variable GESCHWINDIGKEIT liefert. Analog ist die Situation im Beispiel B. Nehmen wir an, daß eine solche ,,wenn ... dann"-Formulierung im Vorderglied die unscharfe Variable α und im Hinterglied die unscharfe Variable β hat, und nehmen wir außerdem an, daß die Werte von α und β unscharfe Mengen über Grundbereichen $\mathcal{U}$ bzw. $\mathcal{V}$ sind, so wird die ,,wenn ... dann"-Formulierung durch eine unscharfe (binäre) Relation $\mathfrak{R}$ über $\mathcal{U} \times \mathcal{V}$ dargestellt, also durch eine unscharfe Abbildung. (Treten mehr als zwei unscharfe Variablen auf, erfolgt die Darstellung entsprechend durch eine mehrstellige unscharfe Relation.)

Nun soll jedoch jener Zusammenhang aus den Prämissen (1) noch ,,flexibel" sein in dem Sinne, daß er auch z. B. auf unsere jeweiligen Prämissen (2) angewendet werden kann. Dies wird erreicht, wenn man nicht nur den ,,wenn ... dann"-Zusammenhang der Prämissen (1) modelliert mittels einer unscharfen Relation $\mathfrak{R}$ zwischen den jeweiligen Grundbereichen der auftretenden unscharfen Variablen, sondern auch den Übergang von den Prämissen (1) und (2) zur jeweiligen Konklusion (3) durch die Bildung des in (5.8.51) definierten unscharfen vollen Bildes des in Prämisse (2) gegebenen Wertes der unscharfen Variablen α – d. h. der unscharfen Variablen GESCHWINDIGKEIT in Beispiel A bzw. der unscharfen Variablen HAUSAUFGABENQUALITÄT in Beispiel B – hinsichtlich der unscharfen Relation $\mathfrak{R}$.

Modelliert man den durch unsere Beispiele angedeuteten ,,unscharfen modus ponens" in dieser Weise, ergibt sich die oben erwähnte ,,Flexibilität" jenes approximativen Schlusses unmittelbar. Die genauere Natur dieser Flexibilität wird allerdings nirgends expliziert. Deswegen bleibt offen, wie eine Prämisse (1) entsprechende unscharfe Abbildung jeweils in concreto zu bilden ist. Immerhin ist wenigstens eine Bedingung an $\mathfrak{R}$ klar: Werden in Prämisse (1) die Werte A der unscharfen Variablen α und B der unscharfen Variablen β miteinander in Beziehung gesetzt,

d. h., hat Prämisse (1) die Form

(P1) wenn α den Wert A hat, so hat β den Wert B,

so muß die (P1) modellierende unscharfe Relation $\mathfrak{R}$ die Eigenschaft haben, daß

$$B = \mathfrak{R}''A$$

ist. Die Flexibilität unseres approximativen modus ponens zeigt sich nun gerade darin, daß die zweite Prämisse die Gestalt

(P2) α hat den Wert A_1

haben kann, wobei A_1 eine von A verschiedene unscharfe Menge ist. Allerdings werden A, A_1 nicht „zu unterschiedlich“ sein dürfen, wenn $\mathfrak{R}$ wie in unseren Beispielen ausgehend von nur einer „wenn ... dann“-Formulierung bestimmt werden kann.

In ähnlicher Weise können auch andere wichtige Schlußschemata der klassischen Logik zu Schemata für approximative Schlüsse verallgemeinert und in der Begriffswelt der unscharfen Mengen modelliert werden. Wir wollen auf weitere Einzelheiten hier aber nicht eingehen.[31]

Allgemein haben wir folgende Situation: Ein Schlußschema beschreibt nun im Bereich des approximativen Schließens den Übergang von den Prämissen zur Konklusion in spezifischer Weise – unscharfe Relationen und die Bildung voller Bilder (bzw. auch voller Urbilder) bestimmen wesentlich die Gewinnung der Konklusion. Probleme sind gegenwärtig sowohl die allgemeine Charakterisierung der möglichen Schemata für approximative Schlüsse als insbesondere auch die Auszeichnung solcher Schemata, die „korrekt“ in einem ebenfalls noch zu präzisierenden Sinne sind. Vor allem zum letztgenannten entscheidenden Problem gibt es noch gar keine Ansätze.

Man könnte geneigt sein, diese Vielzahl von offenen grundlegenden Problemen als ein Indiz zu nehmen, das Gesamtgebiet des approximativen Schließens als noch zu spekulativ beiseite zu lassen. Es ist jedoch bemerkenswert – und gerade dies erscheint als ein Hinweis, jenen Ansatz nicht unbeachtet zu lassen –, daß es auf der Grundlage der skizzierten Ideen bereits gelungen ist, einzelne logisch-mathematisch bearbeitbare Fragestellungen zu formulieren, vor allem aber erfolgreich arbeitende automatische Regler zu konstruieren. Und auch die Idee, solche Regler allein aus überwiegend qualitativen Informationen über das Verhalten des zu regelnden Prozesses – wie sie etwa durch Befragung besonders qualifizierter Facharbeiter zu gewinnen sind, die einen solchen Prozeß

[31] Man vgl. etwa Mizumoto [1982], Mizumoto/Zimmermann [1982].

gut per Hand zu steuern vermögen – zu entwerfen[32], erscheint attraktiv, vor allem für Prozesse, die wegen ihrer Komplexität mit den üblichen Hilfsmitteln der Mathematik (noch) nicht beschrieben werden können oder deren entsprechende Beschreibung so umfangreich ist, daß deren Implementierung auf den gegenwärtigen Rechnern technisch unrealistisch ist, wie dies z. B. bei einem für die Zementindustrie im Handel befindlichen unscharfen Regler[33] der Fall ist.

Ein spezielles Beispiel einer in diesem Kontext wichtig werdenden theoretischen Problemstellung ist die in Abschnitt 5.8.4 besprochene Frage der – verallgemeinerten – Lösbarkeitskriterien für Gleichungssysteme der Art (5.8.52), weil sie unmittelbar das Problem der Existenz eines ein gegebenes System von Kontrollregeln realisierenden unscharfen Reglers betrifft.

Die im Einsatz befindlichen unscharfen Regler haben jedenfalls dann, wenn sie nicht nur Teil eines Mensch-Maschine-Dialogsystems sind, sondern in direkter Prozeßkopplung betrieben werden, u. a. noch folgendes weitere Problem zu überwinden. Obwohl die diese Regler konstituierenden Regeln die Form (P1) haben, ist dann der Input des Reglers keine unscharfe Menge, sondern ein einzelner Meßwert. Deswegen versucht man für derartige Anwendungen außerdem zu diskutieren, wie groß die Möglichkeit ist, daß ein gewisser Meßwert eine bestimmte unscharfe Menge anzeigt.[34] Hier kommt ein mit reellen Zahlen aus $\mathscr{W}_\infty$ bewerteter Möglichkeitsbegriff in die Diskussion, der zu weiteren offenen Problemen führt und selbst erst noch einer ausführlichen Klärung bedarf. Immerhin ist es GILES [1982a] gelungen, seinen in Abschnitt 5.8 erwähnten Ansatz zur Begründung der Operationen für unscharfe Mengen auch auf eine – erste(?) – Analyse dieses Möglichkeitsbegriffes und Aspekte seines Zusammenhangs mit dem Wahrhscheinlichkeitsbegriff, von dem er sich unterscheidet, auszudehnen.

Um die Grundidee dieses Möglichkeitsbegriffes und zugleich die damit verbundenen Anwendungsabsichten zu verdeutlichen, betrachten wir einen einfachen Aussagesatz als Beispiel C:

(C) *Monika ist jung.*

Die Analyse dieses Satzes geht nun von der Einsicht aus, daß er eine

---

[32] Zahlreiche Originalarbeiten zu diesem Themenkreis, überwiegend publiziert im International Journal Man-Machine Studies, sind zusammengefaßt und erneut abgedruckt bei MAMDANI/GAINES [1981] (vgl. auch TONG [1977]).

[33] Neben Werbematerialien geben HOLMBLAD/ØSTERGAARD [1982] die beste Information zu einigen Grundproblemen.

[34] Eine Deutung unscharfer Mengen als Möglichkeitsverteilungen gibt schon ZADEH [1978] (vgl. auch YAGER [1983] sowie ZADEH [1982]).

Information über das Alter von Monika liefert. Deswegen wird diesem Alter eine Variable zugeordnet – oft mit ALTER (MONIKA) benannt, hier aber als ALT_{Mon} bezeichnet. Diese Variable wird nun jedoch nicht als linguistische, also unscharfe Variable interpretiert, der als Wert eine unscharfe Menge JUNG zukommt, sondern als eine Variable, deren Werte (natürliche) Zahlen sind – nämlich die Anzahl der von Monika vollendeten Lebensjahre. Die durch (C) gegebene Information über das Alter von Monika, also über den Wert von ALT_{Mon}, wird dann als eine „elastische", d. h. *unscharfe Nebenbedingung* für den Wert von ALT_{Mon} betrachtet. Und in diesem Kontext wird von der *Möglichkeit* gesprochen, daß eine bestimmte natürliche Zahl a der Wert der Variablen ALT_{Mon} ist. Schreiben wir kurz POSS für den Möglichkeitswert, so wird festgesetzt

$$\text{POSS}\,\{ALT_{Mon} = a\} =_{\text{def}} \text{Enthaltenseinswert von } a \text{ in der unscharfen Menge JUNG}$$

und dies als eine präzisierte Lesart von (C) betrachtet.

In analoger Art lassen sich weitere umgangssprachliche Sätze umformulieren in unscharfe Bedingungen an den Wert geeigneter Variablen; und diese unscharfen Bedingungen können dann auch wieder interpretiert werden als Angaben über die Möglichkeit, daß die betrachtete Variable einen vorgegebenen Wert hat. Dabei müssen so behandelbare Sätze keineswegs die ganz einfache Struktur von Satz (C) haben. Leicht zu behandeln sind etwa auch die folgenden Sätze:

Monika wohnt in einer kleinen Stadt nahe Leipzig.
Horst hat viele Bücher.

Man kann aber die angedeutete Analysemethode auch noch erweitern und dann Sätze analysieren wie:

Horst hat mehrere sehr alte Bücher.

Auch dies allerdings ist nur ein Zwischenschritt zum weitgesteckten Ziel einer Theorie approximativen Schließens. Hatten wir unsere anfänglichen Betrachtungen auf approximative Schlüsse bezogen, die Verallgemeinerungen von Schlußschemata waren, die bereits die klassische Aussagenlogik betrachtet, so zeigt sich nun, daß die Berücksichtigung solcher „unscharfer Quantifizierungen" wie diejenige durch „mehrere" im letzten Beispielsatz – oder auch solche durch „die meisten", „viele", „sehr wenige" in leicht konstruierbaren weiteren Beispielsätzen – auch die Verallgemeinerung prädikatenlogischer Schlußschemata auf approximative Schlüsse als notwendig erscheinen läßt. Die oben genannten Probleme stehen in diesem erweiterten Rahmen natürlich unverändert.

Und erneut sind es (z. T. bereits realisierte) Anwendungsabsichten, die es dringlich angebracht erscheinen lassen, eine theoretische Grundlegung zu schaffen. Typische Anwendungsabsichten dieses erweiterten Rahmens approximativen Schließens sind die sogenannten Expertensysteme, die z. B. (automatisch) Informationen aus Datenbasen entnehmen sollen wie etwa speziell bei automatisierten Systemen medizinischer Diagnostik, aus Datenbasen vor allem, von denen man wünscht, daß in ihnen auch unscharfe Informationen – eventuell zusammen mit einer Bewertung ihrer Unschärfe bzw. ihrer „Gültigkeit" – gespeichert werden können.

Vor allem im Zusammenhang mit der Bewertung unscharfer Informationen hat ZADEH [1975] – vgl. etwa auch BELLMANN/ZADEH [1977] – auch WAHRHEIT als linguistische Variable betrachtet, als deren Werte – „Wahrheits-Werte" in einem modifizierten Sinn – unscharfe Teilmengen der Quasiwahrheitswertmenge $\mathscr{W}_\infty$ fungieren, die z. B. benannt werden als: wahr, falsch, sehr wahr, nicht falsch, ziemlich falsch, mehr oder weniger wahr, vollständig falsch, weder wahr noch falsch, ... Diese konsequente Weiterbildung grundlegender Ideen aus dem Bereich des approximativen Schließens führt möglicherweise zu einer mehrwertigen Logik mit komplizierter Quasiwahrheitswertmenge, die Teilmenge von $\mathbf{F}(\mathscr{W}_\infty)$ ist. Dies scheint kein prinzipielles Problem zu sein, zumal unsere weitgehend eingehaltene Beschränkung auf die Quasiewahrheitswertmengen $\mathscr{W}_M$, $\mathscr{W}_\infty$ sowohl z. B. in den Abschnitten **3.6.3**, 5.2, 5.3, 5.4 durchbrochen als auch bereits in 1.1 als nicht zwingend erwähnt wurde. Viel problematischer erscheint dagegen, daß zu allen bereits genannten Problemen beim approximativen Schließen hier noch eine weit größere Unsicherheit in der inhaltlichen Deutung dieser nichttraditionellen „Wahrheits-Werte" kommt, die eben deswegen genau beachtet werden muß, weil obige Namen der Quasiwahrheitswerte aus $\mathbf{F}(\mathscr{W}_\infty)$ die Existenz einer solchen Deutung suggerieren. Deswegen steht an dieser Stelle auch noch kein rein (formal-) logisches Problem zur Lösung an, sondern die aktuelle Diskussion bewegt sich noch im Vorfeld der Logik, die jedoch auch derartige aus Anwendungen bzw. Anwendungsabsichten entspringende Entwicklungen verfolgen muß, um jederzeit dabei entstehende logische Fragestellungen mit ihren spezifischen Mitteln diskutieren zu können.

Literaturverzeichnis

Ackermann, R.

[1967] *An Introduction to Many-Valued Logics*, London—New York.

Alefeld, G. — Herzberger, J.

[1974] *Einführung in die Intervallrechnung*, Mannheim—Wien—Zürich.

Arruda, A. I.

[1977] On the imaginary logic of N. A. Vasil'ev, in: A. I. Arruda u. a. (Hrsg.), *Non-Classical Logics, Model Theory and Computability*, Amsterdam—New York—Oxford, 3—24.

Asser, G.

[1959/72/81] *Einführung in die mathematische Logik*. Teil I: *Aussagenkalkül*, Teil II: *Prädikatenkalkül der ersten Stufe*, Teil III: *Prädikatenlogik höherer Stufe*, Leipzig.

Bär, G. — Rohleder, H.

[1967] Über einen arithmetisch-aussagenlogischen Kalkül und seine Anwendung auf ganzzahlige Optimierungsprobleme, *Elektronische Informationsverarbeitung Kybernetik* **3**, 171—195.

Bandemer, H. — Gottwald, S.

[1989] *Einführung in Fuzzy-Methoden*. Theorie und Anwendungen unscharfer Mengen, Berlin.

Barwise, J. (Hrsg.)

[1977] *Handbook of Mathematical Logic*, Amsterdam—New York—Oxford.

Baudry, L.

[1950] *La querelle des futurs contingents: Louvain 1465—1475*, Paris.

Bell, J. L.

[1977] *Boolean-Valued Models and Independence Proofs in Set Theory*, Oxford.

Bell, J. L. — Slomson, A. B.

[1969] *Models and Ultraproducts*, Amsterdam—London.

Bellmann, R. E. — Giertz, M.

[1973] On the analytic formalism of the theory of fuzzy sets, *Information Sciences* **5**, 149—156.

Bellman, R. E. — Zadeh, L. A.

[1977] Local and fuzzy logics, in: J. M. Dunn/G. Epstein (Hrsg.), *Modern Uses of Multiple-Valued Logic*, Dordrecht—Boston, 105—165.

Belluce, L. P.

[1964] Further results on infinite valued predicate logic, *Journal Symbolic Logic* **29**, 69–78.

Belluce, L. P. – Chang, C. C.

[1963] A weak completeness theorem for infinite valued first-order logic, *Journal Symbolic Logic* **28**, 43–50.

Bergmann, M.

[1981] Presupposition and two-dimensional logic, *Journal Philosophical Logic* **10**, 27–53.

[1981 a] Only, even, and clefts in two-dimensional logic, in: *Proceedings 11. International Symposium Multiple-Valued Logic, Oklahoma 1981*, Long Beach, 117–123.

Berka, K. – Kreiser, L.

[1971/83] *Logik-Texte*. Kommentierte Auswahl zur Geschichte der modernen Logik, Berlin (3., erw. Aufl. 1983).

Bernays, P.

[1926] Axiomatische Untersuchungen des Aussagenkalküls der „Principia Mathematica“, *Mathematische Zeitschrift* **25**, 305–320.

Beth, E. W.

[1965] *The Foundations of Mathematics*, Amsterdam–London.

Birkhoff, G.

[1948] *Lattice Theory*, New York.

Black, M.

[1937] Vagueness: an exercise in logical analysis, *Philosophy of Science* **4**, 427–455.

[1963] Reasoning with loose concepts, *Dialogue* **2**, 1–12.

Blau, U.

[1978] *Die dreiwertige Logik der Sprache: ihre Syntax, Semantik und Anwendung in der Sprachanalyse*, Berlin (West)–New York.

Bocklisch, S. F. – Orlovski, S. – Peschel, M. – Nishiwaki, Y. (Hrsg.)

[1986] *Fuzzy Sets Applications, Methodological Approaches, and Results*, Berlin.

Bočvar, D. A.

[1938] Ob odnom trechznačnom isčislenii i ego primenenii k analizu paradoksov klassičeskogo rasširennogo funkcional'nogo isčislenija, *Matematičeskij Sbornik* **4** (46), 287–308.

[1943] K voprosu o neprotivorečivosti odnogo trechznačnogo isčislenija, *Matematičeskij Sbornik* **12** (54), 353–369.

Bočvar, D. A. – Finn, V. K.

[1972] O mnogoznačnych logikach, dopuskajuščich formalizaciju analiza antinomij. 1, in: *Issledovanija po Matematičeskoj Lingvistike, Matematičeskoj Logike i Informacionnym Jazykam*, Moskau, 238–295.

[1974] O kvazilogičeskich funkcijach, in: *Issledovanija po Formalizovannym Jazykam i Neklassičeskim Logikam*, Moskau, 200–213.

[1976] Nekotorye dopolnenija k stat'jam o mnogoznačnych logikach, in: *Issledovanija po Teorii Množestv i Neklassičeskim Logikam*, Moskau, 265–325.

Bolzano, B.

[1837] *Wissenschaftslehre.* Versuch einer ausführlichen und größtenteils neuen Darstellung der Logik mit steter Rücksicht auf deren bisherige Bearbeiter. I–IV, Sulzbach.

Borkowski, L.

[1976] *Formale Logik*, Berlin.

Brouwer, L. E. J.

[1975] *Collected Works.* Vol. 1: Philosophy and Foundations of Mathematics (Hrsg.: A. Heyting), Amsterdam–New York–Oxford.

Byrd, M.

[1979] A formal interpretation of Łukasiewicz' logics, *Notre Dame Journal Formal Logic* **20**, 366–368.

Carvallo, M.

[1968] *Logique à trois valeurs. Logique à seuil*, Paris.

Chang, C. C.

[1958] Proof of an axiom of Łukasiewicz, *Transactions American Mathematical Society* **87**, 55–56.

[1958a] Algebraic analysis of many valued logics, *Transactions American Mathematical Society* **88**, 467–490.

[1959] A new proof of the completeness of the Łukasiewicz axioms, *Transactions American Mathematical Society* **93**, 74–80.

[1963] The axiom of comprehension in infinite valued logic, *Mathematica Scandinavica* **13**, 9–30.

[1965] Infinite valued logic as a basis for set theory, in: Y. Bar-Hillel u. a. (Hrsg.), *Logic, Methodology and Philosophy of Science*, Proceedings International Congress Jerusalem 1964, Amsterdam–London, 93–100.

Chang, C. C. – Keisler, H. J.

[1966] *Continuous Model Theory*, Princeton.

[1973] *Model Theory*, Amsterdam–London–New York.

Chapin, E. W.

[1974–75] Set-valued set theory. I, II, *Notre Dame Journal Formal Logic* **15**, 614–634; **16**, 255–267.

Chellas, B. F.

[1980] *Modal Logic.* An Introduction, Cambridge.

Cignoli, R.

[1970] *Moisil Algebras*, Notas de Matemática 27, Universidade Nacional del Sur, Bahia Blanca.

[1980] Some algebraic aspects of many-valued logics, in: A. I. Arruda / N. C. A. da Costa / M. Sette (Hrsg.), *Proceedings 3rd Brazilian Conference on Mathematical Logic*, Sao Paulo, 49–69.

[1982] Proper n-valued Łukasiewicz algebras as S-algebras of Łukasiewicz n-valued propositional calculi, *Studia Logica* **41**, 3–16.

Cleave, J. P.

[1974] The notion of logical consequence in the logic of inexact predicates, *Zeitschrift mathematische Logik Grundlagen Mathematik* **20**, 307–324.

Cohen, P. J.

[1963–64] The independence of the continuum hypothesis. I, II, *Proceedings National Academy of Sciences USA* **50**, 1143–1148; **51**, 105–110.

[1969] Decision procedures for real and p-adic fields, *Communications Pure Applied Mathematics* **22**, 131–151.

da Costa, N. C. A. – Alves, E. H.

[1981] Relations between paraconsistent and many-valued logic, *Bulletin Section of Logic* **10**, 185–191.

Dalla Chiara, M. L.

[1976] A general approach to non-distributive logics, *Studia Logica* **35**, 139–162.

[1981] Logical foundations of quantum mechanics, in: E. Agazzi (Hrsg.), *Modern Logic – A Survey*, Synthese Library **149**, Dordrecht–Boston–Lancaster, 331–351.

[1986] Quantum logic, in: Gabbay / Guenthner [1983–89], Bd. 3, 427–469.

di Nola, A. – Ventre A. G. S. (Hrsg.)

[1986] *The Mathematics of Fuzzy Systems*, Interdisziplinäre Systemforschung, Bd. 88, Köln.

Dishkant, H.

[1978] An extension of the Łukasiewicz logic to the modal logic of quantum mechanics, *Studia Logica* **37**, 149–155.

Dombi, J.

[1982] A general class of fuzzy operators, the DeMorgan class of fuzzy operators and fuzziness measures induced by fuzzy operators, *Fuzzy Sets Systems* **8**, 149–163.

Drake, F. R.

[1974] *Set Theory*. An Introduction to Large Cardinals, Amsterdam–Oxford–New York.

Dubois, D. – Prade, H.

[1980] *Fuzzy Sets and Systems*. Theory and Aplications, New York–London–Paris–San Diego–San Francisco–Sao Paulo–Sydney–Tokio–Toronto.

Dugundji, J.

[1940] Note on a property of matrices for Lewis and Langford's calculi of propositions, *Journal Symbolic Logic* **5**, 150–151.

Dumitriu, A.

[1971] *Logica polivalentă*, Bukarest.

Dummett, M.

[1959] A propositional calculus with denumerable matrix, *Journal Symbolic Logic* **24**, 97–106.

Dunn, J. M. – Epstein, G. (Hrsg.)

[1977] *Modern Uses of Multiple-Valued Logic*, Dordrecht–Boston.

Dunn, J. M. – Meyer, R. K.

[1971] Algebraic completeness results for Dummett's LC and its extensions, *Zeitschrift mathematische Logik Grundlagen Mathematik* **17**, 225–230.

Dwinger, Ph.

[1977] A survey of the theory of Post algebras and their generalizations, in: Dunn/Epstein [1977], 53–75.

Epstein, G.

[1960] The lattice theory of Post algebras, *Transactions American Mathematical Society* **95**, 300–317. {Nachdruck in Rine [1977], 17–34.}

Epstein, G. – Horn, A.

[1974] Chain based lattices, *Pacific Journal of Mathematics* **55**, 65–84.

Evans, T. – Schwartz, P. B.

[1958] On Slupecki T-functions, *Journal Symbolic Logic* **23**, 267–270.

Fenstad, J. E.

[1964] On the consistency of the axiom of comprehension in the Łukasiewicz infinite valued logic, *Mathematica Scandinavica* **14**, 65–74.

Feys, R.

[1965] *Modal Logics*, Paris.

Finch, P. D.

[1969] On the structure of quantum logic, *Journal Symbolic Logic* **34**, 275–282.

Finn, V. K.

[1971] Ob aksiomatizacii nekotorych trechznačnych logik, *Naučno-Techničeskaja Informacija*, Ser. 2, Nr. 11, 16–20.

[1974] A criterion of functional completeness for B_3, *Studia Logica* **33**, 121–125.

[1974a] Aksiomatizacii nekotorych trechznačnych isčislenij vyskazyvanij i ich algebr, in: *Filosofija v Sovremennom Mire. Filosofija i Logika*, Moskau, 398–438.

Fisch, M. – Turquette, A. R.

[1966] Peirce's triadic logic, *Transactions Charles Sanders Peirce Society* **2**, 71–85.

Fraenkel, A. A. — Bar-Hillel, Y. — Levy, A.

[1973] *Foundations of Set Theory*, Amsterdam—London.

Gabbay, D. — Guenthner, F. (Hrsg.)

[1983—89] *Handbook of Philosophical Logic*. Bde. 1—4, Dordrecht—Boston—Lancaster.

Gaines, B. R.

[1978] Fuzzy and probability uncertainty logics, *Information and Control* **38**, 154—169.

Gaines, B. R. — Kohout, L. J.

[1977] The fuzzy decade: a bibliography of fuzzy systems and closely related topics, *International Journal Man-Machine Studies* **9**, 1—68.

Gentilhomme, Y.

[1968] Les ensembles flous en linguistique, *Cahiers de Linguistique théorique et applique*, V, 47, Bukarest.

Gentzen, G.

[1934—35] Untersuchungen über das logische Schließen, *Mathematische Zeitschrift* **39**, 176—210 und 405—431.

Giles, R.

[1976] Łukasiewicz logic and fuzzy set theory, *International Journal Man-Machine Studies* **8**, 313—327.

[1979] A formal system for fuzzy reasoning, *Fuzzy Sets Systems* **2**, 233—257.

[1982] Semantics for fuzzy reasoning, *International Journal Man-Machine Studies* **17**, 401—415.

[1982a] Foundations for a theory of possibility, in: M. M. Gupta/E. Sanchez (Hrsg.), *Fuzzy Information and Decision Processes*, Amsterdam—New York—Oxford, 183—195.

de Glas, M.

[1984] Representation of Łukasiewicz' many-valued algebras. The atomic case, *Fuzzy Sets Systems* **14**, 175—185.

Gödel, K.

[1932] Zum intuitionistischen Aussagenkalkül, *Anzeiger Akademie der Wissenschaften Wien*, Math.-naturwissensch. Klasse **69**, 65—66; auch: *Ergebnisse eines mathematischen Kolloquiums* **4** (1933), 40.

[1940] *The Consistency of the Axiom of Choice and of the Generalized Continuum Hypothesis with the Axioms of Set Theory*, Princeton.

Goguen, J. A.

[1968—69] The logic of inexact concepts, *Synthese* **19**, 325—373.

Goldblatt, R. I.

1974] Semantic analysis of orthologic, *Journal Philosophical Logic* **3**, 19—35.

Goodman, I. R. — Nguyen, H. T.

[1985] *Uncertainty Models for Knowledge-Based Systems,* Amsterdam—New York—Oxford.

Gottwald, S.

[1976] A cumulative system of fuzzy sets, in: W. Marek/M. Srebrny/A. Zarach (Hrsg.), *Set Theory and Hierarchy Theory, Memorial Tribute A. Mostowski, Bierutowice 1975* Lecture Notes in Mathematics **537**, Berlin (West)—Heidelberg—New York, 109—119.

[1976—77] Untersuchungen zur Mehrwertigen Mengenlehre. I—III. *Mathematische Nachrichten* **72**, 297—303; **74**, 329—336; **79**, 207—217.

[1979] Set theory for fuzzy sets of higher level, *Fuzzy Sets Systems* **2**, 125—151.

[1981] Fuzzy-Mengen und ihre Anwendungen. Ein Überblick, *Elektronische Informationsverarbeitung Kybernetik* **17**, 207—235.

[1984] On the existence of solutions of systems of fuzzy equations, *Fuzzy Sets Systems* **12**, 301—302.

[1984a] Fuzzy set theory: some aspects of the early development, in: H. J. Skala/S. Termini/E. Trillas (Hrsg.), *Aspects of Vagueness,* Theory and Decision Library **39**, Dordrecht—Boston—Lancaster, 13—29.

[1985] A generalized Łukasiewicz-style identity logic, in: L. P. de Alcantara (Hrsg.), *Mathematical Logic and Formal Systems,* Lecture Notes Pure and Applied Mathematics **94**, New York—Basel, 183—195.

[1986] Characterizations of the solvability of fuzzy equations, *Elektronische Informationsverarbeitung Kybernetik* **22**, 67—91.

[1986a] On some theoretical problems concerning the construction of fuzzy controllers, in: S. F. Bocklisch u. a. (Hrsg.), *Fuzzy Sets Applications, Methodological Approaches, and Results,* Berlin, 45—55.

[1986b] Fuzzy set theory with t-norms and φ-operators, in: A. di Nola/A. G. S. Ventre (Hrsg.), *The Mathematics of Fuzzy Systems,* Interdisziplinäre Systemforschung **88**, Köln, 143—195.

Gottwald, S. — Pedrycz, W.

[1985] Problems of the design of fuzzy controllers, in: M. M. Gupta u. a. (Hrsg.), *Approximate Reasoning in Expert Systems,* Amsterdam—New York—Oxford, 393—405.

[1986] Solvability of fuzzy relational equations and manipulation of fuzzy data, *Fuzzy Sets Systems* **18**, 1—21.

Gräßle, W.

[1976] Das Übergehen von Typen in der Łukasiewicz-Logik, Dissertation, Albert-Ludwigs-Universität, Freiburg/Br.

Grätzer, G.

[1968] *Universal Algebra,* Princeton—Toronto—London—Melbourne.

Greechie, R. J. — Gudder, S. P.

[1973] Quantum logics, in: C. A. Hooker (Hrsg.), *Contemporary Research in the*

Foundations and Philosophy of Quantum Theory, University of Western Ontario Series Philosophy of Science **2**, Dordrecht—Boston—Lancaster, 143—173.

Grigolia, R.

[1977] Algebraic analysis of Łukasiewicz—Tarski's n-valued logical systems, in: Wójcicki/Malinowski [1977], 81—92.

Grigolija, R. Š. — Finn, V. K.

[1979] Algebry Bočvara i sootvetstvujuščie im propozicional'nye isčislenija, in: *Issledovanija po Neklassičeskim Logikam i Teorii Množestv*, Moskau, 345—372.

Guedj, D.

[1985] Nicholas Bourbaki, collective mathematician. An interview with Claude Chevalley, *The Mathematical Intelligencer* **7**, Nr. 2, 18—22.

Günther, P. — Beyer, K. — Gottwald, S. — Wünsch, V.

[1972] *Grundkurs Analysis*. Teil 1, Leipzig.

Gupta, M. M. — Kandel, A. — Bandler, W. — Kiszka, J. B. (Hrsg.)

[1985] *Approximate Reasoning in Expert Systems*, Amsterdam—New York—Oxford.

Halldén, S.

[1949] *The Logic of Nonsense*, Uppsala.

Hamacher, H.

[1978] *Über logische Aggregationen nicht-binär explizierter Entscheidungskriterien*, Frankfurt/Main.

Hay, L. S.

[1963] Axiomatization of the infinite-valued predicate calculus, *Journal Symbolic Logic* **28**, 77—86.

Hempel, C. G.

[1939] Vagueness and logic, *Philosophy of Science* **6**, 163—180.

Henkin, L.

[1949] The completeness of the first-order functional calculus, *Journal Symbolic Logic* **14**, 159—166.

Hermes, H.

[1967] *Einführung in die Verbandstheorie*, Berlin (West)—Heidelberg—New York.

Herzberger, H.

[1973] Dimensions of truth, *Journal Philosophical Logic* **2**, 535—556.

Heyting, A.

[1930] Die formalen Regeln der intuitionistischen Logik, *Sitzungsberichte Preußische Akademie der Wissenschaften Berlin*, Physikal.-mathemat. Klasse II, 42—56.

Holdsworth, D. G. — Hooker, C. A.

[1981—82] A critical survey of quantum logic, *Scientia* **116—117** (Supplementum), 127—246.

Holmblad, L. P. — Østergaard, J.-J.

[1982] Control of a cement kiln by fuzzy logic, in: M. M. Gupta/E. Sanchez (Hrsg.), *Fuzzy Information and Decision Processes*, Amsterdam—New York—Oxford, 389—399.

Horn, A.

[1969] Logic with truth values in a linearly ordered Heyting algebra, *Journal Symbolic Logic* **34**, 395—408.

Hughes, G. E. — Cresswell, M. J.

[1968] *An Introduction to Modal Logic*, London.

Jablonskij, S. V.

[1952] O superpozicijach funkcij algebry logiki, *Matematičeskij Sbornik* **30** (72), 329—348.

[1958] Funkcional'nye postroenija v *k*-značnoj logike, *Trudy Matematičeskogo Instituta Akademii Nauk SSSR* **124**, 5—142.

Jaśkowski, S.

[1936] Recherches sur le système de la logique intuitioniste, in: *Actes du Congrès Internationale de Philosophie Scientifique 1936*, Bd. 6, Paris, 58—61. {Englische Übersetzung: *Studia Logica* **34** (1975), 117—120.}

Jech, T. L.

[1971] *Lectures in Set Theory with Particular Emphasis on the Method of Forcing*, Lecture Notes in Mathematics **217**, Berlin (West)—Heidelberg—New York.

Kalmbach, G.

[1974] Orthomodular logic, *Zeitschrift mathematische Logik Grundlagen Mathematik* **20**, 395—406.

Kandel, A. — Yager, R. R.

[1979] A 1979 bibliography on fuzzy sets, their applications and related topics, in: M. M. Gupta/R. K. Ragade/R. R. Yager (Hrsg.), *Advances in Fuzzy Set Theory and Applications*, Amsterdam—New York—Oxford, 621—743.

Kearns, J. T.

[1974] Vagueness and failing sentences, *Logique et Analyse*, N. S., **17**, 301—315.

[1979] The strong completeness of a system for Kleene's three-valued logic, *Zeitschrift mathematische Logik Grundlagen Mathematik* **25**, 61—68.

King, R. E.

[1982] Fuzzy logic control of a cement kiln precalciner flash furnace, in: *Proceedings IEEE Conference Applications of Adaptive and Multivariable Control, Hull*, Long Beach, 56—59.

Kirin, V.

[1966] Gentzen's method for the many-valued propositional calculi, *Zeitschrift mathematische Logik Grundlagen Mathematik* **12**, 317—332.

[1968] Post algebras as semantic bases of some many-valued logics, *Fundamenta Mathematicae* **63**, 279–294.

Klaua, D.

[1964] *Allgemeine Mengenlehre*. Ein Fundament der Mathematik, Berlin.

[1966] Über einen zweiten Ansatz zur mehrwertigen Mengenlehre, *Monatsberichte Deutsche Akademie der Wissenschaften Berlin* **8**, 161–177.

[1966a] Grundbegriffe einer mehrwertigen Mengenlehre, *Monatsberichte Deutsche Akademie der Wissenschaften Berlin* **8**, 781–802.

[1968] Partiell definierte Mengen, *Monatsberichte Deutsche Akademie der Wissenschaften Berlin* **10**, 571–578.

[1969] Partielle Mengen mit mehrwertigen Grundbeziehungen, *Monatsberichte Deutsche Akademie der Wissenschaften Berlin* **11**, 573–584.

[1970] Stetige Gleichmächtigkeiten kontinuierlich-wertiger Mengen, *Monatsberichte Deutsche Akademie der Wissenschaften Berlin* **12**, 749–758.

Kleene, S. C.

[1938] On notation for ordinal numbers, *Journal Symbolic Logic* **3**, 150–155.

[1952] *Introduction to Metamathematics*, Amsterdam–New York.

Körner, S.

[1966] *Experience and Theory*, London.

Kolmogoroff, A.

[1932] Zur Deutung der intuitionistischen Logik, *Mathematische Zeitschrift* **35**, 58–65.

Kreiser, L. – Gottwald, S. – Stelzner, W. (Hrsg.)

[1988] *Nichtklassische Logik*. Eine Einführung, Berlin.

Kreschnak, H.

[1985] Grundzüge einer Logik und Methodologie der Diagnostik, *Untersuchungen zur Logik und zur Methodologie* **2**, 1–32.

Krzystek, P. S. – Zachorowski, S.

[1977] Łukasiewicz logics have not the interpolation property, *Reports Mathematical Logic* **9**, 39–40.

Kubin, W.

[1979] Eine Axiomatisierung der mehrwertigen Logiken von Gödel, *Zeitschrift mathematische Logik Grundlagen Mathematik* **25**, 549–558.

Kunen, K.

[1980] *Set Theory*. An Introduction to Independence Proofs, Amsterdam–New York–Oxford.

Kuratowski, K. – Mostowski, A.

[1976] *Set Theory*. With an Introduction to Descriptive Set Theory, Amsterdam–New York–Oxford und Warschau.

Kurosch, A. G.

[1970] *Gruppentheorie*. I, Berlin.

Kutschera, F. von

[1967] *Elementare Logik,* Wien—New York.

Lakoff, G.

[1973] Hedges: a study in meaning criteria and the logic of fuzzy concepts, *Journal Philosophical Logic* **2**, 458—508.

Larsen, R. M.

[1980] Industrial applications of fuzzy logic control, *International Journal Man-Machine Studies* **12**, 3—10.

Lee, S. C. — Kandel, A.

[1978] *Fuzzy Switching and Automata: Theory and Applications,* New York.

Lewis, C. J. — Langford, C. H.

[1932] *Symbolic Logic,* New York.

Lovett, E. O.

[1900—01] Mathematics at the International Congress of Philosophy, Paris 1900, *Bulletin American Mathematical Society* **7**, 157—183.

Łukasiewicz, J.

[1913] *Die logischen Grundlagen der Wahrscheinlichkeitsrechnung,* Krakow. {Englische Übersetzung in [1970].}

[1920] O logice trójwartościowej, *Ruch Filozoficzny* **5**, 170—171. {Englische Übersetzung in [1970].}

[1930] Philosophische Bemerkungen zu mehrwertigen Systemen des Aussagenkalküls, *Comptes Rendus Séances Société des Sciences et Lettres Varsovie,* cl. III, **23**, 51 bis 77.

[1935] Zur Geschichte der Aussagenlogik, *Erkenntnis* **5**, 111—131.

[1953] A system of modal logic, *Journal Computing Systems* **1**, 111—149.

[1970] *Selected Works* (L. Borkowski Hrsg.), Amsterdam—London—Warschau.

Łukasiewicz, J. — Tarski, A.

[1930] Untersuchungen über den Aussagenkalkül, *Comptes Rendus Séances Société des Sciences et Lettres Varsovie,* Cl. III, **23**, 30—50.

MacVicar — Whelan, P. J.

[1978] Fuzzy sets, concept of heigh, and hedge very, *IEEE Transactions Systems, Man, and Cybernetics* **SMC-8**, 507—512.

Malinowski, G.

[1977] Classical characterization of *n*-valued Łukasiewicz calculi, *Reports Mathematical Logic* **9**, 41—45.

Mal'cev, A. I.

[1973] *Algebraic Systems,* Berlin.

[1976] *Iterativnye algebry Posta,* Novosibirsk.

Mamdani, E. H. — Gaines, B. R. (Hrsg.)

[1981] *Fuzzy Reasoning and Its Applications,* New York—London—Paris—San Diego—San Francisco—Sao Paulo—Sydney—Tokyo—Toronto.

Martin, J. N.

[1975] A many-valued semantics for category mistakes, *Synthese* **31**, 63—83.

Maydole, R. E.

[1975] Paradoxes and many-valued set theory, *Journal Philosophical Logic* **4**, 269—291.

McColl, H.

[1897] Symbolic reasoning. II, *Mind,* N. S., **6**, 493—510.

McNaughton, R.

[1951] A theorem about infinite-valued sentential logic, *Journal Symbolic Logic* **16**, 1—13.

Medvedev, F. A.

[1965] *Razvitie Teorii Množestv v XIX Veke,* Moskau.

Meredith, C. A.

[1958] The dependence of an axiom of Łukasiewicz, *Transactions American Mathematical Society* **87**, 54.

Meschkowski, H.

[1967] *Probleme des Unendlichen.* Werk und Leben Georg Cantors, Braunschweig.

Michalski, K.

[1937] Le problème de la volonté à Oxford et à Paris au XIVe siècle, *Studia Philosophica* **2**, 233—365.

Michalski, R. S.

[1977] Variable-valued logic and its applications to pattern recognition and machine learning, in: Rine [1977], 506—534.

Mizumoto, M.

[1982] Fuzzy inference using max — $\wedge$ composition in the compositional rule of inference, in: M. M. Gupta/E. Sanchez (Hrsg.), *Approximate Reasoning in Decision Analysis,* Amsterdam—New York—Oxford, 67—76.

Mizumoto, M. — Tanaka, K.

[1979] Some properties of fuzzy numbers, in: M. M. Gupta/R. K. Ragade/R. R. Yager (Hrsg.), *Advances in Fuzzy Set Theory and Applications,* Amsterdam—New York—Oxford, 153—164.

Mizumoto, M. — Zimmermann, H. J.

[1982] Comparison of fuzzy reasoning methods, *Fuzzy Sets Systems* **8**, 253—283.

Moh Shaw-Kwei

[1954] Logical paradoxes for many-valued systems, *Journal Symbolic Logic* **19**, 37—40.

Moisil, G. C.

[1940] Recherches sur les logiques non chrysipiennes, *Annales Scientifiques de l'Université de Jassy* **26**, 431—466.

[1941] Notes sur les logiques non-chrysipiennes, *Annales Scientifiques de l'Université de Jassy* **27**, 86—98.

[1972] *Essais sur les Logiques Non Chrysipiennes*, Bukarest.

Moore, R. E.

[1966] *Interval Analysis*, Englewood Cliffs.

[1979] *Methods and Applications of Interval Analysis*, SIAM Studies Applied Mathematics 2, Philadelphia.

Morgan, C. G.

[1974] A theory of equality for a class of many-valued predicate calculi, *Zeitschrift mathematische Logik Grundlagen Mathematik* **20**, 427—432.

[1975] Similarity as a theory of graded equality for a class of many-valued predicate calculi, in: *Proceedings 1975 International Symposium Multiple-Valued Logic, Bloomington*, Long Beach, 436—449.

Mostowski, A.

[1961] An example of a non-axiomatizable many valued logic, *Zeitschrift mathematische Logik Grundlagen Mathematik* **7**, 72—76.

[1961—62] Axiomatizability of some many valued predicate calculi, *Fundamenta Mathematicae* **50**, 165—190.

Novák, V.

[1987] First-order fuzzy logic, *Studia Logica* **46**, 87—109.

Novikov, P. S.

[1977] *Konstruktivnaja Matematičeskaja Logika s Točki Zrenija Klassičeskoj*, Moskau.

Patzig, G.

[1973] Aristotle, Łukasiewicz and the origins of many-valued logic, in: P. Suppes u. a. (Hrsg.), *Logic, Methodology and Philosophy of Science IV*, Warschau und Amsterdam—London, 921—929.

Pavelka, J.

[1979] On fuzzy logic. I—III, *Zeitschrift mathematische Logik Grundlagen Mathematik* **25**, 45—52; 119—134; 447—464.

Pedrycz, W.

[1983] *Sterowanie i systemy rozmyte*, Zeszyty Naukowe Politechniki Śląskiej, Ser. Automatyka, Nr. 70, Gliwice.

Peirce, Ch. S.

[1931—58] *Collected Papers* (C. Hartshorne u. a. Hrsg.), Cambridge/Mass.

Piróg-Rzepecka, K.

[1966] Rachunek zdan w ktorym wyrazenia trace sens, *Studia Logica* **18**, 139—164.

[1973] A predicate calculus with formulas which loose sense and the corresponding propositional calculus, *Bulletin Section of Logic* **2**, 1, 22—29.
[1977] *Systemy nonsense-logics*, Warschau—Wrocław.

Pogorzelski, W. A.

[1964] The deduction theorem for Łukasiewicz many-valued propositional calculi, *Studia Logica* **15**, 7—23.

Pöschel, R. — Kalužnin, L. A.

[1979] *Funktionen- und Relationenalgebren*, Berlin.

Post, E. L.

[1920] Determination of all closed systems of truth tables, *Bulletin American Mathematical Society* **26**, 437.
[1921] Introduction to a general theory of elementary propositions, *American Journal Mathematics* **43**, 163—185.

Prade, H.

[1982] Modèles mathématiques de l'imprécis et de l'incertain en vue d'applications au raisonnement naturel, Thèse d'Etat, Université Paul Sabatier, Toulouse.

Prior, A. N.

[1957] *Time and Modality*, Oxford.

Ragaz, M.

[1981] Arithmetische Klassifikation von Formelmengen der unendlichwertigen Logik, Dissertation, ETH Zürich.
[1983] Die Unentscheidbarkeit der einstelligen unendlichwertigen Prädikatenlogik, *Archiv mathematische Logik Grundlagenforschung* **23**, 129—139.
[1983a] Die Nichtaxiomatisierbarkeit der unendlichwertigen Mengenlehre, *Archiv mathematische Logik Grundlagenforschung* **23**, 141—146.

Rasiowa, H.

[1974] *An Algebraic Approach to Non-Classical Logics*, Warschau und Amsterdam—London.

Rasiowa, H. — Sikorski, R.

[1963] *The Mathematics of Metamathematics*, Warschau.

Reichenbach, H.

[1932] Wahrscheinlichkeitslogik, *Sitzungsberichte Preußische Akademie der Wissenschaften Berlin*, Physikal.-mathemat. Klasse, 476—488.
[1949] *Philosophische Grundlagen der Quantenmechanik*, Basel.

Rescher, N.

[1969] *Many-Valued Logic*, New York—St. Louis—San Francisco—Toronto—London—Sydney.

Rescher, N. — Urquhart, A.

[1971] *Temporal Logic*, Wien—New York.

Rine, D. C. (Hrsg.)

[1977] *Computer Science and Multiple-Valued Logic*, Amsterdam—New York—Oxford.

Rodabaugh, S. E.

[1982] Fuzzy addition in the L-fuzzy real line, *Fuzzy Sets Systems* **8**, 39—51.

[1985] Complete fuzzy topological hyperfields and fuzzy multiplication in the fuzzy real lines, *Fuzzy Sets Systems* **15**, 285—310.

Rolf, B.

[1981] Topics on Vagueness, Philosophische Dissertation, Universität Lund.

Rose, A.

[1950] Completeness of Łukasiewicz-Tarski propositional calculi, *Mathematische Annalen* **122**, 296—298.

Rose, A. — Rosser, J. B.

[1958] Fragments of many-valued statement calculi, *Transactions American Mathematical Society* **87**, 1—53.

Rose, G. F.

[1953] Propositional calculus and realizability, *Transactions American Mathematical Society* **75**, 1—19.

Rosenberg, I.

[1970] Über die funktionale Vollständigkeit in den mehrwertigen Logiken, *Rozpravy Československé Akademie Věd*, Řada Matematických a Přirodnich Věd **80**, Nr. 4, 3—93.

[1973] The number of maximal closed classes in the set of functions over a finite domain, *Journal Combinatorial Theory*, Ser. A, **14**, 1—7.

[1977] Completeness properties of multiple-valued logic algebras, in: Rine [1977], 144—186.

Rosenbloom, P. C.

[1942] Post algebras. I. Postulates and general theory, *American Journal Mathematics* **64**, 167—188.

Rosser, J. B.

[1960] Axiomatization of infinite valued logics, *Logique et Analyse*, N. S., **3**, 137—153.

[1969] *Simplified Independence Proofs*. Boolean Valued Models of Set Theory, New York—London—Paris—San Diego—San Francisco—Sao Paulo—Sydney—Tokyo—Toronto

Rosser, J. B. — Turquette, A. R.

[1952] *Many-Valued Logics*, Amsterdam.

Rousseau, G.

[1967—70] Sequents in many-valued logic, I—II, *Fundamenta Mathematicae* **60**, 23 bis 33; **67**, 125—131.

[1970] Post algebras and pseudo-Post algebras, *Fundamenta Mathematicae* **67**, 133—145.

Russell, B.

[1903] *The Principles of Mathematics.* I, Cambridge.

[1923] Vagueness, *Australasian Journal Philosophy* **1**, 84–92.

Rutledge, J. D.

[1959] A preliminary investigation of the infinitely many-valued predicate calculus, PhD-Dissertation, Cornell-Universität, Ithaca.

[1960] On the definition of an infinitely-many-valued predicate calculus, *Journal Symbolic Logic* **25**, 212–216.

Saloni, Z.

[1972] Gentzen rules for the m-valued logic, *Bulletin Académie Polonaise des Sciences*, Sér. Sciences mathematiques, astronomiques et physiques, **20**, 819–826.

Sanchez, E.

[1984] Solution of fuzzy equations with extended operations, *Fuzzy Sets Systems* **12**, 237–248.

Scarpellini, B.

[1962] Die Nichtaxiomatisierbarkeit des unendlichwertigen Prädikatenkalküls von Łukasiewicz, *Journal Symbolic Logic* **27**, 159–170.

Schmidt, H. A.

[1960] *Mathematische Gesetze der Logik.* I. Vorlesungen über Aussagenlogik, Berlin (West)–Göttingen–Heidelberg.

Schmucker, K. J.

[1984] *Fuzzy Sets, Natural Language Computations, and Risk Analysis*, Rockville/Md.

Schröter, K.

[1955] Methoden zur Axiomatisierung beliebiger Aussagen- und Prädikatenkalküle, *Zeitschrift mathematische Logik Grundlagen Mathematik* **1**, 241–251.

[1955–58] Theorie des logischen Schließens. I–II *Zeitschrift mathematische Logik Grundlagen Mathematik* **1**, 37–86; **4**, 10–65.

Schweizer, B. – Sklar, A.

[1960] Statistical metric spaces, *Pacific Journal Mathematics* **10**, 313–334.

[1961] Associative functions and statistical triangle inequalities, *Publicationes Mathematicae Debrecen* **8**, 169–186.

Scott, D. S.

[1967] Lectures on Boolean-valued models for set theory. (Unveröffentlichtes, vervielfältigtes Manuskript für Vorlesungen zum Symposium Axiomatic Set Theory der American Mathematical Society in Berkeley.)

[1973] Background to formalization. I, in: H. Leblanc (Hrsg.), *Truth, Syntax and Modality*, Amsterdam–London, 244–273.

[1974] Completeness and axiomatizability in many-valued logic, in: L. Henkin u. a. (Hrsg.), *Proceedings Tarski Symposium*, Proceedings Symposia Pure Mathematics **25**, Providence, 411–435.

Segerberg, K.

[1965] A contribution to nonsense-logics, *Theoria* **31**, 199–217.

Šestakov, V. I.

[1964] O vzaimootnošenii nekotorych trechznačnych logikach isčislenij, *Uspechi Matematičeskich Nauk* **19**, 177–181.

Sierpiński, W.

[1945] Sur les fonctions de plusieurs variables, *Fundamenta Mathematicae* **33**, 169–173.

Sinowjew — siehe Zinov'ev

Skolem, Th.

[1957] Bemerkungen zum Komprehensionsaxiom, *Zeitschrift mathematische Logik Grundlagen Mathematik* **3**, 1–17.

Słupecki, J.

[1936] Der volle dreiwertige Aussagenkalkül, *Comptes Rendus Séances Société des Sciences et Lettres Varsovie*, cl. III, **29**, 9–11.

Šokin, Ju. I.

[1981] *Interval'nyj Analiz*, Novosibirsk.

Strehle, P.

[1983] Zur Begründung und Darstellung mehrdimensionaler mehrwertiger Logiken, Dissertation B, Karl-Marx-Universität, Leipzig.

[1984] Zur Notwendigkeit und zum Aufbau mehrdimensionaler mehrwertiger Logiken, *Untersuchungen zur Logik und zur Methodologie* **1**, 65–92.

Sugeno, M. (Hrsg.)

[1985] *Industrial Applications of Fuzzy Control*, Amsterdam–New York–Oxford.

Sugeno, M. – Nishida, M.

[1985] Fuzzy control of a model car, *Fuzzy Sets Systems* **16**, 103–113.

Sundholm, G.

[1983] Systems of deduction, in: Gabbay/Guenthner [1983–89], Bd. 1, 133–188.

Surma, S. J.

[1973] Jaśkowski's matrix criterion for the intuitionistic propositional calculus, in: S. J. Surma (Hrsg.), *Studies in the History of Mathematical Logic*, Wrocław, 87–121.

Surma, S. J. – Wroński, A. – Zachorowski, S.

[1975] On Jaśkowski-type semantics for the intuitionistic propositional logic, *Studia Logica* **34**, 145–148.

Takeuti, G. – Zaring, W. M.

[1971] *Introduction to Axiomatic Set Theory*, New York–Heidelberg–Berlin (West).

[1973] *Axiomatic Set Theory*, New York–Heidelberg–Berlin (West).

Tarski, A.

[1930] Fundamentale Begriffe der Methodologie der deduktiven Wissenschaften. I, *Monatshefte Mathematik Physik* **37**, 361–404.

[1931] Sur les ensembles définissables de nombres réels. I, *Fundamenta Mathematicae* **17**, 210–239.

[1951] *A Decision Method for Elementary Algebra and Geometry*, Berkeley (2., überarb. Aufl.)

Thiele, H.

[1958] Theorie der endlichwertigen Łukasiewiczschen Prädikatenkalküle der ersten Stufe, *Zeitschrift mathematische Logik Grundlagen Mathematik* **4**, 108–142.

Thole, U. – Zimmermann, H. J. – Zysno, P.

[1979] On the suitability of minimum and product operators for the intersection of fuzzy sets, *Fuzzy Sets Systems* **2**, 167–180.

Tokarz, M.

[1977] A method of axiomatization of Łukasiewicz logics, in: Wójcicki/Malinowski [1977], 113–117.

Tong, R. M.

[1977] A control engineering review of fuzzy systems, *Automatica* **13**, 559–570.

Tong, R. M. – Beck, M. B. – Latten, A.

[1980] Fuzzy control of the activated sludge wastewater treatment process, *Automatica* **16**, 659–701.

Traczyk, T.

[1963] Axioms and some properties of Post algebras, *Colloquium Mathematicum* **10**, 193–209.

[1977] Post algebras through P_0 and P_1 lattices, in: Rine [1977], 115–136.

Turquette, A. R.

[1967] Peirce's Phi and Psi operators for triadic logic, *Transactions Charles Sanders Peirce Society* **3**, 66–73.

Urquhart, A.

[1973] An interpretation of many-valued logic, *Zeitschrift mathematische Logik Grundlagen Mathematik* **19**, 111–114.

Vasilev, N. A.

[1910] *O častnych suždeniach, o treugol'nike protivopoložnostej, o zakone isklučënnogo četvertogo*, Učënye Zapiski Kazanskogo Universiteta, Kasan.

[1912] Voobražaemaja (nearistoteleva) logika, *Žurnal Ministerstva Narodnogo Prosveščenija* **40**, 207–246.

Wade, L. J.

[1945] Post algebras and rings, *Duke Mathematical Journal* **12**, 389–395.

Wajsberg, M.

[1931] Aksjomatyzacja trójwartosciowego rachunku zdań, *Comptes Rendus Séance⁸ Société des Sciences et Lettres Varsovie*, cl. III, **24**, 126—148. {Englische Übersetzung in [1977].}

[1935] Beiträge zum Metaaussagenkalkül. I, *Monatshefte Mathematik Physik* **42**, 221 bis 242.

[1977] *Logical Works* (Hrsg.: S. J. Surma), Wrocław.

Webb, D. L.

[1936] Definition of Post's generalized negative and maximum in terms of one binary operation, *American Journal Mathematics* **58**, 193—194.

Weber, S.

[1983] A general concept of fuzzy connectives, negations and implications based on t-norms and t-conorms, *Fuzzy Sets Systems* **11**, 115—134

Wechler, W.

[1978] *The Concept of Fuzziness in Automata and Language Theory*, Studien zur Algebra und ihre Anwendungen **5**, Berlin.

Weidner, A. J.

[1981] Fuzzy sets and Boolean-valued universes, *Fuzzy Sets Systems* **6**, 61—72.

White, R. B.

[1979] The consistency of the axiom of comprehension in the infinite-valued predicate logic of Łukasiewicz, *Journal Philosophical Logic* **8**, 509—534.

Wójcicki, R. — Malinowski, G. (Hrsg.)

[1977] *Selected Papers on Łukasiewicz Sentential Calculi*, Wrocław.

Wolf, R. G.

[1977] A survey of many-valued logic (1966—1974), in: J. M. Dunn/G. Epstein (Hrsg.), *Modern Uses of Multiple-Valued Logic*, Dordrecht—Boston 167—323.

Woodruff, P. W.

[1970] Logic and truth value gaps, in: K. Lambert (Hrsg.), *Philosophical Problems in Logic*, Dordrecht—Boston, 121—142.

[1974] A modal interpretation of three-valued logic, *Journal Philosophical Logic* **3**, 433—439.

Yager, R. R.

[1980] On the lack of inverses in fuzzy arithmetic, *Fuzzy Sets Systems* **4**, 73—82.

[1980a] On a general class of fuzzy connectives, *Fuzzy Sets Systems* **4**, 235—242.

[1983] Some relationships between possibility, truth and certainty, *Fuzzy Sets Systems* **11**, 151—156.

Zadeh, L. A.

[1965] Fuzzy sets, *Information and Control* **8**, 338—353.

[1965a] Fuzzy sets and systems, in: J. Fox (Hrsg.), *Systems Theory*, Microwave Research Institute Symposia Series **15**, Brooklyn, 29–37.
[1971] Similarity relations and fuzzy orderings, *Information Sciences* **3**, 159–176.
[1975] The concept of a linguistic variable and its application to approximate reasoning I, *Information Sciences* **8**, 199–250.
[1975a] Fuzzy logic and approximate reasoning, *Synthese* **30**, 407–428.
[1978] Fuzzy sets as a basis for a theory of possibility, *Fuzzy Sets Systems* **1**, 3–28.
[1979] A theory of approximate reasoning, in: J. E. Hayes/D. Michie/L. I. Mikulich (Hrsg.), *Machine Intelligence 9*, New York, 149–194.
[1982] Possibility theory as a basis for representation of meaning, in: *Sprache und Ontologie*, Akten 6. Internationales Wittgenstein Symposium 1981, Kirchberg/Wechsel, Wien, 253–262.

Zawirski, Z.
[1935] Über das Verhältnis mehrwertiger Logik zur Wahrscheinlichkeitsrechnung, *Studia Philosophica* **1**, 407–442.

Zhang Jinwen
[1979] The normal fuzzy set structures and Boolean-valued models, *Journal Huazhong Institute Technology* **7**, Nr. 2, 1–9.
[1979a] Some basic properties of normal fuzzy set structures, *Journal Huazhong Institute Technology* **7**, Nr. 3, 1–9.
[1980] A unified treatment of fuzzy set theory and Boolean-valued set theory – fuzzy set structures and normal fuzzy set structures, *Journal Mathematical Analysis Applications* **76**, 297–301.
[1982] Between fuzzy set theory and Boolean valued set theory, in: M. M. Gupta/E. Sanchez (Hrsg.), *Fuzzy Information and Decision Processes*, Amsterdam–New York–Oxford, 143–147.

Zimmermann, H. J.
[1979] Theory and applications of fuzzy sets, in: K. B. Haley (Hrsg.), *Operational Research '78*, Proceedings 8th IFORS International Conference Toronto 1978, Amsterdam–New York–Oxford, 1017–1033.
[1985] *Fuzzy Set Theory and its Applications*, Dordrecht.

Zimmermann, H.-J. – Zadeh, L. A. – Gaines, B. R. (Hrsg.)
[1984] *Fuzzy Sets and Decision Analysis*, Amsterdam–New York–Oxford.

Zimmermann, H. J. – Zysno, P.
[1980] Latent connectives in human decision making, *Fuzzy Sets Systems* **4**, 37–51.

Zinov'ev, A. A.
[1960] *Filosofskie Problemy Mnogoznačnoj Logiki*, Moskau.
[1968] *Über mehrwertige Logik.* Ein Abriß, Berlin, Braunschweig und Basel.

Symbolverzeichnis*

Symbole der klassischen Logik und Mathematik

Wahrheitswertfunktionen und Symbole mehrwertiger Systeme

---

* Die Ziffern bezeichnen die Seite, auf der das Symbol eingeführt wird.

Metasprachliche Bezeichnungen, logische Systeme und Kalküle

Marken zur Kennzeichnung spezieller Bedingungen und Regeln

Namenverzeichnis

Sachverzeichnis